Educational Producer For Your Success

기출에서 多 나온다! 완벽한 기출분석

지적기사 필기
기출문제로 끝내기

| 이진녕 편저 |

Engineer
Cadastral
Surveying

- 2015~2022년 기출문제 해설 완벽 수록!
- 최근 8년간 기출문제를 통해 출제경향 완벽 파악!
- 기출문제 지문을 통해 파생적인 예상문제를 파악!

에듀피디 동영상강의 www.edupd.com

지적기사 필기
기출문제로 끝내기

제1판 발행 2019년 5월 15일
제3판 발행 2022년 9월 15일

편저자 이진녕
발행처 에듀피디
등 록 제300-2005-146
주 소 서울특별시 종로구 율곡로 202-7, 제일빌딩 A동 4층(연건동)

전 화 1600-6690
팩 스 02)747-3113

※ 이 책은 저작권법에 따라 보호받는 저작물이므로 무단전재와 무단복제를 금지하며 책 내용의 전부 또는 일부를 이용하려면 반드시 저작권자와 에듀피디의 서면 동의를 받아야 합니다.

CONTENTS

지적기사 필기 기출문제로 끝내기

2015년 기출문제

- 2015년도 제1회 지적기사 기출문제 ………… 006
- 2015년도 제2회 지적기사 기출문제 ………… 027
- 2015년도 제3회 지적기사 기출문제 ………… 047

2016년 기출문제

- 2016년도 제1회 지적기사 기출문제 ………… 068
- 2016년도 제2회 지적기사 기출문제 ………… 088
- 2016년도 제3회 지적기사 기출문제 ………… 108

2017년 기출문제

- 2017년도 제1회 지적기사 기출문제 ………… 128
- 2017년도 제2회 지적기사 기출문제 …………149
- 2017년도 제3회 지적기사 기출문제 ………… 171

2018년 기출문제

- 2018년도 제1회 지적기사 기출문제 ………… 192
- 2018년도 제2회 지적기사 기출문제 ………… 213
- 2018년도 제3회 지적기사 기출문제 ………… 234

2019년 기출문제

- 2019년도 제1회 지적기사 기출문제 ………… 256
- 2019년도 제2회 지적기사 기출문제 ………… 277
- 2019년도 제3회 지적기사 기출문제 ………… 297

2020년 기출문제

- 2020년도 제1, 2회 통합 지적기사 기출문제 … 318
- 2020년도 제3회 지적기사 기출문제 ………… 339
- 2020년도 제4회 지적기사 기출문제 ………… 360

2021년 기출문제

- 2021년도 제1회 지적기사 기출문제 ………… 382
- 2021년도 제2회 지적기사 기출문제 ………… 403
- 2021년도 제3회 지적기사 기출문제 ………… 423

2022년 기출문제

- 2022년도 제1회 지적기사 기출문제 ………… 446
- 2022년도 제2회 지적기사 기출문제 ………… 467

지적기사 필기
기출문제로 끝내기

2015년
지적기사 기출문제
Engineer Cadastral Surveying

CHAPTER 01

2015년도 제1회 지적기사 기출문제

1과목 지적측량

01. 지적도근점측량의 배각법에서 종횡선 오차는 다음 중 어느 방법으로 배부하여야 하는가?

① 콤파스 법칙
② 트랜싯 법칙
③ 헤론의 공식
④ 오사오입 법칙

해설 ① **컴퍼스법칙** : 방위각법에 이용되며 수평거리에 비례하여 종횡선 오차 배부
② **트랜싯 법칙** : 배각법에 이용되며 각 측선의 종횡선차에 비례하여 오차 배부
③ **헤론의 공식** : 삼각형 세변의 길이를 알 때 면적산정하는 방법
④ **오사오입 법칙** : 면적산정시 산출면적과 결정면적사이의 관계를 구하고자 하는 끝자리의 다음 숫자가 5 초과할 때 올림, 5 미만인 경우 버림으로 계산하는 방식

02. 종선좌표(X)=454,600.73m, 횡선좌표(Y)=192,033.25m 인 지적도근점을 포용하는 축척 1/600인 지적도의 좌측 하단부 도곽선의 수치는?

① X=454,300m, Y=192,000m
② X=454,400m, Y=191,750m
③ X=454,600m, Y=192,000m
④ X=454,600m, Y=191,750m

해설 1/600 지적도 도곽선의 지상거리 : 종선 200m, 횡선 250m
① 종선 (500,000−454,600.73)/200=226.998 이므로
500,000−(226×200)=454,800m(종선의 상부좌표)
454,800−200=454,600m(종선의 하부좌표)
② 횡선 (200,000−192,033.25)/250=31.867 이므로
200,000−(31×250)=192,250m(횡선의 우측좌표)
192,250−250=192,000m(횡선의 좌측좌표)

03. 지적삼각점을 설치하기 위하여 연직각을 관측한 결과가 최대치는 ±25°42′37″이고, 최소치는 ±25°42′32″일 때 옳은 것은?

① 최대치를 연직각으로 한다.
② 평균치를 연직각으로 한다.
③ 최소치를 연직각으로 한다.
④ 연직각을 다시 관측하여야 한다.

해설 [지적삼각점 설치를 위한 연직각의 관측]
각측점에서 정·반으로 2회 관측허용교차가 30초 이내(5″)인 경우 평균치를 연직각으로 한다.

04. 사각망조정계산에서 $(\alpha_1+\beta_4)>(\alpha_3+\beta_2)$일 때 오차배부 방법으로 옳은 것은?

① α_1과 β_4에는 +로 배부하고, α_3과 β_2에는 −로 배부한다.
② α_1과 β_4에는 −로 배부하고, α_3과 β_2에는 −로 배부한다.
③ α_1과 β_4에는 −로 배부하고, α_3과 β_2에는 +로 배부한다.
④ α_1과 α_3에는 +로 배부하고, β_4과 β_2에는 −로 배부한다.

해설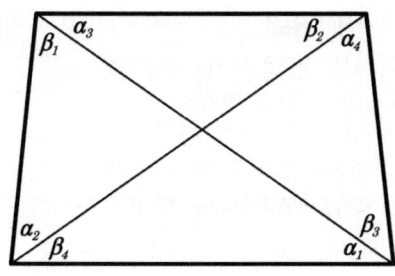

$(\alpha_1 + \beta_4) > (\alpha_3 + \beta_2)$인 경우 오차의 원인을 비교하여 큰 각에는 (−), 작은 작에는 (+)로 보정한다.

05. 미지점에서 평판으로 세우고 기지점을 시준한 방향선의 교차에 의하여 그 점의 도상위치를 구할 때 사용하는 측점방법은?

① 전방교회법 ② 원호교회법
③ 측방교회법 ④ 후방교회법

해설 교회법은 방향선의 교차에 의해 구점의 위치를 결정하는 방식으로 기계를 세우는 위치에 따라 전방(기지점), 측방(기지점, 미지점), 후방(미지점)교회법으로 구분한다.

06. 우리나라에서 지적도 제작에 사용한 투영방식은?

① 가우스상사이중투영 ② 가우스-크뤼거투영
③ WGS-84 ④ UTM투영

해설 우리나라 지적도 제작에 이용되는 투영방식은 가우스 상사이중투영이며 이는 회전타원체의 지구를 도면으로 표현하기 위해 타원체에서 구체로 등각투영하고 이 구체로부터 평면으로 투영하기 위해 등각원통투영으로 한번 더 투영하는 방법이다.

07. 30m의 천줄자를 사용하여 A, B 두 점간이 거리를 측정하였더니 1.6km였다. 이 천줄자를 표준길이와 비교검정한 결과 30m에 대하여 20mm가 짧았다. 올바른 거리는?

① 1,601m ② 1,599m
③ 1,597m ④ 1,596m

해설 늘어나 있는 줄자로 관측한 값의 실제값은 +로, 수축된 줄자는 반대로 −로 적용한다.

$L_0 = L \pm C_0 \quad \because C_0 = \pm \frac{\Delta l}{l} L$

$C_0 = -\frac{0.02}{30} \times 1,600m = -1.067m$

$L_0 = 1,600 - 1.067 ≒ 1,599m$

08. 교회법에 의하여 지적삼각보조점측량을 실시할 경우 수평각 관측의 윤곽도는?

① 0°, 45°, 90° ② 0°, 60°, 120°
③ 0°, 90° ④ 0°, 120°

해설 교회법에 의해 지적삼각보조점측량을 실시할 경우 수평각 관측의 2대회 방향관측법에 의하므로 2대회의 윤곽도는 0°, 90°

09. 다음 중 온도에 따른 줄자의 신축을 팽창계수에 따라 보정한 오차의 조정과 관련이 있는 것은?

① 계통오차 ② 착오
③ 우연오차 ④ 과대오차

해설 [오차의 성질에 따른 분류]
① 정오차(누적오차, 계통오차) : 오차가 일어나는 원인이 명백하고, 일정한 조건 밑에서는 일정한 크기와 방향으로 발생하는 오차. 그 원인이 조사되면 오차량을 계산하여 제거할 수 있는 오차. 특성치, 온도, 처짐, 장력, 경사, 표고 등
② 부정오차(우연오차, 상차) : 일어나는 원인이 불분명 하거나 원인을 안다 하여도 직접 처리하는 방법이 불확실하고 예견할 수 없으며 관측값에 어느 정도의 영향을 주고 있는지를 알 수 없는 성질의 불규칙한 오차. 아무리 주의해도 피할 수 없고 또 계산으로 제거할 수 없으므로 통계학(최소제곱법)적으로 소거하는 방법을 사용
③ 과대오차(착오) : 관측자 기술의 미숙, 심리상태의 혼란, 부주의, 착각에 의한 눈금 오독, 기장오기 등으로 발생

10. 다음 중 지적기준점측량의 실시순서로 옳은 것은?

① 관측-선점-조표-계산 ② 선점-조표-관측-계산
③ 관측-조표-선점-계산 ④ 선점-관측-계산-조표

해설 [지적기준점측량의 작업순서]
도상계획 - 답사 - 선점 - 조표 - 관측 - 계산 - 정리

11. 지적측량에 사용하는 좌표의 원점 중 서부원점의 위치는?

① 북위 38도선과 동경 123도선의 교차점
② 북위 38도선과 동경 125도선의 교차점
③ 북위 38도선과 동경 127도선의 교차점
④ 북위 38도선과 동경 129도선의 교차점

해설 [우리나라의 직각좌표원점]

명 칭	투영원점의 위치	적용지역
서부좌표계	북위 38°, 동경 125°	동경 124~126°
중부좌표계	북위 38°, 동경 127°	동경 126~128°
동부좌표계	북위 38°, 동경 129°	동경 128~130°
동해좌표계	북위 38°, 동경 131°	동경 130~132°

12. 방위각 270°30′의 방위는?

① N89°30′E   ② N1°30′W
③ N89°30′W   ④ N90°W

해설 방위각 270°30′은 4상한선 각이므로 NW이고 북에서 서를 향해 89°30′방향이므로 방위는 N89°30′W

13. 지적도 및 임야도에 등록하는 도곽선의 용도가 아닌 것은?

① 토지경계의 측정기준
② 인접도면과의 접합기준
③ 도곽선측량의 측정기준
④ 지적측량 기준점 전개시의 기준

해설 [도곽선의 용도]
① 지적기준점을 전개할 때의 기준
② 방위의 표시(도북방향)
③ 인접도면과의 접합기준
④ 도곽의 신축량 측정할 때의 기준
⑤ 측량결과도와 실지의 부합여부 확인의 기준

14. 경위의측량방법으로 세부측량을 실시한 경우 측량대상 토지의 경계점간 실측거리가 100.25m일 때, 이 거리와 경계점의 좌표에 의하여 계산한 거리의 교차는 최대 얼마 이내이어야 하는가?

① 11cm 이내   ② 12cm 이내
③ 13cm 이내   ④ 14cm 이내

해설 경계점간 실측거리와 계산거리의 교차는 $3+\dfrac{L}{10}$(센티미터) 이내여야 한다.

거리의 교차 $= 3+\dfrac{L}{10} = 3+\dfrac{100.25}{10} = 13cm$

15. 축척이 3천분의 1인 지역에서 등록전환을 하는 경우 면적이 2,500㎡일 때 등록전환에 따른 오차의 허용범위로 옳은 것은?

① 79.35㎡   ② 101.40㎡
③ 158.70㎡   ④ 202.80㎡

해설 [등록전환에 따른 오차의 허용범위]
축척이 3천분의 1인 지역은 축척분모는 6천으로 한다.
$A = 0.026^2 M\sqrt{F}$ 에서 A:오차허용면적, M:축척의 분모, F:등록전환될 면적
$A = 0.026^2 \times 6,000 \times \sqrt{2,500F} = 202.80m^2$

16. 토지의 면적측정을 좌표면적계산법에 의하여 시행할 경우 맞는 것은?

① 도곽에 1.0밀리미터 이상의 신축이 있을 경우 보정하여야 한다.
② 평판측량방법으로 세부측량을 시행한 지역의 면적측정방법이다.
③ 산출면적은 100분의 1제곱미터까지 계산하여 10분의 1제곱미터 단위로 정한다.
④ 경위의측량방법으로 세부측량을 한 지역의 필지별 면적측정은 경계점좌표에 의하여 산출하여야 한다.

해설 [좌표면적계산법]
① 도곽에 0.2밀리미터 이상의 신축이 있을 경우 보정하여야 한다.
② 경위의측량으로 세부측량을 시행한 지역의 면적측정방법이다.
③ 산출면적은 1,000분의 1제곱미터까지 계산하여 10분의 1제곱미터 단위로 정한다.

17. 배각법에 의한 지적도근점의 각도관측시, 측각오차의 배분방법으로 옳은 것은?

① 측선장에 비례하여 각 측선의 관측각에 배분한다.
② 측선장에 반비례하여 각 측선의 관측각에 배분한다.
③ 변의 수에 비례하여 각 측선의 관측각에 배분한다.
④ 변의 수에 반비례하여 각 측선의 관측각에 배분한다.

해설 [배각법에 의한 지적도근점 각도관측시 측각오차의 배분]
$K=-\dfrac{e}{R}\times r$ (K:각 측선에 배분할 초단위의 각도, e:초단위의 각오차, R:측선장의 분수의 총합, r:각 측선장의 반수)
① 배각법에 의해 각도관측시 측각오차는 측선장에 반비례하여 각 측선의 관측각에 배분
② 방위각법에 의한 각도관측시 측각오차는 변의 수에 비례하여 각 측선의 관측각에 배분

18. 지적삼각점측량을 할 때 사용하고자 하는 삼각점의 변동유무를 확인하는 기준은?

① 기지각과의 오차가 ±30초 이내
② 기지각과의 오차가 ±40초 이내
③ 기지각과의 오차가 ±50초 이내
④ 기지각과의 오차가 ±1분 이내

해설 [지적삼각측량 수평각의 측각공차]
① 1방향각 : 30초 이내
② 1측회의 폐색 : ±30초 이내
③ 삼각형내각관측치의 합과 180도와의 차 : ±30초 이내
④ 기지각과의 차 : ±40초 이내

19. 다음 중 지적도근점측량을 반드시 시행하여야 하는 지역은?

① 축척변경 시행지역   ② 대단위 합병지역
③ 토지분할지역   ④ 소규모 등록전환지역

해설 [지적도근점측량을 반드시 실시하여야 하는 경우]
① 도시개발사업 등으로 인하여 지적확정측량을 하는 경우
② 국토의 계획 및 이용에 관한 법률에 의한 도시지역 및 준도시지역에서 세부측량을 하는 경우
③ 측량지역의 면적이 당해 지적도 1장에 해당하는 면적 이상인 경우
④ 세부측량의 시행상 특히 필요한 경우

20. 다음 중 경위의측량방법과 평판측량방법으로 세부측량을 할 때, 측량준비파일 작성에 공통적으로 포함하는 사항이 아닌 것은?

① 도곽선과 그 수치
② 행정구역선과 그 명칭
③ 측량대상 토지의 지번 및 지목
④ 인근토지의 경계점의 좌표 및 경계선

정답 10. ② 11. ② 12. ③ 13. ① 14. ③ 15. ④ 16. ④ 17. ② 18. ② 19. ① 20. ④

해설 [세부측량의 거리 및 위치 표현의 차이점]
① 평판측량방법 : 측정점의 위치, 측량기하적 및 지상에서 측정한 거리
② 경위의 측량방법 : 측정점의 위치(측량계산부의 좌표를 전개하여 기재), 지상에서 측정한 거리 및 방위각

2과목 응용측량

21. 축척 1:50,000의 지형도에서 주곡선의 간격은?

① 1m
② 5m
③ 10m
④ 20m

해설 [축척에 따른 등고선의 간격]

표시법 축척	2호실선 계곡선	세실선 주곡선	세파선 간곡선	세점선 보조곡선
1/50,000	100	20	10	5
1/25,000	50	10	5	2.5
1/10,000	25	5	2.5	1.25
1/5,000	25	5	2.5	1.25
1/2,500	10	2	1	0.5
1/1,000	5	1	0.5	0.25
1/500	5	1	0.5	0.25

22. GPS 신호에서 P코드의 1/10주파수를 가지는 C/A코드의 파장크기로 옳은 것은?

① 100m
② 200m
③ 300m
④ 400m

해설 P코드는 10.23MHz, C/A코드는 1.023MHz이고, 전파의 속도는 약 300,000km/s

$\lambda = \dfrac{c}{f}$ (λ: 파장, c: 광속도, f: 주파수), 주파수는 시간의 역수 $\left(\dfrac{1}{t}\right)$이고, MHz를 Hz 단위로 환산하여 계산하면,

$\lambda = \dfrac{300,000,000\,\frac{m}{s}}{1.023 \times 1,000,000\,\frac{1}{s}} = 293.26m$

23. 초점거리 15cm, 사진크기 23cm×23cm인 카메라로 종중복 60%로 촬영한 평지 연직사진의 축척이 1:10,000일 때 기선고도비는?

① 0.51
② 0.61
③ 0.71
④ 0.81

해설 기선고도비는 기선을 고도로 나눈 값이고, 초점거리와 축척으로부터 고도를, 중복값으로부터 기선의 길이를 구한다. 분자, 분모에 축척(m)을 약분하여 적용하면 계산이 간단해진다.

기선고도비$\left(\dfrac{B}{H}\right) = \dfrac{ma(1-p)}{mf} = \dfrac{a(1-p)}{f} = \dfrac{0.23 \times (1-0.6)}{0.15}$
$= 0.61$

24. 터널 내 중심선 측량시 도벨을 설치하는 주된 이유는?

① 중심말뚝간 시통이 잘 되도록 하기 위하여
② 차량 등에 의한 기준점 파손을 막기 위하여
③ 후속작업을 위해 쉽게 제거할 수 있도록 하기 위하여
④ 측량시 쉽게 발견할 수 있도록 하기 위하여

해설 [도벨(Dowel)]
갱내에서의 중심말뚝은 차량 등에 의하여 파괴되지 않도록 견고하게 만들어 주어야 하는데 이를 도벨이라 하며, 노반을 가로×세로 30cm 씩, 깊이 30~40cm 정도 파내어 콘크리트를 넣고 목괴를 묻어 만든다.

25. 반지름 100m의 단곡선을 설치하기 위하여 교각 I를 관측하였더니 60°이었다. 곡선시점과 교점(I.P)의 거리는?

① 45.25m
② 55.57m
③ 57.74m
④ 81.37m

해설 접선거리(T.L) : 곡선시점과 교점과의 거리
$T.L = R\tan\dfrac{I}{2} = 100 \times \tan\dfrac{60°}{2} = 57.735m$

26. 수준측량시 중간시가 많은 경우 가장 편리한 야장기입 방법은?

① 기고식 ② 고차식
③ 승강식 ④ 기준면식

[해설] [수준측량 야장기입법]
① 고차식 : 중간점없이 이기점 전시와 후시로만 관측된 야장으로 가장 간단하다.
② 승강식 : 완전한 검사로 정밀측량에 적당하나, 중간점이 많으면 계산이 복잡하고 시간과 비용이 많이 든다.
③ 기고식 : 중간점이 많을 경우 편리하나 완전한 검산을 할 수 없는 단점에도 가장 많이 사용되는 방법이다.

27. 사진의 판독요소로 천연색 사진이 판독범위가 넓으며 천연색 사진에서 밭, 논, 수면 등을 판독할 때 가장 중요한 요소는?

① 색조 ② 형상
③ 음영 ④ 질감

[해설] 사진의 판독요소는 색조, 모양, 과고감, 상호위치관계, 형상, 크기, 음영, 질감 등이 있으며 천연색사진(컬러영상)의 판독에는 색조가 중요한 판독요소이다.

28. 지성선 중에서 등고선 간의 최소거리를 의미하는 것은?

① 경사변환선 ② 합수선
③ 최대경사선 ④ 분수선

[해설] [지성선(地性線 : topographical line)]
① 능선(능선, 분수선) : 정상을 향하여 가장 높은 점을 연결한 선으로 빗물이 이것을 경계로 흐르게 되므로 분수선이라고도 한다.
② 곡선(합수선, 계곡선) : 가장 낮은 점을 연결한 선으로 계곡선이라고도 한다.
③ 경사변환선 : 동일 방향의 경사면에서 경사의 크기가 다른 두 면의 교선을 경사 변환선이라 한다.

④ 최대 경사선 : 지표의 임의의 한 점에 있어서 그 경사가 최대로 되는 방향을 표시한 선을 말하며 등고선에 직각으로 교차한다. 이는 물이 흐르는 방향으로 유하선이라고도 한다.

29. 교각 55°, 곡선반지름 285m인 단곡선이 설치된 도로의 기점에서 교점(I.P)까지의 추가거리가 423.87m일 때 시단현의 편각은? (단, 말뚝간의 중심거리는 20m이다.)

① 0°27′05″ ② 0°11′24″
③ 1°45′16″ ④ 1°45′20″

[해설] 중심말뚝의 간격이 20m이므로 시단현의 길이는 곡선시점에서 다음 말뚝까지의 거리를 의미한다.
$T.L = R\tan\dfrac{I}{2} = 285 \times \tan\dfrac{55°}{2} = 148.36m$
곡선시점(B.C)의 위치 = 시점 ~ 교점까지의 거리 − T.L = 423.87 − 148.36 = 275.51m
시단현(l_1)의 길이 = 곡선시점인 275.51m 보다 큰 20의 배수인 280m에서 곡선 시점까지의 거리를 뺀 값이다.
l_1 = 280 − 275.51 = 4.49m
시단현 편각
$(\delta) = \dfrac{l_1}{2R} \times \rho = \dfrac{4.49}{2 \times 285} \times \dfrac{180°}{\pi} = 0°27′05″$

30. A, B 두 지점간 지반고의 차를 구하기 위하여 왕복관측한 결과 그림과 같은 관측값을 얻었을 때 최확값은?

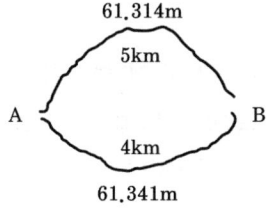

① 62.332m ② 62.329m
③ 62.334m ④ 62.341m

[해설] 경중률은 노선의 거리에 반비례한다.

$$P_1 : P_2 = \frac{1}{5} : \frac{1}{4} = 4 : 5$$

최확값$(h) = \frac{P_1 \times h_1 + P_2 \times h_2}{P_1 + P_2}$
$= 62.3 + \frac{4 \times 14 + 5 \times 41}{4+5} \times 10^{-3}$
$= 62.329m$

31. 굴뚝의 높이를 구하기 위하여 A, B점에서 굴뚝 끝의 경사각을 관측하여 A점에서는 30°, B점에서는 45°를 얻었다. 이때 굴뚝의 표고는? (단, AB의 거리는 22m, A, B 및 굴뚝의 하단은 일직선상에 있고, 기계고(I.H)는 A, B 모두 1m이다.)

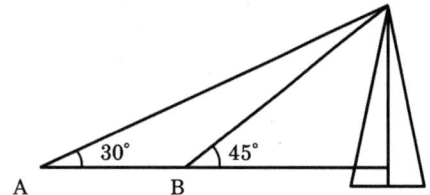

① 30m   ② 31m
③ 33m   ④ 35m

해설 B점에서의 각도가 45°이므로 BC=H
$\tan 30° = \frac{H}{22+BC} = \frac{H}{22+H}$ 에서
$H = (22+H) \times \tan 30°$이고 이항하여 정리하면
$(1-\tan 30°)H = 22 \times \tan 30°$
$H = 30.05m$
굴뚝의 표고는 기계고 1m를 합산하여 계산하므로 31m

32. 클로소이드 곡선의 매개변수를 2배 증가시키고자 한다. 이때 곡선의 반지름이 일정하다면 완화곡선의 길이는 몇 배로 되는가?

① 2   ② 4
③ 8   ④ 14

해설 $A^2 = R \cdot L$에서 매개변수를 2배 증가시키면
$(2A)^2 = 4A^2$
$4A^2 = 4 \cdot R \cdot L$이므로 곡선반지름이 일정하다면 완화곡선의 길이를 4배로 하여야 한다.

33. 정밀도 저하율(DOP : Dilution of Precision)의 특징이 아닌 것은?

① 정밀도 저하율의 수치가 클수록 정확하다.
② 위성들의 상대적인 기하학적 상태가 위치결정에 미치는 오차를 표시한 것이다.
③ 무차원수로 표시된다.
④ 시간의 정밀도에 의한 DOP의 형식을 TDOP라 한다.

해설 DOP(정밀도저하율)은 값이 클수록 관측정확도가 낮아지며 그 수치가 7~10 이상인 경우 관측을 하지 않는다.

34. 터널 레벨측량의 특징에 대한 설명으로 옳은 것은?

① 지상에서의 수준측량방법과 장비 모두 동일하다.
② 수준점의 위치는 바닥레일의 중심점을 이용한다.
③ 이동식 답판을 주로 이용해야 안정성이 있다.
④ 수준점은 천정에 주로 설치한다.

해설 터널에서 레벨측량을 실시할 경우 수준점은 일반적으로 천정에 설치한다. 이는 발파 후 천정을 최우선적으로 안정화시키기 때문이다.

35. 인공위성에 의한 원격탐사(Remote sensing)의 특징에 대한 설명으로 틀린 것은?

① 짧은 시간 내에 넓은 지역을 동시에 관측할 수 있으며 반복관측이 가능하다.
② 다중파장대에 의한 지구표면 정보획득이 용이하고 판독이 자동적이고 정량화가 가능하다.
③ 탐사된 자료가 즉시 이용될 수 있으며 재해, 환경문제 해결에 편리하다.
④ 회전주기를 자유롭게 조정할 수 있으므로 원하는 지점 및 시기에 관측이 용이하다.

해설 [원격탐사의 특징]
① 수치화된 관측자료를 통한 저장과 분석이 용이
② 단기간 내에 넓은 지역 동시 관측 가능
③ 회전주기가 일정하므로 주기적인 반복관측이 가능
④ 관측이 좁은 시야각으로 얻어진 영상은 정사투영에 가깝다.
⑤ 탐사된 자료가 즉시 이용될 수 있으며 재해, 환경문제 해결에 편리하다.

36. 지형도에 의한 댐의 저수량 측정에 사용할 방법으로 적당한 것은?
① 영선법
② 채색법
③ 음영법
④ 등고선법

해설 지형도를 이용하여 댐의 저수량이나 토공량 산정에는 지형도에 표시된 등고선의 폐합면적으로 구적하여 각주공식이나 양단면평균계산 등의 방법을 적용하므로 등고선법이 적당하다.

37. 축척 1:20,000의 사진을 제작하고자 할 때, 항공기의 속도를 180km/h, 흔들림의 허용량을 0.01mm라 할 때 최장 노출시간으로 옳은 것은?
① 1/50초
② 1/100초
③ 1/250초
④ 1/500초

해설 최장노출시간 $T_l = \dfrac{\Delta S \cdot m}{V}$

$= \dfrac{0.01mm \times 20,000}{180km/hr}$

여기서, $km/hr = \dfrac{1}{3.6} m/\sec$ 이므로

$= \dfrac{0.01 \times \dfrac{1}{1,000} m \times 20,000}{180 \times \dfrac{1}{3.6} m/\sec} = \dfrac{1}{250} \sec$

38. 지상에서 이동하고 있는 물체가 사진에 나타나 그 이동한 물체를 입체시할 때 그 운동이 기선방향이면 물체가 뜨거나 가라앉아 보이는 현상은?
① 정사현상(orthoscopic effect)
② 역현상(pseudoscopic effect)
③ 카메론현상(cameron effect)
④ 반사현상(reflection effect)

해설 [카메론 효과]
입체사진상에 이동하는 물체가 있을 때 입체시하는 경우 운동하는 물체가 기선방향과 같은 방향인 경우 가라앉아 보이고, 기선방향과 반대방향인 경우 떠올라 보이는 현상

39. GPS관측에 대한 설명으로 옳지 않은 것은?
① C/A코드 및 P코드로 의사거리를 관측하여 관측점의 위치를 계산한다.
② L_1주파의 위상(L_1 Carrier Phase) 관측자료를 이용, 정주파수의 정수치(Interger Number)를 구함으로서 mm 또는 cm 정도의 정밀한 기선벡터를 계산할 수 있다.
③ L_1주파의 위상(L_1 Carrier Phase) 관측자료만으로 전리층 오차를 보정할 수 있다.
④ L_1, L_2 2주파의 위상관측자료를 이용하면 L_1 1주파만 이용할 때보다 정주파수의 정수치(Interger Number)를 정확히 얻을 수 있다.

해설 L_1과 L_2의 2주파 수신기를 사용하게 되면 전리층 오차를 제거할 수 있다.

40. 종단측량을 행하여 표와 같은 결과를 얻었을 때 측점1과 측점5의 지반고를 연결한 도로계획선의 경사도는? (단, 중심선의 간격은 20m이다.)

측점	지반고(m)	측점	지반고(m)
1	53.38	4	50.56
2	52.28	5	52.38
3	55.76		

① +1.00% ② −1.00%
③ +1.25% ④ −1.25%

해설 측점간 간격(중심선의 간격)은 20m이므로 측점 1과 측점 5 사이의 수평거리는 80m
[경사도]
$(i) = \dfrac{H}{D} \times 100(\%) = \dfrac{52.38 - 53.38}{80} \times 100 = -1.25\%$

3과목 토지정보체계론

41. 토지정보시스템의 속성정보에 관한 사항 중 옳지 않은 것은?

① 대상물의 성격이나 정보를 기술한 사항이다.
② 제공되는 정보는 문자형태로 나타난다.
③ 지적에 있어서 속성정보는 토지소재, 지번, 지목 등이 있다.
④ 좌표체계를 기준으로 지형지물의 위치와 모양을 나타낸다.

해설 좌표체계를 기준으로 지형지물의 위치와 모양을 나타내는 것은 공간정보이다.
[속성정보]
① 지도형상의 특성, 질, 관계와 지형적 위치를 설명하는 자료
② 문자와 숫자가 조합된 구조로 행렬의 형태로 저장
③ 속성정보에는 속성, 지형참조자료, 지형색인, 공간관계가 포함됨

42. 다음 중 기존 공간사상의 위치, 모양, 방향 등에 기초하여 공간형상의 둘레에 특정한 폭을 가진 구역을 구축하는 공간분석 기법은?

① Buffer ② Classification
③ Dissolve ④ Interpolation

해설 ① Buffer : 공간 형상의 둘레에 특정한 폭을 가진 구역을 구축하는 것
② Classification : 유사한 공간 객체들끼리 분류하고 그룹화하여 표현할 대상을 조직
③ Dissolve : 지도의 개체간 불필요한 경계를 지우고자 할 때에 주로 사용되는 기능
④ Interpolation : 미지점 주위에 존재하는 이미 알려진 속성값을 이용하여 미지점의 속성값을 추정하는 방식

43. 벡터구조와 래스터구조간의 자료변환에 관한 설명으로 옳은 것은?

① 벡터로의 변환이 래스터로의 변환보다 기술적인 난이도가 높다.
② 동일한 데이터 사용시 알고리즘이 달라도 결과물은 항상 일정하다.
③ 벡터데이터와 래스터데이터를 서로 중첩시키는 것은 불가능하다.
④ 래스터데이터에서 벡터데이터로 변환시 결과물의 품질이 항상 향상된다.

해설 ① 동일한 데이터 사용시 알고리즘이 다르면 결과물도 다르게 나타날 수 있다.
② 벡터데이터와 래스터데이터간의 중첩도 가능하다.
③ 래스터데이터에서 벡터데이터로 변환시 결과물의 품질이 저하될 수 있다.

44. 다음 중 벡터구조와 격자구조를 비교하여 설명한 것으로 옳지 않은 것은?

① 벡터구조는 격자구조에 비해 자료의 양이 적다.
② 격자구조는 정확도가 높고 위상관계를 가지고 있다.
③ 벡터구조는 자료구조가 복잡하다.
④ 격자구조는 중첩분석이나 모델링이 용이하다.

해설 격자구조(래스터데이터)는 일반적으로 위상관계를 표시하지 않으며 벡터구조에 비하여 정확도가 낮다.

45. DEM(수치표고모형)과 TIN(불규칙삼각망)모델을 선택할 때 고려해야 되는 기준이 아닌 것은?

① 지형의 특성
② 데이터의 수명
③ 특정한 응용의 필요성
④ 데이터 획득 방법

해설 일반적으로 데이터모델의 선정시에 데이터의 수명을 고려하지 않는다.

46. 다음 설명 중에서 토지정보시스템의 객체(object)에 대한 설명으로 틀린 것은?

① 수치를 이용한 정량화된 지리정보의 표현
② 개체(entity)가 컴퓨터에 입력되면 객체라고 표현
③ 도로나 가옥과 같이 공간상에 존재하는 모든 지리정보를 생성하는 기본단위
④ 도형정보, 속성정보, 위상정보의 소유

해설 [객체(Object)]
① 속성 자료에 의해 표현되는 현상을 일컫는다.
② 객체 지향 프로그래밍에서 자료나 절차를 구성하는 기본 요소이다.
③ 작성, 조작 및 수정을 위하여 단일 요소로 취급되는 문자·치수·선·원 또는 다각선과 같은 하나 이상의 기본체·도면요소라고도 한다.
④ 실세계 실체를 표현하는 공간 데이터베이스의 점·선 또는 다각형 실체. 용어 Feature와 Object는 종종 동의어으로 사용된다.

47. 데이터베이스의 구조 중 트리(Tree)형태의 구조로 행정구역을 나타내는 레이어 등에 효율적으로 적용될 수 있는 것은?

① 평면형
② 계급형
③ 관망형
④ 관계형

해설 [데이터베이스관리시스템(DBMS)의 모델]
① 계층형 : 최초로 구현된 데이터 모델로 트리구조나 조직표와 같은 계층적으로 배열
② 네트워크형(관망형) : data들은 다른 파일의 하나 이상의 data들과 연계되어 있으며 이를 연관시키기 위해 지시자 활용
③ 관계형 : 2차원 테이블 형태로 저장되며 한 테이블은 다수의 열로 구성되고, 각 열은 정해진 범위의 값이 저장되는 형태

48. 지적도의 접합시 도곽선이 불일치하는 원인이 아닌 것은?

① 다원화된 원점의 사용
② 지적도면의 관리부실
③ 지적도면의 재작성의 부정확
④ 수치지적측량방법의 사용

해설 [지적도의 접합시 도곽선이 불일치하는 원인]
① 다원화된 원점의 사용
② 지적도면의 관리부실
③ 지적도면의 재작성시의 부정확
④ 도면의 신축

49. 데이터취득시 다중분광영상을 영상처리를 통하여 래스터데이터로서 결과를 얻는 방법은?

① 원격탐사
② GPS측량
③ 항공사진측량
④ 디지타이저

해설 다중분광영상이란 MSS(Multi Spectral Scanner)에 의해 촬영된 영상이다.

정답 40. ④ 41. ④ 42. ① 43. ① 44. ② 45. ② 46. ③ 47. ② 48. ④ 49. ①

[원격탐사 위성 센서의 활용]
① 입체 시각화에 의한 지형분석 : 고해상도위성의 센서에 의한 DEM 제작
② 영상분류에 의한 토지이용 분석 : 일반적인 지구자원탐사 센서(MSS, TM 등)
③ 대축척 수치지도 제작 : 고해상도 센서
④ 야간이나 악천후 중 재해 모니터링 : 레이더를 이용한 SAR 센서

50. 측량성과 작성시스템에서의 해당 파일의 확장자가 잘못 연결된 것은?

① 도형데이터 추출파일 : *.cif
② 토지이동정리파일 : *.dat
③ 측량관측파일 : *.svy
④ 측량성과파일 : *.ser

해설 [KLIS 측량성과 작성시스템 파일 확장자]
• 측량준비도 추출파일(*.cif, cadastral information file)
• 일필지속성정보파일(*.sebu, 세부측량을 영어로 표현)
• 측량관측파일(*.svy, survey)
• 측량계산파일(*.ksp, kcsc survey project)
• 세부측량계산파일(*.ser, survey evidence relation file)
• 측량성과파일(*.jsg, 성과의 작성을 영어로 표현, 성과(sg), 작성(js))
• 토지이동정리(측량결과)파일(*.dat, data)
• 측량성과검사요청서 파일(*.sif)
• 측량성과검사결과 파일(*.Srf)
• 정보이용승인신청서 파일(*.iuf, information use)

51. 공간정보에서 지도투영법의 분류에 속하지 않는 것은?

① 등거투영법   ② 등시투영법
③ 등적투영법   ④ 등각투영법

해설 ① 정형(등각) 투영(conformal projection)
  - 지도상에 나타난 경·위선의 교차 각도가 지구본상에서와 같이 그대로 유지되도록 한 투영방법
  - 등각성을 유지하도록 하기 위해서는 경선이 위선과 등각으로 교차되어야 함

② 등적 투영(equal-area projection)
  - 지구상 모든 지역간의 면적 관계가 지도상에서도 그대로 유지되도록 한 투영법
  - 등적성을 유지시키기 위해서는 경선과 위선을 따라서 축척이 조정되어야 함
③ 등거 투영(equi-distance projection)
  - 지구상에서와 같은 거리관계를 지도상에서도 그대로 유지하도록 투영하는 도법
  - 등거성을 유지하기 위해서는 대권상의 거리를 유지하도록 해야 하며,
  - 지도상에서 두 지점간의 직선 거리가 지구상에서의 두 지점간의 대권상의 호를 나타내도록 해야 함

52. 데이터 정의어(Data Definition Language)중에서 이미 설정된 테이블의 정의를 수집하는 명령어는?

① DROP TABLE   ② CHANGE TABLE
③ ALTER TABLE   ④ MOVE TABLE

해설 [데이터 정의어(DDL, Data Definition Language)]
• DDL의 개념 : 새로운 테이블을 작성하거나, 기존 테이블을 변경·삭제하여 데이터를 정의하는 역할
• CREATE : 새로운 테이블 생성
• ALTER : 기존의 테이블 변경
• DROP : 기존의 테이블 삭제
• RENAME : 테이블의 이름 변경
• TURNCATE : 테이블 잘라냄

53. 토지정보시스템 데이터의 질적 평가에서 고려해야 하는 요소가 아닌 것은?

① 데이터의 정확성   ② 데이터의 오차
③ 데이터의 완벽성   ④ 데이터의 정밀성

해설 [데이터의 질적 평가에서 고려해야 하는 요소]
• 데이터의 정확성
• 데이터의 정밀성
• 데이터의 오차
• 데이터의 불확실성

54. 토지기록전산화의 정책적, 관리적 기대효과 중 관리적 기대효과에 해당하지 않는 것은?

① 건전한 토지거래질서 확립
② 토지정보관리의 과학화
③ 주민편익위주의 민원처리
④ 지방행정전산화 기반 조성

해설 건전한 토지거래질서의 확립은 정책적 관점에서의 기대효과이다.
- 토지기록전산화의 정책적 기대효과
- 토지종착정보의 공동이용
- 건전한 토지거래질서의 확립
- 국토의 효율적 이용관리

55. 토지정보시스템의 구성내용 중 법률적인 정보라 할 수 없는 것은?

① 소유권 정보
② 지역권 정보
③ 지하시설물 정보
④ 저당권 정보

해설 [토지정보시스템의 구성]
① **토지측량자료** : 기하학적 자료, 토지표지자료 등
② **법률자료** : 소유권, 소유권이외의 권리(지역권, 저당권 등)
③ **자연자원자료** : 지질, 광업, 유량, 기후, 입목 등
④ **기술적 시설물에 관한 자료** : 지하시설물, 전력, 산업, 공장, 주거지, 교통시설 등
⑤ **환경보전에 관한 자료** : 수질, 공해, 소음, 대기 등
⑥ **경제 및 사회정책적 자료** : 인구, 고용능력, 교통조건, 문화시설 등

56. 다음 중 지도데이터의 표준화를 위하여 미국의 국가위원회(NCDCDS)에서 분류한 1차원의 공간객체에 해당하지 않는 것은?

① 선(Line)
② 면적(Area)
③ 스트링(String)
④ 아크(Arc)

해설 [공간객체의 종류]
① 점(point) : 0차원 공간객체
② 선(line) : 1차원 공간객체
③ 면(polygon, area) : 2차원 공간객체

57. 기존의 파일시스템에 비하여 데이터베이스관리시스템(DBMS)이 갖는 장점이 아닌 것은?

① 시스템의 단순성
② 중앙제어 기능
③ 데이터의 독립성
④ 효율적인 자료호환

해설 데이터베이스관리시스템은 시스템이 복잡한 단점이 있다.
[DBMS의 장점]
① 중앙제어기능
② 효율적인 자료 호환
③ 데이터의 독립성
④ 새로운 응용프로그램 개발의 용이성
⑤ 직접적인 사용자 연계
⑥ 다양한 양식의 자료제공

58. 지적전산정보시스템에서 사용자권한 등록파일에 등록하는 사용자의 권한에 해당하지 않는 것은?

① 법인 아닌 사단·재단 등록번호의 직권수정
② 지적전산코드의 입력·수정 및 삭제
③ 지적공부의 열람 및 등본발급의 관리
④ 표준지 공시지가 변동의 관리

해설 [지적전산정보시스템에서 사용자권한 등록파일에 등록하는 사용자의 권한]
- 사용자의 신규등록
- 사용자 등록의 변경 및 삭제
- 법인이 아닌 사단·재단 등록번호의 업무관리
- 법인이 아닌 사단·재단 등록번호의 직권수정
- 개별공시지가 변동의 관리
- 지적전산코드의 입력·수정 및 삭제
- 지적전산코드의 조회
- 지적전산자료의 조회
- 지적통계의 관리

- 토지 관련 정책정보의 관리
- 토지이동 신청의 접수
- 토지이동의 정리
- 토지소유자 변경의 관리
- 토지등급 및 기준수확량등급 변동의 관리
- 지적공부의 열람 및 등본 발급의 관리
- 일반 지적업무의 관리
- 일일마감 관리
- 지적전산자료의 정비
- 개인별 토지소유현황의 조회
- 비밀번호의 변경

59. 한국토지정보시스템(KLIS)의 시스템 구현방향은 어떤 구조로 개발하였는가?

① 1계층(1Tier) 구조 ② 2계층(2Tier) 구조
③ 3계층(3Tier) 구조 ④ 독립형 구조

해설 [한국형토지정보시스템(KLIS)의 시스템 구현방향]
통합시스템 아키텍쳐는 3계층 클라이언트 서버(3-Tiered Clint Server)를 기본으로 함

60. 기존의 지적도면전산화에 적용한 방법으로 맞는 것은?

① 디지타이징 방식 ② 조사 · 측량방식
③ 자동벡터화방식 ④ 원격탐측방식

해설 기존의 지적도면전산화에 적용한 방법에는 벡터자료로는 디지타이징, 래스터자료로는 스캐닝방식이 적용된다.

4과목 지적학

61. 현존하는 지적기록 중 가장 오래된 것은?

① 신라장적 ② 매향비
③ 경국대전 ④ 해학유서

해설 ① **신라장적** : 8세기~9세기 초에 작성된 문서로 통일신라의 세금징수목적으로 작성된 문서이며, 지적공부 중 토지대장의 성격을 갖는 가장 오래된 문서
② **매향비** : 고려말~조선초, 내세에 미륵불의 세계에 태어날 것을 염원하면서 향을 묻고 세우는 비
③ **경국대전** : 조선 시대에 나라를 다스리는 기준이 된 최고의 법전
④ **해학유서** : 조선 말기의 학자이자 애국계몽운동가인 이기의 시문집

62. "지적은 특정한 국가나 지역 내에 있는 재산을 지적측량에 의해 체계적으로 정리해 놓은 공부다."라고 정의한 학자는?

① S. R. Simpson ② J. G. McEntyre
③ J. L. G. Henssen ④ Kaufmann

해설 [지적을 정의한 학자의 견해]
① **Simpson** : 과세의 기초로 제공하기 위하여 한 국가 내의 부동산의 면적이나 소유권 및 그 가격을 등록하는 공부
② **McEntyre** : 토지에 대한 법률상 용어로서 세부과를 위한 부동산의 수량, 가치 및 소유권의 공정등록
③ **Henssen** : 지적은 특정한 국가나 지역 내에 있는 재산을 지적측량에 의해 체계적으로 정리해 놓은 공부

63. 토지조사사업에서 측량에 관계되는 사항을 구분한 7가지 항목에 해당하지 않는 것은?

① 삼각측량 ② 천문측량
③ 지형측량 ④ 이동지측량

해설 [토지조사사업 당시의 업무]
① **소유권 및 지가조사** : 준비조사, 일필지조사, 분쟁지조사, 지위등급조사, 장부조제, 지방토지조사위원회, 고등토지조사위원회, 사정, 이동지 정리
② **측량** : 삼각측량, 도근측량, 세부측량, 면적계산, 지적도 작성, 이동지측량, 지형측량

64. 토지조사사업의 사정에 불복하는 자는 공시기간 만료 후 최대 며칠 이내에 고등토지조사위원회에 재결을 신청하여야 했는가?

① 10일　　② 30일
③ 60일　　④ 90일

해설 [토지조사사업의 사정(査定)]
① 임시토지조사국은 지방토지조사위원회에 자문하여 토지소유자와 그 강계를 사정
② 임시토지조사국장은 사정을 하는 때에는 30일간 이를 공시
③ 사정에 불복하는 자는 공시기간 만료 후 60일내에 고등토지조사위원회에 제기하여 재결받을 수 있음

65. 지적공개주의를 실현하는 방법에 해당하지 않는 것은?

① 지적공부에 등록된 사항을 실지에 복원하여 등록된 결정 사항을 파악하는 방법
② 지적공부의 등록된 사항과 실지상황이 불일치할 경우 실지상황에 따라 변경등록하는 방법
③ 지적공부를 직접 열람하거나 등본에 의하여 외부에서 알 수 있도록 하는 방법
④ 등록사항에 대하여 소유자의 신청이 없는 경우 국가가 직권으로 이를 조사 또는 측량하여 결정하는 방법

해설 [직권등록주의]
등록사항에 대하여 소유자의 신청이 없는 경우 국가가 직권으로 이를 조사 또는 측량하여 결정하는 방법

66. 토지조사사업시의 사정(査定)에 대한 설명으로 옳지 않은 것은?

① 토지 소유자 및 그 강계를 확정하는 행정처분이다.
② 토지의 강계는 지적도에 등록된 토지의 경계선인 강계선이 대상이었다.
③ 사정권자는 당시 고등토지위원회의 장이었다.
④ 사정을 하기에 앞서 사정권자는 지방토지위원회의 자문을 받았다.

해설 [토지조사사업의 사정(査定)]
① 임시토지조사국은 토지조사법, 토지조사령 등에 의해 토지조사사업을 시행하고 토지소유자와 경계를 확정하였는데 이를 사정(査定)이라 함
② 임시토지조사국장의 사정은 이전의 권리와 무관한 확정적 효력을 갖는 가장 중요한 업무
③ 사정권자는 임시토지조사국장으로 지방토지조사위원회에 자문하여 토지소유자 및 그 강계를 사정하였음

67. 조선초기에 현직 관리에게만 수조지(收租地)를 분급한 토지제도는?

① 직전법　　② 과전법
③ 녹읍전　　④ 세습전

해설 ① 직전법 : 조선 초기에 현직 관리에게만 수조지(收租地)를 분급한 토지제도
② 과전법 : 고려말 장부정리의 미비와 권문세가의 토지겸병으로 인해 문란한 토지제도의 개혁으로 실시한 토지제도
③ 녹읍전 : 통일신라시대의 국가에서 관료귀족에게 지급했던 토지제도
④ 세습전 : 고려, 조선시대 관료에게 지급된 토지가 관료사망후에도 후손에게 세습된 토지

68. 유길준의 저서 〈지제의〉에서 현대의 지적도와 유사한 전통도(田統圖)에 관하여 주장한 내용이 옳지 않은 것은?

① 전국의 토지를 정확하게 파악하여 가경면적과 과세면적을 확보할 것으로 보았다.
② 전 국토를 리(里)단위로 작성한 도면이다.
③ 10통(統)을 1면(面), 10면을 1구(區), 10구를 1군(郡), 10군을 1진(鎭), 4진을 1주(州)로 조직하고 전제(田制)를 관장하도록 하였다.
④ 도면 제작에 경위선의 개념과 계통적 과정을 도입하는 과학적인 방법을 제시하였다.

해설 도면제작에 경선과 위선의 개념과 계통적 과정을 도입하는 과학적인 방법을 제시한 것은 휴도이다.

정답　59. ③　60. ①　61. ①　62. ③　63. ②　64. ③　65. ④　66. ③　67. ①　68. ④

69. 토렌스 시스템의 커튼이론(Curtain principle)에 대한 설명으로 옳은 것은?

① 토지등록 업무는 매입 신청자를 위한 유일한 정보의 기초다.
② 토지등록이 토지의 권리관계를 완전하게 반영한다.
③ 선의의 제3자에게는 보험효과를 갖는다.
④ 사실심사시 권리의 진실성에 직접 관여하여야 한다.

[해설] **[토렌스 시스템의 기본이론]**
① **거울이론** : 토지권리증서의 등록은 토지의 거래사실을 완벽하게 반영하는 거울과 같다는 입장의 이론
② **커튼이론** : 토지등록업무가 커튼 뒤에 놓인 공정성과 신빙성에 대하여 관여할 필요도 없고 관여해서도 안되는 매입신청자를 위한 유일한 정보의 이론
③ **보험이론** : 인위적 과실로 인해 토지등록에 착오가 발생한 경우 피해를 본 사람은 피해보상에 대해 법률적으로 선의의 제3자와 동일한 동등한 입장이 되어야 한다는 이론

70. 지목의 설정원칙으로 틀린 것은?

① 일시변경의 원칙   ② 주지목추종의 원칙
③ 사용목적추종의 원칙   ④ 용도경중의 원칙

[해설] **[지목의 설정 원칙]**
① **일필일지목의 원칙** : 일필지의 토지에는 1개의 지목만을 설정
② **주지목추정의 원칙** : 주된 토지의 사용목적 또는 용도에 따라 지목 설정
③ **등록선후의 원칙** : 지목이 서로 중복될 경우 먼저 등록된 토지의 사용목적, 용도에 따라 지목 설정
④ **용도경중의 원칙** : 지목이 중복될 경우 중요한 토지의 사용목적, 용도에 따라 지목 설정
⑤ **일시변경불변의 원칙** : 임시적이고 일시적인 용도의 변경이 있는 경우 등록전환을 하거나 지목변경 불가
⑥ **사용목적추종의 원칙** : 도시계획사업 등의 완료로 인해 조성된 토지는 사용목적에 따라 지목 설정

71. 고려시대의 토지제도에 관한 설명이 옳지 않은 것은?

① 고려 말에는 전제가 극도로 문란해져서 이에 대한 개혁으로 과전법을 실시하게 되었다.
② 입안제도를 실시하였다.
③ 당나라의 토지제도를 모방하였다.
④ '도행'이나 '작'이라는 토지장부가 있었다.

[해설] **[입안(立案)]**
① 조선시대에 실시한 제도로 오늘날의 등기부와 유사
② 토지매매시 관청에서 증명한 공적 소유권 증서
③ 소유자확인 및 토지매매를 증명하는 제도

72. 우리나라의 지적제도와 등기제도에 대한 설명이 옳지 않은 것은?

① 지적과 등기 모두 형식주의를 기본이념으로 한다.
② 지적은 토지에 대한 사실관계를 공시하고 등기는 토지에 대한 권리관계를 공시한다.
③ 지적과 등기 모두 실질적 심사주의를 원칙으로 한다.
④ 지적은 공신력을 인정하고, 등기는 공신력을 인정하지 않는다.

[해설] 우리나라의 지적제도는 실질적 심사주의, 등기제도는 형식적심사주의를 채택하고 있다.

73. 경계불가분의 원칙이 뜻하는 것으로 옳은 것은?

① 토지조사 당시의 사정은 말소가 불가능하다.
② 먼저 조사한 선을 그 경계선으로 한다.
③ 경계선은 면적이 큰 것을 위주로 한다.
④ 인접지와의 경계선은 공통이다.

[해설] **[경계불가분의 원칙]**
① 경계는 유일무이한 것으로 이를 분리할 수 없다는 원칙
② 토지의 경계는 같은 토지에 2개 이상의 경계가 있을 수 없고 양필지 사이에 공통으로 작용한다.

74. 조선시대의 양안(量案)은 다음 중 오늘날의 무엇과 같은가?

① 지적도 ② 임야도
③ 토지대장 ④ 부동산등기부

> **해설** [양안(量案)]
> ① 양안은 고려~조선시대 양전에 의해 작성된 토지장부로 오늘날의 토지대장에 해당
> ② 국가가 양전을 통하여 조세부과의 대상이 되는 토지와 납세자를 파악하고 그 결과로 작성된 장부

75. 임야조사사업 당시 임야대장에 등록된 정(町), 단(段), 무(畝), 보(步)의 면적을 평으로 환산한 값이 틀린 것은?

① 1정(町)=3,000평 ② 1단(段)=300평
③ 1무(畝)=30평 ④ 1보(步)=3평

> **해설** [면적의 단위]
> • 1평(坪) = 6척×6척 = 1간×1간
> • 1합(合)(홉) = 1/10평(坪)
> • 1보(步) = 1평(坪) = 10홉
> • 1무(畝)(묘) = 30평(平)
> • 1단(段) = 300평(平) = 10무(畝)
> • 1정(町) = 3000평(平) = 100무(畝) = 10단(段)

76. 우리나라에서 지적이라는 용어가 법률상 처음으로 등장한 것은?

① 1895년 내부관제
② 1898년 양지아문 직원급 처무규정
③ 1901년 지계아문 직원급 처무규정
④ 1910년 토지조사법

> **해설** 고종 32년(1895년) 3월 26일 칙령 제53호로 내부관제를 공포하고 동령 제8조 판적국의 사무 제2항에 "판적국은 호구적(戶口籍)과 지적(地籍)에 관한 사항"을 관장하도록 규정하여 내부관제의 판적국에서 지적에 관한 사항을 담당하도록 하였다.

77. 토지조사사업 당시 분쟁의 원인에 해당되지 않는 것은?

① 미개간지 ② 토지소속의 불분명
③ 역둔토의 정리미비 ④ 토지점유권 증명의 미비

> **해설** [분쟁지 조사의 개요 및 원인]
> ① 불분명한 국유지와 미정리된 역둔토와 궁장토, 소유권이 불확실한 미개간지를 정리하기 위한 조사
> ② 토지소속의 불분명
> ③ 토지소유권 증명의 미비
> ④ 세제의 불균일

78. 토지조사사업시 일필지측량의 결과로 작성한 도부(개황도)의 축척에 해당되지 않는 것은?

① 1/600 ② 1/1,200
③ 1/2,400 ④ 1/3,000

> **해설** 개황도는 토지조사사업의 일필지조사를 마친 후 그 강계 및 지역을 보측하여 개략적인 현황을 그리고 각종 조사사항을 기재하여 장부조제의 참고자료 또는 세부측량의 안내자료로 활용한 것으로 1/600, 1/1,200, 1/2,400 등이 있다.

79. 지적법이 제정되기까지의 순서를 옳게 나열한 것은?

① 토지조사법 → 토지조사령 → 지세령 → 조선지세령 → 조선임야조사령 → 지적법
② 토지조사법 → 지세령 → 토지조사령 → 조선지세령 → 조선임야조사령 → 지적법
③ 토지조사법 → 토지조사령 → 지세령 → 조선임야조사령 → 조선지세령 → 지적법
④ 토지조사법 → 지세령 → 조선임야조사령 → 토지조사령 → 조선지세령 → 지적법

> **해설** 토지조사법(1910) → 토지조사령(1912) → 지세령(1914) → 조선임야조사령(1918) → 조선지세령(1943) → 지적법(1950)

80. 고려말기 토지대장의 편제를 인적편성주의에서 물적편성주의로 바꾸게 된 주요제도는?

   ① 자호(字號)제도
   ② 결부(結負)제도
   ③ 전시과(田柴科)제도
   ④ 일자오결(一字五結)제도

   해설 ① 자호(字號)제도 : 고려말기 토지대장의 편제를 인적편성주의에서 물적편성주의로 바꾸게 된 주요 제도
   ② 결부(結負)제도 : 신라시대의 토지면적을 측정한 지적제도
   ③ 전시과(田柴科)제도 : 고려시대의 토지소유는 국유를 원칙으로 전시과제도를 시행함
   ④ 일자오결(一字五結)제도 : 조선시대의 토지제도로 오늘날 지번과 같은 자호제도로 천자문 글자순서대로 토지에 부호를 붙이고 다시 번호를 붙여 토지를 구분

5과목 지적관계법규

81. 국토의 계획 및 이용에 관한 법률에서 허가를 받지 않고 공동구를 점용하거나 사용했을 때 과태료를 부과할 수 있는 자는?

   ① 국토교통부장관
   ② 행정안전부장관
   ③ 산업통상자원부장관
   ④ 특별시장

   해설 국토의 계획 및 이용에 관한 법률 제 144조(과태료)
   허가를 받지 않고 공동구를 점용하거나 사용했을 때 경우 특별시장, 광역시장이 과태료를 부과한다.

82. 도시개발사업 등의 완료신고가 있는 때의 처리사항으로 틀린 것은?

   ① 첨부서류인 종전토지의 지번별 조서와 면적측정부 및 환지계획서의 부합여부를 확인하여야 한다.
   ② 완료신고에 대한 서류의 확인이 완료된 때에는 확정될 토지의 지번별 조서에 의하여 토지대장을 작성하여야 한다.
   ③ 완료신고에 대한 서류의 확인이 완료된 때에는 토지대장에 등록하는 소유자의 성명 또는 명칭과 등록번호 및 주소는 환지계획서에 의하여야 한다.
   ④ 첨부서류인 측량결과도 또는 경계점좌표와 새로이 작성된 지적도와의 부합여부를 확인하여야 한다.

   해설 [도시개발사업 등의 완료신고가 있는 때의 처리사항]
   ① 확정될 토지의 지번별조서와 면적측정부 및 환지계획서의 부합여부
   ② 종전토지의 지번별조서와 지적공부등록사항 및 환지계획서의 부합여부
   ③ 측량결과도 또는 경계점좌표와 새로 작성된 지적도와의 부합여부
   ④ 종전토지 소유명의인 동일여부 및 종전토지 등기부에 소유권등기 이외의 다른 등기사항이 없는지 여부

83. 지번과 지목제도에 대한 설명으로 틀린 것은?

   ① 지번 및 지목을 제도하는 경우 지번 다음에 지목을 제도한다.
   ② 부동산종합공부시스템이나 레터링으로 작성하는 경우에는 굴림체로 할 수 있다.
   ③ 중앙에 제도하기 곤란한 때에는 가로쓰기가 되도록 도면을 돌려 제도할 수 있다.
   ④ 지번의 글자간격은 글자크기의 1/4 정도, 지번과 지목의 글자간격은 글자크기의 1/2 정도 띄워 제도한다.

   해설 [지번과 지목의 제도]
   부동산종합공부시스템이나 레터링으로 작성하는 경우에는 고딕체로 할 수 있다.

84. 합병조건이 갖추어진 4필지(99-1, 110-10, 111, 125)를 합병할 경우 새로이 설정하여야 하는 원칙적인 지번은?

   ① 99-1
   ② 100-10
   ③ 111
   ④ 125

해설 ① 합병이 이루어진 경우 합병대상 지번 중 선순위의 지번을 그 지번으로 함
② 본번으로 된 지번이 있을 때는 본번 중 선순위의 지번을 합병 후의 지번으로 함

85. 다음 중 관할등기소의 정의로 옳은 것은?

① 매도인의 소재지를 관할하는 지방법원, 그 지원(支院) 또는 등기소
② 부동산의 소재지를 관할하는 지방법원, 그 지원(支院) 또는 등기소
③ 소유자의 소재지를 관할하는 지방법원, 그 지원(支院) 또는 등기소
④ 상급법원의 장이 위임하는 등기소

해설 [부동산등기법 제7조(관할등기소)]
① 관할등기소 : 부동산의 소재지를 관할하는 지방법원, 그 지원(支院) 또는 등기소
② 부동산이 여러 등기소의 관할구역에 걸쳐 있을 때에는 대법원규칙으로 정하는 바에 따라 각 등기소를 관할하는 상급법원의 장이 관할 등기소를 지정한다.

86. 지적측량업의 등록을 위한 지적측량업자의 결격사유에 해당되는 것은?

① 파산자로서 복권된 자
② 지적측량업의 등록이 취소된 후 2년이 경과되지 않은 자
③ 형의 집행유예 선고를 받고 그 유예기간이 경과된 자
④ 금고 이상의 실형을 선고받고 그 집행이 면제된 날부터 3년이 경과된 자

해설 [공간정보의 구축 및 관리 등에 관한 법률 제47조(측량업 등록의 결격 사유)]
다음 각 호의 어느 하나에 해당하는 자는 측량업의 등록을 할 수 없다.
1. 피성년후견인 또는 피한정후견인
2. 이 법이나 국가보안법, 형법의 규정을 위반하여 금고 이상의 실형을 선고받고 그 집행이 끝나거나 집행이 면제된 날부터 2년이 지나지 아니한 자
3. 이 법이나 국가보안법, 형법의 규정을 위반하여 금고 이상의 형의 집행유예를 선고받고 그 집행유예기간 중에 있는 자
4. 측량업의 등록이 취소된 후 2년이 지나지 아니한 자
5. 임원 중에 제1호부터 제4호까지의 어느 하나에 해당하는 자가 있는 법인

87. 현행 측량·수로조사 및 지적에 관한 법령에 규정된 지번의 부여방법에 대한 설명으로 틀린 것은?

① 지번은 북서에서 남동으로 순차적으로 부여한다.
② 등록전환의 경우에는 그 지번부여지역에서 인접토지의 본번에 부번을 붙여서 설정한다.
③ 분할의 경우에는 분할전 필지의 지번은 말소하고 분할후의 필지는 분할전 지번의 본번에 부번을 붙여 부여한다.
④ 합병의 경우에는 합병전 지번중 선순위의 것을 그 지번으로 하되, 합병전 지번 중 본번만으로된 지번이 있는 때에는 본번중 선순위의 것을 그 지번으로 한다.

해설 [지번부여의 기준]
① 지번은 지적소관청이 지번부여지역별로 차례대로 부여
② 지번은 북서에서 남동으로 순차적으로 부여
③ 분할 후의 필지 중 1필지의 지번은 분할 전의 지번으로 하고, 나머지 필지의 지번은 본번의 최종부번 다음 순번으로 부번을 부여
④ 합병 대상 지번 중 선순위의 지번을 그 지번으로 하되, 본번으로 된 지번이 있을 때에는 본번 중 선순위의 지번을 합병 후의 지번으로 함
⑤ 신규등록·등록전환의 경우 지번부여지역에서 인접토지의 본번에 부번을 붙여서 지번 부여

88. 다음 지역지구 중 경관지구의 세분화로서 틀린 것은?

① 자연경관지구
② 수변경관지구
③ 문화경관지구
④ 시가지경관지구

해설 [경관지구]
① **자연경관지구** : 산지, 구릉지 등 자연경관 보호, 도시의 자연풍치를 유지하기 위하여 필요한 지구
② **수변경관지구** : 지역 내 주요수계의 수변자연경관을 보호유지하기 위해 필요한 지구
③ **시가지경관지구** : 주거지역의 양호한 환경조성과 시가지의 도시경관을 보호하기 위하여 필요한 지구

89. 다음 중 일람도를 제도하는 경우 붉은색 0.2mm폭의 2선으로 제도하여야 하는 것은?

① 지방도로 ② 수도용지중 선로
③ 하천·구거 ④ 철도용지

해설 [일람도의 제도 기준]
- 도곽선은 0.1밀리미터의 폭
- 도면번호는 3밀리미터의 크기
- 인접 동·리 명칭은 4밀리미터
- 지방도로 이상은 검은색 0.2밀리미터 폭의 2선, 그 밖의 도로는 0.1밀리미터 폭으로 제도
- 철도용지는 붉은색 0.2밀리미터 폭의 2선으로 제도
- 수도용지 중 선로는 남색 0.1밀리미터 폭의 2선으로 제도
- 하천, 구거, 유지는 남색 0.1밀리미터의 폭으로 제도하고 내부를 남색으로 엷게 채색
- 취락지, 건물 등은 0.1밀리미터 폭으로 제도하고 내부를 검은색으로 엷게 채색

90. 다음 중 측량·수로조사 및 지적에 관한 법률에 따른 '경계'에 대한 정의로 옳은 것은?

① 토지 위에 설치된 담장
② 필지별로 경계점간을 직선으로 연결하여 지적공부에 등록한 선
③ 주요 지형·지물에 의하여 구획된 지표상의 경계
④ 전·답 등에 구획된 둑

해설 [공간정보의 구축 및 관리 등에 관한 법률 제2조(정의)]
① 경계 : 필지별로 경계점간을 직선으로 연결하여 지적공부에 등록한 선

② 경계점 : 필지를 구획하는 선의 굴곡점으로서 지적도나 임야도에 도해형태로 등록하거나 경계점좌표등록부에 좌표형태로 등록하는 점

91. 토지이동에 대한 대위신청을 할 수 없는 자는?

① 공공사업 등으로 인하여 학교용지의 지목으로 되는 토지의 경우에는 해당사업의 시행자
② 국가가 취득하는 토지의 경우에는 해당 토지를 관리하는 행정기관의 장
③ 민법 제404조의 규정에 의한 채권자
④ 주택법에 의한 공동주택의 부지는 인접토지소유자

해설 [공간정보의 구축 및 관리 등에 관한 법률 제87조(신청의 대위)]
① **사업시행자** : 공공사업 등으로 인하여 학교용지, 도로, 철도용지, 제방, 하천, 구거, 유지, 수도용지 등의 지목으로 되는 토지의 경우에는 그 사업시행자
② **국가기관 또는 지방자치단체장** : 국가, 지방자치단체가 취득하는 토지의 경우에는 그 토지를 관리하는 국가기관 또는 지방자치단체의 장
③ **관리인 또는 사업시행자** : 주택법에 의한 주택의 부지의 경우에는 〈집합건물의 소유 및 관리에 관한 법률〉에 의한 관리인 또는 사업시행자
④ **민법 제404조의 규정에 의한 채권자** : 채권자는 자신의 채권을 보전하기 위하여 채무자의 권리를 행사할 수 있음

92. 다음 중 등기촉탁의 대상이 아닌 것은?

① 지번변경 ② 축척변경
③ 직권등록사항 정정 ④ 신규등록

해설 [등기촉탁의 대상]
① 토지의 이동이 있는 경우(신규등록은 제외)
② 지번을 변경한 경우
③ 축척변경을 한 경우
④ 행정구역개편으로 새로이 지번을 정한 경우
⑤ 등록사항의 오류를 지적소관청이 직권으로 조사, 측량하여 정정한 경우

93. 중앙지적위원회 위원의 임기는? (단, 위원장 및 부위원장을 제외한 위원)

① 1년 ② 2년
③ 3년 ④ 4년

해설 [중앙지적위원회의 구성]
① 중앙지적위원회의 위원은 5명 이상 10명 이하로 구성 (위원장, 부위원장 포함)
② 위원장은 국토교통부 지적업무담당국장, 부위원장은 담당과장
③ 위원의 임기는 2년(위원장, 부위원장 제외)으로 하고 국토교통부장관이 임명

94. 1필지 획정에 있어 주된 토지에 편입할 수 있는 토지에 관한 설명 중 옳지 않은 것은?

① 종된 토지의 지목이 '대'이어야 한다.
② 종된 토지의 면적이 주된 토지의 면적의 10% 이내이어야 한다.
③ 종된 토지의 면적이 330m² 이하이어야 한다.
④ 주된 토지의 편의를 위하여 설치된 도로·구거는 주된 용도의 토지에 편입하여 1필지로 할 수 있다.

해설 [주된 용도의 토지에 편입할 수 없는 토지(양입의 제한)]
① 종된 용도의 토지의 지목이 "대"인 경우
② 주된 용도의 토지면적의 10%를 초과하는 경우
③ 종된 용도의 토지면적이 330m²를 초과하는 경우

95. 토지소유자는 지목변경을 할 토지가 있으면 대통령령으로 정하는 바에 따라 그 사유가 발생한 날부터 며칠 이내에 지적소관청에 지목변경을 신청하여야 하는가?

① 60일 ② 90일
③ 120일 ④ 150일

해설 [지목변경]
① 개요 : 지적공부에 등록된 지목을 다른 지목으로 바꾸어 등록하는 것
② 신청기한 : 지목변경 사유발생일로부터 60일 이내에 지적소관청에 신청

96. 부동산등기법상 합필의 등기를 할 수 있는 것은?

① 소유권 등기가 있는 토지
② 승역지에 하는 지역권의 등기가 있는 토지
③ 전세권 등기가 있는 토지
④ 모든 토지에 등기원인 및 그 연월일과 접수번호가 동일한 저당권에 관한 등기가 있는 경우

해설 [공간정보의 구축 및 관리 등에 관한 법률 제80조(합병신청)]
합병신청이 불가한 경우
1. 합병하려는 토지의 지번부여지역, 지목 또는 소유자가 서로 다른 경우
2. 합병하려는 토지에 다음 각 목의 등기 외의 등기가 있는 경우
  가. 소유권·지상권·전세권 또는 임차권의 등기
  나. 승역지(承役地)에 대한 지역권의 등기
  다. 합병하려는 토지 전부에 대한 등기원인(登記原因) 및 그 연월일과 접수번호가 같은 저당권의 등기
3. 그 밖에 합병하려는 토지의 지적도 및 임야도의 축척이 서로 다른 경우 등 대통령령으로 정하는 경우

97. 다음 중 지적공부에 등록하는 토지의 표시가 아닌 것은?

① 토지의 소재 ② 지번과 지목
③ 경계 또는 좌표 ④ 소유자

해설 [토지의 표시]
지적공부에 토지의 소재, 지번, 지목, 면적, 경계 또는 좌표를 등록하는 것

98. 지목의 구분설정에 관한 설명으로 옳지 않은 것은?

① 국토의 계획 및 이용에 관한 법률 등 관계법령에 의한 택지조성공사가 준공된 토지는 '대'로 한다.
② 축산법에 의한 가축을 사육하는 축사 등과 이에 접속된 부속시설물인 부지는 '목장용지'로 한다.
③ 영구적 건축물 중 변전소, 송신소, 도축장, 자동차운전학원 등의 부지는 '잡종지'로 한다.
④ 아파트, 공장 등 단일 용도의 일정한 단지 안에 설치된 통로는 '도로'로 한다.

해설 [도로]
① 일반공중의 교통운수를 위하여 보행이나 차량운행에 필요한 일정한 설비 또는 형태를 갖추어 이용되는 토지
② 〈도로법〉 등 관계법령에 따라 도로로 개설된 토지
③ 고속도로의 휴게소 부지
④ 2필지 이상에 진입하는 통로로 이용되는 토지
⑤ 다만, 아파트, 공장 등 단일 용도의 일정한 단지 안에 설치된 통로 등은 제외

99. 다음 중 축척변경에 대한 설명으로 틀린 것은?

① 축척변경위원회는 청산금의 이의신청에 관한 사항들을 심의·의결한다.
② 작은 축척을 큰 축척으로 변경하여 등록하는 것을 말한다.
③ 임야도 축척에서 지적도 축척으로 옮겨 등록하는 것을 의미한다.
④ 축척변경을 시행하고자 할 경우에는 시·도지사의 승인을 받아서 시행한다.

해설 [축척변경]
지적도에 등록된 경계점이 정밀도를 높이기 위하여 작은 축척을 큰 축척으로 변경하는 등록하는 것

100. 사용자권한 등록파일에 등록하는 사용자번호 및 비밀번호에 대한 설명으로 틀린 것은?

① 사용자번호는 사용자권한 등록관리청별로 일련번호로 부여하여야 하며, 수시로 사용자번호를 변경하며 관리하여야 한다.
② 사용자권한 등록관리청은 사용자가 다른 사용자권한 등록과관리청으로 소속이 변경되어지거나 퇴직 등을 한 경우에는 사용자번호를 따로 관리하여 사용자의 책임을 명백히 할 수 있도록 하여야 한다.
③ 사용자의 비밀번호는 6자리부터 16자리까지의 범위에서 사용자가 정하여 사용한다.
④ 사용자의 비밀번호는 다른 사람에게 누설하여서는 아니되며, 사용자는 비밀번호가 누설되거나 누설될 우려가 있는 때에는 즉시 이를 변경하여야 한다.

해설 [사용자번호]
사용자권한 등록관리청별로 일련번호로 부여하여야 하며, 한번 부여된 사용자번호는 변경할 수 없다.

2015년도 제2회 지적기사 기출문제

1과목 지적측량

01. 지적삼각점표지의 점간평균거리는?

① 2km 이상 5km 이하
② 3km 이상 10km 이하
③ 5km 이상 20km 이하
④ 10km 이상 30km 이하

해설 [지적기준점의 점간거리]
① 지적삼각점 : 2~5km 이상
② 지적삼각보조점 : 1~3km, 다각망도선법 : 0.5~1km 이하
③ 지적도근점 : 50~300m, 다각망도선법 : 500m 이하

02. 임야도 작성시 구계(區界)와 동계(洞界)가 겹치는 경우에는 어떻게 하는가?

① 구계만 그린다.
② 동계만 그린다.
③ 구계와 동계를 겹쳐 그린다.
④ 필지 경계만 그린다.

해설 ① 행정구역선이 2종 이상 겹치는 경우 최상위 행정구역선만 제도
② 구계와 동계가 겹치는 경우 구계만 작도

03. 평판측량방법으로 세부측량시 측량기하적을 표시할 때, 측정점의 방향선 길이로 옳은 것은?

① 측정점을 중심으로 약 1cm로 표시한다.
② 측정점을 중심으로 약 3cm로 표시한다.
③ 측정점을 중심으로 약 5cm로 표시한다.
④ 측정점을 중심으로 약 10cm로 표시한다.

해설 [평판측량의 기하적]
세부측량시 측량기하적을 표시할 때 측정점의 방향선 길이는 측정점을 중심으로 약 1cm로 표시한다.

04. 어느 토지의 경계점간 거리가 다음과 같을 때 토지의 면적은?

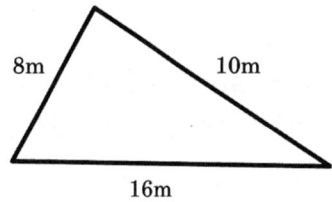

① 31.65m²
② 31.76m²
③ 32.45m²
④ 32.73m²

해설 $s = \dfrac{a+b+c}{2} = \dfrac{8+10+16}{2} = 17m$

$A = \sqrt{s(s-a)(s-b)(s-c)}$
$= \sqrt{17 \times (17-8) \times (17-10) \times (17-16)}$
$= 32.73m^2$

정답 98. ④ 99. ③ 100. ① / 01. ① 02. ① 03. ① 04. ④

05. 다음 중 측량의 목적에 의한 분류에 속하는 것은?

① 트랜싯 측량　　② 컴퍼스 측량
③ 육분의 측량　　④ 지적 측량

해설　① 측량장비에 의한 분류 : 거리측량, 평판측량, 컴퍼스측량, 트랜싯측량, 레벨측량 등
② 측량목적에 의한 분류 : 지적측량, 천문측량, 지형측량, 노선측량, 터널측량, 농지측량, 건축측량 등

06. 지적도근점측량에 의하여 계산된 연결오차가 허용범위 이내인 때에 연결오차의 배분방법이 옳은 것은? (단, 방위각법에 의하는 경우를 기준으로 한다.)

① 각 방위각의 크기에 비례하여 배분한다.
② 각 측선의 종횡선차 길이에 비례하여 배분한다.
③ 각 측선장에 비례하여 배분한다.
④ 각 측선장의 반수에 비례하여 배분한다.

해설　[지적도근점측량에서 종선 및 횡선차의 배분]
① 배각법 : 각 측선의 종선차 또는 횡선차 길이에 비례하여 배분
② 방위각법 : 각 측선장에 비례하여 배분

07. 다음 중 평판측량방법에 따른 세부측량을 교회법으로 하는 경우의 기준 및 방법에 대한 설명으로 옳지 않은 것은?

① 전방교회법 또는 측량교회법에 따른다.
② 방향각의 교각은 30° 이상 150° 이하로 한다.
③ 3방향 이상의 교회에 따른다.
④ 측량결과 시오삼각형이 생긴 경우 내접원의 지름이 2mm 이하일 때에는 그 중심을 점의 위치로 한다.

해설　[평판측량시 교회법의 기준]
① 전방교회법 또는 측방교회법에 따름
② 방향각의 교각은 30°~150°로 함
③ 3방향 이상의 교회에 따름
④ 측량결과 시오삼각형이 생긴 경우 내접원의 지름이 1mm 이하일 때에는 그 중심을 점의 위치로 함

08. 1/500 도곽선에 신축량이 1.8mm 줄었을 경우 면적의 보정계수는?

① 1.0106　　② 1.0101
③ 0.9899　　④ 0.9894

해설　1/500 지적도의 도상길이는 300mm×400mm이므로
보정계수(Z)
$= \dfrac{X \times Y}{\Delta X \times \Delta Y} = \dfrac{300 \times 400}{(300-1.8) \times (400-1.8)} = 1.0106$

09. 다각망도선법에 의한 지적삼각보조점측량을 시행할 때의 설명으로 옳은 것은?

① 결합도선에 의하고 부득이 한 때에는 왕복도선에 의할 수 있다.
② 3점 이상의 기지점을 포함한 결합다각방식에 의한다.
③ 1도선의 거리는 3킬로미터 이상 5킬로미터 이하로 한다.
④ 1도선의 점의 수는 기지점과 교점을 제외하고 5점 이하로 한다.

해설　[다각망도선법에 의한 지적삼각측보조점측량의 기준]
①② 3점 이상의 기지점으로 포함한 결합다각방식에 의한다.
③ 1도선의 거리는 4km 이하로 한다.
④ 1도선의 점의 수는 기지점과 교점 포함하여 5점 이하로 한다.

10. 다음 중 광파기측량방법과 다각망도선법에 따른 지적삼각보조점의 관측 및 계산에서 도선별 연결오차의 기준으로 옳은 것은? (단, S는 도선의 거리를 1천으로 나눈 수를 말한다.)

① (0.05×S)m 이하　　② (0.10×S)m 이하
③ (0.5×S)m 이하　　④ (1.0×S)m 이하

해설　광파기측량방법, 다각망도선법의 도선별 연결오차 $(0.05 \times S)$ 미터 이하이며 S는 도선거리/1,000

11. 도곽선의 제도에 대한 설명 중 틀린 것은?

① 도면의 위 방향은 항상 북쪽이 되어야 한다.
② 이미 사용하고 있는 도면의 도곽 크기는 종전에 구획되어있는 도곽과 그 수치로 한다.
③ 도면에 등록하는 도곽선은 0.1mm의 폭으로 제도한다.
④ 도곽선의 수치는 왼쪽 윗부분과 오른쪽 아랫부분에 제도한다.

해설 [도곽선의 제도]
① 도면에 등록하는 도곽선은 0.1mm의 폭으로 제도
② 도곽선의 수치는 도곽선 왼쪽 아랫부분과 오른쪽 윗부분의 종횡선교차점 바깥쪽에 2mm 크기의 아라비아숫자로 제도

12. 경위의 측량법에 의한 세부측량의 관측 및 계산에 관한 기준으로 틀린 것은?

① 미리 각 경계점에 표지를 설치한다.
② 관측은 20초독 이상의 경위의를 사용한다.
③ 도선법 또는 방사법에 의한다.
④ 연직각의 관측은 교차가 30초 이내인 때 그 평균치를 연직각으로 한다.

해설 [경위의 측량방법에 의한 세부측량의 관측 및 계산]
① 경계점표지의 설치 : 미리 각 경계에 표지를 설치하여야 함
② 관측방법 : 도선법 또는 방사법에 의함
③ 관측시 사용장비 : 20초독 이상의 경위의 사용
④ 수평각관측 : 1대회의 방향관측법이나 2배각의 배각법에 의함
⑤ 연직각관측 : 정반으로 1회 관측하여 그 교차가 5분 이내일 경우 평균치를 연직각으로 하며 분단위로 독정

13. 우리나라에서 지적좌표계로 채택하고 있는 준거타원체의 편평률은?

① 1/293.47   ② 1/297.00
③ 1/298.26   ④ 1/299.15

해설 우리나라에서 지적좌표계로 채택하는 준거타원체는 베셀타원체
장반경(a)=6,377,397.155m, 단반경(b)=6,356,078.963m
편평률
$$f = \frac{a-b}{a} = \frac{6,377,397.155 - 6,356,078.963}{6,377,397.155} = \frac{1}{299.15}$$

14. O점에 기계를 세워서 점 A를 관측하려 하였으나 장애물로 점이 보이지 않아 부득이 AA'만큼 편심하여 측정하였더니 ∠A'OB=14°12'26.7"이었다면, 실제 ∠AOB의 수평각은? (단, AA'=2.34m, OA=1,234.56m이다.)

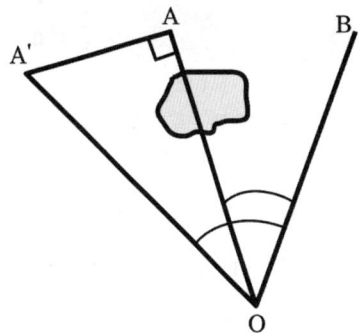

① 14°02'26.7"   ② 14°02'57.7"
③ 14°05'55.7"   ④ 14°08'57.7"

해설 $\frac{AA'}{\sin \angle A'OA} = \frac{OA'}{\sin \angle A'AO}$ 에서

$\frac{2.34}{\sin \angle A'OA} = \frac{1,234.56}{\sin 90°}$ 이므로

∠A'OA = 0°06'30.96"
∠AOB = ∠A'OB - ∠A'OA
∠AOB = 14°12'26.7" - 0°06'30.96" = 14°05'55.7"

15. 좌표면적계산법으로 면적측정을 하는 경우 산출면적은 얼마까지 계산하는가?

① $\frac{1}{10} m^2$ ② $\frac{1}{100} m^2$
③ $\frac{1}{1,000} m^2$ ④ $\frac{1}{10,000} m^2$

해설 [좌표에 의한 면적측정방법]
① 대상지역 : 경위의 측량방법으로 세부측량을 실시한 지역
② 필지별 면적측정 : 경계점 좌표에 따를 것
③ 산출면적 : 산출면적은 1/1,000㎡까지 계산하여 1/10㎡ 단위로 정함

16. 50m 줄자를 사용하여 경계점 A, B의 거리를 측정한 결과 154.24m가 측정되었다. 50m 줄자를 점검하여 3.4mm가 늘어난 것이 확인된 경우 실제 거리로 옳은 것은?

① 154.240m
② 154.245m
③ 154.250m
④ 154.255m

해설 늘어나 있는 줄자로 관측한 값의 실제값은 +로, 수축된 줄자는 반대로 -로 적용한다.

$L_0 = L \pm C_0$ ∴ $C_0 = \pm \frac{\Delta l}{l} L$

$C_0 = \frac{0.0034}{50} \times 154.24m = 0.0105m$

$L_0 = 154.24 + 0.01 = 154.25m$

17. 다각망도선법에 따르는 경우, 지적도근점표지의 점간 거리는 평균 몇 m 이하로 하여야 하는가?

① 300m
② 500m
③ 1,000m
④ 2,000m

해설 [지적기준점의 점간거리]
① 지적삼각점 : 2~5km 이상
② 지적삼각보조점 : 1~3km,
  다각망도선법 : 0.5~1km 이하
③ 지적도근점 : 50~300m,
  다각망도선법 : 500m 이하

18. 지적도의 축척이 1/600 지역에서 산출면적이 327.55㎡일 때 결정면적은?

① 327㎡
② 327.5㎡
③ 327.6㎡
④ 328㎡

해설 [공간정보의 구축 및 관리 등에 관한 법률 시행령 제60조 (면적의 결정 및 측량계산의 끝수처리)]
① 지적도의 축척이 600분의 1인 지역과 경계점좌표등록부에 등록하는 지역의 토지 면적은 ㎡ 이하 한 자리 단위로 등록
② 0.1㎡ 미만의 끝수가 있는 경우 0.05㎡ 미만일 때에는 버리고, 0.05㎡를 초과할 때에는 올림
③ 0.05㎡ 때에는 구하려는 끝자리의 숫자가 0 또는 짝수이면 버리고 홀수이면 올림
④ 1필지의 면적이 0.1㎡ 미만일 때에는 0.1㎡로 함

19. 지적삼각점의 관측 및 계산에 있어서 옳지 않은 것은?

① 관측은 10초독 이상의 경위의를 사용한다.
② 수평각은 3대회의 방향관측법에 의한다.
③ 연직각은 정으로 2회 측정한다.
④ 계산은 진수를 사용하여 각 규약과 변규약에 따른 평균계산법 또는 망평균계산법에 따른다.

해설 [지적삼각점의 관측 및 계산]
① 연직각은 정반 2회 관측하고 정확도는 ±30″초 이내로 관측
② 경위의 정밀는 10초독 이상, 전파(광파) 표준편차 +(5mm+5ppm) 이상의 정밀기기 사용

20. 지상 경계의 구획을 형성하는 구조물 등의 소유자가 다른 경우 지상 경계를 새로이 결정하는 방법으로 옳은 것은?

① 그 소유권에 따라 지상경계를 결정한다.
② 면적이 넓은 쪽을 따라 지상경계를 결정한다.
③ 그 구조물 등의 중앙을 따라 지상경계를 결정한다.
④ 도상경계에 따라 지상경계를 결정한다.

해설 [공간정보의 구축 및 관리 등에 관한 법률 시행령 제55조 (지상경계의 결정 등)]
① 지상경계를 새로 결정하는 경우
- 연접되는 토지 간에 높낮이 차이가 없는 경우: 그 구조물 등의 중앙
- 연접되는 토지 간에 높낮이 차이가 있는 경우: 그 구조물 등의 하단부
- 도로·구거 등의 토지에 절토(切土)된 부분이 있는 경우: 그 경사면의 상단부
- 토지가 해면 또는 수면에 접하는 경우: 최대만조위 또는 최대만수위가 되는 선
- 공유수면매립지의 토지 중 제방 등을 토지에 편입하여 등록하는 경우: 바깥쪽 어깨부분

② 지상 경계의 구획을 형성하는 구조물 등의 소유자가 다른 경우에는 그 소유권에 따라 지상 경계를 결정

2과목 응용측량

21. GPS의 직접적인 활용분야와 가장 거리가 먼 것은?

① 긴급구조 및 방재
② 터널내 중심선 측량
③ 지상측량 및 측지측량기준망 설정
④ 지형공간정보 및 시설물 관리

해설 GPS의 단점으로는 터널, 실내 등과 같이 수신기의 상공이 막혀있는 경우 전파의 수신이 불가능하다는 것이다.

22. 용지경계외 용지면적을 산출함으로써 지가보상 등의 자료로 사용할 목적으로 실시하는 노선측량단계는?

① 용지측량
② 다각측량
③ 공사측량
④ 조사측량

해설 [용지측량]
① 용지경계와 용지면적을 산출하여 지가보상 등의 자료로 사용할 목적으로 실시하는 측량
② 횡단면도에 계획단면을 기입하여 용지폭을 정하고 1/500 또는 1/600 축척의 용지 작성

23. 터널을 만들기 위하여 A, B 두점의 좌표를 측정한 결과 A점은 $N(X)_A$=1,000.00m, $E(Y)_A$=250.00m, B점은 $N(X)_B$=1,500.00m, $E(Y)_B$=50.00m이었다면 AB의 방위각은?

① 20°48′05″
② 158°11′55″
③ 201°48′05″
④ 338°11′55″

해설 $\tan\theta = \dfrac{\Delta Y}{\Delta X} = \dfrac{Y_B - Y_A}{X_B - X_A} \Rightarrow \theta = \tan^{-1}\left(\dfrac{Y_B - Y_A}{X_B - X_A}\right)$

$\overline{AB}$의 방위각 $\theta = \tan^{-1}\left(\dfrac{Y_B - Y_A}{X_B - X_A}\right)$

$= \tan^{-1}\left(\dfrac{50 - 250}{1,500 - 1,000}\right) = -21°48′05″$

$\overline{AB}$는 방안에 그려보면 4상한에 해당하여 270° ~ 360° 사이의 각이어야 하므로
$\overline{AB}$의 방위각 $\theta = 338°11′55″$

24. 항공사진(수직사진)의 판독에 필요한 요소로 볼 수 없는 것은?

① 음영
② 색조
③ 크기와 형태
④ 운량과 풍력

해설 [사진의 판독요소]
색조, 모양, 과고감, 상호위치관계, 형상, 크기, 음영, 질감 등

25. 수준측량에서의 오차 중 우연오차에 해당되는 것은?

① 지구의 곡률에 의한 오차
② 빛의 굴절에 의한 오차
③ 표척의 눈금이 표준(검정)길이와 달라 발생하는 오차
④ 십자선의 굵기 때문에 생기는 오차

해설 정오차와 우연오차의 구분은 오차의 발생원인과 결과를 예측하고 조정할 수 있는지의 여부에 달려있다.
① **수준측량의 정오차** : 구차, 기차, 침하, 영눈금, 온도, 표척의 기울기 등에 의한 오차
② **수준측량의 우연오차** : 레벨조정의 불완전, 시차, 기상변화, 기포관의 둔감, 십자선의 굵기에 의한 읽음 오차

정답 16. ③ 17. ② 18. ③ 19. ③ 20. ① 21. ② 22. ① 23. ④ 24. ④ 25. ④

26. 편각법에 의한 단곡선의 설치에서 외할 250m, 교각 120°일 때 곡선 반지름은?

① 38.7m ② 125m
③ 250m   ④ 750m

해설 교점(I, P)으로부터 원곡선의 중점까지 거리는 외선길이, 외할을 의미하므로

$$E = R \cdot \left(\sec\frac{I}{2} - 1\right)$$

sec 함수는 cos 함수의 역수이므로

$$R = \frac{E}{\left(\sec\frac{I}{2} - 1\right)} = \frac{250m}{\left(\frac{1}{\cos\frac{120°}{2}} - 1\right)} = 250m$$

27. 수준기의 감도가 40"인 레벨로 60m 전방에 세운 표척을 시준한 후 기포가 1눈금 이동하였을 때 발생하는 오차는?

① 0.006m ② 0.012m
③ 0.018m ④ 0.024m

해설 [기포관의 감도(θ'')]
기포가 1눈금 움직일 때 수준기축이 경사되는 각도를 감도(感度)라 한다. 즉, 기포관의 1눈금(2mm)이 곡률중심에 끼는 각도를 말하며 곡률반경으로 표시하기도 한다.

$L = Dn\theta''$, $180° = \pi \, Rad$,

$L = 60m \times 40'' \times \frac{1}{206,265''} = 0.0116m = 11.6mm$

28. 원격센서(Remote Sensor)의 분류관계가 올바르게 짝지어진 것은?

① 선주사방식-사진방식 ② 카메라방식-Laser방식
③ 화상센서-수동적센서 ④ 능동적센서-T.V방식

해설 수동적 센서는 대상물에서 반사되는 전자기파를 수집하는 장치이며, 능동식 센서는 대상물에 전자기파를 발사한 후 반사되는 전자기파를 수집하는 장치이다. 대표적인 능동적 센서로는 Laser, Radar 등이 있다.
① **수동적 탐측기**
  - 비주사방식 (비영상, 영상방식)
  - 주사방식 (영상면, 대상물면 주사방식)
② **능동적 탐측기**
  - 비주사방식 (Laser)
  - 주사방식 (Radar, SLAR)

29. GPS시스템 오차의 종류가 아닌 것은?

① 위성시계오차 ② 영상표정오차
③ 위성궤도오차 ④ 대류권굴절오차

해설 [GPS측량의 구조적 원인에 의한 오차(단독측위의 정확도에 영향을 미치는 요소)]
① 위성시계오차
② 위성궤도오차, 위성의 배치
③ 전리층과 대류권의 전파지연에 의한 오차
④ 전파적 잡음, 다중경로 오차

30. 상호표정에 대한 설명으로 옳은 것은?

① 종시차 소거
② 초점거리 조정
③ 렌즈의 왜곡 보정
④ 사진주점과 투영기의 중심 일치

해설 상호표정은 종시차를 소거하여 목표지형물의 상대위치를 맞추는 작업으로 표정인자는 $\kappa, \phi, \omega, b_y, b_z$이다.
① **내부표정**
  사진의 주점과 화면거리 조정
  건판신축, 대기굴절, 지구곡률보정, 렌즈수차 보정
② **상호표정**
  양 투영기에서 나오는 광속이 촬영당시 촬영면에 이루어지는 종시차를 소거하여 목표지형물의 상대위치를 맞추는 작업
③ **절대표정**
  축척의 결정, 수준면의 결정, 위치와 방위의 결정, 표고와 경사의 결정
④ **접합표정**
  모델과 모델의 접합, 스트립과 스트립 접합

31. 지성선 중에서 빗물들이 이것을 따라 좌우로 흐르게 되는 선으로 지표면이 높은 곳의 꼭대기 점을 연결한 선은?

① 합수선(계곡선) ② 분수선(능선)
③ 경사변환선 ④ 최대경사선

해설 [지성선(地性線 : topographical line)]
① **능선(능선, 분수선)** : 정상을 향하여 가장 높은 점을 연결한 선으로 빗물이 이것을 경계로 흐르게 되므로 분수선이라고도 한다.
② **곡선(합수선, 계곡선)** : 가장 낮은 점을 연결한 선으로 계곡선이라고도 한다.
③ **경사변환선** : 동일 방향의 경사면에서 경사의 크기가 다른 두면의 교선을 경사 변환선이라 한다.
④ **최대 경사선** : 지표의 임의의 한 점에 있어서 그 경사가 최대로 되는 방향을 표시한 선을 말하며 등고선에 직각으로 교차한다. 이는 물이 흐르는 방향으로 유하선이라고도 한다.

32. 2점간의 관측거리(편도)가 4km인 2점을 1등수준측량 하였을 때의 왕복관측 값의 최대허용교차는?

① ±1mm ② ±3mm
③ ±5mm ④ ±7mm

해설 우리나라 기본수준측량 – 왕복관측값의 허용오차
① 1등 수준측량의 허용오차
$M = \pm 2.5mm\sqrt{L}$ 에서 (L: 편도거리(km))
$= 2.5\sqrt{4} = \pm 5mm$
② 2등 수준측량의 허용오차 $M = \pm 5.0mm\sqrt{L}$

33. 곡선설치법에서 원곡선의 종류가 아닌 것은?

① 복심곡선 ② 렘니스케이트곡선
③ 반향곡선 ④ 단곡선

해설 [곡선의 종류]
① 평면곡선(원곡선) : 단곡선, 복합곡선(복심곡선, 반향곡선, 머리핀곡선)

② 완화곡선 : 클로소이드, 렘니스케이트, 3차포물선
③ 수직곡선(종곡선) : 2차포물선, 원곡선

34. 비교적 소축척으로 산지 등의 측량에 이용되는 등고선 측정방법으로 지성선 상의 중요점의 위치와 표고를 측정하고 이 점으로부터 등고선을 삽입하는 방법은?

① 점고법 ② 방안법(사각형분할법)
③ 횡단점법 ④ 종단점법(기준점법)

해설 [등고선의 삽입법]
① **방안법(좌표점고법)** : 방안의 각 교점의 표고를 측정하고 그 결과로 등고선을 삽입하는 방법으로 지형이 복잡한 경우에 적합
② **종단점법** : 지성선 위에 여러 측선에 대하여 거리와 표고를 측정하여 등고선을 삽입하는 방법으로 소축척의 산지 등에 적합
③ **횡단점법** : 노선측량에서 횡단측량의 결과를 이용하여 각 단면에 등고선을 삽입할 경우에 사용되는 방법

35. 중심투영에 의하여 만들어진 점과 실제점의 변위를 의미하는 왜곡수차의 보정방법으로 옳지 않은 것은?

① 포로-코페(Porro-Koppe)의 방법
② 보정판을 사용하는 방법
③ 화면거리를 변화시키는 방법
④ 파인더(finder)를 사용하는 방법

해설 [왜곡수차를 조정하는 방법]
① **포로코페의 방법** : 카메라와 동일렌즈를 갖춘 투영기를 사용하는 방법
② **보정판을 사용하는 방법** : 양화건판과 투영렌즈사이에 보정판(렌즈)를 삽입하는 방법
③ **화면거리를 변화시키는 방법** : 연속적으로 화면거리를 움직여 조정하는 방법

36. 노선측량에서 기지점에서 곡선시점(B.C)까지의 거리가 2,410.5m이고 곡선의 길이가 320.5m이면 곡선종점(E.C)까지의 거리는?

① 1,769.5m ② 2,090.0m
③ 2,731.0m ④ 3,051.5m

해설 곡선종점(E.C)의 위치 = 곡선시점의 위치(B.C까지의 거리) + 곡선길이 = 2,410.5 + 32,05 = 2,731.0m

37. 초점거리 15cm, 사진의 크기 23cm×23cm, 축척 1:20,000, 촬영기준면으로부터 중복도 60%가 되도록 촬영계획을 세웠다. 동일한 조건에서 중복도가 50%가 되도록 하기 위한 비행고도의 변화량은?

① 333m ② 420m
③ 550m ④ 600m

해설 ① 촬영고도
$M = \dfrac{1}{m} = \dfrac{f}{H}$ 에서
$H = mf = 20,000m \times 0.15m = 3,000m$

② 촬영종기선길이
$B = ma(1-p) = 20,000 \times 0.23 \times (1-0.6) = 1,840m$

③ 촬영종기선길이와 축척과의 관계
$B = ma(1-p)$ 에서
$m = \dfrac{B}{a(1-p)} = \dfrac{1,840m}{0.23m(1-0.5)} = 16,000$

④ 비행고도의 변화량
$M = \dfrac{1}{m} = \dfrac{f}{H-h}$ 에서
$h = H - mf = 3,000m - 16,000 \times 0.5 = 600m$

38. 짧은 선의 간격, 굵기, 길이 및 방향 등으로 지표의 기복을 나타내는 방법으로 우모법이라고도 하는 지형표시방법은?

① 영선법 ② 등고선법
③ 점고법 ④ 채색법

해설 [지형도 표시방법 중 부호도법]
① 점고법 : 하천, 항만, 해양측량 등에서 심천측량을 한 측점에 숫자를 기입하여 고저를 표시하는 방법
② 채색법 : 색조를 이용하여 고저를 표시하는 방법
③ 등고선법 : 일정한 높이의 수평면으로 지형을 절단했을 때의 잘린 면의 곡선을 이용하여 지형을 표시

[지형도 표시방법 중 자연도법]
① 영선법 : 우모와 같이 짧고 거의 평행한 선의 간격, 굵기, 길이, 방향 등에 의하여 지형을 표시하는 방법
② 음영법 : 서북쪽 45° 방향에서 평행광선이 비칠 때 생기는 그림자로 기복의 모양을 표시하는 방법

39. 지하시설물 측량의 순서로 옳은 것은?

① 작업계획-자료수집-지하시설물탐사-지하시설물원도작성-작업조서작성
② 자료수집-작업계획-지하시설물탐사-작업조서작성-지하시설물원도작성
③ 작업계획-지하시설물탐사-자료수집-지하시설물원도작성-작업조서작성
④ 자료수집-지하시설물탐사-작업계획-작업조서작성-지하시설물원도작성

해설 [지하시설물측량의 순서]
작업계획 - 자료수집 - 지하시설물 탐사 - 지하시설물 원도 작성 - 작업조서 작성

40. 터널공사에 터널내의 기준점설치에 주로 사용되는 방법으로 연결된 것은?

① 삼각측량-평판측량
② 평판측량-트래버스측량
③ 트래버스측량-수준측량
④ 수준측량-삼각측량

해설 터널공사에 터널내의 기준점설치에는 수평위치결정에 트래버스측량, 수직위치결정에 수준측량을 사용한다.

3과목 토지정보체계론

41. 제1차 국가지리정보시스템 구축사업 중 주제도 전산화 사업이 아닌 것은?

① 도로망도　　② 도시계획도
③ 지형지번도　　④ 지적도

해설 [제1차 국가지리정보시스템 구축사업 중 지리정보분과]
① 지형도 수치화 사업
② 6대 주제도 전산화사업
　국토이용 계획도, 토지이용현황도, 지형지번도, 행정구역도, 도로망도, 도시계획도
③ 7대 지하시설물 수치화 사업
　상수도, 하수도, 가스, 통신, 전력, 송유관, 난방열관

42. 운영체제(O/S)의 종류가 아닌 것은?

① Unix　　② GEOS
③ Windows7　　④ OGC

해설 OGC는 1994년 8월 설립된 GIS관련 기관과 업체를 중심으로 하는 비영리 단체
[운영체계(OS)]
MS-DOS, GEOS, Windows 2000, Windows XP, Windows NT, UNIS 등

43. 전산화 관련자료의 구조 중 하나의 조직안에서 다수의 사용자들이 공통으로 자료를 사용할 수 있도록 통합 저장되어 있는 운영자료의 집합을 무엇이라고 하는가?

① Database　　② Geocode
③ DMS　　④ Expert System

해설 [데이터베이스]
• 자료기반 또는 자료기초라고도 함
• 지도로부터 추출한 도형 및 영상정보와 문헌, 조사, 각종 대장 또는 통계자료로부터 추출한 속성정보 포함
• GIS에서 가장 핵심적인 요소로 구축, 유지, 관리에 가장 많은 시간과 노력, 비용이 소요되는 부분

44. 토지종합정보망 소프트웨어 구성에 관한 설명으로 틀린 것은?

① DB서버-응용서버-클라이언트로 구성
② 미들웨어는 자료제공자와 도면생성자로 구분
③ 미들웨어는 클라이언트에 탑재
④ 자바(Java)로 구현하여 IT-플랫폼에 관계없이 운영 가능

해설 [미들웨어의 개발]
① LMIS(코바 미들웨어) : 고딕엔진 및 PBLIS 기능의 추가에 따른 기능
② PBLIS(고딕용 프로바이더) : 기존 ArcSDE 및 ZEUS 엔진과 상호 자료교환
③ 시군구(엔테라 미들웨어) : 시군구행정종합 정보시스템과 KLIS간 정보공유를 위한 미들웨어 연계

45. 다음 중 보간법(Interpolation)과 관계가 먼 것은?

① 선형식(Linear Function)
② 다항식의 회귀분석
③ 푸리에(Fourier)급수
④ 변환오차식

해설 보간법은 분석에 입력되는 자료내에서 조사되지 않는 지점의 값을 추정하는 방법으로 수치지도의 등고선 레이어를 이용하여 DEM을 생성하는 경우 보간법에 의해 데이터를 처리하여 원하는 모델을 구한다.
[보간법(interpolation)의 종류]
선형보간법, 다항식의 회귀분석, 퓨리에 급수 등

정답　36. ③　37. ④　38. ①　39. ①　40. ③　41. ④　42. ④　43. ①　44. ③　45. ④

46. 다음 중에서 가장 늦게 출현한 시스템은?

① 한국토지정보시스템(KLIS)
② 토지종합정보망(LMIS)
③ 필지중심토지정보시스템(PBLIS)
④ 지적행정시스템

해설 [토지정보시스템의 개발순서]
토지종합정보망(LMIS) – 필지중심토지정보시스템(PBLIS) – 한국토지정보시스템(KLIS)

47. 전산으로 접수된 지적공부정리신청서의 검토사항에 해당되지 않는 것은?

① 신청사항과 지적전산자료의 일치여부
② 첨부된 서류의 적정여부
③ 지적측량성과 자료의 적정여부
④ 신청인과 소유자의 일치여부

해설 [지적공부정리신청서의 검토사항]
① 신청사항과 지적전산자료의 일치여부
② 첨부된 서류의 적정여부
③ 지적측량성과자료의 적정 여부
④ 그 밖에 지적공부정리를 하기 위하여 필요한 사항

48. 데이터베이스의 조직과 구조에 대해 전반적으로 기술한 것을 의미하는 것은?

① 스키마(schema)   ② 관계
③ 속성   ④ 메소드(Method)

해설 [스키마(schema)]
① 데이터베이스의 논리적 정의, 데이터 구조와 제약조건에 관한 명세를 기술한 것
② 컴파일되어 데이터 사전에 저장됨
③ 스키마의 종류 : 외부스키마, 개념스키마, 내부스키마

49. 다음 용어의 정의 중 상호관련이 틀린 것은?

① AM-도면자동화
② FM-수치모델
③ CAD-컴퓨터설계
④ LBS-위치기반정보시스템

해설 [시설물정보체계(FM)]
건축, 전기, 설비, 통신 등 도면 자동화를 통해 구축된 수치지도를 바탕으로 지상 및 지하의 각종 시설물을 시스템 상에 구축하여 시설물에 대한 유지보수 활동을 효과적으로 지원하는 시스템

50. 래스터 구조의 장점으로 옳은 것은?

① 자료구조가 벡터자료구조에 비해 단순하다.
② 해상도가 증가하여도 자료량이 크게 증가하지 않는다.
③ 위상자료구조의 구축에 유리하다.
④ 화소로 구성되어 있다.

해설 [래스터 자료의 구조]
① 격자의 크기보다 작은 객체는 표현할 수 없다.
② 격자의 크기가 작을수록 객체의 형태를 자세히 나타낼 수 있다.
③ 격자의 크기가 작을수록 표현되는 자료는 보다 상세한 반면, 저장용량은 증가한다.
④ 격자의 크기가 커지면 이에 비례하여 자료의 양이 감소한다.

51. 데이터 처리시 대상물이 두 개의 유사한 색조나 색깔을 가지고 있는 경우 소프트웨어적으로 구별하기 어려워서 발생되는 오류는?

① 불분명한 경계
② 주기와 대상물의 혼돈
③ 방향의 혼돈
④ 선의 단절

[해설] 불분명한 경계는 데이터 처리시 대상물이 두 개의 유사한 색조나 색깔을 가지고 있으므로 소프트웨어적으로 구별이 어려워 짐

52. 다음 중 우리나라의 메타데이터에 대한 설명으로 옳지 않은 것은?

① 국가기본도 및 공통데이터 교환포맷 표준안을 확정하여 국가표준으로 제정하고 있다.
② NGIS에서 수행하고 있는 표준화내용은 기본모델연구, 정보구축표준화, 정보유통표준화, 정보활용표준화, 관련기술표준화이다.
③ 메타데이터는 현재 지적정보체계에서만 사용하고 있다.
④ 1995년 12월 우리나라 NGIS 데이터교환표준으로 SDTS가 채택되었다.

[해설] 메타데이터(meta data)란 실제 데이터는 아니지만 데이터베이스, 레이어, 속성, 공간형상 등과 관련된 데이터의 내용, 품질, 조건 및 특징 등을 저장한 데이터로서 데이터에 관한 데이터로 데이터의 이력을 말하며, 지형공간정보체계와 지적정보체계 모두에서 사용되고 있다.

53. 속성자료 입력시 발생할 수 있는 가장 일반적인 오차는?

① 도면인식 오차 ② 입력자 착오 오차
③ 자동입력 오차 ④ 통계처리 오차

[해설] 속성자료는 컴퓨터 키보드에 의하여 입력되므로 입력자의 착오로 인한 오차가 발생할 확률이 가장 높다. 이를 방지하기 위해 입력한 자료를 출력하여 원자료와 비교하는 검토 작업이 요구된다.

54. 자료에 대한 내용, 품질, 사용조건 등의 정보를 제공하는 것으로 데이터의 이력서라고도 하는 것은?

① 레이어 ② SDTS
③ 메타데이터 ④ 인덱스

[해설] 메타데이터(meta data)란 실제 데이터는 아니지만 데이터베이스, 레이어, 속성, 공간형상 등과 관련된 데이터의 내용, 품질, 조건 및 특징 등을 저장한 데이터로서 데이터에 관한 데이터로 데이터의 이력을 말한다.

55. 다음 중 원격탐사를 통해 수집된 위성영상자료의 전자파 소음을 제거하고 오류를 바로잡아 올바른 좌표정보와 좌표체계 정보 등을 이미지 데이터에 교정하여 저장함으로써 자료를 순화시키는 과정은?

① 전처리과정 ② 강조처리
③ 주제별분석 ④ 후처리과정

[해설] 전처리에 해당하는 위성영상의 처리과정은 방사보정과 기하보정이다.
[위성영상의 처리순서]
① 전처리 : 방사보정(복사보정), 기하보정
② 변환처리 : 영상강조, 영상압축
③ 분류처리 : 영상분류(감독분류, 무감독분류), 영역분할 및 매칭

56. 토지정보시스템에 있어 객체(Object)와 관련이 먼 것은?

① 공간상에 존재하는 일정 사물이나 특정 현상을 발생시키는 존재이다.
② 정보의 생성, 저장, 관리기능 일체를 의미한다.
③ 공간정보를 근간으로 구성된다.
④ 도로나 시설물 등도 해당된다.

[해설] [객체(Object)]
① 속성 자료에 의해 표현되는 현상을 일컫는다.

정답 46. ① 47. ④ 48. ① 49. ② 50. ① 51. ① 52. ③ 53. ② 54. ③ 55. ① 56. ②

② 객체 지향 프로그래밍에서 자료나 절차를 구성하는 기본 요소이다.
③ 작성, 조작 및 수정을 위하여 단일 요소로 취급되는 문자·치수·선·원 또는 다각선과 같은 하나 이상의 기본체·도면요소라고도 한다.
④ 실세계 실체를 표현하는 공간 데이터베이스의 점·선 또는 다각형 실체. 용어 Feature와 Object는 종종 동의적으로 사용된다.

57. 다음 중 데이터 표준화의 내용에 해당하지 않는 것은?

① 데이터 교환의 표준화
② 데이터 품질의 표준화
③ 데이터 분석의 표준화
④ 데이터 위치참조의 표준화

> 해설 [데이터 측면에 따른 분류]
> ① 내적요소 : 데이터 모델, 데이터 내용, 데이터 교환, 메타데이터 표준
> ② 외적요소 : 데이터 수집, 데이터 품질, 위치참조 표준

58. 다음 중 래스터 자료 포맷에 해당하지 않는 것은?

① BSQ(Band SeQuential)
② BIA(Band Interleaved by Area)
③ BIL(Band Interleaved by Line)
④ BIP(Band Interleaved by Pixel)

> 해설 [래스터자료 포맷 방법]
> ① BIL(Band Interleaved by Line) : 1라인에 1밴드 스펙트럼 값을 나열한 것을 밴드순으로 정렬하고, 그것을 전체 라인에 대해 반복한 자료저장방식
> ② BSQ(Band SeQuential) : 각 밴드의 2차원 화상 자료를 밴드순으로 정렬한 자료저장방식
> ③ BIP(Band Interleaved by Pixel) : 1라인 중의 1화소 스펙트럼 값을 나열한 것을 그 라인의 전화소에 대해 정렬하고, 그것을 전라인에 대해 반복하여 정렬한 자료저장방식

59. 현실세계의 객체 및 객체와 관련되는 모든 형상의 점, 선, 면을 이용하여 마치 지도상에 나타나는 것과 같이 표현되는 자료는?

① 벡터 자료
② 래스터 자료
③ 속성 자료
④ 단위 자료

> 해설 [벡터자료의 특징]
> • 현상적 자료구조의 표현이 용이하고 효율적 축약
> • 뛰어난 위상관계 구축과 위치와 속성의 일반화 가능
> • 3차원 분석 및 확대 축소시의 정보의 손실 없음
> • 자료구조는 복잡하고 고가의 장비 필요

60. 데이터 취득시 기선측정을 위한 후처리상대측위방법과 미지점의 3차원좌표를 실시간으로 구하는 RTK측량방법이 사용되는 방법은?

① 원격탐사
② 항공사진측량
③ 토탈스테이션
④ GPS측량

> 해설 GPS는 위성을 이용한 위치결정방식으로 정확한 위치를 알고 있는 위성에서 발사한 전파를 수신하여 관측점까지의 소요시간을 관측함으로 지상의 관측점의 위치를 알게 되는 측위시스템이다.

4과목 지적학

61. 다음 중 법령의 제정순서가 옳은 것은?

① 토지조사령 → 조선임야조사령 → 지세령 → 지적법
② 조선임야조사령 → 토지조사령 → 지세령 → 지적법
③ 토지조사령 → 지세령 → 조선임야조사령 → 지적법
④ 지세령 → 조선임야조사령 → 토지조사령 → 지적법

> 해설 [지적법의 변천]
> 토지조사법(1910) - 토지조사령(1912) - 지세령(1914) - 조선임야조사령(1943) - 지적법(1950)

62. 지적의 발생설을 토지측량과 밀접하게 관련지어 이해할 수 있는 이론은?

① 과세설　　　　② 치수설
③ 지배설　　　　④ 역사설

해설 [지적발생설의 종류]
① **과세설** : 세금징수의 목적에서 출발
② **치수설** : 농지측량(토지측량) 및 치수에서 출발
③ **통치설** : 통치적 수단에서 출발
④ **침략설** : 영토확장과 침략상 우위의 목적

63. 조선시대의 속대전(續大典)에 따르면 양안(量案)에서 토지의 위치로서 동, 서, 남, 북의 경계를 표시한 것을 무엇이라고 하였는가?

① 자번호　　　　② 사주(四柱)
③ 사표(四標)　　④ 주명(主名)

해설 [사표(四標)]
① 고려 및 조선시대의 양안(지금의 토지대장)에 수록된 사항으로 토지의 경계를 표시한 것
② 동, 서, 남, 북의 인접지에 대한 지목, 자호, 주명(소유자)를 표시
③ 양안에 기록하거나 도면을 작성하여 놓은 것

64. 토지등록과 그 공시내용의 법률적 효력으로 볼 수 없는 것은?

① 행정처분의 구속력
② 토지등록의 공정력
③ 토지등록의 확정력
④ 공신의 원칙 인정력

해설 [토지등록의 효력]
행정처분의 구속력, 토지등록의 공정력, 토지등록의 확정력, 토지등록의 강제력

65. 우리나라에서 사용하고 있는 지목의 분류방식은?

① 지형지목　　　② 용도지목
③ 토성지목　　　④ 단식지목

해설 [용도지목]
① 토지의 주된 사용목적(용도)에 따라 지목을 결정하는 방법
② 우리나라에서 지목을 결정할 때 사용되는 방법

66. 다음 중 토지 경계선의 위치가 가장 정확하여야 하는 것은?

① 세지적　　　　② 법지적
③ 경계지적　　　④ 유사지적

해설 [법지적]
① 세지적에서 진일보한 지적제도
② 토지과세 및 토지거래의 안전, 토지소유권보호 등이 주요 목적
③ 일명 소유지적이라고도 하며 법지적하에서는 위치의 정확도를 중시
④ 경계가 명확해야 하므로 법지적의 확립을 위해 정밀한 지적측량이 요구됨

67. 다목적 지적의 구성요건에 해당하지 않는 것은?

① 측지기준망　　② 기본도
③ 지적도　　　　④ 측량계산부

해설 [다목적지적의 구성요소]
① 3대 구성요소 : 측지기준망, 기본도, 중첩도
② 5대 구성요소 : 측지기준망, 기본도, 중첩도, 필지식별번호, 토지자료파일

68. 토지조사 때 사정한 경계에 불복하여 고등토지조사위원회에서 재결한 결과 사정한 경계가 변경되는 경우 그 변경의 효력이 발생되는 시기는?

① 재결일
② 재결서 통지일
③ 재결서 접수일
④ 사정일에 소급

해설 ① 토지조사사업시 소유자를 사정하여 토지대장에 등록한 소유권의 취득 효력은 원시취득에 해당
② 재결받은 때의 효력 발생일은 사정일로 소급하여 발생

69. 다음 중 대한제국시대에 3편(片)으로 발급한 관계(官契)를 보존하는 기관(사람)에 해당하지 않는 것은?

① 본아문   ② 소유자
③ 지방관청   ④ 지주총대

해설 [관계(官契)의 발급]
① 제1편 : 지계아문 보관
② 제2편 : 소유자 보관
③ 제3편 : 지방관청 보관

70. 의상경계책(疑上經界策)을 통하여 양전법이 방량법과 어린도법으로 개정되어야 한다고 주장한 조선시대 학자는?

① 서유구   ② 정약용
③ 이기   ④ 유길준

해설 [양전 개정론자의 (저서) 및 개정론]
① 이익 (균전론) : 영업전, 제도
② 정약용 (목민심서, 경세유표) : 정전제, 방량법, 어린도법
③ 서유구 (의상경계책) : 어린도법, 방량법
④ 이기 (해학유서, 전제망언) : 결부제보완, 망척제
⑤ 유길준 (서유견문) : 지제의, 전통도 실시

71. 다음 중 1단지마다 하나의 본번을 부여하고 단지내 필지마다 부번을 부여하는 방법으로 토지구획 및 농지개량사업 시행지역 등의 지번설정에 적합한 것은?

① 선별식   ② 사행식
③ 단지식   ④ 기우식

해설 [단지식 지번설정]
① 1단지마다 하나의 본번을 부여하고 단지내 필지마다 부번을 부여하는 방법
② 토지구획 및 농지개량사업 시행지역 등의 지번설정에 적합한 방식

72. 지적형식주의를 채택하고 있는 지적제도에 있어서 토지 표시사항의 등록에 대한 효력적 근거가 되는 것은?

① 지적공부   ② 등기부
③ 토지이동결의서   ④ 측량성과도

해설 [지적형식주의]
① 지적공부에 등록하는 법적인 형식을 갖추어야만 비로소 토지로서의 거래단위가 될 수 있다는 원리
② 지적등록주의라고도 함

73. 다음 중 도해지적에 대한 설명으로 옳지 않은 것은?

① 경계를 표시하는 방법에 따른 분류에 해당한다.
② 토지경계의 효력을 도면에 등록된 경계에만 의존한다.
③ 토지경계가 지상보다 도상에 명백히 나타나 있어 경계분쟁의 소지가 적은 지역에 적합하다.
④ 토지 형상에서 경계선이 비교적 직선이며 굴곡점이 적고 면적이 넓어 정밀도를 높이기 위한 경우에 적합하다.

해설 ① 도해지적 : 토지의 각 필지 경계점을 측량하여 일정한 축척으로 그림으로 묘화하는 것으로 정밀도가 낮은 지역에 적합

② 수치지적 : 토지의 각 필지 경계점을 수학적인 평면직각 종횡선수치(x,y)의 형태로 표시하여 정밀한 경계 등록 가능

74. 다음 지적불부합지의 유형 중 아래의 설명에 해당하는 것은?

> 지적도근점의 위치가 부정확하거나 지적도근점의 사용이 어려운 지역에서 현황측량 방식으로 대단위지역의 이동측량을 할 경우에 일필지의 단위면적에는 큰 차이가 없으나 토지경계선이 인접한 토지를 침범해 있는 형태이다.

① 중복형　　② 편위형
③ 공백형　　④ 불규칙형

해설 [지적불부합의 유형]
① **중복형** : 기존 등록된 경계선의 충분한 확인없이 측량했을 때 주로 발생
② **공백형** : 도상경계는 인접해 있으나 현장에서는 공간의 형상이 생기는 유형으로 도선의 배열이 상이한 경우에 발생
③ **편위형** : 현형법을 이용하여 이동측량했을 때, 측판점의 위치오류로 인해 발생
④ **불규칙형** : 불부합의 형태가 일정하지 않고 산발적으로 발생한 형태로 위치파악, 원인분석이 어려움
⑤ **위치오류형** : 등록된 토지의 형상과 면적은 현지와 일치하나 지상의 위치가 전혀 다른 위치에 있는 유형
⑥ **경계이외의 불부합** : 지적공부의 표시사항 오류, 대장과 등기부간의 오류 등

75. 다음의 설명에서 ( ) 안에 들어갈 알맞은 명칭은?

> 지역선은 토지조사사업 당시 소유자는 같으나 지목이 다른 관계로 별필의 토지경계선과 소유자를 알 수 없는 토지와의 구획선, 토지조사 시행지와 미시행지와의 경계선을 말하나, 토지조사 시행지와 미시행지와의 경계선은 별도로 ( )이라고도 불렀다.

① 지계선　　② 강계선
③ 지구선　　④ 구역선

해설 [지역선]
① 토지조사사업 당시 소유자는 같으나 지목이 다른 관계로 별필의 토지경계선과 소유자를 알 수 없는 토지와의 구획선, 토지조사 시행지와 미시행지와의 경계선을 말함
② 토지조사 시행지와 미시행지와의 경계선은 별도로 지계선이라 함

76. 근대 유럽 지적제도의 효시를 이루는데 공헌한 국가는?

① 독일　　② 네덜란드
③ 스위스　　④ 프랑스

해설 [나폴레옹 지적]
① 근대적 세지적의 완성과 소유권제도의 확립을 위한 지적제도 성립의 전환점으로 평가
② 나폴레옹 1세가 1808~1850년까지 프랑스 전국토를 대상으로 공평한 과세와 소유권 분쟁해결위해 실시

77. 지적을 다음과 같이 정의한 학자는?

> "토지의 일필지에 대한 크기(size)와 본질(nature), 이용상태(state) 및 법률관계(legal situation) 등을 상세히 기록하여 별개의 재산권으로 행사할 수 있도록 지적측량에 의하여 대장과 대축척 지적도에 개별적으로 표시하여 체계적으로 정리한 것이다."

① 헨센(Henssen)　　② 데일(Dale)
③ 심프슨(Simpson)　　④ 멕로린(McLaughlin)

해설 [지적을 정의한 학자의 견해]
① **Simpson** : 과세의 기초로 제공하기 위하여 한 국가 내의 부동산의 면적이나 소유권 및 그 가격을 등록하는 공부
② **McEntyre** : 토지에 대한 법률상 용어로서 세부과를 위한 부동산의 수량, 가치 및 소유권의 공정등록
③ **Henssen** : 지적은 특정한 국가나 지역 내에 있는 재산을 지적측량에 의해 체계적으로 정리해 놓은 공부

78. 다음 중 토지의 권원을 명확히 하고 토지거래에 따른 변동사항의 정리를 용이하게 하여 권리증서의 발행을 손쉽게 하고자 창안된 토지등록제도는?

① 날인등록제도　② 소극적등록제도
③ 토렌스시스템　④ 토지정보시스템

해설 [토렌스 시스템]
① 근본목적 : 법률적으로 토지의 권리를 확인하는 대신 토지의 권원을 등록하는 행위로 토지의 소유권을 명확히 하고 토지거래에 따른 변동사항과 정리를 용이하게 하여 권리증서의 발행을 손쉽게 행함
② 적극적 등록주의의 발달된 형태
③ 3대이론 : 거울이론, 커튼이론, 보험이론

79. 지적국정주의에 대한 설명으로 옳지 않은 것은?

① 모든 토지를 지적공부에 등록해야 하는 적극적 등록주의를 택하고 있다.
② 지적공부에 등록된 사항을 토지소유자나 일반 국민에게 신속·정확하게 공개하여 정당하게 이용할 수 있도록 한다.
③ 지적공부의 등록사항 결정방법과 운영방법에 통일성을 기하여야 한다.
④ 토지에 이동사항이 있을 경우 신청이 없더라도 이를 직권으로 조사·정리할 수 있다.

해설 [지적 공개주의]
지적공부에 등록된 사항을 토지소유자나 일반 국민에게 신속·정확하게 공개하여 정당하게 이용할 수 있도록 한다.

80. 다음 중 임야조사사업 당시의 사정(査定)기관으로 옳은 것은?

① 임시토지조사국장
② 도지사
③ 임야조사위원회
④ 읍·면장

해설

구분	토지조사사업	임야조사사업
측량기관	임시토지조사국	부(府), 면(面)
사정기관	임시토지조사국장	도지사
재결기관	고등토지조사위원회	임야심사위원회

5과목 지적관계법규

81. 지적소관청이 등록사항을 정정할 때 토지소유자에 관한 사항은 다음 중 무엇에 의하여 정정하여야 하는가?

① 등기필증
② 지적공부등본
③ 법원의 확정판결서
④ 지적공부정리결의서

해설 [공간정보의 구축 및 관리 등에 관한 법률 제84조(등록사항의 정정)]
정정사항이 토지소유자에 관한 사항인 경우 등기필증, 등기완료통지서, 등기사항증명서 또는 등기관서에서 제공한 등기전산정보자료에 따라 정정하여야 한다.

82. 중앙지적위원회의 설명으로 옳은 것은?

① 중앙지적위원회 위원장은 국토교통부 지적업무 담당 국장이다.
② 중앙지적위원회 위원수는 5명 이상 20명 이하이다.
③ 중앙지적위원회는 위원장 1명과 부위원장 2명을 포함하여야 한다.
④ 중앙지적위원회의 위원을 위촉할 수 있는 자는 중앙지적위원회 위원장이다.

해설 [공간정보의 구축 및 관리 등에 관한 법률 시행령 제20조(중앙지적위원회의 구성 등)]
① 중앙지적위원회는 위원장 1명과 부위원장 1명을 포함하여 5명 이상 10명 이하의 위원으로 구성한다.
② 위원장은 국토교통부의 지적업무 담당 국장이, 부위원장은 국토교통부의 지적업무 담당 과장이 된다.

③ 위원은 지적에 관한 학식과 경험이 풍부한 사람 중에서 국토교통부장관이 임명하거나 위촉한다.
④ 위원장 및 부위원장을 제외한 위원의 임기는 2년으로 한다.
⑤ 중앙지적위원회의 간사는 국토교통부의 지적업무 담당 공무원 중에서 국토교통부장관이 임명하며, 회의 준비, 회의록 작성 및 회의 결과에 따른 업무 등 중앙지적위원회의 서무를 담당한다.
⑥ 중앙지적위원회의 위원에게는 예산의 범위에서 출석수당과 여비, 그 밖의 실비를 지급할 수 있다.

83. 경계점좌표등록부의 등록사항이 아닌 것은?

① 지목
② 토지의 고유번호
③ 토지의 소재
④ 지번

해설 지목은 토지대장, 임야대장, 지적도, 임야도에 등록되나 경계점좌표등록부에는 등록되지 않는다.
[경계점좌표등록부의 등록사항]
토지소재, 지번, 좌표, 고유번호, 도면번호, 필지별 장번호, 부호도, 직인, 직인날인번호

84. 지적공부에 등록하는 지목의 설정기준으로 옳은 것은?

① 토지의 토성 분포
② 토지의 지형 지세
③ 토지의 공시 지가
④ 토지의 주된 용도

해설 [용도지목]
① 토지의 주된 사용목적(용도)에 따라 지목을 결정하는 방법
② 우리나라에서 지목을 결정할 때 사용되는 방법

85. 축척변경시 면적증감에 따른 청산에 관한 설명 중 틀린 것은?

① 청산금은 축척변경위원회에서 결정한다.
② 청산금 납부고지는 축척변경위원회에서 한다.
③ 청산금은 납부고지를 받은 날부터 3개월 이내에 납부하여야 한다.
④ 면적증감에 따른 청산금 차액은 지방자치단체 수입 또는 부담으로 한다.

해설 [공간정보의 구축 및 관리 등에 관한 법률 시행령 제76조 (청산금의 납부고지 등)]
① 지적소관청은 청산금의 결정을 공고한 날부터 20일 이내에 토지소유자에게 청산금의 납부고지 또는 수령통지를 하여야 한다.
② 납부고지를 받은 자는 그 고지를 받은 날부터 6개월 이내에 청산금을 지적소관청에 내야 한다.
③ 지적소관청은 제1항에 따른 수령통지를 한 날부터 6개월 이내에 청산금을 지급하여야 한다.
④ 지적소관청은 청산금을 지급받을 자가 행방불명 등으로 받을 수 없거나 받기를 거부할 때에는 그 청산금을 공탁할 수 있다.
⑤ 지적소관청은 청산금을 내야 하는 자가 제77조제1항에 따른 기간 내에 청산금에 관한 이의신청을 하지 아니하고 제2항에 따른 기간 내에 청산금을 내지 아니하면 지방세 체납처분의 예에 따라 징수할 수 있다.

86. 국토의 계획 및 이용에 관한 법률에서 도시·군관리계획에 해당하지 않는 것은?

① 기반시설의 설치·정비 또는 개량에 관한 계획
② 기본적인 공간구조와 장기발전방향에 대한 계획
③ 도시개발사업이나 정비사업에 관한 계획
④ 용도지역·용도지구의 지정 또는 변경에 관한 계획

해설 [국토의 계획 및 이용에 관한 법률 제2조(정의)]
도시·군 관리계획의 내용
가. 용도지역·용도지구의 지정 또는 변경에 관한 계획
나. 개발제한구역, 도시자연공원구역, 시가화조정구역, 수산자원보호구역의 지정 또는 변경에 관한 계획
다. 기반시설의 설치·정비 또는 개량에 관한 계획
라. 도시개발사업이나 정비사업에 관한 계획
마. 지구단위계획구역의 지정 또는 변경에 관한 계획과 지구단위계획
바. 입지규제최소구역의 지정 또는 변경에 관한 계획과 입지규제최소구역계획

87. 국토의 계획 및 이용에 관한 법률상 토지거래계약에 관한 허가구역의 지정 대상이 되는 곳은?

① 토지의 거래가 성행하는 구역
② 지가가 급격히 상승할 우려가 있는 구역
③ 용도지역의 예정구역
④ 특수한 자연경관을 보호해야 할 구역

해설 [국토의 계획 및 이용에 관한 법률 제117조(허가구역의 지정)]
국토교통부장관 또는 시·도지사는 '투기적 거래가 성행하거나 지가가 급격히 상승하는 지역과 그러한 우려가 있는 지역'으로 5년 이내 기간을 정하여 허가구역을 지정할 수 있다.

88. 국토의 계획 및 이용에 관한 법령상 중층주택을 중심으로 편리한 주거환경을 조성하기 위하여 필요할 때 지정하는 용도지역은?

① 제1종 전용주거지역 ② 제2종 전용주거지역
③ 제1종 일반주거지역 ④ 제2종 일반주거지역

해설 [주거지역의 구분]
① 제1종 전용주거지역 : 단독주택 중심의 양호한 주거, 환경보호를 위한 지역
② 제2종 전용주거지역 : 공동주택 중심의 양호한 주거, 환경보호를 위한 지역
③ 제1종 일반주거지역 : 저층주택 중심의 편리한 주거, 환경보호를 위한 지역
④ 제2종 일반주거지역 : 중층주택 중심의 편리한 주거, 환경보호를 위한 지역
⑤ 제3종 일반주거지역 : 중·고층주택 중심의 편리한 주거, 환경보호를 위한 지역

89. 등기관이 토지 등기기록의 표제부에 기록하여야 할 사항이 아닌 것은?

① 지목   ② 면적
③ 좌표   ④ 등기원인

해설 ① 등기부 표제부에 기록될 사항 : 표시번호, 접수, 소재, 지번, 지목, 면적, 등기원인 및 기타사항
② 갑구 : 소유권에 관한 사항
③ 을구 : 소유권 이외의 권리에 관한 사항

90. 도시개발법에 따른 도시개발사업으로 인하여 토지의 이동이 필요한 경우, 토지의 이동은 언제 이루어진 것으로 보는가?

① 토지의 형질변경 등의 공사가 허가된 때
② 토지의 형질변경 등의 공사가 착수된 때
③ 토지의 형질변경 등의 공사가 준공된 때
④ 토지의 형질변경 등의 공사가 완료된 때

해설 [공간정보의 구축 및 관리 등에 관한 법률 제86조(도시개발사업 등 시행지역의 토지이동 신청에 관한 특례)]
도시개발법에 따른 도시개발사업으로 인한 토지의 이동시기는 형질변경 등의 공사가 준공된 때이다.

91. 지적전산자료를 인쇄물로 제공할 경우 1필지당 수수료로 옳은 것은?

① 10원   ② 20원
③ 30원   ④ 40원

해설 [지적전산자료의 사용료]
① 인쇄물로 제공하는 때 : 1필지당 30원의 수수료
② 자기디스크 등 전산매체로 제공하는 때 : 1필지당 20원의 수수료

92. 국토의 계획 및 이용에 관한 법률상 광역계획권을 지정한 날부터 3년이 지날 때까지 관할시장 또는 군수로부터 광역도시계획의 승인신청이 없는 경우 광역도시계획의 수립권자는?

① 관할도지사   ② 국토교통부장관
③ 국무총리   ④ 대통령

해설 [국토의 계획 및 이용에 관한 법률 제11조(광역도시계획의 수립권자)]
광역계획권 지정 후 3년이 지날 때까지 시장 또는 군수로부터 승인신청이 없는 경우 도지사가 수립한다.

93. 다음 중 지적공부의 효율적인 관리 및 활용을 위하여 지적정보 전담 관리기구를 설치·운영하는 자는?

① 행정안전부장관 ② 국토지리정보원장
③ 국가정보원장   ④ 국토교통부장관

해설 [공간정보의 구축 및 관리 등에 관한 법률 제70조(지적정보 전담 관리기구의 설치)]
① 국토교통부장관은 지적공부의 효율적인 관리 및 활용을 위하여 지적정보 전담관리기구를 설치·운영한다.
② 지적정보전담 관리기구의 설치·운영에 관한 세부사항은 대통령령으로 정한다.

94. 다음 중 대지권등록부의 등록사항에 해당하지 않는 것은?

① 토지의 소재   ② 대지권 비율
③ 소유자의 성명 ④ 개별공시지가

해설 개별공시지가는 토지대장, 임야대장에 등록되며 대지권등록부에는 등록되지 않는다.
[대지권등록부의 등록사항]
토지소재, 지번, 성명, 주소, 주민등록번호, 소유권지분, 대지권 비율, 건물의 명칭, 전유구분의 건물의 표시, 고유번호, 필지별 대장의 장번호

95. 측량·수로조사 및 지적에 관한 법령상 지적공부의 복구 자료이면서 신규등록 신청시 첨부하여야 할 공통적인 서류에 해당하는 것은?

① 측량결과도
② 토지이동정리결의서
③ 법원의 확정판결서 정본 또는 사본
④ 부동산등기부등본 등 등기사실을 증명하는 서류

해설 [신규등록시 제출서류]
1. 법원의 확정판결서 정본 또는 사본
2. 공유수면매립법에 의한 준공인가필증 사본
3. 도시지역 안의 토지를 그 지방자치단체의 명의로 등록하는 때에는 기획재정부장관과 협의한 문서의 사본
4. 그 밖에 소유권을 증명할 수 있는 서류의 사본

96. 다음 축척변경에 대한 설명 중 옳지 않은 것은?

① 축척변경은 지적도에 등록된 경계점의 정밀도를 높이기 위해 시행한다.
② 지적도의 작은 축척을 큰 축척으로 변경하는 것을 말한다.
③ 축척변경에 관한 사항을 심의·의결하기 위하여 지적소관청에 축척변경위원회를 둔다.
④ 임야도의 축척을 지적도 축척으로 바꾸는 것을 말한다.

해설 [축척변경]
지적도에 등록된 경계점이 정밀도를 높이기 위하여 작은 축척을 큰 축척으로 변경하여 등록하는 것

97. 부동산등기법상 등기할 수 없는 권리만으로 연결된 것은?

① 소유권-지역권 ② 지상권-전세권
③ 유치권-점유권 ④ 저당권-임차권

해설 [등기할 수 있는 권리]
• 소유권, 지상권, 지역권, 전세권, 저당권, 권리질권, 채권담보권, 임차권
• 등기할 수 없는 권리
• 점유권, 유치권, 동산질권, 분묘기지권, 특수지역권

98. 측량·수로조사 및 지적에 관한 법령상 용어의 정의로 옳지 않은 것은?

① 경계란 필지별 경계점간을 직선 혹은 곡선으로 연결하여 지적공부에 등록한 선을 말한다.
② 면적이란 지적공부에 등록한 필지의 수평면상 넓이를 말한다.
③ 토지의 이동이란 토지의 표시를 새로 정하거나 변경 또는 말소하는 것을 말한다.
④ 지번부여지역이란 지번을 부여하는 단위지역으로서 동·리 또는 이에 준하는 지역을 말한다.

해설 [공간정보의 구축 및 관리 등에 관한 법률 제2조(정의)]
경계 : 필지별 경계점간을 직선으로 연결하여 지적공부에 등록한 선

99. 다음 중 등기신청서에 채권액과 채무자를 기재하여야 하는 설정등기는?

① 지상권
② 지역권
③ 전세권
④ 저당권

해설 저당권설정시 등기부에는 채무자, 채권액, 공동담보표시, 권리의 표시 등을 기록한다.

100. 다음 중 등기촉탁 대상으로 틀린 것은?

① 지번변경에 따른 토지의 표시변경
② 신규등록에 따른 토지의 표시변경
③ 축척변경에 따른 토지의 표시변경
④ 지적공부 등록사항의 정정에 따른 토지의 표시변경

해설 [공간정보의 구축 및 관리 등에 관한 법률 제89조(등기촉탁)]
신규등록 당시는 등기부가 존재하지 않으므로 등기촉탁의 대상이 되지 않는다.

2015년도 제3회 지적기사 기출문제

1과목 지적측량

01. 면적측정의 방법으로 틀린 것은?

① 경위의 측량방법으로 세부측량을 한 지역의 필지별 면적측정은 경계점좌표에 의한다.
② 좌표면적계산법에 의한 산출면적은 1,000분의 1㎡까지 계산하여 100분의 1㎡ 단위로 정한다.
③ 전자면적측정기에 의한 면적측정은 도상에서 2회 측정하여 그 교차가 허용면적 이하일 때에는 그 평균치를 측정면적으로 한다.
④ 전자면적측정기에 의한 산출면적은 1,000분의 1㎡까지 계산하여 10분의 1㎡ 단위로 정한다.

해설 [좌표에 의한 면적측정방법]
① 대상지역 : 경위의 측량방법으로 세부측량을 실시한 지역
② 필지별 면적측정 : 경계점 좌표에 따를 것
③ 산출면적 : 산출면적은 1/1,000㎡까지 계산하여 1/10㎡단위로 정함

02. 오차의 성질에 관한 설명 중 옳지 않은 것은?

① 정오차는 측정횟수를 거듭할수록 누적된다.
② 우연오차에서 같은 크기의 정(+)·부(-)오차가 발생할 확률은 거의 같다고 가정한다.
③ 정오차는 발생원인과 특성을 파악하면 제거할 수 있다.
④ 부정오차는 착오라고도 하며, 관측자의 부주의 또는 관측 잘못으로 발생하는 것이 대부분이다.

해설 [오차의 성질에 따른 분류]
① **정오차(누적오차, 계통오차)** : 오차가 일어나는 원인이 명백하고, 일정한 조건 밑에서는 일정한 크기와 방향으로 발생하는 오차, 그 원인이 조사되면 오차량을 계산하여 제거할 수 있는 오차, 특성치, 온도, 처짐, 장력, 경사, 표고 등
② **부정오차(우연오차, 상차)** : 일어나는 원인이 불분명 하거나 원인을 안다 하여도 직접 처리하는 방법이 불확실하고 예견할 수 없으며 관측값에 어느 정도의 영향을 주고 있는지를 알 수 없는 성질의 불규칙한 오차. 아무리 주의해도 피할 수 없고 또 계산으로 제거할 수 없으므로 통계학(최소제곱법)적으로 소거하는 방법을 사용
③ **과대오차(착오)** : 관측자 기술의 미숙, 심리상태의 혼란, 부주의, 착각에 의한 눈금 오독, 기장오기 등으로 발생

03. 지적소관청은 지적도면의 관리에 필요한 경우에는 지번부여지역마다 일람도와 지번색인표를 작성하여 갖춰둘 수 있다. 이때 일람도를 작성하지 아니할 수 있는 경우는 도면이 몇 장 미만일 때인가?

① 4장 ② 5장
③ 6장 ④ 7장

해설 [일람도의 작성 기준]
① 일람도의 축척은 그 도면축척의 1/10로 함
② 도면의 장수가 많아 1장에 작성할 수 없는 경우 축척을 줄여서 작성할 수 있음
③ 도면의 장수가 4장 미만인 경우 일람도의 작성을 하지 않을 수 있음

정답 98. ① 99. ④ 100. ② / 01. ② 02. ④ 03. ①

04. 다음 그림에서 BQ의 길이는?(단, AD//BC, F=600m²)

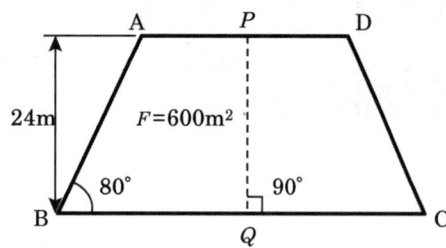

① 23.46m ② 25.78m
③ 27.47m ④ 29.38m

해설 $\overline{BQ} = \dfrac{F}{L\sin\beta} + \dfrac{L\cos\beta}{2}$ 이므로

$\overline{BQ} = \dfrac{600}{24 \times \sin 80°} + \dfrac{24 \times \cos 80°}{2} = 27.47m$

별해 $F = \dfrac{AP + AP + \dfrac{24}{\tan 80°}}{2} \times 24 = 600m^2$ 에서

$AP = 22.8841m$

$\dfrac{24}{\tan 80°} = 4.2318m$ 이므로

$BQ = 22.8841 + 4.2318 = 27.1159m$

05. 경위의측량방법으로 세부측량을 한 지역의 필지별 면적측정 방법은?

① 전자면적측정기법 ② 좌표면적계산법
③ 도상삼변법 ④ 방사법

해설 경위의측량방법으로 세부측량을 한 지역, 경계점 좌표등록부가 비치된 지역에서의 면적은 좌표면적계산법에 의하여 좌표를 구하고 이를 이용하여 면적을 측정하여야 한다.

06. 경계점좌표등록부를 갖추두는 지역의 측량방법 및 기준이 옳지 않은 것은?

① 각 필지의 경계점을 측정할 때에는 도선법 · 방사법 또는 교회법에 따라 좌표를 산출하여야 한다.
② 필지의 경계점이 지형 · 지물에 가로막혀 경위의를 사용할 수 없는 경우에는 간접적인 방법으로 경계점의 좌표를 산출할 수 있다.
③ 기존의 경계점좌표등록부를 갖추두는 지역의 경계점에 접속하여 경위의측량방법 등으로 지적확정측량을 하는 경우 동일한 경계점의 측량성과가 서로 다를 때에는 경계점좌표등록부에 등록된 좌표를 그 경계점의 좌표로 본다.
④ 각 필지의 경계점 측점번호는 오른쪽 위에서부터 왼쪽으로 경계를 따라 일련번호를 부여한다.

해설 [지적측량 시행규칙 제23조(경계점좌표등록부를 갖추두는 지역의 측량)]
각 필지의 경계점 측점번호는 왼쪽 위에서부터 오른쪽 경계를 따라 일련번호를 부여한다.

07. 다음 중 지적도근점측량에 대한 설명으로 옳은 것은?

① 지적도근점측량의 도선은 A도선과 B도선으로 구분한다.
② 광파기측량방법과 도선법에 따른 지적도근점의 수평각 관측시 경계점좌표등록부 시행지역에 대하여는 배각법에 따른다.
③ 다각망도선법으로 지적도근점측량을 할 때에 1도선의 점의 수는 40개 이하로 한다.
④ 교회망 또는 교점다각망으로 구성하여야 한다.

해설 [지적측량 시행규칙 제12조(지적도근점측량)]
① 지적도근점측량의 도선은 1등도선과 2등도선으로 구분한다.
② 다각망도선법으로 지적도근점측량을 할 때에 1도선의 점의 수는 20개 이하로 한다.
③ 도선법, 교회법 또는 다각망도선법으로 구성하여야 한다.

08. 다음 그림에서 수선장(E)는? (단, Δx=+124.380m, Δy=+19.301m, α_0=313°10′54″, 그림은 개략도임)

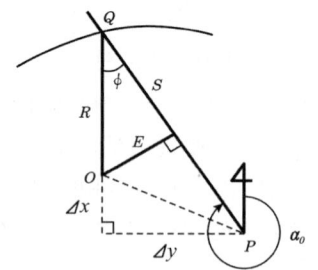

① 101.3m ② 103.9m
③ 124.4m ④ 156.4m

해설 수선장 $E = \Delta y \cdot \cos\alpha_0 - \Delta x \cdot \sin\alpha_0$ 이므로
$E = 19.301 \times \cos 313°10'54'' - 124.380$
$\times \sin 313°10'54'' = 103.9m$

09. 지적기준점 등이 매설된 토지를 분할하는 경우 그 토지가 작아서 제도하기가 곤란한 때에는 그 도면의 여백에 그 축척의 몇 배로 확대하여 제도할 수 있는가?

① 5배 ② 10배
③ 15배 ④ 20배

해설 [지적업무처리규정 제41조(경계의 제도)]
지적기준점 등이 매설된 토지를 분할하는 경우 그 토지가 작아서 제도하기가 곤란한 때에는 그 도면의 여백에 그 축척의 10배로 확대하여 제도할 수 있다.

10. 다음 중 구면삼각법을 평면삼각법으로 간주하여 계산할 때 적용하는 이론은?

① 가우스(Gauss) 정리
② 르장드르(Legendre) 정리
③ 뫼스니에(Measnier) 정리
④ 가우스쿠뤼거(Gauss-Kruger) 정리

해설 [르장드르의 정리]
구면삼각형에서 구과량을 고려하는 경우 구과량을 오차로 간주하고 각각의 각에 오차의 1/3만큼씩을 빼주어 평면삼각형으로 간주하여 간편하게 변의 길이를 구하는 방식

11. 다음 중 경위의측량방법에 따른 세부측량에서 연직각의 관측은 정반으로 1회 관측하여 그 교차가 얼마이내일 때에 그 평균치를 연직각으로 하는가?

① 2분 이내 ② 3분 이내
③ 4분 이내 ④ 5분 이내

해설 [경위의 측량방법에 의한 세부측량의 관측 및 계산]
① 경계점표지의 설치 : 미리 각 경계에 표지를 설치하여야 함
② 관측방법 : 도선법 또는 방사법에 의함
③ 관측시 사용장비 : 20초독 이상의 경위의 사용
④ 수평각관측 : 1대회의 방향관측법이나 2배각의 배각법에 의함
⑤ 연직각관측 : 정반으로 1회 관측하여 그 교차가 5분 이내일 경우 평균치를 연직각으로 하며 분단위로 독정

12. 평판측량방법에 따른 세부측량에서 지상경계선과 도상경계선의 부합여부를 확인하는 방법으로 옳지 않은 것은?

① 도상원호교회법 ② 지상원호교회법
③ 현형법 ④ 거리비교교회법

해설 [지적측량 시행규칙 제18조(세부측량의 기준 및 방법 등)]
경계점은 기지점을 기준으로 하여 지상경계선과 도상경계선의 부합 여부를 현형법(現形法)·도상원호(圖上圓弧)교회법·지상원호(地上圓弧)교회법 또는 거리비교확인법 등으로 확인하여 정할 것

13. 지적삼각보조점의 수평각 관측에 대한 설명으로 옳은 것은?

① 각 관측방법에 따른다.
② 방위각 측정방법에 따른다.
③ 방향관측법에 따른다.
④ 방위각법과 배각법에 따른다.

해설 경위의측량방법과 교회법에 의해 지적삼각보조점측량을 실시할 경우 관측은 20초독 이상의 경위의를 사용하며, 수평각관측의 2대회 방향관측법에 의하므로 2대회의 윤곽도는 0°, 90°이다.

정답 04. ③ 05. ② 06. ④ 07. ② 08. ② 09. ② 10. ② 11. ④ 12. ④ 13. ③

14. 도곽선의 제도에 대한 설명 중 틀린 것은?

① 도면의 위방향은 항상 북쪽이 되어야 한다.
② 지적도의 도곽크기는 가로 40cm, 세로 30cm의 직사각형으로 한다.
③ 도곽의 구획은 지적관련법령에서 정한 좌표의 원점을 기준으로 하여 정한다.
④ 도면에 등록하는 도곽선의 수치는 1mm 크기의 아라비아 숫자로 제도한다.

해설 [도곽선의 제도]
① 도면에 등록하는 도곽선은 0.1mm의 폭으로 제도
② 도곽선의 수치는 도곽선 왼쪽 아랫부분과 오른쪽 윗부분의 종횡선교차점 바깥쪽에 2mm 크기의 아라비아숫자로 제도

15. 전파기측량방법에 의하여 교회법으로 지적삼각보조점 측량을 하는 기준에 관한 아래 설명 중 ( )에 알맞은 것은?

> 지형상 부득이하여 2방향의 교회에 의하여 결정하고자 하는 때에는 각 내각을 관측하여 각 내각의 관측치의 합계와 180도와의 차가 ( ) 이내일 때에는 이를 각 내각에 고르게 배분하여 사용할 수 있다.

① ±20초　② ±30초
③ ±40초　④ ±50초

해설 ① 경위의 측량방법과 전파기 또는 광파기 측량방법에 따라 교회법으로 지적삼각보조점측량을 할 때 3방향의 교회에 따른다.
② 지형상 부득이하여 2방향의 교회에 의하여 결정하고자 하는 때에는 각 내각을 관측하여 각 내각의 관측치의 합계와 180도와의 차가 ±40″이내일 때에는 이를 각 내각에 고르게 배분하여 사용할 수 있다.

16. 축척 1/600지역에서 지적도근점측량을 실시하여 측정한 수평거리의 총합계가 1,600m이었을 때 연결오차의 허용범위는? (단, 1등도선인 경우이다.)

① 21cm 이하　② 24cm 이하
③ 27cm 이하　④ 30cm 이하

해설 연결오차 $= \frac{M}{100}\sqrt{N}\,cm$ 이하이므로
$= \frac{600}{100}\sqrt{16} = 24cm$ 이하

17. 지적삼각점측량에서 수평각의 측각공차 기준이 옳은 것은?

① 1측회의 폐색 : ±30초 이내
② 1방향각 : ±40초 이내
③ 삼각형 내각관측의 합과 180도와의 차 : ±40초 이내
④ 기지각과의 차 : ±30초 이내

해설 [지적삼각측량 수평각의 측각공차]
① 1방향각 : 30초 이내
② 1측회의 폐색 : ±30초 이내
③ 삼각형내각관측치의 합과 180도와의 차 : ±30초 이내
④ 기지각과의 차 : ±40초 이내

18. 축척 1/1,200지적도에서 도곽신축량이 $\Delta X_1 = -0.4mm$, $\Delta X_2 = -1.0mm$, $\Delta Y_1 = -0.8mm$, $\Delta Y_2 = -0.6mm$일 경우 도곽선의 보정계수는?

① 1.0026　② 1.0032
③ 1.0038　④ 1.0044

해설 1/1,200 지적도의 도상길이는 333.33mm×416.67mm이고,
$\Delta x = \frac{\Delta x_1 + \Delta x_2}{2} = -0.7mm$, $\Delta y = \frac{\Delta y_1 + \Delta y_2}{2} = -0.7mm$
[보정계수(Z)]
$= \frac{X \times Y}{\Delta X \times \Delta Y} = \frac{333.33 \times 416.67}{(333.33 - 0.7) \times (416.67 - 0.7)} = 1.0038$

19. 평판측량방법에 따른 세부측량을 도선법으로 하는 경우의 기준으로 옳지 않은 것은? (단, N은 변의 수를 말한다.)

① 위성기준점, 통합기준점, 삼각점, 지적삼각점, 지적삼각보조점 및 지적도근점, 그 밖에 명확한 기지점 사이를 서로 연결한다.

② 광파조준의 또는 광파측거기를 사용하는 경우를 제외하고 도선의 측선장은 도상길이 8cm 이하로 한다.
③ 도선의 변은 20개 이하로 한다.
④ 도선의 폐색오차는 $\sqrt{N}$ mm 이하로 한다.

해설 [평판측량시 도선의 폐색오차]
도상길이 $\frac{\sqrt{N}}{3}$ mm 이하인 경우 그 오차는 계산식에 따라 이를 각 점에 배분하여 그 점의 위치로 한다.

20. 일람도의 제도에 대한 설명 중 틀린 것은?
① 고속도로는 검은색 0.4mm의 2선으로 제도한다.
② 철도용지는 붉은색 0.2mm의 2선으로 제도한다.
③ 수로선로는 남색 0.1mm의 2선으로 제도한다.
④ 도면번호는 3mm의 크기로 한다.

해설 [일람도의 제도 기준]
- 도곽선은 0.1밀리미터의 폭
- 도면번호는 3밀리미터의 크기
- 인접 동·리 명칭은 4밀리미터
- 지방도 이상은 검은색 0.2밀리미터폭의 2선, 그 밖의 도로는 0.1밀리미터 폭으로 제도
- 철도용지는 붉은색 0.2밀리미터 폭의 2선으로 제도
- 수도용지 중 선로는 남색 0.1밀리미터 폭의 2선으로 제도
- 하천, 구거, 유지는 남색 0.1밀리미터의 폭으로 제도하고 내부를 남색으로 엷게 채색
- 취락지, 건물 등은 0.1밀리미터 폭으로 제도하고 내부를 검은색으로 엷게 채색

2과목 응용측량

21. 노선측량에서 곡선설치에 사용하는 완화곡선에 해당되지 않는 것은?
① 복심곡선 ② 3차포물선
③ 클로소이드곡선 ④ 렘니스케이트곡선

해설 [노선측량에서 곡선설치의 종류]
① **평면곡선** : 단곡선, 복합곡선(복심곡선, 반향곡선, 배향곡선, 머리핀곡선)
② **수직곡선** : 2차포물선, 원곡선
③ **완화곡선** : 클로소이드, 3차포물선, 렘니스케이트곡선

22. 축척 1:10,000의 항공사진에서 건물의 시차를 측정하니 상부가 19.33mm, 하부가 16.783mm이었다면 건물의 높이는? (단, 촬영고도 : 800m, 사진상의 기선 길이 : 68mm)
① 19.4m ② 29.4m
③ 39.4m ④ 49.4m

해설 시차차 $\Delta p = \frac{h}{H} \times b_0$ 에서
$h = \frac{\Delta p}{b_0} \times H = \frac{(19.33 - 16.83)mm}{68mm} \times 800m = 29.41m$

23. 수준기의 감도가 20″인 레벨(Level)을 사용하여 40m 떨어진 표척을 시준할 때 발생할 수 있는 시준오차는?
① ±0.5mm ② ±3.9mm
③ ±5.2mm ④ ±8.5mm

해설 [기포관의 감도(θ'')]
기포가 1눈금 움직일 때 수준기축이 경사되는 각도를 감도(감도)라 한다. 즉, 기포관의 1눈금(2mm)이 곡률중심에 끼는 각도를 말하며 곡률반경으로 표시하기도 한다.
$L = Dn\theta''$, $180° = \pi\,Rad$
$L = 40m \times 20'' \times \frac{1}{206,265''} = 0.00388m = 3.88mm$

24. 상호표정에서 그림과 같은 시차를 소거하기 위한 표정 인자는?

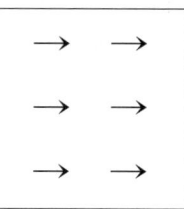

① bx   ② by
③ bz   ④ k1

해설 [표정인자의 미동에 의한 사진상의 변화]

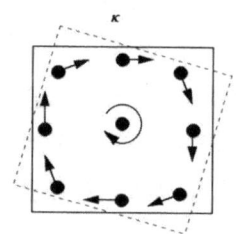 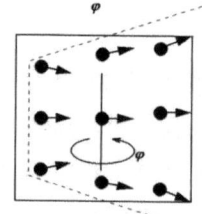

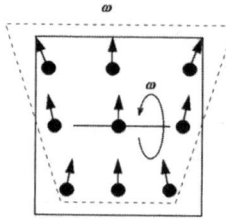

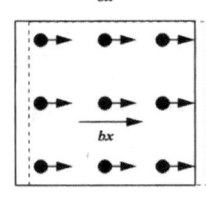 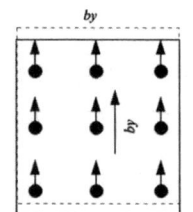

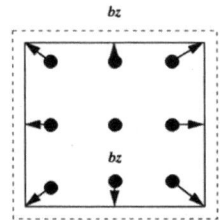

25. 두 개의 수직터널에 의하여 깊이 700m의 터널 내외를 연결하는 경우에 지상에서의 수직터널간 거리가 500m 라면 두 수직터널간 터널 내외에서의 거리 차이는? (단, 지구반지름 R=6,370km이다.)

① 4.5m   ② 5.5m
③ 4.5cm ④ 5.5cm

해설 평균해수면에 대한 오차는 $C_h = -\dfrac{H}{R}L$

오차를 보정한 후의 수평거리는 $L_0 = L - \dfrac{H}{R}L$

여기서, R : 지구반경, H : 높이, L_0 : 기준면상의 거리
지표상의 측정거리를 조건으로 주어주고 수갱간의 거리를 구하므로

수직터널간 오차 $= -\dfrac{700}{6,370,000} \times 500 = 0.055\,m = -5.5\,cm$

26. 단일주파수 수신기와 비교할 때, 이중주파수수신기의 특징에 대한 설명으로 옳은 것은?

① 전리층지연에 의한 오차를 제거할 수 있다.
② 단일주파수 수신기보다 일반적으로 가격이 저렴하다.
③ 이준주파수 수신기는 C/A코드를 사용하고 단일주파수 수신기는 P코드를 사용한다.
④ 단거리측량에 비하여 장거리기선측량에서는 큰 이점이 없다.

해설 L_1과 L_2의 2중 주파수 수신기를 사용하게 되면 전리층 오차를 제거할 수 있다.

27. 등고선의 성질을 설명한 것으로 틀린 것은?

① 등고선은 등경사지에서 등간격으로 나타낸다.
② 등고선은 도면 내·외에서 반드시 폐합하는 폐곡선이다.
③ 등고선은 절벽이나 동굴을 제외하고는 교차하지 않는다.
④ 등고선은 급경사지에서는 간격이 넓고 완경사지에서는 좁다.

해설 [등고선의 특성]
① 최대 경사선은 등고선과 직각 방향이다.
② 높이가 다른 등고선은 동굴이나 절벽을 제외하고는 교차하지 않는다.
③ 등고선은 도면상 혹은 외에서 폐합하며 도중에 손실되지 않는다.
④ 등고선은 급경사지에서는 간격이 좁고 완경사지에서는 넓다.

28. 곡선의 종류 중 원곡선 두 개가 접속점에서 각각 다른 방향으로 굽어진 형태의 곡선으로 주로 계곡부에 이용되는 것은?

① 단곡선　　② 복심곡선
③ 완화곡선　　④ 반향곡선

해설 [복합곡선(Compound Curve)의 종류]
① 복심곡선 : 반경이 다른 2개의 원곡선이 1개의 공통접선을 같은 방향에서 연결하는 곡선
② 반향곡선 : 반경이 다른 2개의 원곡선이 1개의 공통접선의 서로 반대쪽에 있는 곡선중심을 연결하는 곡선
③ 배향곡선 : 반향곡선을 연속시켜 머리핀같은 형태의 곡선으로 된 것으로 머리핀곡선이라고도 함

29. 그림의 AC와 DB간 원곡선을 설치하려고 할 때, 교점을 장애물로 인해 관측할 수 없어 ∠ACD=140°, ∠CDB=100°, CD=180m를 관측했다. 이 때 C점에서 BC점까지의 거리는? (단, 곡선반지름=300m)

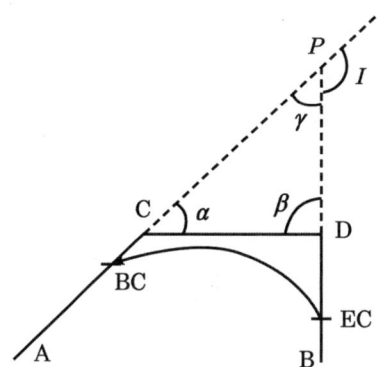

① 307.5m　　② 314.9m
③ 321.6m　　④ 329.6m

해설 $\overline{BC} = T.L - \overline{CP}$ 이므로

$T.L = R\tan\dfrac{I}{2} = 300 \times \tan\dfrac{120°}{2} = 519.62m$

$\dfrac{180m}{\sin 60°} = \dfrac{\overline{CP}}{\sin 80°}$ 에서 $\overline{CP} = \dfrac{\sin 80°}{\sin 60°} \times 180m = 204.69m$

$\overline{BC} = T.L - \overline{CP} = 519.62 - 204.69 = 314.93m$

30. 지상고도 3,000m의 비행기에서 초점거리 15cm의 사진기로 촬영한 수직 공중사진에 나타난 50m 교량의 크기는?

① 2.0mm　　② 2.5mm
③ 3.0mm　　④ 3.5mm

해설 $M = \dfrac{1}{m} = \dfrac{f}{H} = \dfrac{0.15m}{3,000m} = \dfrac{1}{20,000}$

$M = \dfrac{도상거리}{실제거리} = \dfrac{1}{20,000}$

도상거리 $= \dfrac{50m}{20,000} = 0.0025m = 2.5mm$

31. 인공위성을 이용한 원격탐사에 대한 설명으로 옳지 않은 것은?

① 얻어진 영상은 정사각형에 가깝다.
② 탐사된 자료가 즉시 이용될 수 있다.
③ 반복측정이 불가능하고 좁은 지역에 적합하다.
④ 회전주기가 일정하므로 원하는 지점 및 시기에 촬영하기 어렵다.

해설 [원격탐사의 특징]
① 수치화된 관측자료를 통한 저장과 분석이 용이
② 단기간 내에 넓은 지역 동시 관측 가능
③ 회전주기가 일정하므로 주기적인 반복관측이 가능
④ 관측이 좁은 시야각으로 얻어진 영상은 정사투영에 가깝다.
⑤ 탐사된 자료가 즉시 이용될 수 있으며 재해, 환경문제 해결에 편리하다.

32. 경사면 위의 두 점(A, B)에서 A점의 표고는 180m, B점의 표고는 60m이고, AB의 수평거리는 200m이다. B로부터 표고 150m인 등고선까지의 수평거리는?

① 50m　　② 100m
③ 150m　　④ 200m

[해설] ① A, B 두 점간의 높이차 = 180 - 60 = 120m
② 높이 150m일 때의 B점 표고에 대한 높이차 = 150 - 60 = 90m
③ 삼각형에 대한 비례식을 풀면
$\frac{120}{200} = \frac{90}{d}$ 에서
$d = \frac{200}{120} \times 90m = 150m$

33. 터널측량에서 지표 중심선 측량방법과 직접적으로 관련이 없는 것은?

① 토털스테이션에 의한 직접측량법
② 트래버스 측량에 의한 측설법
③ 삼각측량에 의한 측설법
④ 레벨에 의한 측설법

[해설] 터널측량에서 지표중심선측량은 터널 평면위치의 결정을 위한 작업이므로 레벨에 의한 측설법과는 직접적인 관련이 없다.

34. 평판을 이용하여 측량한 결과가 다음 그림과 같이 n=13, D=75m, S=1.25m, I=1.30m, H_A=50.00m일 때 B점의, 표고(H_B)는?

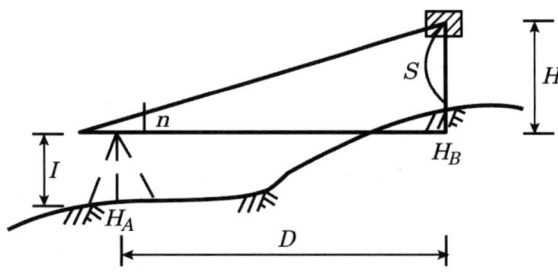

① 58.8m ② 59.8m
③ 60.8m ④ 61.8m

[해설] $H_B = H_A + I + H - S$ 이므로
$H_B = 50 + 1.3 + \frac{13 \times 75}{100} - 1.25 = 59.8m$

35. DGPS(Differential GPS)를 이용한 측위에 대한 설명으로 옳지 않은 것은?

① 기본 GPS에 비해 정밀도가 떨어져 배나 비행기의 항법, 자동차 등에 응용되기 어려운 한계가 있다.
② 제2의 장치가 수신기 근처에 존재하여 지금 현재 수신 받는 자료가 얼마만큼 빗나간 양이라는 것을 수신기에게 알려줌으로써 위치결정의 오차를 극소화시킬 수 있는데 바로 이 방법이 DGPS라고 불리는 기술이다.
③ DGPS는 두 개의 GPS수신기를 필요로 하는데, 하나의 수신기는 정지해 있고(stationary) 다른 하나는 이동(roving)하면서 위치측정을 시행한다.
④ 정지한 수신기가 DGPS개념의 핵심이 되는 것으로 정지수신기는 실제 위성을 이용한 측정값과 이미 정밀하게 결정된 실제 값과의 차이를 계산한다.

[해설] [DGPS(Differential GPS)]
① 이미 알고 있는 기지점 좌표를 이용하여 오차를 최대한 줄여 이용하기 위한 상대측위방식의 위치결정방식
② 기지점에 기준국용 GPS 수신기를 설치하고 위성을 관측하여 위성의 보정값을 구한뒤 이를 이용하여 미지점용 GPS 수신기의 위치결정오차를 개선하는 위치결정방식
③ 일반적으로 DGPS가 단독측위보다 정확하다.
④ DGPS에서는 2개의 수신기에 관측된 자료를 사용한다.
⑤ 기선의 길이가 길수록 DGPS의 정확도는 낮다.

36. 항공사진의 특수3점 중 기복변위의 중심점이 되는 것은?

① 연직점 ② 주점
③ 등각점 ④ 표정점

[해설] ① **기복변위** : 대상물에 기복이 있을 경우에 발생하는 사진면에서 연직점을 중심으로 방사상의 변위
② **특수3점** : 주점, 연직점, 등각점

37. 반지름(R)=200m, 교각(I)=42°36′인 원곡선에서 현길이(弦長) 20m에 대한 편각(δ)은?

① 1°25′58″ ② 2°51′53″
③ 5°43′55″ ④ 5°44′21″

해설 편각(δ) = $\frac{l}{2R} \times \rho = \frac{20}{2\times 200} \times \frac{180°}{\pi} = 2°51'53.24''$

38. 지하시설물측량 방법 중 수도관의 누수를 찾기 위한 방법으로 비금속(PVC 등) 수도관을 탐사하는데 유용한 것은?

① 음파탐사기법 ② 전기탐사기법
③ 자장탐사기법 ④ 지중레이더 탐사기법

해설 [음파탐사법]
물이 가득 차 흐르는 관로(수도관)에 음파신호(sound wave signal)를 보내 수신기로 하여금 관내에 발생된 음파를 탐사하는 방법으로서 비금속(플라스틱, PVC 등) 수도관로 탐사에 유용하나 음파신호를 보낼 수 있는 소화전이나 수도미터기 등이 반드시 필요한 방법이다.

39. P점의 높이를 직접수준측량에 의하여 A, B, C, D의 수준점에서 관측한 결과 각 노선별 거리와 표고값이 다음과 같을 때, P점의 최확값은?

A→P : 1km, 45.348m, B→P : 2km, 45.370m,
C→P : 3km, 45.351m, D→P : 4km, 45.362m

① 45.366m ② 45.376m
③ 45.355m ④ 45.375m

해설 경중률은 노선거리에 반비례한다.

$P_A : P_B : P_C : P_D = \frac{1}{1} : \frac{1}{2} : \frac{1}{3} : \frac{1}{4} = 12:6:4:3$

최확값 = $\frac{P_A l_A + P_B l_B + P_C l_C + P_D l_D}{P_A + P_B + P_C + P_D}$

$= 45.3m + \frac{12\times 48 + 6\times 70 + 4\times 51 + 3\times 62}{12+6+4+3} mm$

$= 45.355m$

40. 삼각형의 세 꼭지점의 좌표가 A(3, 4), B(6, 7), C(7, 1)일 때에 삼각형의 면적은? (단, 좌표의 단위는 m이다.)

① 12.5m² ② 11.5m²
③ 10.5m² ④ 9.5m²

해설 좌표법에 의하여 계산하면 A(3, 4)에서 시작하여 시계방향으로 다시 A로 폐합

$\frac{3}{4} \times \frac{6}{7} \times \frac{7}{1} \times \frac{3}{4}$

$\sum \searrow = (3\times 7)+(6\times 1)+(7\times 4) = 55$
$\sum \swarrow = (6\times 4)+(7\times 7)+(3\times 1) = 76$
$2 \cdot A = \sum \searrow - \sum \swarrow = 55-76 = -21$
$A = \frac{2\cdot A}{2} = 10.5m^2$

3과목 토지정보체계론

41. 토지정보체계에서 사용하는 기준좌표계의 장점으로 틀린 것은?

① 공간데이터 수집을 분산적으로 할 수 있다.
② 각 부서의 독립적인 추진으로 활용되는 특징을 갖는다.
③ 공간데이터 입력을 분산적으로 할 수 있다.
④ 도면상의 면적에 대한 정량적 기준이 같게 된다.

해설 토지정보체계에서 사용하는 기준좌표계는 위치, 방향, 거리, 면적 등에 동일한 기준으로 적용되어야 한다.

정답 33.④ 34.② 35.① 36.① 37.② 38.① 39.③ 40.③ 41.②

42. 다음 중 복합하기는 하지만 동질성을 가지고 구성되어 있는 현실세계의 객체들을 보다 정확히 묘사함으로써 기존의 데이터베이스 모형이 가지는 문제점들의 극복이 가능하며 클래스의 주요한 특성으로 계승 또는 상속성의 구조를 갖는 것은?

① 계급형 데이터베이스
② 객체지향형 데이터베이스
③ 네트워크형 데이터베이스
④ 관계형 데이터베이스

> 해설 [객체지향형 데이터베이스관리시스템(OO-DBMS)의 특징]
> ① 객체로서의 모델링과 데이터 생성을 지원하는 DBMS
> ② 관계형 DBMS의 보완으로 공간객체의 다양한 내외부 관계를 다룸
> ③ 복잡한 객체로 구성된 현실세계 재현에 효과적
> ④ 객체 CLASS의 복합화, 일반화, 집단화 가능
> ⑤ 자료뿐만 아니라 자료의 구성을 위한 방법론도 저장이 가능하다.

43. 다음 중 공간정보의 편집에서 분리되어 있는 객체를 하나로 합치는 작업은?

① 트림(trim)   ② 복제
③ 익스텐드(extend)   ④ 병합

> 해설 ① 병합 : 이미 순서가 매겨진 여러 개의 파일을 모아서 같은 순서로 된 1개의 파일로 만드는 것
> ② 트림 : 연장부분을 잘라내는 명령
> ③ 익스텐드 : 객체를 연장시켜주는 명령
> ④ 복제 : 사용하고 있는 자료를 다른 저장매체에 별도로 복사하여 보관하는 것

44. 다음 중 지적도면을 전산화함에 있어 정비하여야 할 사항과 가장 거리가 먼 것은?

① 도면번호 정비   ② 도곽선 정비
③ 소유자 정비   ④ 경계 정비

> 해설 [지적도면 정비대상]
> 도면번호 정비, 색인도 정비, 도면의 도곽선 정비, 행정구역선의 정비, 경계 등의 정비

45. 다음 문장에서 ( ) 안에 들어가는 용어가 순서대로 바르게 배열된 것은?

> 수치지도는 영어로 digital map, layer, digital layer라고 일컬어지며, 일반적으로 레이어라는 표현이 사용된다. 좀 더 명확한 의미에서는 도형자료만을 수치로 나타낸 것을 ( )라 하고, 도형자료와 관련속성을 함께 지닌 수치지도를 ( )라 칭한다.

① 레이어, 커버리지   ② 레전드, 레이어
③ 레전드, 커버리지   ④ 커버리지, 레이어

> 해설 [커버리지(Coverage)]
> ① 커버리지는 지도를 digital화한 형태의 컴퓨터상의 지도
> ② GIS커버리지는 토지이용도, 식생도와 같은 하나의 중요한 주제도를 말한다.
> ③ 레이어 : 수치화된 도형자료만을 나타낸 것
> ④ 커버리지 : 도형자료와 관련된 속성데이터를 함께 갖는 수치지도

46. 다음 중 OGC(Open GIS Consortium)에 관한 설명으로 옳지 않은 것은?

① OGIS(Open Geodata Interoperability Specification)를 개발하고 추진하는데 필요한 합의된 절차를 정립할 목적으로 설립되었다.
② 지리정보를 활용하고 관련 응용분야를 주요업무로 하는 공공기관 및 민간기관들로 구성된 컨소시움이다.
③ ISO/TC211의 활동이 시작되기 이전에 미국의 표준화 기구를 중심으로 추진된 지리정보 표준화기구이다.
④ 지리정보와 관련된 여러 처리방식에 대하여 개방형 시스템적인 접근을 시도하였다.

해설 ① OGC는 1994년 8월 설립된 GIS관련 기관과 업체를 중심으로 하는 비영리 단체
② CEN/TC287은 ISO/TC 211 활동이 시작하기 이전에 유럽의 표준화기구를 중심으로 추진된 유럽의 지리정보 표준화기구

47. 현재 사용중인 토지대장 데이터베이스 관리시스템은?

① RDBMS(Relational DBMS)
② Access Database
③ C-ISAM
④ Infor Database

해설 현재 사용중인 토지대장 데이터베이스 관리시스템은 RDBMS(관계형 데이터베이스 관리시스템)이다.

48. 기존 종이지적도면을 스캐닝 방식으로 입력할 경우, 격자영상에 생긴 잡음(noise)을 제거하는 단계는?

① 위상정립 단계
② 세선화(thinning) 단계
③ 필터링 단계
④ 스캐닝 단계

해설 [필터링 단계(Filtering)]
① 실세계에서 세밀한 지리적 변화를 제거하는 과정
② 스캐닝에서 발생하는 불필요한 기호를 제거하거나, 임의로 생긴 선분이나 끊어진 선분을 잇는 과정

49. 오버슈트, 슬리버는 다음 중 어떤 자료를 편집하는 중에 발생하는 오류인가?

① 항공사진의 영상처리
② 위성영상으로부터 정사영상제작
③ 벡터데이터 입력 및 편집
④ 래스터 데이터의 편집

해설 [벡터데이터 입력 및 편집과정에서 발생하는 오차]
오버슈트, 언더슈트, 오버랩, 슬리버 폴리곤, 스파이크, 댕글

50. 다음 중 지형 및 공간과 관련된 모든 종류의 공간 자료들을 서로 호환이 가능하도록 하기 위하여 만들어진 대표적인 교환표준은?

① SPPS
② SDTS
③ GIST
④ NIST

해설 SDTS는 지리정보시스템을 구성함에 있어 각종 응용시스템들 사이에서 지리정보를 공유하기 위한 목적으로 개발된 공통데이터교환포맷을 말한다.

51. 토지정보시스템의 구성요소에 해당되지 않는 것은?

① 인력 및 조직
② 데이터베이스
③ 소프트웨어
④ 정보이용자

해설 토지정보시스템의 구성요소로는 하드웨어, 소프트웨어, 데이터, 인력 및 조직 등이며 3대요소이면 하드웨어, 소프트웨어, 데이터를 들 수 있다.

52. 다음 중 레이어의 중첩에 대한 설명으로 옳지 않은 것은?

① 일정한 정보만을 처리하기 때문에 정보가 단순하다.
② 레이어별로 정보를 추출해 낼 수 있다.
③ 새로운 가설이나 이론 및 시뮬레이션을 통해 정보를 추출하는 모델링 작업을 수행할 수 있다.
④ 형상들의 공간관계를 파악할 수 있으며 특정지점의 주변 환경에 대한 정보를 얻은 경우에도 사용할 수 있다.

해설 [레이어 중첩의 특징]
① 하나의 레이어에 각각의 객체와 다른 레이어의 객체들 사이에 관계를 찾아내는 작업
② 레이어별로 필요한 정보를 추출해 낼 수 있다.
③ 새로운 가설이나 이론 및 시뮬레이션을 통해 정보를 추출하는 모델링 작업을 수행할 수 있다.
④ 형상들의 공간관계를 파악할 수 있으며 특정지점의 주변 환경에 대한 정보를 얻은 경우에도 사용할 수 있다.

정답 42. ② 43. ④ 44. ③ 45. ① 46. ③ 47. ① 48. ③ 49. ③ 50. ② 51. ④ 52. ①

53. 다음 중 테이블을 삭제하는 SQL명령어로 옳은 것은?

① DROP TABLE ② DELETE TABLE
③ ALTER TABLE ④ ERASE TABLE

> **해설** [데이터 정의어(DDL, Data Definition Language)]
> - DDL의 개념 : 새로운 테이블을 작성하거나, 기존 테이블을 변경·삭제하여 데이터를 정의하는 역할
> - CREATE : 새로운 테이블 생성
> - ALTER : 기존의 테이블 변경
> - DROP : 기존의 테이블 삭제
> - RENAME : 테이블의 이름 변경
> - TURNCATE : 테이블 잘라냄

54. 데이터베이스 관리시스템의 필수기능에 포함되지 않는 것은?

① 정의 ② 설계
③ 조작 ④ 제어

> **해설** [데이터베이스 관리시스템의 필수기능]
> ① 정의기능 : 데이터의 유형과 구조에 대한 정의, 이용방식, 제약조건 등 데이터베이스의 저장에 대한 내용을 명시하는 기능
> ② 조작기능 : 사용자의 요구에 따라 검색, 갱신, 삽입, 삭제 등을 지원하는 기능
> ③ 제어기능 : 데이터베이스의 내용에 대해 무결성, 보안 및 권한 검사 등 정확성과 안전성을 유지할 수 있는 기능

55. 항공사진을 활용한 토지정보 수집에 대한 설명으로 옳지 않은 것은?

① 항공사진은 사진판독을 통하여 지질도, 토지이용도 등의 각종 주제도 제작시 자료로 이용한다.
② 항공사진을 스캐닝하여 공간데이터에 대한 보조적 자료로 활용된다.
③ 해석도화기의 결과 데이터는 GIS 공간데이터로 쉽게 활용된다.
④ 항공사진은 세부적인 정보를 얻을 수 있는 소축척의 정보획득에 적합하다.

> **해설** 항공사진측량을 통해서는 세부적인 정보를 얻을 수 없으므로 사진측량후에 현지조사를 병행한다.

56. 다음 중 특정 공간데이터를 중심으로 일정한 거리 또는 영역을 설정하여 분석하는 공간분석 방법은?

① 버퍼분석 ② 네트워크분석
③ 중첩분석 ④ TIN분석

> **해설** [버퍼분석]
> ① 버퍼란 공간 형상의 둘레에 특정한 폭을 가진 구역을 구축하는 것
> ② 버퍼를 생성하는 과정이 버퍼링
> ③ 버퍼링은 점, 선, 폴리곤 형상 주변에 생성
> ④ 버퍼링한 결과는 모두 폴리곤으로 표현됨
> ⑤ 버퍼링은 근접분석을 수행하는데 매우 중요한 것
> ⑥ 특정 지점 또는 선형으로 나타나는 공간 형상 주변지역의 특징을 평가하는데도 활용
> ⑦ 버퍼링의 목적은 근접분석시에 관심 대상지역을 경계짓는 것

57. 우리나라 지적도에서 사용하는 평면직각좌표계의 경우 중앙경선에서의 축척계수는?

① 0.9996 ② 0.9999
③ 1.0000 ④ 1.5000

> **해설** [우리나라에서 대축척 지도제작에 사용되는 투영법]
> ① TM 투영으로 등각횡원통투영방법을 이용한다.
> ② 가우스-크뤼거도법을 사용하며 표준형 Mercator 투영에서 지구를 90° 회전시켜 중앙자오선이 원기둥면에 접하도록 하는 투영
> ③ 동경 124°~132° 범위를 북위 38°상에서 경도 2°씩 4등분하여 4개 구역으로 구분
> ④ 128°를 기준으로 동쪽으로 매 2°씩 이동하면서 중앙자오선 정함
> ⑤ 중앙자오선에서의 축척계수는 1이며, 중앙자오선 이외 지역에서의 축척계수는 1보다 크다.

58. 다음 중 메타데이터(Metadata)에 대한 설명으로 가장 거리가 먼 것은?

① 취득하려는 자료가 사용목적에 적합한 품질의 데이터인지를 확인할 수 있는 정보가 제공되어야 한다.
② 데이터의 원활한 교환을 지원하기 위한 틀을 제공함으로써 데이터의 공유를 극대화할 수 있다.
③ 자료에 대한 내용, 품질, 사용조건 등을 기술한다.
④ 정확한 정보를 유지하기 위한 수정 및 갱신은 불가능하다.

[해설] 메타데이터는 정확한 정보유지를 위해 수정 및 갱신이 가능하다.

[메타데이터(meta data)]
실제 데이터는 아니지만 데이터베이스, 레이어, 속성, 공간형상 등과 관련된 데이터의 내용, 품질, 조건 및 특징 등을 저장한 데이터로서 데이터에 관한 데이터로 데이터의 이력을 말한다.

59. 토지정보의 공간자료 형태 중 래스터데이터에 비하여 벡터데이터가 갖는 장점과 거리가 먼 것은?

① 그래픽과 관련된 속성정보의 추출 및 일반화, 갱신 등이 용이하다.
② 복잡한 현실세계의 묘사가 가능하다.
③ 자료구조가 단순하다.
④ 그래픽의 정확도가 높다.

[해설] [벡터데이터의 장점]
① 복잡한 현실세계의 묘사 가능
② 압축된 자료구조를 제공하므로 데이터 용량의 축소 용이
③ 위상에 관한 정보가 제공되므로 관망분석과 같은 다양한 공간분석 가능
④ 그래픽의 정확도가 높고 그래픽과 관련된 속성정보의 추출, 일반화, 갱신 등이 용이

60. 지적도형정보 수집을 위한 측량이 아닌 것은?

① 측지측량   ② 항공사진측량
③ GPS측량   ④ 수치지적측량

[해설] 측지측량은 지구의 곡률을 고려한 넓은 지역을 대상하는 수행하는 측량으로 지적도형정보 수집을 위한 측량과는 거리가 멀다.

4과목 지적학

61. 토지조사사업 당시 토지의 사정에 대하여 불복이 있는 경우 이의 재결기관은?

① 임시토지조사국장   ② 지방토지조사위원회
③ 도지사   ④ 고등토지조사위원회

[해설]

구분	토지조사사업	임야조사사업
측량기관	임시토지조사국	부(府), 면(面)
사정기관	임시토지조사국장	도지사
재결기관	고등토지조사위원회	임야심사위원회

62. 일필지에 하나의 지번을 붙이는 이유로서 적합하지 않은 것은?

① 토지의 개별화   ② 토지의 독립화
③ 물권객체 표시   ④ 제한물권 설정

[해설] [지번의 기능]
① 필지를 구별하는 개별성과 특정성의 기능
② 거주지, 주소표기의 기준으로 이용
③ 위치파악의 기준
④ 각종 토지관련 정보시스템에서 검색키로서의 기능
⑤ 물권의 객체의 구분
⑥ 등록공시의 단위

63. 우리나라 지적관계법령이 제정된 연대순으로 옳은 것은?

① 토지조사령 → 지세령 → 조선임야조사령 → 지적법
② 토지조사령 → 조사임야조사령 → 지세령 → 지적법
③ 지세령 → 토지조사령 → 조선임야조사령 → 지적법
④ 조선임야조사령 → 토지조사령 → 지세령 → 지적법

정답 53.① 54.② 55.④ 56.① 57.③ 58.④ 59.③ 60.① 61.④ 62.④ 63.①

해설 토지조사법(1910) → 토지조사령(1912) → 지세령(1914) → 조선임야조사령(1918) → 조선지세령(1943) → 지적법(1950)

64. 다음 중 근세 유럽 지적제도의 효시로서, 근대적 지적제도가 가장 빨리 도입된 나라는?

① 네덜란드 ② 독일
③ 스위스   ④ 프랑스

해설 [나폴레옹 지적]
① 근대적 세지적의 완성과 소유권제도의 확립을 위한 지적제도 성립의 전환점으로 평가
② 나폴레옹 1세가 1808~1850년까지 프랑스 전 국토를 대상으로 공평한 과세와 소유권 분쟁해결위해 실시

65. 다음 중 수치지적이 갖는 특징이 아닌 것은?

① 도해지적보다 정밀하게 경계를 등록할 수 있다.
② 도면제작과정이 복잡하고 고가의 정밀장비가 필요하며 초기에 투자경비가 많이 소요된다.
③ 정도를 높이고 전산조직에 의한 자료처리 및 관리가 가능하다.
④ 기하학적으로 폐합된 다각형의 형태로 표시하여 등록한다.

해설 ① **도해지적** : 토지의 각 필지 경계점을 측량하여 일정한 축척으로 그림으로 묘화하는 것으로 정밀도가 낮은 지역에 적합
② **수치지적** : 토지의 각 필지 경계점을 수학적인 평면직각 종횡선수치(x,y)의 형태로 표시하여 정밀한 경계 등록 가능

66. 구한국 정부에서 문란한 토지제도를 바로잡기 위하여 시행하였던 근대적 공시제도의 과도기적 제도는?

① 입안제도 ② 양안제도
③ 지권제도 ④ 등기제도

해설 1901년 지계아문을 설치하고 각도에 지계감리를 두어 "대한제국 전답관계"라는 지계를 발급하고 전, 답 소유에 대한 관청의 공적증명의 기능

67. 지적의 일반적 기능과 거리가 먼 것은?

① 사회적 기능 ② 정치적 기능
③ 행정적 기능 ④ 법률적 기능

해설 [지적의 일반적 기능]
① 사회적 기능
② 법률적 기능 : 사법적 기능, 공법적 기능
③ 행정적 기능

68. 우리나라에서 '지적'이라는 용어를 처음으로 사용한 것은?

① 내부관제(1895.3.26)
② 탁지부관제(1897.5.19)
③ 양지아문직원급처무규정(1898.7.6)
④ 지계아문직원급처무규정(1901.10.20)

해설 고종 32년(1895년) 3월 26일 칙령 제53호로 내부관제를 공포하고 동령 제8조 판적국의 사무 제2항에 "판적국은 호구적(戶口籍)과 지적(地積)에 관한 사항"을 관장하도록 규정하여 내부관제의 판적국에서 지적에 관한 사항을 담당하도록 하였다.

69. 아래의 설명에 해당하는 지번부여제도는?

인접 지번 또는 지번의 자릿수와 함께 본번의 번호로 구성되어 지번의 발생근거를 쉽게 파악할 수 있으며 사정지번이 본번지로 편철 보존될 수 있다. 지번의 이동내역 연혁을 파악하기 용이하나, 여러 차례 분할될 경우 반복 정리로 인하여 지번의 배열이 복잡하다.

① 분수식(分數式) 지번부여제도
② 자유식 지번부여제도
③ 기번식(岐番式) 지번부여제도
④ 블록식 지번부여제도

해설 [부번부여제도]
① **분수식 부번제도** : 원지번을 분모로 하고 분자에 구역 내의 사용되지 않는 다음 지번을 부여하여 표기하는 방식

② **자유식 부번제도** : 새로이 지번을 붙여야 할 필지의 지번을 필지가 위치해 있는 블록이나 구역내 미사용 지번으로 부여하는 방식

③ **기번식 부번제도** : 모지번에 기초하여 문자나 기호색인을 사용하여 표기하는 방식

④ **평행식 지번제도** : 단식은 본번만, 복식은 부번까지 붙이는 방식

70. 다음 중 광무양전(光武量田)에 대한 설명으로 옳지 않은 것은?

① 등급별 결부산출(結負産出) 등의 개선은 있었으나 면적은 척수(尺數)로 표시하지 않았다.
② 양무위원을 두는 외에 조사위원을 두었다.
③ 정확한 측량을 위하여 외국인 기사를 고용하였다.
④ 양안의 기재는 전답(田畓)의 도형(圖形)을 기입하게 하였다.

해설 [광무양전사업]
① 1898년부터 대한제국 정부가 전국의 토지를 대상으로 실시한 근대적 토지조사사업
② 광무양전의 양안에는 각변의 척수를 기입하고 전체 실적으로 표시함으로 필지당 토지면적을 확정

71. 다음 중 지적제도의 특성으로 가장 거리가 먼 것은?

① 지역성 ② 안전성
③ 정확성 ④ 저렴성

해설 [지적제도의 특성]
안전성, 간편성, 정확성, 신속성, 저렴성, 적합성, 등록의 완전성

72. 지주총대의 사무에 해당되지 않는 것은?

① 동리의 경계 및 일필지조사의 안내
② 신고서류 취급처리
③ 소유자 및 경계사정
④ 경계표에 기재된 성명 및 지목 등의 조사

해설 [지주총대의 사무]
① 동리의 경계 및 일필지조사의 안내
② 신고서류 취급처리
③ 경계표에 기재된 성명 및 지목 등의 조사

73. 지목 중 전과 답의 결정은 무엇을 기준으로 하는가?

① 주변 지형   ② 경작방법
③ 작물의 이용가치 ④ 경작위치, 방향

해설 전과 답의 결정에는 작물의 경작방법에 따라 물의 이용으로 구분된다.

74. 토지조사사업에서 지목은 모두 몇 종류로 구분하였는가?

① 15종 ② 18종
③ 21종 ④ 24종

해설 [토지조사사업 당시의 지목(18개)]
전, 답, 대, 지소, 임야, 잡종지, 사지, 분묘지, 공원지, 철도용지, 수도용지, 도로, 하천, 구거, 제방, 성첩, 철도선로, 수도선로

75. 모든 토지를 지적공부에 등록하고 등록된 토지표시사항을 항상 실제와 일치하도록 유지하는 지적제도의 원칙은?

① 적극적 등록주의 ② 형식적 심사주의
③ 당사자 신청주의 ④ 소극적 등록주의

해설
① **적극적 등록주의** : 토지등록은 일필지의 개념으로 법적인 권리보장이 인증되고 정부에 의해 그러한 합법성과 효력이 발생
② **소극적 등록주의** : 기본적으로 거래와 그에 관한 거래증서의 변경기록을 수행하는 것이며, 일필지의 소유권이 거래되면서 발생되는 거래증서를 변경 등록하는 것

76. 고려시대에 양전을 담당한 중앙기구로서의 특별관서가 아닌 것은?

① 급전도감   ② 정치도감
③ 절급도감   ④ 사출도감

해설 [고려시대 특별관서]
급전도감, 방고감전별감, 찰리변위도감, 화자거집전민추고도감, 절급도감, 정치도감 등

77. 우리나라의 양지아문(量地衙門)이 설치된 시기는?

① 1717년   ② 1898년
③ 1905년   ④ 1910년

해설 [양지아문(量地衙門)]
① 1898년 7월(광무2년) '양지아문직원급처무규정'을 반포하여 직제 마련
② 2년 6개월 동안 전국 124군에 양전 시행

78. 지표면의 형태, 지형의 고저, 수륙의 분포상태 등 땅이 생긴 모양에 따라 결정하는 지목은?

① 토성지목   ② 지형지목
③ 용도지목   ④ 복식지목

해설 [토지 현황에 의한 지목의 분류]
① **지형지목** : 지표면의 형태, 토지의 고저, 수륙의 분포 상태 등 토지의 모양에 따라 지목 결정
② **토성지목** : 토지의 성질인 지층이나 암석, 토양의 종류 등에 따라 지목 결정
③ **용도지목** : 토지의 주된 사용목적에 따라 지목 결정

79. 토지조사사업 당시 토지의 사정된 경계선과 임야조사사업 당시 임야의 사정선을 표현한 명칭이 모두 옳은 것은?

① 토지조사사업-경계, 임야조사사업-강계
② 토지조사사업-강계, 임야조사사업-경계
③ 토지조사사업-경계, 임야조사사업-지계
④ 토지조사사업-강계, 임야조사사업-강계

해설 토지조사사업 당시의 사정선은 강계, 임야조사사업 당시의 사정선은 경계라 부름

80. 다음 중 토지조사사업의 조사내용에 해당되지 않는 것은?

① 지가의 조사   ② 토지소유권의 조사
③ 지압조사   ④ 지형·지모의 조사

해설 [토지조사사업의 내용]
① **소유권조사** : 토지소유자 및 강계를 조사, 사정하여 토지조사부, 토지대장, 지적도 작성
② **가격조사** : 시가지의 경우 토지의 시가 조사, 시가지 이외의 지역은 대지의 임대가격 조사, 전, 답 등은 지가 조사
③ **외모조사** : 국토 전체에 대한 자연적, 인위적 지물과 고저를 표시한 지형도 작성

5과목 지적관계법규

81. 다음 중 지목이 '잡종지'에 해당하지 않는 것은?

① 비행장   ② 죽림지
③ 갈대밭   ④ 야외시장

해설 ① **잡종지** : 갈대밭, 실외에 물건을 쌓아두는 곳, 돌을 캐내는 곳, 흙을 파내는 곳, 야외시장, 비행장, 공동우물
② **임야** : 산림 및 원야를 이루고 있는 수림지, 죽림지, 암석지, 자갈땅, 모래땅, 습지, 황무지 등의 토지

82. 국토의 계획 및 이용에 관한 법령상 개발행위허가를 받아야 할 사항은?

① 사도법에 의한 사도개설 허가를 받아 분할하는 경우
② 토지의 일부가 도시·군계획시설로 지적고시된 경우

③ 토지의 일부를 공공용지 또는 공용지로 하고자 하는 경우
④ 토지의 형질변경을 목적으로 하지 않는 흙·모래·자갈·바위 등의 토석을 채취하는 행위

> 해설 [국토의 계획 및 이용에 관한 법률 제56조(개발행위의 허가)]
> 1. 건축물의 건축 또는 공작물의 설치
> 2. 토지의 형질 변경(경작을 위한 경우로서 대통령령으로 정하는 토지의 형질 변경은 제외)
> 3. 토석의 채취
> 4. 토지 분할(건축물이 있는 대지의 분할은 제외한다)
> 5. 녹지지역·관리지역 또는 자연환경보전지역에 물건을 1개월 이상 쌓아놓는 행위

83. 토지소유자가 해야 할 신청을 대신할 수 없는 자는?

① 토지점유자
② 채권을 보전하기 위한 채권자
③ 학교용지, 도로, 수도용지 등의 지목으로 될 토지는 그 해당사업의 시행자
④ 지방자치단체가 취득하는 토지의 경우에는 해당 토지를 관리하는 지방자치단체의 장

> 해설 [공간정보의 구축 및 관리 등에 관한 법률 제87조(신청의 대위)]
> ① 사업시행자 : 공공사업 등으로 인하여 학교용지, 도로, 철도용지, 제방, 하천, 구거, 유지, 수도용지 등의 지목으로 되는 토지의 경우에는 그 사업시행자
> ② 국가기관 또는 지방자치단체장 : 국가, 지방자치단체가 취득하는 토지의 경우에는 그 토지를 관리하는 국가기관 또는 지방자치단체의 장
> ③ 관리인 또는 사업시행자 : 주택법에 의한 주택의 부지의 경우에는 〈집합건물의 소유 및 관리에 관한 법률〉에 의한 관리인 또는 사업시행자
> ④ 민법 제404조의 규정에 의한 채권자 : 채권자는 자신의 채권을 보전하기 위하여 채무자의 권리를 행사할 수 있음

84. 경계점좌표등록부의 등록사항이 아닌 것은?

① 좌표
② 부호 및 부호도
③ 토지소유자 등록번호
④ 토지의 소재와 지번

> 해설 [경계점좌표등록부 등록사항]
> ① 일반적인 기재사항 : 토지의 소재, 지번, 좌표
> ② 국토교통부령이 정하는 사항 : 토지의 고유번호, 도면번호, 필지별 경계점좌표등록부의 장번호, 부호 및 부호도

85. 공간정보의 구축 및 관리 등에 관한 법률에 따른 용어의 정의가 틀린 것은?

① "지번"이란 필지에 부여하여 지적공부에 등록한 번호를 말한다.
② "등록전환"이란 지적도에 등록된 경계점의 정밀도를 높이는 것을 말한다.
③ "토지의 이동"이란 토지의 표시를 새로 정하거나 변경 또는 말소하는 것을 말한다.
④ "지목변경"이란 지적공부에 등록된 지목을 다른 지목으로 바꾸어 등록하는 것을 말한다.

> 해설 [공간정보의 구축 및 관리 등에 관한 법률 제2조(정의)]
> 등록전환 : 임야대장 및 임야도에 등록된 토지를 토지대장 및 지적도에 옮겨 등록하는 것을 말한다.

86. 다음 중 등기명의인이 될 수 없는 것은?

① 서초구
② ○○주식회사
③ 권리능력없는 사단 ○○종중 △△공파
④ 재단법인 ○○학원에서 운영하는 △△고등학교

> 해설 [부동산등기법 제26조(법인 아닌 사단 등의 등기신청)]
> ① 종중(宗中), 문중(門中), 그 밖에 대표자나 관리인이 있는 법인 아닌 사단(社團)이나 재단(財團)에 속하는 부동산의 등기에 관하여는 그 사단이나 재단을 등기권리자 또는 등기의무자로 한다.
> ② 제1항의 등기는 그 사단이나 재단의 명의로 그 대표자나 관리인이 신청한다.

87. 지적측량업의 등록취소 및 영업정지에 관한 설명으로 옳지 않은 것은?

① 거짓 그 밖의 부정한 방법으로 지적측량업을 등록한 경우 등록을 취소하여야 한다.
② 타인에게 자기의 등록증을 대여해 준 경우 등록취소 사유가 된다.
③ 영업정지기간 중에 지적측량업을 영위한 경우 등록취소가 아닌 재차의 영업정지 명령이 내려질 수 있다.
④ 지적측량업자가 법 규정에 의한 지적측량수수료보다 과소하게 받은 경우도 등록 취소 또는 영업정지처분의 대상이 된다.

[해설] [공간정보의 구축 및 관리 등에 관한 법률 제52조(측량업의 등록취소 등)]
영업정지기간 중에 지적측량업을 영위한 경우 등록이 취소된다.

88. 공간정보의 구축 및 관리 등에 관한 법률에 따른 지목의 종류가 아닌 것은?

① 양어장 ② 철도용지
③ 수도선로 ④ 창고용지

[해설] [지목의 종류]
전, 답, 과수원, 목장용지, 임야, 광천지, 염전, 대, 공장용지, 학교용지, 주차장, 주요소용지, 창고용지, 도로, 철도용지, 제방, 하천, 구거, 유지, 양어장, 수도용지, 공원, 체육용지, 유원지, 종교용지, 사적지, 묘지, 잡종지

89. 지상경계의 결정기준으로 틀린 것은?

① 연접되는 토지간에 높낮이 차이가 없는 경우 그 구조물 등의 중앙
② 연접되는 토지간에 높낮이가 차이가 있는 경우 그 구조물 등의 중앙
③ 토지가 해면 또는 수면에 접하는 경우 최대 만수위 또는 최대 만수위가 되는 선
④ 공유수면매립지의 토지 중 제방 등을 토지에 편입하여 등록하는 경우 안쪽 어깨부분

[해설] [공간정보의 구축 및 관리 등에 관한 법률 시행령 제55조(지상경계의 결정 등)]
① 지상경계를 새로 결정하는 경우
• 연접되는 토지 간에 높낮이 차이가 없는 경우: 그 구조물 등의 중앙
• 연접되는 토지 간에 높낮이 차이가 있는 경우: 그 구조물 등의 하단부
• 도로·구거 등의 토지에 절토(切土)된 부분이 있는 경우: 그 경사면의 상단부
• 토지가 해면 또는 수면에 접하는 경우: 최대만조위 또는 최대만수위가 되는 선
• 공유수면매립지의 토지 중 제방 등을 토지에 편입하여 등록하는 경우: 바깥쪽 어깨부분
② 지상 경계의 구획을 형성하는 구조물 등의 소유자가 다른 경우에는 그 소유권에 따라 지상 경계를 결정

90. 토지 등의 출입 등에 따른 손실보상에 관하여 손실을 보상할 자와 손실을 받은 자의 협의가 성립되지 않거나 협의를 할 수 없는 경우 재결을 신청할 수 있는 곳은?

① 지적소관청 ② 중앙지적위원회
③ 지방지적위원회 ④ 관할 토지수용위원회

[해설] [공간정보의 구축 및 관리 등에 관한 법률 제102조(토지 등의 출입 등에 따른 손실보상)]
손실을 보상할 자 또는 손실을 받은 자는 제2항에 따른 협의가 성립되지 아니하거나 협의를 할 수 없는 경우에는 관할 토지수용위원회에 재결(裁決)을 신청할 수 있다.

91. 다음 중 지적공부의 복구사유에 해당하는 것은?

① 축척변경을 한 때
② 지목변경을 한 때
③ 도시계획사업을 완료한 때
④ 지적공부의 일부가 훼손된 때

해설 [공간정보의 구축 및 관리 등에 관한 법률 제74조(지적공부의 복구)]
지적소관청은 지적공부의 일부 또는 전부가 멸실·훼손된 때에는 대통령령이 정하는 바에 의하여 지체없이 복구하여야 한다.

92. 다음 중 등기의무자가 아닌 등기권리자만이 단독으로 등기신청을 할 수 있는 것은?

① 전세등기
② 상속에 의한 등기
③ 등기명의인의 표시인 변경 등기
④ 미등기부동산의 소유권보존등기

해설 [부동산등기법 제23조(등기신청인)]
상속, 법인의 합병, 그 밖에 대법원규칙으로 정하는 포괄승계에 따른 등기는 등기권리자가 단독으로 신청한다.

93. 토지의 지번이 결번되는 사유에 해당되지 않는 것은?

① 토지의 분할
② 지번의 변경
③ 행정구역의 변경
④ 도시개발사업의 시행

해설

결번이 발생하는 경우	결번이 발생하지 않는 경우
지번변경, 행정구역변경, 도시개발사업, 축척변경, 지번변경, 지번정정, 등록전환 및 합병, 해면성 말소	신규등록, 분할, 지목변경

94. 토지이동을 수반하지 않고 토지대장을 정리하는 경우는?

① 소유권변경정리
② 토지분할정리
③ 토지합병정리
④ 등록전환정리

해설 [토지의 이동]
① 토지의 이동이란 토지의 표시를 새로이 정하거나 변경 또는 말소하는 것

② 토지이동의 종류 : 신규등록, 등록전환, 분할, 합병, 지목변경, 축척변경, 도시개발사업 등의 신고
③ 토지소유권자의 변경, 토지소유자의 주소변경, 토지의 등급의 변경은 토지의 이동에 해당하지 아니한다.

95. 다음 중 바다로 된 토지의 등록말소 및 회복에 관한 설명으로 옳지 않은 것은?

① 토지소유자는 지적공부의 등록말소 신청을 하도록 통지를 받은 날부터 90일 이내에 등록말소 신청을 하여야 한다.
② 토지소유자가 기간 내에 등록말소신청을 하지 않은 경우 공유수면 관리청이 신청을 대신할 수 있다.
③ 지적소관청은 지적공부의 등록사항을 말소하거나 회복등록하였을 때에는 그 정리결과를 토지소유자 및 해당 공유수면의 관리청에 통지하여야 한다.
④ 지적소관청이 회복등록을 하려면 그 지적측량 성과 및 등록말소 당시의 지적공부 등 관계 자료에 따라야 한다.

해설 [공간정보의 구축 및 관리 등에 관한 법률 제82조(바다로 된 토지의 등록말소 신청)]
지적소관청은 토지가 바다로 된 경우 토지소유자가 통지를 받은 날부터 90일 이내에 등록말소 신청을 하지 아니하면 대통령령으로 정하는 바에 따라 등록을 말소한다.

96. 축척변경위원회의 구성인원으로 옳은 것은?

① 5명 이상 10명 이하
② 10명 이상 15명 이하
③ 15명 이상 20명 이하
④ 축척변경시행지역안의 토지소유자의 5분의 1

해설 [공간정보의 구축 및 관리 등에 관한 법률 시행령 제79조(축척변경위원회의 구성 등)]
축척변경위원회는 5명 이상 10명 이내의 위원으로 구성한다.

97. 지적공부에 등록된 토지의 소유자가 단독에서 2인 이상으로 변경될 경우 소유자에 관한 사항을 정리해야 할 지적공부는?

① 지적도와 임야도　② 지적도와 토지대장
③ 임야도와 임야대장　④ 토지대장과 공유지연명부

해설 [공간정보의 구축 및 관리 등에 관한 법률 제71조(토지대장 등의 등록사항)]
　소유자가 둘 이상이면 공유지 연명부에 등록하여야 한다.

98. 국토의 계획 및 이용에 관한 법령에 따른 용도지역의 구분 및 세분을 지정한 것으로 옳지 않은 것은?

① 도시지역 : 주거지역, 상업지역, 공업지역, 녹지지역
② 공업지역 : 전용공업지역, 일반공업지역, 준공업지역
③ 관리지역 : 보전관리지역, 생산관리지역, 자연환경보전지역
④ 녹지지역 : 보전녹지지역, 생산녹지지역, 자연녹지지역

해설 [용도지역의 종류]
① **도시지역** : 주거지역, 상업지역, 공업지역, 녹지지역
② **공업지역** : 전용공업지역, 일반공업지역, 준공업지역
③ **관리지역** : 보전관리지역, 생산관리지역, 계획관리지역
④ **녹지지역** : 보전녹지지역, 생산녹지지역, 자연녹지지역

99. 지적측량을 수행하여야 할 경우에 해당되지 않는 것은?

① 토지를 신규등록하는 경우
② 축척변경을 하고자 하는 경우
③ 경계점을 지상에 복원하는 경우
④ 필지를 분할하거나 합병하고자 할 경우

해설 [지적측량을 요하는 경우]
• 신규등록, 등록전환, 분할, 축척변경, 도시개발사업 등의 신고
• 지적측량을 요하지 않는 경우
• 합병, 지목변경

100. 등기관리 등기를 한 후 지체없이 그 사실을 지적소관청 또는 건축물대장 소관청에 통지하여야 하는 것이 아닌 것은?

① 소유권의 보존등기
② 부동산 표시의 변경등기
③ 소유권의 말소회복등기
④ 소유권의 등기명의인 표시의 변경등기

해설 [부동산등기법 제62조(소유권변경 사실의 통지)]
① 소유권의 보존 또는 이전
② 소유권의 등기명의인 표시의 변경 또는 경정
③ 소유권의 변경 또는 경정
④ 소유권의 말소 또는 말소회복

정답　97. ④　98. ③　99. ④　100. ②

2016년
지적기사 기출문제
Engineer Cadastral Surveying

CHAPTER 02

지적기사 기출문제

1과목 지적측량

01. 지적삼각점측량의 수평각관측에서 기지각과의 차가 ±30.8″이었다. 가장 알맞은 처리방법은?

① 공차(公差)범위를 벗어나므로 재측량해야 한다.
② 기지점을 확인해야 한다.
③ 다른 기지점에 의하여 측량한다.
④ 공차내이므로 계산처리한다.

해설 [지적삼각측량 수평각의 측각공차]
① 1방향각 : 30초 이내
② 1측회의 폐색 : ±30초 이내
③ 삼각형내각관측치의 합과 180도와의 차 : ±30초 이내
④ 기지각과의 차 : ±40초 이내

02. 경위의측량방법과 교회법에 따른 지적삼각보조점의 관측 및 계산에서 적용하는 수평각의 측각공차기준으로 틀린 것은?

① 1방향각 : 50초 이내
② 1측회의 폐색 : ±40초 이내
③ 삼각형 내각관측치의 합과 180°와의 차 : ±50초 이내
④ 기지각과의 차 : ±50초 이내

해설 [경위의측량방법과 교회법에 따른 지적삼각보조점의 관측 및 계산]
① 1방향각 : 40초 이내
② 1측회의 폐색 : ±40초 이내
③ 삼각형내각관측치의 합과 180도와의 차 : ±50초 이내
④ 기지각과의 차 : ±50초 이내

03. 최소제곱법에서 다루는 오차는?

① 우연오차   ② 누적오차
③ 착오   ④ 과실

해설 [오차의 성질에 따른 분류]
① 정오차(누적오차, 계통오차) : 오차가 일어나는 원인이 명백하고, 일정한 조건 밑에서는 일정한 크기와 방향으로 발생하는 오차, 그 원인이 조사되면 오차량을 계산하여 제거할 수 있는 오차, 특성치, 온도, 처짐, 장력, 경사, 표고 등
② 부정오차(우연오차, 상차) : 일어나는 원인이 불분명 하거나 원인을 안다 하여도 직접 처리하는 방법이 불확실하고 예견할 수 없으며 관측값에 어느 정도의 영향을 주고 있는지를 알 수 없는 성질의 불규칙한 오차, 아무리 주의해도 피할 수 없고 또 계산으로 제거할 수 없으므로 통계학(최소제곱법)적으로 소거하는 방법을 사용
③ 과대오차(착오) : 관측자 기술의 미숙, 심리상태의 혼란, 부주의, 착각에 의한 눈금 오독, 기장오기 등으로 발생

04. 평면직각좌표상의 점 $A(X_1, Y_1)$에서 점 $B(X_2, Y_2)$를 지나고 방위각이 α인 직선에 내린 수선의 길이(E)는?

① $E = (Y_2 - Y_1)\sin\alpha - (X_2 - X_1)\cos\alpha$
② $E = (Y_2 - Y_1)\sin\alpha - (X_2 - X_1)\sin\alpha$
③ $E = (Y_2 - Y_1)\cos\alpha - (X_2 - X_1)\cos\alpha$
④ $E = (Y_2 - Y_1)\cos\alpha - (X_2 - X_1)\sin\alpha$

해설 [수선의 길이]
$E = \Delta y \cdot \cos\alpha - \Delta x \cdot \sin\alpha$
$= (Y_2 - Y_1) \times \cos\alpha - (X_2 - X_1) \times \sin\alpha$

05. 그림과 같이 원필지 ▱ABCD를 분할선 PQ로 분할 할 때 협각이 각각 α, β, γ, δ이면 성립하는 등식은?

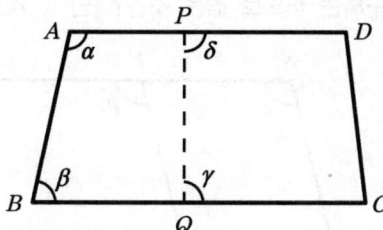

① α+β=γ+δ
② α+γ=β+δ
③ α+δ=β+γ
④ α+β+γ+δ=360°

해설 사각형 내각의 합은 360°이고, 반원은 180°임을 이용하면 α+β=γ+δ 임을 알 수 있다.

06. 지적도를 작성할 때 사용되는 측량결과도 용지의 규격은?

① 가로 540±0.5mm, 세로 440±0.5mm
② 가로 540±1.5mm, 세로 440±1.5mm
③ 가로 520±0.5mm, 세로 420±0.5mm
④ 가로 520±1.5mm, 세로 420±1.5mm

해설 측량결과도 용지의 규격은 가로 520±1.5mm, 세로 420±1.5mm

07. 배각법에 의한 지적도근측량에서 측각오차가 -43″이고 측선장의 반수합이 275.2일 때 65.32m인 변에 배분할 각은?

① -2″
② +2″
③ -10″
④ +10″

해설 배각법에 의한 배분은 측선장에 반비례하여 각 측선의 관측각에 배분한다.
$K = -\dfrac{e}{R} \times n$ 에서 $K = -\dfrac{-43''}{275.2} \times \dfrac{1,000}{65.32} = 2.3'' ≒ 2''$

08. 지적삼각측량의 조정계산에서 기지내각에 맞도록 조정하는 것을 무엇이라 하는가?

① 측점조정
② 삼각조정
③ 각조정
④ 망조정

해설 [망조정]
① 지적삼각측량의 조정계산에서 기지내각에 맞도록 조정하는 것
② 관측된 거리, 각도, 방위각 및 기준점 좌표를 이용한 망조직에 의하여 각 관측점의 좌표를 구하는 것

09. 다음 중 복구측량에 대한 설명으로 옳은 것은?

① 수해지역 복구를 위한 측량
② 축척변경을 위한 측량
③ 지적공부 멸실지역의 측량
④ 임야대장상 토지를 토지대장에 옮겨 등록하기 위한 측량

해설 [복구측량]
지적공부가 전부 또는 일부가 멸실, 훼손되었을 때 종전의 내용대로 재작성하는 작업

10. "1측점 둘레에 있는 모든 각의 합은 360°가 되어야 한다."는 조건은?

① 변조건
② 삼각조건
③ 측점조건
④ 도형조건

해설 [삼각망조정의 3조건]
① **각조건** : 삼각망 중 각각 3각형 내각의 합은 180°가 될 것
② **변조건** : 삼각망 중에서 임의 한 변의 길이는 계산순서에 관계없이 동일할 것
③ **점조건(측점조건)** : 한 측점 주위에 있는 모든 각의 총합은 360°가 될 것

정답 01. ④ 02. ① 03. ① 04. ④ 05. ① 06. ④ 07. ② 08. ④ 09. ③ 10. ③

11. 삼각형의 각 변의 길이가 각각 30m, 40m, 50m일 때 이 삼각형의 면적은?

① 600㎡ ② 756㎡
③ 1,000㎡ ④ 1,200㎡

해설 $S = \dfrac{a+b+c}{2} = \dfrac{30+40+50}{2} = 60$

$A = \sqrt{S(S-a)(S-b)(S-c)}$
$= \sqrt{60(60-30)(60-40)(60-50)} = 600\,m^2$

12. 지적도에 지번 및 지목을 제도할 때 글자크기는?

① 0.5mm 이상 ~ 1.0mm 이하
② 1.0mm 이상 ~ 2.0mm 이하
③ 2.0mm 이상 ~ 3.0mm 이하
④ 3.0m 이상 ~ 4.0mm 이하

해설 지적도에 지번 및 지목을 제도할 때 글자크기는 2.0mm 이상 ~ 3.0mm 이하로 제도한다.

13. 다음 중 도선법에 따른 지적도근점의 각도관측에서 방위각법에 따른 1등도선의 폐색오차는 최대 얼마 이내로 하여야 하는가? (단, n은 폐색변을 포함한 변의 수를 말한다.)

① ±$\sqrt{n}$ 분 이내 ② ±1.5$\sqrt{n}$ 분 이내
③ ±20$\sqrt{n}$ 초 이내 ④ ±30$\sqrt{n}$ 초 이내

해설 [지적도근점 측량시 도선법의 폐색오차]

구분	배각법	방위각법
1등도선	±20$\sqrt{n}$ 초 이내	±$\sqrt{n}$ 분 이내
2등도선	±30$\sqrt{n}$ 초 이내	±1.5$\sqrt{n}$ 분 이내

14. 아래의 토지에서 AB//BC, AB//PQ이고 AP=BQ가 되도록 □ABQP의 면적(F)를 지정하는 경우 AP의 길이를 구하는 식으로 옳은 것은? (단, L:AB의 길이)

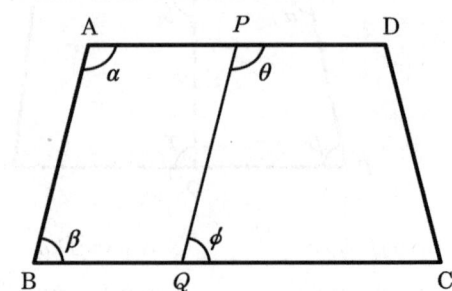

① $\dfrac{F}{L \times \sin\beta}$ ② $\dfrac{F}{L - \sin\beta}$
③ $\dfrac{F}{L + \sin\beta}$ ④ $\dfrac{F}{L \div \sin\beta}$

해설 □ABQP의 면적 $F = L \times \sin\beta \times AP$ 이므로
$AP = \dfrac{F}{L \times \sin\beta}$

15. 경위의측량방법에 의한 세부측량을 실시할 때 연직각의 관측(정·반)값에 대한 허용교차범위에 대한 기준은?

① 90초 이내 ② 1분 이내
③ 3분 이내 ④ 5분 이내

해설 [경위의 측량방법에 의한 세부측량의 관측 및 계산]
① **경계점표지의 설치** : 미리 각 경계에 표지를 설치하여야 함
② **관측방법** : 도선법 또는 방사법에 의함
③ **관측시 사용장비** : 20초독 이상의 경위의 사용
④ **수평각관측** : 1대회의 방향관측법이나 2배각의 배각법에 의함
⑤ **연직각관측** : 정반으로 1회 관측하여 그 교차가 5분 이내일 경우 평균치를 연직각으로 하며 분단위로 독정

16. 아래 그림과 같은 교회망에서 V_a^b=125°이고, 관측내각이 α=60°, γ=75°, γ'=30°일 때 점 C에서 점 P에 대한 방위각(V_a)의 크기는 얼마인가?

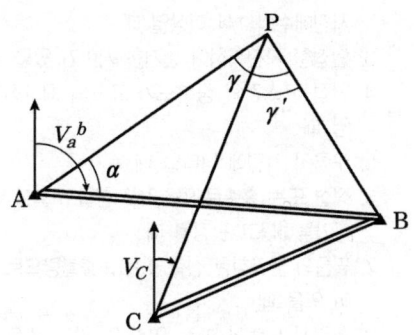

① 15° ② 20°
③ 25° ④ 30°

해설 $V_C = V_a^b - \alpha - \gamma + \gamma'$ 이므로
$V_C = 125° - 60° - 75° + 30° = 20°$

17. 전파기에 따른 지적삼각점의 계산시 점간거리는 어떤 거리에 의하여 계산하여야 하는가?

① 점간 실제 수평거리 ② 점간 실제 경사거리
③ 원점에 투영된 평면거리 ④ 기준면상 거리

해설 지적삼각점측량시 점간거리는 5회 측정하여 그 측정치의 최대치와 최소치의 교차가 평균치의 1/10만 이하일 경우 그 평균치를 측정거리로 하고, 원점에 투영된 평면거리에 따라 계산한다.

18. 좌표면적계산법에 의한 면적측정시 산출면적에 대한 단위기준이 옳은 것은?

① 1만분의 1제곱미터까지 계산하여 100분의 1제곱미터 단위로 결정한다.
② 1만분의 1제곱미터까지 계산하여 10분의 1제곱미터 단위로 결정한다.
③ 1천분의 1제곱미터까지 계산하여 100분의 1제곱미터 단위로 결정한다.
④ 1천분의 1제곱미터까지 계산하여 10분의 1제곱미터 단위로 결정한다.

해설 [좌표에 의한 면적측정방법]
① 대상지역 : 경위의 측량방법으로 세부측량을 실시한 지역
② 필지별 면적측정 : 경계점 좌표에 따를 것
③ 산출면적 : 산출면적은 1/1,000㎡까지 계산하여 1/10㎡ 단위로 정함

19. 오차타원에 의한 삼각점의 오차분석에 대한 내용으로 틀린 것은?

① 오차타원에 크기가 작을수록 정확도가 높다.
② 오차타원이 원에 가까울수록 오차의 균질성이 약하다.
③ 오차타원의 요소는 타원의 장·단축과 회전각이다.
④ 오차타원의 분산, 공분산행렬의 계수로부터 구할 수 있다.

해설 [오차타원]
① 오차타원 : 2개 이상의 임의 변수의 오차는 2차원 평면상에서 주어진 신뢰도를 만족하는 궤적인 타원으로 표현한 것
② 오차타원이 원에 가까울수록 오차의 균질성이 높다.

20. 다음 중 면적의 결정방법으로 옳은 것은?

① 지적도의 축척이 1/600인 지역의 면적단위는 제곱미터로 한다.
② 지적도의 축척이 1/600인 지역의 면적단위는 제곱미터 이하 한자리로 한다.
③ 지적도의 축척이 1/600인 지역의 면적이 1제곱미터 미만인 경우는 1제곱미터로 면적을 결정한다.
④ 지적도의 축척이 1/600인 지역의 1필지의 면적이 0.1제곱미터 미만인 경우는 버린다.

정답 11. ① 12. ③ 13. ① 14. ① 15. ④ 16. ② 17. ③ 18. ④ 19. ② 20. ②

해설 [공간정보의 구축 및 관리 등에 관한 법률 시행령 제60조 (면적의 결정 및 측량계산의 끝수처리)]
① 지적도의 축척이 600분의 1인 지역과 경계점좌표등록부에 등록하는 지역의 토지 면적은 ㎡ 이하 한 자리 단위로 등록
② 0.1㎡ 미만의 끝수가 있는 경우 0.05㎡ 미만일 때에는 버리고, 0.05㎡를 초과할 때에는 올림
③ 0.05㎡ 때에는 구하려는 끝자리의 숫자가 0 또는 짝수이면 버리고 홀수이면 올림
④ 1필지의 면적이 0.1㎡ 미만일 때에는 0.1㎡로 함

2과목 응용측량

21. 그림과 같이 측점 A의 밑에 기계를 세워 천장에 설치된 측점 A, B를 관측하였을 때 두 점의 높이차(H)는?

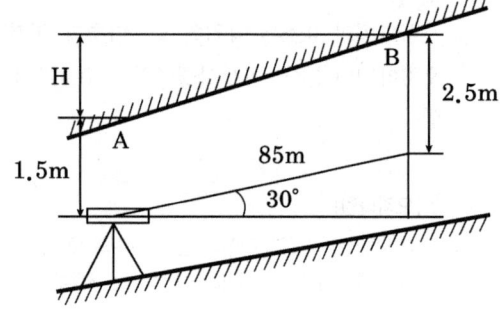

① 42.5m
② 43.5m
③ 45.5m
④ 46.5m

해설 레벨의 시준선의 높이가 같으므로 A, B점의 높이차는 시준선에서의 높이값을 비교하여 산정한다.
$\Delta H = 2.5 + 85 \times \sin 30° - 1.5 = 43.5m$

22. 다음 중 사진을 재촬영해야 할 경우가 아닌 것은?
① 구름이 사진상에 나타날 때
② 인접사진 간에 축척이 현저한 차이가 있을 때
③ 홍수로 인하여 지형을 구분할 수 없을 때
④ 종중복도가 70% 정도일 때

해설 [항공사진 촬영성과 중 재촬영 요인의 판정기준(항공사진촬영 작업규정 제24조)]
1. 항공기의 고도가 계획촬영 고도의 15% 이상 벗어날 때
2. 촬영 진행방향의 중복도가 53% 미만인 경우가 전 코스 사진매수의 1/4 이상일 때
3. 인접한 사진축척이 현저한 차이가 있을 때
4. 인접 코스간의 중복도가 표고의 최고점에서 5% 미만일 때
5. 구름이 사진에 나타날 때
6. 적설 또는 홍수로 인하여 지형을 구별할 수 없어 도화가 불가능하다고 판정될 때
7. 필름의 불규칙한 신축 또는 노출불량으로 입체시에 지장이 있을 때
8. 촬영시 노출의 과소, 연기 및 안개, 스모그(smog), 촬영셔터(shutter)의 기능불능, 현상처리의 부적당 등으로 사진의 영상이 선명하지 못할 때
9. 보조자료(고도, 시계, 카메라번호, 필름번호) 및 사진지표가 사진상에 분명하지 못할 때
10. 후속되는 작업 및 정확도에 지장이 있다고 인정될 때
11. 지상GPS기준국과 항공기에서 수신한 GPS신호가 단절되어 GPS데이터 처리가 불가능할 때
12. 디지털항공사진 카메라의 경우 촬영코스 당 지상표본거리(GSD)가 당초 계획하였던 목표 값보다 큰 값이 10% 이상 발생하였을 때

23. 지형도의 난외주기사항에 〈NJ52-13-17-3대천〉과 같이 표시되어 있을 때, NJ가 의미하는 것은?
① TM 도엽번호
② UTM 도엽번호
③ 경위도좌표계 구역번호
④ 가우스크뤼거 도엽번호

해설 1:50,000 지형도의 도엽번호 : UTM 도엽번호를 기준으로 표시
N : 북반구 지역
J : 적도면에서 북위 4°마다 알파벳으로 붙인 위도구역
52 : 서경180°선에서 동으로 6°마다 붙인 경도구역
17 : 1:250,000 지세도의 지도번호
3 : 1:250,000 지세도를 가로 7등분, 세로 4등분한 1:50,000 지형도의 지도번호

24. 사진판독에 있어 삼림지역에서 표층토양의 함수율에 의하여 사진의 색조가 변화하는 현상은?

① 소일마크(Soil mark)
② 왜곡마크(Distortion mark)
③ 셰이드마크(Shade mark)
④ 플로팅마크(Floating mark)

해설 [소일마크(Soil Mark)]
사진판독에 있어 삼림지역에서 표층토양의 함수율에 의하여 사진의 색조가 변화하는 현상

25. 수준측량의 야장기입법 중 중간점(I.P)이 많을 때 가장 편리한 것은?

① 기고식   ② 고차식
③ 승강식   ④ 방사식

해설 [수준측량 야장기입법]
① **고차식** : 중간점없이 이기점 전시와 후시로만 관측된 야장으로 가장 간단하다.
② **승강식** : 완전한 검사로 정밀측량에 적당하나, 중간점이 많으면 계산이 복잡하고 시간과 비용이 많이 든다.
③ **기고식** : 중간점이 많을 경우 편리하나 완전한 검산을 할 수 없는 단점에도 가장 많이 사용되는 방법이다.

26. 축척 1:25,000 지형도에서 등고선의 간격 10m를 묘사할 수 있는 도상간격이 0.13mm이라 할 경우 등고선으로 표현할 수 있는 최대경사각으로 옳은 것은?

① 약 45°   ② 약 60°
③ 약 72°   ④ 약 90°

해설 [등고선의 도상간격에 대한 실제수평거리]
$= 25,000 \times 0.13mm \times \dfrac{1m}{1,000mm} = 3.25m$

최대경사각계산에서 $\tan\theta = \dfrac{높이차}{수평거리} = \dfrac{3.25}{10}$ 이므로

$\theta = \tan^{-1}\left(\dfrac{3.25}{10}\right) = 72°$

27. 다음 중 지형의 표시방법이 아닌 것은?

① 점고법   ② 우모법
③ 평행선법   ④ 등고선법

해설 [지형표시방법]
① **자연도법** : 영선법(우모법, 게바법), 음영선
② **부호도법** : 등고선법, 점고법, 채색법(단채법)

28. 원격탐사(Remote Sensing)의 센서에 대한 설명으로 옳지 않은 것은?

① 전자파 수집장치로 능동적 센서와 수동적 센서로 구분된다.
② 능동적 센서는 대상물에서 반사 또는 방사되는 전자파를 수집하는 센서를 의미한다.
③ 수동적 센서는 선주사방식과 카메라방식이 있다.
④ 능동적 센서는 Radar방식과 Laser방식이 있다.

해설 수동적 센서는 대상물에서 반사되는 전자기파를 수집하는 장치이며, 능동식 센서는 대상물에 전자기파를 발사한 후 반사되는 전자기파를 수집하는 장치이다. 대표적인 능동적 센서로는 Laser, Radar 등이 있다.
① **수동적탐측기**
　• 비주사방식 (비영상, 영상방식)
　• 주사방식 (영상면, 대상물면 주사방식)
② **능동적 탐측기**
　• 비주사방식 (Laser)
　• 주사방식 (Radar, SLAR)

29. 노선측량의 종단면도, 횡단면도에 대한 설명으로 옳지 않은 것은?

① 일반적으로 횡단면도의 가로·세로축척은 같게 한다.
② 일반적으로 종단면도에서 세로축척은 가로축척보다 작게 한다.
③ 종단면도에서 계획선을 정할 때 일반적으로 성토, 절토가 동일하도록 하는 것이 좋다.
④ 종단면도에서 계획기울기는 제한기울기 이내로 한다.

정답 21. ② 22. ④ 23. ② 24. ① 25. ① 26. ③ 27. ③ 28. ② 29. ②

해설 노선측량의 경우 노선의 연장과 높이차를 비교해보면 노선의 연장이 상대적으로 길기 때문에 연장(가로)방향의 축척을 높이차(세로) 방향의 축척보다 소축척으로 작성해야 한다.

30. 원격탐사자료가 이용되는 분야와 거리가 먼 것은?

① 토지분류조사
② 토지소유자조사
③ 토지이용현황조사
④ 도로교통량의 변화조사

해설 [원격탐사 위성 센서의 활용]
① 입체 시각화에 의한 지형분석 : 고해상도위성의 센서에 의한 DEM 제작
② 영상분류에 의한 토지이용 분석 : 일반적인 지구자원탐사 센서 (MSS, TM 등)
③ 대축척 수치지도 제작 : 고해상도 센서
④ 야간이나 악천후 중 재해 모니터링 : 레이더를 이용한 SAR 센서

31. 곡선의 반지름이 250m, 교각 80°20′의 원곡선을 설치하려고 한다. 시단현에 대한 편각이 2°10′이라면 시단현의 길이는?

① 16.29m
② 17.29m
③ 17.45m
④ 18.91m

해설 편각 $\delta = \frac{l}{2R} \times \rho$ 이므로 $2°10′ = \frac{l}{2 \times 250m} \times \frac{180°}{\pi}$

$l = \frac{2 \times \pi \times 250m}{180°} \times 2°10′ = 18.91m$

32. 완화곡선에 대한 설명 중 잘못된 것은?

① 완화곡선의 반지름은 시점에서 원의 반지름부터 시작하여 점차 증가하여 무한대가 된다.
② 우리나라에서는 주로 도로에서는 완화곡선에 클로소이드곡선을, 철도에서는 3차포물선을 사용한다.
③ 완화곡선의 접선은 시점에서 직선에 접하고 종점에서 원호에 접한다.
④ 완화곡선에 연한 곡선반지름의 감소율은 캔트의 증가율과 같다.

해설 [완화곡선의 성질]
① 완화곡선의 반지름은 시점에서 무한대, 종점에서는 원곡선의 반지름과 같다.
② 완화곡선의 접선은 시점에서는 직선에, 종점에서는 원호에 접한다.
③ 완화곡선의 곡선반경 감소율은 캔트의 증가율과 같다.
④ 완화곡선의 편경사의 크기는 곡선의 반경에 반비례하고 설계속도에 비례한다.

33. 도로의 중심선을 따라 20m 간격의 종단측량을 하여 다음과 같은 결과를 얻었다. 측점 1과 측점 5의 지반고를 연결하여 도로계획선을 설정한다면 이 계획선의 경사는?

측점	지반고(m)	측점	지반고(m)
No.1	53.63	No.4	70.65
No.2	52.32	No.5	50.83
No.3	60.67		

① +3.5%
② +2.8%
③ −2.8%
④ −3.5%

해설 경사도$(i) = \frac{H}{D} \times 100(\%) = \frac{50.83 - 53.63}{80} \times 100 = -3.5\%$

측점을 따라 아래로 향한 경사이므로 −3.5%이다.

34. 지하시설물 관측방법에서 원래 누수를 찾기 위한 기술로 수도관로 중 PVC 또는 플라스틱관을 찾는데 이용되는 관측방법은?

① 전기관측법
② 자장관측법
③ 음파관측법
④ 자기관측법

해설 [지하시설물 탐사의 종류]
① **지중레이더측량기법(GPR)** : 전자파의 반사특성을 이용하여 지하시설물을 측량하는 방법

② **지중레이더탐사법** : 지표로부터 매설된 금속관로 및 케이블관측과 탐침을 이용하여 공관로나 비금속관로를 관측할 수 있는 방법

③ **음파탐측법** : 비금속지하시설물에 이용하는 방법으로 물이 흐르는 관내부에 음파신호를 보내면 관내부에 음파가 발생하는데 이때 수신기를 이용하여 발생한 음파를 측량하는 기법

35. 키 1.6m인 사람이 해안선에서 해상을 바라볼 수 있는 거리는? (단, 지구의 곡률반지름은 6,370km이다.)

① 1,600m   ② 2,257m
③ 3,200m   ④ 4,515m

해설 지구의 곡률을 고려하려면 구차를 적용하여 계산한다.
$h = \dfrac{S^2}{2R}$ 에서
$S = \sqrt{2Rh} = \sqrt{2 \times 6,370,000m \times 1.6m} = 4,515m$

36. 수준측량작업에서 전시와 후시의 거리를 같게 하여 소거되는 오차와 거리가 먼 것은?

① 기차의 영향
② 레벨조정 불완전에 의한 기계오차
③ 지표면의 구차의 영향
④ 표척의 영점오차

해설 [정·반위관측으로 소거되는 오차]
① **시준축오차** : 시준선이 수평축과 직각이 아니기 때문에 생기는 오차
② **수평축오차** : 수평축이 수평이 아니기 때문에 생기는 오차
③ **시준선의 편심 오차(외심 오차)** : 시준선이 기계의 중심을 통과하지 않기 때문에 생기는 오차

37. 카메라의 초점거리 153mm, 촬영경사 7°로 평지를 촬영한 사진이 있다. 이 사진의 등각점은 주점으로부터 최대경사선상의 몇 mm인 곳에 위치하는가?

① 9.36mm   ② 10.63mm
③ 12.36mm   ④ 13.63mm

해설 $\overline{mj} = f \times \tan \dfrac{i}{2} = 153mm \times \tan \dfrac{7°}{2} = 9.36mm$

38. 실제사진 위에서 이동한 물체를 실체시하면 그 운동 때문에 그 물체가 겉보기상의 시차가 발생하고, 그 운동이 기선방향이면 물체가 뜨거나 가라앉아 보이는 효과는?

① 카메론효과(cameron effect)
② 가르시아효과(garcia effect)
③ 고립효과(isolated effect)
④ 상위효과(discrepancy effect)

해설 [카메론 효과]
입체사진상에 이동하는 물체가 있을 때 입체시하는 경우 운동하는 물체가 기선방향과 같은 방향인 경우 가라앉아 보이고, 기선방향과 반대방향인 경우 떠올라 보이는 현상

39. GPS에서 단일차분해(single difference solution)를 얻을 수 있는 경우는?

① 두 개의 수신기가 시간간격을 두고 각각의 위성을 관측하는 경우
② 두 개의 수신기가 동일한 순간동안 각각의 위성을 관측하는 경우
③ 두 개의 수신기가 동일한 순간동안 동일한 위성을 관측하는 경우
④ 한 개의 수신기가 한순간에 한 개의 위성만 관측하는 경우

해설 [위상차 측정방법]
① **일중차** : 1개의 위성을 2개의 수신기를 이용하여 관측하거나 2개의 위성을 1개의 수신기로 관측한 반송파의 위상차를 통하여 위성궤도오차와 원자시계오차를 소거하나 수신기 시계오차는 아직 갖고 있다.
② **이중차** : 2개의 위성을 2개의 수신기를 이용하여 반송파의 위상차를 통하여 수신기의 시계오차를 소거하나 모호정수는 아직 갖고 있다.
③ **3중차** : 일정시간동안 이중위상차를 측정하여 이중위상차를 누적하는 적분위상차방식으로 반송파의 모호정수를 소거한다.

정답 30. ②   31. ④   32. ①   33. ④   34. ③   35. ④   36. ④   37. ①   38. ①   39. ③

40. 지표에서 거리 1,000m 떨어진 A, B 두 개의 수직터널에 의하여 터널 내외의 연결측량을 하는 경우 수직터널의 깊이가 1,500m라 할 때, 두 수직터널 간 거리의 지표와 지하에서의 차이는?

① 15cm ② 24cm
③ 48cm ④ 52cm

해설 평균해수면 보정값을 구하는 문제는 부호에 유의하여야 하는데 표고 300m에서 관측한 값을 평균해수면상으로 보정하므로 부호는 음수이어야 한다. 지구를 구로 생각할 때 반지름이 큰 상태의 표면과 작은 상태의 표면 거리를 생각해보면 알 수 있다.

① 평균해수면 보정량
$$C_h = -\frac{H}{R}L = -\frac{1,500m}{6,400,000m} \times 1,000m$$
$$= -0.24m = -24cm$$

3과목 토지정보체계론

41. 자동벡터화에 대한 설명으로 틀린 것은?

① 래스터자료를 소프트웨어에 의해 벡터화하는 것
② 경우에 따라 수동디지타이징보다 결과가 나쁠 수 있다.
③ 자동벡터화 후에 처리결과를 확인할 필요가 있다.
④ 위상구조화작업도 신속하게 이루어진다.

해설 자동 벡터화를 실시한 후에 처리결과 확인을 위해 별도의 위상구조화작업을 하여야 한다.

42. 오차의 발생 원인에 대한 설명 중 틀린 것은?

① 자료입력을 수동으로 하는 것도 오차유발의 원인이 된다.
② 원자료의 오차는 자료기반에 거의 포함되지 않는다.
③ 여러 가지의 자료층을 처리하는 과정에서 오차가 발생한다.
④ 지역을 지도화하는 과정에서 선으로 표현할 때 오차가 발생한다.

해설 원자료의 오차는 입력과정으로 통해 데이터베이스(DB)에도 포함이 된다.

43. 다음 중 래스터데이터의 저장형식에 해당하지 않는 것은?

① BMP ② JPG
③ TIFF ④ DXF

해설 BMP, JPG, TIFF 등은 래스트 포맷의 자료형식이다.
[벡터 데이터 형식의 종류]
Shape 파일형식, Coverage 파일형식, CAD 파일형식, DLG 파일형식, VPF 파일형식, TIGER 파일형식

44. 래스터데이터의 단점으로 볼 수 없는 것은?

① 해상도를 높이면 자료의 양이 크게 늘어난다.
② 객체단위로 선택하거나 자료의 이동, 삭제, 입력 등 편집이 어렵다.
③ 위상구조를 부여하지 못하므로 공간적 관계를 다루는 분석이 불가능하다.
④ 중첩기능을 수행하기가 불편하다.

해설 래스터 자료구조는 동일한 크기의 셀의 격자에 의하여 공간 형상을 표현하며 벡터자료구조에 비해 자료구조가 단순하고, 중첩에 대한 조작 및 분석의 수행이 용이하다.

45. 데이터베이스관리시스템(DBMS)의 단점이 아닌 것은?

① 시스템 구성이 복잡
② 데이터의 중복성 발생
③ 통제의 집중화에 따른 위험 존재
④ 초기 구축비용과 유지비용이 고가

해설 DBMS는 데이터의 중복성이 발생되지 않으며 자료의 검색과 정보추출이 신속하고 용이하다.
[DBMS의 특징]
① 다양한 응용프로그램에서 서로 다른 목적으로 편집되고 저장 가능

② 자료의 검색과 정보추출이 신속하고 용이
③ 원천이 다른 데이터도 하나의 데이터베이스 내에서 연계
④ 자료가 표준화되고 구조적으로 저장되어 자료의 집중이 가능

해설 노랑머리를 가진 새는 점(point)으로, 새가 서식하는 특정한 식생은 폴리곤(polygon)으로 표현되므로 점과 폴리곤의 중첩으로 분석이 가능하다.

46. 다음 중 사용권한등록파일에 사용자의 권한에 해당하지 않는 것은?

① 지적전산코드의 입력·수정 및 삭제
② 토지등급 및 기준수확량등급 변동의 관리
③ 개별공시지가의 변동관리
④ 기업별 토지소유현황의 조회

해설 [지적전산정보시스템에서 사용자권한 등록파일에 등록하는 사용자의 권한]
· 사용자의 신규등록
· 사용자 등록의 변경 및 삭제
· 법인이 아닌 사단·재단 등록번호의 업무관리
· 법인이 아닌 사단·재단 등록번호의 직권수정
· 개별공시지가 변동의 관리
· 지적전산코드의 입력·수정 및 삭제
· 지적전산코드의 조회
· 지적전산자료의 조회
· 지적통계의 관리
· 토지 관련 정책정보의 관리
· 토지이동 신청의 접수
· 토지이동의 정리
· 토지소유자 변경의 관리
· 토지등급 및 기준수확량등급 변동의 관리
· 지적공부의 열람 및 등본 발급의 관리
· 일반 지적업무의 관리
· 일일마감 관리
· 지적전산자료의 정비
· 개인별 토지소유현황의 조회
· 비밀번호의 변경

47. 노랑머리를 가진 새가 서식하는 특정한 식생이 있는지를 파악하기 위해서는 어떤 중첩기법을 써야 하는가?

① 점과 폴리곤　　② 선과 선
③ 선과 폴리곤　　④ 폴리곤과 폴리곤

48. 데이터베이스관리용으로 사용되는 소프트웨어는?

① Oracle　　② ERDAS Imagine
③ SPSS　　　④ ArcGIS

해설 ① Oracle : 데이터베이스관리용 S/W
② ERDAS Imagine : 공간분석용 S/W
③ SPSS : 통계분석용 S/W
④ ArcGIS : 공간분석용 S/W

49. 다음 중 서로 다른 체계들 간의 자료공유를 위한 공간자료교환표준으로 대표적인 것은?

① CEN/TC 287　　② SDTS
③ DX-90　　　　　④ Z39.50

해설 ① **SDTS** : 지리정보시스템을 구성함에 있어 각종 응용시스템들 사이에서 지리정보를 공유하기 위한 목적으로 개발된 공통데이터교환포맷
② **CEN/TC287** : ISO/TC 211 활동이 시작하기 이전에 유럽의 표준화기구를 중심으로 추진된 유럽의 지리정보 표준화기구
③ **Z39.50** : 세계 각국의 디지털 도서관들이 서로 다른 기종의 컴퓨터를 사용하고 있지만, 호환이 가능하게 하는 표준화된 정보검색 프로토콜

50. 공간보간법에서 지형의 기복이 심하지 않은 표면을 생성하는데 적합한 방법은?

① 국지적 보간법　　② 전역적 보간법
③ 정밀보간법　　　 ④ Spline 보간법

해설 ① **국지적 보간법** : 대상 지역 전체를 작은 도면이나 구획으로 분할하여, 세분화된 구역별로 부합되는 함수를 추출

정답　40. ②　41. ④　42. ②　43. ④　44. ④　45. ②　46. ④　47. ①　48. ①　49. ②　50. ②

② **전역적 보간법** : 모든 기준점을 하나의 연속적인 함수로 표현하여 지형의 기복이 심하지 않은 표면을 생성하는 데 적합한 보간법

③ **Spline 보간법** : 여러 개의 데이터를 하나의 추정함수로 표현하는 것이 아니라, 주어진 데이터의 각 구간마다 추정함수를 구하는 방법

51. 지적전산자료의 이용에 관한 설명으로 옳은 것은?

① 시·군·구단위의 지적전산자료를 이용하고자 하는 자는 지적소관청 또는 도지사의 승인을 얻어야 한다.
② 시·도단위의 지적전산자료를 이용하고자 하는 자는 시·도지사 또는 행정안전부장관의 승인을 얻어야 한다.
③ 전국단위의 지적전산자료를 이용하고자 하는 자는 국토교통부장관, 시·도지사 또는 지적소관청의 승인을 얻어야 한다.
④ 심사 및 승인을 거쳐 지적전산자료를 이용하는 모든 자는 사용료를 면제한다.

해설 [지적전산자료의 이용에 관한 사항]
① 시·군·구단위의 지적전산자료를 이용하고자 하는 자는 지적소관청의 승인을 얻어야 한다.
② 시·도단위의 지적전산자료를 이용하고자 하는 자는 시·도지사 또는 지적소관청의 승인을 얻어야 한다.
③ 전국단위의 지적전산자료를 이용하고자 하는 자는 국토교통부장관, 시·도지사 또는 지적소관청의 승인을 얻어야 한다.
④ 지적전산자료의 이용 또는 활용에 관한 승인을 받은 자는 국토교통부령으로 정하는 사용료를 내야 한다. 다만, 국가나 지방자치단체에 대해서는 사용료를 면제한다.

52. 과거 지적재조사사업의 추진방향이 아닌 것은?

① 지목의 단순화
② 축척구분의 단순화
③ 지적도와 임야도의 통합
④ 토지대장과 임야대장의 통합

해설 ① **지적재조사사업** : 지적공부의 등록사항을 조사·측량하여 기존의 지적공부를 디지털에 의한 새로운 지적공부로 대체함과 동시에 지적공부의 등록사항이 토지의 실제현황과 일치하지 않는 경우 이를 바로잡기위해 실시하는 국가사업
② **지적재조사사업의 추진방향** : 축척의 단순화, 지적도와 임야도의 통합, 토지대장과 임야대장의 통합

53. 토지 및 지리정보시스템의 일반적인 데이터형태로 옳은 것은?

① 공간데이터와 속성데이터
② 속성데이터와 내성데이터
③ 내성데이터와 위상데이터
④ 위상데이터와 라벨데이터

해설 GIS의 정보는 크게 위치정보(공간정보)와 속성정보로 구분되며, 위치정보에는 절대위치와 상대위치정보로, 속성정보는 도형, 영상 정보로 세분화된다.

54. 지적공부의 등록사항 중에서 토지소유자에 관한 사항에 잘못이 있어 등록사항을 정정하는 경우 확인자료에 해당되지 않는 것은?

① 등기필증
② 등기완료통지서
③ 토지대장 및 매매계약서
④ 등기관서에서 제공한 등기전산정보자료

해설 [공간정보의 구축 및 관리 등에 관한 법률 제84조(등록사항의 정정)]
정정사항이 토지소유자에 관한 사항인 경우 등기필증, 등기완료통지서, 등기사항증명서 또는 등기관서에서 제공한 등기전산정보자료에 따라 정정하여야 한다.

55. 다음 중 런랭스(Run-length)코드압축방법에 대한 설명이 아닌 것은?

① 동일한 속성값을 개별적으로 저장하는 대신 하나의 런(run)에 해당하는 속성값이 한번만 저장된다.
② Quadtree방법과 하나의 행에서 동일한 속성값을 갖는 격자자료압축방법이다.
③ 런(run)은 하나의 행에서 동일한 속성값을 갖는 격자를 의미한다.
④ 대상지역에 해당하는 격자들의 연속적인 연결상태를 파악하여 압축하는 방법이다.

> **해설** [래스터자료의 압축방식]
> ① Run-length code(연속분할부호) : 각 행에 대해 왼쪽에서 오른쪽으로 시작셀과 끝 셀을 표시
> ② Chain code(체인코드방식) : 영역의 경계는 그 시작점과 방향에 대한 단위벡터로 표시
> ③ Block code(블록코드방식) : 영역을 다양한 크기의 정사각형 블록으로 표시
> ④ Quadtree(사지수형) : 영역을 단계적으로 4분원으로 분할하여 표시

56. 디지타이징 및 벡터편집의 오류에서 중복되어 있는 점, 선을 제거함으로써 수정할 수 있는 방법은?

① 언더슛(undershoot)
② 오버슛(overshoot)
③ 슬리버 폴리곤(sliver polygon)
④ 오버래핑(overlapping)

> **해설** [디지타이징에 의한 오차유형]
> ① Sliver polygon : 필지를 표현할 때 필지가 아닌데도 조그만 조각이 생겨 필지로 인식하게 되는 경우
> ② Overshoot : 어느 선분까지 그려야하는데 그 선분을 지나치는 경우
> ③ Undershoot : 어느 선분까지 그려야하는데 그 선분에 미치지 못한 경우
> ④ 레이블 입력오류 : 지번 등이 다르게 기입되는 경우 또는 없거나 2개가 존재하는 경우
> ⑤ 인접지역 불일치 : 작업자가 영역을 나누어 작업할 경우 접합지역에서 서로 어긋나는 경우

57. 필지중심토지정보시스템(PBLIS)의 구성에 해당하지 않는 것은?

① 지적공부관리시스템 ② 지적측량성과시스템
③ 부동산등기관리시스템 ④ 지적측량시스템

> **해설** [PBLIS(필지중심토지정보시스템)의 구성]
> ① 지적공부관리시스템
> ② 지적측량시스템
> ③ 지적측량성과작성시스템

58. 데이터베이스의 일반적인 모형과 거리가 먼 것은?

① 입체형(solid)   ② 계급형(hierarchical)
③ 관망형(network) ④ 관계형(relational)

> **해설** [데이터베이스관리시스템(DBMS)의 모델]
> ① 계층형 : 최초로 구현된 데이터 모델로 트리구조나 조직표와 같은 계층적으로 배열
> ② 네트워크형(관망형) : data들은 다른 파일의 하나 이상의 data들과 연계되어 있으며 이를 연관시키기 위해 지시자 활용
> ③ 관계형 : 2차원 테이블 형태로 저장되며 한 테이블은 다수의 열로 구성되고, 각 열은 정해진 범위의 값이 저장되는 형태

59. 벡터데이터의 특징이 아닌 것은?

① 래스터데이터에 비해 데이터가 압축되고 검색이 빠르다.
② 각기 다른 위상구조로 중첩기능을 수행하기 어렵다.
③ 격자간격에 의존하여 면으로 표현된다.
④ 자료의 갱신과 유지관리가 편리하다.

> **해설** [벡터자료의 특징]
> • 현상적 자료구조의 표현이 용이하고 효율적 축약
> • 뛰어난 위상관계 구축과 위치와 속성의 일반화 가능
> • 3차원 분석 및 확대 축소시의 정보의 손실 없음
> • 자료구조는 복잡하고 고가의 장비 필요

정답 51. ③ 52. ① 53. ① 54. ③ 55. ④ 56. ④ 57. ③ 58. ① 59. ③

60. 과거 건설교통부의 토지관련 업무를 다루는 시스템과 행정안전부의 지적관련 업무처리시스템이 분리되어 운영됨에 따른 자료의 이중관리 및 정확성 문제 등을 해결하기 위하여 구축된 통합정보시스템은?

① KLIS ② LMIS
③ PBLIS ④ SGIS

해설 [KLIS(한국토지정보시스템)]
① 국가적인 정보화사업을 효율적으로 추진하기 위해 PBLIS와 LMIS를 하나의 시스템으로 통합
② 전산정보의 공공활용과 행정의 효율성 제고를 위해 행정자치부와 건설교통부(현 행정안전부와 국토교통부)가 공동주관으로 추진하고 있는 정보화사업

4과목 지적학

61. 다음 중 현대지적의 원리와 거리가 먼 것은?

① 민주성의 원리   ② 정확성의 원리
③ 능률성의 원리   ④ 경제성의 원리

해설 [현대지적의 원리]
① 공기능의 원리   ② 민주성의 원리
③ 능률성의 원리   ④ 정확성의 원리

62. 다음 중 조선시대의 경국대전에 명시된 토지등록제도는?

① 공전제도   ② 사전제도
③ 정전제도   ④ 양전제도

해설 [양전제도]
① 고려·조선 시대 토지의 실제경작 상황을 파악하기 위해 실시한 토지측량 제도
② 모든 토지를 6등급으로 구분(정전, 속전, 강등전, 강속전, 가경전, 화전)
③ 20년마다 한 번씩 양전을 실시, 그 결과를 양안에 기록하며, 양전을 할 때는 균전사를 파견하여 감독
④ 호조, 본도, 본읍에 보관

63. 현재 우리나라에서 채택하고 있는 지목제도는?

① 용도지목   ② 복식지목
③ 토질지목   ④ 지형지목

해설 [용도지목]
① 토지의 주된 사용목적(용도)에 따라 지목을 결정하는 방법
② 우리나라에서 지목을 결정할 때 사용되는 방법

64. 현행 임야대장에 토지를 등록하는 순서로 가장 옳은 것은?

① 지번 순으로 한다.
② 면적이 큰 순으로 한다.
③ 소유자의 성(姓)의 가, 나, 다 순으로 한다.
④ 〈공간정보의 구축 및 관리 등에 관한 법률〉에 규정된 지목의 순으로 한다.

해설 현행 지적공부의 작성은 물적편성주의이므로 지적공부에 등록은 지번순으로 이루어진다.

65. 역둔토실지조사를 실시할 경우 조사내용에 해당되지 않는 것은?

① 지번·지목   ② 면적·사표
③ 등급 및 결정소작료   ④ 경계 및 조사자 성명

해설 역둔토실지조사의 조사내용에는 지번, 지목, 면적, 사표, 등급, 지적, 소작인의 주소, 성명 또는 명칭, 소작연월일 및 대부료 등

66. 간주지적도에 등록하는 토지대장의 명칭이 아닌 것은?

① 산토지대장   ② 을호토지대장
③ 민유토지대장   ④ 별책토지대장

해설 [간주지적도]
① 토지조사지역 밖인 산림지대에도 전·답·대 등 과세지가 있더라도 그 지목만을 수정하여 임야도에 그냥 존치

하도록 하되, 그에 대한 대장은 일반적인 토지대장과는
별도로 작성하여 지적도로 간주하는 임야도
② 별책토지대장, 을호토지대장, 산토지대장으로도 부름

67. 다음 중 경계점좌표등록부를 작성하여야 할 곳은?

① 〈국토의 계획 및 이용에 관한 법률〉상의 도시지역
② 임야도 시행지구
③ 도시개발사업을 지적확정측량으로 한 지역
④ 측판측량방법으로 한 농지구획정리지구

[해설] 도시개발사업을 지적확정측량으로 한 지역과 축척변경을 실시하여 경계점을 좌표로 등록한 지역에는 반드시 경계점 좌표등록부를 비치하여야 한다.

68. 지적제도의 특징으로 가장 거리가 먼 것은?

① 안전성   ② 적응성
③ 간편성   ④ 정확성

[해설] [지적제도의 특징]
안전성, 간편성, 정확성, 신속성, 저렴성, 적합성, 등록의 완전성

69. 법지적제도와 거리가 가장 먼 것은?

① 정밀한 대축척 지적도 작성
② 토지의 사용, 수익, 처분권 인정
③ 토지의 상품화
④ 토지자원의 배분

[해설] 토지자원의 배분은 다목적지적과 관련이 있다.
[법지적]
① 세지적에서 진일보한 지적제도
② 토지과세 및 토지거래의 안전, 토지소유권보호 등이 주요 목적
③ 일명 소유지적이라고도 하며 법지적하에서는 위치의 정확도를 중시

70. 토지의 특정성(特定性)을 살려 다른 토지와 분명히 구별하기 위한 토지표시방법은?

① 지목을 구분하는 것   ② 지번을 붙이는 것
③ 면적을 정하는 것   ④ 토지의 등급을 정하는 것

[해설] [토지의 특정성(특정화의 원칙)]
① 권리의 객체로서의 모든 토지는 반드시 특정적이면서도 단순, 명확한 방법에 의해 인식될 수 있도록 개별화함
② 특정성에 가장 부합하는 토지의 표시는 지번

71. 토지에 대한 물권을 설정하기 위하여 지적제도가 담당해야 할 가장 중요한 역할은 무엇인가?

① 소유권 사정   ② 필지의 획정
③ 지번의 설정   ④ 면적의 측정

[해설] 토지에 대한 물권을 설정하기 위하여 지적제도가 담당해야 할 가장 중요한 역할은 필지의 획정

72. 토지조사사업 당시 사정에 대한 재결기관은?

① 지방토지조사위원회   ② 도지사
③ 임시토지조사국장   ④ 고등토지조사위원회

[해설]

구분	토지조사사업	임야조사사업
측량기관	임시토지조사국	부(府), 면(面)
사정기관	임시토지조사국장	도지사
재결기관	고등토지조사위원회	임야심사위원회

73. 다음 중 1필지의 성립요건에 해당되지 않은 것은?

① 지번설정지역이 같을 것   ② 지목이 같을 것
③ 소유자가 같을 것   ④ 기등기된 토지일 것

[해설] [일필지의 성립요건]
① 지번부여지역, 축척, 소유자 동일
② 지반이 연속
③ 등기여부 일치

74. 지적의 발생설 중 영토의 보존과 통치수단이라는 두 관점에 대한 이론은?

① 지배설　　② 치수설
③ 침략설　　④ 과세설

해설 [지적발생설의 종류]
① **과세설** : 세금징수의 목적에서 출발
② **치수설** : 농지측량(토지측량) 및 치수에서 출발
③ **통치설(지배설)** : 통치적 수단에서 출발
④ **침략설** : 영토확장과 침략상 우위의 목적

75. 다음 중 토지등록제도의 장점으로 보기 어려운 것은?

① 사인 간의 토지거래에 있어서 용이성과 경비절감을 기할 수 있다.
② 토지에 대한 장기신용에 의한 안전성을 확보할 수 있다.
③ 지적과 등기에 공신력이 인정되고 측량성과의 정확도가 향상될 수 있다.
④ 토지분쟁의 해결을 위한 개인의 경비측면이나 시간적 절감을 가져오고 소송사건이 감소될 수 있다.

해설 토지등록의 공신력이나 정확도는 토지등록제도의 유형에 따라 달라지며 등록제도로 인해 지적과 등기의 공신력이 인정되는 것은 아니며 측량성과의 정확도를 보장하지도 않는다.

76. 토지조사사업 당시 험조장의 위치를 선정할 때 고려사항이 아닌 것은?

① 유수 및 풍향　　② 해저의 깊이
③ 선착장의 편리성　　④ 조류의 속도

해설 [험조장의 위치선정시 고려사항]
① 유수 및 풍향
② 해저의 깊이
③ 조류의 속도

77. 토지조사사업 당시 확정된 소유자가 다른 토지 사이에 사정된 경계선을 무엇이라 하였는가?

① 지계선　　② 강계선
③ 구획선　　④ 지역선

해설 ① **지계선** : 토지조사 시행지와 미시행지와의 경계선
② **강계선** : 확정된 소유자가 다른 토지 사이에 사정된 경계선
③ **지역선** : 토지조사사업 당시 소유자는 같으나 지목이 다를 때 구획한 별필의 토지경계선

78. 지적업무가 재무부에서 내무부로 이관되었던 연도로 옳은 것은?

① 1950년　　② 1960년
③ 1962년　　④ 1975년

해설 • 1910년 토지조사사업　• 1948년 재무부 시세국 설치
• 1962년에 지적업무가 재무부에서 내무부로 이관되었다.

79. 토지등록의 목적과 관계가 가장 적은 것은?

① 토지의 현황 파악　　② 토지의 수량조사
③ 토지의 권리상태 공시　　④ 토지의 과실기록

해설 [토지등록의 목적]
① 토지의 현황 파악　② 토지의 수량 파악
③ 토지의 권리상태 공시

80. 토지조사사업의 목적과 가장 거리가 먼 것은?

① 토지소유의 증명제도 확립
② 토지소유의 합리화
③ 국토개발계획의 수립
④ 토지의 면적단위 통일

해설 [토지조사사업의 목적]
① 토지소유의 증명제도 확립　② 토지소유의 합리화
③ 토지의 면적단위 통일

5과목 지적관계법규

81. 다음 축척 변경에 관한 설명에서 ( ) 안에 적합한 것은?

> 지적소관청은 축척변경을 하려면 축척변경시행지역의 토지소유자 ( ) 이상의 동의를 받아 축척변경위원회의 의결을 거친 후 시·도지사 또는 대도시 시장의 승인을 받아야 한다.

① 4분의 1 ② 3분의 1
③ 3분의 2 ④ 2분의 1

해설 [공간정보의 구축 및 관리 등에 관한 법률 제83조(축척변경)]
지적소관청은 축척변경을 하려면 축척변경시행지역의 토지소유자 (2/3) 이상의 동의를 받아 축척변경위원회의 의결을 거친 후 시·도지사 또는 대도시 시장의 승인을 받아야 한다.

82. 다음 중 축척변경에 관한 측량에 따른 청산금의 산정에 대한 설명으로 옳지 않은 것은?

① 지적소관청은 축척변경에 관한 측량을 한 결과 측량 전에 비하여 면적의 증감이 있는 경우에는 그 증감면적에 대하여 청산을 하여야 한다.
② 청산을 할 때에는 축척변경위원회의 의결을 거쳐 지번별로 제곱미터당 금액을 정하여야 한다.
③ 청산금은 축척변경지번별 조서의 필지별 증감면적에 지번별 제곱미터당 금액을 곱하여 산정한다.
④ 지적소관청은 청산금을 지급받을 자가 청산금을 받기를 거부할 때에는 그 청산금을 공탁할 수 없다.

해설 [공간정보의 구축 및 관리 등에 관한 법률 시행령 제75조(청산금의 신청), 제76조(청산금의 납부고지 등)]
지적소관청은 청산금을 지급받을 자가 행방불명 등으로 받을 수 없거나 받기를 거부할 때에는 그 청산금을 공탁할 수 있다.

83. 토지의 지목을 구분하는 경우 "임야"에 대한 설명 중 ( ) 안에 해당하지 않는 것은?

> 산림 및 원야(原野)를 이루고 있는 ( ) 등의 토지

① 수림지(樹林地) ② 죽림지
③ 간석지 ④ 모래땅

해설 [공간정보의 구축 및 관리 등에 관한 법률 시행령 제58조(지목의 구분)]
① 임야 : 산림 및 원야(原野)를 이루고 있는 수림지(樹林地)·죽림지·암석지·자갈땅·모래땅·습지·황무지 등의 토지
② 간석지는 강을 타고 운반된 미립물질이 해안에 퇴적되어 쌓인 개펄로 공부에 등록되지 않으므로 지목을 설정할 수 없다.

84. 〈국토의 계획 및 이용에 관한 법률 시행령〉상 개발행위허가기준에 따른 분할제한면적 미만으로 토지분할 하는 경우에 해당하지 않는 것은?

① 사설도로를 개설하기 위한 분할
② 녹지지역 안에서의 기존 묘지의 분할
③ 〈사도법〉에 의한 사도개설허가를 받아서 하는 분할
④ 사설도로로 사용되고 있는 토지 중 도로로서의 용도가 폐지되는 부분을 인접토지와 합병하기 위하여 하는 분할

해설 [국토의 계획 및 이용에 관한 법률 시행령 제53조(허가를 받지 아니하여도 되는 경미한 행위)]
허가받지 않고 토지분할 할 수 있는 경우
가. 「사도법」에 의한 사도개설허가를 받은 토지의 분할
나. 토지의 일부를 공공용지 또는 공용지로 하기 위한 토지의 분할
다. 행정재산중 용도폐지되는 부분의 분할 또는 일반재산을 매각·교환 또는 양여하기 위한 분할
라. 토지의 일부가 도시·군계획시설로 지형도면고시가 된 당해 토지의 분할
마. 너비 5미터 이하로 이미 분할된 토지의 「건축법」 제57조제1항에 따른 분할제한면적 이상으로의 분할

85. 〈공간정보의 구축 및 관리 등에 관한 법률〉에서 300만 원 이하의 과태료의 대상이 아닌 것은?

① 고시된 측량성과에 어긋나는 측량성과를 사용한 자
② 수로조사를 하지 아니한 자
③ 정당한 사유없이 측량을 방해한 자
④ 고의로 측량성과를 사실과 다르게 한 자

해설 [공간정보의 구축 및 관리 등에 관한 법률 제107~109조(벌칙), 제110조(양벌규정), 제111조(과태료)]
고의로 측량성과 또는 수로조사성과를 사실과 다르게 한 자
: 2년 이하의 징역 또는 2천만원 이하의 벌금

86. 다음 중 토지의 합병을 신청할 수 있는 경우는?

① 합병하려는 토지의 지적도 및 임야도의 축척이 서로 다른 경우
② 합병하려는 토지가 등기된 토지와 등기되지 아니한 토지인 경우
③ 합병하려는 토지의 소유자별 공유지분이 다르거나 소유자의 주소가 서로 다른 경우
④ 합병하려는 각 필지의 지목은 같으나 일부 토지의 용도가 다르게 되어 합병신청과 동시에 토지의 용도에 따라 분할신청을 하는 경우

해설 [공간정보의 구축 및 관리 등에 관한 법률 시행령 제66조(합병 신청)]
토지의 합병을 신청할 수 없는 경우
1. 합병하려는 토지의 지적도 및 임야도의 축척이 서로 다른 경우
2. 합병하려는 각 필지의 지반이 연속되지 아니한 경우
3. 합병하려는 토지가 등기된 토지와 등기되지 아니한 토지인 경우
4. 합병하려는 각 필지의 지목은 같으나 일부 토지의 용도가 다르게 되어 법 제79조제2항에 따른 분할대상 토지인 경우. 다만, 합병 신청과 동시에 토지의 용도에 따라 분할 신청을 하는 경우는 제외한다.
5. 합병하려는 토지의 소유자별 공유지분이 다르거나 소유자의 주소가 서로 다른 경우
6. 합병하려는 토지가 구획정리, 경지정리 또는 축척변경을 시행하고 있는 지역의 토지와 그 지역 밖의 토지인 경우

87. 다음 중 〈공익사업을 위한 토지 등의 취득 및 보상에 관한 법률〉을 적용하여야 하는 경우는?

① 국토교통부장관이 기본측량을 실시하기 위하여 토지를 사용함에 따른 손실보상에 관한 경우
② 지적소관청이 측량을 방해하는 장애물을 제거하는 경우
③ 축척변경위원회가 축척변경에 따른 청산금을 산정하는 경우
④ 지적측량수행자가 측량성과를 검사하기 위하여 타인의 토지에 출입하는 경우

해설 [공간정보의 구축 및 관리 등에 관한 법률 제103조(토지의 수용 또는 사용)]
토지의 합병을 신청할 수 없는 경우
① 국토교통부장관 및 해양수산부장관은 기본측량을 실시하기 위하여 필요하다고 인정하는 경우에는 토지, 건물, 나무, 그 밖의 공작물을 수용하거나 사용할 수 있다.
② 제1항에 따른 수용 또는 사용 및 이에 따른 손실보상에 관하여는 「공익사업을 위한 토지 등의 취득 및 보상에 관한 법률」을 적용한다.

88. 다음 중 지적도·임야도·경계점좌표등록부에 공통으로 등록되는 사항으로만 나열된 것은?

① 토지의 소재, 지목
② 토지의 소재, 지번
③ 도면의 제명, 경계
④ 지적도면의 번호, 지목

해설 [공간정보의 구축 및 관리 등에 관한 법률 제72조(지적도 등의 등록사항)]
① 지적도, 임야도 기재사항 : 토지의 소재, 지번, 지목, 경계, 색인도, 제명 및 축척, 도곽선과 그 수치 등
② 경계점좌표등록부 기재사항 : 토지의 소재, 지번, 좌표, 토지의 고유번호, 지적도면의 번호, 장번호, 부호 및 부호도

89. 지적소관청이 지적공부의 등록사항에 잘못이 있음을 발견한 때 직권으로 조사·측량하여 정정할 수 있는 경우로 옳지 않은 것은?

① 지적측량성과와 다르게 정리된 경우
② 토지이동정리결의서의 내용과 다르게 정리된 경우
③ 지적공부의 작성 또는 재작성 당시 잘못 정리된 경우
④ 임야도에 등록된 필지의 경계가 잘못되어 면적이 감소된 경우

해설 [공간정보의 구축 및 관리 등에 관한 법률 시행령 제82조 (등록사항의 직권정정 등)]
1. 토지이동정리 결의서의 내용과 다르게 정리된 경우
2. 지적도 및 임야도에 등록된 필지가 면적의 증감 없이 경계의 위치만 잘못된 경우
3. 1필지가 각각 다른 지적도나 임야도에 등록되어 있는 경우로서 지적공부에 등록된 면적과 측량한 실제면적은 일치하지만 지적도나 임야도에 등록된 경계가 서로 접합되지 않아 지적도나 임야도에 등록된 경계를 지상의 경계에 맞추어 정정하여야 하는 토지가 발견된 경우
4. 지적공부의 작성 또는 재작성 당시 잘못 정리된 경우
5. 지적측량성과와 다르게 정리된 경우
6. 법 제29조제10항에 따라 지적공부의 등록사항을 정정하여야 하는 경우
7. 지적공부의 등록사항이 잘못 입력된 경우
8. 「부동산등기법」 제37조제2항에 따른 통지가 있는 경우 (지적소관청의 착오로 잘못 합병한 경우만 해당한다)
9. 법률 제2801호 지적법개정법률 부칙 제3조에 따른 면적 환산이 잘못된 경우

90. 도시관리계획 결정으로 도시자연공원구역을 지정하는 자는?

① 시장·군수   ② 시·도지사
③ 국토교통부장관 ④ 국립공원관리공단 이사장

해설 [국토의 계획 및 이용에 관한 법률 제38조의 2(도시자연공원구역의 지정)]
시·도지사 또는 대도시 시장은 도시의 자연환경 및 경관을 보호하고 도시민에게 건전한 여가·휴식공간을 제공하기 위하여 도시지역 안에서 식생(植生)이 양호한 산지(山地)의 개발을 제한할 필요가 있다고 인정하면 도시자연공원구역의 지정 또는 변경을 도시·군관리계획으로 결정할 수 있다.

91. 등기의 말소를 신청하는 경우 그 말소에 대하여 등기상 이해관계가 있는 제3자가 있을 때 필요한 것은?

① 제3자의 승낙   ② 시장의 서면
③ 공동담보목록원부   ④ 가등기 명의인의 승탁

해설 [부동산등기법 제57조(이해관계 있는 제3자가 있는 등기의 말소)]
등기의 말소를 신청하는 경우에 그 말소에 대하여 등기상 이해관계 있는 제3자가 있을 때에는 제3자의 승낙이 있어야 한다.

92. 다음 중 승소한 등기권리자 또는 등기의무자가 단독으로 신청하는 등기는?

① 소유권보존등기
② 교환에 의한 등기
③ 판결에 의한 등기
④ 신탁재산에 속하는 부동산의 신탁등기

해설 [부동산등기법 제23조(등기신청인)]
① 등기는 법률에 다른 규정이 없는 경우에는 등기권리자 (登記權利者)와 등기의무자(登記義務者)가 공동으로 신청한다.
② 소유권보존등기(所有權保存登記) 또는 소유권보존등기의 말소등기(抹消登記)는 등기명의인으로 될 자 또는 등기명의인이 단독으로 신청한다.
③ 상속, 법인의 합병, 그 밖에 대법원규칙으로 정하는 포괄승계에 따른 등기는 등기권리자가 단독으로 신청한다.
④ 판결에 의한 등기는 승소한 등기권리자 또는 등기의무자가 단독으로 신청한다.
⑤ 부동산표시의 변경이나 경정(更正)의 등기는 소유권의 등기명의인이 단독으로 신청한다.
⑥ 등기명의인표시의 변경이나 경정의 등기는 해당 권리의 등기명의인이 단독으로 신청한다.
⑦ 신탁재산에 속하는 부동산의 신탁등기는 수탁자(受託者)가 단독으로 신청한다.
⑧ 수탁자가 「신탁법」 제3조제5항에 따라 타인에게 신탁재산에 대하여 신탁을 설정하는 경우 해당 신탁재산에 속하는 부동산에 관한 권리이전등기에 대하여는 새로운 신탁의 수탁자를 등기권리자로 하고 원래 신탁의 수탁자를 등기의무자로 한다. 이 경우 해당 신탁재산에 속하는 부동산의 신탁등기는 제7항에 따라 새로운 신탁의 수탁자가 단독으로 신청한다.

93. 지적소관청으로부터 측량성과에 대한 검사를 받지 않아도 되는 것만을 옳게 나열한 것은?

① 지적기준점측량, 분할측량
② 지적공부복구측량, 축척변경측량
③ 경계복원측량, 지적현황측량
④ 신규등록측량, 등록전환측량

해설 [공간정보의 구축 및 관리 등에 관한 법률 제25조(지적측량성과의 검사)]
지적공부를 정리하지 아니하는 경계복원측량, 지적현황측량은 지적소관청으로부터 측량성과에 대한 검사를 받지 않는다.

94. 지적소관청이 직권으로 지적공부에 등록된 사항을 정정할 수 없는 경우는?

① 지적측량성과와 다르게 정리된 경우
② 토지이동정리결의서의 내용과 다르게 정리된 경우
③ 지적공부의 작성 또는 재작성 당시 잘못 정리된 경우
④ 지적도에 등록된 필지가 면적의 증감이 있으며 경계위치가 잘못된 경우

해설 [공간정보의 구축 및 관리 등에 관한 법률 시행령 제82조(등록사항의 직권정정 등)]
1. 토지이동정리 결의서의 내용과 다르게 정리된 경우
2. 지적도 및 임야도에 등록된 필지가 면적의 증감 없이 경계의 위치만 잘못된 경우
3. 1필지가 각각 다른 지적도나 임야도에 등록되어 있는 경우로서 지적공부에 등록된 면적과 측량한 실제면적은 일치하지만 지적도나 임야도에 등록된 경계가 서로 접합되지 않아 지적도나 임야도에 등록된 경계를 지상의 경계에 맞추어 정정하여야 하는 토지가 발견된 경우
4. 지적공부의 작성 또는 재작성 당시 잘못 정리된 경우
5. 지적측량성과와 다르게 정리된 경우
6. 법 제29조제10항에 따라 지적공부의 등록사항을 정정하여야 하는 경우
7. 지적공부의 등록사항이 잘못 입력된 경우
8. 「부동산등기법」 제37조제2항에 따른 통지가 있는 경우(지적소관청의 착오로 잘못 합병한 경우만 해당한다)
9. 면적 환산이 잘못된 경우

95. 다음 중 〈국토의 계획 및 이용에 관한 법률〉에 따른 용도지역에 대한 설명으로 옳지 않은 것은?

① 도시지역은 인구와 산업이 밀집되어 있거나 밀집이 예상되어 그 지역에 대하여 체계적인 개발·정비·관리·보전 등이 필요한 지역을 말한다.
② 관리지역은 도시지역의 인구와 산업을 수용하기 위하여 도시지역에 준하여 체계적으로 관리하거나 농림업의 진흥, 자연환경 또는 산림의 보전을 위하여 농림지역 또는 자연환경보전지역에 준하여 관리할 필요가 있는 지역을 말한다.
③ 농림지역은 도시지역에 속하지 아니하는 〈농지법〉에 따른 농업진흥지역 또는 〈산지관리법〉에 따른 보전산지 등으로서 농림업을 진흥시키고 산림을 보전하기 위하여 필요한 지역을 말한다.
④ 자연녹지보전지역은 자연환경·수자원·해안·생태계·상수원 및 문화재의 보전과 수산자원의 보호·육성 등을 위하여 필요한 지역을 말한다.

해설 [국토의 계획 및 이용에 관한 법률 제6조(국토의 용도 구분)]
1. **도시지역** : 인구와 산업이 밀집되어 있거나 밀집이 예상되어 그 지역에 대하여 체계적인 개발·정비·관리·보전 등이 필요한 지역
2. **관리지역** : 도시지역의 인구와 산업을 수용하기 위하여 도시지역에 준하여 체계적으로 관리하거나 농림업의 진흥, 자연환경 또는 산림의 보전을 위하여 농림지역 또는 자연환경보전지역에 준하여 관리할 필요가 있는 지역
3. **농림지역** : 도시지역에 속하지 아니하는 「농지법」에 따른 농업진흥지역 또는 「산지관리법」에 따른 보전산지 등으로서 농림업을 진흥시키고 산림을 보전하기 위하여 필요한 지역
4. **자연환경보전지역** : 자연환경·수자원·해안·생태계·상수원 및 문화재의 보전과 수산자원의 보호·육성 등을 위하여 필요한 지역

96. 다음 중 중앙지적위원회에 대한 설명으로 옳지 않은 것은?

① 위원장 및 부위원장을 포함한 임원의 임기는 2년이다.
② 위원장은 국토교통부의 지적업무담당국장이 된다.
③ 위원은 지적에 관한 학식과 경험이 풍부한 사람중에서 국토교통부장관이 임명하거나 위촉한다.
④ 위원장 1명과 부위원장 1명을 포함하여 5명 이상 10명 이하의 위원으로 구성한다.

> **해설** [공간정보의 구축 및 관리 등에 관한 법률 시행령 제20조(중앙지적위원회의 구성 등)]
> 중앙지적위원회의 위원의 임기는 위원장 및 부위원장을 제외하고 2년이다.

97. 지적측량수행자가 지적측량을 함에 있어서 고의 또는 과실로 인한 손해배상책임을 보장하기 위하여 보증보험에 가입하여야 하는 보증금액기준이 맞는 것은? (단, 지적측량업자의 경우 보장기간이 10년 이상이다.)

① 지적측량업자 : 1억원 이상
② 지적측량업자 : 5억원 이상
③ 한국국토정보공사 : 10억원 이상
④ 한국국토정보공사 : 30억원 이상

> **해설** [공간정보의 구축 및 관리 등에 관한 법률 시행령 제41조(손해배상책임의 보장)]
> 1. 지적측량업자: 보장기간 10년 이상 및 보증금액 1억원 이상
> 2. 「국가공간정보 기본법」 제12조에 따라 설립된 한국국토정보공사(이하 "한국국토정보공사"라 한다): 보증금액 20억원 이상

98. 토지대장에 등록하는 토지가 〈부동산등기법〉에 따라 대지권 등기가 되어 있는 경우 대지권등록부에 등록하여야 할 사항에 해당하지 않는 것은?

① 토지의 소재
② 지번
③ 대지권 비율
④ 도곽선 수치

> **해설** [공간정보의 구축 및 관리 등에 관한 법률 제71조(토지대장 등의 기록사항)]
> 대지권 등록부의 기재사항 : 토지의 소재, 지번, 대지권 비율, 소유자의 성명 또는 명칭, 주소 및 주민등록번호, 그 밖에 국토교통부령으로 정하는 사항

99. 토지소유자는 〈주택법〉에 따른 공동주택의 부지, 도로, 제방, 하천, 구거, 유지, 그 밖에 대통령령으로 정하는 토지로서, 합병하여야 할 토지가 있으면 그 사유가 발생한 날부터 최대 얼마 이내에 지적소관청에 합병을 신청하여야 하는가?

① 30일
② 50일
③ 60일
④ 90일

> **해설** [공간정보의 구축 및 관리 등에 관한 법률 제80조(합병 신청)]
> 토지소유자는 「주택법」에 따른 공동주택의 부지, 도로, 제방, 하천, 구거, 유지, 그 밖에 대통령령으로 정하는 토지로서 합병하여야 할 토지가 있으면 그 사유가 발생한 날부터 60일 이내에 지적소관청에 합병을 신청하여야 한다.

100. 부동산등기법상 미등기의 토지에 관한 소유권 보존 등기를 신청할 수 없는 자는?

① 토지대장에 최초의 소유자로 등록되어 있는 자
② 확정판결에 의하여 자기의 소유권을 증명하는 자
③ 수용(收用)으로 인하여 소유권을 취득하였음을 증명하는 자
④ 특별자치도지사, 시장, 군수 또는 구청장의 확인에 의하여 토지의 자기소유권을 증명하는 자

> **해설** [부동산등기법 제65조(소유권보존등기의 신청인)]
> 1. 토지대장, 임야대장 또는 건축물대장에 최초의 소유자로 등록되어 있는 자 또는 그 상속인, 그 밖의 포괄승계인
> 2. 확정판결에 의하여 자기의 소유권을 증명하는 자
> 3. 수용(收用)으로 인하여 소유권을 취득하였음을 증명하는 자
> 4. 특별자치도지사, 시장, 군수 또는 구청장(자치구의 구청장을 말한다)의 확인에 의하여 자기의 소유권을 증명하는 자(건물의 경우로 한정한다)

정답 93. ③ 94. ④ 95. ④ 96. ① 97. ① 98. ④ 99. ③ 100. ④

2016년도 제2회 지적기사 기출문제

1과목 지적측량

01. 경위의측량방법에 따른 세부측량의 방법기준으로만 나열된 것은?

① 지거법, 도선법
② 도선법, 방사법
③ 방사법, 교회법
④ 교회법, 지거법

해설 [경위의 측량방법에 의한 세부측량의 관측 및 계산]
① 경계점표지의 설치 : 미리 각 경계에 표지를 설치하여야 함
② 관측방법 : 도선법 또는 방사법에 의함
③ 관측시 사용장비 : 20초독 이상의 경위의 사용
④ 수평각관측 : 1대회의 방향관측법이나 2배각의 배각법에 의함
⑤ 연직각관측 : 정반으로 1회 관측하여 그 교차가 5분이내일 경우 평균치를 연직각으로 하며 분단위로 독정

02. 지적삼각보조점측량을 Y망으로 실시하여 1도선의 거리의 합계가 1,654.15m이었을 때 연결오차는 최대 얼마 이하로 하여야 하는가?

① 0.033083m 이하
② 0.0496245m 이하
③ 0.066166m 이하
④ 0.0827075m 이하

해설 광파기측량방법, 다각망도선법의 도선별 연결오차 $(0.05 \times S)$미터 이하이며 S는 도선거리/1,000 이므로
연결오차 $= 0.05 \times \dfrac{1,654.15}{1,000} = 0.0827075m$ 이하

03. 근사조정법에 의한 삽입망조정계산에서 기지내각에 맞도록 조정하는 것을 무슨 조정이라고 하는가?

① 망규약에 대한 조정
② 변규약에 대한 조정
③ 측점규약에 대한 조정
④ 삼각규약에 대한 조정

해설 [근사조정법에 의한 삽입망조정계산]
① 삼각규약 : 각 삼각형의 오차를 계산하여 각 내각에 동일한 조건으로 오차를 3등분하여 조정
② 망규약 : 기지내각에 맞도록 조정
③ 변규약 : 점간거리를 얻는 조건식

04. 지적확정측량시 필지별 경계점의 기준이 되는 점이 아닌 것은?

① 수준점
② 위성기준점
③ 통합기준점
④ 지적기준점

해설 [지적확정측량시 필지별 경계점의 기준이 되는 점]
위성기준점, 통합기준점, 삼각점, 지적삼각점, 지적삼각보조점, 지적도근점 등

05. 변수가 18변인 도선을 방위각법으로 도근측량을 실시한 결과 각오차가 -4분 발생하였다. 제13변에 배부할 오차는?

① 약 +2분
② 약 +3분
③ 약 -2분
④ 약 -3분

해설 [방위각법에 의한 도근측량의 각오차 배부]
방위각법에 의한 종횡선차의 배부는 측선장에 비례하여 배분하며 $C = -\dfrac{e}{S} \times s$ 이므로
$C = -\dfrac{-4'}{18} \times 13 = +2.9' \fallingdotseq 3'$

06. 다음 중 지적공부의 정리가 수반되지 않는 것은?

① 토지분할 ② 축척변경
③ 신규등록 ④ 경계복원

해설 경계복원측량은 지적공부를 정리하지 않으며, 측량성과에 대한 검사도 받지 않는다.

07. 지적공부 작성에 대한 설명 중 도면의 작성방법에 해당되지 않는 것은?

① 직접자사법 ② 간접자사법
③ 정밀복사법 ④ 전자자동제도법

해설 도면의 작성방법에는 직접자사법, 간접자사법, 전자자동제도법 등이 있다. 도면 작성에는 아무리 정밀하더라도 복사물을 허용하지는 않는다.

08. 평판측량방법에 따른 세부측량을 도선법으로 하는 경우 도선의 폐색오차를 각 점에 배분하는 방법으로 옳은 것은?

① 변의 길이에 반비례하여 배분한다.
② 변의 순서에 반비례하여 배분한다.
③ 변의 길이에 비례하여 배분한다.
④ 변의 순서에 비례하여 배분한다.

해설 평판측량방법에 따른 세부측량시 도선법에 의한 폐색오차는 변의 순서에 비례하여 배분한다.

09. 축척 1/600을 축척 1/500으로 잘못 알고 면적을 계산한 결과가 2,500㎡이었다. 축척 1/600에서의 실제 토지면적은?

① 2,500㎡ ② 3,000㎡
③ 3,600㎡ ④ 4,000㎡

해설 축척은 길이의 비이고, 면적은 길이의 제곱에 비례하므로 축척을 5/6 축소되게 계산한 면적의 실제면적은 축척의 제곱에 비례하여 계산되므로 6/5 즉 1.2의 제곱인 1.44배로 계산된다.
즉, $2,500 \times 1.2^2 = 3,600\,m^2$

별해 $\dfrac{a_2}{a_1} = \left(\dfrac{m_2}{m_1}\right)^2$ 에서
$a_2 = \left(\dfrac{m_2}{m_1}\right)^2 \times a_1 = \left(\dfrac{600}{500}\right)^2 \times 2,500 = 3,600\,m^2$

10. 지적소관청이 지적삼각보조점성과를 관리할 때 지적삼각보조점성과표에 기록·관리하여야 하는 내용으로 옳지 않은 것은?

① 번호 및 위치의 약도
② 좌표와 직각좌표계 원점명
③ 도선등급 및 도선명
④ 자오선수차(子午線收差)

해설 [지적기준점성과표의 기록 및 관리]

지적삼각점측량	지적삼각보조점측량
1. 지적삼각점의 명칭과 기준원점명	1. 번호 및 위치의 약도
2. 좌표 및 표고	2. 좌표와 직각좌표계 원점명
3. 경도 및 위도	3. 경도와 위도
4. 자오선수차	4. 표고
5. 시준점의 명칭, 방위각 및 거리	5. 소재지와 측량연월일
6. 소재지와 측량연월일	6. 도선등급 및 도선명
7. 그 밖의 참고사항	7. 표지의 재질
	8. 도면번호
	9. 설치기관
	10. 조사연월일, 조사자 직위 성명 등

정답 01. ② 02. ④ 03. ① 04. ① 05. ② 06. ④ 07. ③ 08. ④ 09. ③ 10. ④

11. 지적삼각보조측량의 평면거리계산에 대한 설명으로 틀린 것은?

① 기준면상 거리는 경사거리를 이용해 계산한다.
② 두 점 간의 경사거리는 현장에서 2회 측정한다.
③ 원점에 투영된 평면거리에 의하여 계산한다.
④ 기준면상 거리에 축척계수를 곱하여 평면거리를 계산한다.

[해설] 지적삼각점측량시 점간거리는 5회 측정하여 그 측정치의 최대치와 최소치의 교차가 평균치의 1/10만 이하일 경우 그 평균치를 측정거리로 하고, 원점에 투영된 평면거리에 따라 계산한다.

12. 경위의측량방법과 다각망도선법에 의한 지적삼각보조점의 관측시 도선별 평균방위각과 관측방위각의 폐색오차는 얼마 이내로 하여야 하는가? (단, 폐색변을 포함한 변의 수는 4이다.)

① ±10초 이내 ② ±20초 이내
③ ±30초 이내 ④ ±40초 이내

[해설] 도선별 평균방위각과 관측방위각의 폐색오차는 $\pm 10\sqrt{n}$ 이내로 하며, n은 폐색변을 포함한 변의 수이므로 폐색오차 $=\pm 10''\sqrt{4}=\pm 20''$ 이내

13. 반지름 1,500m, 중심각 37°14′53.6″인 원호상의 길이는 얼마인가?

① 약 975.155m ② 약 2,501.000m
③ 약 1,625.260m ④ 약 3,250.001m

[해설] $l=r\theta$에서 θ는 라디안 각이므로
$l=r\theta \times \dfrac{\pi}{180°}=1500m \times 37°14'53.6'' \times \dfrac{\pi}{180°}=975.156m$

14. 다음 그림에서 AD//BC일 때 PQ의 길이는?

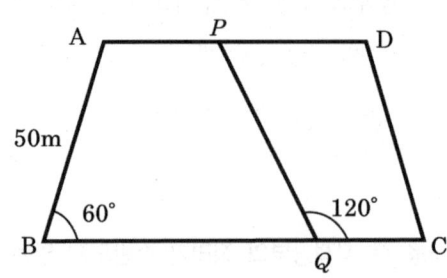

① 60m ② 50m
③ 80m ④ 70m

[해설] □ABQP는 대칭이므로 $\overline{AB}=\overline{PQ}=50m$

15. 도선법과 다각망도선법에 따른 지적도근점의 각도관측시, 폐색오차허용범위의 기준에 대한 설명이다. ㉠, ㉡, ㉢, ㉣에 들어갈 내용이 옳게 짝지어진 것은? (단, n은 폐색변을 포함한 변의 수를 말한다.)

1. 배각법에 따르는 경우 : 1회 측정각과 3회 측정각의 평균값에 대한 교차는 30초 이내로 하고, 1도선의 기지방위각 또는 평균방위각과 관측방위각의 폐색오차는 1등도선은 (㉠)초 이내, 2등도선은 (㉡)초 이내로 할 것
2. 방위각법에 따르는 경우 : 1도선의 폐색오차는 1등도선은 (㉢)분 이내, 2등도선은 (㉣)분 이내로 할 것

① ㉠ $\pm 20\sqrt{n}$ ㉡ $\pm 10\sqrt{n}$ ㉢ $\pm\sqrt{n}$ ㉣ $\pm 2\sqrt{n}$
② ㉠ $\pm 20\sqrt{n}$ ㉡ $\pm 30\sqrt{n}$ ㉢ $\pm\sqrt{n}$ ㉣ $\pm 1.5\sqrt{n}$
③ ㉠ $\pm 10\sqrt{n}$ ㉡ $\pm 20\sqrt{n}$ ㉢ $\pm 2\sqrt{n}$ ㉣ $\pm\sqrt{n}$
④ ㉠ $\pm 30\sqrt{n}$ ㉡ $\pm 20\sqrt{n}$ ㉢ $\pm 1.5\sqrt{n}$ ㉣ $\pm\sqrt{n}$

[해설] [지적도근점 측량시 도선법의 폐색오차]

구분	배각법	방위각법
1등도선	$\pm 20\sqrt{n}$ 초 이내	$\pm\sqrt{n}$ 분 이내
2등도선	$\pm 30\sqrt{n}$ 초 이내	$\pm 1.5\sqrt{n}$ 분 이내

16. 다음 그림과 같은 삼각쇄에서 기지방위각의 오차가 +24″일 때 ③삼각형의 γ각에는 얼마를 보정하여야 하는가?

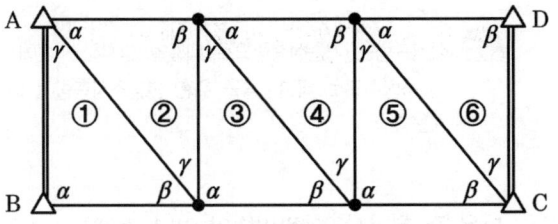

① +4″
② -4″
③ +12″
④ -12″

해설 ①, ③ γ각은 좌측에 있고 ②, ④ γ각은 우측에 있으므로 ③ γ각의 보정량은 $\frac{q}{n}$이므로 보정량= $\frac{+24″}{6}$=+4″

17. 축척이 1/1,200인 지역에서 800㎡의 토지를 분할하고자 할 때 신구면적오차의 허용범위는?

① 114㎡
② 57㎡
③ 22㎡
④ 20㎡

해설 $A = 0.026^2 M\sqrt{F}$ 이므로
$A = 0.026^2 \cdot 1200\sqrt{800} = 22m^2$

18. 다각망도선법 복합망의 관측방위각에 대한 보정수의 계산순서로 맞는 것은?

① 표준방정식 → 상관방정식 → 역해 → 정해 → 보정수계산
② 상관방정식 → 표준방정식 → 정해 → 역해 → 보정수계산
③ 표준방정식 → 정해 → 역해 → 상관방정식 → 보정수계산
④ 상관방정식 → 정해 → 역해 → 표준방정식 → 보정수계산

해설 [다각망도선법 복합망의 관측방위각에 대한 보정수의 계산순서]
상관방정식 → 표준방정식 → 정해 → 역해 → 보정수계산

19. 다각망도선법으로 지적삼각보조점측량을 할 때 1도선의 거리는 최대 얼마 이하로 하여야 하는가?

① 3km
② 4km
③ 5km
④ 6km

해설 [다각망도선법에 의한 지적삼각보조점측량의 기준]
① 3점 이상의 기지점으로 포함한 결합다각방식에 의한다.
② 1도선의 거리는 4km 이하로 한다.
③ 1도선의 점의 수는 기지점과 교점 포함하여 5점 이하로 한다.

20. 다음 중 지적삼각점성과를 관리하는 자는?

① 지적소관청
② 시·도지사
③ 국토교통부장관
④ 행정안전부장관

해설 지적삼각점성과는 시·도지사가 관리한다.

2과목 응용측량

21. GNSS측량에서 DOP에 대한 설명으로 옳은 것은?

① 도플러이동량
② 위성궤도의 결정좌표
③ 특정한 순간의 위성배치에 대한 기하학적 강도
④ 위성시계와 수신기 시계의 조합으로부터 계산되는 시간오차의 표준편차

해설 위성의 배치상태에 따른 오차는 DOP(정밀도저하율)을 의미하며 이는 수신기, 위성들 간의 기하학적 배치에 따라 영향을 받으며 DOP에 비례하여 측위오차가 발생한다.

22. 수준측량에서 기포관의 눈금이 3눈금 움직였을 때 60m 전방에 세운 표척의 읽음차가 2.5cm일 경우 기포관의 감도는?

① 26″
② 29″
③ 32″
④ 35″

해설 [기포관의 감도(θ'')]
기포가 1눈금 움직일 때 수준기축이 경사되는 각도를 감도(感度)라 한다.
즉, 기포관의 3눈금의 읽음오차가 2.5cm라면 1눈금의 읽음 오차는 $\frac{2.5cm}{3}$이므로

$\theta'' = \frac{0.025m/3}{60m} \times \frac{180°}{\pi} = 28.65'' ≒ 29''$.

23. 노선측량의 작업순서로 옳은 것은?

① 노선선정-계획조사측량-실시설계측량-세부측량-용지측량-공사측량
② 계획조사측량-노선선정-용지측량-실시설계측량-공사측량-세부측량
③ 노선선정-계획조사측량-용지측량-세부측량-실시설계측량-공사측량
④ 계획조사측량-용지측량-노선선정-실시설계측량-세부측량-공사측량

해설 [노선측량의 작업순서]
노선선정-계획조사측량-실시설계측량-세부측량-용지측량-공사측량

24. 노선측량의 단곡선 설치에서 교각 I=90°, 곡선반지름 R=150m일 때 곡선거리(C.L)는?

① 212.6m
② 216.3m
③ 223.6m
④ 235.6m

해설 곡선길이 $C.L = \frac{\pi}{180°} RI$ 이므로

$C.L = \frac{\pi}{180°} \times 150m \times 90° = 235.6m$

25. 터널의 준공을 위한 변형조사측량에 해당되지 않는 것은?

① 중심측량
② 고저측량
③ 삼각측량
④ 단면측량

해설 삼각측량은 기준점측량으로 터널을 설치하기 전에 실시하는 측량이므로 터널준공을 위한 변형조사측량에 해당되지 않는다.

26. 다음 중 항공삼각측량방법이 아닌 것은?

① 다항 조정법
② 광속조정법
③ 독립모델조정법
④ 보간조정법

해설 [항공삼각측량방법과 기준]
① 광속조정법 : 사진 기준
② 독립모형조정법 : 모델(모형) 기준
③ 다항식법, 스트립조정법 : 스트립 기준

27. 항공사진의 투영원리로 옳은 것은?

① 정사투영
② 중심투영
③ 평행투영
④ 등적투영

해설 [정사투영(지도)]
항공사진이 중심부분만 왜곡이 없이 정확한 반면 지도는 높이를 가진 모든 피사체가 왜곡없이 표시된다.
[중심투영(항공사진)]
사진의 상은 피사체로부터 반사된 광선이 렌즈중심으로 직진하여 평면인 필름면에 투영되어 외곽으로 갈수록 방사상의 왜곡이 생긴다.

28. 다음 중 지형측량의 지성선에 해당되지 않는 것은?

① 계곡선(합수선)
② 능선(분수선)
③ 경사변환선
④ 주곡선

해설 [지성선(地性線 : topographical line)]
① 능선(능선, 분수선) : 정상을 향하여 가장 높은 점을 연결한 선으로 빗물이 이것을 경계로 흐르게 되므로 분수선이라고도 한다.

② **곡선(합수선, 계곡선)** : 가장 낮은 점을 연결한 선으로 계곡선이라고도 한다.
③ **경사변환선** : 동일 방향의 경사면에서 경사의 크기가 다른 두면의 교선을 경사 변환선이라 한다.
④ **최대 경사선** : 지표의 임의의 한 점에 있어서 그 경사가 최대로 되는 방향을 표시한 선을 말하며 등고선에 직각으로 교차한다. 이는 물이 흐르는 방향으로 유하선이라고도 한다.

29. 사진의 크기가 23cm×23cm, 종중복도 70%, 횡중복도 30%일 때 촬영 종기선의 길이와 촬영 횡기선의 길이의 비(종기선길이:횡기선길이)는?

① 2:1
② 3:7
③ 4:7
④ 7:3

해설 [촬영종기선 길이와 촬영 횡기선 길이의 비]
$B:C = ma(1-p):ma(1-q)$
$= 1-0.7:1-0.3 = 0.3:0.7 = 3:7$

30. GPS위성의 신호에 대한 설명 중 틀린 것은?

① L_1반송파에는 C/A코드와 P코드가 포함되어 있다.
② L_2반송파에는 C/A코드만 포함되어 있다.
③ L_1반송파가 L_2반송파보다 높은 주파수를 가지고 있다.
④ 위성에서 송신되는 신호는 대기의 상태에 따라 전파의 속도가 달라지는 것을 보정하기 위하여 파장이 다른 2가지의 전파를 동시에 수신한다.

해설

반송파 신호	코드 신호	용도
L_1파 (1,575.42MHz)	C/A 코드 : 위성궤도정보를 PRN 코드로 암호화한 코드	민간용
	P 코드 : 위성궤도정보를 PRN 코드로 암호화한 코드(10.23MHz)	군사용
	항법 메시지 : 시각정보, 궤도정보 및 타위성의 궤도 정보	민간용
L_2파 (1,227.60MHz)	P코드(10.23MHz)	군사용
	항법 메시지	민간용

31. 수준측량에서 전·후시의 측량을 연결하기 위하여 전시, 후시를 함께 취하는 점은?

① 중간점
② 수준점
③ 이기점
④ 기계점

해설 [수준측량의 용어]
① **중간점(I.P)** : 어떤 지점의 표고를 알기 위하여 표척을 세워 전시를 취하는 점
② **이기점(T.P)** : 기계를 옮기기 위하여 어떠한 점에서 전시와 후시를 모두 취하는 점
③ **전시(F.H)** : 표고를 구하려는 점에 세운 표척의 눈금을 읽은 값
④ **후시(B.S)** : 기지의 측점에 세운 표척의 읽음값

32. 노선측량의 완화곡선 중 차가 일정속도로 달리고 그 앞바퀴의 회전속도를 일정하게 유지할 경우, 이 차가 그리는 주행궤적을 의미하는 완화곡선으로 고속도로의 곡선설치에 많이 이용되는 곡선은?

① 3차 포물선
② sin체감곡선
③ 클로소이드
④ 렘니스케이트

해설 [완화곡선의 종류]
① 클로소이드곡선(고속도로)
② 렘니스케이트곡선(시가지철도)
③ 3차포물선(일반철도)
④ sine 체감곡선(고속철도)

33. 항공사진촬영을 위한 표정점 선점시 유의사항으로 옳지 않은 것은?

① 표정점은 X, Y, Z가 동시에 정확하게 결정될 수 있는 점이어야 한다.
② 경사가 급한 지표면이나 경사변환선상을 택해서는 안된다.
③ 상공에서 잘 보여야 하며 시간에 따라 변화가 생기지 않아야 한다.
④ 헐레이션(Halation)이 발생하기 쉬운 점을 선택한다.

해설 [표정점 등 지상기준점의 선정]
① X, Y, Z 점이 동시에 정확하게 결정되는 점
② 상공에서 잘 보이며 명확한 점
③ 급한 경사와 가상점이 아닌 점
④ 시간적인 변화가 없는 점
⑤ 절대표정에 필요한 최소표정점은 삼각점(x, y) 2점, 수준점(z) 3점
⑥ 헐레이션(halation)이 발생하기 쉬운 점은 피한다.

34. 지형도에서 100m 등고선 상의 A점과 140m 등고선 상의 B점간을 상향 기울기 9%의 도로로 만들면 AB간 도로의 실제 경사거리는?

① 446.24m
② 448.42m
③ 464.44m
④ 468.24m

해설 ① 경사 (%)= $\frac{H}{D} \times 100(\%)$ 에서

$9(\%) = \frac{140m - 100m}{D} \times 100(\%)$ 이므로

$D = \frac{140m - 100m}{9(\%)} \times 100(\%) = 444.44m$

② 경사거리는 피타고라스정리에 의해 산정한다.

경사거리 $= \sqrt{D^2 + H^2} = \sqrt{444.44^2 + 40^2} = 446.24m$

35. 수직터널에 의하여 지상과 지하의 측량을 연결할 때의 수선측량에 대한 설명으로 틀린 것은?

① 깊은 수직터널에 내리는 추는 50~60kg 정도의 추를 사용할 수 있다.
② 추를 드리울 때 깊은 수직터널에서는 보통 피아노선이 이용된다.
③ 수직터널 밑에는 물이나 기름을 담은 물통을 설치하고 내린 추가 그 물통 속에서 동요하지 않게 한다.
④ 수직터널 밑에서 수선의 위치를 결정하는 데는 수선이 완전히 정지하는 것을 기다린 후 1회 관측값으로 결정한다.

해설 [터널 내외의 연결측량]
① 깊은 수갱은 피아노선이 사용되며 무게는 50~60kg
② 추는 얕은 수갱일 경우 철선, 동선 등이 사용되며, 무게는 5kg 이하
③ 추가 진동하므로 직각방향으로 진동의 위치를 10회 이상 관측하여 평균값으로 정지점 정함
④ 하나의 수갱에서 두 개의 추를 달아 이것에 의하여 연직면을 결정하고 그 방위각을 지상에서 측정하여 지하의 측량에 연결
⑤ 수갱 밑바닥에는 물 또는 기름을 넣은 통을 두어 추의 진동을 감소시킴

36. 수치사진측량에서 영상정합(image matching)에 대한 설명으로 틀린 것은?

① 저역통과필터를 이용하여 영상을 여과한다.
② 하나의 영상에서 정합요소로 점이나 특징을 선택한다.
③ 수치표고모델 생성이나 항공삼각측량의 점이사를 위해 적용한다.
④ 대상공간에서 정합된 요소의 3차원 위치를 계산한다.

해설 수치사진측량에서 상호표정은 공액점의 연결을 통해 에피폴라기하를 유지하는 작업으로 두 영상 중에서 상응하는 위치를 발견하는 공액점을 자동으로 추출하는 기법은 영상정합 기법이다.

37. 수준측량에서 발생하는 오차 중 정오차인 것은?

① 표척을 잘못 읽어 생기는 오차
② 태양의 직사광선에 의한 오차
③ 지구곡률에 의한 오차
④ 시차에 의한 오차

해설 ① **표척을 잘못 읽어 생기는 오차** : 착오
② **태양의 직사광선에 의한 오차** : 우연오차
③ **지구곡률에 의한 오차** : 정오차
④ **시차에 의한 오차** : 우연오차

38. 다음 중 원격탐사(Remote Sensing)의 정의로 가장 적합한 것은?

① 센서를 이용하여 지표의 대상물에서 반사 또는 방사된 전자스펙트럼을 측정하여 대상물에 대한 정보를 얻는 기법
② 지상에서 대상물체에 전파를 발생시켜 그 반사파를 이용하여 측정하는 기법
③ 우주에 산재하여 있는 물체들의 고유 스펙트럼을 이용하여 각각의 구성성분을 지상의 레이더망으로 수집하여 얻는 기법
④ 우주선에서 찍은 중복된 사진을 이용하여 지상에서 항공사진의 처리와 같은 방법으로 판독하는 기법

해설 원격탐사는 인공위성뿐 아니라 항공기나 지상 등에 설치된 센서에 의해 관측된 자료를 해석하는 기법이다.

[원격탐사의 특징]
① 짧은 시간내 넓은 지역을 동시에 측량할 수 있으며 반복측량이 가능하다.
② 센서(sensor)에 의한 지구표면의 정보획득이 용이하며 측량자료가 수치 기록되어 판독이 자동적이고 정량화가 가능하다.
③ 관측이 좁은 시야각으로 행하여지므로 얻어진 영상은 정사투영상에 가깝다.
④ 탐사된 자료가 즉시 이용될 수 있으며 재해 및 환경문제 해결에 편리하다.
⑤ 회전 주기가 일정하므로 원하는 지점 및 시기에 관측하기가 어렵다.

39. 곡선반지름 R=2,500m, 캔트(cant) 100mm인 철도선로를 설계할 때 적합한 설계속도는? (단, 레일간격은 1m로 가정한다.)

① 50km/h   ② 60km/h
③ 150km/h ④ 178km/h

해설 $C = \dfrac{bV^2}{gR}$

(C: 캔트, b: 궤도간격, V: 설계속도, g: 중력가속도, R: 곡선반경)

$V = \sqrt{\dfrac{0.1 \times 9.8 \times 2,500}{1}} = 49.497 m/s$

$V = 178.19 km/h \,(\Leftarrow 49.497 \times 3.6)$

40. 등고선 내의 면적이 저면부터 $A_1=380㎡$, $A_2=350㎡$, $A_3=300㎡$, $A_4=100㎡$, $A_5=50㎡$일 때 전체 토량은? (단, 등고선 간격은 5m이고 상단은 평평한 것으로 가정하며 각주공식에 의한다.)

① 2,950㎥   ② 4,717㎥
③ 4,767㎥   ④ 5,900㎥

해설 $V = \dfrac{h}{3}(A_1 + A_5 + 4 \times (A_2 + A_4) + 2 \times A_3)$

$= \dfrac{5}{3}(380 + 50 + 4 \times (350 + 100) + 2 \times 300) = 4,717 m^3$

3과목 토지정보체계론

41. 크기가 다른 정사각형을 이용하여 공간을 4개의 동일한 면적으로 분할하는 작업을 하나의 속성값이 존재할 때까지 반복하는 래스터자료압축방법은?

① 런랭스코드(Run-length code)기법
② 체인코드(Chain code)기법
③ 블록코드(Block code)기법
④ 사지수형(Quadtree)기법

해설 [래스터자료의 압축방식]
① **Run-length code (연속분할부호)** : 각 행에 대해 왼쪽에서 오른쪽으로 시작 셀과 끝 셀을 표시
② **Chain code (체인코드방식)** : 영역의 경계는 그 시작점과 방향에 대한 단위벡터로 표시
③ **Block code (블록코드방식)** : 영역을 다양한 크기의 정사각형 블록으로 표시
④ **Quadtree (사지수형)** : 영역을 단계적으로 4분원으로 분할하여 표시

42. 스파게티(Spaghetti)모형에 대한 설명으로 옳지 않은 것은?

① 자료구조가 단순하여 파일의 용량이 작다.
② 하나의 점(X, Y좌표)을 기본으로 하고 있어 구조가 간단하므로 이해하기 쉽다.
③ 객체들 간의 공간관계에 대한 정보가 입력되므로 공간분석에 효율적이다.
④ 상호연관성에 관한 정보가 없어 인접한 객체들의 특징과 관련성을 파악하기 힘들다.

해설 [스파게티 모형의 특징]
① 공간자료를 점, 선, 면을 단순한 좌표목록으로 저장하며 위상관계를 정의하지 않음
② 상호연결성이 결여된 점과 선의 집합체
③ 수작업으로 디지타이징된 지도자료가 대표적인 예
④ 인접하고 있는 다각형을 나타내기 위해 경계하는 선은 두 번씩 저장
⑤ 모든 면사상이 일련의 독립된 좌표집합으로 저장되므로 자료저장공간 많이 차지
⑥ 객체들 간의 공간관계가 설정되지 않아 공간분석에 비효율적

43. 다음 중 지적정보센터자료가 아닌 것은?

① 시설물관리전산자료
② 지적전산자료
③ 주민등록전산자료
④ 개별공시지가전산자료

해설 [지적정보센터의 토지관련 자료]
① 지적전산자료
② 위성기준점관측자료
③ 공시지가전산자료
④ 주민등록전산자료

44. 사용자가 데이터베이스에 접근하여 데이터를 처리할 수 있도록 하는 것으로 데이터의 검색, 삽입, 삭제 및 갱신 등과 같은 조작을 하는데 사용되는 데이터 언어는?

① DDL(Data Definition Language)
② DML(Data Manipulation Language)
③ DCL(Data Control Language)
④ DLL(Data Link Language)

해설 [데이터조작어(DML: Data manipulation Language)]
① 사용자로 하여금 적절한 데이터 모델에 근거하여 데이터를 처리하도록 하는 도구로 사용자(응용프로그램)와 DBMS 간의 인터페이스 제공
② 데이터의 연산은 데이터의 검색, 삽입, 삭제, 변경 등을 의미
③ INSERT(삽입), UPDATE(업데이트), DELETE(삭제), SELECT(검색결과 취득)

45. 다음 중 GIS데이터의 표준화에 해당하지 않는 것은?

① 데이터 모델(Data Model)의 표준화
② 데이터 내용(Data Contents)의 표준화
③ 데이터 제공(Data Supply)의 표준화
④ 위치참조(Location Reference)의 표준화

해설 [데이터 측면에 따른 분류]
① **내적요소** : 데이터 모델, 데이터 내용, 데이터 교환, 메타데이터 표준
② **외적요소** : 데이터 수집, 데이터 품질, 위치참조 표준

46. 일선 시, 군, 구에서 사용하는 지적행정시스템의 통합업무관리에서 지적공부 오기 정정메뉴가 아닌 것은?

① 토지/임야 기본 정정
② 토지/임야 연혁 정정
③ 집합건물소유권 정정
④ 대지권등록부 정정

해설 [지적행정시스템의 지적공부 오기 정정메뉴]
① 토지/임야 기본 정정
② 토지/임야 연혁 정정
③ 집합건물소유권 정정

47. 토지정보체계의 자료구축에 있어서 표준화의 필요성과 가장 관련이 적은 것은?

① 자료의 중복구축방지로 비용을 절감할 수 있다.
② 자료구조의 단순화를 목적으로 한다.
③ 기존에 구축된 모든 데이터에 쉽게 접근할 수 있다.
④ 시스템 간의 상호연계성을 강화할 수 있다.

해설 [GIS표준화의 필요성]
비용절감, 접근용이성, 상호연계성, 활용의 극대화 등

48. 다음 중 데이터베이스의 도형자료에 해당하는 것은?

① 선   ② 도면
③ 통계자료   ④ 토지대장

해설 도형자료는 그래픽적인 형상으로 표현되는 자료이며, 지도의 특정한 지도요소를 설명하기 위해 점, 선, 면 등의 기호를 사용한다.

49. 공간객체를 색인화(indexing)하기 위해 사용하는 방법이 아닌 것은?

① 그리드 색인화   ② R-Tree 색인화
③ 피타고라스 색인화   ④ 사지수형 색인화

해설 [공간객체의 색인화 방법]
그리드 색인화, R-Tree 색인화, 역파일 색인화, 사지수형 색인화 등

50. 국가지리정보체계(NGIS) 추진위원회의 심의사항이 아닌 것은?

① 기본계획의 수립 및 변경
② 기본지리정보의 선정
③ 지리정보의 유통과 보호에 관한 주요 사항
④ 추진실적의 관리 및 감독

해설 [국가지리정보체계(NGIS) 추진위원회의 심의·의결사항]
① 기본계획의 수립 및 변경, 시행계획의 수립
② 기본지리정보의 선정
③ 지리정보의 유통과 보호에 관한 주요사항
④ 국가GIS 구축·관리 및 활용에 관한 주요정책의 조정

51. 토지의 고유번호에서 행정구역코드의 자리구성이 옳지 않은 것은?

① 시·도-2자리   ② 리-2자리
③ 읍·면·동-2자리   ④ 시·군·구-3자리

해설 [행정구역코드의 자리구성]
① 행정구역코드 10자리(시·도 2, 시·군·구 3, 읍·면·동 3, 리 2)
② 대장구분 1자리, 본번 4자리, 부번 4자리를 합한 19자리로 구성

52. 다음 중 우리나라의 지적측량에서 사용하는 직각좌표계의 투영법 기준으로 옳은 것은?

① 방위도법   ② 정사투영법
③ 가우스 상사이중투영법   ④ 원추투영법

해설 우리나라 지적도 제작에 이용되는 투영방식은 가우스 상사이중투영이며 이는 회전타원체의 지구를 도면으로 표현하기 위해 타원체에서 구체로 등각투영하고 이 구체로부터 평면으로 투영하기 위해 등각원통투영으로 한번 더 투영하는 방법이다.

53. 다음 중 토지정보시스템의 주된 구성요소로만 나열한 것은?

① 조직과 인력, 하드웨어 및 소프트웨어, 자료
② 하드웨어 및 소프트웨어, 통신장비, 네트워크
③ 자료, 보안장치, 시설
④ 지적측량, 조직과 인력, 네트워크

해설 [토지정보체계의 구성요소]
① 4대요소 : 하드웨어, 소프트웨어, 데이터(자료), 조직과 인력 등
② 3대요소 : 하드웨어, 소프트웨어, 데이터

해설 [벡터데이터의 장점]
① 복잡한 현실세계의 묘사 가능
② 압축된 자료구조를 제공하므로 데이터 용량의 축소 용이
③ 위상에 관한 정보가 제공되므로 관망분석과 같은 다양한 공간분석 가능
④ 그래픽의 정확도가 높고 그래픽과 관련된 속성정보의 추출, 일반화, 갱신 등이 용이

54. 다음 중 격자구조의 압축방법에 해당하지 않는 것은?

① Run-length code ② Block code
③ Chain code ④ Spaghetti code

해설 [래스터자료(격자구조)의 압축방법]
① 행렬방식 : run-length code
② 체인코드방식 : chain code
③ 블록코드방식 : block code
④ 사지수형방식 : quadtree
⑤ R-tree 방식

57. 다음 중 관계형 DBMS의 질의어는?

① SQL ② DLL
③ DLG ④ COGO

해설 SQL은 관계형 데이터 베이스를 조작하는 범용 언어로 비과정 질의어의 대표적인 예이다.
SQL 질의문 : SELECT (선택컬럼) FROM (테이블) WHERE (조건)
① 선택컬럼 : Owner
② 테이블 : Parcels
③ 조건 : Area $>$ 100m^2

55. 다음 공간정보의 형태에 대한 설명 중 옳지 않은 것은?

① 점은 위치좌표계의 단 하나의 쌍으로 표현되는 대상이다.
② 선은 점이 연결되어 만들어지는 집합이다.
③ 면적은 공간적 대상물을 범주로 간주되며, 연속적인 자료의 표현이다.
④ 면적은 분리된 단위를 형성하는 것에 가까운 점분할의 집합이다.

해설 선은 점의 연결로 만들어지고, 면적은 선의 연결로 만들어지므로 면적은 분리된 단위를 형성하는 것에 가까운 선분할의 집합이다.

58. 토지정보를 제공하는 국토정보센터가 처음 구축된 연도는?

① 1987년 ② 1990년
③ 1994년 ④ 2001년

해설 국토정보센터는 부동산보유실태와 거래내역을 일목요연하게 파악할 수 있도록 지적전산자료와 지가전산자료를 전산망으로 통합하여 1994년에 구축되었다.

56. 다음 중 래스터구조에 비하여 벡터구조가 갖는 장점으로 옳지 않은 것은?

① 복잡한 현실 세계의 묘사가 가능하다.
② 위상에 관한 정보가 제공된다.
③ 지도를 확대하여도 형상이 변하지 않는다.
④ 시뮬레이션이 용이하다.

59. 지적전산업무의 처리, 지적전산프로그램의 관리 등 지적전산시스템의 관리·운영 등에 필요한 사항을 정하는 자는?

① 교육부장관 ② 행정안전부장관
③ 국토교통부장관 ④ 산업통상자원부장관

해설 지적전산업무의 처리, 지적전산프로그램의 관리 등 지적전산시스템의 관리·운영 등에 필요한 사항은 국토교통부장관이 정한다.

60. 데이터웨어하우스(Data Warehouse)의 설명으로 가장 적절한 것은?

① 제품의 생산을 위한 프로세스를 전산화해서 부품조달에서 생산계획, 납품, 재고관리 등을 효율적으로 처리할 수 있는 공급망관리 솔루션을 말한다.
② 기간업무시스템에서 추출되어 새로이 생성된 데이터베이스로서 의사결정지원시스템을 지원하는 주체적, 통합적, 시간적 데이터의 집합체를 말한다.
③ 데이터 수집이나 보고를 위해 작성된 각종 양식, 보고서관리, 문서보관 등 여러 형태의 문서관리를 수행한다.
④ 대량의 데이터로부터 각종 기법 등을 이용하여 숨겨져 있는 데이터 간의 상호관련성, 패턴, 경향 등의 유용한 정보를 추출하여 의사결정에 적용한다.

해설 [데이터 웨어하우스(Data Warehouse)]
① 사용자의 의사 결정에 도움을 주기 위하여, 다양한 운영 시스템에서 추출, 변환, 통합되고 요약된 데이터베이스
② 1980년대 중반 IBM이 자사 하드웨어를 판매하기 위해 처음으로 도입
③ 원시 데이터 계층, 데이터 웨어하우스 계층, 클라이언트 계층으로 구성되며 데이터의 추출, 저장, 조회 등의 활동

4과목 지적학

61. 다음 중 지적형식주의에 대한 설명으로 옳은 것은?

① 지적공부등록시 효력발생
② 토지이동처리의 형식적 심사
③ 공시의 원칙
④ 토지표시의 결재형식으로 결정

해설 [지적형식주의]
① 지적공부에 등록하는 법적인 형식을 갖추어야만 토지로서의 거래단위가 될 수 있다는 원리
② 지적등록주의라고도 함

62. 조선지세령에 관한 내용으로 틀린 것은?

① 1943년에 공포되어 시행되었다.
② 전문 7장과 부칙을 포함한 95개 조문으로 되어 있다.
③ 토지대장, 지적도, 임야대장에 관한 모든 규칙을 통합하였다.
④ 우리나라 세금의 대부분인 지세에 관한 사항을 규정하는 것이 주목적이었다.

해설 [조선지세령]
① 1943년 3월 31일 공포
② 토지대장규칙을 흡수하였으나 임야대장규칙을 흡수하지 못하여 조선임야대장규칙으로 독립
③ 일제 강점기 지세는 국세이며, 임야세는 지방세이므로 이원적으로 규정할 필요성 때문

63. 다음 중 망척제와 관계가 없는 것은?

① 이기(李沂)   ② 해학유서(海鶴遺書)
③ 목민심서(牧民心書)   ④ 면적을 산출하는 방법

해설 [망척제]
① 이기의 저서 해학유서에서 소개
② 장방형의 눈을 가진 그물눈금을 사용하여 면적을 산출하는 방법

64. 다음 중 임야조사사업 당시의 조사 및 측량기관은?

① 부(府)나 면(面)   ② 임야심사위원회
③ 임시토지조사국장   ④ 도지사

해설

구분	토지조사사업	임야조사사업
측량기관	임시토지조사국	부(府), 면(面)
사정기관	임시토지조사국장	도지사
재결기관	고등토지조사위원회	임야심사위원회

정답 53. ① 54. ④ 55. ④ 56. ④ 57. ① 58. ③ 59. ③ 60. ② 61. ① 62. ③ 63. ③ 64. ①

65. 토렌스 시스템은 오스트레일리아의 Robert Torrens경에 의해 창안된 시스템으로서, 토지권리등록법인의 기초가 된다. 다음 중 토렌스 시스템의 주요 이론에 해당되지 않는 것은?

① 거울이론 ② 커튼이론
③ 보험이론 ④ 권원이론

해설 [토렌스 시스템]
① **근본목적** : 법률적으로 토지의 권리를 확인하는 대신 토지의 권원을 등록하는 행위로 토지의 소유권을 명확히 하고 토지거래에 따른 변동사항과 정리를 용이하게 하여 권리증서의 발행을 손쉽게 행함
② **적극적 등록주의의 발달된 형태**
③ **3대이론** : 거울이론, 커튼이론, 보험이론

66. 다음 중 자한도(字限圖)에 대한 설명으로 옳은 것은?

① 조선시대의 지적도
② 중중 원나라 시대의 지적도
③ 일본의 지적도
④ 중국 청나라 시대의 지적도

해설 [자한도(字限圖)]
① 고대 일본의 지적도
② 지목을 채색에 의해 분류하고 각 필지의 구획, 지번, 반별을 기입

67. 아래에서 설명하는 경계결정의 원칙은?

> 토지의 인접된 경계는 분리할 수 없고 위치와 길이만 있을 뿐 너비는 없는 것으로 기하학상의 선과 동일한 성질을 갖고 있으며, 필지 사이의 경계는 2개 이상이 있을 수 없고 이를 분리할 수도 없다.

① 축척종대의 원칙 ② 경계불가분의 원칙
③ 강계선 결정의 원칙 ④ 지역선 결정의 원칙

해설 [경계결정의 원칙]
① **축척종대의 원칙** : 축척이 큰 것에 등록된 경계를 따름
② **경계불가분의 원칙** : 경계는 유일무이한 것으로 이를 분리할 수 없다는 원칙
③ **등록선후의 원칙** : 등록시기가 빠른 토지의 경계를 따른다는 원칙
④ **경계국정주의** : 지적공부에 등록하는 경계는 국가가 조사·측량하여 결정한다는 원칙

68. 다음 중 지번의 특성에 해당되지 않는 것은?

① 토지의 특정화 ② 토지의 가격화
③ 토지의 위치추측 ④ 토지의 식별

해설 [지번의 기능]
① 필지를 구별하는 개별성과 특정성의 기능
② 거주지, 주소표기의 기준으로 이용
③ 위치파악의 기준
④ 각종 토지관련 정보시스템에서 검색키로서의 기능
⑤ 물권의 객체의 구분
⑥ 등록공시의 단위

69. 다음 중 지목을 설정하는 가장 주된 기준은?

① 토지의 자연상태 ② 토지의 주된 용도
③ 토지의 수익성 ④ 토양의 성질

해설 [토지 현황에 의한 지목의 분류]
① **지형지목** : 지표면의 형태, 토지의 고저, 수륙의 분포 상태 등 토지의 모양에 따라 지목 결정
② **토성지목** : 토지의 성질인 지층이나 암석, 토양의 종류 등에 따라 지목 결정
③ **용도지목** : 토지의 주된 사용목적에 따라 지목 결정

70. 임야조사사업의 목적에 해당하지 않는 것은?

① 소유권을 법적으로 확정
② 임야정책 및 산업건설의 기초자료 제공
③ 지세부담의 균형 조정
④ 지방재정의 기초 확립

해설 [임야조사사업의 목적]
① 국민생활 및 일반경제 거래상 부동산 표시에 필요한 지번의 창설
② 임야의 위치 및 형상을 도면에 묘화하여 경계의 명확화
③ 소유권의 법적 확정
④ 전국토에 대한 지적제도 확립
⑤ 각종 임야 정책의 기초자료 제공

71. 토지의 이익에 영향을 미치는 문서의 공적 등기를 보전하는 것을 주된 목적으로 하는 등록제도는?

① 날인증서 등록제도　② 권원등록제도
③ 적극적 등록제도　④ 소극적 등록제도

해설 [날인증서등록제도]
① 토지의 이익에 영향을 미치는 문서의 공적등기를 보전하는 등록
② 등록된 문서가 등록되지 않은 문서 또는 뒤늦게 등록된 서류보다 우선권을 가짐
③ 문서가 본질적으로는 소유권을 입증하지는 못함
④ 독립된 거래에 대한 기록에 지나지 않음

[권원등록제도]
공적기관에서 보존되는 특정한 사람에게 귀속된 명확히 한정된 단위의 토지에 대한 권리와 그러한 권리들이 존속되는 한계에 대한 권위 있는 등록

72. 특별한 기준을 두지 않고 당사자의 신청순서에 따라 토지등록부를 편성하는 방법은?

① 물적 편성주의　② 인적 편성주의
③ 연대적 편성주의　④ 인적·물적 편성주의

해설 [연대적 편성주의]
① 특별한 기준없이 신청순서에 의해 지적공부를 편성하는 방법
② 공부편성방법으로 가장 유효한 권리증서의 등록제도
③ 단순히 토지처분에 관한 증서의 내용을 기록하며 뒷날 증거로 하는 것에 불과
④ 그 자체만으로는 공시기능 발휘 못함
⑤ 프랑스, 미국의 일부 주에서 실시하는 리코딩시스템이 이에 해당

73. 현재의 토지대장과 가장 유사한 것은?

① 양전(量田)　② 양안(量案)
③ 지계(地契)　④ 사표(四標)

해설 [양안(量案)]
① 양안은 고려~조선시대 양전에 의해 작성된 토지장부로 오늘날의 토지대장에 해당
② 국가가 양전을 통하여 조세부과의 대상이 되는 토지와 납세자를 파악하고 그 결과로 작성된 장부

74. 토지조사사업 당시 사정(査定)은 토지조사부 및 지적도에 의하여 토지의 소유자 및 그 강계를 확정하는 행정처분을 말한다. 이때 사정권자는 누구인가?

① 조선총독부　② 측량국장
③ 지적국장　④ 임시토지조사국장

해설

구분	토지조사사업	임야조사사업
측량기관	임시토지조사국	부(府), 면(面)
사정기관	임시토지조사국장	도지사
재결기관	고등토지조사위원회	임야심사위원회

75. 지적공부의 등본교부와 관계가 가장 깊은 것은?

① 지적공개주의　② 지적형식주의
③ 지적국정주의　④ 지적비밀주의

해설 [지적 공개주의]
지적공부에 등록된 사항을 토지소유자나 일반 국민에게 신속·정확하게 공개하여 정당하게 이용할 수 있도록 한다.

76. 다음 중 적극적 등록제도(positive system)에 대한 설명으로 옳지 않은 것은?

① 거래행위에 따른 토지등록은 사유재산 양도증서의 작성과 거래증서의 등록으로 구분된다.
② 적극적 등록제도에서의 토지등록은 일필지의 개념으로 법적인 권리보장이 인정된다.

정답　65. ④　66. ③　67. ②　68. ②　69. ②　70. ④　71. ①　72. ③　73. ②　74. ④　75. ①

③ 적극적 등록제도의 발달된 형태로 유명한 것은 토렌스 시스템(Terrens system)이 있다.
④ 지적공부에 등록되지 아니한 토지는 그 토지에 대한 어떠한 권리도 인정되지 않는다는 이론이 지배적이다.

해설 ① **적극적 등록주의** : 토지등록은 일필지의 개념으로 법적인 권리보장이 인증되고 정부에 의해 그러한 합법성과 효력이 발생
② **소극적 등록주의** : 기본적으로 거래와 그에 관한 거래증서의 변경기록을 수행하는 것이며, 일필지의 소유권이 거래되면서 발생되는 거래증서를 변경 등록하는 것

77. 스위스, 네덜란드에서 채택하고 있는 지번표기의 유형으로 지번의 완전한 변경내용을 알 수 있는 보조장부의 보존이 필요한 것은?

① 순차식 지번제도   ② 자유식 지번제도
③ 분수식 지번제도   ④ 복합식 지번제도

해설 [부번부여제도]
① **분수식 부번제도** : 원지번을 분모로 하고 분자에 구역 내의 사용되지 않는 다음 지번을 부여하여 표기하는 방식
② **자유식 부번제도** : 새로이 지번을 붙여야 할 필지의 지번을 필지가 위치해 있는 블록이나 구역내 미사용 지번으로 부여하는 방식
③ **기번식 부번제도** : 모지번에 기초하여 문자나 기호색인을 사용하여 표기하는 방식
④ **평행식 지번제도** : 단식은 본번만, 복식은 부번까지 붙이는 방식

78. 양전(量田) 개정론자와 그가 주장한 저서로 바르게 연결되지 않은 것은?

① 정약용–목민심서   ② 이기–해학유서
③ 서유구–의상경계책   ④ 김정호–동국여지도

해설 김정호는 지리학자로 양전의 개정론과는 무관하며 동국여지도의 작성자도 아니다.

79. 토지조사사업의 특징으로 틀린 것은?

① 근대적 토지제도가 확립되었다.
② 사업의 조사, 준비, 홍보에 철저를 기하였다.
③ 역둔토 등을 사유화하여 토지소유권을 인정하였다.
④ 도로, 하천, 구거 등을 토지조사사업에서 제외하였다.

해설 [토지조사사업의 특징]
① 1910~1918년까지 일제가 한국의 식민지체제 수립을 위한 기초작업으로 시행한 대규모 토지조사사업
② 일본자본의 토지점유에 적합한 토지소유의 증명제도 확립
③ 은결 등을 찾아내어 지세수입 증대시킴으로 식민통치를 위한 재정자금 확보
④ 역둔토를 국유화하여 조선총독부의 소유로 개편하기 위한 목적

80. 다음 중 토지조사사업 당시 비과세지에 해당되지 않는 것은?

① 도로   ② 구거
③ 성첩   ④ 분묘지

해설 [토지조사사업 당시 지목의 구분 (18개 지목)]

구분	용도
과세대상(6)	전, 답, 대, 지소, 임야, 잡종지
비과세대상 (7, 개인소유 불인정)	도로, 하천, 구거, 제방, 성첩, 철도선로, 수도선로
면제대상(5, 공공용지)	사사지, 분묘지, 공원지, 철도용지, 수도용지

5과목 지적관계법규

81. 〈국토의 계획 및 이용에 관한 법률〉에서 용도지구의 지정에 관한 설명으로 틀린 것은?

① 미관지구 : 미관을 유지하기 위하여 필요한 지구
② 경관지구 : 경관을 보호, 형성하기 위하여 필요한 지구

③ 시설보호지구 : 문화재, 중요 시설물의 보호와 보존을 위하여 필요한 지구
④ 방재지구 : 풍수해, 산사태, 지반의 붕괴, 그 밖의 재해를 예방하기 위하여 필요한 지구

해설 [국토의 계획 및 이용에 관한 법률 제37조(용도지역의 지정)]
1. 보호지구 : 문화재, 중요 시설물(항만, 공항 등 대통령령으로 정하는 시설물을 말한다) 및 문화적·생태적으로 보존가치가 큰 지역의 보호와 보존을 위하여 필요한 지구
2. 시설보호지구 : 학교시설·공용시설·항만 또는 공항의 보호, 업무기능의 효율화, 항공기의 안전운항 등을 위하여 필요한 지구

82. 지적소관청이 토지의 이동에 따라 지적공부를 정리해야 할 경우 작성하는 행정서류는?

① 손실보상합의결정서 ② 결번대장정리조사서
③ 토지이용정리결의서 ④ 지적측량적부의결서

해설 [공간정보의 구축 및 관리 등에 관한 법률 시행령 제84조(지적공부의 정리 등)]
① 지적소관청이 토지의 이동이 있는 경우에는 토지이동정리결의서를 작성하여야 하고,
② 토지소유자의 변동 등에 따라 지적공부를 정리하려는 경우에는 소유자정리결의서를 작성하여야 한다.

83. 공간정보의 구축 및 관리 등에 관한 법률상 양벌규정의 해당행위가 아닌 것은? (단, 법인 또는 개인이 그 위반행위를 방지하기 위하여 해당업무에 관하여 상당한 주의와 감독을 게을리하지 아니한 경우는 고려하지 않는다.)

① 고의로 측량성과 또는 수로조사성과를 사실과 다르게 한 자
② 둘 이상의 측량업자에게 소속된 측량기술자 또는 수로기술자
③ 직계존속·비속이 소유한 토지에 대한 지적측량을 한 자

④ 측량업자나 수로사업자로서 속임수, 위력(威力), 그 밖의 방법으로 측량업 또는 수로사업과 관련된 입찰의 공정성을 해친 자

해설 [공간정보의 구축 및 관리 등에 관한 법률 제107~109조(벌칙), 제110조(양벌규정), 제111조(과태료)]
① 고의로 측량성과 또는 수로조사성과를 사실과 다르게 한 자 : 2년 이하의 징역 또는 2천만원 이하의 벌금
② 둘 이상의 측량업자에게 소속된 측량기술자 또는 수로기술자 : 1년 이하의 징역 또는 1천만원 이하의 벌금
③ 직계존속·비속이 소유한 토지에 대한 지적측량을 한 자 : 300만원 이하의 과태료(양벌규정에 적용되지 않음)
④ 측량업자나 수로사업자로서 속임수, 위력(威力), 그 밖의 방법으로 측량업 또는 수로사업과 관련된 입찰의 공정성을 해친 자 : 3년 이하의 징역 또는 3천만원 이하의 벌금

84. 〈공간정보의 구축 및 관리 등에 관한 법률〉에 따라 토지이용상 불합리한 지상경계를 시정하기 위해 토지이동신청을 할 수 있는 경우로 옳은 것은?

① 분할신청   ② 등록전환신청
③ 지목변경신청   ④ 등록사항정정신청

해설 [공간정보의 구축 및 관리 등에 관한 법률 시행령 제65조(분할 신청)]
1. 소유권이전, 매매 등을 위하여 필요한 경우
2. 토지이용상 불합리한 지상 경계를 시정하기 위한 경우
3. 관계 법령에 따라 토지분할이 포함된 개발행위허가 등을 받은 경우

85. 〈공간정보의 구축 및 관리 등에 관한 법률〉상 지적공부등록사항의 정정에 대한 내용으로 틀린 것은?

① 등록사항의 정정이 토지소유자에 관한 사항일 경우 지적공부등본에 의하여야 한다.
② 토지소유자는 지적공부의 등록사항에 잘못이 있음을 발견하면 지적소관청에 그 정정을 신청할 수 있다.
③ 지적소관청은 지적공부의 등록사항에 잘못이 있음을 발견하면 대통령령으로 정하는 바에 따라 직권으로 조사·측량하여 정정할 수 있다.

④ 등록사항의 정정으로 인접토지의 경계가 변경되는 경우 그 정정은 인접토지소유자의 승낙서가 제출되어야 한다.(토지소유자가 승낙하지 아니하는 경우는 이에 대항할 수 있는 확정판결서 정본을 제출한다.)

[해설] [공간정보의 구축 및 관리 등에 관한 법률 제84조(등록사항의 정정)]
지적소관청이 등록사항을 정정할 때 그 정정사항이 토지소유자에 관한 사항인 경우에는 등기필증, 등기완료통지서, 등기사항증명서 또는 등기관서에서 제공한 등기전산정보자료에 따라 정정하여야 한다.

86. 축척변경시행지역의 토지는 어느 때에 토지의 이동이 있는 것으로 보는가?

① 청산금산출일 ② 청산금납부일
③ 축척변경승인공고일 ④ 축척변경확정공고일

[해설] [공간정보의 구축 및 관리 등에 관한 법률 시행령 제78조(축척변경의 확정공고)]
축척변경 시행지역의 토지는 제1항에 따른 확정공고일에 토지의 이동이 있는 것으로 본다.

87. 중앙지적위원회의 심의·의결사항이 아닌 것은?

① 지적측량기술의 연구·개발 및 보급에 관한 사항
② 지적관련 정책개발 및 업무개선 등에 관한 사항
③ 지적소관청이 회부하는 청산금의 이의신청에 관한 사항
④ 지적기술자의 업무정치처분 및 징계요구에 관한 사항

[해설] [공간정보의 구축 및 관리 등에 관한 법률 제28조(지적위원회)]
1. 지적 관련 정책 개발 및 업무 개선 등에 관한 사항
2. 지적측량기술의 연구·개발 및 보급에 관한 사항
3. 지적측량 적부심사(適否審査)에 대한 재심사(再審査)
4. 측량기술자 중 지적분야 측량기술자의 양성에 관한 사항
5. 지적기술자의 업무정지 처분 및 징계요구에 관한 사항

88. 바다로 된 토지의 등록말소 및 회복에 대한 설명으로 틀린 것은?

① 등록말소 및 회복에 관한 사항은 토지소유자의 동의 없이는 불가능하다.
② 지적소관청은 회복등록을 하려면 그 지적측량성과 및 등록말소 당시의 지적공부 등 관계자료에 따라야 한다.
③ 토지소유자가 등록신청을 하지 아니하면 지적소관청이 직권으로 그 지적공부의 등록사항을 말소하여야 한다.
④ 지적공부의 등록사항을 말소하거나 회복등록하였을 때에는 그 정리결과를 토지소유자 및 해당공유수면의 관리청에 통지하여야 한다.

[해설] [공간정보의 구축 및 관리 등에 관한 법률 시행령 제68조(바다로 된 토지의 등록말소 및 회복)]
① 토지소유자가 등록말소 신청을 하지 아니하면 지적소관청이 직권으로 그 지적공부의 등록사항을 말소하여야 한다.
② 지적소관청은 회복등록을 하려면 그 지적측량성과 및 등록말소 당시의 지적공부 등 관계 자료에 따라야 한다.
③ 지적공부의 등록사항을 말소하거나 회복등록하였을 때에는 그 정리 결과를 토지소유자 및 해당 공유수면의 관리청에 통지하여야 한다.

89. 토지의 이동사항 중 신청기간이 다른 하나는?

① 등록전환신청 ② 지목변경신청
③ 신규등록신청
④ 바다로 된 토지의 등록말소신청

[해설] ① 등록전환, 지목변경, 신규등록 : 사유발생일로부터 60일 이내 지적소관청에 신청
② 바다로 된 토지의 등록말소 : 말소통지를 받은 날로부터 90일 이내에 말소신청

90. 〈공간정보의 구축 및 관리 등에 관한 법률〉상 도시개발사업에 관하여 토지의 이동은 언제 이루어졌다고 보는가?

① 공사가 발주된 때 ② 공사가 허가가 난 때
③ 공사가 착공된 때 ④ 공사가 준공된 때

> [해설] [공간정보의 구축 및 관리 등에 관한 법률 제86조(도시개발사업 등 시행지역의 토지이동 신청에 관한 특례)]
> 토지의 이동은 토지의 형질변경 등의 공사가 준공된 때에 이루어진 것으로 본다.

91. 특별시·광역시·특별자치시·특별자치도·시 또는 군의 개발·정비 및 보전을 위하여 수립하는 도·시·군관리계획에 포함되지 않는 것은?

① 도시개발사업이나 정비사업에 관한 계획
② 기반시설의 설치·정비 또는 개량에 관한 계획
③ 용도지역·용도지구의 지정 또는 변경에 관한 계획
④ 기본적인 공간구조와 장기발전방향을 제시하는 종합계획

> [해설] [국토의 계획 및 이용에 관한 법률 제2조(정의)]
> "도시·군관리계획"이란 특별시·광역시·특별자치시·특별자치도·시 또는 군의 개발·정비 및 보전을 위하여 수립하는 토지 이용, 교통, 환경, 경관, 안전, 산업, 정보통신, 보건, 복지, 안보, 문화 등에 관한 다음 각 목의 계획을 말한다.
> 가. 용도지역·용도지구의 지정 또는 변경에 관한 계획
> 나. 개발제한구역, 도시자연공원구역, 시가화조정구역(市街化調整區域), 수산자원보호구역의 지정 또는 변경에 관한 계획
> 다. 기반시설의 설치·정비 또는 개량에 관한 계획
> 라. 도시개발사업이나 정비사업에 관한 계획
> 마. 지구단위계획구역의 지정 또는 변경에 관한 계획과 지구단위계획
> 바. 입지규제최소구역의 지정 또는 변경에 관한 계획과 입지규제최소구역계획

92. 다음 중 사용자권한 등록관리청에 해당하지 않는 것은?

① 지적소관청   ② 시·도지사
③ 국토교통부장관   ④ 국토지리정보원장

> [해설] [공간정보의 구축 및 관리 등에 관한 법률 시행규칙 제76조(지적정보관리체계 담당자의 등록 등)]
> 국토교통부장관, 시·도지사 및 지적소관청은 지적공부정리 등을 지적정보관리체계로 처리하는 담당자를 사용자권한 등록파일에 등록하여 관리하여야 한다.

93. 〈부동산등기법〉의 수용으로 인한 등기에 관한 내용이다. ( ) 안에 들어갈 내용으로 옳은 것은?

> 수용으로 인한 소유권이전등기를 하는 경우 그 부동산의 등기기록 중 소유권, 소유권 외의 권리, 그 밖의 처분제한에 관한 등기가 있으면 그 등기를 직권으로 말소하여야 한다. 다만, 그 부동산을 위하여 존재하는 ( )의 등기 또는 토지수용위원회의 재결(裁決)로서 존속(存續)이 인정된 권리의 등기는 그러하지 아니하다.

① 소유권   ② 지역권
③ 지상권   ④ 저당권

> [해설] [부동산등기법 제99조(수용으로 인한 등기)]
> 수용으로 인한 소유권이전등기를 하는 경우 그 부동산의 등기기록 중 소유권, 소유권 외의 권리, 그 밖의 처분제한에 관한 등기가 있으면 그 등기를 직권으로 말소하여야 한다. 다만, 그 부동산을 위하여 존재하는 (지역권)의 등기 또는 토지수용위원회의 재결(裁決)로서 존속(存續)이 인정된 권리의 등기는 그러하지 아니하다.

94. 〈공간정보의 구축 및 관리 등에 관한 법률〉상 지적공부의 복구자료가 아닌 것은?

① 측량결과도
② 토지이동정리결의서
③ 토지이용계획확인서
④ 법원의 확정판결서 정본 또는 사본

> [해설] [공간정보의 구축 및 관리 등에 관한 법률 시행규칙 제72조(지적공부의 복구자료)]
> 1. 지적공부의 등본
> 2. 측량 결과도
> 3. 토지이동정리 결의서
> 4. 부동산등기부 등본 등 등기사실을 증명하는 서류
> 5. 지적소관청이 작성하거나 발행한 지적공부의 등록내용을 증명하는 서류
> 6. 복제된 지적공부
> 7. 법원의 확정판결서 정본 또는 사본

정답 85. ① 86. ④ 87. ③ 88. ① 89. ④ 90. ④ 91. ④ 92. ④ 93. ② 94. ③

95. 다음 중 지적측량을 실시하여야 하는 경우가 아닌 것은?

① 토지를 합병하는 경우로서 필요한 경우
② 토지를 등록전환하는 경우로서 필요한 경우
③ 지적공부를 복구하려는 경우로서 필요한 경우
④ 바다로 된 토지의 등록을 말소하는 경우로서 필요한 경우

해설 [공간정보의 구축 및 관리 등에 관한 법률 제23조(지적측량의 실시 등)]
토지를 합병하는 경우, 합병으로 인해 불필요한 경계와 좌표를 말소하면 되므로 별도의 지적측량이 요구되지 않는다.

96. 〈공간정보의 구축 및 관리 등에 관한 법률〉상 토지거래계약의 허가를 받지 않아도 되는 토지의 면적기준으로 옳지 않은 것은? (단, 국토교통부장관 또는 시·도지사가 허가구역을 지정할 당시 당해 지역에서의 거래실태 등에 비추어 타당하지 아니하다고 인정하여 당해 기준면적의 10퍼센트 이상 300퍼센트 이하의 범위에서 따라 정하여 공고한 경우는 고려하지 않는다.)

① 주거지역 : 180제곱미터 이하
② 상업지역 : 200제곱미터 이하
③ 녹지지역 : 300제곱미터 이하
④ 공업지역 : 660제곱미터 이하

해설 [토지거래의 허가를 받지 않아도 되는 토지의 기준면적]
① 도시지역
주거지역 : 180㎡, 상업지역 : 200㎡, 공업지역 : 660㎡
녹지지역 : 100㎡, 지역지정이 없는 곳 : 90㎡
② 도시지역 외의 지역
농지 : 500㎡, 임야 : 1,000㎡, 기타 : 250㎡

97. 지적공부에 관한 전산자료를 이용 또는 활용하고자 할 경우 신청서의 기재사항이 아닌 것은?

① 자료의 범위
② 자료의 제공방식
③ 자료의 안전관리대책
④ 자료를 편집·가공할 자의 인적사항

해설 [공간정보의 구축 및 관리 등에 관한 법률 시행령 제62조(지적전산자료의 이용 등)]
전산자료 이용신청시 신청서의 기재사항
1. 자료의 이용 또는 활용 목적 및 근거
2. 자료의 범위 및 내용
3. 자료의 제공 방식, 보관 기관 및 안전관리대책 등

98. 도시개발사업 등이 완료됨에 따라 지적확정측량을 실시한 지역의 각 필지에 지번을 새로 부여하는 방법과 다르게 지번을 부여하는 경우는?

① 토지를 합병할 때
② 지번부여지역의 지번을 변경할 때
③ 행정구역 개편에 따라 새로 지번을 부여할 때
④ 축척변경시행지역의 필지에 지번을 부여할 때

해설 [공간정보의 구축 및 관리 등에 관한 법률 시행령 제56조(지목의 구성 및 부여방법 등)]
1. 분할의 경우에는 분할 후의 필지 중 1필지의 지번은 분할 전의 지번으로 하고, 나머지 필지의 지번은 본번의 최종 부번 다음 순번으로 부번을 부여할 것.
2. 합병의 경우에는 합병 대상 지번 중 선순위의 지번을 그 지번으로 하되, 본번으로 된 지번이 있을 때에는 본번 중 선순위의 지번을 합병 후의 지번으로 할 것.
3. 지적확정측량을 실시한 지역의 각 필지에 지번을 새로 부여하는 경우에는 다음 각 목의 지번을 제외한 본번으로 부여할 것.
가. 지번부여지역의 지번을 변경할 때
나. 행정구역 개편에 따라 새로 지번을 부여할 때
다. 축척변경 시행지역의 필지에 지번을 부여할 때

99. 다음 중 등기관이 토지에 관한 등기를 하였을 때 지적공부소관청에 지체없이 그 사실을 알려야 하는 대상에 해당하지 않는 것은?

① 소유권의 보존 또는 이전
② 소유권의 등록 또는 등록정정

③ 소유권의 변경 또는 경정
④ 소유권의 말소 또는 말소회복

해설 [부동산등기법 제62조(소유권변경 사실의 통지)]
등기관이 다음 각 호의 등기를 하였을 때에는 지체 없이 그 사실을 토지의 경우에는 지적소관청에, 건물의 경우에는 건축물대장 소관청에 각각 알려야 한다.
1. 소유권의 보존 또는 이전
2. 소유권의 등기명의인표시의 변경 또는 경정
3. 소유권의 변경 또는 경정
4. 소유권의 말소 또는 말소회복

100. 다음 중 지목의 구분이 옳지 않은 것은?

① 고속도로의 휴게소 부지는 '도로'로 한다.
② 〈국토의 계획 및 이용에 관한 법률〉 등 관계법령에 따른 택지조성공사가 준공된 토지는 '대'로 한다.
③ 온수·약수·석유류를 일정한 장소로 운송하는 송수관·송유관 및 저장시설의 부지는 '광천지'로 한다.
④ 제조업을 하고 있는 공장시설물의 부지는 '공장용지'로 한다.

해설 [공간정보의 구축 및 관리 등에 관한 법률 시행령 제58조(지목의 구분)]
[광천지]
① 지하에서 온수·약수·석유류 등이 용출되는 용출구(湧出口)와 그 유지(維持)에 사용되는 부지.
② 다만, 온수·약수·석유류 등을 일정한 장소로 운송하는 송수관·송유관 및 저장시설의 부지는 제외한다.

정답 95. ① 96. ③ 97. ④ 98. ① 99. ② 100. ③

2016년도 제3회 지적기사 기출문제

1과목 지적측량

01. 필지를 분할하는 경우 분할 후의 면적이 분할 전면적의 80퍼센트 이상이 되는 필지의 면적을 측정할 때에는 분할 전 면적의 20퍼센트 미만이 되는 필지의 면적을 먼저 측정한 후 분할 전 면적에서 그 측정된 면적을 빼는 방법으로 할 수 있다. 이러한 방법으로 필지를 분할할 수 있는 기준면적은 얼마 이상인가?

① 4,000㎡ ② 5,000㎡
③ 6,000㎡ ④ 7,000㎡

해설 [지적측량 시행규칙 제20조(면적측정의 방법 등)]
면적이 5천제곱미터 이상인 필지를 분할하는 경우 분할 후의 면적이 분할 전 면적의 80퍼센트 이상이 되는 필지의 면적을 측정할 때에는 분할 전 면적의 20퍼센트 미만이 되는 필지의 면적을 먼저 측정한 후, 분할 전 면적에서 그 측정된 면적을 빼는 방법으로 할 수 있다. 다만, 동일한 측량결과도에서 측정할 수 있는 경우와 좌표면적계산법에 따라 면적을 측정하는 경우에는 그러하지 아니하다.

02. 경위의측량방법에 따른 세부측량을 실시하는 경우 축척변경시행지역에 대한 측량결과도의 기본적인 축척은?

① 1/500 ② 1/1,000
③ 1/1,200 ④ 1/6,000

해설 [지적측량 시행규칙 제18조(세부측량의 기준 및 방법 등)]
도시개발사업 등의 시행지역(농지의 구획정리지역은 제외한다)과 축척변경 시행지역은 500분의 1로 하고, 농지의 구획정리 시행지역은 1천분의 1로 하되, 필요한 경우에는 미리 시·도지사의 승인을 받아 6천분의 1까지 작성할 수 있다.

03. 다음 중 경계의 제도기준에 대한 설명으로 옳은 것은?

① 경계는 0.1mm 폭의 선으로 제도한다.
② 1필지의 경계가 도곽선에 걸쳐 등록되어 있는 경우에는 도곽선 밖의 여백에 경계를 제도할 수 없다.
③ 경계점좌표등록부 등록지역의 도면에 등록할 경계점 간 거리는 붉은색 1.5mm 크기의 아라비아숫자로 제도한다.
④ 지적기준점 등이 매설된 토지를 분할하는 경우 그 토지가 작아서 제도하기가 곤란한 때에는 그 도면의 여백에 그 축척의 15배로 확대하여 제도할 수 있다.

해설 [지적업무 처리규정 제41조(경계의 제도)]
① 경계는 0.1밀리미터 폭의 선으로 제도한다.
② 1필지의 경계가 도곽선에 걸쳐 등록되어 있으면 도곽선 밖의 여백에 경계를 제도하거나, 도곽선을 기준으로 다른 도면에 나머지 경계를 제도한다. 이 경우 다른 도면에 경계를 제도할 때에는 지번 및 지목은 붉은색으로 표시한다.
③ 경계점좌표등록부 등록지역의 도면(경계점 간 거리등록을 하지 아니한 도면을 제외한다)에 등록할 경계점 간 거리는 검은색의 1.0~1.5밀리미터 크기의 아라비아숫자로 제도한다. 다만, 경계점 간 거리가 짧거나 경계가 원을 이루는 경우에는 거리를 등록하지 아니할 수 있다.
④ 지적기준점 등이 매설된 토지를 분할할 경우 그 토지가 작아서 제도하기가 곤란한 때에는 그 도면의 여백에 그 축척의 10배로 확대하여 제도할 수 있다.

04. 배각법에 의하여 지적도근점측량을 시행할 경우 측각오차계산식으로 옳은 것은? (단, e는 각오차, T_1은 출발기지방위각, $\sum\alpha$는 관측값의 합, n은 폐색변을 포함한 변수, T_2은 도착기지방위각)

① $e = T_1 + \sum\alpha - 180(n-1) + T_2$
② $e = T_1 + \sum\alpha - 180(n-1) - T_2$
③ $e = T_1 - \sum\alpha - 180(n-1) + T_2$
④ $e = T_1 - \sum\alpha - 180(n-1) - T_2$

해설 배각법에 의한 지적도근점측량의 측각오차계산식
$$e = T_1 + \sum\alpha - 180(n-1) - T_2$$

05. 고저차가 1.9m인 기선의 관측거리가 248.48m일 때 경사에 대한 보정량은?

① −8mm ② −7mm
③ +7mm ④ +8mm

해설 경사보정 $C_i = -\dfrac{h^2}{2L}$ 이므로
$$C_i = -\dfrac{1.9^2}{2 \times 248.48} = -0.007m = -7mm$$

06. 지적삼각점측량에서 A점의 종선좌표가 1,000m, 횡선좌표가 2,000m, AB간의 평면거리가 3,210.987m, AB간의 방위각이 333°33′33.3″일 때의 B점의 횡선좌표는?

① 496.789m ② 570.237m
③ 798.466m ④ 1,322.123m

해설 **종선좌표**(X_B)
$= X_A + l \times \cos\theta = 1,000 + 3,210.987 \times \cos 333°33'33.3''$
$= 3,875.10m$
횡선좌표(Y_B)
$= Y_A + l \times \sin\theta = 2,000 + 3,210.987 \times \sin 333°33'33.3''$
$= 570.237m$

07. 고초원점의 평면직각종횡선수치는 얼마인가?

① X=0m, Y=0m
② X=10,000m, Y=30,000m
③ X=500,000m, Y=200,000m
④ X=550,000m, Y=200,000m

해설 [구소삼각원점]
① 조본원점, 고초원점, 율곡원점, 현창원점, 소라원점의 평면직각종횡선수치의 단위는 미터
② 망산원점, 계양원점, 가리원점, 등경원점, 구암원점, 금산원점의 평면직각종횡선수치의 단위는 간(間)
③ 각각의 원점에 대한 평면직각종횡선수치는 0으로 한다.

08. 면적을 측정하는 경우 도곽선의 길이에 최소 얼마 이상의 신축이 있는 때에 이를 보정하여야 하는가?

① 0.2mm ② 0.3mm
③ 0.5mm ④ 0.7mm

해설 [지적측량 시행규칙 제20조(면적측정의 방법 등)]
면적을 측정하는 경우 도곽선의 길이에 0.5mm 이상의 신축이 있을 때에는 이를 보정하여야 한다.

09. 지적측량기준점표지의 설치기준에 대한 설명으로 옳은 것은?

① 지적도근점표지의 점간거리는 평균 300m 이상 600m 이하로 한다.
② 지적삼각점표지의 점간거리는 평균 5km 이상 10km 이하로 한다.
③ 다각망도선법에 의한 지적삼각보조점표지의 점간거리는 평균 2km 이상 5km 이하로 한다.
④ 다각망도선법에 의한 지적도근점표지의 점간거리는 평균 500m 이하로 한다.

해설 [지적기준점의 점간거리]
① **지적삼각점**: 2~5km 이상
② **지적삼각보조점**: 1~3km, **다각망도선법**: 0.5~1km 이하
③ **지적도근점**: 50~300m, **다각망도선법**: 500m 이하

정답 01. ② 02. ① 03. ① 04. ② 05. ② 06. ② 07. ① 08. ③ 09. ④

10. 지적삼각점측량에서 수평각의 측각공차에 대한 기준으로 옳은 것은?

① 기지각과의 차는 ±40초 이상
② 삼각형 내각관측치의 합과 180도와의 차는 ±40초 이상
③ 1측회의 폐색차는 ±30초 이상
④ 1방향각은 30초 이상

해설 [지적삼각측량 수평각의 측각공차]
① 1방향각 : 30초 이내
② 1측회의 폐색 : ±30초 이내
③ 삼각형내각관측치의 합과 180도와의 차 : ±30초 이내
④ 기지각과의 차 : ±40초 이내

11. 지적도근점측량에 따라 계산된 연결오차가 허용범위 이내인 경우 그 오차의 배분방법이 옳은 것은?

① 배각법에 따르는 경우 각 측선장에 비례하여 배분한다.
② 배각법에 따르는 경우 각 측선장에 반비례하여 배분한다.
③ 배각법에 따르는 경우 각 측선의 종선차 또는 횡선차 길이에 비례하여 배분한다.
④ 배각법에 따르는 경우 각 측선의 종선차 또는 횡선차 길이에 반비례하여 배분한다.

해설 [지적도근점측량에서 종선 및 횡선차의 배분]
① **배각법** : 각 측선의 종선차 또는 횡선차 길이에 비례하여 배분
② **방위각법** : 각 측선장에 비례하여 배분

12. 1/50,000 지형도상에서 36cm²인 토지를 경지정리하고자 할 때 지상에서의 실제 면적은?

① 90ha
② 900ha
③ 1,200ha
④ 2,000ha

해설 축척은 길이의 비율이며, 면적은 길이의 제곱에 비례하므로 면적은 축척의 제곱에 비례한다.
$\left(\dfrac{1}{m}\right)^2 = \dfrac{도상면적}{실제면적}$ 이므로
실제면적 = 도상면적 × m^2
= $36\,cm^2 \times 50,000^2 = 90,000,000,000\,cm^2$
답안의 단위는 ha 이고 $1ha = 10,000m^2$ 이므로
$1m^2 = (100cm)^2 = 10,000cm^2$ 이므로
실제면적 = 900ha

13. 다음 중 착오(과대오차)에 해당하는 것은?

① 토털스테이션의 수평축이 수직축과 직각을 이루지 않아 발생한 오차
② 토털스테이션의 망원경축과 수준기포관축이 평행하지 않아 발생한 오차
③ 토털스테이션으로 측정한 거리 169.56m를 196.56m로 잘못 읽어 발생한 오차
④ 토털스테이션의 조정불량 및 측량사의 습관에 의하여 발생한 오차

해설 착오(과대오차)는 관측자 기술의 미숙, 심리상태의 혼란, 부주의, 착각에 의한 눈금 오독, 기장오기 등으로 발생한다.

14. 평판측량방법에 따른 세부측량의 기준 및 방법에 대한 설명 중 옳지 않은 것은?

① 지적도를 갖춰두는 지역에서의 거리측정단위는 5cm로 한다.
② 임야도를 갖춰두는 지역에서의 거리측정단위는 50cm로 한다.
③ 측량결과도는 축척 500분의 1로 작성한다.
④ 기지점이 부족한 경우에는 측량상 필요한 위치에 보조점을 설치하여 활용한다.

해설 [평판측량방법에 의한 세부측량의 기준 및 방법]
1. 거리측정단위는 지적도를 갖춰 두는 지역에서는 5센티미터로 하고, 임야도를 갖춰 두는 지역에서는 50센티미터로 할 것

2. 측량결과도는 그 토지가 등록된 도면과 동일한 축척으로 작성할 것
3. 세부측량의 기준이 되는 위성기준점, 통합기준점, 삼각점, 지적삼각점, 지적삼각보조점, 지적도근점 및 기지점이 부족한 경우에는 측량상 필요한 위치에 보조점을 설치하여 활용할 것
4. 경계점은 기지점을 기준으로 하여 지상경계선과 도상경계선의 부합 여부를 현형법(現形法)·도상원호(圖上圓弧)교회법·지상원호(地上圓弧)교회법 또는 거리비교확인법 등으로 확인하여 정할 것

15. 축척 1/1,200지역에서 도곽선의 신축량이 +2.0mm일 때 도곽의 신축에 따른 면적보정계수는?

① 0.99328　　② 0.99224
③ 0.98929　　④ 0.98844

[해설] 1/1,200 지적도의 도상길이는 333.33mm×416.67mm이고, 보정계수(Z)

$$= \frac{X \times Y}{\Delta X \times \Delta Y} = \frac{333.33 \times 416.67}{(333.33+2) \times (416.67+2)} = 0.98929$$

16. 지적측량 중 지적기준점을 정하기 위한 기초측량을 3가지로 분류할 때 그 분류로 옳지 않은 것은?

① 지적삼각점측량　　② 지적삼각보조점측량
③ 지적도근점측량　　④ 지적사진측량

[해설] 기초측량은 지적삼각측량, 지적삼각보조점측량, 지적도근점측량으로 분류한다.

17. 지적삼각보조점의 수평각을 관측하는 방법에 대한 기준으로 옳은 것은?

① 도선법에 따른다.
② 2대회의 방향관측법에 따른다.
③ 3대회의 방향관측법에 따른다.
④ 관측지역에 따라 방위각법과 배각법을 혼용한다.

[해설] 경위의측량방법과 교회법에 의해 지적삼각보조점측량을 실시할 경우 관측은 20초독 이상의 경위의를 사용하며, 수평각관측의 2대회 방향관측법에 의하므로 2대회의 윤곽도는 0°, 90°이다.

18. 지적삼각점의 관측에 있어 광파측거기는 표준편차가 얼마 이상인 정밀측거기를 사용하여야 하는가?

① ±(5mm+5ppm)　　② ±(5cm+5ppm)
③ ±(0.05mm+50ppm)　　④ ±(0.05cm+50ppm)

[해설] [지적삼각점의 관측 및 계산]
① 연직각은 정반 2회 관측하고 정확도는 ±30″초 이내로 관측
② 경위의 정밀은 10초독 이상, 전파(광파) 표준편차 +(5mm+5ppm)이상의 정밀기기 사용

19. 평판측량방법에 따른 세부측량을 교회법으로 할 때 방향각의 교각은?

① 30° 이상 150° 이하로 한다.
② 20° 이상 130° 이하로 한다.
③ 30° 이상 120° 이하로 한다.
④ 50° 이상 130° 이하로 한다.

[해설] [평판측량시 교회법의 기준]
① 전방교회법 또는 측방교회법에 따름
② 방향각의 교각은 30°~150°로 함
③ 3방향 이상의 교회에 따름
④ 측량결과 시오삼각형이 생긴 경우 내접원의 지름이 1mm 이하일 때에는 그 중심을 점의 위치로 함

20. 지적삼각보조점측량의 방법에 대한 설명으로 옳지 않은 것은?

① 교회법으로 시행한다.
② 망평균계산법으로 시행한다.
③ 전파기측량법으로 시행한다.
④ 광파기측량법으로 시행한다.

[해설] 망평균계산법은 지적삼각점측량의 계산방법이다.

2과목 응용측량

21. 그림과 같이 원곡선(AB)을 설치하려고 하는데 그 교점(I.P)에 갈 수 없어 ∠ACD=150°, ∠CDB=90°, CD=100m를 관측하였다. C점에서 곡선시점(B.C)까지의 거리는? (단, 곡선반지름 R=150m)

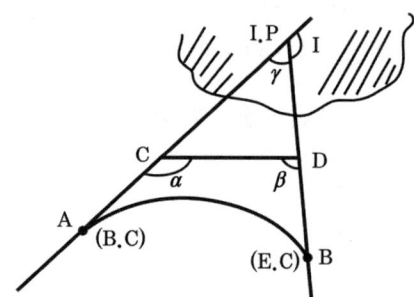

① 115.47m ② 125.25m
③ 144.34m ④ 259.81m

해설 $\overline{AC} = T.L - \overline{CP}$ 이므로

$T.L = R\tan\dfrac{I}{2} = 150 \times \tan\dfrac{120°}{2} = 259.81m$

$\dfrac{100m}{\sin 60°} = \dfrac{\overline{C \sim IP}}{\sin 90°}$ 에서

$\overline{C \sim IP} = \dfrac{\sin 90°}{\sin 60°} \times 100m = 115.47m$

$\overline{AC} = T.L - \overline{CP} = 259.81 - 115.47 = 144.34m$

22. 사진의 크기 18cm×18cm, 초점거리 180mm의 카메라로 지면으로부터 비고가 100m인 구릉지에서 촬영한 연직사진의 축척이 1:40,000이었다면 이 사진의 비고에 의한 최대변위량은?

① ±18mm ② ±9mm
③ ±1.8mm ④ ±0.9mm

해설 기복변위 : 대상물에 기복이 있을 경우에 사진면에서 연직점을 중심으로 방사상의 변위가 생기는데 이를 기복변위라 한다.
$\Delta r = \dfrac{h}{H}r$ 여기서 h는 비고, H는 촬영고도, Δr은 기복변위량, r은 연직점으로부터 상점까지의 거리

$H = mf = 40,000 \times 0.180 = 7,200m$

$\Delta r_{max} = \dfrac{h}{H} \times r_{max}$ 여기서, $r_{max} = \dfrac{\sqrt{2}}{2} \times a$

$= \dfrac{100m}{7,200m} \times \dfrac{\sqrt{2}}{2} \times 180mm = 1.77mm ≒ 1.8mm$

23. 항공삼각측량의 광속조정법(Bundle Adjustment)에서 사용하는 입력좌표는?

① 사진좌표 ② 모델좌표
③ 스트립좌표 ④ 기계좌표

해설 [광속조정법]
① 상좌표를 사진좌표로 변환시킨 후 사진좌표로부터 직접 절대좌표를 구하는 방법
② 투영중심으로부터 사진상에 있는 상점과 대상점에 대하여 공간상에서 일직선을 이루게 되는 공선조건을 이용

24. 원곡선 설치를 위하여 교각(I)이 60°, 반지름이 200m, 중심 말뚝거리가 20m일 때 노선기점에서 교점까지의 추가거리가 630.29m라면 시단현의 편각은?

① 0°24′31″ ② 0°34′31″
③ 0°44′31″ ④ 0°54′31″

해설 도로의 기점에서 곡선시점까지의 거리는 노선의 시점에서 기점까지의 거리에서 접선길이(T.L)를 빼면 얻을 수 있다. 즉, 곡선시점까지의 거리 = 기점까지의 거리 - 접선길이

$T.L = R\tan\dfrac{I}{2} = 200 \times \tan\dfrac{60°}{2} = 115.47m$

곡선시점(B.C)의 위치 = 630.29 - 115.47 = 514.82m 이고 시단현의 길이는 곡선시점의 위치 514.82m 보다 큰 20의 배수인 520m에서 514.82m를 뺀 5.18m이다.

5.18m의 편각 $\delta = \dfrac{l}{2R} \times \rho$

$= \dfrac{5.18}{2 \times 200} \times \dfrac{180°}{\pi} = 0°44′31.13″$

25. 완화곡선의 성질에 대한 설명으로 옳지 않은 것은?

① 완화곡선의 접선은 시점에서 직선에 접한다.
② 완화곡선의 접선은 종점에서 원호에 접한다.

③ 완화곡선에 연한 곡선반지름의 감소율은 캔트의 증가율과 같다.
④ 곡선반지름은 완화곡선의 시점에서 원곡선의 반지름과 같다.

해설 [완화곡선의 성질]
① 완화곡선의 반지름은 시점에서 무한대, 종점에서는 원곡선의 반지름과 같다.
② 완화곡선의 접선은 시점에서는 직선에, 종점에서는 원호에 접한다.
③ 완화곡선의 곡선반경 감소율은 캔트의 증가율과 같다.
④ 완화곡선의 편경사의 크기는 곡선의 반경에 반비례하고 설계속도에 비례한다.

26. 곡선의 종류 중 완화곡선이 아닌 것은?

① 복심곡선　　② 3차 포물선
③ 렘니스케이트　④ 클로소이드

해설 완화곡선의 종류에는 클로소이드곡선(고속도로), 램니스케이트곡선(시가지철도), 3차포물선(일반철도), sine 체감곡선(고속철도) 등이 있으며 2차포물선은 종단곡선으로 이용된다.

27. GNSS(Global Navigation Satellite System)측량의 Cycle Slip에 대한 설명으로 옳지 않은 것은?

① GNSS 반송파 위상추적회로에서 반송파 위상차 값의 순간적인 차단으로 인한 오차이다.
② GNSS 안테나 주위의 지형·지물에 의한 신호단절현상이다.
③ 높은 위성고도각에 의하여 발생하게 된다.
④ 이동측량의 경우 정지측량의 경우보다 Cycle Slip의 다양한 원인이 존재한다.

해설 [사이클 슬립의 원인]
① GPS 안테나 주위의 지형, 지물에 의한 신호 단절
② 높은 신호 잡음
③ 낮은 신호 강도(Signal strength)
④ 낮은 위성의 고도각
⑤ 사이클 슬립은 이동측량에서 많이 발생

28. 다음 그림과 같은 경사지에 폭 6.0m의 도로를 개설하고자 한다. 절토기울기 1:0.5, 절토높이 2.0m, 성토기울기 1:1, 성토높이 5m로 한다면 필요한 용지폭은? (단, 양쪽의 여유폭은 1m로 한다.)

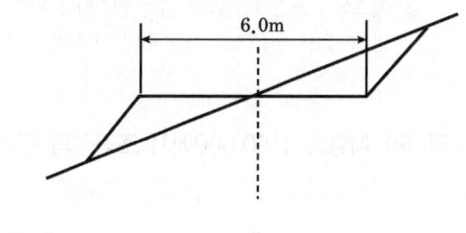

① 17.0m　　② 14.0m
③ 12.5m　　④ 11.5m

해설 노선의 용지의 폭은 도로폭에 여유폭을 합하여 산정한다.
[용지폭]
$= 6 + 5 \times 1$(좌측성토사면)$+ 2 \times 0.5$(우측절토사면)
$+ 1 \times 2$(여유폭)$= 14m$

29. 사진의 특수 3점은 주점, 등각점, 연직점을 말하는데, 이 특수 3점이 일치하는 사진은?

① 수평사진　　② 저각도경사사진
③ 고각도경사사진　④ 엄밀수직사진

해설 사진의 특수3점이 일치하는 사진은 엄밀수직사진이다.
[사진의 특수3점]
① 주점(principal point) : 렌즈의 중심으로부터 화면에 내린 수선의 자리로 렌즈의 광축과 화면이 교차하는 점
② 연직점(nadir point) : 중심 투영점 O을 지나는 중력선이 사진면과 마주치는 점
③ 등각점(isocenter) : 사진면에 직교되는 광선과 중력선이 이루는 각을 2등분 하는 광선이 사진면에 마주치는 점

30. 수준측량의 야장기입법 중 중간점(I.P)이 많을 때 가장 적합한 방법은?

① 승강식　　② 고차식
③ 기고식　　④ 방사식

정답　21. ③　22. ③　23. ①　24. ③　25. ④　26. ①　27. ③　28. ②　29. ④　30. ③

해설 [수준측량 야장기입법]
① 고차식 : 중간점없이 이기점 전시와 후시로만 관측된 야장으로 가장 간단하다.
② 승강식 : 완전한 검사로 정밀측량에 적당하나, 중간점이 많으면 계산이 복잡하고 시간과 비용이 많이 든다.
③ 기고식 : 중간점이 많을 경우 편리하나 완전한 검산을 할 수 없는 단점에도 가장 많이 사용되는 방법이다.

31. 우리나라 지형도 1:50,000에서 조곡선의 간격은?

① 2.5m ② 5m
③ 10m ④ 20m

해설 조곡선의 간격은 주곡선 간격의 1/40이다.
[축척별 등고선 간격]

축척	주곡선	계곡선	간곡선	조곡선
1:50,000	20m	100m	10m	5m

32. 지형도에서 등고선에 둘러싸인 면적을 구하는 방법으로 가장 적합한 것은?

① 전자면적측정기에 의한 방법
② 방안지에 의한 방법
③ 좌표에 의한 방법
④ 삼사법

해설 등고선은 곡선으로 폐합되어 있으므로 전자면적측정기에 의해 곡선을 따라 면적을 산정하는 방법이 가장 적합하다.

33. 등고선의 성질에 대한 설명으로 틀린 것은?

① 등고선은 최대경사선과 직교한다.
② 동일 등고선 상에 있는 모든 점은 높이가 같다.
③ 등고선은 절벽이나 동굴의 지형을 제외하고는 교차하지 않는다.
④ 등고선은 폭포와 같이 도면 내외 어느 곳에서도 폐합되지 않는 경우가 있다.

해설 [등고선의 특성]
① 최대 경사선은 등고선과 직각 방향이다.
② 높이가 다른 등고선은 동굴이나 절벽을 제외하고는 교차하지 않는다.
③ 등고선은 도면상 혹은 외에서 폐합하며 도중에 손실되지 않는다.
④ 등고선은 급경사지에서는 간격이 좁고 완경사지에서는 넓다.

34. 촬영고도 1,500m에서 찍은 인접사진에서 주점기선의 길이가 15cm이고, 어느 건물의 시차차가 3mm이었다면 건물의 높이는?

① 10m ② 30m
③ 50m ④ 70m

해설 시차공식 $h = \dfrac{H}{b_0}\Delta P$, 여기서 H:비행고도, ΔP:시차차 $(p_a - p_r)$, b_0:주점기선길이, h:비고

$h = \dfrac{H}{b_0}\Delta P = \dfrac{1,500m}{150mm} \times 3mm = 30m$

35. 내부표정에 대한 설명으로 옳은 것은?

① 기계좌표계 → 지표좌표계 → 사진좌표계로 변환
② 지표좌표계 → 기계좌표계 → 사진좌표계로 변환
③ 지표좌표계 → 사진좌표계 → 기계좌표계로 변환
④ 기계좌표계 → 사진좌표계 → 지표좌표계로 변환

해설 [내부표정]
① 도화기의 투영기에 촬영당시와 똑같은 상태로 양화건판을 정착시키는 작업으로 변형까지 조절할 수는 없다.
② 사진의 주점을 맞추고, 화면거리를 조정하고, 건판의 신축, 대기굴절, 지구의 곡률보정, 렌즈 수차의 보정을 수행한다.
③ 기계좌표로부터 지표좌표를 구한 다음 사진좌표를 구하는 단계적 표정

36. 터널측량을 하여 터널시점(A)과 종점(B)의 좌표와 높이(H)가 다음과 같을 때 터널의 경사도는?

A(1,125.68, 782.46), B(1,546.73, 415.37),
H_A=49.25, H_B=86.39 (단위 : m)

① 3°25'14" ② 3°48'14"
③ 4°08'14" ④ 5°08'14"

해설 경사각(i)를 구하면 $\tan i = \dfrac{높이차}{수평거리}$ 이므로

수평거리 $= \sqrt{(1546.73-1125.68)^2 + (415.37-782.46)^2}$
$= 558.60m$

높이차 $= 86.39 - 49.25 = 37.14m$

$i = \tan^{-1}\dfrac{37.14}{558.60} = 3°48'14''$

37. 다음 중 인공위성의 궤도요소에 포함되지 않는 것은?

① 승교점의 적경 ② 궤도경사각
③ 관측점의 위도 ④ 궤도의 이심률

해설 승교점의 적경은 궤도요소와 관계가 없다.
[위성의 궤도요소]
궤도의 장반경, 궤도의 이심률, 궤도의 경사각, 승교점의 적경, 근지점의 인수, 근점의 이각

38. 상호표정의 인자 중 촬영방향(x축)을 회전축으로 한 회전운동인자는?

① φ ② ω
③ κ ④ by

해설 상호표정인자로는 x, y, z축에 따라 ω, ϕ, κ의 회전인자와 b_y, b_z의 평행인자로 모두 5개의 표정인자가 있는데 이를 표정하기 위해서는 최소한 표정점(공액점)이 5개가 있어야 한다.

39. 터널측량에서 측점 A, B를 천정에 설치하고 A점으로부터 경사거리 46.35m, 경사각 +17°20', A점의 천정으로부터 기계고 1.45m, B점의 측표높이 1.76m를 관측하였을 때, AB의 고저차는?

① 17.02m ② 10.60m
③ 13.50m ④ 14.12m

해설 $\Delta H =$ 스타프 읽음값의 차이 + 경사거리 × sin경사각
$\Delta H = (1.45-1.76) + 46.35 × \sin 17°20' = 14.12m$

40. 표척 2개를 사용하여 수준측량할 때 기계의 배치횟수를 짝수로 하는 주된 이유는?

① 표척의 영점오차를 제거하기 위하여
② 표척수의 안전한 작업을 위하여
③ 작업능률을 높이기 위하여
④ 레벨의 조정이 불완전하기 때문에

해설 수준점간의 편도관측의 측점수는 짝수로 하는 것이 좋다.
[수준측량시 유의사항]
① 왕복측량을 원칙으로 한다.
② 왕복시 노선은 다르게 한다.
③ 전시와 후시의 거리를 동일하게 한다.
④ 이기점이 홀수가 되도록 한다.
⑤ 수준점간의 편도관측의 측점수는 짝수가 되도록 한다.
(표척의 눈금오차(영점오차)의 소거를 위해)

3과목 토지정보체계론

41. 공간자료의 입력방법인 스캐닝에 대한 설명으로 옳지 않은 것은?

① 스캐너를 이용하여 정보를 신속하게 입력시킬 수 있다.
② 스캐너는 광학주사기 등을 이용하여 레이저광선을 도면에 주사하여 반사되는 값에 수치값을 부여하여 데이터의 영상자료를 만드는 것이다.
③ 스캐너 영상자료는 소프트웨어를 이용하여 벡터라이징을 통해 수치지도로 제작된다.
④ 스캐닝은 문자나 그래픽심볼과 같은 부수적 정보를 많이 포함한 도면을 입력하는데 적합하다.

해설 [스캐닝 작업의 특징]
① 복잡한 도면을 입력할 경우 시간이 단축된다.
② 이미지상에서 삭제, 수정할 수 있어 능률적이다.
③ 특정 주제만을 선택하여 입력할 수는 없다.
④ 손상된 도면의 경우 스캐닝에 의한 인식이 원활하지 못하다.
⑤ 래스터를 벡터, 문자, 기호로 변환하는 후처리작업이 뒤따른다.

정답 31. ② 32. ① 33. ④ 34. ② 35. ① 36. ② 37. ③ 38. ② 39. ④ 40. ① 41. ④

42. 공간데이터의 수집절차로 옳은 것은?

① 데이터 획득 → 수집 계획 → 데이터 검증
② 수집 계획 → 데이터 검증 → 데이터 획득
③ 수집 계획 → 데이터 획득 → 데이터 검증
④ 데이터 검증 → 데이터 획득 → 수집 계획

해설 [공간데이터의 수집절차]
수집 계획 → 데이터 획득 → 데이터 검증

43. 다음 중 관계형 데이터베이스에서 자료의 추출(검색)에 사용되는 표준언어인 비과정 질의 언어는?

① SQL
② Visual Basic
③ Visual C++
④ COBOL

해설 [SQL(Structured Query Language) : 구조화 질의 언어]
• 데이터 베이스를 사용할 때 데이터베이스에 접근할 수 있는 데이터베이스 하부 언어
• 데이터 정의어(DDL)와 데이터 조작어(DML)를 포함한 데이터베이스용 질의 언어(query language)의 일종
• 단순한 질의 기능뿐만 아니라 완전한 데이터 정의 기능과 조작 기능을 갖추고 있음
• 영어 문장과 비슷한 구문을 갖고 있으므로 초보자들도 비교적 쉽게 사용

44. 기어구동식 자동제도기의 정도변화범위로 맞는 것은?

① 0.01mm 이내
② 0.02mm 이내
③ 0.03mm 이내
④ 0.05mm 이내

해설 기어구동식 자동제도기의 정도변화범위는 0.02mm 이내이다.

45. 다음 중 벡터자료구조의 기본적인 단위에 해당되지 않는 것은?

① 픽셀
② 점
③ 선
④ 면

해설 벡터자료구조의 기본적인 단위는 점, 선, 면을 이용하여 표현하며, 객체들의 지리적 위치를 방향성과 크기로 나타냄

46. 다음 중 벡터구조에 비하여 격자구조가 갖는 장점이 아닌 것은?

① 네트워크분석에 효과적이다.
② 자료의 중첩에 대한 조작이 용이하다.
③ 자료구조가 간단하다.
④ 원격탐사자료와의 연계처리가 용이하다.

해설 [래스터데이터의 특징]
① 간단한 자료구조
② 중첩에 대한 조작이 용이
③ 다양한 공간적 편의가 격자형 형태로 나타냄
④ 자료의 조작과정에 효과적
⑤ 압축되어 사용되는 경우가 드물다.
⑥ 지형관계를 나타내기가 훨씬 어렵다.

47. 토지정보체계의 데이터 관리에서 파일처리방식의 문제점이 아닌 것은?

① 시스템 구성이 복잡하고 비용이 많이 소요된다.
② 데이터의 독립성을 지원하지 못한다.
③ 사용자 접근을 제어하는 보안체제가 미흡하다.
④ 다수의 사용자환경을 지원하지 못한다.

해설 [파일처리방식의 문제점]
① 데이터의 독립성을 지원하지 못한다.
② 사용자 접근을 제어하는 보안체제가 미흡하다.
③ 다수의 사용자환경을 지원하지 못한다.

48. 다음 중 평면직각좌표계의 이점이 아닌 것은?

① 평판측량, 항공사진측량 등 많은 측량작업과 호환성이 좋다.
② 평면직각좌표로부터 거리, 수평각, 면적을 계산하기 편리하다.
③ 관측값으로부터 평면직각좌표를 계산하기 편리하다.
④ 지도 구면상에 표시하기가 쉽다.

해설 [평면직각좌표계의 특징]
① 평판측량, 항공사진측량 등 많은 측량작업과 호환성이 좋다.

② 평면직각좌표로부터 거리, 수평각, 면적을 계산하기 편리하다.
③ 관측값으로부터 평면직각좌표를 계산하기 편리하다.
④ 지도 구면상에 표시하기가 어렵다.

49. 아래와 같은 수식으로 주어지는 것은 어떤 좌표변환인가? (단, λ:축척변환, (x_0, y_0):원점의 변위량, θ:회전변환, (x', y'):보정된 좌표, (x, y):보정전 좌표)

$$\begin{bmatrix} x' \\ y' \end{bmatrix} = \lambda \begin{bmatrix} \cos\theta & -\sin\theta \\ \sin\theta & \cos\theta \end{bmatrix} \begin{bmatrix} x \\ y \end{bmatrix} + \begin{bmatrix} x_0 \\ y_0 \end{bmatrix}$$

① 어파인(Affine)변환
② 투영변환
③ 등각사상변환
④ 의사어파인(Pseudo-Affine)변환

해설 [내부표정을 위한 좌표변환식]
① 선형등각사상변환
$X = ax - by + x_0$, $Y = bx + ay + y_0$
② 부등각사상변환(affine변환)
$X = a_1 x + a_2 y + x_0$, $Y = b_1 x + b_2 y + y_0$
③ 의사부등각사상변환
$X = a_1 x + a_2 y + a_3 xy + x_0$, $Y = b_1 x + b_2 y + b_3 xy + y_0$

50. 지적도면을 전산화하고자 하는 경우 정비하여야 할 대상정보가 아닌 것은?

① 색인도
② 도곽선
③ 필지경계
④ 지번색인표

해설 [지적도면 전산화 전환시 정비대상]
경계, 색인도, 도곽선 및 수치, 도면번호, 행정구역선 등

51. 다음 중 두 개 또는 더 많은 레이어들에 대하여 불리언(boolean)의 OR연산자를 적용하여 합병하는 방법으로 기준이 되는 레이어의 모든 특징이 결과레이어에 포함되는 중첩분석방법은?

① Intersect
② Union
③ Identity
④ Clip

해설 [공간연산방법]
① **Intersect** : Boolean 연산의 AND연산과 유사한 것으로 두 개의 구역이 연산이 될 때 교차되는 구역에 포함되는 입력 구역만이 남게 됨
② **Union** : Boolean 연산에서의 OR과 유사한 개념으로 공간연산 후 연산에 참여한 모든 데이터들이 결과파일에 나타남
③ **Identity** : 두 개의 커버리지를 차집합으로 중첩하는 기능을 수행
④ **Clip** : 정해진 모양으로 자료층상의 특정 영역의 데이터를 잘라내는 기능

52. 스파게티(Spaghetti)모형에 대한 설명이 옳지 않은 것은?

① 하나의 점이 X·Y좌표를 기본으로 하고 있어 다른 모형에 비하여 구조가 복잡하고 이해하기 어렵다.
② 데이터 파일을 이용한 지도를 인쇄하는 단순작업의 경우에 효율적인 도구로 사용되었다.
③ 상호연관성에 관한 정보가 없어 인접한 객체들의 특징과 관련성, 연결성을 파악하기 힘들었다.
④ 객체들 간에 정보를 갖지 못하고 국수 가락처럼 좌표들이 길게 연결되어 있는 구조를 말한다.

해설 [스파게티 모형의 특징]
① 공간자료를 점, 선, 면을 단순한 좌표목록으로 저장하며 위상관계를 정의하지 않음
② 상호연결성이 결여된 점과 선의 집합체
③ 수작업으로 디지타이징된 지도자료가 대표적인 예
④ 인접하고 있는 다각형을 나타내기 위해 경계하는 선은 두 번씩 저장
⑤ 모든 면사상이 일련의 독립된 좌표집합으로 저장되므로 자료저장공간 많이 차지
⑥ 객체들 간의 공간관계가 설정되지 않아 공간분석에 비효율적

53. 래스터데이터의 일반적인 자료압축방법이 아닌 것은?

① Chain Code
② Block Code
③ Structure Code
④ Run-Length Code

해설 [래스터자료(격자구조)의 압축방법]
① 행렬방식 : run-length code
② 체인코드방식 : chain code
③ 블록코드방식 : block code
④ 사지수형방식 : quadtree
⑤ R-tree 방식

54. 다음 중 계층형(hierarchical), 네트워크형(network), 관계형(relational) 데이터베이스 모델간의 가장 큰 차이점은 무엇인가?

① 데이터의 물리적 구조
② 관계의 표현방식
③ 속성자료의 표현방법
④ 데이터 모델의 구축환경

해설 데이터베이스 관계의 표현방식에 따라 계층형, 네트워크형, 관계형 구조를 구분한다.

55. GIS데이터의 표준화유형에 해당하지 않는 것은?

① 데이터 모형(Data Model)의 표준화
② 데이터 내용(Data Content)의 표준화
③ 데이터 정책(Data Institute)의 표준화
④ 위치참조(Location Reference)의 표준화

해설 [데이터 측면에 따른 분류]
① 내적요소 : 데이터 모델, 데이터 내용, 데이터 교환, 메타데이터 표준
② 외적요소 : 데이터 수집, 데이터 품질, 위치참조 표준

56. 다음 자료들 중에서 지형, 지세 등 표면표현 및 등고선, 3차원 표현 등 표면모델링에 이용되는 것은?

① Coverage
② Layer
③ TIN
④ Image

해설 [불규칙삼각망(TIN, Triangulation Irregular Network)]
① 불규칙하게 배치되어 있는 지형점으로부터 삼각망을 생성하여 삼각형 내의 표고를 삼각평면으로부터 보간하는 방법
② 벡터로 표현된 3차원 모형
③ 경사가 급한 지역의 표현에 유용
④ 기복의 변화가 작은 지역은 측점수를 적게함으로 자료량이 조절 용이

57. 다음 중 지적재조사사업의 목적으로 가장 거리가 먼 것은?

① 지적불부합지문제 해소
② 토지의 경계복원능력 향상
③ 지하시설물관리체계 개선
④ 능률적인 지적관리체계 개선

해설 [지적재조사사업의 목적]
① 지적불부합지의 해소
② 능률적인 지적관리체계 개선
③ 경계복원능력의 향상
④ 지적관리를 현대화하기 위한 수단
⑤ 지적공부의 정확도 및 지적에 포함되는 요소들의 확장

58. SQL언어 중 데이터조작어(DML)에 해당하지 않는 것은?

① INSERT
② UPDATE
③ DELETE
④ DROP

해설 [SQL(Structured Query Language)의 데이터 조작언어(DML)]
① INSERT INTO : 행 데이터 또는 테이블 데이터의 삽입
② UPDATE~SET : 표 업데이트
③ DELETE FROM : 테이블에서 특정 행 삭제
④ SELECT~FROM~WHERE : 테이블 데이터의 검색 결과 집합의 취득
[SQL(Structured Query Language)의 데이터 정의언어(DDL)]
① CREATE : 데이터베이스 개체(테이블, 인덱스, 제약조건 등)의 정의
② DROP : 데이터베이스 개체 삭제
③ ALTER : 데이터베이스 개체 정의 변경

59. 데이터베이스 구축과정의 검수에 대한 설명으로 옳은 것은?

① 검수란 최종성과에 대해 실시하는 것이다.
② 검수는 데이터베이스 구축과정에서 단계별로 실시한다.
③ 출력검수는 화면출력에 대해 검수하는 것이다.
④ 검수방법 중에서 컴퓨터에 의해 자동처리되는 프로그램검수가 가장 우수하다.

해설 데이터베이스구축과정에서 컴퓨터에 의해 자동처리되는 프로그램 검수보다 작업자의 육안에 의한 검수가 더 정확하다.

60. GIS의 자료분석과정 중 도형자료의 속성자료가 구축된 레이어 간의 정보를 합성하거나 수학적 변환기능을 이용하여 정보를 통합하는 분석방법은?

① 중첩분석　　　　② 표면분석
③ 합성분석　　　　④ 검색분석

해설 [중첩분석(Overlay)]
- 하나의 레이어에 다른 레이어를 포개어 두 레이어에 나타난 형상들 간의 관계를 분석하는 것
- 면사상중첩(폴리곤 간), 면사상과 선사상의 중첩(선과 폴리곤), 면사상과 점사상의 중첩(점과 폴리곤)

4과목 지적학

61. 지적공부열람 신청과 가장 밀접한 관계가 있는 것은?

① 토지소유권 보존　　② 토지소유권 이전
③ 지적공개주의　　　　④ 지적형식주의

해설 [지적 공개주의]
지적공부에 등록된 사항을 토지소유자나 일반 국민에게 신속·정확하게 공개하여 정당하게 이용할 수 있도록 한다.

62. 다음 중 역토(驛土)에 대한 설명으로 옳지 않은 것은?

① 역토는 주로 군수비용을 충당하기 위한 토지이다.
② 역토의 수입은 국고수입으로 하였다.
③ 역토는 역참에 부속된 토지의 명칭이다.
④ 조선시대 초기에 역토에는 관둔전, 공수전 등이 있다.

해설 [역토(驛土)]
① 역참(관리의 공무에 필요한 숙박의 제공)에 부속된 토지
② 역토의 종류로는 관둔전, 공수전, 장전, 부장전, 마위전 등이 있음
③ 역토는 타인에게 양도, 매매, 전대할 수 없고, 수입은 국고수입으로 함

63. 지적제도의 발생설로 보기 어려운 것은?

① 과세설　　　　② 치수설
③ 지배설　　　　④ 계약설

해설 [지적발생설의 종류]
① **과세설** : 세금징수의 목적에서 출발
② **치수설** : 농지측량(토지측량) 및 치수에서 출발
③ **통치설** : 통치적 수단에서 출발
④ **침략설** : 영토확장과 침략상 우위의 목적

64. 지적제도의 발전단계별 특징이 옳지 않은 것은?

① 세지적-생산량　　　② 법지적-경계
③ 법지적-물권　　　　④ 다목적지적-지형지물

해설 [다목적지적]
① 종합지적, 유사지적, 경제지적, 통합지적이라고도 함
② 일필지를 단위로 토지관련정보를 종합적으로 등록하는 제도
③ 토지에 대한 평가, 과세, 거래, 이용계획, 지하시설물과 공공시설물 및 토지통계 등에 관한 정보를 공동으로 활용하기 위한 지적제도

65. 다음 중 지번을 설정하는 이유와 가장 거리가 먼 것은?

① 토지의 특정화　　　② 지리적 위치의 고정성 확보
③ 입체적 토지표시　　④ 토지의 개별화

해설 [지번의 기능]
① 필지를 구별하는 개별성과 특정성의 기능
② 거주지, 주소표기의 기준으로 이용
③ 위치파악의 기준
④ 각종 토지관련 정보시스템에서 검색키로서의 기능
⑤ 물권의 객체의 구분
⑥ 등록공시의 단위

정답　54. ②　55. ③　56. ②　57. ③　58. ④　59. ②　60. ①　61. ③　62. ①　63. ④　64. ④　65. ③

66. 다음 중 간주지적도에 관한 설명으로 틀린 것은?

① 임야도로서 지적도로 간주하게 된 것을 말한다.
② 간주지적도인 임야도에는 적색1호선으로써 구역을 표시하였다.
③ 지적도 축척이 아닌 임야도 축척으로 측량하였다.
④ 대상은 토지조사시행지역에서 약 200간(間) 이상 떨어진 지역으로 하였다.

해설 [간주지적도]
① 지적도로 간주하는 임야도를 간주지적도라 함
② 조선지세령에 "조선총독이 지정하는 지역에서는 임야도로서 지적도로 간주한다"라고 규정
③ 육지에서 멀리 떨어진 도서지역, 토지조사구역에서 멀리 떨어진 산간벽지(약200간) 등 지정
④ 전, 답, 대 등 과세지가 있을 경우 이를 지적도에 등록하지 아니하고 임야도에 존치
⑤ 임야도에 녹색 1호선으로 구역 표시
⑥ 별책토지대장, 산토지대장, 을호토지대장이라 하며 간주지적도에 대한 대장은 일반토지대장과 달리 별도의 대장으로 작성

67. 일본의 지적관련 법령으로 옳은 것은?

① 지적법　　　② 부동산등기법
③ 국토기본법　④ 지가공시법

해설 [일본의 지적관련 법령]
일본은 1960년 부동산등기법을 개정하여 토지대장과 등기부의 통합일원화에 착수하여 1996년 3월 31일에 완료

68. 지번의 부여방법 중 사행식에 대한 설명으로 옳지 않은 것은?

① 우리나라 지번의 대부분이 사행식에 의하여 부여되었다.
② 필지의 배열이 불규칙한 지역에서 많이 사용한다.
③ 도로를 중심으로 한쪽은 홀수로 다른 한쪽은 짝수로 부여한다.
④ 각 토지의 순서를 빠짐없이 따라가기 때문에 뱀이 기어가는 형상이 된다.

해설 [사행식 지번설정]
① 필지의 배열이 불규칙한 경우에 적합한 방식
② 주로 농촌지역에 이용되며, 우리나라에서 가장 많이 사용하는 방법
③ 사행식으로 지번을 부여할 경우 지번이 일정하지 않고 상하, 좌우로 분산되는 단점

69. 우리나라의 지적 창설 당시 도로, 하천, 구거 및 소도서는 토지(임야)대장 등록에서 제외하였는데 가장 큰 이유는?

① 측량하기 어려워서
② 소유자를 알 수가 없어서
③ 경계선이 명확하지 않아서
④ 과세적 가치가 없어서

해설 도로, 하천, 구거, 소도서는 국유지로 구분되어 과세대상이 아니므로 과세적 가치가 없기 때문에 토지(임야)대장 등록에서 제외됨

70. 전산등록파일을 지적공부로 규정한 지적법의 개정연도로 옳은 것은?

① 1991년 1월 1일　② 1995년 1월 1일
③ 1999년 1월 1일　④ 2001년 1월 1일

해설 [지적법 제4차 개정]
① 지적공부의 등록사항을 전산정보처리조직에 의해 처리할 경우 전산등록파일을 지적공부로 보도록 규정
② 1991년 1월 1일부터 시행

71. 토지의 사정(査定)을 가장 잘 설명한 것은?

① 토지의 소유자와 지목을 확정하는 것이다.
② 토지의 소유자와 강계를 확정하는 행정처분이다.
③ 토지의 소유자와 강계를 확정하는 사법처분이다.
④ 경계와 지적을 확정하는 행정처분이다.

해설 [사정(査定)]
① 토지조사부 및 지적도에 의하여 토지소유자 및 경계를 확정하는 행정처분
② 지적도에 등록된 강계선이 대상이며 지역선은 사정하지 않음

72. 다음 중 현대 지적의 특성만으로 연결된 것이 아닌 것은?

① 역사성–영구성
② 전문성–기술성
③ 서비스성–윤리성
④ 일시적 민원성–개별성

해설 [현대 지적의 성격]
① 역사성과 영구성
② 반복적 민원성
③ 전문성과 기술성
④ 서비스성과 윤리성
⑤ 정보원

73. 다목적지적의 기본구성요소와 가장 거리가 먼 것은?

① 측지기준망
② 기본도
③ 지적도
④ 토지권리도

해설 [다목적지적의 구성요소]
① 3대 구성요소 : 측지기준망, 기본도, 중첩도
② 5대 구성요소 : 측지기준망, 기본도, 중첩도, 필지식별번호, 토지자료파일

74. 다음 중 고려시대 토지기록부의 명칭이 아닌 것은?

① 양전도장(量田都帳)
② 도전장(都田帳)
③ 양전장적(量田帳籍)
④ 방전장(方田帳)

해설 [시대별 양안의 명칭]
① **고려시대** : 도전장, 양전장적, 양전도장, 도전정, 전적, 전안
② **조선시대** : 양안등서책, 전답안, 성책, 양명등서차, 전답결대장, 전답결타량, 전답타량안, 전답양안, 전답행심, 양전도행장

75. 토지이용의 입체화와 가장 관련성이 깊은 지적제도의 형태는?

① 세지적
② 3차원 지적
③ 2차원 지적
④ 법지적

해설 [토지의 등록방법별 분류]
① 2차원 지적(평면지적) : 토지의 고저와 관계없이 수평면상의 투영만을 가정하여 각 필지의 경계를 등록·공시하는 제도
② 3차원 지적(입체지적) : 선과 면으로 구성되어 있는 2차원 지적에 높이를 추가한 것
③ 4차원 지적 : 지표, 지상건축물, 지하시설물 등을 효율적으로 등록·공시하거나 관리·지원할 수 있고, 등록사항의 변경내용을 정확하게 유지 관리할 수 있는 다목적 지적제도

76. 지적제도의 발달사적 입장에서 볼 때 법지적제도의 확립을 위하여 동원한 가장 두드러진 기술업무는?

① 토지평가
② 지적측량
③ 지도제작
④ 면적측정

해설 [법지적]
① 세지적에서 진일보한 지적제도
② 토지과세 및 토지거래의 안전, 토지소유권보호 등이 주요 목적
③ 일명 소유지적이라고도 하며 법지적하에서는 위치의 정확도를 중시
④ 경계가 명확해야 하므로 법지적의 확립을 위해 정밀한 지적측량이 요구됨

77. 조선시대의 양안(量案)은 오늘날의 어느 것과 같은 성질의 것인가?

① 토지과세대장
② 임야대장
③ 토지대장
④ 부동산등기부

해설 [양안(量案)]
① 양안은 고려~조선시대 양전에 의해 작성된 토지장부로 오늘날의 토지대장에 해당

정답 66. ② 67. ② 68. ③ 69. ④ 70. ① 71. ② 72. ④ 73. ④ 74. ④ 75. ② 76. ② 77. ③

② 국가가 양전을 통하여 조세부과의 대상이 되는 토지와 납세자를 파악하고 그 결과로 작성된 장부

78. 토지·가옥을 매매·증여·교환·전당할 경우 군수 또는 부윤의 증명을 받으면 법률적으로 보장을 받는 완전한 증명제도는?

① 토지가옥 증명규칙 ② 조선민사령
③ 부동산등기령 ④ 토지가옥소유권 증명규칙

해설 [토지가옥소유권 증명규칙]
① 토지·가옥을 매매·증여·교환·전당할 경우 군수 또는 부윤의 증명을 받으면 법률적으로 보장을 받는 완전한 증명제도
② 이 제도에 의해 증명을 받은 토지의 소유권은 아직 제3자에 대한 대항력을 갖지 못하였으며 이러한 한계는 토지등기제도 창설을 통해 극복될 수 있었음

79. 간주지적도에 등록된 토지는 토지대장과는 별도로 대장을 작성하였다. 다음 중 그 명칭에 해당하지 않는 것은?

① 산토지대장 ② 별책토지대장
③ 임야토지대장 ④ 을호토지대장

해설 [간주지적도]
① 지적도로 간주하는 임야도를 간주지적도라 함
② 별책토지대장, 산토지대장, 을호토지대장이라 하며 간주지적도에 대한 대장은 일반토지대장과 달리 별도의 대장으로 작성

80. 일반적으로 양안에 기재된 사항에 해당하지 않는 것은?

① 지번, 면적 ② 측량순서, 토지등급
③ 토지형태, 사표(四標) ④ 신구 토지소유자, 토지가격

해설 [양안(量案)의 기재사항]
① 고려시대 : 지목, 전형(토지의 형태), 토지소유자, 양전방향, 사표, 결수, 총결수
② 조선시대 : 논밭의 소재지, 지목, 면적, 자호, 전형, 토지소유자, 양전방향, 사표, 장광척, 등급, 결수, 결작 여부 등

5과목 지적관계법규

81. 지적측량업자의 업무범위에 해당하지 않는 것은?

① 경계점좌표등록부가 있는 지역에서의 지적측량
② 도시개발사업 등이 끝남에 따라 하는 지적확정측량
③ 〈지적재조사에 관한 특별법〉에 따른 사업지구에서 실시하는 지적재조사측량
④ 도해세부측량지역의 등록전환측량에 대한 성과검사측량

해설 [공간정보의 구축 및 관리 등에 관한 법률 제45조(지적측량업자의 업무 범위)]
① 경계점좌표등록부가 있는 지역에서의 지적측량
② 「지적재조사에 관한 특별법」에 따른 사업지구에서 실시하는 지적재조사측량
③ 도시개발사업 등이 끝남에 따라 하는 지적확정측량
④ 지적전산자료를 활용한 정보화사업

82. 〈국토의 계획 및 이용에 관한 법률〉에 따른 국토의 용도구분 4가지에 해당하지 않는 것은?

① 보존지역 ② 관리지역
③ 도시지역 ④ 농림지역

해설 [국토의 계획 및 이용에 관한 법률 제7조(용도지역별 관리의무)]
1. **도시지역** : 이 법 또는 관계 법률에서 정하는 바에 따라 그 지역이 체계적이고 효율적으로 개발·정비·보전될 수 있도록 미리 계획을 수립하고 그 계획을 시행하여야 한다.
2. **관리지역** : 이 법 또는 관계 법률에서 정하는 바에 따라 필요한 보전조치를 취하고 개발이 필요한 지역에 대하여는 계획적인 이용과 개발을 도모하여야 한다.
3. **농림지역** : 이 법 또는 관계 법률에서 정하는 바에 따라 농림업의 진흥과 산림의 보전·육성에 필요한 조사와 대책을 마련하여야 한다.
4. **자연환경보전지역** : 이 법 또는 관계 법률에서 정하는 바에 따라 환경오염 방지, 자연환경·수질·수자원·해안·생태계 및 문화재의 보전과 수산자원의 보호·육성을 위하여 필요한 조사와 대책을 마련하여야 한다.

83. 다음 중 토지소유자가 지목변경을 신청할 때에 첨부하여 지적소관청에 제출하여야 하는 서류에 해당하지 않는 것은?

① 과세사실을 증명하는 납세증명서의 사본
② 토지 또는 건축물의 용도가 변경되었음을 증명하는 서류의 사본
③ 관계법령에 따라 토지의 형질변경공사가 준공되었음을 증명하는 서류의 사본
④ 국유지·공유지의 경우 용도폐지되었거나 사실상 공공용으로 사용되고 있지 아니함을 증명하는 서류의 사본

해설 [공간정보의 구축 및 관리 등에 관한 법률 시행규칙 제84조 (지목변경의 신청)]
① 관계법령에 따라 토지의 형질변경 등의 공사가 준공되었음을 증명하는 서류의 사본
② 국유지·공유지의 경우에는 용도폐지되었거나 사실상 공공용으로 사용되고 있지 아니함을 증명하는 서류의 사본
③ 토지 또는 건축물의 용도가 변경되었음을 증명하는 서류의 사본

84. 축척변경시행지역의 토지는 언제 토지의 이동이 있는 것으로 보는가?

① 등기촉탁일
② 청산금지급완료일
③ 축척변경시행공고일
④ 축척변경확정공고일

해설 [공간정보의 구축 및 관리 등에 관한 법률 시행령 제78조 (축척변경의 확정공고)]
① 청산금의 납부 및 지급이 완료되었을 때에는 지적소관청은 지체 없이 축척변경의 확정공고를 하여야 한다.
② 지적소관청은 제1항에 따른 확정공고를 하였을 때에는 지체 없이 축척변경에 따라 확정된 사항을 지적공부에 등록하여야 한다.
③ 축척변경 시행지역의 토지는 제1항에 따른 확정공고일에 토지의 이동이 있는 것으로 본다.

85. 다음 설명의 ( ) 안에 적합한 것은?

> 지적측량에 대한 적부심사청구사항을 심의·의결하기 위하여 특별시·광역시·특별자치시·도 또는 특별자치도에 ( )을(를) 둔다.

① 소관청장
② 행정안전부장관
③ 지방지적위원회
④ 지적측량심의위원회

해설 [공간정보의 구축 및 관리 등에 관한 법률 제28조(지적위원회)]
제29조에 따른 지적측량에 대한 적부심사청구사항을 심의·의결하기 위하여 특별시·광역시·특별자치시·도 또는 특별자치도에 (지방지적위원회)를 둔다.

86. 축척변경위원회의 심의사항이 아닌 것은?

① 축척변경시행계획에 관한 사항
② 지번별 ㎡당 가격의 결정에 관한 사항
③ 청산금의 이의신청에 관한 사항
④ 도시개발사업에 관한 사항

해설 [공간정보의 구축 및 관리 등에 관한 법률 시행령 제80조 (축척변경위원회의 기능)]
1. 축척변경 시행계획에 관한 사항
2. 지번별 제곱미터당 금액의 결정과 청산금의 산정에 관한 사항
3. 청산금의 이의신청에 관한 사항
4. 그 밖에 축척변경과 관련하여 지적소관청이 회의에 부치는 사항

87. 다음 중 지적측량을 수반하지 않아도 되는 경우는?

① 토지를 분할하는 경우
② 토지를 신규등록하는 경우
③ 축척을 변경하는 경우
④ 토지를 합병하는 경우

해설 토지의 합병, 지목변경은 지적측량을 수반하지 않아도 된다.

88. 다음 중 도·시·군관리계획으로 결정하여야 하는 기반시설은?

① 도서관 ② 공공청사
③ 종합의료시설 ④ 고등학교

[해설] 다음의 기반시설은 도·시·군 관리계획으로 결정하지 아니하고 설치할 수 있다.
① 자동차 및 건설기계운전학원, 방송·통신시설, 시장, 공공청사
② 문화시설·공공필요성이 인정되는 체육시설, 도서관, 연구시설, 사회복지시설, 청소년수련시설
③ 저수지, 방화설비, 방풍설비, 장례식장, 종합의료시설, 폐차장
④ 도시공원 및 녹지 등에 관한 법률의 규정에 의한 점용허가대상이 되는 공원 안의 기반시설

89. 축척변경에 따른 청산금을 산정한 결과 증가된 면적에 대한 청산금의 합계와 감소된 면적에 대한 청산금의 합계에 차액이 생긴 경우 부족액은 누가 부담하는가?

① 지적소관청 ② 지방자치단체
③ 국토교통부장관 ④ 증가된 면적의 토지소유자

[해설] [공간정보의 구축 및 관리 등에 관한 법률 시행령 제75조(청산금의 산정)]
청산금을 산정한 결과 증가된 면적에 대한 청산금의 합계와 감소된 면적에 대한 청산금의 합계에 차액이 생긴 경우 초과액은 그 지방자치단체(「제주특별자치도 설치 및 국제자유도시 조성을 위한 특별법」 제10조제2항에 따른 행정시의 경우에는 해당 행정시가 속한 특별자치도를 말하고, 「지방자치법」 제3조제3항에 따른 자치구가 아닌 구의 경우에는 해당 구가 속한 시를 말한다. 이하 이 항에서 같다)의 수입으로 하고, 부족액은 그 지방자치단체가 부담한다.

90. 다음 중 등기관이 토지소유권의 이전등기를 한 경우 지체없이 그 사실을 누구에게 알려야 하는가?

① 이해관계인 ② 지적소관청
③ 관할 등기소 ④ 행정안전부장관

[해설] [부동산등기법 제62조(소유권변경 사실의 통지)]
등기관이 다음 각 호의 등기를 하였을 때에는 지체 없이 그 사실을 토지의 경우에는 지적소관청에, 건물의 경우에는 건축물대장 소관청에 각각 알려야 한다.

91. 다음 중 고속도로 휴게소 부지의 지목으로 옳은 것은?

① 도로 ② 공원
③ 주차장 ④ 잡종지

[해설] [공간정보의 구축 및 관리 등에 관한 법률 시행령 제58조(지목의 구분) : 도로]
다음 각 목의 토지. 다만, 아파트·공장 등 단일 용도의 일정한 단지 안에 설치된 통로 등은 제외한다.
가. 일반 공중(公衆)의 교통 운수를 위하여 보행이나 차량운행에 필요한 일정한 설비 또는 형태를 갖추어 이용되는 토지
나. 「도로법」 등 관계 법령에 따라 도로로 개설된 토지
다. 고속도로의 휴게소 부지
라. 2필지 이상에 진입하는 통로로 이용되는 토지

92. 토지소유자가 지적공부의 등록사항에 잘못이 있음을 발견하여 정정을 신청할 때 경계 또는 면적의 변경을 가져오는 경우 정정사유를 적은 신청서에 첨부해야 하는 서류는?

① 토지대장 등본 ② 등기전산정보자료
③ 축척변경지번별 조서 ④ 등록사항정정측량성과도

[해설] [공간정보의 구축 및 관리 등에 관한 법률 시행규칙 제93조(등록사항의 정정 신청)]
토지소유자는 법 제84조제1항에 따라 지적공부의 등록사항에 대한 정정을 신청할 때에는 정정사유를 적은 신청서에 다음 각 호의 구분에 따른 서류를 첨부하여 지적소관청에 제출하여야 한다.
1. 경계 또는 면적의 변경을 가져오는 경우 : 등록사항 정정 측량성과도
2. 그 밖의 등록사항을 정정하는 경우 : 변경사항을 확인할 수 있는 서류

93. 도시개발사업 등이 준공되기 전에 사업시행자가 지번부여신청을 할 경우 지적소관청은 무엇을 기준으로 지번을 부여하여야 하는가?

① 측량준비도 ② 지번별 조서
③ 사업계획도 ④ 확정측량결과도

해설 [공간정보의 구축 및 관리 등에 관한 법률 시행규칙 제61조(도시개발사업 등 준공 전 지번 부여)]

지적소관청은 도시개발사업 등이 준공되기 전에 지번을 부여하는 때에는 사업계획도에 따르되, 도시개발사업 등이 완료됨에 따라 지적확정측량을 실시한 지역 안의 각 필지에 지번을 새로이 부여하여야 한다.

94. 다음 중 토지대장에 등록하여야 하는 사항이 아닌 것은?

① 지목 ② 지번
③ 경계 ④ 토지의 소재

해설 [공간정보의 구축 및 관리 등에 관한 법률 제71조(토지대장 등의 등록사항)]

① 경계는 지적도, 임야도에만 등록되며,
② 토지대장에는 토지의 소재, 지번, 지목, 면적, 소유자의 성명 또는 명칭, 주소 및 주민등록번호, 그 밖에 국토교통부령으로 정하는 사항을 등록한다.

95. 〈국토의 계획 및 이용에 관한 법률〉상 도로에 해당되지 않는 것은?

① 지방도 ② 일반도로
③ 지하도로 ④ 자전거전용도로

해설 [도로의 구분]

① **국토의 계획 및 이용에 관한 법률** : 일반도로, 자동차 전용도로, 보행자 전용도로, 자전거 전용도로, 고가도로, 지하도로
② **도로법** : 고속국도, 일반국도, 특별시도·광역시도, 지방도, 시도, 군도, 구도
③ **규모별 구분** : 광로, 대로, 중로, 소로(도로 폭원에 따라)
④ **기능별 구분** : 주간선도로, 보조간선도로, 집산도로, 국지도로, 특수도로

96. 지적소관청이 지적공부의 등록사항에 잘못이 있는지를 직권으로 조사·측량하여 정정할 수 있는 경우가 아닌 것은?

① 지적측량성과와 다르게 정리된 경우
② 토지이동정리결의서의 내용과 다르게 정리된 경우
③ 지적공부의 작성 또는 재작성 당시 잘못 정리된 경우
④ 도면에 등록된 필지가 경계 또는 면적의 변경을 가져오는 경우

해설 [공간정보의 구축 및 관리 등에 관한 법률 시행령 제82조(등록사항의 직권정정 등)]

1. 토지이동정리 결의서의 내용과 다르게 정리된 경우
2. 지적도 및 임야도에 등록된 필지가 면적의 증감 없이 경계의 위치만 잘못된 경우
3. 1필지가 각각 다른 지적도나 임야도에 등록되어 있는 경우로서 지적공부에 등록된 면적과 측량한 실제면적은 일치하지만 지적도나 임야도에 등록된 경계가 서로 접합되지 않아 지적도나 임야도에 등록된 경계를 지상의 경계에 맞추어 정정하여야 하는 토지가 발견된 경우
4. 지적공부의 작성 또는 재작성 당시 잘못 정리된 경우
5. 지적측량성과와 다르게 정리된 경우
6. 법 제29조제10항에 따라 지적공부의 등록사항을 정정하여야 하는 경우
7. 지적공부의 등록사항이 잘못 입력된 경우
8. 「부동산등기법」제37조제2항에 따른 통지가 있는 경우(지적소관청의 착오로 잘못 합병한 경우만 해당한다)
9. 면적 환산이 잘못된 경우

97. 대부분의 토지가 등록전환되어 나머지 토지를 임야도에 계속 존치하는 것이 불합리한 경우 토지이동신청절차로 옳은 것은?

① 지목변경 없이 등록전환을 신청할 수 있다.
② 지목변경 후 등록전환을 신청할 수 있다.
③ 지목변경 없이 신규등록을 신청할 수 있다.
④ 지목변경 후 신규등록을 신청할 수 없다.

정답 88. ④ 89. ② 90. ② 91. ① 92. ④ 93. ③ 94. ③ 95. ① 96. ④ 97. ①

해설 [공간정보의 구축 및 관리 등에 관한 법률 시행령 제64조 (등록전환의 신청)]
다음 각 호의 어느 하나에 해당하는 경우에는 지목변경 없이 등록전환을 신청할 수 있다.
1. 대부분의 토지가 등록전환되어 나머지 토지를 임야도에 계속 존치하는 것이 불합리한 경우
2. 임야도에 등록된 토지가 사실상 형질변경되었으나 지목변경을 할 수 없는 경우
3. 도시·군관리계획선에 따라 토지를 분할하는 경우

98. 〈공간정보의 구축 및 관리 등에 관한 법률〉상 지적측량수행자의 성실의무 등에 관한 내용으로 틀린 것은?

① 지적측량수행자는 신의와 성실로써 공정하게 지적측량을 하여야 한다.
② 지적측량수행자는 정당한 사유없이 지적측량신청을 거부하여서는 아니된다.
③ 지적측량수행자는 본인, 배우자가 아닌 직계존속·비속이 소유한 토지에 대해서는 지적측량이 가능하다.
④ 지적측량수행자는 제106조 제2항에 따른 지적측량수수료 외에는 어떠한 명목으로도 그 업무와 관련된 대가를 받으면 아니된다.

해설 [공간정보의 구축 및 관리 등에 관한 법률 제50조(지적측량수행자의 성실의무 등)]
① 지적측량수행자(소속 지적기술자를 포함한다. 이하 이 조에서 같다)는 신의와 성실로써 공정하게 지적측량을 하여야 하며, 정당한 사유 없이 지적측량 신청을 거부하여서는 아니 된다.
② 지적측량수행자는 본인, 배우자 또는 직계 존속·비속이 소유한 토지에 대한 지적측량을 하여서는 아니 된다.
③ 지적측량수행자는 제106조 제2항에 따른 지적측량수수료 외에는 어떠한 명목으로도 그 업무와 관련된 대가를 받으면 아니 된다.

99. 중앙지적위원회에 관한 설명으로 옳지 않은 것은?

① 위원장은 국토교통부의 지적업무담당국장이 된다.
② 위원장 및 부위원장을 제외한 위원의 임기는 2년으로 한다.
③ 위원장 1명과 부위원장 1명을 포함하여 5명 이상 10명 이하의 위원으로 구성한다.
④ 위원은 지적에 관한 학식과 경험이 풍부한 사람 중에서 중앙지적위원회의 위원장이 임명한다.

해설 [공간정보의 구축 및 관리 등에 관한 법률 시행령 제20조 (중앙지적위원회의 구성 등)]
중앙지적위원회의 위원은 국토교통부장관이 임명한다.

100. 다음은 지적공부의 복구에 관한 내용이다. ( ) 안에 들어간 내용으로 옳은 것은?

지적소관청이 지적공부를 복구할 때에는 멸실·훼손 당시의 지적공부와 가장 부합된다고 인정되는 관계자료에 따라 토지의 표시에 관한 사항을 복구하여야 한다. 다만, 소유자에 관한 사항은 ( )(이)나 법원의 확정판결에 따라 복구하여야 한다.

① 부본
② 부동산등기부
③ 지적공부 등본
④ 복제된 법인등기부 등본

해설 [공간정보의 구축 및 관리 등에 관한 법률 시행령 제61조 (지적공부의 복구)]
지적소관청이 법 제74조에 따라 지적공부를 복구할 때에는 멸실·훼손 당시의 지적공부와 가장 부합된다고 인정되는 관계자료에 따라 토지의 표시에 관한 사항을 복구하여야 한다. 다만, 소유자에 관한 사항은 (부동산등기부)나 법원의 확정판결에 따라 복구하여야 한다.

2017년
지적기사 기출문제
Engineer Cadastral Surveying

CHAPTER 03

2017년도 제1회 지적기사 기출문제

1과목 지적측량

01. 최소제곱법에 의한 확률법칙에 의해 처리할 수 있는 오차는?

① 정오차　　② 부정오차
③ 착각　　　④ 과대오차

해설 [부정오차(우연오차)]
① 일어나는 원인이 불분명 하거나 원인을 안다 하여도 직접 처리하는 방법이 불확실하고 예견할 수 없음
② 관측값에 어느 정도의 영향을 주고 있는지를 알 수 없는 성질의 불규칙한 오차.
③ 아무리 주의해도 피할 수 없고 또 계산으로 제거할 수 없으므로 통계학(최소제곱법)적으로 소거하는 방법을 사용

02. 등록전환측량에 대한 설명으로 틀린 것은?

① 토지대장에 등록하는 면적은 등록전환측량의 결과에 따라야 하며, 임야대장의 면적을 그대로 정리할 수 없다.
② 1필지의 일부를 등록전환하려면 등록전환으로 인하여 말소하여야 할 필지의 면적은 반드시 임야분할측량결과도에서 측정하여야 한다.
③ 경계점좌표등록부를 비치하는 지역과 연접되어있는 토지를 등록전환하려면 경계점좌표등록부에 등록하여야 한다.
④ 등록전환할 일단의 토지가 2필지 이상으로 분할하여야 할 토지의 경우에는 먼저 지목별로 분할 후 등록전환하여야 한다.

해설 [지적업무 처리규정 제22조(등록전환측량)]
등록전환 할 일단의 토지가 2필지 이상으로 분할되어야 할 토지의 경우에는 1필지로 등록전환 후 지목별로 분할하여야 한다.

03. 다음 중 고대 지적 및 측량사와 가장 거리가 먼 것은?

① 테베(Thebes)의 고분벽화
② 고대 수메르(Sumer)지방의 점토판
③ 고대 인도 타지마할 유적
④ 고대 이집트의 나일 강변

해설 타지마할은 인도의 대표적인 이슬람 건축물로 고대 지적 및 측량사와 가장 거리가 멀다.

04. 지적도근점측량의 방법 및 기준에 대한 설명으로 틀린 것은?

① 지적도근점표지의 점간거리는 다각망도선법에 따르는 경우에 평균 0.5km 이상 1km 이하로 한다.
② 전파기측량법에 따라 다각망도선법으로 하는 경우 3점 이상의 기지점을 포함한 결합다각방식에 따른다.
③ 경위의측량방법에 따라 도선법으로 하는 때에 1도선의 점의 수는 40점 이하로 하며 2지형상 부득이한 경우는 50점까지로 할 수 있다.
④ 경위의측량방법에 따라 도선법으로 하는 때에 지형상 부득이한 경우를 제외하고는 결합도선에 의한다.

해설 [지적기준점의 점간거리]
① 지적삼각점 : 2~5km 이상
② 지적삼각보조점 : 1~3km, 다각망도선법 : 0.5~1km 이하
③ 지적도근점 : 50~300m, 다각망도선법 : 500m 이하

05. 일람도의 각종 선의 제도방법으로 옳은 것은?

① 수도용지 : 남색 0.2mm 폭, 2선
② 철도용지 : 붉은색 0.1mm 폭, 2선
③ 취락지 · 건물 : 0.1mm의 선, 내부는 검은색 엷게 채색
④ 하천 · 구거 · 유지 : 붉은색 0.1mm 폭, 내부는 붉은색 엷게 채색

해설 [일람도의 제도 기준]
· 철도용지는 붉은색 0.2밀리미터 폭의 2선으로 제도
· 수도용지 중 선로는 남색 0.1밀리미터 폭의 2선으로 제도
· 하천, 구거, 유지는 남색 0.1밀리미터의 폭으로 제도하고 내부를 남색으로 엷게 채색
· 취락지, 건물 등은 0.1밀리미터 폭으로 제도하고 내부를 검은색으로 엷게 채색

06. 경위의측량방법으로 세부측량을 하는 경우 실측거리 65.52m에 대한 실측거리와 경계점 좌표에 의한 계산거리의 교차 허용 한계는?

① 7.6cm 이내   ② 9.6cm 이내
③ 12.6cm 이내   ④ 15.6cm 이내

해설 경계점간 실측거리와 계산거리의 교차는 $3+\dfrac{L}{10}$(센티미터) 이내여야 한다.

거리의 교차 $= 3+\dfrac{L}{10} = 3+\dfrac{65.52}{10} = 9.6cm$

07. 지적삼각측량의 계산에서 진수는 몇 자리 이상을 사용하는가?

① 6자리 이상   ② 7자리 이상
③ 8자리 이상   ④ 9자리 이상

해설 [지적삼각측량의 계산 단위]
① 각 : 초
② 변의 길이 : cm
③ 진수 : 6자리 이상
④ 좌표 : cm

08. A, B 두 점의 좌표가 각각 A(200m, 300m), B(400m, 200m)인 두 기지삼각점을 연결하는 방위각 V_a^b는?

① 26°33′54″   ② 153°26′06″
③ 206°33′54″   ④ 333°26′06″

해설 $\tan\theta = \dfrac{\Delta Y}{\Delta X} = \dfrac{Y_B - Y_A}{X_B - X_A} \Rightarrow \theta = \tan^{-1}\left(\dfrac{Y_B - Y_A}{X_B - X_A}\right)$

$\overline{AB}$의 방위각 $\theta = \tan^{-1}\left(\dfrac{Y_B - Y_A}{X_B - X_A}\right)$

$= \tan^{-1}\left(\dfrac{200-300}{400-200}\right) = -26°33′54″$

(4상한선의 각이므로)

$\theta = 360° - 26°33′54″ = 333°26′06″$

09. 지적삼각보조점의 망구성으로 옳은 것은?

① 유심다각망 또는 삽입망
② 삽입망 또는 사각망
③ 사각망 또는 교회망
④ 교회망 또는 교점다각망

해설 [지적삼각보조점 측량]
① 지적삼각보조점측량을 하는 때 필요한 경우에는 미리 지적삼각보조점표지를 설치해야 한다.
② 지적삼각보조점은 측량지역별로 설치순서에 따라 일련번호를 부여하되, 영구표지를 설치하는 경우에는 시군 ·

구별로 일련번호를 부여한다. 이 경우 지적삼각보조점의 일련번호 앞에 "보"자를 붙인다.
③ 지적삼각보조점은 교회망 또는 교점다각망으로 구성해야 한다.

해설 늘어나 있는 줄자로 관측한 값의 실제값은 +로, 수축된 줄자는 반대로 -로 적용한다.

$$L_0 = L \pm C_0 \quad \because C_0 = \pm \frac{\Delta l}{l} L$$

$$C_0 = -\frac{0.02}{50} \times 340m = -0.136m$$

$$L_0 = 340 - 0.136 = 339.864m$$

10. 그림에서 E_1=20m, θ=150°일 때 S_1은?

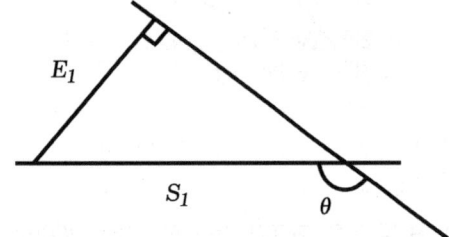

① 10.0m   ② 23.1m
③ 34.6m   ④ 40.0m

해설 $\sin(180° - \theta) = \frac{E_1}{S_1}$ 에서

$$S_1 = \frac{20m}{\sin(180° - 150°)} = 40.0m$$

11. 지적측량에서 망원경을 정·반위로 수평각을 관측하였을 때 산술평균하여도 소거되지 않는 오차는?

① 편심오차   ② 시준축오차
③ 수평축오차   ④ 연직축오차

해설 연직축이 정확히 연직선상에 있지 않아 발생하는 연직축 오차는 관측값을 평균하여도 소거되지 않는다. 다만 시준할 두 점의 고저차가 연직각으로 5° 이하인 경우 큰 오차가 발생하지 않으므로 무시한다.

12. 표준자보다 2cm 짧게 제작된 50m 줄자로 측정된 340m 거리의 정확한 값은?

① 339.728m   ② 339.864m
③ 340.136m   ④ 340.272m

13. 지적도의 축척이 1/600인 지역의 면적결정방법으로 옳은 것은?

① 산출면적이 123.15㎡일 때는 123.2㎡로 한다.
② 산출면적이 125.55㎡일 때는 126㎡로 한다.
③ 산출면적이 135.25㎡일 때는 135.3㎡로 한다.
④ 산출면적이 146.55㎡일 때는 146.5㎡로 한다.

해설 [공간정보의 구축 및 관리 등에 관한 법률 시행령 제60조 (면적의 결정 및 측량계산의 끝수처리)]
① 산출면적이 123.15㎡일 때는 123.2㎡로 한다.
② 산출면적이 125.55㎡일 때는 126.6㎡로 한다.
③ 산출면적이 135.25㎡일 때는 135.2㎡로 한다.
④ 산출면적이 146.55㎡일 때는 146.6㎡로 한다.

14. 경위의측량방법으로 세부측량을 하였을 때 측량대상 토지의 경계점간 실측거리와 경계점의 좌표에 따라 계산한 거리의 교차 기준은? (단, L은 실측거리로서 미터단위로 표시한 수치를 말한다.)

① $\frac{3L}{10}$ 센티미터 이내   ② $3 + \frac{L}{10}$ 센티미터 이내
③ $\frac{3L}{100}$ 센티미터 이내   ④ $3 + \frac{L}{100}$ 센티미터 이내

해설 경계점간 실측거리와 계산거리의 교차는 $3 + \frac{L}{10}$ (센티미터) 이내여야 한다.

15. 전파기측량방법에 따라 다각망도선법으로 지적삼각보조점측량을 하는 경우 적용되는 기준으로 틀린 것은?

① 3점 이상의 기지점을 포함한 결합다각방식에 따른다.
② 1도선의 거리는 4킬로미터 이하로 한다.
③ 1도선의 점의 수는 기지점과 교점을 포함하여 5점 이상으로 한다.
④ 1도선이란 기지점과 교점간 또는 교점과 교점간을 말한다.

해설 [다각망도선법에 의한 지적삼각측보조점측량의 기준]
① 3점 이상의 기지점으로 포함한 결합다각방식에 의한다.
② 1도선(기지점과 교점간 또는 교점과 교점간)의 거리는 4km 이하로 한다.
③ 1도선의 점의 수는 기지점과 교점 포함하여 5점 이하로 한다.

16. 지적도근점의 번호를 부여하는 방법 기준이 옳은 것은?

① 영구표지를 설치하는 경우에는 시·군·구별로 일련번호를 부여한다.
② 영구표지를 설치하는 경우에는 시·도별로 일련번호를 부여한다.
③ 영구표지를 설치하지 아니하는 경우에는 동·리별로 일련번호를 부여한다.
④ 영구표지를 설치하지 아니하는 경우에는 읍·면별로 일련번호를 부여한다.

해설 [지적도근점의 번호를 부여하는 방법]
영구표지를 설치하는 경우에는 시·군·구별로 일련번호를 부여한다.

17. 경위의측량방법에 따른 지적삼각점의 관측과 계산에 대한 설명으로 옳은 것은?

① 관측은 20초독 이상의 경위의를 사용한다.
② 삼각형의 내각은 30° 이상 150° 이하로 한다.
③ 1방향각의 수평각 공차는 30초 이내로 한다.
④ 1측회의 폐색 공차는 ±40초 이내로 한다.

해설 [경위의측량방법에 따른 지적삼각점의 관측 및 계산]
① 관측은 10초독 이상의 경위의를 사용한다.
② 삼각형의 내각은 30° 이상 120° 이하로 한다.
③ 1방향각의 수평각 공차는 30초 이내로 한다.
④ 1측회의 폐색 공차는 ±30초 이내로 한다.

18. 전파기 또는 광파기 측량방법에 따른 지적삼각점의 관측과 계산기준이 틀린 것은?

① 표준편차가 ±(5mm+5ppm) 이상인 정밀측거기를 사용한다.
② 점간거리는 3회 측정하고, 원점에 투영된 수평거리로 계산하여야 한다.
③ 측정치의 최대치와 최소치의 교차가 평균치의 10만분의 1 이하일 때는 그 평균치를 측정거리로 한다.
④ 삼각형의 내각계산은 기지각과의 차가 ±40초 이내이어야 한다.

해설 [전파기 또는 광파기 측량방법에 따른 지적삼각점의 관측과 계산]
① 전파 또는 광파측거기는 표준편차가 ±(5mm+5ppm) 이상인 정밀측거기를 사용한다.
② 점간거리는 5회 측정하여 그 측정치의 최대치와 최소치의 교차가 평균치의 10만분의 1 이하일 때는 그 평균치를 측정거리로 하고 원점에 투영된 수평거리로 계산하여야 한다.
③ 삼각형의 내각은 세변의 평면거리에 의하여 계산하며 기지각과의 차가 ±40초 이내이어야 한다.

19. 다각망도선법에 따른 지적도근점측량에 대한 설명으로 옳은 것은?

① 각 도선의 교점은 지적도근점의 번호 앞에 '교점'자를 붙인다.
② 3점 이상의 기지점을 포함한 결합다각방식에 따른다.
③ 영구표지를 설치하지 않는 경우, 지적도근점의 번호는 시·군·구별로 부여한다.
④ 1도선의 점의 수는 40개 이하로 한다.

[해설] **[다각망도선법에 따른 지적도근점측량]**
① 각 도선의 교점은 지적도근점의 번호 앞에 '교'자를 붙인다.
② 3점 이상의 기지점을 포함한 결합다각방식에 따른다.
③ 영구표지를 설치하는 경우, 시행지역별로 설치순서에 따라 일련번호를 부여한다.(영구표지를 설치하는 경우는 시·군·구별로)
④ 1도선의 점의 수는 20개 이하로 한다.

20. 광파측거기로 두 점간의 거리를 2회 측정한 결과가 각각 50.55m, 50.58m이었을 때 정확도는?

① 약 1/600 ② 약 1/800
③ 약 1/1,700 ④ 약 1/3,400

[해설] 거리관측의 정확도 = $\dfrac{오차}{최확값}$ 으로 구한다.

거리관측의 정확도 = $\dfrac{50.58-50.55}{\dfrac{50.58+50.55}{2}} = \dfrac{1}{1,685.5} ≒ \dfrac{1}{1,700}$

2과목 응용측량

21. 기복변위에 관한 설명으로 틀린 것은?

① 지표면에 기복이 있을 경우에도 연직으로 촬영하면 축척이 동일하게 나타나는 것이다.
② 지형의 고저변화로 인하여 사진상에 동일지물의 위치변위가 생기는 것이다.
③ 기준면상의 저면 위치와 정점 위치가 중심투영을 거치기 때문에 사진상에 나타나는 위치가 달라지는 것이다.
④ 사진면에서 연직점을 중심으로 생기는 방사상의 변위를 말한다.

[해설] 지표면에 기복이 있을 경우 연직으로 촬영하더라도 축척은 다르게 나타난다.
기복변위: 대상물에 기복이 있을 경우에 사진면에서 연직점을 중심으로 방사상의 변위가 생기는데 이를 기복변위라 한다.

22. 비행속도 180km/h인 항공기에서 초점거리 150mm인 카메라로 어느 시가지를 촬영한 항공사진이 있다. 최장 허용 노출시간이 1/250초, 사진의 크기가 23cm×23cm 사진에서 허용 흔들림양이 0.01mm일 때, 이 사진의 연직점으로부터 6cm 떨어진 위치에 있는 건물의 변위가 0.26cm라면 이 건물의 실제 높이는?

① 60m ② 90m
③ 115m ④ 130m

[해설] 최장노출시간 $T_l = \dfrac{\Delta S \cdot m}{V}$ 에서

ΔS: 허용흔들림양, m: 축척, V: 운항속도

$V = \dfrac{\Delta S \times m}{T_l} = \dfrac{\Delta S \times \dfrac{H}{f}}{T_l} = \dfrac{0.01mm \times \dfrac{H}{150mm}}{\dfrac{1}{250}sec}$

$= 180km/h = 50m/s$ 에서

$H = 50m/s \times \dfrac{1}{250}s \times \dfrac{150mm}{0.01mm} = 3,000m$

$\Delta r = \dfrac{h}{H}r$ 여기서 h는 비고, H는 촬영고도, Δr은 기복변위량, r은 연직점으로부터의 상점까지의 거리

$\Delta r = \dfrac{h}{H} \times r$ 에서

$h = \dfrac{\Delta r \times H}{r} = \dfrac{0.26cm \times 3,000m}{6cm} = 130m$

23. GNSS의 스태틱측량을 실시한 결과 거리오차의 크기가 0.10m이고 PDOP가 4일 경우 측위오차의 크기는?

① 0.4m ② 0.6m
③ 1.0m ④ 1.5m

[해설] GNSS 스태틱측량의 결정좌표의 정확도는 정밀도저하율(DOP)과 단위관측정확도의 곱에 의해 결정되므로
측위오차의 크기 = $4 \times 0.10m = 0.4m$

24. 도로에 사용되는 곡선 중 수평곡선에 사용되지 않는 것은?

① 단곡선　　② 복심곡선
③ 반향곡선　④ 2차 포물선

해설 [곡선의 종류]
① **평면곡선(원곡선)** : 단곡선, 복합곡선(복심곡선, 반향곡선, 머리핀곡선)
② **완화곡선** : 클로소이드, 렘니스케이트, 3차포물선
③ **수직곡선(종곡선)** : 2차포물선, 원곡선

25. GPS 위성신호인 L_1과 L_2의 주파수의 크기는?

① L_1=1,274.45MHz, L_2=1,567.62MHz
② L_1=1,367.53MHz, L_2=1,425.30MHz
③ L_1=1,479.23MHz, L_2=1,321.56MHz
④ L_1=1,575.42MHz, L_2=1,227.60MHz

해설 기준주파수=10.23MHz
L_1=1,575.42MHz(=10.23×154),
L_2=1,227.60MHz(=10.23×120)

26. 지성선 상의 중요점의 위치와 표고를 측정하여, 이 점들을 기준으로 등고선을 삽입하는 등고선 측정방법은?

① 좌표점법　② 종단점법
③ 횡단점법　④ 직접법

해설 [등고선의 삽입법]
① **방안법(좌표점법)** : 방안의 각 교점의 표고를 측정하고 그 결과로 등고선을 삽입하는 방법으로 지형이 복잡한 경우에 적합
② **종단점법** : 지성선 위에 여러 측선에 대하여 거리와 표고를 측정하여 등고선을 삽입하는 방법으로 소축척의 산지 등에 적합
③ **횡단점법** : 노선측량에서 횡단측량의 결과를 이용하여 각 단면에 등고선을 삽입할 경우에 사용되는 방법

27. 완화곡선의 성질에 대한 설명으로 틀린 것은?

① 완화곡선의 반지름은 시작점에서 무한대이다.
② 완화곡선의 반지름은 종점에서 원곡선의 반지름과 같다.
③ 완화곡선의 접선은 시점에서 원호에 접한다.
④ 완화곡선에 연한 곡선반경의 감소율은 캔트의 증가율과 같다.

해설 [완화곡선의 성질]
① 완화곡선의 반지름은 시점에서 무한대, 종점에서는 원곡선의 반지름과 같다.
② 완화곡선의 접선은 시점에서는 직선에, 종점에서는 원호에 접한다.
③ 완화곡선의 곡선반경 감소율은 캔트의 증가율과 같다.
④ 완화곡선의 편경사의 크기는 곡선의 반경에 반비례하고 설계속도에 비례한다.

28. 계산과정에서 완전한 검산을 할 수 있어 정밀한 측량에 이용되나, 중간점이 많을 때는 계산이 복잡한 야장기입법은?

① 고차식　② 기고식
③ 횡단식　④ 승강식

해설 [수준측량 야장기입법]
① **고차식** : 중간점없이 이기점 전시와 후시로만 관측된 야장으로 가장 간단하다.
② **승강식** : 완전한 검사로 정밀측량에 적당하나, 중간점이 많으면 계산이 복잡하고 시간과 비용이 많이 든다.
③ **기고식** : 중간점이 많을 경우 편리하나 완전한 검산을 할 수 없는 단점에도 가장 많이 사용되는 방법이다.

29. 복심곡선에 대한 설명으로 옳지 않은 것은?

① 반지름이 다른 2개의 단곡선이 그 접속점에서 공통접선을 갖는다.
② 철도 및 도로에서 복심곡선 사용은 승객에게 불쾌감을 줄 수 있다.
③ 반지름의 중심은 공통접선과 서로 다른 방향에 있다.
④ 산지의 특수한 도로나 산길 등에 설치하는 경우가 있다.

[해설] [복심곡선]
반지름의 중심은 공통접선과 서로 같은 방향에 있는 복합곡선

30. 지질, 토양, 수자원, 산림 조사 등의 판독작업에 주로 이용되는 사진은?

① 흑백 사진   ② 적외선 사진
③ 반사 사진   ④ 위색 사진

[해설] [필름에 의한 사진측량의 분류]
① **흑백사진** : 지형도 제작에 가장 일반적으로 사용되는 사진
② **적외선 사진** : 지질, 토양, 수자원, 산림조사 판독에 사용
③ **팬인플러사진** : 팬크로사진과 적외선사진의 조합
④ **천연색사진** : 판독용으로 활용
⑤ **위색사진** : 식물의 잎은 적색, 그 외는 청색으로 제작하여 생물 및 식물의 연구조사에 이용

31. 위성영상의 투영상과 가장 가까운 것은?

① 정사투영상   ② 외사투영상
③ 중심투영상   ④ 평사투영상

[해설] [원격 탐사의 특징]
① 짧은 시간내 넓은 지역을 동시에 측량할 수 있으며 반복측량이 가능하다.
② 센서(sensor)에 의한 지구표면의 정보획득이 용이하며 측량자료가 수치 기록되어 판독이 자동적이고 정량화가 가능하다.
③ 관측이 좁은 시야각으로 행하여지므로 얻어진 영상은 정사투영상에 가깝다.
④ 탐사된 자료가 즉시 이용될 수 있으며 재해 및 환경문제 해결에 편리하다.
⑤ 회전 주기가 일정하므로 원하는 지점 및 시기에 관측하기가 어렵다.

32. 그림과 같은 단면에서 도로 용지폭(X_1+X_2)은?

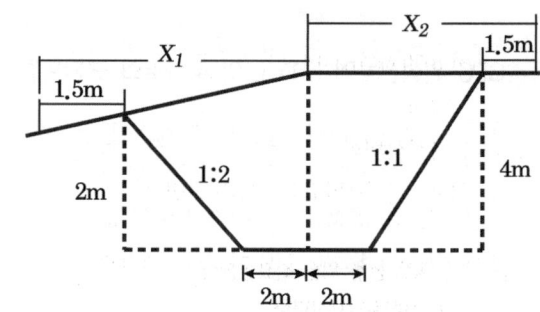

① 12.0m   ② 15.0m
③ 17.2m   ④ 19.0m

[해설] 1:2경사의 경우 높이 1에 대해 수평거리는 2가 되므로 높이가 2이면 수평거리 4
1:1경사의 경우 높이 1에 대해 수평거리도 1이 되므로 높이가 4이면 수평거리 4
$X_1 = 1.5+4+2 = 7.5m$, $X_2 = 2+4+1.5 = 7.5m$
도로용지폭 $= X_1 + X_2 = 15.0m$

33. 그림과 같이 A에서부터 관측하여 폐합수준측량을 한 결과가 표와 같을 때 오차를 보정한 D점의 표고는?

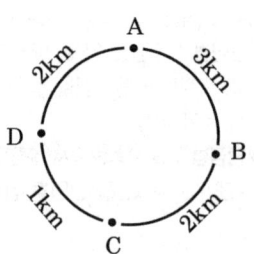

측점	거리(km)	표고(m)
A	0	20.000
B	3	12.412
C	2	11.285
D	1	10.874
A	2	20.055

① 10.819m   ② 10.833m
③ 10.915m   ④ 20.055m

해설 폐합수준측량의 오차는 거리 8km에 대하여 0.055m이고 측점 A에서 측점 D까지의 거리는 6km이므로

보정량 $= -\dfrac{0.055m}{8km} \times 6km = -0.041m$

보정후 D점의 표고 $= 10.874 - 0.041 = 10.833m$

34. 수준측량에 대한 설명으로 옳지 않은 것은?

① 표고는 2점 사이의 높이차를 의미한다.
② 어느 지점의 높이는 기준면으로부터 연직거리로 표시한다.
③ 기포관의 감도는 기포 1눈금에 대한 중심각의 변화를 의미한다.
④ 기준면으로부터 정확한 높이를 측정하여 수준측량의 기준이 되는 점으로 정해 놓은 점을 수준원점이라고 한다.

해설 표고는 지표고 혹은 지반고 부르며 기준면(수준면)에서 그 측점까지의 연직거리를 의미한다.

35. 지형을 표시하는 일반적인 방법으로 옳지 않은 것은?

① 음영법   ② 영선법
③ 조감도법   ④ 등고선법

해설 [지형도 표시방법 중 부호도법]
① **점고법** : 하천, 항만, 해양측량 등에서 심천측량을 한 측점에 숫자를 기입하여 고저를 표시하는 방법
② **채색법** : 색조를 이용하여 고저를 표시하는 방법
③ **등고선법** : 일정한 높이의 수평면으로 지형을 절단했을 때의 잘린 면의 곡선을 이용하여 지형을 표시

[지형도 표시방법 중 자연도법]
① **영선법** : 우모와 같이 짧고 거의 평행한 선의 간격, 굵기, 길이, 방향 등에 의하여 지형을 표시하는 방법
② **음영법** : 서북쪽 45° 방향에서 평행광선이 비칠 때 생기는 그림자로 기복의 모양을 표시하는 방법

36. 촬영고도 2,000m에서 초점거리 150mm인 카메라로 평탄한 지역을 촬영한 밀착사진의 크기가 23cm×23cm, 종중복도는 60%, 횡중복도는 30%인 경우 이 연직사진의 유효모델에 찍히는 면적은?

① 2.0km²   ② 2.6km²
③ 3.0km²   ④ 3.3km²

해설 $M = \dfrac{1}{m} = \dfrac{f}{H}$ 이므로 $m = \dfrac{H}{f} = \dfrac{2,000m}{0.15m}$

$A_0 = (ma) \times (1-p) \times (ma) \times (1-q)$
$= (ma)^2 \times (1-p) \times (1-q)$
$= \left(\dfrac{2,000}{0.15} \times 0.23\right)^2 \times (1-0.6) \times (1-0.3) = 2,633,244\,m^2$

$1km^2 = 1,000m \times 1,000m = 1,000,000m^2$ 이므로
$A_0 = 2,633,244\,m^2 ≒ 2.6km^2$

37. 하천, 호수, 항만 등의 수심을 나타내기에 가장 적합한 지형표시 방법은?

① 단채법   ② 점고법
③ 영선법   ④ 채색법

해설 [점고법]
하천, 항만, 해양측량 등에서 심천측량을 한 측점에 숫자를 기입하여 고저를 표시하는 방법

38. 터널 안에서 A점의 좌표가 (1,749.0m, 1,134.0m, 126.9m), B점의 좌표가 (2,419.0m, 987.0m, 149.4m)일 때 A, B점을 연결하는 터널을 굴진하는 경우 이 터널의 경사거리는?

① 685.94m ② 686.19m
③ 686.31m ④ 686.57m

해설
$\overline{AB} = \sqrt{(\Delta x)^2 + (\Delta y)^2 + (\Delta z)^2}$ 에서
$\overline{AB} = \sqrt{(2419-1749)^2 + (987-1134)^2 + (149.4-126.9)^2}$
$= 686.31m$

39. 터널 내에서의 수준측량 결과가 아래와 같을 때 B점의 지반고는? (단위 : m)

측점	B.S	F.S	지반고
No.A	2.40		110.00
1	-1.20	-3.30	
2	-0.40	-0.20	
B		2.10	

① 112.20m ② 114.70m
③ 115.70m ④ 116.20m

해설 B점의 지반고 = A점의 지반고 + 후시의 합 – 전시의 합
B점의 지반고
$= 110.0 + \{2.4 + (-1.2) + (-0.4)\}$
$\quad - \{(-3.3) + (-0.2) + 2.1\} = 112.20m$

40. 도로설계시에 등경사 노선을 결정하려고 한다. 축척 1:5,000의 지형도에서 등고선의 간격이 5.0m이고 제한경사를 4%로 하기 위한 지형도상에서의 등고선간 수평거리는?

① 2.5cm ② 5.0cm
③ 100cm ④ 125cm

해설 경사도$(i) = \dfrac{H}{D} \times 100(\%)$ 이므로

$4\% = \dfrac{5m}{D} \times 100\%$ 이고 $D = \dfrac{5m}{4\%} \times 100\% = 125m$

1:5,0000 지형도의 등고선간 수평거리는
$= \dfrac{125m}{5,000} = 0.025m = 2.5cm$

3과목 토지정보체계론

41. 현지측량 등으로 얻어진 대상물의 좌표를 직접 입력하여 공간정보를 구축하는 방식은?

① 디지타이징 ② 스캐닝
③ COGO ④ DIGEST

해설 COGO(COordinate GeOmetry) : 좌표기하, 코고
① 측량계산과 토목설계에서 좌표·위치·면적·방향 등을 구하거나 도면 전개할 수 있도록 구성된 프로그램 (Coordinate Geometry Program)
② 1950년대에 MIT에서 시초로 사용하였다. 토지의 분할 및 분배, 도로 및 시설물에 관한 설계에 필요한 측량, 토목 엔지니어링에 필요한 기능을 제공하는 기하좌표의 입력과 관리 체계

42. 경로의 최적화, 자원의 분배에 가장 적합한 공간분석 방법은?

① 관망 분석 ② 보간 분석
③ 분류 분석 ④ 중첩 분석

해설 [관망분석(네트워크분석)]
① 네트워크상에서 최단 경로나 최소비용 경로를 찾는 최적 경로탐색문제
② 주어진 자원으로 고려하여 시설물을 적정한 위치에 할당하는 배분
③ 네트워크상에 존재하는 수요와 공급을 고려하여 각종 시설물의 입지와 배분을 해결하는 입지-배분
④ 지역간의 공간적 상호작용을 네트워크상에서 분석하는 것으로 중력모델이나 상권 분석에 활용

43. Internet GIS에 대한 설명으로 틀린 것은?

① 인터넷 기술을 GIS와 접목시켜 네트워크 환경에서 GIS 서비스를 제공할 수 있도록 구축한 시스템이다.
② 조직 내 많은 부서가 공동으로 필요로 하는 다양한 지리정보를 취급할 수 있도록 클라이언트-서버기술을 바탕으로 시스템을 통합시키는 GIS 기술을 말한다.
③ 인터넷을 이용한 분석이나 확대, 축소나 기본적인 질의가 가능하다.
④ 다른 기종 간에 접속이 가능한 시스템으로 네트워크 상에서 움직이기 때문에 각종 시스템에 접속이 가능하다.

해설 [Internet GIS]
① 인터넷 기술을 지리 정보 시스템(GIS)과 접목해 인터넷 환경에서 지리 정보를 입력, 수정, 분석, 출력하는 시스템.
② 공간 자료 검색에서부터 공간 분석 수행 및 이를 통한 의사 결정에 도움
③ 광역 통신망을 대상으로 한 분산 처리 개발을 가능하게 하는 OGIS, 자바 프로그램 작성 언어, 클라이언트와 서버 관계를 성립시켜주는 미들웨어 및 웹 서버 등이 필요

44. 지형공간정보체계가 아닌 것은?

① 지적행정시스템 ② 토지정보시스템
③ 도시정보시스템 ④ 환경정보시스템

해설 [지형공간정보체계의 종류]
토지정보시스템, 도시정보시스템, 환경정보시스템, 지리정보시스템, 시설물관리시스템, 도면자동화 등

45. 지적도면의 수치파일화 공정순서로 옳은 것은?

① 폴리곤 형성 → 도면신축보정 → 지적도면입력 → 좌표 및 속성검사
② 폴리곤 형성 → 지적도면입력 → 도면신축보정 → 좌표 및 속성검사
③ 지적도면입력 → 도면신축보정 → 폴리곤 형성 → 좌표 및 속성검사
④ 지적도면입력 → 좌표 및 속성검사 → 도면신축보정 → 폴리곤 형성

해설 [지적도면의 수치파일화 공정순서]
지적도면입력 → 좌표 및 속성검사 → 도면신축보정 → 폴리곤 형성

46. 다음 중 PBLIS와 LMIS를 통합한 시스템으로 옳은 것은?

① GSIS   ② KLIS
③ PLIS   ④ UIS

해설 [한국토지정보시스템(KLIS)]
국가적인 정보화사업을 효율적으로 추진하기 위하여 행정안전부의 PBLIS와 국토교통부의 LMIS를 하나의 시스템으로 통합하여 전산정보의 공공활용과 행정의 효율성을 제고하기 위해 추진되고 있는 정보화산업

47. 지리현상의 공간적 분석에서 시간 개념을 도입하여, 시간 변화에 따른 공간변화를 이해하기 위한 방법과 가장 밀접한 관련이 있는 것은?

① Temporal GIS   ② Embedded SW
③ Target Platform ④ Terminating Node

해설 [Temporal GIS(시공간 GIS)]
① GIS에 구축된 정보의 공간적 변화가 갱신되고 있으나, 인간과 환경의 상호 관련된 지리 현상의 공간적 분석에서 시간의 개념을 도입하여 시간의 변화에 따른 공간 변화를 이해하는 방법
② DBMS 분야를 중심으로 시공간 GIS에 대한 연구가 주목을 받고 있음
③ 시공간 GIS는 지리 현상의 공간적 분석에서 시간의 개념을 도입하여, 시간의 변화에 따른 공간 변화를 이해하기 위한 방법

48. LIS를 구동시키기 위한 가장 중요한 요소로서 전문성과 기술을 요하는 구성 요소는?

① 자료　　② 하드웨어
③ 소프트웨어　　④ 조직과 인력

해설 [LIS의 구성요소]
① **자료** : 핵심적인 요소로 많은 자료를 입력하거나 관리하는 것으로 이루어지면 입력된 자료를 활용하여 응용시스템을 구축할 수 있으며, 속성정보와 도형정보로 분류
② **소프트웨어** : 자료를 입력, 출력, 관리하기 위한 프로그램
③ **하드웨어** : 컴퓨터와 각종 입출력장치 및 자료관리장치를 의미함
④ **인적자원** : 데이터를 구축하고 실제업무에 활용하는 사람으로 전문적인 기술을 필요로 하므로 숙련된 전담요원과 기관 필요

49. 벡터데이터의 모델과 래스터데이터 모델에서 동시에 표현할 수 있는 것은?

① 점과 선의 형태로 표현
② 지리적 위치를 X, Y좌표로 표현
③ 그리드 형태로 표현
④ 셀의 형태로 표현

해설 지리적 위치를 x, y 좌표로 표현하게 되면 벡터데이터의 점(point) 데이터나 래스터데이터의 화소(pixel)로 동시에 표현할 수 있다.

50. 지적전산자료의 이용 및 활용에 관한 사항 중 틀린 것은?

① 필요한 최소한도 안에서 신청하여야 한다.
② 지적파일 자체를 제공하라고 신청할 수는 없다.
③ 지적공부의 형식으로는 복사할 수 없다.
④ 승인받은 자료의 이용·활용에 관한 사용료는 무료이다.

해설 [지적전산자료의 이용에 관한 사항]
① 시·군·구단위의 지적전산자료를 이용하고자 하는 자는 지적소관청의 승인을 얻어야 한다.
② 시·도단위의 지적전산자료를 이용하고자 하는 자는 시·도지사 또는 지적소관청의 승인을 얻어야 한다.
③ 전국단위의 지적전산자료를 이용하고자 하는 자는 국토교통부장관, 시·도지사 또는 지적소관청의 승인을 얻어야 한다.
④ 지적전산자료의 이용 또는 활용에 관한 승인을 받은 자는 국토교통부령으로 정하는 사용료를 내야 한다. 다만, 국가나 지방자치단체에 대해서는 사용료를 면제한다.

51. 토털스테이션으로 얻은 자료를 전산처리하는 방법에 대한 설명으로 옳은 것은?

① 디지타이저로 좌표입력을 하여야 한다.
② 스캐너로 자료를 입력한다.
③ 특별히 전산화하는 방법이 존재하지 않는다.
④ 통신으로 컴퓨터에 전송하여 자료를 처리한다.

해설 토털스테이션으로 얻은 자료는 통신으로 컴퓨터에 전송하여 자료를 처리할 수 있다.

52. 다목적지적의 3대 기본요소에 해당하지 않는 것은?

① 측지기본망　　② 필지식별자
③ 기본도　　④ 지적종합도

해설 [다목적지적의 구성요소]
① 3대 구성요소 : 측지기준망, 기본도, 중첩도
② 5대 구성요소 : 측지기준망, 기본도, 중첩도, 필지식별번호, 토지자료파일

53. 아래와 같은 특징을 갖는 논리적인 데이터베이스 모델은?

> • 다른 모델과 달리 각 개체는 각 레코드(record)를 대표하는 기본키(primary key)를 갖는다.
> • 다른 모델에 비하여 관련 데이터 필드가 존재하는 한 필요한 정보를 추출하기 위한 질의 형태에 제한이 없다.
> • 데이터의 갱신이 용이하고 융통성을 증대시킨다.

① 계층형 모델 ② 네트워크형 모델
③ 관계형 모델 ④ 객체지향형 모델

해설 [관계형 데이터베이스]
① 영역들이 갖는 계층구조를 제거하여 시스템의 유연성을 높이기 위해서 만들어진 구조
② 데이터의 무결성, 보안, 권한 록킹 등 이전의 응용분야에서 처리해야 했던 많은 기능 등 지원
③ 상이한 정보간 검색, 결합, 비교, 자료가감 등 용이

54. 토지정보를 비롯한 공간정보를 관리하기 위한 데이터 모델로서 현재 가장 보편적으로 많이 쓰이며 데이터의 독립성이 높고, 높은 수준의 데이터 조작언어를 사용하는 것은?

① 파일 시스템 모델 ② 계층형 데이터 모델
③ 관계형 데이터 모델 ④ 네트워크형 데이터 모델

해설 [데이터베이스관리시스템(DBMS)의 모델]
① **계층형** : 최초로 구현된 데이터 모델로 트리구조나 조직표와 같은 계층적으로 배열
② **네트워크형(관망형)** : data들은 다른 파일의 하나 이상의 data들과 연계되어 있으며 이를 연관시키기 위해 지시자 활용
③ **관계형** : 2차원 테이블 형태로 저장되며 한 테이블은 다수의 열로 구성되고, 각 열은 정해진 범위의 값이 저장되는 형태

55. 다음 위상정보 중 하나의 지점에서 또 다른 지점으로의 이동시 경로선정이나 자원의 배분 등과 가장 밀접한 것은?

① 인접성(Neighborhood or Adjacency)
② 계급성(Hierarchy or Containment)
③ 중첩성(Overlay)
④ 연결성(Connectivity)

해설 ① **인접성** : 분석 공간상에서 특정 객체나 어떤 객체들의 군집의 주변에 무엇이 어떻게 위치하는가에 대한 분석을 의미
② **연결성** : 공간상의 두 개체간 접촉의 유무에 의해 결정되며, 두 점이 선분으로 연결되는가에 대한 분석 또는 면간의 접합의 유무로 측정
③ **방향성** : 객체간의 거리를 측정함으로써 객체간의 최소 거리를 조건으로 하는 측정기법
④ **포함성** : 객체간 면적과 위치를 판단하여 영역의 포함관계를 측정

56. 불규칙삼각망(TIN)에 관한 설명으로 틀린 것은?

① DEM과는 달리 추출된 표본 지점들은 x, y, z값을 갖고 있다.
② 벡터데이터모델로 위상구조를 가지고 있다.
③ 표고를 가지고 있는 많은 점들을 연결하면 동일한 크기의 삼각형으로 망이 형성된다.
④ 표본점으로부터 삼각형의 네트워크를 생성하는 방법으로 가장 널리 사용되는 방법은 델로니 삼각법이다.

해설 [불규칙삼각망(TIN, Triangulation Irregular Network)]
① 불규칙하게 배치되어 있는 지형점으로부터 삼각망을 생성하여 삼각형 내의 표고를 삼각평면으로부터 보간하는 방법
② 벡터로 표현된 3차원 모형
③ 경사가 급한 지역의 표현에 유용
④ 기복의 변화가 작은 지역은 측점수를 적게 함으로 자료량이 조절 용이

정답 48. ④ 49. ② 50. ④ 51. ④ 52. ② 53. ③ 54. ③ 55. ④ 56. ③

57. 토지정보체계의 구성요소로 볼 수 없는 것은?

① 하드웨어　　② 정보
③ 전문인력　　④ 소프트웨어

해설 [토지정보시스템의 구성요소]
GIS의 구성요소로는 하드웨어, 소프트웨어, 데이터, 인력 등이며 3대요소이면 하드웨어, 소프트웨어, 데이터를 들 수 있다.

58. 토지기록전산화의 목적과 거리가 먼 것은?

① 지적공부의 전산파일 유지로 지적서고의 체계적 관리 및 확대
② 체계적이고 효율적인 지적사무와 지적행정의 실현
③ 최신 자료에 의한 지적통계와 주민정보의 정확성 제고 및 온라인에 의한 신속성 확보
④ 전국적인 등본의 열람을 가능하게 하여 민원인의 편익 증진

해설 [토지기록전산화사업의 개발업무(목적)]
토지기록전산화사업을 통한 개발업무는 토지이동관리업무, 소유권변동관리업무, 창구민원업무처리, 지적일반업무관리, 토지관련 정책정보관리업무 등이 있으며, 단순히 지적서고의 체계적 관리나 확대를 위해서 시행되는 것이 아니다.

59. 토지고유번호의 코드 구성 기준이 옳은 것은?

① 행정구역코드 9자리, 대장구분 2자리, 본번 4자리, 부번 4자리, 합계 19자리로 구성
② 행정구역코드 9자리, 대장구분 1자리, 본번 4자리, 부번 4자리, 합계 19자리로 구성
③ 행정구역코드 10자리, 대장구분 1자리, 본번 4자리, 부번 4자리, 합계 19자리로 구성
④ 행정구역코드 10자리, 대장구분 1자리, 본번 3자리, 부번 5자리, 합계 19자리로 구성

해설 [행정구역코드의 자리구성]
① 행정구역코드 10자리(시·도 2, 시·군·구 3, 읍·면·동 3, 리 2)
② 대장구분 1자리, 본번 4자리, 부번 4자리를 합한 19자리로 구성

60. 경위의측량방법으로 지적세부측량을 시행하고자 한다. 이때 측량준비파일의 작성에 있어 지적기준점간 거리 및 방위각의 작성 표시색으로 옳은 것은?

① 검은색　　② 노란색
③ 붉은색　　④ 파란색

해설 [지적업무 처리규정 제18조(측량준비파일의 작성)]
① 평판측량방법 또는 전자평판측량방법으로 세부측량을 하고자 할 때에는 측량준비파일을 작성하여야 하며, 부득이한 경우 측량준비도면을 연필로 작성할 수 있다.
② 측량준비파일을 작성하고자 하는 때에는 지적기준점 및 그 번호와 좌표는 검은색으로, 도곽선 및 그 수치와 지적기준점 간 거리는 붉은색으로, 그 외는 검은색으로 작성한다.

4과목 지적학

61. 토지소유권 권리의 특성 중 틀린 것은?

① 항구성　　② 탄력성
③ 완전성　　④ 단일성

해설 [토지소유권 권리의 특성]
완전성, 항구성, 탄력성 등

62. 현행 지목 중 차문자(次文字)를 따르지 않는 것은?

① 주차장　　② 유원지
③ 공장용지　　④ 종교용지

해설 지목을 지적도에 등록할 경우 하나의 문자로 압축하여 표기하도록 하며, 일반적으로 맨 앞의 문자(두문자, 24)와 두 번째 문자(차문자, 4)로 표기하며 두 번째 문자로 표기되는 지목은 주차장(차), 공장용지(장), 하천(천), 유원지(원) 등이 있다.

63. 국가의 재원을 확보하기 위한 지적제도로서 면적본위 지적제도라고도 하는 것은?

① 과세지적 ② 법지적
③ 다목적지적 ④ 경제지적

해설 [지적제도의 발전단계별 특징]
① **세지적** : 과세지적, 농경사회부터 발전, 면적과 토지등급 중시
② **법지적** : 소유지적, 과세, 토지거래의 안전, 토지소유권의 보호, 경계 중시
③ **다목적지적** : 종합지적, 경계지적, 과세, 토지거래의 안전, 토지소유권의 보호, 토지이용의 효율화를 위한 다양한 정보제공 등

64. 지번의 결번(缺番)이 발생되는 원인이 아닌 것은?

① 토지조사 당시 지번 누락으로 인한 결번
② 토지의 등록전환으로 인한 결번
③ 토지의 경계정정으로 인한 결번
④ 토지의 합병으로 인한 결번

해설

결번이 발생하는 경우	결번이 발생하지 않는 경우
행정구역변경, 도시개발사업, 축척변경, 지번변경, 지번정정, 등록 전환 및 합병, 해면성 말소	신규등록, 분할, 지목변경

65. 토렌스 시스템의 기본원리에 해당하지 않는 것은?

① 거울이론 ② 거래이론
③ 커튼이론 ④ 보험이론

해설 [토렌스 시스템]
① **근본목적** : 법률적으로 토지의 권리를 확인하는 대신 토지의 권원을 등록하는 행위로 토지의 소유권을 명확히 하고 토지거래에 따른 변동사항과 정리를 용이하게 하여 권리증서의 발행을 손쉽게 행함
② 오스트레일리아의 Richard Robert Torrens에 의하여 창안
③ **3대이론** : 거울이론, 커튼이론, 보험이론

66. 간주임야도에 대한 설명으로 틀린 것은?

① 고산지대로 조사측량이 곤란하거나 정확도와 관계없이 대단위의 광대한 국유임야 지역을 대상으로 시행하였다.
② 간주임야도에 등록된 소유지는 국가였다.
③ 임야도를 작성하지 않고 축척 5만분의 1 또는 2만5천분의 1지형도에 작성되었다.
④ 충청북도 청원군, 제천군, 괴산군 속리산 지역을 대상으로 시행되었다.

해설 [간주임야도]
① 임야조사사업당시 임야의 이용가치가 낮고 면적이 광대하고 깊은 산중에 측량이 곤란한 일부지역의 국유임야에 대해 1/25,000과 1/50,000 지형도상에 임야를 조사 등록하고 임야대장을 적성하고 이를 간주임야도라 함
② 사정된 필지별 경계선의 대부분을 도, 군, 면, 리의 행정구역 경계선으로 결정하므로 도면의 정확도 낮음
③ **시행지역** : 일월산, 덕유산, 지리산 일대

67. 다음 경계 중 정밀지적측량이 수행되고 지적소관청으로부터 사정의 행정처리가 완료된 것은?

① 보증경계 ② 고정경계
③ 일반경계 ④ 특정경계

해설 [경계의 구분]
① **보증경계** : 지적측량사에 의해 정밀지적측량이 행해지고 지적관리청의 사정에 의해 행정처리가 완료되어 측정된 토지경계

정답 57. ② 58. ① 59. ③ 60. ③ 61. ④ 62. ④ 63. ① 64. ③ 65. ② 66. ④ 67. ①

② **고정경계** : 특정토지에 대한 경계점의 지상에 석주, 철주, 말뚝 등 경계표지를 설치하거나 이를 정확하게 측량하여 지적도상에 등록관리하는 경계
③ **일반경계** : 특정토지에 대한 소유권이 오랜 기간 동안 존속하였기에 담장, 울타리, 도로 등 자연적 인위적 형태의 지형지물을 필지별 경계로 인식하는 것

68. 1898년 양전사업을 담당하기 위하여 최초로 설치된 기관은?

① 양지아문(量地衙門)
② 지계아문(地契衙門)
③ 양지과(量地課)
④ 임시토지조사국(臨示土地調査局)

해설 [대한제국의 토지제도 발전과정]
① 1895 : 내부판적국(호구적, 지적에 관한 사항)
② 1898 : 양지아문(양전사업을 담당하기 위하여 설치된 기관)
③ 1901 : 지계아문(토지대장에 의한 토지소유권자의 확인에 의해 지계발행)
④ 1904 : 탁지부의 양지국(지계아문의 양전기능과 기구만을 계승하여 상설기구로 설치)
⑤ 1905 : 탁지부 사세국 양지과(토지조사의 경험을 얻을 목적으로 측량 실시)

69. 토지조사사업 당시 확정된 소유자가 다른 토지간의 사정된 경계선은?

① 지압선   ② 수사선
③ 도곽선   ④ 강계선

해설 [토지조사사업 당시의 지역선의 대상]
① 소유자가 같은 토지와의 구획선
② 소유자가 다른 토지간의 사정된 강계선
③ 토지조사시행지와 미시행지와의 지계선
④ 소유자를 알 수 없는 토지와의 구획선

70. 지적의 원리에 대한 설명으로 틀린 것은?

① 공(公)기능성의 원리는 지적공개주의를 말한다.
② 민주성의 원리는 주민참여의 보장을 말한다.
③ 능률성의 원리는 중앙집권적 통제를 말한다.
④ 정확성의 원리는 지적불부합지의 해소를 말한다.

해설 [능률성의 원리]
① 토지를 조사하여 지적공부를 만드는 과정에서의 능률을 의미
② 지적활동을 능률화한다는 것은 지적문제의 해소를 의미
③ 지적활동의 과학화, 기술화, 합리화, 근대화를 의미함

71. 새로이 지적공부에 등록하는 사항이나 기존에 등록된 사항의 변경등록은 시장, 군수, 구청장이 관련 법률에서 규정한 절차상의 적법성과 사실관계 부합여부를 심사하여 지적공부에 등록한다는 이념은?

① 형식적 심사주의   ② 일물일권주의
③ 실질적 심사주의   ④ 토지표시공개주의

해설 [실질적 심사주의(사실심사주의)]
지적공부에 새로이 등록하거나 등록된 사항의 변경은 국가기관의 장인 시장, 군수, 구청장(지적소관청)이 공간정보의 구축 및 관리 등에 관한 법률에 의한 절차성의 적법성 및 실체법상의 사실관계의 부합여부를 심사하여 등록한다는 의미

72. 이기가 해학유서에서 수등이척제에 대한 개선으로 주장한 제도로서, 전지(田地)를 측량할 때 장방형의 눈들을 가진 그물을 사용하여 면적을 산출하는 방법은?

① 일자오결제   ② 망척제
③ 결부제   ④ 방전제

해설 [망척제]
① 이기의 저서 해학유서에서 소개.
② 장방형의 눈을 가진 그물눈금을 사용하여 면적을 산출하는 방법

73. 필지는 자연물인 지구를 인간이 필요에 의해 인위적으로 구획한 인공물이다. 필지의 성립요건으로 볼 수 없는 것은?

① 지표면을 인위적으로 구획한 폐쇄된 공간
② 정확한 측량 성과
③ 지번 및 지목의 설정
④ 경계의 결정

해설 [필지의 성립요건]
① 지표면을 인위적으로 구획한 폐쇄된 공간
② 지번 및 지목의 설정
③ 경계의 결정

74. 근대적 지적제도가 가장 빨리 시작된 나라는?

① 프랑스   ② 독일
③ 일본   ④ 대만

해설 [프랑스의 나폴레옹 지적]
① 근대적 세지적의 완성과 소유권제도의 확립을 위한 지적제도 성립의 전환점으로 평가
② 나폴레옹 1세가 1808~1850년까지 프랑스 전 국토를 대상으로 공평한 과세와 소유권 분쟁해결위해 실시

75. 다음과 관련된 일필지의 경계설정 기준에 관한 설명에 해당하는 것은?

- (우리나라 민법) 점유자는 소유의 의사로 선의, 평온 및 공연하게 점유한 것으로 추정한다.
- (독일 민법) 경계쟁의의 경우에 있어서 정당한 경계가 알려지지 않을 때에는 점유상태로서 경계의 표준으로 한다.

① 경계가 불분명하고 점유형태를 확정할 수 없을 때 분쟁지를 물리적으로 평분하여 쌍방의 토지에 소유시킨다.
② 현재 소유자가 각자 점유하고 있는 지역이 명확한 1개의 선으로 구분되어 있을 때, 이 선을 경계로 한다.
③ 새로이 결정하는 경계가 다른 확실한 자료와 비교하여 공평, 합당하지 못할 때에는 상당한 보완을 한다.
④ 점유형태를 확인할 수 없을 때 먼저 등록한 소유자에게 소유시킨다.

해설 [경계설정설의 종류]
① **점유설** : 토지소유권의 경계는 불명하지만 양지의 소유자가 점유하는 지역의 명확한 선으로 구분되어 있을 때에는 이 1개의 선을 소유자의 경계로 하여야 한다.
② **평분설** : 경계가 불명하고 점유상태까지 확정할 수 없는 경우 분쟁지를 물리적으로 평분하여 쌍방토지에 소속시켜야 한다.
③ **보완설** : 현 점유선에 의하거나 또는 평분하여 경계를 결정하고자 할 경우 그 새로 결정되는 경계가 이미 조사된 신빙할 만한 다른 자료와 일치하지 않을 경우 이 자료를 감안하여 공평하고도 그 적당한 방법에 따라 그 경계를 보완하여야 할 것이다.

76. 토지조사사업에 대한 설명으로 틀린 것은?

① 축척 3천분의 1과 6천분의 1을 사용하여 2만 5천분의 1 지형도를 작성할 지형도의 세부측량을 함께 실시하였다.
② 토지조사사업은 사법적인 성격을 갖고 업무를 수행하였으며 연속성과 통일성이 있도록 하였다.
③ 토지조사사업의 내용은 토지소유권조사, 토지가격조사, 지형지모조사가 있다.
④ 토지조사사업은 일제가 식민지정책의 일환으로 실시하였다.

해설 [간주임야도]
① 임야조사사업당시 임야의 이용가치가 낮고 면적이 광대하고 깊은 산중에 측량이 곤란한 일부지역의 국유임야에 대해 1/25,000과 1/50,000 지형도상에 임야를 조사 등록하고 임야대장을 적성하고 이를 간주임야도라 함
② 사정된 필지별 경계선의 대부분을 도, 군, 면, 리의 행정구역 경계선으로 결정하므로 도면의 정확도 낮음

77. 역토(驛土)에 대한 설명으로 틀린 것은?

① 역토는 역참에 부속된 토지의 명칭이다.
② 역토의 수입은 국고수입으로 하였다.
③ 역토는 주로 군수비용을 충당하기 위한 토지이다.
④ 조선시대 초기에 역토에는 관둔전, 공수전 등이 있다.

해설 [역토(驛土)]
① 역참에 부속된 토지의 총칭이며 역은 신라시대부터 조선시대까지 존재한 것
② 관리의 봉급, 관사숙박의 비용, 양마의 비용을 마련하기 위하여 설치한 토지
③ 경국대전에 의하면 조선시대의 역은 41개로 역토의 수입은 국고수입
④ 조선시대 초기 역토에는 관둔전, 공수전 등이 있음

78. 토지조사사업 당시 지번의 설정을 생략한 지목은?

① 임야   ② 성첩
③ 지소   ④ 잡종지

해설 토지조사사업 당시 비과세지목은 조사대상에서 제외되어 지번의 설정을 생략하였는데 이는 경제적 가치가 없다고 판단하였기 때문

구분	용도
과세대상(6)	전, 답, 대, 지소, 임야, 잡종지
비과세대상 (7, 개인소유 불인정)	도로, 하천, 구거, 제방, 성첩, 철도선로, 수도선로
면제대상 (5, 공공용지)	사사지, 분묘지, 공원지, 철도용지, 수도용지

79. 대한제국시대에 문란한 토지제도를 바로잡기 위하여 시행한 제도와 관계가 없는 것은?

① 지계(地契)제도   ② 입안(立案)제도
③ 가계(家契)제도   ④ 토지증명제도

해설 대한제국시대 문란한 토지제도를 바로잡기 위해 소유권이전을 국가가 통제할 수 있는 입안을 대체할 수 있는 지계제도를 채택한 제도로 지권(地券), 지계제도, 가계제도, 토지증명제도를 들 수 있다.

80. 토지조사사업 당시 소유자는 같으나 지목이 상이하여 별필(別筆)로 해야 하는 토지들의 경계선과 소유자를 알 수 없는 토지와의 구획선으로 옳은 것은?

① 강계선(疆界線)   ② 경계선(境界線)
③ 지역선(地域線)   ④ 지세선(地勢線)

해설 ① 지계선 : 토지조사 시행지와 미시행지와의 경계선
② 경계선 : 확정된 소유자가 다른 토지 사이에 사정된 경계선
③ 지역선 : 토지조사사업 당시 소유자는 같으나 지목이 다를 때 구획한 별필의 토지경계선

5과목 지적관계법규

81. 지적공부의 '대장'으로만 나열된 것은?

① 토지대장, 임야도
② 대지권등록부, 지적도
③ 경계점좌표등록부, 일람도
④ 공유지연명부, 토지대장

해설 [지적공부의 종류]
① 대장 : 토지대장, 임야대장, 공유지연명부, 대지권등록부, 경계점좌표등록부
② 도면 : 지적도, 임야도

82. 이미 완료된 등기에 대해 등기 절차상에 착오 또는 유루(遺漏)가 발생하여 원시적으로 등기사항과의 불일치가 발생되었을 때 이를 시정하기 위해 행하여지는 등기는?

① 부기등기   ② 경정등기
③ 회복등기   ④ 기입등기

해설 [등기의 종류]
① **부기등기**: 독립된 순위번호를 갖지 않고 기존의 등기에 부기번호를 붙여서 행하여지는 등기
② **경정등기**: 등기의 일부에 착오 또는 유루가 있을 때 그것을 시정하기 위하여 하는 등기
③ **회복등기**: 등기부의 전부 또는 일부가 멸실되었다가 회복절차에 따라 회복시키는 등기
④ **기입등기**: 새로운 등기원인에 기하여 특정한 사항을 등기부에 새롭게 기입하는 등기

83. 현행 공간정보의 구축 및 관리 등에 관한 법령상 신고사항에 속하는 토지이동은?

① 도시개발사업 등의 완료사실
② 신규등록할 토지가 발생한 경우
③ 지목변경에 따른 토지이동
④ 토지의 분할 및 합병

해설 [공간정보의 구축 및 관리 등에 관한 법률 제95조(도시개발사업 등의 신고)]
도시개발사업 등의 착수 또는 변경의 신고를 하려는 자는 도시개발사업 등의 착수(시행)·변경·완료 신고서에 다음 각 호의 서류를 첨부하여야 한다.

84. 부동산 표시의 변경등기가 아닌 것은?

① 건물 번호의 변경
② 소유권의 변경
③ 소재지의 명칭변경
④ 토지지번의 변경

해설 [부동산의 변경등기]
① 토지의 분합, 멸실, 면적의 증감, 지목의 변경 또는 건물의 분합, 종류, 구조의 변경, 멸실, 면적의 증감, 부속건물의 신축 등
② 부동산 자체의 물리적 변경을 공시하는 등기를 말한다.

85. 60일 이내에 토지의 이동신청을 하지 않아도 되는 것은?

① 신규등록 신청
② 지목변경 신청
③ 경계정정 신청
④ 형질변경에 따른 분할신청

해설 경계정정에 대한 토지의 이동은 신청사항이 아니다.
공간정보의 구축 및 관리 등에 관한 법률 제77, 78, 79, 81조
토지소유자는 신규등록, 등록전환, 토지분할, 지목변경 신청할 토지가 있으면 사유가 발생한 날부터 60일 이내에 지적소관청에 신청하여야 한다.

86. 거짓으로 분할 신청을 한 경우 벌칙 기준으로 옳은 것은?

① 300만원 이하의 과태료
② 1년 이하의 징역 또는 1천만원 이하의 벌금
③ 2년 이하의 징역 또는 2천만원 이하의 벌금
④ 3년 이하의 징역 또는 3천만원 이하의 벌금

해설 [공간정보의 구축 및 관리 등에 관한 법률 제109조(벌칙)]
거짓으로 신규등록, 등록전환, 분할, 합병, 지목변경, 등록말소, 축척변경, 등록사항의 정정 신청을 한 자

87. 본등기의 일반적 효력으로 적합하지 않은 것은?

① 공신력인정
② 순위확정적 효력
③ 점유적 효력
④ 추정적 효력

해설 [우리나라 등기제도의 특징]
① **등기사무의 관장**: 사법부
② **등기부의 조직**: 물적편성주의로 1부동산 1등기 원칙
③ **등기의 효력**: 형식주의로 성립요건주의, 효력발생요건주의, 순위확정적효력, 점유적효력, 추정적효력
④ **공신력 불인정**: 등기부를 믿고 거래한 자는 보호되지 않는다.

88. 공간정보의 구축 및 관리 등에 관한 법률에서 규정하고 있는 경계의 의미로 옳은 것은?

① 계곡·능선 등의 자연적 경계
② 지상에 설치한 담장·둑 등의 인위적인 경계
③ 지적도나 임야도에 등록한 경계
④ 토지소유자가 표시한 지상경계

해설 [공간정보의 구축 및 관리 등에 관한 법률 제2조(정의)]
"경계"란 필지별로 경계점들을 직선으로 연결하여 지적공부에 등록한 선을 말한다.

89. 다음 벌칙 중 2년 이하의 징역 또는 2천만원 이하의 벌금에 처하는 행위로 틀린 것은?

① 속임수, 위력, 그 밖의 방법으로 입찰의 공정성을 해친 자
② 측량기준점 표지를 이전 또는 파손하거나 그 효용을 해치는 행위를 한 자
③ 고의로 측량성과를 다르게 한 자
④ 측량업의 등록을 하지 아니하고 측량업을 한 자

해설 [공간정보의 구축 및 관리 등에 관한 법률 제107조(벌칙)]
측량업자나 수로사업자로서 속임수, 위력(威力), 그 밖의 방법으로 측량업 또는 수로사업과 관련된 입찰의 공정성을 해친 자는 3년 이하의 징역 또는 3천만원 이하의 벌금에 처한다.

90. 토지의 이동으로 볼 수 있는 것은?

① 소유자의 주소변경
② 소유권의 변경
③ 지상권의 변경
④ 경계의 정정

해설 [공간정보의 구축 및 관리 등에 관한 법률 제2조(정의)]
"토지의 이동(異動)"이란 토지의 표시를 새로 정하거나 변경 또는 말소하는 것을 말한다.

91. 주거기능 보호나 청소년 보호 등의 목적으로 청소년 유해시설 등 특정시설의 입지를 재현할 필요가 있는 경우에 지정하는 용도지구는?

① 개발진흥지구
② 특정용도제한지구
③ 시설보호지구
④ 보존지구

해설 [국토의 계획 및 이용에 관한 법률 제37조(용도지역의 지정)]
① **개발진흥지구**: 주거기능·상업기능·공업기능·유통물류기능·관광기능·휴양기능 등을 집중적으로 개발·정비할 필요가 있는 지구
② **특정용도제한지구**: 주거 및 교육 환경 보호나 청소년 보호 등의 목적으로 오염물질 배출시설, 청소년 유해시설 등 특정시설의 입지를 제한할 필요가 있는 지구
③ **시설보호지구**: 학교시설·공용시설·항만 또는 공항의 보호, 업무기능의 효율화, 항공기의 한전운항 등을 위하여 필요한 지구
④ **보호지구**: 문화재, 중요 시설물(항만, 공항 등 대통령령으로 정하는 시설물을 말한다) 및 문화적·생태적으로 보존가치가 큰 지역의 보호와 보존을 위하여 필요한 지구

92. 지적전산자료를 이용하거나 활용하려는 자로부터 심사 신청을 받은 관계중앙행정기관의 장이 심사하여야 할 사항에 해당되지 않는 것은?

① 신청인의 지적전산자료 활용능력
② 신청 내용의 타당성, 적합성 및 공익성
③ 개인의 사생활 침해 여부
④ 자료의 목적외 사용방지 및 안전관리대책

해설 [공간정보의 구축 및 관리 등에 관한 법률 시행령 제62조(지적전산자료의 이용 등)]
심사 신청을 받은 관계 중앙행정기관의 장은 다음 각 호의 사항을 심사한 후 그 결과를 신청인에게 통지하여야 한다.
1. 신청 내용의 타당성, 적합성 및 공익성
2. 개인의 사생활 침해 여부
3. 자료의 목적 외 사용 방지 및 안전관리대책

93. 공간정보의 구축 및 관리 등에 관한 법률에 따른 '토지의 이동'에 해당하는 것은?

① 신규등록
② 토지등급변경
③ 토지소유자변경
④ 수확량등급변경

해설 [공간정보의 구축 및 관리 등에 관한 법률 제2조(정의)]
토지의 이동이란 토지의 표시를 새로 정하거나 변경 또는 말소하는 것을 말한다.

94. 측량업의 등록을 하려는 자가 국토교통부장관 또는 시·도지사에게 제출하여야 할 첨부서류에 해당하지 않는 것은?

① 보유하고 있는 측량기술자의 명단
② 보유하고 있는 측량기술자의 측량기술 경력증명서
③ 측량업 사무소의 등기부등본
④ 보유하고 있는 장비의 명세서

해설 [공간정보의 구축 및 관리 등에 관한 법률 시행령 제35조(측량업의 등록 등)]
측량업의 등록을 하려는 자는 국토교통부령으로 정하는 신청서에 다음 각 호의 서류를 첨부하여 국토교통부장관 또는 시·도지사에게 제출하여야 한다.
1. 별표 8에 따른 기술인력을 갖춘 사실을 증명하기 위한 다음 각 목의 서류
   가. 보유하고 있는 측량기술자의 명단
   나. 가목의 인력에 대한 측량기술 경력증명서
2. 별표 8에 따른 장비를 갖춘 사실을 증명하기 위한 다음 각 목의 서류
   가. 보유하고 있는 장비의 명세서
   나. 가목의 장비의 성능검사서 사본
   다. 소유권 또는 사용권을 보유한 사실을 증명할 수 있는 서류

95. 지목을 '대'로 구분할 수 없는 것은?

① 목장용지 내 주거용 건축물의 부지
② 과수원에 접속된 주거용 건축물의 부지
③ 영구적 건축물 중 변전소 시설의 부지
④ 국토의 계획 및 이용에 관한 법률 등 관계법령에 따른 택지조성공사가 준공된 토지

해설 [공간정보의 구축 및 관리 등에 관한 법률 시행령 제58조(지목의 구분)]
가. 영구적 건축물 중 주거·사무실·점포와 박물관·극장·미술관 등 문화시설과 이에 접속된 정원 및 부속시설물의 부지
나. 「국토의 계획 및 이용에 관한 법률」 등 관계 법령에 따른 택지조성공사가 준공된 토지

96. 토지대장의 등록사항에 해당하지 않는 것은?

① 면적
② 지번
③ 대지권 비율
④ 토지의 소재

해설 [공간정보의 구축 및 관리 등에 관한 법률 제71조(토지대장 등의 등록사항)]
① 경계는 지적도, 임야도에만 등록되며,
② 토지대장에는 토지의 소재, 지번, 지목, 면적, 소유자의 성명 또는 명칭, 주소 및 주민등록번호, 그 밖에 국토교통부령으로 정하는 사항을 등록한다.

97. 미등기토지의 소유권보존등기를 신청할 수 없는 자는?

① 관할 소관청장
② 토지대장상의 소유자
③ 확정판결에 의하여 자기의 소유권을 증명하는 자
④ 수용으로 인하여 소유권을 취득하였음을 증명하는 자

해설 [부동산등기법 제65조(소유권보존등기의 신청인)]
미등기의 토지 또는 건물에 관한 소유권보존등기는 다음 각 호의 어느 하나에 해당하는 자가 신청할 수 있다.
1. 토지대장, 임야대장 또는 건축물대장에 최초의 소유자로 등록되어 있는 자 또는 그 상속인, 그 밖의 포괄승계인

정답 88. ③ 89. ① 90. ④ 91. ② 92. ① 93. ① 94. ③ 95. ③ 96. ③ 97. ①

2. 확정판결에 의하여 자기의 소유권을 증명하는 자
3. 수용(收用)으로 인하여 소유권을 취득하였음을 증명하는 자
4. 특별자치도지사, 시장, 군수 또는 구청장의 확인에 의하여 자기의 소유권을 증명하는 자(건물의 경우로 한정한다)

98. 동일한 경계가 축척이 다른 도면에 각각 등록되어 있을 때의 경계결정방법은?

① 소면적에 따른다.
② 소축척에 따른다.
③ 대면적에 따른다.
④ 대축척에 따른다.

해설 [경계결정의 원칙]
① **축척종대의 원칙** : 축척이 큰 것에 등록된 경계를 따름
② **경계불가분의 원칙** : 경계는 유일무이한 것으로 이를 분리할 수 없다는 원칙
③ **등록선후의 원칙** : 등록시기가 빠른 토지의 경계를 따른다는 원칙
④ **경계국정주의** : 지적공부에 등록하는 경계는 국가가 조사·측량하여 결정한다는 원칙

99. 지적측량수행자가 지적측량을 시행한 후 성과의 정확성에 관한 검사를 받기 위해 소관청에 제출하는 서류로서 틀린 것은?

① 면적측정부
② 지적도
③ 측량결과도
④ 측량부

해설 [지적측량 시행규칙 제28조(지적측량성과의 검사방법 등)]
지적측량수행자는 측량부·측량결과도·면적측정부, 측량성과 파일 등 측량성과에 관한 자료를 지적소관청에 제출하여 그 성과의 정확성에 관한 검사를 받아야 한다.

100. 지적기준점표지의 설치·관리 등에 관한 설명으로 옳은 것은?

① 지적삼각점표지의 점간거리는 평균 4km 이상 10km 이하로 한다.
② 다각망도선법에 따르는 경우를 제외하고 지적도근점표지의 점간거리는 100m 이상 500m 이하로 한다.
③ 지적소관청은 연 1회 이상 지적기준점 표지의 이상 유무를 조사하여야 한다.
④ 지적기준점 표지가 멸실되거나 훼손되었을 때에 시·도지사는 이를 다시 설치하거나 보수하여야 한다.

해설 [지적측량 시행규칙 제2조(지적기준점표지의 설치·관리 등)]
① 「공간정보의 구축 및 관리 등에 관한 법률」 제8조제1항에 따른 지적기준점표지의 설치는 다음 각 호의 기준에 따른다.
  1. 지적삼각점표지의 점간거리는 평균 2킬로미터 이상 5킬로미터 이하로 할 것
  2. 지적삼각보조점표지의 점간거리는 평균 1킬로미터 이상 3킬로미터 이하로 할 것. 다만, 다각망도선법(多角網道線法)에 따르는 경우에는 평균 0.5킬로미터 이상 1킬로미터 이하로 한다.
  3. 지적도근점표지의 점간거리는 평균 50미터 이상 300미터 이하로 할 것. 다만, 다각망도선법에 따르는 경우에는 평균 500미터 이하로 한다.
② 지적소관청은 연 1회 이상 지적기준점표지의 이상 유무를 조사하여야 한다. 이 경우 멸실되거나 훼손된 지적기준점표지를 계속 보존할 필요가 없을 때에는 폐기할 수 있다.
③ 지적소관청이 관리하는 지적기준점표지가 멸실되거나 훼손되었을 때에는 지적소관청은 다시 설치하거나 보수하여야 한다.

2017년도 제2회 지적기사 기출문제

1과목 지적측량

01. 경계점좌표등록부 시행지역에서 지적도근점의 측량성과와 검사성과의 연결교차 기준은?

① 0.15m 이내
② 0.20m 이내
③ 0.25m 이내
④ 0.30m 이내

해설 [경계점좌표등록부 시행지역의 측량성과와 검사성과의 연결교차]
① 지적삼각점측량 : 0.20m 이내
② 지적삼각보조점측량 : 0.25m 이내
③ 지적도근점측량 : 0.15m 이내, 그밖의 지역 : 0.25m 이내
④ 세부측량 : 0.10m 이내, 그 밖의 지역 : $\frac{3}{10}M$mm 이내

02. 평판측량방법에 따른 세부측량에서 지적도를 갖춰두는 지역의 거리측정단위 기준으로 옳은 것은?

① 1cm   ② 5cm
③ 10cm ④ 20cm

해설 [평판측량방법에 의한 세부측량의 기준 및 방법]
1. 거리측정단위는 지적도를 갖춰 두는 지역에서는 5센티미터로 하고, 임야도를 갖춰 두는 지역에서는 50센티미터로 할 것

2. 측량결과도는 그 토지가 등록된 도면과 동일한 축척으로 작성할 것
3. 세부측량의 기준이 되는 위성기준점, 통합기준점, 삼각점, 지적삼각점, 지적삼각보조점, 지적도근점 및 기지점이 부족한 경우에는 측량상 필요한 위치에 보조점을 설치하여 활용할 것
4. 경계점은 기지점을 기준으로 하여 지상경계선과 도상경계선의 부합 여부를 현형법(現形法) · 도상원호(圖上圓弧)교회법 · 지상원호(地上圓弧)교회법 또는 거리비교확인법 등으로 확인하여 정할 것

03. 경위의측량방법에 따른 지적삼각점의 관측과 계산 기준으로 틀린 것은?

① 관측은 10초독 경위의를 사용한다.
② 수평각 관측은 3대회의 방향관측법에 따른다.
③ 수평각의 측각공차에서 1방향각의 공차는 40초 이내로 한다.
④ 수평각의 측각공차에서 1측회의 폐색공차는 ±30초 이내로 한다.

해설 [경위의측량방법에 따른 지적삼각점의 관측과 계산 기준]
① 관측은 10초독 이상의 경위의를 사용한다.
② 수평각 관측은 3대회(윤곽도는 0°, 60°, 120°)의 방향관측법에 따른다.
③ 수평각의 측각공차에서 1방향각의 공차는 30초 이내로 한다.
④ 수평각의 측각공차에서 1측회의 폐색공차는 ±30초 이내로 한다.

정답 98. ④ 99. ② 100. ③ / 01. ① 02. ② 03. ③

04. 지적측량 시행규칙상 세부측량의 기준 및 방법으로 옳지 않은 것은?

① 평판측량방법에 따른 세부측량의 측량결과도는 그 토지가 등록된 도면과 동일한 축척으로 작성하여야 한다.
② 평판측량방법에 따른 세부측량은 교회법, 도선법 및 방사법(放射法)에 따른다.
③ 평판측량방법에 따른 세부측량을 교회법으로 하는 경우 방향각의 교각은 45도 이상, 120도 이하로 하여야 한다.
④ 평판측량방법에 따른 세부측량을 도선법으로 하는 경우 측선장은 8cm 이하로 하여야 한다.

[해설] [지적측량 시행규칙 제18조(세부측량의 기준 및 방법 등)]
방향각의 교각은 30도 이상 150도 이하로 할 것

05. 지적삼각점의 관측계산에서 자오선 수차의 계산단위 기준은?

① 초 아래 1자리 ② 초 아래 2자리
③ 초 아래 3자리 ④ 초 아래 4자리

[해설] [지적삼각점의 관측계산]
① 각 : 초
② 변의 길이 : cm
③ 진수 : 6자리 이상
④ 좌표 또는 표고 : cm
⑤ 경위도 : 초아래 3자리
⑥ 자오선 수차 : 초 아래 1자리

06. 다음 중 임야도를 갖춰두는 지역의 세부측량에 있어서 지적기준점에 따라 측량하지 아니하고 지적도의 축척으로 측량한 후 그 성과에 따라 임야측량결과도를 작성할 수 있는 경우는?

① 임야도에 도곽선이 없는 경우
② 경계점의 좌표를 구할 수 없는 경우
③ 지적도근점이 설치되어 있지 않은 경우
④ 지적도에 기지점은 없지만 지적도를 갖춰 두는 지역에 인접한 경우

[해설] [지적측량 시행규칙 제21조(임야도를 갖춰 두는 지역의 세부측량)]
임야도를 갖춰 두는 지역의 세부측량은 위성기준점, 통합기준점, 삼각점, 지적삼각점, 지적삼각보조점 및 지적도근점에 따른다. 다만, 다음 각 호의 어느 하나에 해당하는 경우에는 위성기준점, 통합기준점, 삼각점, 지적삼각점, 지적삼각보조점 및 지적도근점에 따라 측량하지 아니하고 지적도의 축척으로 측량한 후 그 성과에 따라 임야측량결과도를 작성할 수 있다.
1. 측량대상토지가 지적도를 갖춰 두는 지역에 인접하여 있고 지적도의 기지점이 정확하다고 인정되는 경우
2. 임야도에 도곽선이 없는 경우

07. 두 점의 좌표가 각각 A(495,674.32, 192,899.25), B(497,845.81, 190,256.39) 일 때 A→B의 방위는?

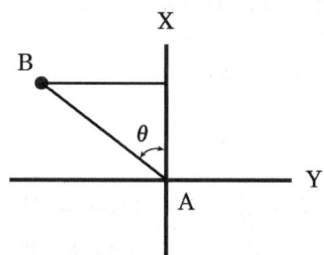

① N9°24′29″W ② S39°24′29″E
③ N50°35′31″W ④ S50°35′31″E

[해설] $\tan\theta = \dfrac{\Delta Y}{\Delta X} = \dfrac{Y_B - Y_A}{X_B - X_A} \Rightarrow \theta = \tan^{-1}\left(\dfrac{Y_B - Y_A}{X_B - X_A}\right)$

$\overline{AB}$의 방위각 $\theta = \tan^{-1}\left(\dfrac{Y_B - Y_A}{X_B - X_A}\right)$

$= \tan^{-1}\left(\dfrac{190,256.39 - 192,899.25}{497,845.81 - 495,674.32}\right) = -50°35′31″$ (4상한 선의 각이므로)

AB측선의 방위 $N50°35′31″W$

08. 교회법에 관한 설명 중 틀린 것은?

① 후방교회법에서 소구점을 구하기 위해서는 기지점에는 측판을 설치하지 않아도 된다.
② 전방교회법에서는 3점의 기지점에서 소구점에 대한 방향선 교차로 소구점의 위치를 구할 수 있다.
③ 측방교회법으로 구한 수평위치의 정확도는 후방교회법의 경우보다 항상 높다고 말할 수 있다.
④ 전방교회법으로 구한 수평위치의 정확도는 후방교회법의 경우보다 항상 높다고 말할 수 있다.

해설 교회법은 방향선의 교차에 의해 구점의 위치를 결정하는 방식으로 기계를 세우는 위치에 따라 전방(기지점), 측방(기지점, 미지점), 후방(미지점)교회법으로 구분한다.

09. 배각법에 의한 지적도근점측량을 한 결과 한 측선의 길이가 52.47cm이고 초단위 오차는 18″, 변장반수의 총합계는 183.1일 때 해당측선에 배분할 초단위의 각도로 옳은 것은?

① 2″
② 5″
③ −2″
④ −5″

해설 배각법에 의한 배분은 측선장에 반비례하여 각 측선의 관측각에 배분한다.

$K = -\dfrac{e}{R} \times n$에서

$K = -\dfrac{18''}{183.1} \times \dfrac{1,000}{52.47} = -1.87'' ≒ -2''$

10. 50m 줄자로 측정한 A, B 점간 거리가 250m이었다. 이 줄자가 표준줄자보다 5mm가 줄어 있었다면 정확한 거리는?

① 250.250m
② 250.025m
③ 249.975m
④ 249.750m

해설 늘어나 있는 줄자로 관측한 값의 실제값은 +로, 수축된 줄자는 반대로 −로 적용한다.

$L_0 = L \pm C_0 \quad \therefore C_0 = \pm \dfrac{\Delta l}{l} L$

$C_0 = -\dfrac{0.005m}{50m} \times 250m = -0.025m$

$L_0 = 250 - 0.025 = 249.975m$

11. 지적삼각점측량 후 삼각망을 최소제곱법(엄밀조정법)으로 조정하고자 할 때 이와 관련없는 것은?

① 표준방정식
② 순차방정식
③ 상관방정식
④ 동시조정

해설 최소제곱법의 조정방법에는 관측방정식(표준방정식)에 의한 방법과 조건방정식(상관방정식)에 의한 방법이 있으며, 두 방정식 모두 동시에 조정값을 계산하며 동일한 최확값을 얻게 된다.

12. 다음 중 지적기준점 측량의 절차로 옳은 것은?

① 계획의 수립 → 준비 및 현지답사 → 선점 및 조표 → 관측 및 계산과 성과표의 작성
② 계획의 수립 → 선점 및 조표 → 준비 및 현지답사 → 관측 및 계산과 성과표의 작성
③ 계획의 수립 → 선점 및 조표 → 관측 및 계산과 성과표의 작성 → 준비 및 현지답사
④ 계획의 수립 → 준비 및 현지답사 → 관측 및 계산과 성과표의 작성 → 선점 및 조표

해설 [지적기준점 측량의 작업절차]
계획의 수립 → 준비 및 현지답사 → 선점 및 조표 → 관측 및 계산과 성과표의 작성

13. 경위의측량방법과 다각망도선법에 따른 지적도근점의 관측에서 시가지 지역, 축척변경지역 및 경계점좌표등록부 시행지역의 수평각 관측방법은?

① 방향각법 ② 교회법
③ 방위각법 ④ 배각법

[해설] [지적도근점 측량의 수평각관측방법]
① 시가지지역, 축척변경지역, 경계점좌표등록부 시행지역
   : 배각법
② 그 밖의 지역 : 방위각법, 배각법

14. 거리측량을 할 때 발생하는 오차 중 우연오차의 원인이 아닌 것은?

① 테이프의 길이가 표준길이와 다를 때
② 온도가 측정 중 시시각각으로 변할 때
③ 눈금의 끝수를 정확히 읽을 수 없을 때
④ 측정 중 장력을 일정하게 유지하지 못하였을 때

[해설] 관측시 온도가 측정 중 시시각각으로 변할 때는 우연오차로 간주한다.

15. 삼각형의 내각을 같은 정밀도로 측정하여 변의 길이를 계산할 경우 각도의 오차가 변의 길이에 미치는 영향이 최소인 것은?

① 직각삼각형 ② 정삼각형
③ 둔각삼각형 ④ 예각삼각형

[해설] 삼각형의 내각을 측정할 때 각도의 오차가 변의 길이에 미치는 영향을 최소로 하려면 정삼각형이어야 하며 일반적으로 삼각형의 각 내각은 30° 이상 120° 이하로 한다.

16. 경계의 제도에 관한 설명으로 틀린 것은?

① 경계는 0.1mm 폭의 선으로 제도한다.
② 1필지의 경계가 도곽선에 걸쳐 등록되어 있으면 도곽선 밖의 여백에 경계를 제도할 수 없다.
③ 지적기준점 등의 매설된 토지를 분할할 경우 그 토지가 작아서 제도하기가 곤란한 때에는 그 도면의 여백에 그 축척의 10배로 확대하여 제도할 수 있다.
④ 경계점좌표등록부 등록지역의 도면(경계점간 거리등록을 하지 아니한 도면을 제외한다.)에 등록할 경계점간 거리는 검은색의 1.0~1.5mm 크기의 아라비아 숫자로 제도한다.

[해설] [지적업무 처리규정 제41조(경계의 제도)]
① 경계는 0.1밀리미터 폭의 선으로 제도한다.
② 1필지의 경계가 도곽선에 걸쳐 등록되어 있으면 도곽선 밖의 여백에 경계를 제도하거나, 도곽선을 기준으로 다른 도면에 나머지 경계를 제도한다. 이 경우 다른 도면에 경계를 제도할 때에는 지번 및 지목은 붉은색으로 표시한다.
③ 경계점좌표등록부 등록지역의 도면(경계점 간 거리등록을 하지 아니한 도면을 제외한다)에 등록할 경계점 간 거리는 검은색의 1.0~1.5밀리미터 크기의 아라비아숫자로 제도한다. 다만, 경계점 간 거리가 짧거나 경계가 원을 이루는 경우에는 거리를 등록하지 아니할 수 있다.
④ 지적기준점 등이 매설된 토지를 분할할 경우 그 토지가 작아서 제도하기가 곤란한 때에는 그 도면의 여백에 그 축척의 10배로 확대하여 제도할 수 있다.

17. 지적도의 축척이 1:600인 지역에서 토지를 분할하는 경우, 면적측정부의 원면적이 4,529㎡, 보정면적합계가 4,550㎡일 때 어느 필지의 보정면적이 2,033㎡이었다면 이 필지의 산출면적은?

① 2,019.7㎡ ② 2,023.6㎡
③ 2,024.4㎡ ④ 2,028.2㎡

[해설] $r = \dfrac{F}{A} \times a = \dfrac{4,529}{4,550} \times 2,033 = 2,023.6 m^2$

18. 다음 구소삼각지역의 직각좌표계 원점 중 평면직각종횡선 수치의 단위를 간(間)으로 한 원점은?

① 조본원점　　② 고초원점
③ 율곡원점　　④ 망상원점

해설 [구소삼각원점]
① 조본원점, 고초원점, 율곡원점, 현창원점, 소라원점의 평면직각종횡선수치의 단위는 미터
② 망산원점, 계양원점, 가리원점, 등경원점, 구암원점, 금산원점의 평면직각종횡선수치의 단위는 간(間)
③ 각각의 원점에 대한 평면직각종횡선수치는 0으로 한다.

19. 축척 1:50,000 지형도 상에서 어느 산정(山頂)부터 산밑까지의 도상 수평거리를 측정하였더니 60mm이었다. 산정의 높이는 2,200m, 산밑의 높이는 200m라면 산정에서 산밑까지의 경사는 얼마인가?

① 1/1.5　　② 1/2.5
③ 1/10　　④ 1/30

해설 ① 산정과 산밑의 높이차 = 2,200 - 200 = 2,000m
② 산정과 산밑의 수평거리 = 60mm × 50,000 = 3,000m
③ 산정에서 산밑까지의 경사 = $\frac{H}{D} = \frac{2,000}{3,000} = \frac{2}{3} = \frac{1}{1.5}$

20. 지적삼각보조점의 위치결정을 교회법으로 할 경우, 두 삼각형으로부터 계산한 종선교차가 60cm, 횡선교차가 50cm일 때, 위치에 대한 연결교차는?

① 0.1m　　② 0.3m
③ 0.6m　　④ 0.8m

해설 연결교차 = $\sqrt{종선교차^2 + 횡선교차^2}$
연결교차 = $\sqrt{60^2 + 50^2} = 78.1cm ≒ 0.8m$

2과목 응용측량

21. A, B 두점의 표고가 120m, 144m이고 두점간의 경사가 1:2인 경우 표고가 130m 되는 지점을 C라 할 때, A점과 C점과의 경사거리는?

① 22.36m　　② 25.85m
③ 28.28m　　④ 29.82m

해설 ① 경사 = $\frac{H}{D}$에서 AB 수평거리 D는
$\frac{1}{2} = \frac{144m - 120m}{D}$에서 $D = 24m$로 높이차의 2배이고, AC의 높이차는 10m, 수평거리는 20m 이므로
② 경사거리는 피타고라스정리에 의해 산정한다.
경사거리 = $\sqrt{D^2 + H^2} = \sqrt{20^2 + 10^2} = 22.36m$

22. 클로소이드의 형식 중 반향곡선 사이에 2개의 클로소이드를 삽입하는 것은?

① 복합형　　② 난형
③ 철형　　　④ S형

해설 [클로소이드의 형식]
① **복합형** : 같은 방향으로 구부러진 2개 이상의 클로소이드를 이은 것
② **난형** : 복심곡선 사이에 클로소이드 삽입
③ **철형** : 같은 방향으로 구부러진 2개의 클로소이드를 직선적으로 삽입
④ **S형** : 반향곡선 사이에 2개의 클로소이드 삽입

23. 수준측량에서 굴절오차와 관측거리의 관계를 설명한 것 중 옳은 것은?

① 거리의 제곱에 비례한다.
② 거리의 제곱에 반비례한다.
③ 거리의 제곱근에 비례한다.
④ 거리의 제곱근에 반비례한다.

정답 13. ④　14. ①　15. ②　16. ②　17. ②　18. ④　19. ①　20. ④　21. ①　22. ④　23. ①

해설 굴절오차(기차) $h = -\dfrac{kS^2}{2R}$ 에서
k : 굴절계수, R : 지구의 반지름, S : 수평선까지의 거리
거리의 제곱에 비례한다.

24. 측점이 터널의 천장에 설치되어 있는 수준측량에서 그림과 같은 관측결과를 얻었다. A점의 지반고가 15.32m일 때, C점의 지반고는?

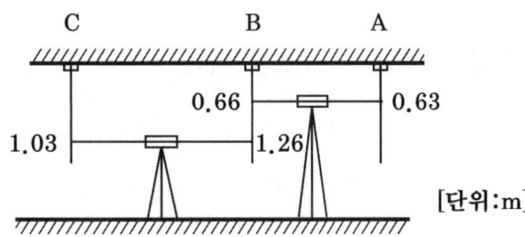

① 14.32m ② 15.12m
③ 16.32m ④ 16.49m

해설 C점의 지반고 = A점의 지반고 + 후시의 합 - 전시의 합
C점의 지반고
$= 15.32 + \{(-0.63) + (-1.26)\} - \{(-0.66) + (-1.03)\}$
$= 15.12m$

25. 원격센서(remote sensor)를 능동적 센서와 수동적 센서로 구분할 때, 능동적 센서에 해당되는 것은?

① TM(Thematic Mapper)
② 천연색사진
③ MSS(Multi-Spectral Scanner)
④ SLAR(Side Looking Airbone Radar)

해설 수동적 센서는 대상물에서 반사되는 전자기파를 수집하는 장치이며, 능동식 센서는 대상물에 전자기파를 발사한 후 반사되는 전자기파를 수집하는 장치이다. 대표적인 능동적 센서로는 Laser, Radar, SLAR 등이 있다.

26. 원심력에 의한 곡선부의 차량탈선을 방지하기 위하여 곡선부의 횡단노면 외측부를 높여주는 것은?

① 캔트 ② 확폭
③ 종거 ④ 완화곡선

해설 캔트(cant) : 원심력에 의한 곡선부의 차량탈선을 방지하기 위하여 곡선부의 횡단노면 외측부를 높여주는 것
$C = \dfrac{bV^2}{gR}$ (C: 캔트, b: 궤도간격, V: 설계속도, g: 중력가속도, R: 곡선반경)

27. 수준측량 야장에서 측점 5의 기계고와 지반고는? (단, 표의 단위는 m이다.)

측점	B.S	F.S		I.H	G.H
		T.P	I.P		
A	1.14				80.00
1	2.41	1.16			
2	1.64	2.68			
3			0.11		
4			1.23		
5	0.30	0.50			
B		0.65			

① 81.35m, 80.85m ② 81.35m, 80.50m
③ 81.15m, 80.85m ④ 81.15m, 80.50m

해설

측점	B.S	F.S		I.H	G.H
		T.P	I.P		
A	1.14			81.14	80.00
1	2.41	1.16		82.39	79.98
2	1.64	2.68		81.35	79.71
3			0.11		81.24
4			1.23		80.12
5	0.30	0.50		81.15	80.85
B		0.65			80.50

28. 입체영상의 영상정합(Image Matching)에 대한 설명으로 옳은 것은?

① 경사와 축척을 바로 수정하여 축척을 통일시키고 변위가 없는 수직사진으로 수정하는 작업
② 사진상의 주점이나 표정점 등 제점의 위치를 인접한 사진상에 옮기는 작업
③ 지표의 상태를 파악하기 위하여 사진에 찍혀 있는 것이 무엇인지를 판별하는 작업
④ 한 영상의 한 위치에 해당하는 실제의 객체가 다른 영상의 어느 위치에 형성되었는가를 발견하는 작업

[해설] [영상정합(Image Matching)]
한 영상의 한 위치에 해당하는 실제의 객체가 다른 영상의 어느 위치에 형성되었는가를 발견하는 작업

29. GNSS측량에서 의사거리(Pseudo Range)에 대한 설명으로 가장 적합한 것은?

① 인공위성과 기지점 사이의 거리측정값이다.
② 인공위성과 지상수신기 사이의 거리측정값이다.
③ 인공위성과 지상송신기 사이의 거리측정값이다.
④ 관측된 인공위성 상호간의 거리측정값이다.

[해설] [의사거리(Pseudo Range)]
인공위성과 지상수신기 사이의 거리측정값이다.

30. 노선측량에서 완화곡선의 성질을 설명한 것으로 틀린 것은?

① 완화곡선의 종점의 캔트는 원곡선의 캔트와 같다.
② 완화곡선에 연한 곡률반지름의 감소율은 캔트의 증가율과 같다.
③ 완화곡선의 접선은 시점에서는 원호에, 종점에서는 직선에 접한다.
④ 완화곡선의 반지름은 시점에서는 무한대이며, 종점에서는 원곡선의 반지름과 같다.

[해설] [완화곡선의 성질]
① 완화곡선의 반지름은 시점에서 무한대, 종점에서는 원곡선의 반지름과 같다.
② 완화곡선의 접선은 시점에서는 직선에, 종점에서는 원호에 접한다.
③ 완화곡선의 곡선반경 감소율은 캔트의 증가율과 같다.
④ 완화곡선의 편경사의 크기는 곡선의 반경에 반비례하고 설계속도에 비례한다.

31. 노선측량 중 공사측량에 속하지 않는 것은?

① 용지측량
② 토공의 기준틀 측량
③ 주요말뚝의 인조점 설치측량
④ 중심말뚝의 검측

[해설] [노선측량의 순서]
① 노선선정
② 계획조사측량 : 지형도작성, 비교노선선정, 종·횡단면도 작성, 개략노선 결정
③ 실시설계측량 : 지형도작성, 중심선선정, 중심선설치, 다각측량, 고저측량
④ 세부측량 : 구조물의 장소에 대해 평면도와 종단면도 작성
⑤ 공사측량 : 노선측량의 점검 목적으로 공사 이후에 수행하는 측량

32. 터널 내에서 A점의 평면좌표 및 표고가 (1,328, 810, 86), B점의 평면좌표 및 표고가 (1,734, 589, 112)일 때 A, B점을 연결하는 터널을 굴진할 경우 이 터널의 경사거리는? (단, 좌표 및 표고의 단위는 m이다.)

① 341.5m ② 363.1m
③ 421.6m ④ 463.1m

[해설] $\overline{AB} = \sqrt{(\Delta x)^2 + (\Delta y)^2 + (\Delta z)^2}$ 에서
$\overline{AB} = \sqrt{(1734-1328)^2 + (589-810)^2 + (112-86)^2}$
$\fallingdotseq 462.98m$

정답 24.② 25.④ 26.① 27.③ 28.④ 29.② 30.③ 31.① 32.④

33. 촬영고도 4,000m에서 촬영한 항공사진에 나타난 건물의 시차를 주점에서 측정하니 정상부분이 19.32mm, 밑부분이 18.88mm이었다. 한 층의 높이를 3m로 가정할 때 이 건물의 층수는?

① 15층　　② 28층
③ 30층　　④ 45층

해설
$h = \dfrac{H}{P_r + \Delta P}\Delta P = \dfrac{4,000m}{18.88mm + (19.32 - 18.88)mm}$
$\times (19.32 - 18.88)mm = 91m$ 이므로 약 30층

34. 지성선에 대한 설명으로 옳은 것은?

① 지표면의 다른 종류의 토양간에 만나는 선
② 경작지와 산지가 교차되는 선
③ 지모의 골격을 나타내는 선
④ 수평면과 직교하는 선

해설 [지성선(Topographical Line)]
① 다수의 평면, 즉 요선, 철선, 경사변환선 및 최대경사선으로 이루어졌다고 생각할 때 이 평면의 접합부를 지성선이라 함
② 지모의 골격, 지세를 나타내는 선

35. GPS를 구성하는 위성의 궤도주기로 옳은 것은?

① 약 6시간
② 약 12시간
③ 약 18시간
④ 약 24시간

해설 GPS 위성은 하루에 약 2번씩 지구 주위를 회전하고 있다.(12시간 주기)

36. 항공사진측량시 촬영고도 1,200m에서 초점거리 15cm, 단촬영경로에 따라 촬영한 연속사진 10장의 입체부분의 지상유효면적(모델면적)은? (단, 사진크기 23cm×23cm, 종중복도 60%)

① 10.24㎢　　② 12.19㎢
③ 13.54㎢　　④ 14.26㎢

해설
$M = \dfrac{1}{m} = \dfrac{f}{H}$ 이므로 $m = \dfrac{H}{f} = \dfrac{1,200m}{0.15m} = 8,000$
$A_0 = (ma) \times (1-p) \times (ma) \times (1-q) = (ma)^2 \times (1-p)$
$= (8,000 \times 0.23)^2 \times (1 - 0.6) = 1,354,240\,m^2$
$1km^2 = 1,000m \times 1,000m = 1,000,000m^2$ 이므로
$A_0 = 1,354,240\,m^2 \times 9 ≒ 12.19km^2$

37. 지형표시 방법의 하나로 단선상의 선으로 지표의 기복을 나타내는 것으로 일명 게바법이라고도 하는 것은?

① 음영법　　② 단채법
③ 등고선법　④ 영선법

해설 [지형도 표시방법 중 부호도법]
① **점고법**: 하천, 항만, 해양측량 등에서 심천측량을 한 측점에 숫자를 기입하여 고저를 표시하는 방법
② **채색법**: 색조를 이용하여 고저를 표시하는 방법
③ **등고선법**: 일정한 높이의 수평면으로 지형을 절단했을 때의 잘린 면의 곡선을 이용하여 지형을 표시
[지형도 표시방법 중 자연도법]
① **영선법**: 우모와 같이 짧고 거의 평행한 선의 간격, 굵기, 길이, 방향 등에 의하여 지형을 표시하는 방법
② **음영법**: 서북쪽 45° 방향에서 평행광선이 비칠 때 생기는 그림자로 기복의 모양을 표시하는 방법

38. GPS 측량에서 이용하는 좌표계는?

① WGS84　　② GRS80
③ JGD2000　④ IRTF2000

해설 GPS측량에서 이용하는 좌표계는 WGS84이다.

39. 축척 1:50,000 지형도에서 등고선 간격을 20m로 할 때 도상에서 표시될 수 있는 최소간격을 0.45mm로 할 경우 등고선으로 표현할 수 있는 최대 경사각은?

① 0.1°
② 41.6°
③ 44.6°
④ 46.1°

해설 경사각(i)를 구하면 $\tan i = \dfrac{높이차}{수평거리}$ 이므로

수평거리 $= 0.45mm \times 50,000 = 22,500mm = 22.5m$

$i = \tan^{-1}\dfrac{20}{22.5} = 41.6°$

40. 수준측량에 관한 용어 설명으로 틀린 것은?

① 표고 : 평균해수면으로부터의 연직거리
② 후시 : 표고를 결정하기 위한 점에 세운 표척 읽음값
③ 중간점 : 전시만을 읽는 점으로서, 이 점의 오차는 다른 점에 영향이 없음
④ 기계고 : 기준면으로부터 망원경의 시준선까지의 높이

해설 후시는 기지점을 세운 표척의 읽음값이고 표고를 결정하기 위한 점(미지점)에 세운 표척의 읽음값은 전시

3과목 토지정보체계론

41. 행정구역의 명칭이 변경된 때에 지적소관청은 시·도지사를 경유하여 국토교통부장관에게 행정구역변경일 며칠 전까지 행정구역의 코드변경을 요청하여야 하는가?

① 5일
② 10일
③ 20일
④ 30일

해설 [지적사무전산처리규정 제26조(행정구역코드의 변경)]
① 행정구역의 명칭이 변경된 때에는 소관청은 시·도지사를 경유하여 국토교통부장관에게 행정구역변경일 10일 전까지 행정구역의 코드변경을 요청하여야 한다.
② 제1항의 규정에 의한 행정구역의 코드변경 요청을 받은 국토교통부장관은 지체없이 행정구역코드를 변경하고, 그 변경 내용을 관련기관에 통지하여야 한다.

42. 다음 중 지리정보시스템의 국제표준을 담당하고 있는 기구의 명칭으로 틀린 것은?

① 유럽의 지리정보 표준화기구 : CEN/TC287
② 국제표준화 기구 ISO의 지리정보표준화 관련 위원회 : ISO/TC211
③ GIS기본모델의 표준화를 마련한 비영리 민간참여 국제기구 : OGC
④ 유럽의 수치지도 제작 표준화기구 : SDTS

해설 CEN/TC287은 ISO/TC 211 활동이 시작하기 이전에 유럽의 표준화기구를 중심으로 추진된 유럽의 지리정보 표준화 기구

43. 국가지리정보체계의 추진과정에 관한 내용으로 틀린 것은?

① 1995년부터 2000년까지 제1차 국가GIS사업 수행
② 2006년부터 2010년까지 제2차 국가GIS기본 계획 수립
③ 제1차 국가 GIS사업에서는 지형도, 공통주제도, 지하시설물도의 DB구축 추진
④ 제2차 국가 GIS사업에서는 국가공간정보기반 확충을 통한 디지털 국토실현 추진

해설 [NGIS 추진과정]
① 1단계(1995~2000, GIS 기반조성단계) : 지형도, 주제도, 지하시설물도 DB구축 추진
② 2단계(2001~2005, GIS 활용확산단계) : 국가공간정보기반 확충을 통한 디지털 국토실현 추진
③ 3단계(2006~2010, GIS 정착단계) : 고도의 GIS 활용단계

정답 33.③ 34.③ 35.② 36.② 37.④ 38.① 39.② 40.② 41.② 42.④ 43.②

44. 사용자가 네트워크나 컴퓨터를 의식하지 않고 장소에 상관없이 자유롭게 네트워크에 접속할 수 있는 정보통신 환경을 무엇이라 하는가?

① 유비쿼터스(Ubiquitous)
② 위치기반정보시스템(LBS)
③ 지능형교통정보시스템(ITS)
④ 텔레매틱스(Telematics)

[해설] [유비쿼터스(Ubiquitous)의 정의]
라틴어로 언제 어디에나 존재한다는 뜻으로 사용자가 언제 어디서나 원하는 정보를 시간과 장소에 구애받지 않고 접근하여 활용할 수 있는 기술이나 환경을 가능하게 하는 컴퓨팅 환경

45. 필지식별번호에 관한 설명으로 틀린 것은?

① 각 필지의 등록사항의 저장과 수정 등을 용이하게 처리할 수 있는 고유번호를 말한다.
② 필지에 관련된 모든 자료의 공통적 색인번호의 역할을 한다.
③ 토지관련 정보를 등록하고 있는 각종 대장과 파일 간의 정보를 연결하거나 검색하는 기능을 향상시킨다.
④ 필지의 등록사항 변경 및 수정에 따라 변화할 수 있도록 가변성이 있어야 한다.

[해설] [필지식별자(필지식별번호)]
① 단일필지 식별번호 또는 부동산식별자 또는 단일식별 참조번호 등의 여러 가지로 표현하나 의미는 비슷함
② 매 필지의 등록사항을 저장, 검색, 수정 등을 편리하게 처리할 수 있어야 함
③ 영구히 불변하는 필지의 고유번호라 하며, 토지필지와 연관된 표준참조번호라 함

46. 관계형 데이터베이스를 위한 산업표준으로 사용되는 대표적인 질의 언어는?

① SQL   ② DML
③ DCL   ④ CQL

[해설] [SQL(Structured Query Language) : 구조화 질의 언어]
• 데이터베이스를 사용할 때 데이터베이스에 접근할 수 있는 데이터베이스 하부 언어
• 데이터 정의어(DDL)와 데이터 조작어(DML)를 포함한 데이터베이스용 질의언어(query language)의 일종
• 단순한 질의 기능뿐만 아니라 완전한 데이터 정의 기능과 조작 기능을 갖추고 있음
• 영어 문장과 비슷한 구문을 갖고 있으므로 초보자들도 비교적 쉽게 사용

47. 디지타이징 입력에 의한 도면의 오류를 수정하는 방법으로 틀린 것은?

① 선의 중복 : 중복된 두 선을 제거함으로써 쉽게 오류를 수정할 수 있다.
② 라벨오류 : 잘못된 라벨을 선택하여 수정하거나 제위치에 옮겨주면 된다.
③ Undershoot and Overshoot : 두 선이 목표지점을 벗어나거나 못 미치는 오류를 수정하기 위해서는 선분의 길이를 늘려주거나 줄여야 한다.
④ Sliver 폴리곤 : 폴리곤이 겹치지 않게 적절하게 위치를 이동시킴으로써 제거될 수 있는 경우도 있고, 폴리곤을 형성하고 있는 부정확하게 입력된 선분을 만든 버틱스들을 제거함으로써 수정될 수도 있다.

[해설] 디지타이징 입력에 의한 도면의 오류 수정에 있어 중복된 두 선의 경우 두 선 중에 한 선을 제거함으로 오류를 수정할 수 있다.

48. 다음 중 관계형 DBMS에 대한 설명으로 옳은 것은?

① 하나의 개체가 여러 개의 부모 레코드와 자녀 레코드를 가질 수 있다.
② 데이터들이 트리구조로 표현되기 때문에 하나의 루트(root)레코드를 가진다.
③ SQL과 같은 질의언어 사용으로 복잡한 질의도 간단하게 표현할 수 있다.
④ 서로 같은 자료부분을 갖는 모든 객체를 묶어서 클래스(class) 혹은 형(type)이라 한다.

해설 [DBMS의 구분]
① 영역들이 갖는 계측구조를 제거하여 시스템의 유연성을 높이기 위해서 만들어진 구조
② 데이터의 무결성, 보안, 권한 록킹 등 이전의 응용분야에서 처리해야 했던 많은 기능 등 지원
③ 상이한 정보간 검색, 결합, 비교, 자료가감 등 용이

49. 벡터데이터에 비해 래스터데이터가 갖는 장점으로 틀린 것은?

① 자료구조가 단순하다.
② 객체의 크기와 방향성에 정보를 가지고 있다.
③ 스캐닝이나 위성영사, 디지털 카메라에 의해 쉽게 자료를 취득할 수 있다.
④ 격자의 크기 및 형태가 동일하므로 시뮬레이션에는 용이하다.

해설 [래스터데이터의 특징]
① 간단한 자료구조
② 중첩에 대한 조작이 용이
③ 다양한 공간적 편의가 격자형 형태로 나타냄
④ 자료의 조작과정에 효과적
⑤ 압축되어 사용되는 경우가 드물다.
⑥ 지형관계를 나타내기가 훨씬 어렵다.

50. 점 개체의 분포특성을 일정한 단위 공간에서 나타나는 점의 수를 측정하여 분석하는 방법은?

① 방안분석(quadrat analysis)
② 빈도분석(frequency analysis)
③ 예측분석(expected analysis)
④ 커널분석(kernel analysis)

해설 [방안분석(quadrat analysis)]
점 개체의 분포특성을 일정한 단위공간인 방안에 나타나는 점의 수를 측정하여 분석하는 방법

51. 다음 중 도로와 같은 교통망이나 하천, 상·하수도 등과 같은 관망의 연결성과 경로를 분석하는 기법은?

① 지형분석
② 다기준 분석
③ 근접분석
④ 네트워크 분석

해설 네트워크분석은 두 지점간의 최단경로를 찾는 공간분석으로 절점이 서로 연결되었는지를 결정하는 연결성이 중요한 요소가 된다.

52. 데이터에 대한 정보인 메타데이터의 특징으로 틀린 것은?

① 데이터의 직접적인 접근이 용이하지 않을 경우 데이터를 참조하기 위한 보조데이터로 사용된다.
② 대용량의 공간데이터를 구축하는데 비용과 시간을 절감할 수 있다.
③ 데이터의 교환을 원활하게 지원할 수 있다.
④ 메타데이터는 데이터 일관성을 유지하기 어렵게 한다.

해설 메타데이터(meta data)란 실제 데이터는 아니지만 데이터베이스, 레이어, 속성, 공간형상 등과 관련된 데이터의 내용, 품질, 조건 및 특징 등을 저장한 데이터로서 데이터에 관한 데이터로 데이터의 이력을 말한다. 메타데이터는 데이터의 일관성 유지에 활용될 수 있다.

53. 토지정보체계의 관리 목적에 대한 설명으로 틀린 것은?

① 토지관련 정보의 수요결정과 정보를 신속하고 정확하게 제공할 수 있다.
② 신뢰할 수 있는 가장 최신의 토지등록 데이터를 확보할 수 있도록 하는 것이다.
③ 토지와 관련된 등록부와 도면 등의 도해지적 공부의 확보이다.
④ 새로운 시스템의 도입으로 토지정보체계의 DB에 관련된 시스템을 자동화하는 것이다.

[해설] 토지정보체계의 구축을 위해 이미 토지에 관한 등록부나 도면 등의 도해지적 공부는 확보되어 있어야 하며, 새로운 시스템의 도입으로 DB에 관련된 시스템을 자동화하여 최신의 토지등록과 토지관련정보의 수요결정에 활용될 수 있다.

54. 다음 중 공간데이터베이스를 구축하기 위한 자료취득 방법과 가장 거리가 먼 것은?

① 기존 지형도를 이용하는 방법
② 지상측량에 의한 방법
③ 항공사진측량에 의한 방법
④ 통신장비를 이용하는 방법

[해설] 통신장비를 이용하는 방법으로는 연결된 장소의 단편적인 위치정보는 얻을 수 있어도 공간데이터베이스를 구축하기 위한 포괄적인 자료취득에 활용하기는 어렵다.

55. 수치표고자료가 만들어지고 저장되는 방식이 아닌 것은?

① 일정크기 격자로서 저장되는 격자(grid) 방식
② 등고선에 의한 방식
③ 단층에 의한 프로파일(profile) 방식
④ 위상(topology) 방식

[해설] 수치표고자료(DEM)은 3차원 속성의 래스터데이터로 격자방식으로 표현되며, 등고선으로 변환할 수 있으며 단층에 의한 프로파일방식으로 저장할 수 있으나 벡터데이터의 속성인 위상방식으로 저장되기는 어렵다.

56. 위상관계의 특성과 관계가 없는 것은?

① 인접성
② 연결성
③ 단순성
④ 포함성

[해설] 위상관계는 공간정보의 각각의 위치의 상관관계에 대한 인접성, 연결성, 포함성을 규정한다.

57. 지적도면을 디지타이저를 이용하여 전산입력할 때 저장되는 자료구조는?

① 래스터자료
② 문자자료
③ 벡터자료
④ 속성자료

[해설] 지적도면을 디지타이저를 이용하여 전산입력하게 되면 벡터자료로 저장된다.

58. 다음 중 PBLIS 구축에 따른 시스템의 구성요건으로 옳지 않은 것은?

① 개방적 구조를 고려하여 설계
② 파일처리방식의 데이터관리시스템
③ 시스템의 확장성을 고려하여 설계
④ 전국적인 통일된 좌표계 사용

[해설] PBLIS 구축에는 쌍용정보통신에서 응용프로그램을 개발하고, 삼성 SDS에서 시군구 지적행정시스템에 대한 연계시스템 지원을 각각 설계하여 DBMS방식으로 구성하였다.

59. 아래의 설명에 해당하는 공간분석 유형은?

> 서로 다른 레이어의 정보의 합성으로써 수치연산의 적용이 가능하며, 이것에 의해 새로운 속성값을 생성한다.

① 네트워크 분석
② 연결성 추정
③ 중첩
④ 보간법

[해설] [레이어 중첩의 특징]
① 하나의 레이어에 각각의 객체와 다른 레이어의 객체들 사이에 관계를 찾아내는 작업
② 레이어별로 필요한 정보를 추출해 낼 수 있다.
③ 새로운 가설이나 이론 및 시뮬레이션을 통해 정보를 추출하는 모델링 작업을 수행할 수 있다.
④ 형상들의 공간관계를 파악할 수 있으며 특정지점의 주변 환경에 대한 정보를 얻은 경우에도 사용할 수 있다.

60. 지방자치단체가 지적공부 및 부동산종합공부 정보를 전자적으로 관리·운영하는 시스템은?

① 한국토지정보시스템 ② 부동산종합정보시스템
③ 지적행정시스템 ④ 국가공간정보시스템

해설 [부동산종합정보시스템]
① 지적, 건축물, 토지이용 등 18종의 부동산 공부를 1종으로 일원화하여 행정혁신과 국민편의 도모
② 부동산 공부(지적, 건축, 가격, 토지, 소유)를 개별적으로 활용하던 수요기관에서 통합된 정보를 단일화 된 전산 기반에서 활용할 수 있도록 구축

4과목 지적학

61. 지번에 결번이 생겼을 경우 처리하는 방법은?

① 결번된 토지대장카드를 삭제한다.
② 결번 대장을 비치하여 영구히 보존한다.
③ 결번된 지번을 삭제하고 다른 지번을 설정한다.
④ 신규등록시 결번을 사용하여 결번이 없도록 한다.

해설 [공간정보의 구축 및 관리 등에 관한 법률 시행규칙 제63조 (결번대장의 비치)]
지적소관청은 행정구역의 변경, 도시개발사업의 시행, 지번 변경, 축척변경, 지번정정 등의 사유로 지번에 결번이 생긴 때에는 지체 없이 그 사유를 결번대장에 적어 영구히 보존하여야 한다.

62. 지적공부의 등록사항을 공시하는 방법으로 적절하지 않은 것은?

① 지적공부에 등록된 경계를 지상에 복원하는 것
② 지적공부를 직접 열람하거나 등본에 의하여 외부에서 알 수 있는 것
③ 지적공부에 등록된 토지 표시사항을 등기부에 기록된 내용에 의하여 정정하는 것
④ 지적공부에 등록된 사항과 현장상황이 맞지 않을 때 현장상황에 따라 변경등록하는 것

해설 [지적공부의 등록사항을 공시하는 방법]
① 지적공부에 등록된 경계를 지상에 복원하는 것
② 지적공부를 직접 열람하거나 등본에 의하여 외부에서 알 수 있는 것
③ 지적공부에 등록된 사항과 현장상황이 맞지 않을 때 현장상황에 따라 변경등록하는 것

63. "지적도에 등록된 경계와 임야도에 등록된 경계가 서로 다른 때에는 축척 1:1,200인 지적도에 등록된 경계에 따라 축척 1:6,000인 임야도의 경계를 정정하여야 한다."라는 기준은 어느 원칙을 따른 것인가?

① 등록선후의 원칙 ② 용도경중의 원칙
③ 축척종대의 원칙 ④ 경계불가분의 원칙

해설 [경계결정의 원칙]
① **축척종대의 원칙** : 축척이 큰 것에 등록된 경계를 따름
② **경계불가분의 원칙** : 경계는 유일무이한 것으로 이를 분리할 수 없다는 원칙
③ **등록선후의 원칙** : 등록시기가 빠른 토지의 경계를 따른다는 원칙
④ **경계국정주의** : 지적공부에 등록하는 경계는 국가가 조사·측량하여 결정한다는 원칙

64. 다음 중 토지조사사업 당시의 재결기관으로 옳은 것은?

① 도지사
② 임시토지조사국장
③ 고등토지조사국장
④ 지방토지조사위원회

해설

구분	토지조사사업	임야조사사업
측량기관	임시토지조사국	부(府), 면(面)
사정기관	임시토지조사국장	도지사
재결기관	고등토지조사위원회	임야심사위원회

65. 토지이동에 관한 설명 중 틀린 것은?

① 신규등록은 토지이동에 속한다.
② 등록전환, 지목변경의 신청기한은 60일 이내이다.
③ 소유자변경, 토지등급 및 수확량 등급수정도 토지이동에 속한다.
④ 토지이동이란 토지의 표시를 새로 정하거나 변경 또는 말소하는 것을 말한다.

해설 소유자변경, 토지등급 및 수확량 등급수정은 토지의 이동에 속하지 않는다.

66. 시대와 사용처, 비치처에 따라 다르게 불리는 양안의 명칭에 해당하지 않는 것은?

① 도적(圖籍)
② 성책(成冊)
③ 전답타량안(田畓打量案)
④ 양전도행장(量田道行帳)

해설 도적은 백제의 장부임
[시대별 양안의 명칭]
① 고려시대 : 도전장, 양전장적, 양전도장, 도전정, 전적, 전안
② 조선시대 : 양안등서책, 전답안, 성책, 양명등서차, 전답결대장, 전답결타량, 전답타량안, 전답양안, 전답행심, 양전도행장

67. 다음 중 조선시대의 양안(量案)에 관한 설명으로 틀린 것은?

① 호조, 본도, 본읍에 보관하게 하였다.
② 토지의 소재, 등급, 면적을 기록하였다.
③ 양안의 소유자는 매 10년마다 측량하여 등재하였다.
④ 오늘날의 토지대장과 같은 조선시대의 토지등록장부다.

해설 [양전제도]
① 고려·조선 시대 토지의 실제경작 상황을 파악하기 위해 실시한 토지측량 제도

② 모든 토지를 6등급으로 구분(정전, 속전, 강등전, 강속전, 가경전, 화전)
③ 20년마다 한 번씩 양전을 실시, 그 결과를 양안에 기록하며, 양전을 할 때는 균전사를 파견하여 감독
④ 호조, 본도, 본읍에 보관

68. 토지조사사업 당시의 사정사항으로 옳은 것은?

① 지번과 경계
② 지번과 지목
③ 지번과 소유자
④ 소유자와 경계

해설 [토지조사사업의 사정(査定)]
① 임시토지조사국은 지방토지조사위원회에 자문하여 토지소유자와 그 강계를 사정
② 임시토지조사국장은 사정을 하는 때에는 30일간 이를 공시
③ 사정에 불복하는 자는 공시기간 만료 후 60일내에 고등토지조사위원회에 제기하여 재결받을 수 있음

69. "지적은 특정한 국가나 지역 내에 있는 재산을 지적측량에 의해서 체계적으로 정리해 놓은 공부이다."라고 지적을 정의한 학자는?

① A. Toffler
② S. R. Simpson
③ J. G. McEntyre
④ J. L. G. Henssen

해설 [지적을 정의한 학자의 견해]
① Simpson : 과세의 기초로 제공하기 위하여 한 국가 내의 부동산의 면적이나 소유권 및 그 가격을 등록하는 공부
② McEntyre : 토지에 대한 법률상 용어로서 세부과를 위한 부동산의 수량, 가치 및 소유권의 공정등록
③ Henssen : 지적은 특정한 국가나 지역 내에 있는 재산을 지적측량에 의해 체계적으로 정리해 놓은 공부

70. 다음 중 대한제국시대에 양전사업을 위해 설치된 최초의 독립된 지적행정관청은?

① 탁지부　　② 양지아문
③ 지계아문　④ 임시재산정리국

해설 [양지아문(量地衙門)]
① 1898년 6월 23일 내부대신 박정양, 농공부대신 이도재가 토지측량에 관한 청의서를 제출하여 국왕이 사업실시 결정
② 1898년 양지아문직원 및 처무규정을 공포함으로 양전사업의 담당기관인 양지아문(量地衙門)을 설치하고 전국의 양전사무를 정리
③ 양지아문에서 양전사업에 종사하는 실무진으로 양무감리, 양무위원, 조사위원 및 기술진 있음
④ 전국 토지측량은 외국인 기사가 인솔하는 측량견습생이 측량을 실시할 계획이었으나 신속한 사업의 마무리를 위해 각 도마다 양무감리를 두고 양전을 감독함
⑤ 1902년 3월 양지아문이 지계아문으로 흡수됨으로 양전사무가 지계아문에 이관

71. 조선시대 매매에 따른 일종의 공증제도로 토지를 매매할 때 소유권 이전에 관하여 관에서 공적으로 증명하여 발급한 서류는?

① 명문(明文)　② 문권(文券)
③ 문기(文記)　④ 입안(立案)

해설 [입안(立案)]
① 조선시대에 실시한 제도로 오늘날의 등기부와 유사
② 토지매매시 관청에서 증명한 공적 소유권 증서
③ 소유자확인 및 토지매매를 증명하는 제도

72. 지압(地押)조사에 대한 설명으로 옳은 것은?

① 신고, 신청에 의하여 실시하는 토지조사이다.
② 무신고 이동지를 발견하기 위하여 실시하는 토지검사이다.
③ 토지의 이동측량성과를 검사하는 성과검사이다.
④ 분쟁지의 경계와 소유자를 확정하는 토지조사이다.

해설 [지압조사(地押調査)]
무신고 이동지를 발견하기 위하여 실시하는 토지검사

73. 다음 중 일필지의 경계설정방법이 아닌 것은?

① 보완설　② 분급설
③ 점유설　④ 평분설

해설 [일필지의 경계설정방법]
① 점유설 : 토지소유권의 경계는 불명하지만 양지의 소유자가 점유하는 지역의 명확한 선으로 구분되어 있을 때에는 이 1개의 선을 소유자의 경계로 하여야 한다.
② 평분설 : 경계가 불명하고 점유상태까지 확정할 수 없는 경우 분쟁지를 물리적으로 평분하여 쌍방토지에 소속시켜야 한다.
③ 보완설 : 현 점유선에 의하거나 또는 평분하여 경계를 결정하고자 할 경우 그 새로 결정되는 경계가 이미 조사된 신빙할 만한 다른 자료와 일치하지 않을 경우 이 자료를 감안하여 공평하고도 그 적당한 방법에 따라 그 경계를 보완하여야 할 것이다.

74. 지적의 어원과 관련이 없는 것은?

① capitalism　② cadastrum
③ capitastrum　④ katastikhon

해설 [지적의 어원]
① 라틴어인 Capitastrum, Cadastrum에서 유래(과세부과의 의미)
② 그리스어인 Katastikhon에서 유래(과세부과의 의미)
③ Cadastre 과세 및 측량의 의미

75. 지적의 분류 중 등록방법에 따른 분류가 아닌 것은?

① 도해지적　② 2차원지적
③ 3차원지적　④ 입체지적

정답 65.③ 66.① 67.③ 68.④ 69.④ 70.② 71.④ 72.② 73.② 74.① 75.①

해설 [지적의 등록방법별 분류]
① **2차원 지적**: 토지의 고저에 관계없이 수평면상의 투영만을 가상하여 각 필지의 경계를 등록·공시하는 제도로 평면지적이라 함
② **3차원 지적**: 선과 면으로 구성된 2차원 지적에 높이를 추가하는 것으로 입체지적이라 함
③ **4차원 지적**: 지표, 지상건축물, 지하시설물 등을 효율적으로 등록·공시하거나 관리·지원할 수 있고, 등록사항의 변경내용을 정확하게 유지·관리할 수 있는 다목적지적제도

76. 지적과 등기에 관한 설명으로 틀린 것은?

① 지적공부는 필지별 토지의 특성을 기록한 공적장부이다.
② 등기부 을구의 내용은 지적공부 작성의 토대가 된다.
③ 등기부 갑구의 정보는 지적공부 작성의 토대가 된다.
④ 등기부 표제부는 지적공부의 기록을 토대로 작성된다.

해설 등기부 을구에는 소유권 외의 권리에 관한 사항을 기록하고 있으므로 지적공부의 작성과는 무관하다.

77. 다음 지적재조사사업에 관한 설명으로 옳은 것은?

① 지적재조사사업은 지적소관청이 시행한다.
② 지적소관청은 지적재조사사업에 관한 기본계획을 수립하여야 한다.
③ 지적재조사사업에 관한 주요정책을 심의·의결하기 위하여 지적소관청 소속으로 중앙지적조사위원회를 둔다.
④ 시·군·구의 지적재조사사업에 관한 주요정책을 심의·의결하기 위하여 국토교통부장관소속으로 시·군·구 지적재조사위원회를 둘 수 있다.

해설 [지적재조사사업]
① 지적재조사사업은 지적소관청이 시행한다.
② 국토교통부장관은 지적재조사사업에 관한 기본계획을 수립하여야 한다.
③ 지적재조사사업에 관한 주요정책을 심의·의결하기 위하여 국토교통부장관 소속으로 중앙지적조사위원회를 둔다.
④ 시·군·구의 지적재조사사업에 관한 주요정책을 심의·의결하기 위하여 지적소관청 소속으로 시·군·구 지적재조사위원회를 둘 수 있다.

78. 다음 중 지적관련법령의 변천순서로 옳은 것은?

① 토지조사령 → 조선임야조사령 → 조선지세령 → 지세령 → 지적법
② 토지조사령 → 조선지세령 → 조선임야조사령 → 지세령 → 지적법
③ 토지조사령 → 조선임야조사령 → 지세령 → 조선지세령 → 지적법
④ 토지조사령 → 지세령 → 조선임야조사령 → 조선지세령 → 지적법

해설 토지조사법(1910) → 토지조사령(1912) → 지세령(1914) → 조선임야조사령(1918) → 조선지세령(1943) → 지적법(1950)

79. 다음 중 지적도에 건물이 등록되어 있는 국가는?

① 독일   ② 대만
③ 일본   ④ 한국

해설 [독일의 지적제도]
① 지적제도는 행정부에서, 등기제도는 사법부에서 관리운영하는 2원체제로 운영
② 지적도에는 도로의 명칭과 건물번호, 가로등, 가로수 등을 등록하고 있으나 지번은 등록되고 지목의 표시는 하지 않고 있음

80. "모든 토지는 지적공부에 등록해야 하고 등록전 토지 표시 사항은 항상 실제와 일치하게 유지해야 한다."가 의미하는 토지등록제도는?

① 권원등록제도 ② 소극적 등록제도
③ 적극적 등록제도 ④ 날인증서 등록제도

해설 ① **적극적 등록주의** : 토지등록은 일필지의 개념으로 법적인 권리보장이 인증되고 정부에 의해 그러한 합법성과 효력이 발생
② **소극적 등록주의** : 기본적으로 거래와 그에 관한 거래증서의 변경기록을 수행하는 것이며, 일필지의 소유권이 거래되면서 발생되는 거래증서를 변경 등록하는 것
③ **날인증서등록제도** : 토지의 이익에 영향을 미치는 문서의 공적등기를 보전하는 등록
④ **권원등록제도** : 공적기관에서 보존되는 특정한 사람에게 귀속된 명확히 한정된 단위의 토지에 대한 권리와 그러한 권리들이 존속되는 한계에 대한 권위있는 등록

5과목 지적관계법규

81. 부동산등기규칙상 토지의 분할, 합병 및 등기사항의 변경이 있어 토지의 표시변경등기를 신청하는 경우에 그 변경을 증명하는 첨부정보로서 옳은 것은?

① 지적도나 임야도
② 멸실 및 증감확인서
③ 이해관계인의 승낙서
④ 토지대장 정보나 임야대장 정보

해설 [**부동산 등기규칙 제72조(토지표시변경등기의 신청)**]
① 법 제35조에 따라 토지의 표시변경등기를 신청하는 경우에는 그 토지의 변경 전과 변경 후의 표시에 관한 정보를 신청정보의 내용으로 등기소에 제공하여야 한다.
② 제1항의 경우에는 그 변경을 증명하는 토지대장 정보나 임야대장 정보를 첨부정보로서 등기소에 제공하여야 한다.

82. 공간정보의 구축 및 관리 등에 관한 법률 시행령상 지번 부여방법 기준으로 틀린 것은?

① 분할시의 지번은 최종본번을 부여한다.
② 합병시의 지번은 합병대상 지번 중 선순위 본번으로 부여할 수 있다.
③ 북서에서 남동으로 순차적으로 부여한다.
④ 신규등록시 인접토지의 본번에 부번을 붙여 부여한다.

해설 [**공간정보의 구축 및 관리 등에 관한 법률 시행령 제56조 (지번의 구성 및 부여방법 등)**]
분할의 경우에는 분할 후의 필지 중 1필지의 지번은 분할 전의 지번으로 하고, 나머지 필지의 지번은 본번의 최종 부번 다음 순번으로 부번을 부여할 것. 이 경우 주거·사무실 등의 건축물이 있는 필지에 대해서는 분할 전의 지번을 우선하여 부여하여야 한다.

83. 다음 중 축척변경위원회에 대한 설명에 해당하는 것은?

① 축척변경 시행계획에 관하여 소관청이 회부하는 사항에 대한 심의·의결하는 기구이다.
② 토지관련 자료의 효율적인 관리를 위하여 설치된 기구이다.
③ 지적측량의 적부심사·청구사항에 대한 심의기구이다.
④ 축척변경에 대한 연구를 수행하는 주민자치기구이다.

해설 [**공간정보의 구축 및 관리 등에 관한 법률 시행령 제80조 (축척변경위원회의 기능)**]
1. 축척변경 시행계획에 관한 사항
2. 지번별 제곱미터당 금액의 결정과 청산금의 산정에 관한 사항
3. 청산금의 이의신청에 관한 사항
4. 그 밖에 축척변경과 관련하여 지적소관청이 회의에 부치는 사항

84. 고의로 측량성과를 다르게 한 자에 대한 벌칙 기준으로 옳은 것은?

① 300만원 이하의 과태료
② 1년 이하의 징역 또는 1천만원 이하의 벌금
③ 2년 이하의 징역 또는 2천만원 이하의 벌금
④ 3년 이하의 징역 또는 3천만원 이하의 벌금

해설 [공간정보의 구축 및 관리 등에 관한 법률 제108조(벌칙)]
다음 각 호의 어느 하나에 해당하는 자는 2년 이하의 징역 또는 2천만원 이하의 벌금에 처한다.
1. 측량기준점표지를 이전 또는 파손하거나 그 효용을 해치는 행위를 한 자
2. 고의로 측량성과 또는 수로조사성과를 사실과 다르게 한 자
3. 측량성과를 국외로 반출한 자
4. 측량업의 등록을 하지 아니하거나 거짓이나 그 밖의 부정한 방법으로 측량업의 등록을 하고 측량업을 한 자
5. 수로사업의 등록을 하지 아니하거나 거짓이나 그 밖의 부정한 방법으로 수로사업의 등록을 하고 수로사업을 한 자
6. 성능검사를 부정하게 한 성능검사대행자
7. 성능검사대행자의 등록을 하지 아니하거나 거짓이나 그 밖의 부정한 방법으로 성능검사대행자의 등록을 하고 성능검사업무를 한 자

85. 다음 중 공간정보의 구축 및 관리 등에 관한 법률에서 정의하는 지적공부에 해당하지 않는 것은?

① 지적도
② 일람도
③ 공유지연명부
④ 대지권등록부

해설 [공간정보의 구축 및 관리 등에 관한 법률 제2조(정의)]
"지적공부"란 토지대장, 임야대장, 공유지연명부, 대지권등록부, 지적도, 임야도 및 경계점좌표등록부 등 지적측량 등을 통하여 조사된 토지의 표시와 해당 토지의 소유자 등을 기록한 대장 및 도면을 말한다.

86. 다음 중 등기의 효력이 발생하는 시기는?

① 등기필증을 교부한 때
② 등기신청서를 접수한 때
③ 관련기관에 등기필통지를 한 때
④ 등기사항을 등기부에 기재한 때

해설 [부동산등기법 제6조(등기신청의 접수시기 및 등기의 효력 발생시기)]
① 등기신청은 대법원규칙으로 정하는 등기신청정보가 전산정보처리조직에 저장된 때 접수된 것으로 본다.
② 제11조제1항에 따른 등기관이 등기를 마친 경우 그 등기는 접수한 때부터 효력을 발생한다.

87. 도시지역과 그 주변지역의 무질서한 시가화를 방지하고 계획적·단계적인 개발을 도모하기 위하여 일정기간동안 시가화를 유보할 목적으로 지정하는 것은?

① 보존지구
② 개발제한구역
③ 시가화조정구역
④ 지구단위계획구역

해설 [시가화조정구역]
도시지역과 그 주변지역의 무질서한 시가화를 방지하고 계획적·단계적인 개발을 도모하기 위하여 일정기간동안 시가화를 유보할 목적으로 지정하는 구역

88. 공간정보의 구축 및 관리 등에 관한 법률 시행령상 청산금의 납부고지 및 이의신청 기준으로 틀린 것은?

① 납부고지를 받은 자는 그 고지를 받은 날부터 6개월 이내에 청산금을 지적소관청에 내야 한다.
② 납부고지되거나 수령통지된 청산금에 관하여 이의가 있는 자는 납부고지 또는 수령통지를 받은 날부터 1개월 이내에 지적소관청에 이의신청을 할 수 있다.
③ 지적소관청은 수령통지를 한 날부터 6개월 이내에 청산금을 지급하여야 한다.
④ 지적소관청은 청산금의 결정을 공고한 날부터 1개월 이내에 토지소유자에게 청산금의 납부고지 또는 수령통지를 하여야 한다.

해설 [공간정보의 구축 및 관리 등에 관한 법률 시행령 제76조 (청산금의 납부고지 등)]
① 지적소관청은 청산금의 결정을 공고한 날부터 20일 이내에 토지소유자에게 청산금의 납부고지 또는 수령통지를 하여야 한다.
② 제1항에 따른 납부고지를 받은 자는 그 고지를 받은 날부터 6개월 이내에 청산금을 지적소관청에 내야 한다.
③ 지적소관청은 수령통지를 한 날부터 6개월 이내에 청산금을 지급하여야 한다.
④ 지적소관청은 청산금을 지급받을 자가 행방불명 등으로 받을 수 없거나 받기를 거부할 때에는 그 청산금을 공탁할 수 있다.
⑤ 지적소관청은 청산금을 내야 하는 자가 기간 내에 청산금에 관한 이의신청을 하지 아니하고 기간 내에 청산금을 내지 아니하면 지방세 체납처분의 예에 따라 징수할 수 있다.

89. 다음 중 지적측량업의 업무 내용으로 옳은 것은?

① 도해지역에서의 지적측량
② 지적재조사 사업에 따라 실시하는 기준점측량
③ 지적자료를 활용한 정보화사업
④ 도시개발사업 등이 완료됨에 따라 실시하는 지적도 근점 측량

해설 [공간정보의 구축 및 관리 등에 관한 법률 시행령 제34조 (측량업의 종류)]
지적측량업의 업무 내용
① 경계점좌표등록부가 비치된 지역에서의 지적측량
② 지적재조사사업에 따라 실시하는 지적확정측량
③ 지적도시개발사업 등이 완료됨에 따라 실시하는 지적확정측량
④ 지적전산자료를 활용한 정보화사업

90. 공간정보의 구축 및 관리 등에 관한 법률상 성능검사대행자 등록의 결격사유가 아닌 것은?

① 피성년후견인 또는 피한정후견인
② 성능검사대행자 등록이 취소된 후 2년이 경과되지 아니한 자
③ 이 법을 위반하여 징역형의 집행유예를 선고받고 그 유예기간 중에 있는 자
④ 이 법을 위반하여 징역의 실형을 선고받고 그 집행이 종료(집행이 종료된 것으로 보는 경우를 포함한다.)되거나 집행이 면제된 날부터 3년이 경과한 자

해설 [성능검사대행자 등록의 결격사유]
① 피성년후견인 또는 피한정후견인
② 성능검사대행자 등록이 취소된 후 2년이 경과되지 아니한 자
③ 이 법을 위반하여 징역형의 집행유예를 선고받고 그 유예기간 중에 있는 자
④ 이 법을 위반하여 징역의 실형을 선고받고 그 집행이 종료되거나 집행이 면제된 날부터 2년이 지나지 아니한 자

91. 공간정보의 구축 및 관리 등에 관한 법령상 지적측량수수료에 관한 설명으로 틀린 것은?

① 국토교통부장관이 고시하는 표준품셈 중 지적측량품에 지적기술자의 정부노임단가를 적용하여 산정한다.
② 지적측량 종목별 세부산정기준은 국토교통부장관이 정한다.
③ 지적소관청이 직권으로 조사·측량하여 지적공부를 정한 경우, 조사·측량에 들어간 비용을 면제한다.
④ 지적측량수수료는 국토교통부장관이 매년 12월 말일까지 고시하여야 한다.

해설 [공간정보의 구축 및 관리 등에 관한 법률 제106조(수수료 등)]
① 지적측량을 의뢰하는 자는 국토교통부령으로 정하는 바에 따라 지적측량수행자에게 지적측량수수료를 내야 한다.
② 지적측량수수료는 국토교통부장관이 매년 12월 말일까지 고시하여야 한다.
③ 직권으로 조사·측량하여 지적공부를 정리한 경우에는 그 조사·측량에 들어간 비용을 토지소유자로부터 징수한다.

정답 84. ③ 85. ② 86. ② 87. ③ 88. ④ 89. ③ 90. ④ 91. ③

92. 국토의 계획 및 이용에 관한 법률상 도시·군 관리계획 결정의 효력은 언제를 기준으로 그 효력이 발생하는가?

① 지형도면을 고시한 날부터
② 지형도면 고시가 된 날의 다음 날부터
③ 지형도면 고시가 된 날부터 3일 후부터
④ 지형도면 고시가 된 날부터 5일 후부터

> **해설** [국토의 계획 및 이용에 관한 법률 제31조(도시·군관리계획 결정의 효력)]
> 도시·군관리계획 결정의 효력은 제32조제4항에 따라 지형도면을 고시한 날부터 발생한다.

93. 다음 중 주된 용도의 토지에 편입하여 1필지로 할 수 있는 종된 토지의 기준으로 옳은 것은?

① 주된 지목의 토지 면적이 1,148㎡인 토지로 종된 지목의 토지 면적이 115㎡인 토지
② 주된 지목의 토지 면적이 2,300㎡인 토지로 종된 지목의 토지 면적이 231㎡인 토지
③ 주된 지목의 토지 면적이 3,125㎡인 토지로 종된 지목의 토지 면적이 228㎡인 토지
④ 주된 지목의 토지 면적이 3,350㎡인 토지로 종된 지목의 토지 면적이 332㎡인 토지

> **해설** [공간정보의 구축 및 관리 등에 관한 법률 시행령 제5조(1필지로 정할 수 있는 기준)]
> 다음 각 호의 어느 하나에 해당하는 토지는 주된 용도의 토지에 편입하여 1필지로 할 수 있다. 다만, 종된 용도의 토지의 지목(地目)이 "대"(垈)인 경우와 종된 용도의 토지 면적이 주된 용도의 토지 면적의 10퍼센트를 초과하거나 330제곱미터를 초과하는 경우에는 그러하지 아니하다.
> 1. 주된 용도의 토지의 편의를 위하여 설치된 도로·구거(溝渠: 도랑) 등의 부지
> 2. 주된 용도의 토지에 접속되거나 주된 용도의 토지로 둘러싸인 토지로서 다른 용도로 사용되고 있는 토지

94. 지적공부에 관한 전산자료를 이용 또는 활용하고자 승인을 신청하려는 자는 다음 중 누구의 심사를 받아야 하는가? (단, 중앙행정기관의 장, 그 소속기관의 장 또는 지방자치단체의 장이 승인을 신청하는 경우는 제외한다.)

① 국무총리
② 시·도지사
③ 시장·군수·구청장
④ 관계 중앙행정기관의 장

> **해설** [공간정보의 구축 및 관리 등에 관한 법률 시행령 제62조(지적전산자료의 이용 등)]
> 신청을 받은 관계 중앙행정기관의 장은 다음의 사항을 심사한 후 신청받은 날부터 15일이내에 그 심사결과를 신청인에게 알려야 한다.
> • 신청서에 기재한 내용의 타당성·적합성 및 공익성
> • 개인정보 보호기준에의 적합여부
> • 전산자료의 이용목적 외 사용방지 대책의 수립여부

95. 지적소관청이 관리하는 지적기준점표지가 멸실되거나 훼손되었을 때에는 누가 이를 다시 설치하거나 보수하여야 하는가?

① 국토지리정보원장
② 지적소관청
③ 시·도지사
④ 국토교통부장관

> **해설** [공간정보의 구축 및 관리 등에 관한 법률 시행령 제61조(지적공부의 복구)]
> ① 지적소관청이 법 제74조에 따라 지적공부를 복구할 때에는 멸실·훼손 당시의 지적공부와 가장 부합된다고 인정되는 관계 자료에 따라 토지의 표시에 관한 사항을 복구하여야 한다. 다만, 소유자에 관한 사항은 부동산등기부나 법원의 확정판결에 따라 복구하여야 한다.
> ② 제1항에 따른 지적공부의 복구에 관한 관계 자료 및 복구절차 등에 관하여 필요한 사항은 국토교통부령으로 정한다.

96. 토지의 이동에 따른 지적공부의 정리방법 등에 관한 설명으로 틀린 것은?

① 토지이동정리 결의서는 토지대장·임야대장 또는 경계점좌표등록부별로 구분하여 작성한다.
② 토지이동정리 결의서에는 토지이동신청서 또는 도시개발사업 등의 완료신고서 등을 첨부하여야 한다.
③ 소유자정리 결의서에는 등기필증, 등기부등본 또는 그 밖에 토지소유자가 변경되었음을 증명하는 서류를 첨부하여야 한다.
④ 토지이동정리 결의서 및 소유자정리 결의서의 작성에 필요한 사항은 대통령령으로 정한다.

> **해설** [공간정보의 구축 및 관리 등에 관한 법률 시행령 제84조(지적공부의 정리 등)]
> ① 지적소관청이 토지의 이동이 있는 경우에는 토지이동정리결의서를 작성하여야 하고,
> ② 토지소유자의 변동 등에 따라 지적공부를 정리하려는 경우에는 소유자정리결의서를 작성하여야 한다.
> ③ 제1항 및 제2항에 따른 지적공부의 정리방법, 토지이동정리 결의서 및 소유자정리 결의서 작성방법 등에 관하여 필요한 사항은 국토교통부령으로 정한다.

97. 등기관이 지적소관청에 통지하여야 하는 토지의 등기사항이 아닌 것은?

① 소유권의 보존
② 소유권의 이전
③ 토지표시의 변경
④ 소유권의 등기명의인 표시의 변경

> **해설** [부동산등기법 제62조(소유권변경 사실의 통지)]
> ① 소유권의 보존 또는 이전
> ② 소유권의 등기명의인표시의 변경 또는 경정
> ③ 소유권의 변경 또는 경정
> ④ 소유권의 말소 또는 말소회복

98. 공간정보의 구축 및 관리 등에 관한 법률에서 규정된 용어의 정의로 틀린 것은?

① "경계"란 필지별로 경계점들을 곡선으로 연결하여 지적공부에 등록한 선을 말한다.
② "면적"이란 지적공부에 등록한 필지의 수평면상 넓이를 말한다.
③ "신규등록"이란 새로 조성된 토지와 지적공부에 등록되어 있지 아니한 토지를 지적공부에 등록하는 것을 말한다.
④ "축척변경"이란 지적도에 등록된 경계점의 정밀도를 높이기 위하여 작은 축척을 큰 축척으로 변경하여 등록하는 것을 말한다.

> **해설** [공간정보의 구축 및 관리 등에 관한 법률 제2조(정의)]
> "경계"란 필지별로 경계점들을 직선으로 연결하여 지적공부에 등록한 선을 말한다.

99. 공간정보의 구축 및 관리 등에 관한 법률 시행령상 지상경계의 결정기준에서 분할에 따른 지상경계를 지상건축물에 걸리게 결정할 수 있는 경우로 틀린 것은?

① 공공사업 등에 따라 지목이 학교용지로 되는 토지를 분할하는 경우
② 토지를 토지소유자의 필요에 의해 분할하는 경우
③ 도시개발사업 등의 사업시행자가 사업지구의 경계를 결정하기 위하여 토지를 분할하려는 경우
④ 법원의 확정판결이 있는 경우

> **해설** [공간정보의 구축 및 관리 등에 관한 법률 시행령 제55조(지상경계의 결정기준 등)]
> 분할에 따른 지상 경계는 지상건축물을 걸리게 결정해서는 안되지만 다음 각 호의 어느 하나에 해당하는 경우에는 그러하지 아니하다.
> 1. 법원의 확정판결이 있는 경우
> 2. 법 제87조제1호에 해당하는 토지를 분할하는 경우(공공사업 등에 따라 학교용지 등으로 되는 토지)
> 3. 제3항제1호 또는 제3호에 따라 토지를 분할하는 경우(도시개발사업 등의 사업시행자가 사업지구의 경계를 결정하기 위한 토지)

정답 92. ① 93. ③ 94. ④ 95. ② 96. ④ 97. ③ 98. ① 99. ②

100. 다음 중 지적삼각점성과표에 기록·관리하여야 하는 사항 중 필요한 경우에 한정하여 기재하는 것은?

① 자오선수차
② 경도 및 위도
③ 좌표 및 표고
④ 시준점의 명칭

해설 [지적기준점성과표의 기록 및 관리]

지적삼각점측량	지적삼각보조점측량
1. 지적삼각점의 명칭과 기준 원점명	1. 번호 및 위치의 약도
2. 좌표 및 표고	2. 좌표와 직각좌표계 원점명
3. 경도 및 위도	3. 경도와 위도(필요한 경우로 한정)
4. 자오선수차	4. 표고(필요한 경우로 한정)
5. 시준점의 명칭, 방위각 및 거리	5. 소재지와 측량연월일
6. 소재지와 측량연월일	6. 도선등급 및 도선명
7. 그 밖의 참고사항	7. 표지의 재질
	8. 도면번호
	9. 설치기관
	10. 조사연월일, 조사자 직위 성명 등

2017년도 제3회 지적기사 기출문제

1과목 지적측량

01. 수평각의 관측시 윤곽도를 달리하여 망원경을 정·반으로 관측하는 이유로 가장 적합한 것은?

① 각관측의 편의를 위함이다.
② 과대오차를 제거하기 위함이다.
③ 기계눈금오차를 제거하기 위함이다.
④ 관측값의 계산을 용이하게 하기 위함이다.

[해설] 수평각의 관측시 윤곽도를 달리하여 망원경을 정반으로 관측하는 이유는 측각장비의 기계눈금오차를 제거하기 위함이다.

02. 다각망도선법에 따라 지적도근점측량을 실시하는 경우 지적도근점표지의 평균 점간거리는?

① 50m 이하
② 200m 이하
③ 300m 이하
④ 500m 이하

[해설] [지적기준점의 점간거리]
① **지적삼각점** : 2~5km 이상
② **지적삼각보조점** : 1~3km, **다각망도선법** : 0.5~1km 이하
③ **지적도근점** : 50~300m, **다각망도선법** : 500m 이하

03. 경위의 측량방법으로 세부측량을 하였을 때 측량대상 토지의 경계점간 실측거리와 경계점의 좌표에 따라 계산상 거리의 교차기준으로 옳은 것은? (단, L은 실측거리로서 미터단위로 표시한 수치이다.)

① $2+\frac{L}{10}$cm 이내
② $3+\frac{L}{10}$cm 이내
③ $4+\frac{L}{10}$cm 이내
④ $5+\frac{L}{10}$cm 이내

[해설] 경계점간 실측거리와 계산거리의 교차는 $3+\frac{L}{10}$(센티미터) 이내여야 한다.

04. sin45°의 1초차를 소수점 이하 6위를 정수로 하여 표시한 것은?

① 0.34
② 2.42
③ 3.43
④ 4.45

[해설] sin45°00′01″ − sin45° = 0.00000343이므로 소수점 이하 6위를 정수로 표시하면 3.43이 된다.

05. 평판측량방법에 따른 세부측량을 도선법으로 하는 경우, 폐색오차가 도상 1mm이고 총 변수가 12일 때 제7변에 배부할 도상거리는?

① 0.2mm
② 0.4mm
③ 0.6mm
④ 0.8mm

해설 도선의 폐색오차가 도상길이 $\frac{\sqrt{N}}{3}mm$ 이하인 경우이므로

$$\left(1mm < \frac{\sqrt{12}}{3}mm\right)$$

$$M_n = \frac{e}{N} \times n = \frac{1.0mm}{12} \times 7 = 0.583mm ≒ 0.6mm$$

06. 지상 1㎢의 면적을 도상 4㎠로 표시한 도면의 축척은?

① 1/2,500 ② 1/5,000
③ 1/25,000 ④ 1/50,000

해설 면적은 거리의 제곱에 비례한다. 축척은 거리의 함수이므로 축척의 제곱에 면적이 비례한다.

$\frac{a_2}{a_1} = \left(\frac{m_2}{m_1}\right)^2$ 이므로

$$M = \frac{m_2}{m_1} = \sqrt{\frac{a_2}{a_1}} = \sqrt{\frac{4cm^2}{1km^2}}$$

$$= \sqrt{\frac{4cm^2}{1km^2 \frac{10,000,000,000cm^2}{1km^2}}} = \frac{1}{50,000}$$

07. 경중률이 서로 다른 데오도라이트 A, B를 사용하여 동일한 측점의 협각을 관측한 결과가 다음과 같을 때 최확값은?

구분	경중률	관측값
A	3	68°39′10″
B	2	68°39′30″

① 68°39′15″ ② 68°39′18″
③ 68°39′20″ ④ 68°39′22″

해설 ① **경중률**: 횟수에 비례하므로
$P_A : P_B = 3 : 2$
② **최확값**: 경중률을 포함한 산술평균
$$H_P = \frac{P_A \times h_A + P_B \times h_B}{P_A + P_B}$$
$$= 68°39′ + \frac{3 \times 10″ + 2 \times 30″}{3+2} = 68°39′18″$$

08. 다각망도선법에 의한 지적도근점측량을 할 때 1도선의 점의 수는 몇 점 이하로 제한되는가?

① 10점 ② 20점
③ 30점 ④ 40점

해설 [지적측량 시행규칙 제12조(지적도근점측량)]
① 지적도근점측량의 도선은 1등도선과 2등도선으로 구분한다.
② 다각망도선법으로 지적도근점측량을 할 때에 1도선의 점의 수는 20개 이하로 한다.
③ 도선법, 교회법 또는 다각망도선법으로 구성하여야 한다.

09. 도선법에 따른 지적도근점의 각도관측을 배각법으로 하는 경우, 1도선의 폐색오차의 허용범위는? (단, 폐색변을 포함한 변의 수는 20개이며 2등 도선이다.)

① ±44초 이내 ② ±67초 이내
③ ±89초 이내 ④ ±134초 이내

해설 배각법으로 변 20개로 이루어진 2등도선의 폐색오차 허용범위 = $±30\sqrt{n} = ±30\sqrt{20} = ±134$초 이내

[지적도근점 측량시 도선의 폐색오차]

구분	배각법	방위각법
1등도선	$±20\sqrt{n}$초 이내	$±\sqrt{n}$분 이내
2등도선	$±30\sqrt{n}$초 이내	$±1.5\sqrt{n}$분 이내

10. 지적삼각보조점측량을 다각망도선법으로 실시할 경우 1도선에 최대로 들어갈 수 있는 점의 수는?

① 2점 ② 3점
③ 4점 ④ 5점

해설 [다각망도선법에 의한 지적삼각측보조점측량의 기준]
① 3점 이상의 기지점으로 포함한 결합다각방식에 의한다.
② 1도선의 거리는 4km 이하로 한다.
③ 1도선의 점의 수는 기지점과 교점 포함하여 5점 이하로 한다.

11. 표준장 100m에 대하여 테이프(Tape)의 길이가 100m인 강제권척을 검사한 결과 +0.052m이었을 때, 이 테이프(Tape)의 보정계수는?

① 1.00052　　② 1.99948
③ 0.00052　　④ 0.99948

해설 보정계수 = $\dfrac{측정 길이}{표준자 길이}$ 이므로

보정계수 = $\dfrac{100.052}{100}$ = 1.00052

12. 다음 중 색인도 등의 제도에 관한 설명으로 옳지 않은 것은?

① 도면번호는 3mm의 크기로 제도한다.
② 도곽선 왼쪽 윗부분 여백의 중앙에 제도한다.
③ 축척은 도곽선 윗부분 여백의 좌측에 3mm의 글자 크기로 제도한다.
④ 가로 7mm, 세로 6mm 크기의 직사각형을 중앙에 두고 그의 4변에 접하여 같은 규격으로 4개의 직사각형을 제도한다.

해설 [지적업무 처리규정 제45조(색인도 등의 제도)]
① 색인도는 도곽선의 왼쪽 윗부분 여백의 중앙에 다음 각 호와 같이 제도한다.
  1. 가로 7밀리미터, 세로 6밀리미터 크기의 직사각형을 중앙에 두고 그의 4변에 접하여 같은 규격으로 4개의 직사각형을 제도한다.
  2. 1장의 도면을 중앙으로 하여 동일 지번부여지역안 위쪽·아래쪽·왼쪽 및 오른쪽의 인접 도면번호를 각각 3밀리미터의 크기로 제도한다.
② 제명 및 축척은 도곽선 윗부분 여백의 중앙에 "○○시·군·구 ○○읍·면 ○○동·리 지적도 또는 임야도 ○○장중 제○○호 축척○○○○분의 1"이라 제도한다. 이 경우 그 제도방법은 다음 각 호와 같다.
  1. 글자의 크기는 5밀리미터로 하고, 글자사이의 간격은 글자크기의 2분의 1정도 띄어 쓴다.
  2. 축척은 제명끝에서 10밀리미터를 띄어 쓴다.

13. 지적삼각보조점측량을 다각망도선법으로 시행할 경우 1도선의 거리의 기준은?

① 1km 이하　　② 2km 이하
③ 3km 이하　　④ 4km 이하

해설 [다각망도선법에 의한 지적삼각측보조점측량의 기준]
① 3점 이상의 기지점으로 포함한 결합다각방식에 의한다.
② 1도선의 거리는 4km 이하로 한다.
③ 1도선의 점의 수는 기지점과 교점 포함하여 5점 이하로 한다.

14. 평판측량으로 임야도를 갖춰두는 지역에서 세부측량을 실시할 경우의 거리측정단위는?

① 5cm　　② 10cm
③ 50cm　　④ 100cm

해설 [평판측량방법에 의한 세부측량의 기준 및 방법]
1. 거리측정단위는 지적도를 갖춰 두는 지역에서는 5센티미터로 하고, 임야도를 갖춰 두는 지역에서는 50센티미터로 할 것
2. 측량결과도는 그 토지가 등록된 도면과 동일한 축척으로 작성할 것
3. 세부측량의 기준이 되는 위성기준점, 통합기준점, 삼각점, 지적삼각점, 지적삼각보조점, 지적도근점 및 기지점이 부족한 경우에는 측량상 필요한 위치에 보조점을 설치하여 활용할 것
4. 경계점은 기지점을 기준으로 하여 지상경계선과 도상경계선의 부합 여부를 현형법(現形法)·도상원호(圖上圓弧)교회법·지상원호(地上圓弧)교회법 또는 거리비교확인법 등으로 확인하여 정할 것

15. 광파기측량방법으로 지적삼각점을 관측할 경우 기계의 표준편차는 얼마 이상이어야 하는가?

① ±(5mm+5ppm) 이상　　② ±(3mm+5ppm) 이상
③ ±(5mm+10ppm) 이상　　④ ±(3mm+10ppm) 이상

해설 [지적측량 시행규칙 제9조(지적삼각점측량의 관측 및 계산)]
1. 전파 또는 광파측거기(光波測距機)는 표준편차가 ±[5밀

리미터+5피피엠(ppm)] 이상인 정밀측거기를 사용할 것
2. 점간거리는 5회 측정하여 그 측정치의 최대치와 최소치의 교차가 평균치의 10만분의 1 이하일 때에는 그 평균치를 측정거리로 하고, 원점에 투영된 평면거리에 따라 계산할 것
3. 삼각형의 내각은 세 변의 평면거리에 따라 계산하며, 기지각과의 차(差)에 관하여는 제1항제3호를 준용할 것

16. 아래 유심다각망에서 형태 규약의 개수는?

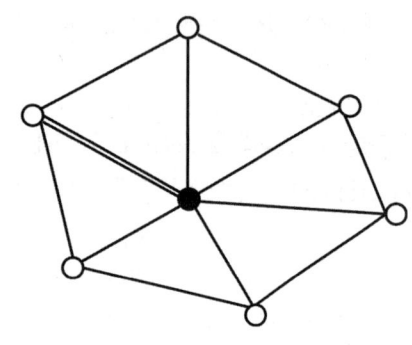

① 5개 ② 6개
③ 7개 ④ 8개

[해설] [유심삼각망의 규약의 개수는 총 8개]
① **삼각규약** : 삼각형의 개수이므로 6개
② **망규약(측점규약)** : 1개
③ **변규약** : 1개

17. 지적삼각점측량의 관측 및 계산에 대한 설명으로 옳은 것은?

① 1방향각의 측각공차는 ±50초 이내이다.
② 기지각과의 측각공차는 ±40초 이내이다.
③ 연직각을 관측할 때에는 정반 1회 관측한다.
④ 수평각 관측은 3배각의 배각관측법에 의한다.

[해설] [지적삼각측량 수평각의 측각공차]
① **1방향각** : 30초 이내
② **1측회의 폐색** : ±30초 이내
③ **삼각형내각관측치의 합과 180도와의 차** : ±30초 이내
④ **기지각과의 차** : ±40초 이내

18. UTM좌표계에 대한 설명으로 옳은 것은?

① 종선좌표의 원점은 위도 38°선이다.
② 중앙자오선에서 멀수록 축척계수는 작아진다.
③ UTM투영은 적도선을 따라 6°간격으로 이루어진다.
④ 우리나라는 UTM좌표 53, 54 종대에 속해있다.

[해설] [UTM좌표계]
① 종선좌표의 원점은 적도이다.
② 적도를 기준으로 멀어질수록 축척계수는 작아진다.
③ UTM투영은 적도선을 따라 6°간격으로 이루어진다.
④ 우리나라는 UTM좌표 51, 52 종대에 속해있다.

19. 경계점좌표등록부 시행지역에서 경계점의 지적측량성과와 검사성과의 연결교차 허용범위 기준으로 옳은 것은?

① 0.10m 이내 ② 0.15m 이내
③ 0.20m 이내 ④ 0.25m 이내

[해설] [경계점좌표등록부 시행지역의 측량성과와 검사성과의 연결교차]
① **지적삼각점측량** : 0.20m 이내
② **지적삼각보조점측량** : 0.25m 이내
③ **지적도근점측량** : 0.15m 이내, **그밖의 지역** : 0.25m 이내
④ **세부측량(경계점)** : 0.10m 이내, 그 밖의 지역 : $\frac{3}{10}M$ mm 이내

20. 지적기준점측량의 절차가 올바르게 나열된 것은?

① 계획의 수립→준비 및 현지답사→선점 및 조표→관측 및 계산과 성과표의 작성
② 준비 및 현지답사→선점 및 조표→계획의 수립→관측 및 계산과 성과표의 작성
③ 계획의 수립→선점 및 조표→준비 및 현지답사→관측 및 계산과 성과표의 작성
④ 준비 및 현지답사→계획의 수립→선점 및 조표→관측 및 계산과 성과표의 작성

해설 [지적기준점측량의 절차]
계획의 수립 → 준비 및 현지답사 → 선점 및 조표 → 관측 및 계산과 성과표의 작성

2과목 응용측량

21. 터널에서 수준측량을 실시한 결과가 표와 같을 때 측점 NO.3의 지반고는? (단, (-)는 천장에 설치된 측점이다.)

측점	후시(m)	전시(m)	지반고(m)
NO.0	0.87		43.27
NO.1	1.37	2.64	
NO.2	-1.47	-3.29	
NO.3	-0.22	-4.25	
NO.4		0.69	

① 36.80m ② 41.21m
③ 48.94m ④ 49.35m

해설 No.3의 지반고 = No.0의 지반고 + 후시의 합 - 전시의 합
No.3의 지반고
$= 43.27 + \{0.87 + 1.37 + (-1.47)\}$
$- \{2.64 + (-3.29) + (-4.25)\} = 48.94m$

22. 지형측량에 관한 설명으로 틀린 것은?

① 축척 1:50,000, 1:25,000, 1:5,000 지형도의 주곡선 간격은 각각 20m, 10m, 2m이다.
② 지성선은 지형을 묘사하기 위한 중요한 선으로 능선, 최대경사선, 계곡선 등이 있다.
③ 지형의 표시방법에는 우모법, 음영법, 채색법, 등고선법 등이 있다.
④ 등고선 중 간곡선 간격은 조곡선 간격의 2배이다.

해설 1:5,000 지형도의 주곡선 간격은 5m이다.

23. 상호표정에 대한 설명으로 틀린 것은?

① 종시차는 상호표정에서 소거되지 않는다.
② 상호표정 후에도 횡시차는 남는다.
③ 상호표정으로 형성된 모델은 지상모델과 상사관계이다.
④ 상호표정에서 5개의 표정인자를 결정한다.

해설 상호표정은 종시차를 소거하여 목표지형물의 상대위치를 맞추는 작업으로 표정인자는 $\kappa, \phi, \omega, b_y, b_z$이다.

24. 수준기의 감도가 4″인 레벨로 60m전방에 세운 표척을 시준한 후 기포가 1눈금 이동하였을 때 발생하는 오차는?

① 0.6mm ② 1.2mm
③ 1.8mm ④ 2.4mm

해설 [기포관의 감도(θ'')]
기포가 1눈금 움직일 때 수준기축이 경사되는 각도를 감도(感度)라 한다. 즉, 기포관의 1눈금(2mm)이 곡률중심에 끼는 각도를 말하며 곡률반경으로 표시하기도 한다.
$L = Dn\theta''$, $180° = \pi\,Rad$,
$L = 60m \times 4'' \times \dfrac{1}{206,265''} = 0.00116m ≒ 1.2mm$

25. 터널 측량의 일반적인 순서로 옳은 것은?

A. 답사 B. 단면측량
C. 지하중심선측량 D. 계획
E. 터널내외 연결측량 F. 지상중심선측량
G. 터널 내 수준측량

① A→D→B→C→F→E→G
② D→A→F→C→E→G→B
③ A→D→C→F→E→G→B
④ D→A→C→ →F→G→B→E

해설 [터널측량의 일반적인 순서]
계획 - 답사 - 지상중심선측량 - 지하중심선측량 - 터널내외 연결측량 - 터널 내 수준측량 - 단면측량

26. 등고선에 대한 설명으로 틀린 것은?

① 높이가 다른 두 등고선은 어떠한 경우도 서로 교차하지 않는다.
② 동일 등고선 상에 있는 모든 점은 같은 높이이다.
③ 등고선은 도면 내외에서 폐합하는 폐곡선이다.
④ 지도의 도면 내에서 폐합하는 경우 등고선의 내부에 산꼭대기 또는 분지가 있다.

해설 [등고선의 특성]
① 최대 경사선은 등고선과 직각 방향이다.
② 높이가 다른 등고선은 동굴이나 절벽을 제외하고는 교차하지 않는다.
③ 등고선은 도면상 혹은 외에서 폐합하며 도중에 손실되지 않는다.
④ 등고선은 급경사지에서는 간격이 좁고 완경사지에서는 넓다.

27. 수십 MHz ~ 수 GHz 주파수 대역의 전자기파를 이용하여 전자기파의 반사와 회절현상 등을 측정하고 이를 해석하여 지하구조의 파악 및 지하시설물을 측량하는 방법은?

① 지표 투과 레이더(GPR) 탐사법
② 초장기선 전파간섭법
③ 전자유도 탐사법
④ 자기 탐사법

해설 [지하시설물 탐사의 종류]
① **지중레이더측량기법(GPR)** : 전자파의 반사특성을 이용하여 지하시설물을 측량하는 방법(지표투과레이더 탐사법)
② **지중레이더탐사법** : 지표로부터 매설된 금속관로 및 케이블관측과 탐침을 이용하여 공관로나 비금속관로를 관측할 수 있는 방법
③ **음파탐측법** : 비금속지하시설물에 이용하는 방법으로 물이 흐르는 관내부에 음파신호를 보내면 관내부에 음파가 발생하는데 이때 수신기를 이용하여 발생한 음파를 측량하는 기법

28. 수준점 A, B, C에서 수준측량을 한 결과가 표와 같을 때 P점의 최확값은?

수준점	표고(m)	고저차 관측값(m)	노선거리(km)
A	19.332	A→P +1.533	2
B	20.933	B→P -0.074	4
C	18.852	C→P +1.986	3

① 20.839m ② 20.842m
③ 20.855m ④ 20.869m

해설 ① P점의 표고
$A \Rightarrow P$점의 표고 $= 19.332 + 1.533 = 20.865m$
$B \Rightarrow P$점의 표고 $= 20.933 - 0.074 = 20.859m$
$C \Rightarrow P$점의 표고 $= 18.852 + 1.986 = 20.838m$
② 경중률은 노선의 거리에 반비례한다.
$P_A : P_B : P_C = \frac{1}{2} : \frac{1}{4} : \frac{1}{3} = 6 : 3 : 4$
③ 최확값은 경중률을 고려하여 계산한다.
최확값$(h) = \frac{P_A \times h_A + P_B \times h_B + P_C \times h_C}{P_A + P_B + P_C}$
$= 20.85 + \frac{6 \times 16 + 3 \times 9 + 4 \times (-12)}{6 + 3 + 4} \times 10^{-3}$
$= 20.855m$

29. 클로소이드 곡선설치의 평면선형에 대한 설명으로 옳은 것은?

① 기본형은 직선-클로소이드-직선으로 연결한 선형이다.
② S형은 반향곡선 사이에 두 개의 클로소이드를 연결한 선형이다.
③ 볼록(凸)형은 복심곡선 사이에 클로소이드를 삽입한 것이다.
④ 복합형은 같은 방향으로 구부러진 2개의 클로소이드를 직선으로 삽입한 것이다.

해설 [클로소이드의 형식]
① **복합형** : 같은 방향으로 구부러진 2개 이상의 클로소이드를 이은 것
② **난형** : 복심곡선 사이에 클로소이드 삽입
③ **철형** : 같은 방향으로 구부러진 2개의 클로소이드를 직선적으로 삽입
④ **S형** : 반향곡선 사이에 2개의 클로소이드 삽입

30. 그림과 같이 BC와 평행한 xy로 면적을 m:n=1:4의 비율로 분할하고자 한다. AB=75m일 때 Ax의 거리는?

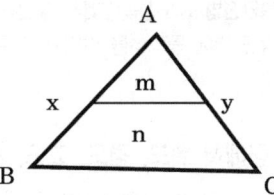

① 15.0m   ② 18.8m
③ 33.5m   ④ 37.5m

해설 1변에 평행한 직선으로 분할하는 경우 △ABC와 △AXY는 닮은꼴이므로 다음과 같은 관계식이 적용된다.

$$\frac{\triangle AXY}{\triangle ABC} = \left(\frac{XY}{BC}\right)^2 = \left(\frac{AX}{AB}\right)^2 = \left(\frac{AY}{AC}\right)^2 = \frac{m}{m+n}$$

$$\therefore \overline{AX} = \overline{AB}\sqrt{\frac{m}{m+n}} = 75\sqrt{\frac{1}{1+4}} = 33.5m$$

31. 사진축척 1:20,000, 초점거리 15cm, 사진크기 23cm×23cm로 촬영한 연직사진에서 주점으로부터 100mm 떨어진 위치에 철탑의 정상부가 찍혀 있다. 이 철탑이 사진상에서 길이가 5mm이었다면 철탑의 실제 높이는?

① 50m   ② 100m
③ 150m   ④ 200m

해설 ① 촬영고도계산

$$M = \frac{1}{m} = \frac{f}{H}$$ 에서

$$H = mf = 20,000 \times 0.150 = 3,000m$$

② 기복변위

$$\Delta r = \frac{h}{H} \times r$$

여기서 H: 촬영고도, Δr: 주점에서의 거리, h: 비고

$$h = \frac{H \times \Delta r}{r} = \frac{3,000m \times 5mm}{100mm} = 150m$$

32. GNSS 측량방법 중 후처리방식이 아닌 것은?

① Static 방법
② Kinematic 방법
③ Pseudo-Kinematic 방법
④ Real-Time Kinematic 방법

해설 RTK(Real-Time Kinematic)은 실시간 이동측위 방식이다.

33. 곡률반지름이 현의 길이에 반비례하는 곡선으로 시가지 철도 및 지하철 등에 주로 사용되는 곡선은?

① 렘니스케이트   ② 반파장 체감곡선
③ 클로소이드   ④ 3차포물선

해설 [완화곡선의 종류]
① 클로소이드곡선(고속도로)
② 렘니스케이트곡선(시가지철도, 지하철)
③ 3차포물선(일반철도)
④ sine 반파장 체감곡선(고속철도)

34. 사진판독에 대한 설명으로 옳지 않은 것은?

① 사진판독 요소는 색조, 형태, 질감, 크기, 형상, 음영 등이 있다.
② 사진의 판독에는 보통 흑백 사진보다 천연색 사진이 유리하다.
③ 사진판독에서 얻을 수 있는 자료는 사진의 질과 사진판독의 기술, 전문적 지식 및 경험 등에 좌우된다.
④ 사진판독의 작업은 촬영계획, 촬영과 사진작성, 정리, 판독, 판독기준의 작성 순서로 진행된다.

해설 [항공사진판독의 순서]
촬영계획 - 촬영과 사진작성 - 판독기준작성 - 판독 - 현지조사 - 정리

35. GNSS 위치결정에서 정확도와 관련된 위성의 위치 상태에 관한 내용으로 옳지 않은 것은?

① 결정좌표의 정확도는 정밀도저하율(DOP)과 단위관측정확도의 곱에 의해 결정된다.
② 3차원 위치는 TDOP(Time DOP)에 의해 정확도가 달라진다.
③ 최적의 위성배치는 한 위성은 관측자의 머리 위에 있고 다른 위성은 배치가 각각 120°를 이룰 때이다.
④ 높은 DOP는 위성의 배치상태가 나쁘다는 것을 의미한다.

해설 TDOP는 시간의 정밀도를 의미하며 3차원 위치에 관한 정확도는 PDOP에 의해 달라진다.

36. 수준측량과 관련된 용어에 대한 설명으로 틀린 것은?

① 후시는 기지점에 세운 표척의 읽음값이다.
② 전시는 미지점 표척의 읽음값이다.
③ 중간점은 오차가 발생해도 다른 지점에 영향이 없다.
④ 이기점은 전시와 후시값이 항상 같게 된다.

해설 이기점(전환점)은 전시와 후시의 연결점을 말하며 기계를 옮기기 전후의 값은 일반적으로 항상 다르게 된다.

37. 등고선 측량방법 중 표고를 알고 있는 기지점에서 중요한 지성선을 따라 측선을 설치하고, 측선을 따라 여러 점의 표고와 거리를 측량하여 등고선을 측량하는 방법은?

① 방안법　　② 횡단점법
③ 영선법　　④ 종단점법

해설 [등고선의 삽입법]
① **방안법(좌표점법)** : 방안의 각 교점의 표고를 측정하고 그 결과로 등고선을 삽입하는 방법으로 지형이 복잡한 경우에 적합

② **종단점법** : 지성선 위에 여러 측선에 대하여 거리와 표고를 측정하여 등고선을 삽입하는 방법으로 소축척의 산지 등에 적합
③ **횡단점법** : 노선측량에서 횡단측량의 결과를 이용하여 각 단면에 등고선을 삽입할 경우에 사용되는 방법

38. GNSS 측량에서 위도, 경도, 고도, 시간에 대한 차분해(differential solution)를 얻기 위해서는 최소 몇 개의 위성이 필요한가?

① 2　　② 4
③ 6　　④ 8

해설 GNSS 측량에서 위도, 경도, 고도, 시간에 대한 4가지 부분의 차분해가 요구되므로 최소 4개의 위성이 필요하다.

39. 단곡선에서 반지름 R=300m, 교각 I=60°일 때 곡선길이(C.L)는?

① 310.10m　　② 315.44m
③ 314.16m　　④ 311.55m

해설 곡선길이 $CL = \dfrac{\pi}{180°}RI$ 이므로

$$CL = \dfrac{\pi}{180°} \times 300m \times 60° = 314.16m$$

40. 단곡선 설치에서 두 접선의 교각이 60°이고, 외선길이(E)가 14m인 단곡선의 반지름은?

① 24.2m　　② 60.4m
③ 90.5m　　④ 104.5m

해설 교점(I, P)으로부터 원곡선의 중점까지 거리는 외선길이, 외할을 의미하므로 $E = R \cdot \left(\sec\dfrac{I}{2} - 1\right)$

sec 함수는 cos 함수의 역수이므로

$$R = \dfrac{E}{\left(\sec\dfrac{I}{2} - 1\right)} = \dfrac{14m}{\left(\dfrac{1}{\cos\dfrac{60°}{2}} - 1\right)} = 90.5m$$

3과목 토지정보체계론

41. 지적전산정보시스템에서 사용자권한 등록파일에 등록하는 사용자의 권한에 해당하지 않는 것은?

① 표준지 공시지가 변동의 관리
② 지적전산코드의 입력·수정 및 삭제
③ 지적공부의 열람 및 등본 발급의 관리
④ 법인이 아닌 사단·재단 등록번호의 직권수정

해설 [지적전산정보시스템에서 사용자권한 등록파일에 등록하는 사용자의 권한]
① 사용자의 신규등록, 사용자등록의 변경 및 삭제
② 법인이 아닌 사단·재단등록번호의 업무관리 및 직권수정
③ 개별공시지가 변동의 관리
④ 지적전산코드의 입력·수정 및 삭제
⑤ 지적전산코드 및 자료의 조회
⑥ 지적통계의 관리 및 토지관련정책정보의 관리
⑦ 토지이동신청의 접수 및 토지이동의 정리
⑧ 토지소유자변경의 관리
⑨ 토지등급 및 기준수확량등급변동의 관리
⑩ 지적공부의 열람 및 등본발급의 관리
⑪ 일반지적업무의 관리 및 일일마감관리
⑫ 지적전산자료의 정비 및 개인별토지소유현황의 조회
⑬ 비밀번호의 변경

42. 시·군·구(자치구가 아닌 구 포함) 단위의 지적공부에 관한 지적전산자료의 이용 및 활용에 관한 승인권자로 옳은 것은?

① 지적소관청
② 시·도지사 또는 지적소관청
③ 국토교통부장관 또는 시·도지사
④ 국토교통부장관, 시·도지사 또는 지적소관청

해설 [지적전산자료의 이용에 관한 사항]
① 시·군·구단위의 지적전산자료를 이용하고자 하는 자는 지적소관청의 승인을 얻어야 한다.
② 시·도단위의 지적전산자료를 이용하고자 하는 자는 시·도지사 또는 지적소관청의 승인을 얻어야 한다.
③ 전국단위의 지적전산자료를 이용하고자 하는 자는 국토교통부장관, 시·도지사 또는 지적소관청의 승인을 얻어야 한다.

43. 다음 중 토지정보시스템의 구성요소에 해당하지 않는 것은?

① 인적자원
② 처리시간
③ 소프트웨어
④ 공간데이터베이스

해설 [토지정보시스템의 구성요소]
LIS의 구성요소로는 하드웨어, 소프트웨어, 데이터, 인력 등이며 3대요소이면 하드웨어, 소프트웨어, 데이터를 들 수 있다.

44. 해상력에 대한 설명으로 옳지 않은 것은?

① 해상력은 일반적으로 mm당 선의 수를 말한다.
② 해상력은 자료를 표현하는 최대단위를 의미한다.
③ 수치영상시스템에서의 공간해상력은 격자나 픽셀의 크기를 의미한다.
④ 일반적으로 항공사진이나 인공위성 영상의 경우에 해상력은 식별이 가능한 최소객체를 의미한다.

해설 [영상의 해상도]
① **분광해상도** : 센서가 얼마나 다양한 파장대역의 영상을 수집할 수 있느냐를 나타내는 정도로 다양한 밴드를 통해 물체에 대한 다양한 정보를 획득할수록 높은 분광해상도라는 것을 의미한다.
② **방사해상도** : 센서가 수집한 영상이 얼마나 다양한 값을 표현하는가를 나타내는 개념으로 방사해상도가 높은 영상은 분석 정밀도가 높다는 것을 의미한다.
③ **공간해상도** : 센서에 의해 하나의 화소가 나타낼 수 있는 지상면적의 크기를 의미하는 개념으로 공간해상도의 값이 작을수록 세밀한 지형을 확인할 수 있어 높은 해상도라 한다.
④ **주기해상도** : 동일한 지역을 얼마나 자주 촬영할 수 있는지를 의미하는 것으로 주기해상도가 짧을수록 지형의 변화양상을 주기적이고도 빠르게 파악할 수 있다.

45. 다음 중 속성정보로 보기 어려운 것은?

① 임야도의 등록사항인 경계
② 경계점좌표등록부의 등록사항인 지번
③ 대지권등록부의 등록사항인 대지권 비율
④ 공유지연명부의 등록사항인 토지의 소재

해설 속성정보는 토지의 상태나 특성 들을 문자나 숫자형태로 나타낸 자료로 대장, 보고서 등이 이에 속한다.

46. GIS의 구축 및 활용을 위한 과정을 순서대로 올바르게 나열한 것은?

| ㉠ 자료수집 및 입력 | ㉡ 결과 출력 |
| ㉢ 데이터베이스 구축 및 관리 | ㉣ 데이터 분석 |

① ㉠-㉢-㉣-㉡
② ㉣-㉠-㉢-㉡
③ ㉡-㉢-㉣-㉢
④ ㉣-㉡-㉠-㉢

해설 [GIS의 구축 및 활용을 위한 과정]
자료수집 및 입력 – 데이터베이스 구축 및 관리 – 데이터 분석 – 결과 출력

47. 토지정보체계(LIS)와 지리정보체계(GIS)의 차이점으로 옳지 않은 것은?

① 지리정보체계의 공간기본단위는 지역과 구역이다.
② 토지정보체계는 일반적으로 대축척 지적도를 기본도로 한다.
③ 토지정보체계의 공간기본단위는 필지(parcel)이다.
④ 지리정보체계는 일반적으로 소축척 행정구역도를 기본도로 한다.

해설 [토지정보시스템과 지리정보시스템의 비교]

구분	토지정보시스템	지리정보시스템
기본단위	필지	구역·지역
기본도	지적도	지형도
축척	대축척	소축척
자료관리	자료관리 및 처리	자료분석에 중점

48. 공간자료의 표현형태 중 점(point)에 대한 설명으로 옳은 것은?

① 공간객체 중 가장 복잡한 형태를 가진다.
② 최소한의 데이터 요소로 위치와 속성을 가진다.
③ 공간분석에 있어서 가장 많은 양의 데이터를 요구한다.
④ 좌표계없이 위치를 나타내며 관련 속성데이터가 연결된다.

해설 [점(POINT)]
① 점은 차원이 존재하지 않으며 대상물의 지점 및 장소를 나타내고 기호를 이용하여 공간형상 표현
② 최소한의 데이터요소로 위치와 속성을 가짐
③ 기하학적 위치를 나타내는 0차원 또는 무차원 정보

49. 관계형 데이터베이스모델(relational database model)의 기본구조 요소로 옳지 않은 것은?

① 속성(attribute)   ② 행(record)
③ 테이블(table)   ④ 소트(sort)

해설 [관계형 데이터베이스모델]
① 2개 이상의 데이터베이스 또는 테이블을 연결하기 위해 고유한 식별자를 사용하는 데이터베이스
② 각각의 항목과 그 속성이 다른 모든 항목 및 그의 속성과 연결될 수 있도록 구성된 자료 구조
③ 자료가 다중 연결되어 있어 각각의 다른 필드들과 연결되도록 하는 강력하고 유연성 있는 데이터베이스의 종류

50. 토지소유자나 이해관계인이 지적재조사사업과 관련한 정보를 인터넷 등을 통하여 실시간으로 열람할 수 있도록 구축한 공개시스템의 명칭은?

① 지적재조사측량시스템
② 지적재조사행정시스템
③ 지적재조사관리공개시스템
④ 지적재조사정보공개시스템

해설 [지적재조사행정시스템]
토지소유자나 이해관계인이 지적재조사사업과 관련한 정보를 인터넷 등을 통하여 실시간으로 열람할 수 있도록 구축한 공개시스템

51. 데이터베이스의 스키마를 정의하거나 수정하는데 사용하는 데이터 언어는?

① DBL ② DCL
③ DML ④ DDL

해설 [데이터 정의어(DDL, Data Definition Language)]
- DDL의 개념 : 새로운 테이블을 작성하거나, 기존 테이블을 변경·삭제하여 데이터를 정의하는 역할
- CREATE : 새로운 테이블 생성
- ALTER : 기존의 테이블 변경
- DROP : 기존의 테이블 삭제
- RENAME : 테이블의 이름 변경
- TURNCATE : 테이블 잘라냄

52. 토지의 고유번호의 총 자리수는?

① 20자리 ② 19자리
③ 18자리 ④ 17자리

해설 [행정구역코드의 자리구성(토지의 고유번호)]
① 행정구역코드 10자리(시·도 2, 시·군·구 3, 읍·면·동 3, 리 2)
② 대장구분 1자리, 본번 4자리, 부번 4자리를 합한 19자리로 구성

53. 다음 중 유럽의 지형공간 데이터의 표준화작업을 위한 지리정보표준화기구로 옳은 것은?

① OGC ② FGDC
③ CEN-TC287 ④ ISO-TC211

해설 [CEN/TC287]
① ISO/TC 211 활동이 시작하기 이전에 유럽의 표준화기구를 중심으로 추진된 유럽의 지리정보 표준화기구

54. 필지중심 토지정보시스템에서 도형정보와 속성정보를 연계하기 위하여 사용되는 가변성이 없는 고유번호는?

① 객체식별번호 ② 단일식별번호
③ 유일식별번호 ④ 필지식별번호

해설 [필지식별번호]
① 각 필지별 등록사항의 조직적인 저장과 수정을 용이하게 각 정보를 인식, 선정, 식별, 조정하는 가변성이 없는 토지의 고유번호
② 지적도의 등록사항과 도면의 등록사항을 연결시켜 자료파일의 검색 등 색인번호의 역할
③ 토지평가, 토지의 과세, 토지의 거래, 토지이용계획 등에서 활용

55. 데이터에 대한 정보로서 데이터의 내용, 품질, 조건 및 기타 특성에 대한 정보를 포함하는 정보의 이력서라 할 수 있는 것은?

① 인덱스(Index) ② 라이브러리(Library)
③ 메타데이터(Metadata) ④ 데이터베이스(Database)

해설 메타데이터(meta data)란 실제 데이터는 아니지만 데이터베이스, 레이어, 속성, 공간형상 등과 관련된 데이터의 내용, 품질, 조건 및 특징 등을 저장한 데이터로서 데이터에 관한 데이터로 데이터의 이력을 말하며, 지형공간정보체계와 지적정보체계 모두에서 사용되고 있음

56. 다음 국가공간정보위원회와 관련된 내용 중 옳은 것은?

① 위원회는 회의의 원활한 진행을 위하여 간사 1명을 둔다.
② 위원장은 회의 개최 7일 전까지 회의 일시·장소 및 심의안건을 각 위원에게 통보하여야 한다.
③ 회의는 재적위원 3분의 1의 출석으로 개의하고, 출석위원 3분의 2의 찬성으로 의결한다.
④ 위원장이 부득이한 사유로 직무를 수행할 수 없을 때에는 위원장이 지명하는 위원의 순으로 그 직무를 대행한다.

정답 45. ① 46. ① 47. ④ 48. ② 49. ④ 50. ② 51. ④ 52. ② 53. ③ 54. ④ 55. ③ 56. ④

해설 [국가공간정보 기본법 시행령 제4조(위원회의 운영)]
① 위원회의 위원장(이하 "위원장"이라 한다)은 위원회를 대표하고, 위원회의 업무를 총괄한다.
② 위원장이 부득이한 사유로 직무를 수행할 수 없을 때에는 위원장이 지명하는 위원의 순으로 그 직무를 대행한다.
③ 위원장은 회의 개최 5일 전까지 회의 일시·장소 및 심의안건을 각 위원에게 통보하여야 한다. 다만, 긴급한 경우에는 회의 개최 전까지 통보할 수 있다.
④ 회의는 재적위원 과반수의 출석으로 개의(開議)하고, 출석위원 과반수의 찬성으로 의결한다.

[국가공간정보 기본법 시행령 제5조(위원회의 간사)]
위원회에 간사 2명을 두되, 간사는 국토교통부와 행정안전부 소속 3급 또는 고위공무원단에 속하는 일반직공무원 중에서 국토교통부장관과 행정안전부장관이 각각 지명한다.

57. 다음 중 TIGER 파일의 도형자료를 수치지도 데이터베이스로 구축한 국가는?

① 한국 ② 호주
③ 미국 ④ 캐나다

해설 [TIGER(Topologically Integrated Geographic Encoding and Reference System)]
① 미국 통계청의 국세 조사를 위한 정보 체계.
② 1990년도의 미국 인구조사(10년을 주기로 함) 준비 과정에서 인구조사 사무국은 USGS와 공동으로 TIGER라고 불리는 새로운 수치 데이터베이스를 개발했다.
③ 타이거는 전국토의 100%를 포괄하는 최초의 미국 내 종합 수치 거리 지도

58. 공간데이터를 취득하는 방법이 서로 다른 것은?

① GPS ② 원격탐측
③ 디지타이징 ④ 토탈스테이션

해설 ① 1차정보 : 측량데이터를 통해 1차적으로 공간데이터를 취득, GNSS, 원격탐사, 토털스테이션 등
② 2차정보 : 도면에서 새로운 공간데이터를 취득, 디지타이징, 스캐닝 등

59. 지적정보관리체계로 처리하는 지적공부정리 등의 사용자권한 등록파일을 등록할 때의 사용자 비밀번호 설정 기준으로 옳은 것은?

① 4자리부터 12자리까지의 범위에서 사용자가 정하여 사용한다.
② 6자리부터 16자리까지의 범위에서 사용자가 정하여 사용한다.
③ 영문을 포함하여 3자리부터 12자리까지의 범위에서 사용자가 정하여 사용한다.
④ 영문을 포함하여 5자리부터 16자리까지의 범위에서 사용자가 정하여 사용한다.

해설 [사용자권한 등록파일에 등록하는 사용자의 비밀번호 설정기준]
① 비밀번호는 6자리부터 16자리까지의 범위에서 사용자가 정하여 사용한다.
② 비밀번호는 다른 사람에게 누설하여서는 아니된다.
③ 누설되거나 누설될 우려가 있는 때에는 즉시 이를 변경하여야 한다.

60. 스캐닝 방식을 이용하여 지적전산 파일을 생성할 경우, 선명한 영상을 얻기 위한 방법으로 옳지 않은 것은?

① 해상도를 최대한 낮게 한다.
② 원본 형상의 보존상태를 양호하게 한다.
③ 하프톤 방식의 스캐닝 시에는 되도록 속도를 느리게 한다.
④ 크기가 큰 영상은 영역을 세분하여 차례로 스캐닝한다.

해설 선명한 영상을 얻기 위해서는 해상도를 최대한 높여야 한다.

4과목 지적학

61. 토지등록공부의 편성방법이 아닌 것은?

① 물적 편성주의 ② 인적 편성주의
③ 세대별 편성주의 ④ 연대적 편성주의

해설 [토지등록의 편성방법]
물적 편성주의, 인적 편성주의, 연대적 편성주의, 인적·물적 편성주의

62. 고구려에서 토지 면적단위체계로 사용된 것은?
① 경무법 ② 두락법
③ 결부법 ④ 수등이척법

해설 [각 시대별 토지의 단위]
① 고구려 : 경무법
② 백제 : 두락제, 결부제
③ 신라 : 결부제
④ 고려 : 수등이척제
⑤ 조선 : 수등이척제

63. 토지소유권 권리의 특성이 아닌 것은?
① 탄력성 ② 혼일성
③ 항구성 ④ 불완전성

해설 지적제도 중 토지소유권의 권리의 특성으로 탄력성, 혼일성, 항구성, 완전성 등이 있다.

64. 토지의 권리 표상에 치중한 부동산 등기와 같은 형식적 심사를 가능하게 한 지적제도의 특성으로 볼 수 없는 것은?
① 지적공부의 공시
② 지적측량의 대행
③ 토지표시의 실질 심사
④ 최초 소유자의 사정 및 사실조사

해설 [지적제도의 특성]
안전성, 간편성, 정확성, 저렴성, 적합성, 등록의 완전성 등으로 측량기술 개발은 과세지적, 법지적, 다목적 지적의 모두를 포함

65. 토지경계에 대한 설명으로 옳지 않은 것은?
① 지역선이란 사정선과 같다.
② 강계선이란 사정선을 말한다.
③ 원칙적으로 지적(임야)도 상의 경계를 말한다.
④ 지적공부상에 등록하는 단위토지인 일필지의 구획선을 말한다.

해설 ① **지계선** : 토지조사 시행지와 미시행지와의 경계선
② **경계선** : 확정된 소유자가 다른 토지사이에 사정된 경계선
③ **지역선** : 토지조사사업 당시 소유자는 같으나 지목이 다를 때 구획한 별필의 토지경계선

66. 경계복원측량의 법률적 효력 중 소관청 자신이나 토지소유자 및 이해관계인에게 정당한 변경절차가 없는 한 유효한 행정처분에 복종하도록 하는 것은?
① 구속력 ② 공정력
③ 강제력 ④ 확정력

해설 [토지등록의 법률적 효력]
① **구속력** : 행정처분이 그 내용에 따라 처분 행정 자신이나 행정처분의 상대방 및 관계인을 구속하는 효력
② **공정력** : 토지등록에 있어서의 행정처분이 유효하게 성립하기 위한 요건을 완전히 갖추지 못한 경우에도 절대 무효인 경우를 제외하고 소관청, 감독청, 법원 등 권한있는 기관에 의해 쟁송 또는 직권으로 취소할 때까지 법적으로 제한을 받지 않고 그 효력을 부인할 수 없는 것으로 적법성이 추정됨
③ **강제력** : 지적측량이나 토지등록사항에 대하여 사법권과 관계없이 소관청 명의로 집행할 수 있는 강력한 효력을 말함
④ **확정력** : 토지에 등록된 표시사항은 일정한 기간이 경과한 뒤에 등록이 유효하며 이해관계인 및 소관청도 그 효력을 다툴 수 없는 것을 형식적 확정력이라 하며, 소관청도 변경할 수 없는 것을 관습적 확정력이라 함

67. 토지조사사업 당시 사정(査定)의 처분행위는?
① 행정처분 ② 사법행위
③ 등기공시 ④ 재결행위

해설 [사정(査定)]
① 토지조사부 및 지적도에 의하여 토지소유자 및 강계를 확정하는 행정처분

② 지적도에 등록된 강계선이 대상이며 지역선은 사정하지 않음

68. 토지조사사업 당시 재결기관으로 옳은 것은?

① 부와 면
② 임시토지조사국
③ 임야심사위원회
④ 고등토지조사위원회

해설

구분	토지조사사업	임야조사사업
측량기관	임시토지조사국	부(府), 면(面)
사정기관	임시토지조사국장	도지사
재결기관	고등토지조사위원회	임야심사위원회

69. 대만에서 지적재조사를 의미하는 것은?

① 국토조사
② 지적도 증축
③ 지도작제
④ 토지가옥조사

해설 대만은 1975년부터 지적재조사사업을 실시하였는데 이를 지적도 증축사업이라는 명칭으로 시작하였다.

70. 다음 중 지적제도의 기능이 아닌 것은?

① 지방행정의 자료
② 토지유통의 매개체
③ 토지감정평가의 기초
④ 토지이용 및 개발의 기준

해설 [지적제도의 실제적 기능]
① 토지등기의 기초(선등록 후등기)
② 토지평가의 기초(선등록 후평가)
③ 토지과세의 기초(선등록 후과세)
④ 토지거래의 기초(선등록 후거래)
⑤ 토지이용계획의 기초(선등록 후계획)
⑥ 주소표기의 기초(선등록 후설정)

71. 토지조사부(土地調査簿)에 대한 설명으로 옳은 것은?

① 결수연명부로 사용된 장부이다.
② 입안과 양안을 통합한 장부이다.
③ 별책토지대장으로 사용된 장부이다.
④ 토지소유권의 사정원부로 사용된 장부이다.

해설 [토지조사부(土地調査簿)와 지적도]
① 토지조사부는 토지의 구역마다 지번·가지번·지목·지적·신고 또는 통지연월일, 소유자의 주소·이름 또는 명칭을 등록한 것
② 지적도는 토지 구역의 위치·지목·지주를 달리하는 토지와 토지와의 강계선, 동일지주의 소유에 속한 일필지와 일필지의 한계 및 조사 시행지와 미시행지인 도로·구거·산야 등과의 지계를 표지하는 지역선을 묘화한 것

72. 다음 중 권원등록제도(registration of title)에 대한 설명으로 옳은 것은?

① 토지의 이익에 영향을 미치는 문서의 공적 등기를 보전하는 제도이다.
② 보험회사의 토지중개 거래제도이다.
③ 소유권 등록 이후에 이루어지는 거래의 유효성에 대하여 정부가 책임을 지는 제도이다.
④ 토지소유권의 공시보호제도이다.

해설 [권원등록제도(Registration of Title)]
① 공적기관에서 보존되는 특정한 사람에게 귀속된 명확히 한정된 단위의 토지에 대한 권리를 등록한 이후에 이루어지는 거래의 유효성에 대해 정부가 책임을 진다는 제도이다.
② 날인증서등록제도의 결점을 보완한 것으로 정부가 보증하는 안전성과 문서에 의한 양도증서 작성으로 확고한 안전성을 부여한다.
③ 소유자 이외의 다른 사람이 보유하는 일필지에 영향을 미치는 특정한 이익이 있으며, 이러한 확인사항을 위하여 토지표시부, 소유권 및 저당권과 기타권리로 구분한다.

73. 경국대전에 의한 공전(公田), 사전(私田)의 구분 중 사전(私田)에 속하는 것은?

① 적전(藉田)
② 직전(職田)
③ 관둔전(官屯田)
④ 목장토(牧場土)

[해설] [직전법(職田法)]
① 조선시대 전기 현직 관리에게만 수조지(收租地)를 분급한 토지제도
② 과전(科田)은 경기도 내의 토지에 한하여 지급하였기에 관리 수의 증가와 과전의 세습, 토지의 한정으로 인한 한계

74. 고조선 시대의 토지관리를 담당한 직책은?

① 봉가(鳳加)   ② 주부(主簿)
③ 박사(博士)   ④ 급전도감(給田都監)

[해설] [고조선시대의 지적제도]
① 토지제도로는 균형있는 촌락의 설치와 토지분급 및 수확량 파악을 위해 정전제(井田制) 시행
② 풍백의 지휘를 받아 봉가가 지적을 담당하였고, 측량실무는 오경박사가 시행

75. 지적의 발생설을 토지측량과 밀접하게 관련지어 이해할 수 있는 이론은?

① 과세설   ② 치수설
③ 지배설   ④ 역사설

[해설] [지적발생설의 종류]
① **과세설** : 세금징수의 목적에서 출발
② **치수설** : 농지측량(토지측량) 및 치수에서 출발
③ **통치설** : 통치적 수단에서 출발
④ **침략설** : 영토확장과 침략상 우위의 목적

76. 다음 중 우리나라에서 최초로 '지적'이라는 용어가 사용된 곳은?

① 경국대전   ② 내부관제
③ 임야조사령   ④ 토지조사법

[해설] 고종 32년(1895년) 3월 26일 칙령 제53호로 내부관제를 공포하고 동령 제8조 판적국의 사무 제2항에 "판적국은 호구적(戶口籍)과 지적(地積)에 관한 사항"을 관장하도록 규정하여 내부관제의 판적국에서 지적에 관한 사항을 담당하도록 하였다.

77. 지목을 설정할 때 심사의 근거가 되는 것은?

① 지질구조   ② 토양 유형
③ 입체적 토지이용   ④ 지표의 토지이용

[해설] [용도지목]
① 토지의 주된 사용목적(용도)에 따라 지목을 결정하는 방법
② 우리나라에서 지목을 결정할 때 사용되는 방법

78. 우리나라 지적제도에 토지대장과 임야대장이 2원적(二元的)으로 있게 된 가장 큰 이유는?

① 측량기술이 보급되지 않았기 때문이다.
② 삼각측량에 시일이 너무 많이 소요되었기 때문이다.
③ 토지나 임야의 소유권 제도가 확립되지 않았기 때문이다.
④ 우리의 지적제도가 조사사업별 구분에 의하여 다르게 하였기 때문이다.

[해설] [2원적 지적제도의 이유]
우리의 지적제도가 토지조사사업, 임야조사사업으로 구분된 조사사업별로 2원적으로 진행되었기 때문이다.

79. 우리나라 토지조사사업의 시행목적으로 옳지 않은 것은?

① 토지의 가격조사   ② 토지의 소유권조사
③ 토지의 지질조사   ④ 토지의 외모조사

[해설] [토지조사사업의 시행목적]
토지조사사업에서 조사한 내용은 토지의 소유권조사, 토지의 가격조사, 토지의 외모조사 등이다.

80. 입안제도(立案制度)에 대한 설명으로 옳지 않은 것은?

① 입안은 매수인의 소재관에게 제출하였다.
② 토지매매 후 100일 이내에 하는 명의변경 절차이다.
③ 입안받지 못한 문기는 효력을 인정받지 못하였다.
④ 조선시대에 토지거래를 관에 신고하고 증명을 받는 것이다.

해설 [입안(立案)]
① 경국대전에 매매기한은 토지와 가옥의 매매는 15일 기한으로 하되, 100일 이내에 관청에 보고하고 입안을 받도록 의무사항으로 규정
② 오늘날의 부동산등기 권리증과 같은 것으로 지적에서 소유자를 확인할 수 있는 명의변경절차라 할 수 있으나 소유자의 변동사항을 정리하지 않아 양안으로 확인하는 경향 있음
③ 입안은 전지가사(田地家舍)의 매매에 관한 증명, 한광지의 개간에 관한 인허로 권리의 옹호에 대해 특별히 주의하는 자 또는 종전에 분쟁이 있었던 토지를 사거나 개간하는 자는 입안을 받도록 하였음

5과목 지적관계법규

81. 공간정보의 구축 및 관리 등에 관한 법령상 지적공부의 복구 및 복구절차 등에 관한 내용으로 옳지 않은 것은?

① 소유자에 관한 사항은 부동산등기부나 법원의 확정판결에 따라 복구하여야만 한다.
② 지적소관청은 지적공부의 전부 또는 일부가 멸실되거나 훼손된 경우에는 지체없이 이를 복구하여야 한다.
③ 지적공부를 복구할 때에는 멸실·훼손 당시의 지적공부와 가장 부합된다고 인정되는 관계자료에 따라 토지의 표시에 관한 사항을 복구하여야 한다.
④ 지적소관청은 지적공부를 복구하려는 경우에는 복구하려는 토지의 표시 등을 시·군·구 게시판 및 인터넷 홈페이지에 7일 이상 게시하여야 한다.

해설 [공간정보의 구축 및 관리 등에 관한 법률 제74조(지적공부의 복구)]
지적소관청은 지적공부의 전부 또는 일부가 멸실되거나 훼손된 경우에는 대통령령으로 정하는 바에 따라 지체 없이 이를 복구하여야 한다.
[공간정보의 구축 및 관리 등에 관한 법률 시행령 제61조(지적공부의 복구)]
① 지적소관청이 법 제74조에 따라 지적공부를 복구할 때에는 멸실·훼손 당시의 지적공부와 가장 부합된다고 인정되는 관계 자료에 따라 토지의 표시에 관한 사항을 복구하여야 한다. 다만, 소유자에 관한 사항은 부동산등기부나 법원의 확정판결에 따라 복구하여야 한다.
② 제1항에 따른 지적공부의 복구에 관한 관계 자료 및 복구절차 등에 관하여 필요한 사항은 국토교통부령으로 정한다.
[공간정보의 구축 및 관리 등에 관한 법률 시행규칙 제73조 (지적공부의 복구절차 등)]
지적소관청은 제1항부터 제5항까지의 규정에 따른 복구자료의 조사 또는 복구측량 등이 완료되어 지적공부를 복구하려는 경우에는 복구하려는 토지의 표시 등을 시·군·구 게시판 및 인터넷 홈페이지에 15일 이상 게시하여야 한다.

82. 다음 중 국토의 계획 및 이용에 관한 법령상 원칙적으로 공동구를 관리하여야 하는 자는?

① 구청장   ② 특별시장
③ 국토교통부장관   ④ 행정안전부장관

해설 [국토의 계획 및 이용에 관한 법률 제44조의 2 (공동구의 관리·운영 등)]
① 공동구는 특별시장·광역시장·특별자치시장·특별자치도지사·시장 또는 군수가 관리한다. 다만, 공동구의 효율적인 관리·운영을 위하여 필요하다고 인정하는 경우에는 대통령령으로 정하는 기관에 그 관리·운영을 위탁할 수 있다.
② 공동구관리자는 5년마다 해당 공동구의 안전 및 유지관리계획을 대통령령으로 정하는 바에 따라 수립·시행하여야 한다.
③ 공동구관리자는 대통령령으로 정하는 바에 따라 1년에 1회 이상 공동구의 안전점검을 실시하여야 하며, 안전점검결과 이상이 있다고 인정되는 때에는 지체 없이 정밀안전진단·보수·보강 등 필요한 조치를 하여야 한다.
④ 공동구관리자는 공동구의 설치·관리에 관한 주요 사항의 심의 또는 자문을 하게 하기 위하여 공동구협의회를 둘 수 있다. 이 경우 공동구협의회의 구성·운영 등에 필요한 사항은 대통령령으로 정한다.
⑤ 국토교통부장관은 공동구의 관리에 필요한 사항을 정할 수 있다.

83. 지적공부에 등록하기 위한 지목결정으로 옳지 않은 것은?

① 소관청에서 결정한다.
② 1필지에 1지목을 설정한다.

③ 토지의 주된 용도에 따라 결정한다.
④ 토지소유자가 신청하는 지목으로 설정한다.

> 해설 지적공부에 등록하기 위한 지목의 결정에는 1필지 1지목으로 토지의 주된 용도에 따라 지적소관청이 결정한다. 토지소유자의 신청으로 설정하는 것이 아니다.

84. 지적소관청이 측량기준점의 설치를 위해 토지 등의 출입 등에 따라 손실이 발생하여, 손실을 받은 자와 협의가 성립되지 아니한 경우 재결을 신청할 수 있는 곳은?

① 시·도지사
② 중앙지적위원회
③ 행정안전부장관
④ 관할 토지수용위원회

> 해설 [공간정보의 구축 및 관리 등에 관한 법률 제102조(토지등의 출입 등에 따른 손실보상)]
> ① 제101조제1항에 따른 행위로 손실을 받은 자가 있으면 그 행위를 한 자는 그 손실을 보상하여야 한다.
> ② 제1항에 따른 손실보상에 관하여는 손실을 보상할 자와 손실을 받은 자가 협의하여야 한다.
> ③ 손실을 보상할 자 또는 손실을 받은 자는 제2항에 따른 협의가 성립되지 아니하거나 협의를 할 수 없는 경우에는 관할 토지수용위원회에 재결(裁決)을 신청할 수 있다.
> ④ 관할 토지수용위원회의 재결에 관하여는 「공익사업을 위한 토지 등의 취득 및 보상에 관한 법률」 제84조부터 제88조까지의 규정을 준용한다.

85. 공간정보의 구축 및 관리 등에 관한 법령상 토지대장과 임야대장에 등록하여야 하는 사항으로 옳지 않은 것은?

① 지번
② 면적
③ 좌표
④ 토지의 소재

> 해설 [공간정보의 구축 및 관리 등에 관한 법률 제71조(토지대장 등의 등록사항)]
> 1. 토지의 소재
> 2. 지번
> 3. 지목
> 4. 면적
> 5. 소유자의 성명 또는 명칭, 주소 및 주민등록번호
> 6. 그 밖에 국토교통부령으로 정하는 사항

86. 다음 중 2년 이하의 징역 또는 2천만원 이하의 벌금에 처하는 벌칙 기준을 적용받는 경우는?

① 정당한 사유없이 측량을 방해한 자
② 측량기술자가 아님에도 불구하고 측량을 한 자
③ 측량업의 등록을 하지 아니하고 측량업을 한 자
④ 측량업자로서 속임수로 측량업과 관련된 입찰의 공정성을 해친 자

> 해설 [공간정보의 구축 및 관리 등에 관한 법률 제107~109조(벌칙), 제110조(양벌규정), 제111조(과태료)]
> ① 정당한 사유없이 측량을 방해한 자 : 300만원 이하의 과태료
> ② 측량기술자가 아님에도 불구하고 측량을 한 자 : 1년 이하의 징역 또는 1천만원 이하의 벌금
> ③ 측량업의 등록을 하지 아니하고 측량업을 한 자 : 2년 이하의 징역 또는 2천만원 이하의 벌금
> ④ 측량업자로서 속임수로 측량업과 관련된 입찰의 공정성을 해친 자 : 3년 이하의 징역 또는 3천만원 이하의 벌금

87. 다음 중 공간정보의 구축 및 관리 등에 관한 법률에서 규정하고 있는 내용이 아닌 것은?

① 토지공개념의 확보
② 측량 및 수로조사의 기준 및 절차 규정
③ 지적공부의 작성 및 관리에 관한 사항 규정
④ 부동산종합공부의 작성 및 관리에 관한 사항 규정

> 해설 [공간정보의 구축 및 관리 등에 관한 법률 제1조(목적)]
> 이 법은 측량 및 수로조사의 기준 및 절차와 지적공부·부동산종합공부의 작성 및 관리 등에 관한 사항을 규정함으로써 국토의 효율적 관리와 해상교통의 안전 및 국민의 소유권 보호에 기여함을 목적으로 한다.

88. 부동산등기법령상 등기부에 관한 설명으로 옳지 않은 것은?

① 등기부는 영구히 보존하여야 한다.
② 공동인명부와 도면은 영구히 보존하여야 한다.
③ 등기부는 토지등기부와 건물등기부로 구분한다.
④ 등기부란 전산정보처리조직에 의하여 입력·처리된 등기정보자료를 대법원규칙으로 정하는 바에 따라 편성한 것을 말한다.

해설 [부동산등기법 제14조(등기부의 종류 등)]
① 등기부는 토지등기부(土地登記簿)와 건물등기부(建物登記簿)로 구분한다.
② 등기부는 영구(永久)히 보존하여야 한다.
③ 등기부는 대법원규칙으로 정하는 장소에 보관·관리하여야 하며, 전쟁·천재지변이나 그 밖에 이에 준하는 사태를 피하기 위한 경우 외에는 그 장소 밖으로 옮기지 못한다.
④ 등기부의 부속서류는 전쟁·천재지변이나 그 밖에 이에 준하는 사태를 피하기 위한 경우 외에는 등기소 밖으로 옮기지 못한다. 다만, 신청서나 그 밖의 부속서류에 대하여는 법원의 명령 또는 촉탁(囑託)이 있거나 법관이 발부한 영장에 의하여 압수하는 경우에는 그러하지 아니하다.

89. 공간정보의 구축 및 관리 등에 관한 법령상 잡종지로 지목을 설정할 수 없는 것은?

① 야외시장
② 돌을 캐내는 곳
③ 영구적 건축물인 자동차운전학원의 부지
④ 원상회복을 조건으로 흙을 파내는 곳으로 허가된 토지

해설 [공간정보의 구축 및 관리 등에 관한 법률 시행령 제58조(지목의 구분) 잡종지]
다음 각 목의 토지. 다만, 원상회복을 조건으로 돌을 캐내는 곳 또는 흙을 파내는 곳으로 허가된 토지는 제외한다.
가. 갈대밭, 실외에 물건을 쌓아두는 곳, 돌을 캐내는 곳, 흙을 파내는 곳, 야외시장, 비행장, 공동우물
나. 영구적 건축물 중 변전소, 송신소, 수신소, 송유시설, 도축장, 자동차운전학원, 쓰레기 및 오물처리장 등의 부지
다. 다른 지목에 속하지 않는 토지

90. 공간정보의 구축 및 관리 등에 관한 법령상 등기촉탁에 대한 설명으로 옳지 않은 것은?

① 신규등록은 등기촉탁 대상에서 제외한다.
② 토지의 경계, 소유자 등을 변경 정리한 경우에 토지소유자를 대신하여 소관청이 관할 등기관서에 등기신청을 하는 것을 말한다.
③ 지적소관청이 관련법규에 따른 사유로 등기를 촉탁하는 경우, 국가가 국가를 위하여 하는 등기로 본다.
④ 축척변경의 사유로 등기촉탁을 하는 경우에 이해관계가 있는 제3자의 승낙은 관할 축척변경위원회의 의결서 정본으로 갈음할 수 있다.

해설 [공간정보의 구축 및 관리 등에 관한 법률 제89조(등기촉탁)]
① 지적소관청은 토지이동에 따른 사유로 토지의 표시 변경에 관한 등기를 할 필요가 있는 경우에는 지체 없이 관할 등기관서에 그 등기를 촉탁하여야 하며 등기촉탁은 국가가 국가를 위하여 하는 등기로 본다.
② 등기촉탁에 필요한 사항은 국토교통부령으로 정한다.
③ 지적소관청은 지적재조사로 새로이 지적공부를 작성하였을 때에는 지체 없이 관할등기소에 그 등기를 촉탁하여야 하며 그 등기촉탁은 국가가 자기를 위하여 하는 등기로 본다.
④ 토지소유자나 이해관계인은 지적소관청이 등기촉탁을 지연하고 있는 경우에는 직접 등기를 신청할 수 있다.
⑤ 등기에 관하여 필요한 사항은 대법원규칙으로 정한다.
⑥ 지적소관청은 등기관서에 토지표시의 변경에 관한 등기를 촉탁하려는 때에는 토지표시 변경등기촉탁서에 그 취지를 적어야 한다.
⑦ 토지표시의 변경에 관한 등기를 촉탁한 때에는 토지표시 변경 등기촉탁대장에 그 내용을 적어야 한다.

91. 공간정보의 구축 및 관리 등에 관한 법령상 토지의 표시사항에 해당되지 않는 것은?

① 경계
② 면적
③ 지번
④ 소유자의 주소

해설 [공간정보의 구축 및 관리 등에 관한 법률 제2조(정의)]
"토지의 표시"란 지적공부에 토지의 소재·지번(地番)·지목(地目)·면적·경계 또는 좌표를 등록한 것을 말한다.

92. 공간정보의 구축 및 관리 등에 관한 법령상 지적소관청은 지번을 변경하고자 할 때 누구에게 승인신청서를 제출하여야 하는가?

① 행정안전부장관
② 중앙지적위원회 위원장
③ 토지수용위원회 위원장
④ 시·도지사 또는 대도시 시장

해설 [공간정보의 구축 및 관리 등에 관한 법률 시행령 제57조 (지번변경 승인신청 등)]
① 지적소관청은 지번을 변경하려면 지번변경 사유를 적은 승인신청서에 지번변경 대상지역의 지번·지목·면적·소유자에 대한 상세한 내용을 기재하여 시·도지사 또는 대도시 시장에게 제출하여야 한다. 이 경우 시·도지사 또는 대도시 시장은 행정정보의 공동이용을 통하여 지번변경 대상지역의 지적도 및 임야도를 확인하여야 한다.
② 제1항에 따라 신청을 받은 시·도지사 또는 대도시 시장은 지번변경 사유 등을 심사한 후 그 결과를 지적소관청에 통지하여야 한다.

93. 공간정보의 구축 및 관리 등에 관한 법령상 임야대장에 등록하는 1필지 최소면적 단위는? (단, 지적도의 축척이 600분의 1인 지역과 경계점좌표등록부에 등록하는 지역의 토지면적은 제외한다.)

① 0.1제곱미터 ② 1제곱미터
③ 10제곱미터 ④ 100제곱미터

해설 [임야대장에 등록하는 1필지 최소면적의 단위]
임야도의 축척이 6,000분의 1인 지역의 토지 면적은 ㎡ 단위로 하되, 1㎡ 미만의 끝수가 있는 경우 0.5㎡ 미만일 때에는 버리고 0.5㎡를 초과할 때에는 올리며, 0.5㎡일 때에는 구하려는 끝자리의 숫자가 0 또는 짝수이면 버리고 홀수이면 올리되, 1필지의 면적이 1㎡ 미만일 때에는 1㎡로 한다.

94. 지적측량수행자가 과실로 지적측량을 부실하게 하여 지적측량의뢰인에게 재산상의 손해를 발생하게 한 경우, 지적측량의뢰인이 손해배상으로 보험금을 지급받기 위해 보험회사에 첨부하여 제출하는 서류가 아닌 것은?

① 지적측량의뢰인과 지적측량수행자 간의 손해배상합의서
② 지적측량의뢰인과 지적측량수행자 간의 화해조서
③ 지적위원회의 손해사실에 대하여 결정한 서류
④ 확정된 법원의 판결문 사본 또는 이에 준하는 효력이 있는 서류

해설 [공간정보의 구축 및 관리 등에 관한 법률 시행령 제43조 (보험금 등의 지급 등)]
① 지적측량의뢰인은 법 제51조제1항에 따른 손해배상으로 보험금·보증금 또는 공제금을 지급받으려면 다음 각 호의 어느 하나에 해당하는 서류를 첨부하여 보험회사 또는 공간정보산업협회에 손해배상금 지급을 청구하여야 한다.
1. 지적측량의뢰인과 지적측량수행자 간의 손해배상합의서 또는 화해조서
2. 확정된 법원의 판결문 사본
3. 제1호 또는 제2호에 준하는 효력이 있는 서류

95. 부동산 등기 법령상 등기기록의 갑구(甲區)에 기록하여야 할 사항은?

① 부동산의 소재지
② 소유권에 관한 사항
③ 소유권 이외의 권리에 관한 사항
④ 토지의 지목, 지번, 면적에 관한 사항

해설 [부동산등기법 제15조(물적 편성주의)]
등기기록에는 부동산의 표시에 관한 사항을 기록하는 표제부와 소유권에 관한 사항을 기록하는 갑구(甲區) 및 소유권 외의 권리에 관한 사항을 기록하는 을구(乙區)를 둔다.

96. 공간정보의 구축 및 관리 등에 관한 법령상 지적정보 관리시스템 사용자의 권한구분으로 옳지 않은 것은?

① 지적측량업 등록   ② 토지이동의 정리
③ 사용자의 신규등록 ④ 사용자 등록의 변경 및 삭제

해설 [지적전산정보시스템에서 사용자권한 등록파일에 등록하는 사용자의 권한]
① 사용자의 신규등록, 사용자등록의 변경 및 삭제
② 법인이 아닌 사단·재단등록번호의 업무관리 및 직권수정
③ 개별공시지가 변동의 관리
④ 지적전산코드의 입력·수정 및 삭제
⑤ 지적전산코드 및 자료의 조회
⑥ 지적통계의 관리 및 토지관련정책정보의 관리
⑦ 토지이동신청의 접수 및 토지이동의 정리
⑧ 토지소유자변경의 관리
⑨ 토지등급 및 기준수확량등급변동의 관리
⑩ 지적공부의 열람 및 등본발급의 관리
⑪ 일반지적업무의 관리 및 일일마감관리
⑫ 지적전산자료의 정비 및 개인별토지소유현황의 조회
⑬ 비밀번호의 변경

정답 89. ④ 90. ② 91. ④ 92. ④ 93. ② 94. ③ 95. ②

97. 공간정보의 구축 및 관리 등에 관한 법령상 지적소관청이 토지소유자에게 지적정리 등을 통지하여야 하는 시기로 옳은 것은?

① 토지의 표시에 관한 변경등기가 필요한 경우 : 그 등기완료의 통지서를 접수한 날부터 15일 이내
② 토지의 표시에 관한 변경등기가 필요한 경우 : 그 등기완료의 통지서를 접수한 날부터 30일 이내
③ 토지의 표시에 관한 변경등기가 필하지 아니한 경우 : 지적공부에 등록한 날부터 15일 이내
④ 토지의 표시에 관한 변경등기가 필요하지 아니한 경우 : 지적공부에 등록한 날부터 30일 이내

해설 [공간정보의 구축 및 관리 등에 관한 법률 시행령 제85조(지적정리등의 통지)]
1. 토지의 표시에 관한 변경등기가 필요한 경우 : 그 등기완료의 통지서를 접수한 날부터 15일 이내
2. 토지의 표시에 관한 변경등기가 필요하지 아니한 경우 : 지적공부에 등록한 날부터 7일 이내

98. 국토의 계획 및 이용에 관한 법령상 광역도시계획에 관한 설명으로 옳지 않은 것은?

① 광역계획권의 지정은 국토교통부장관만이 할 수 있다.
② 광역도시계획에는 경관계획에 관한 사항이 포함되어야 한다.
③ 국토교통부장관은 시·도지사가 요청하는 경우 관할 시·도지사와 공동으로 광역도시계획을 수립할 수 있다.
④ 인접한 둘 이상의 특별시·광역시·특별자치시·특별자치도·시 또는 군의 관할구역 전부 또는 일부를 광역계획권으로 지정할 수 있다.

해설 [국토의 계획 및 이용에 관한 법률 제2조(정의)]
"광역도시계획"이란 광역계획권의 장기발전방향을 제시하는 계획을 말한다.
[국토의 계획 및 이용에 관한 법률 제10조(광역계획권의 지정)]
국토교통부장관 또는 도지사는 둘 이상의 특별시·광역시·특별자치시·특별자치도·시 또는 군의 공간구조 및 기능을 상호 연계시키고 환경을 보전하며 광역시설을 체계적으로 정비하기 위하여 필요한 경우에는 관할 구역 전부 또는 일부를 대통령령으로 정하는 바에 따라 광역계획권으로 지정할 수 있다.
1. 광역계획권이 둘 이상의 특별시·광역시·특별자치시·도 또는 특별자치도의 관할 구역에 걸쳐 있는 경우 : 국토교통부장관이 지정
2. 광역계획권이 도의 관할 구역에 속하여 있는 경우 : 도지사가 지정

99. 축척변경에 따른 청산금을 산출한 결과 증가된 면적에 대한 청산금의 합계와 감소된 면적에 대한 청산금의 합계에 차액이 생긴 경우 부족액의 부담권자는?

① 국토교통부   ② 토지소유자
③ 지방자치단체   ④ 한국국토정보공사

해설 [공간정보의 구축 및 관리 등에 관한 법률 시행령 제75조(청산금의 산정)]
청산금을 산정한 결과 증가된 면적에 대한 청산금의 합계와 감소된 면적에 대한 청산금의 합계에 차액이 생긴 경우 초과액은 그 지방자치단체의 수입으로 하고, 부족액은 그 지방자치단체가 부담한다.

100. 부동산등기법령상 토지가 멸실된 경우, 그 토지 소유권의 등기명의인이 등기를 신청하여야 하는 기간은?

① 그 사실이 있는 때부터 14일 이내
② 그 사실이 있는 때부터 15일 이내
③ 그 사실이 있는 때부터 1개월 이내
④ 그 사실이 있는 때부터 3개월 이내

해설 [부동산등기법 제39조(멸실등기의 신청)]
토지가 멸실된 경우에는 그 토지 소유권의 등기명의인은 그 사실이 있는 때부터 1개월 이내에 그 등기를 신청하여야 한다.

정답 97. ① 98. ① 99. ③ 100. ③

2018년 지적기사 기출문제

Engineer Cadastral Surveying

CHAPTER 04

지적기사 기출문제

2018년도 제1회

1과목 지적측량

01. 고저차 1.9m인 기선을 관측하여 관측거리 248.484m의 값을 얻었다면 경사 보정량은?

① -7mm   ② -14mm
③ +7mm   ④ +14mm

해설 경사보정 $C_i = -\dfrac{h^2}{2L}$ 이므로

$$C_i = -\dfrac{1.9^2}{2 \times 248.48} = -0.007m = -7mm$$

02. 지적측량성과와 검사성과의 연결교차가 아래와 같을 때 측량성과로 결정할 수 없는 것은?

① 지적삼각점 : 0.15m
② 지적삼각보조점 : 0.30m
③ 지적도근점(경계점좌표등록부 시행지역) : 0.10m
④ 경계점(경계점좌표등록부 시행지역) : 0.05m

해설 [경계점좌표등록부 시행지역의 측량성과와 검사성과의 연결교차]
① 지적삼각점측량 : 0.20m 이내
② 지적삼각보조점측량 : 0.25m 이내
③ 지적도근점측량 : 0.15m 이내, 그밖의 지역 : 0.25m 이내
④ 세부측량(경계점) : 0.10m 이내, 그 밖의 지역 : $\dfrac{3}{10}M$ mm 이내

03. 어떤 도선측량에서 변장거리 800m, 측점 8점 △x의 폐합차 7cm, △y의 폐합차 6cm의 결과를 얻었다. 이때 정도를 구하는 올바른 식은?

① $\dfrac{\sqrt{0.07^2+0.06^2}}{(8-1)800}$

② $\sqrt{\dfrac{0.07^2+0.06^2}{8 \times 800}}$

③ $\sqrt{\dfrac{0.07^2+0.06^2}{800}}$

④ $\dfrac{\sqrt{0.07^2+0.06^2}}{800}$

해설 도선측량의 정도는 $\dfrac{폐합오차}{전체측선의 길이}$ 이므로

$$\dfrac{\sqrt{\Delta x^2 + \Delta y^2}}{\sum L} = \dfrac{\sqrt{0.07^2+0.06^2}}{800}$$

04. 미지점에서 평판을 세우고 기지점을 시준한 방향선의 교차에 의하여 그 점의 도상위치를 구할 때 사용하는 측량방법은?

① 전방교회법   ② 원호교회법
③ 측방교회법   ④ 후방교회법

해설 교회법은 방향선의 교차에 의해 구점의 위치를 결정하는 방식으로 기계를 세우는 위치에 따라 전방(기지점), 측방(기지점, 미지점), 후방(미지점)교회법으로 구분한다.

05. 다음 중 지적삼각점을 관측하는 경우 연직각의 관측 및 계산 기준에 대한 설명으로 옳지 않은 것은?

① 연직각의 단위는 '초'로 한다.
② 각 측점에서 정반으로 각 2회 관측하여야 한다.
③ 관측치의 최대치와 최소치의 교차가 40초 이내이어야 한다.
④ 2개의 기지점에서 소구점의 표고를 계산한 결과 그 교차가 $0.05m+0.05(S_1+S_2)m$ 이하일 때에는 그 평균치를 표고로 한다.

> **해설** [지적삼각점 설치를 위한 연직각의 관측]
> 각 측점에서 정·반으로 2회 관측허용교차가 30초 이내(5″)인 경우 평균치를 연직각으로 한다.

06. 지적삼각점측량에서 진북방향각의 계산단위로 옳은 것은?

① 초아래 1자리   ② 초아래 2자리
③ 초아래 3자리   ④ 초아래 4자리

> **해설** 지적삼각측량에서 진북방향각의 계산단위는 초아래 1자리로 한다.

07. 지적삼각점 두 점 간의 거리를 계산할 때 계산 순서로 바르게 연결한 것은?

① 기준면거리 → 경사거리 → 평면거리
② 기준면거리 → 평면거리 → 수평거리
③ 경사거리 → 기준면거리 → 평면거리
④ 평면거리 → 기준면거리 → 수평거리

> **해설** [지적삼각점 두 점 간의 거리의 계산순서]
> 경사거리 → 기준면거리 → 평면거리

08. 지적기준점의 제도 방법 기준으로 옳지 않은 것은?

① 2등 삼각점은 직경 1mm, 2mm, 3mm의 3중원으로 제도한다.
② 위성기준점은 직경 2mm, 3mm의 2중원으로 제도하고 원 안을 검은색으로 엷게 채색한다.
③ 지적삼각보조점은 직경 3mm의 원으로 제도하고 원 안을 검은색으로 엷게 채색한다.
④ 명칭과 번호는 2mm 이상 3mm 이하 크기의 명조체로 제도한다.

> **해설** [지적업무처리규정 제43조(지적기준점 등의 제도)]
> 1. 위성기준점은 직경 2밀리미터 및 3밀리미터의 2중원 안에 십자선을 표시하여 제도한다.
> 2. 1등 및 2등삼각점은 직경 1밀리미터, 2밀리미터 및 3밀리미터의 3중원으로 제도한다. 이 경우 1등삼각점은 그 중심원 내부를 검은색으로 엷게 채색한다.
> 3. 3등 및 4등삼각점은 직경 1밀리미터 및 2밀리미터의 2중원으로 제도한다. 이 경우 3등삼각점은 그 중심원 내부를 검은색으로 엷게 채색한다.
> 4. 지적삼각점 및 지적삼각보조점은 직경 3밀리미터의 원으로 제도한다. 이 경우 지적삼각점은 원안에 십자선을 표시하고, 지적삼각보조점은 원안에 검은색으로 엷게 채색한다.
> 5. 지적도근점은 직경 2밀리미터의 원으로 다음과 같이 제도한다.
> 6. 지적기준점의 명칭과 번호는 그 지적기준점의 윗부분에 2밀리미터 이상 3밀리미터 이하 크기의 명조체로 제도한다. 다만, 레터링으로 작성할 경우에는 고딕체로 할 수 있으며 경계에 닿는 경우에는 다른 위치에 제도할 수 있다.

09. 가구중심점 C점에서 가구정점 P점까지의 거리를 구하는 공식으로 옳은 것은?

① $\sqrt{(\dfrac{L_2}{\sin\theta}+\dfrac{L_1}{\tan\theta})^2+L_1^2}$

② $\sqrt{(\dfrac{L_2}{\sin\theta}+\dfrac{L_1}{\cot\theta})^2+L_1^2}$

③ $\sqrt{(\dfrac{L_2}{\cos\theta}+\dfrac{L_1}{\tan\theta})^2+L_1^2}$

④ $\sqrt{(\dfrac{L_2}{\cos\theta}+\dfrac{L_1}{\cot\theta})^2+L_1^2}$

해설 [가구중심점 C점에서 가구정점 P점까지의 거리]

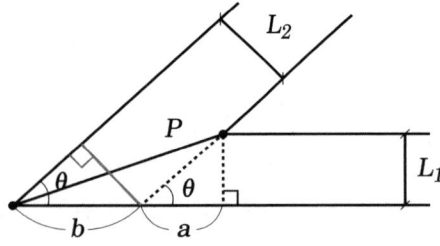

$\overline{CP} = \sqrt{(a+b)^2 + L_1^2}$

$\dfrac{L_1}{a} = \tan\theta \rightarrow a = \dfrac{L_1}{\tan\theta}$

$\dfrac{L_2}{b} = \sin\theta \rightarrow b = \dfrac{L_2}{\sin\theta}$

$\therefore \overline{CP} = \sqrt{\left(\dfrac{L_1}{\tan\theta} + \dfrac{L_2}{\sin\theta}\right)^2 + L_1^2}$

10. △ABC토지에 대하여 지적삼각측량을 실시하여 AB=3km, ∠ABC=30°, ∠BAC=60°를 측정하였다. AC의 거리는?

① 1500m ② 1732m
③ 2598m ④ 6000m

해설 세각이 30°, 60°, 90°인 직각삼각형의 변장의 비는 1 : √3 : 2 이므로 빗변이 3000m이면 밑변은 빗변의 1/2이므로 1500m

11. 지적도근점측량에서 측정한 각 측선의 수평거리의 총합계가 1550m일 때, 연결오차의 허용범위 기준은 얼마인가?(단, 1/600지역과 경계점좌표등록부 시행지역에 걸쳐 있으며, 2등도선이다.)

① 25cm 이하 ② 29cm 이하
③ 30cm 이하 ④ 35cm 이하

해설 2등도선의 연결오차 = $\dfrac{1.5M}{100}\sqrt{N}\,cm$ 이하이고, M은 축척의 분모, N은 측선의 수평거리의 총합계를 100으로 나눈 값
연결오차 = $\dfrac{1.5 \times 500}{100}\sqrt{15.5} = 29cm$ 이하

12. 평판측량방법에 따른 세부측량을 시행하는 경우 기지점을 기준으로 하여 지상경계선과 도상경계선의 부합 여부를 확인하는 방법에 해당하지 않는 것은?

① 현형법 ② 중앙종거법
③ 거리비교확인법 ④ 도상원호교회법

해설 [지적측량 시행규칙 제18조(세부측량의 기준 및 방법 등)]
경계점은 기지점을 기준으로 하여 지상경계선과 도상경계선의 부합 여부를 현형법(現形法)·도상원호(圖上圓弧)교회법·지상원호(地上圓弧)교회법 또는 거리비교확인법 등으로 확인하여 정할 것

13. 점 P에서 방위각이 β인 직선 $\overline{AB}$까지의 수선장 d를 구하는 식은?

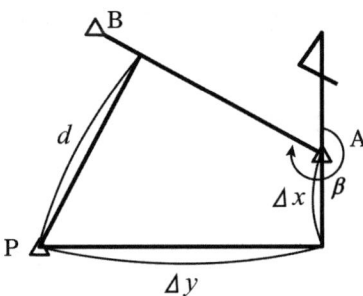

① $d = \triangle y \cdot \cos\beta - \triangle x \cdot \sin\beta$
② $d = \triangle x \cdot \cos\beta - \triangle y \cdot \sin\beta$
③ $d = \triangle x \cdot \sin\beta - \triangle y \cdot \cos\beta$
④ $d = \triangle y \cdot \sin\beta - \triangle x \cdot \cos\beta$

해설 [수선의 길이]
$d_1 = \triangle x \cdot \sin(360° - \beta) = -\sin\beta$
$d_2 = \triangle y \cdot \cos(360° - \beta) = \cos\beta$
$d = d_1 + d_2 = \triangle y \cdot \cos\beta - \triangle x \cdot \sin\beta$

14. 경위의측량방법에 따라 교회법으로 지적삼각보조점측량을 하는 기준으로 옳지 않은 것은?

① 수평각 관측은 2대회의 방향관측법에 따른다.
② 지형상 부득이한 경우 두 점의 기지점을 사용할 수 있다.
③ 점간거리는 반드시 평균 1km 이상 3km 이하로 하여야 한다.
④ 연결교차가 0.50m 이하일 때에는 그 평균치를 지적삼각보조점의 위치로 한다.

해설 [경위의측량방법과 교회법에 의해 지적삼각보조점측량을 실시할 경우 관측 및 계산기준]
① 수평각 관측은 2대회의 방향관측법에 의한다.
② 지적삼각보조점표지의 점간거리는 평균 1km 이상 3km 이하로 한다.
③ 3방향의 교회에 따른다. 다만 지형상 부득이한 경우 2방향의 교회에 의하며 결정하기도 한다.
④ 삼각형의 각 내각은 30° 이상 120° 이하로 한다.
⑤ 두 개의 삼각형으로부터 계산한 위치의 연결교차가 0.3m 이하인 때에는 그 평균치를 지적삼각보조점의 위치로 한다.

15. 광파기측량방법에 따라 다각망도선법으로 지적도근점측량을 하는 경우 필요한 최소 기지점 수는?

① 2점 ② 3점
③ 5점 ④ 7점

해설 [다각망도선법에 의한 지적삼각측보조점측량의 기준]
① 3점 이상의 기지점으로 포함한 결합다각방식에 의한다.
② 1도선의 거리는 4km 이하로 한다.
③ 1도선의 점의 수는 기지점과 교점 포함하여 5점 이하로 한다.

16. 오차의 성질에 관한 설명으로 옳지 않은 것은?

① 정오차는 측정횟수에 비례하여 증가한다.
② 부정오차는 일정한 크기와 방향으로 나타난다.
③ 우연오차는 상차라고도 하며, 측정횟수의 제곱근에 비례한다.
④ 1회 측정 후 우연오차를 b라 하면 n회 측정의 상쇄오차는 $b\sqrt{n}$ 이다.

해설 [오차의 성질에 따른 분류]
① 정오차(누적오차, 계통오차) : 오차가 일어나는 원인이 명백하고, 일정한 조건 밑에서는 일정한 크기와 방향으로 발생하는 오차, 그 원인이 조사되면 오차량을 계산하여 제거할 수 있는 오차, 특성치, 온도, 처짐, 장력, 경사, 표고 등
② 부정오차(우연오차, 상차) : 일어나는 원인이 불분명 하거나 원인을 안다 하여도 직접 처리하는 방법이 불확실하고 예견할 수 없으며 관측값에 어느 정도의 주고 있는지를 알 수 없는 성질의 불규칙한 오차, 아무리 주의해도 피할 수 없고 또 계산으로 제거할 수 없으므로 통계학(최소제곱법)적으로 소거하는 방법을 사용
③ 과대오차(착오) : 관측자 기술의 미숙, 심리상태의 혼란, 부주의, 착각에 의한 눈금 오독, 기장오기 등으로 발생

17. 다음 중 공간정보의 구축 및 관리에 관한 법령에 따른 측량기준에서 회전타원체의 편평률로 옳은 것은?(단, 분모는 소수점 둘째자리까지 표현한다).

① 299.26분의 1   ② 294.98분의 1
③ 299.15분의 1   ④ 298.26분의 1

해설 [공간정보의 구축 및 관리 등에 관한 법률 시행령 제7조(세계측지계 등)]
1. 회전타원체의 장반경(張半徑) 및 편평률(扁平率)은 다음 항목과 같을 것
  가. 장반경: 6,378,137미터
  나. 편평률: 298.257222101분의 1
2. 회전타원체의 중심이 지구의 질량중심과 일치할 것
3. 회전타원체의 단축(短軸)이 지구의 자전축과 일치할 것

18. 각도측정에서 50m의 거리에 1'의 각도 오차가 있을 때 실제의 위치 오차는?

① 0.02cm　　② 0.50cm
③ 1.00cm　　④ 1.45cm

해설 거리오차와 측각오차의 정밀도는 다음 식으로 정리된다.

$$\frac{\Delta h}{D} = \frac{\theta}{\rho(1\text{라디안})}$$

$$\frac{\Delta h}{50m} = \frac{1'}{\frac{180°}{\pi} \times 60' \times 60''}\text{에서}$$

$$\Delta h = \frac{60'' \times 50m}{206,265''} = 0.0145m = 1.45cm$$

19. 축척 1/1,200 지역에서 지적도 도곽의 신축량이 −6mm 이었을 때 면적보정계수로 옳은 것은?

① 0.9653　　② 0.9679
③ 1.0332　　④ 1.0359

해설 1/1,200 지적도의 도상길이는 333.33mm×416.67mm이고, 보정계수(Z)=

$$\frac{X \times Y}{\Delta X \times \Delta Y} = \frac{333.33 \times 416.67}{(333.33-6) \times (416.67-6)} = 1.0332$$

20. 각의 측량에 있어 A는 1회 관측으로 60° 20′ 38″, B는 4회 관측으로 60° 20′ 21″, C는 9회 관측으로 60° 20′ 30″의 측정결과를 얻었을 때 최확값으로 옳은 것은?

① 60° 20′ 24″　　② 60° 20′ 26″
③ 60° 20′ 28″　　④ 60° 20′ 30″

해설 ① 경중률 : 횟수에 비례하므로
$P_A : P_B : P_C = 1 : 4 : 9$
② 최확값 : 경중률을 포함한 산술평균

$$MPV = 60°20' + \frac{1 \times 38'' + 4 \times 21'' + 9 \times 30''}{1+4+9}$$
$$= 60°20'28''$$

2과목 응용측량

21. 수준측량에서 전시(F.S : fore sight)에 대한 설명으로 옳은 것은?

① 미지점에 세운 표척의 눈금을 읽은 값
② 기준면으로부터 시준선까지의 높이를 읽은 값
③ 가장 먼저 세운 표척의 눈금을 읽은 값
④ 지반고를 알고 있는 점에 세운 표척의 눈금을 읽은 값

해설 [수준측량의 용어]
① **중간점(I.P)** : 어떤 지점의 표고를 알기 위하여 표척을 세워 전시를 취하는 점
② **이기점(T.P)** : 기계를 옮기기 위하여 어떠한 점에서 전시와 후시를 모두 취하는 점
③ **전시(F.H)** : 표고를 구하려는 점에 세운 표척의 눈금을 읽은 값
④ **후시(B.S)** : 기지의 측점에 세운 표척의 읽음값

22. 터널측량의 일반적인 작업순서에 맞게 나열된 것은?

| A. 지표설치 | B. 계획 및 답사 |
| C. 예측 | D. 지하설치 |

① B → C → D → A
② C → B → A → D
③ B → C → A → D
④ C → B → D → A

해설 [터널측량의 작업순서]
① **계획 및 답사** : 개략적인 계획수립, 현장조사를 통한 터널의 위치 예정
② **예측** : 지표의 중심선을 미리 표시하고 도면상 터널위치 검토
③ **지표설치** : 터널 중심선의 지표에 설치, 갱문의 위치 결정
④ **지하설치** : 갱문에서 굴착진행함에 따라 갱내 중심선 설정하는 작업

23. 직접수준측량에 따른 오차 중 시준거리의 제곱에 비례하는 성질을 갖는 것은?

① 기포관축과 시준선이 평행하지 않아 발생하는 오차
② 표척의 길이가 표준길이와 달라 발생하는 오차
③ 지구의 곡률 및 대기 중 광선의 굴절로 인한 오차
④ 망원경 시야가 흐려 발생되는 표척의 독취오차

> 해설 지구의 곡률 및 대기를 고려하려면 구차와 기차를 적용하여 계산한다.
> $h = \dfrac{S^2}{2R}(1-k)$ 에서 S는 시준거리, R은 지구의 곡률반경, k는 굴절계수를 의미한다.

24. 사이클슬립(cycle slip)이나 멀티패스(multipath)의 오차를 줄일 목적으로 낮은 위성의 고도각을 제한하기도 한다. 일반적으로 제한하는 위성의 고도각 범위로 알맞은 것은?

① 10° 이상 ② 15° 이상
③ 30° 이상 ④ 40° 이상

> 해설 위성의 고도각은 낮을수록 관측이 부정확해지므로 임계고도각을 15° 이상으로 유지한다.

25. 카메라의 초점거리(f)와 촬영한 항공사진의 종중복도(p)가 다음과 같을 때, 기선고도비가 가장 큰 것은? (단, 사진크기는 18cm × 18cm로 동일하다).

① f=21cm, p=70% ② f=21cm, p=60%
③ f=11cm, p=75% ④ f=11cm, p=60%

> 해설 기선고도비는 기선을 고도로 나눈 값으로 $\dfrac{B}{H} = \dfrac{ma(1-p)}{mf}$ 이므로 중복도와 초점거리가 작을수록 기선고도비는 커짐

26. 지형도의 도식과 기호가 만족하여야 할 조건에 대한 설명으로 옳지 않은 것은?

① 간단하면서도 그리기 용이해야 한다.
② 지물의 종류가 기호로써 명확히 판별될 수 있어야 한다.
③ 지도가 깨끗이 만들어지며 도식의 의미를 잘 알 수 있어야 한다.
④ 지도의 사용목적과 축척의 크기에 관계없이 동일한 모양과 크기로 빠짐없이 표시하여야 한다.

> 해설 지형도는 사용목적과 축척의 크기에 따라 도식과 기호를 생략하기도 하고 추가하기도 하여 적절하게 표현하도록 한다.

27. 축척 1:10000의 항공사진을 180km/h로 촬영할 경우 허용 흔들림의 범위를 0.02mm로 한다면 최장노출시간은?

① 1/50초 ② 1/100초
③ 1/150초 ④ 1/250초

> 해설 최장노출시간은 셔터의 노출시간으로 촬영을 위해 조리개가 열리고 닫히는 순간의 흔들림량에 비례한다.
> 최장노출시간 $T_l = \dfrac{\Delta S \cdot m}{V}$ 에서
> ΔS: 허용흔들림량, m: 축척, V: 운항속도
> $T_l = \dfrac{\Delta S \cdot m}{V} = \dfrac{0.02mm \times 10,000}{180km/hr \times \dfrac{1,000,000mm}{1km} \times \dfrac{1hr}{3,600s}}$
> $= \dfrac{1}{250}s$

28. 축척 1:50000의 지형도에서 A,B점간의 도상거리가 3cm이었다. 어느 수직항공사진상에서 같은 A, B점간의 거리가 15cm 이었다면 사진의 축척은?

① 1:5000 ② 1:10000
③ 1:15000 ④ 1:20000

해설 A, B 두 점간의 실제거리 = $50,000 \times 0.03m = 1,500m$
$$M = \frac{l}{L} = \frac{0.15m}{1,500m} = \frac{1}{10,000}$$

29. GPS 위성궤도면의 수는?

① 4개   ② 6개
③ 8개   ④ 10개

해설 [GPS의 주요구성요소 중 우주부문(Space Segment)]
연속적 다중위치 결정체계, 55°의 궤도경사각, 위도 60°의 6궤도, 2만km 고도와 12시간주기로 운행

30. 다음 중 우리나라에서 발사한 위성은?

① KOMPSAT   ② LANDSAT
③ SPOT   ④ IKONOS

해설 [KOMPSAT 위성(아리랑 위성)]
① 우리나라에 의하여 1999년 12월 발사된 KOMPSAT 위성
② EOC(Electro-Optical Camera)와 OSMI(Ocean Scanning Multi-spectral Imager)의 두 센서를 탑재
③ EOC는 6.6m의 공간해상도를 가지는 단일 밴드 영상을 제공
④ OSMI는 해양 관측용 센서로서 1km의 공간해상도를 가지고 있으며 6개 밴드중 4개 밴드를 선택하여 영상 생성

31. 축척 1:50000의 지형도에서 A의 표고가 235m, B의 표고가 563m일 때 두 점 A, B 사이 주곡선의 수는?

① 13   ② 15
③ 17   ④ 18

해설 1:50,000 지형도의 주곡선 간격은 20m이므로 A점과 B점 사이에는 240, 260, 280, 300, 320, 340, 360, 380, 400, 420, 440, 460, 480, 500, 520, 540, 560 등 17개의 등고선이 있다.

32. 지형도 작성 시 활용하는 지형 표시 방법과 거리가 먼 것은?

① 방사법   ② 영선법
③ 채색법   ④ 점고법

해설 [지형도 표시방법 중 부호도법]
① **점고법** : 하천, 항만, 해양측량 등에서 심천측량을 한 측점에 숫자를 기입하여 고저를 표시하는 방법
② **채색법** : 색조를 이용하여 고저를 표시하는 방법
③ **등고선법** : 일정한 높이의 수평면으로 지형을 절단했을 때의 잘린 면의 곡선을 이용하여 지형을 표시

[지형도 표시방법 중 자연도법]
① **영선법** : 우모와 같이 짧고 거의 평행한 선의 간격, 굵기, 길이, 방향 등에 의하여 지형을 표시하는 방법
② **음영법** : 서북쪽 45° 방향에서 평행광선이 비칠 때 생기는 그림자로 기복의 모양을 표시하는 방법

33. 지하시설물의 탐사방법으로 수도관로 중 PVC 또는 플라스틱 관을 찾는데 주로 이용되는 방법은?

① 전자탐사법(electromagnetic survey)
② 자기탐사법(magnetic detection method)
③ 음파탐사법(acoustic prospecting method)
④ 전기탐사법(electrical survey)

해설 [음파탐사법]
물이 가득 차 흐르는 관로(수도관)에 음파신호(sound wave signal)를 보내 수신기로 하여금 관내에 발생된 음파를 탐사하는 방법으로서 비금속(플라스틱, PVC 등) 수도관로 탐사에 유용하나 음파신호를 보낼 수 있는 소화전이나 수도미터기 등이 반드시 필요한 방법이다.

34. 직선부 포장도로에서 주행을 위한 편경사는 필요 없지만, 1.5~2.0% 정도의 편경사를 주는 경우의 가장 큰 목적은?

① 차량의 회전을 원활히 하기 위하여
② 노면배수가 잘 되도록 하기 위하여
③ 급격한 노선변화에 대비하기 위하여
④ 주행에 따른 노면침하를 사전에 방지하기 위하여

> **해설** 도로의 평면선형에서 곡선부를 통과하는 차량에는 원심력이 발생하여 접선방향으로 탈선하는 것을 방지하려 바깥쪽 노면을 안쪽 노면보다 높게 하여 단일경사의 단면을 형성하는데 이를 편경사라 하며, 직선부에서 1.5~2.0%의 횡단경사를 두는 이유는 원활한 노면배수를 위해서이다.

35. 반지름 200m의 원곡선 노선에 10m 간격의 중심점을 설치할 때 중심간격 10m에 대한 현과 호의 길이차는?

① 1mm   ② 2mm
③ 3mm   ④ 4mm

> **해설** [현과 호의 길이의 차이]
> $$l - C = \frac{C^3}{24R^2} = \frac{10^3}{24 \times 200^2} = 0.001\,m = 1mm$$

36. 종단측량을 행하여 표와 같은 결과를 얻었을 때, 측점 1과 측점 5의 지반고를 연결한 도로계획선의 경사도는?(단, 중심선의 간격은 20m이다.)

측점	지반고(m)	측점	지반고(m)
1	53.38	4	50.56
2	52.28	5	52.38
3	55.76		

① +1.00   ② −1.00%
③ +1.25%   ④ −1.25%

> **해설** 측점간 간격(중심선의 간격)은 20m이므로 측점 1과 측점 5 사이의 수평거리는 80m
> $$경사도(i) = \frac{H}{D} \times 100(\%) = \frac{52.38 - 53.38}{80} \times 100 = -1.25\%$$

37. 수평각 관측의 측각오차 중 망원경을 정·반으로 관측하여 소거할 수 있는 오차가 아닌 것은?

① 시준축 오차   ② 수평축 오차
③ 연직축 오차   ④ 편심 오차

> **해설** 연직축이 정확히 연직선상에 있지 않아 발생하는 연직축 오차는 관측값을 평균하여도 소거되지 않는다. 다만 시준할 두 점의 고저차가 연직각으로 5° 이하인 경우 큰 오차가 발생하지 않으므로 무시한다.

38. 두 점간의 고저차를 A, B 두 사람이 정밀하게 측정하여 다음과 같은 결과를 얻었다. 두 점간 고저차의 최확값은?

A : 68.994m ± 0.008m, B : 69.003m ± 0.004m

① 69.001m   ② 69.998m
③ 69.996m   ④ 68.995m

> **해설** 경중률은 평균제곱근오차의 제곱에 반비례한다. 비율계산이므로 0.008:0.004 = 2:1 로 계산해도 상관없다.
> $$P_A : P_B = \frac{1}{0.008^2} : \frac{1}{0.004^2} = \frac{1}{4} : \frac{1}{1} = 1 : 4$$
> $$최확값 = \frac{P_A l_A + P_B l_B}{P_A + P_B} = 69 + \frac{-0.006 \times 1 + 0.003 \times 4}{1+4}$$
> $$= 69.001\,m$$

정답 29. ② 30. ① 31. ③ 32. ① 33. ③ 34. ② 35. ① 36. ④ 37. ③ 38. ①

39. 그림과 같은 수평면과 45°의 경사를 가진 사면의 길이 ($\overline{AB}$)가 25m이다. 이 사면의 경사를 30°로 할 때, 사면의 길이 ($\overline{AC}$)는?

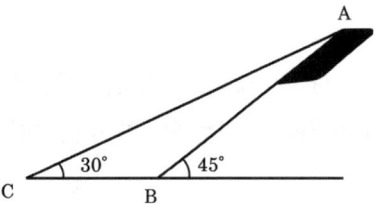

① 32.36m
② 33.36m
③ 34.36m
④ 35.36m

해설 두 삼각형의 공통 높이는 $\frac{25}{\sqrt{2}}$ m(45°인 이등변 직각삼각형의 빗변이 25m이므로) 30°, 60°, 90° 직각삼각형의 길이는 $1:\sqrt{3}:2$이므로 빗변의 길이는 높이의 2배가 된다.

$AC = \frac{25}{\sqrt{2}} \times 2 = 35.36m$

40. 터널측량에 대한 설명으로 옳지 않은 것은?

① 터널측량은 터널 내 측량, 터널 외 측량, 터널 내외 연결측량으로 구분할 수 있다.
② 터널 내의 측점은 천장에 설치하는 것이 유리하다.
③ 터널 내 측량에서는 망원경의 십자선 및 표척에 조명이 필요하다.
④ 터널 내에서의 곡선 설치는 중앙종거법을 사용하는 것이 가장 유리하다.

해설 터널 내의 곡선설치는 지상에서와는 달리 지거법에 의한 곡선설치와 접선편거와 현편거에 의한 방법을 이용하여 설치한다.

3과목 토지정보체계론

41. 지적공부정리 업무에 있어 행정구역 변경사유가 아닌 것은?

① 행정계획변경
② 행정관할구역변경
③ 행정구역명칭변경
④ 지번변경을 수반한 행정관할구역변경

해설 [지적공부정리 업무에 있어 행정구역 변경사유]
① 행정관할구역 변경
② 행정구역명칭 변경
③ 지번변경을 수반한 행정관할구역 변경

42. KLIS중 토지의 등록사항을 관리하는 시스템으로 속성정보와 공간정보를 유기적으로 통합하여 상호 데이터의 연계성을 유지하며 변동자료를 실시간으로 수정하여 국민과 관련기관에 필요한 정보를 제공하는 시스템은?

① 지적공부관리시스템 ② 측량성과작성시스템
③ 토지민원발급시스템 ④ 연속/편집도 관리시스템

해설 [KLIS의 주요 시스템]
① **지적공부관리시스템** : 토지에 관련된 정보를 지적공부에 등록, 관리하고 사용자에게 제공하는 효율적인 토지관리 시스템
② **지적측량성과작성시스템** : 지자체에서 추출된 측량준비도파일을 이용하여 해당 필지를 측량하기 위한 지적측량 준비도를 작성하며 현장에서 측량된 자료를 성과시스템과 사용하여 지적측량성과를 작성하고 검사하는 시스템
③ **연속, 편집도 관리시스템** : 개별지적도곽단위로 관리되는 지적공부시스템과 연계하여 연속지적의 변동사항을 정리하도록 구성
④ **토지민원발급시스템** : 조서대장의 관리, 토지이용계획확인서 발급을 위한 속성관리, 통계현황작성업무를 지원하는 시스템
⑤ **도로명 주소 시스템** : 도로명 주소법 시행에 따른 주소체계변경사항을 적용

43. 지적도면 정보의 직접취득방법이 아닌 것은?

① 위성측량방법
② 평판측량방법
③ 경위의측량방법
④ 법원감정측량방법

해설 [지적도면정보의 직접취득방법]
위성측량, 평판측량, 경위의측량

44. 다음 중 벡터편집의 오류 유형이 아닌 것은?

① 스파이크(spike)
② 언더슈트(undershoot)
③ 슬리버 폴리곤(sliver polygon)
④ 스파게티 모형(spaghetti model)

해설 [벡터데이터 입력 및 편집과정에서 발생하는 오차]
오버슈트, 언더슈트, 오버랩, 슬리버 폴리곤, 스파이크, 댕글

45. DBMS방식의 단점으로 옳지 않은 것은?

① 시스템의 복잡성
② 상대적으로 비싼 비용
③ 중앙 집약적인 구조의 위험성
④ 미들웨어 사용으로 인한 불편 초래

해설 [클라이언트와 서버 관계를 성립시켜주는 미들웨어의 사용은 DBMS 방식의 장점]
① 다양한 응용프로그램에서 서로 다른 목적으로 편집되고 저장 가능
② 자료의 검색과 정보추출이 신속하고 용이
③ 원천이 다른 데이터도 하나의 데이터베이스 내에서 연계
④ 자료가 표준화되고 구조적으로 저장되어 자료의 집중이 가능

46. DBMS의 "정의" 기능에 대한 설명이 아닌 것은?

① 데이터의 물리적 구조를 명세한다.
② 데이터의 논리적 구조와 물리적 구조 사이의 변환이 가능하도록 한다.
③ 데이터베이스의 논리적 구조와 그 특성을 데이터 모델에 따라 명세한다.
④ 데이터베이스를 고용하는 사용자의 요구에 따라 체계적으로 접근하고 조작할 수 있다.

해설 데이터베이스를 고용하는 사용자의 요구에 따라 체계적으로 접근하고 조작하는 것은 '조작'에 관한 기능

47. 다음 중에서 가장 늦게 출현한 시스템은?

① 지적행정시스템
② 부동산종합공부시스템
③ 한국토지정보시스템(KLIS)
④ 필지중심토지정보시스템(PBLIS)

해설 [토지정보시스템의 개발순서]
토지종합정보망(LMIS) – 필지중심지정보시스템(PBLIS) – 한국토지정보시스템(KLIS) – 부동산종합공부시스템

48. 필지중심토지정보시스템(PBLIS)의 표준화에 관한 설명 중 옳지 않은 것은?

① 통일된 하나의 표준 좌표계를 선정해야 한다.
② 다양한 사용자들이 다양한 자원을 공유할 수 있도록 데이터를 표준화하여야 한다.
③ 국가차원에서 수치지도 작성규칙을 제정하여 표준화된 소축척도면을 사용하여야 한다.
④ 시스템의 상호 운용성, 연동성 등 통신망에서 운용될 수 있게 네트워크가 설계되어야 한다.

해설 국가차원에서 수치지도 작성규칙을 제정하여 표준화된 대축척도면을 사용하여야 한다.

49. 스파게티 모형의 특징으로 옳지 않은 것은?

① 공간자료를 단순한 좌표목록으로 저장한다.
② 도면을 독취할 때 작성된 자료와 비슷하다.
③ 인접한 다각형을 나타낼 때에 경계는 2번씩 저장한다.
④ 객체들간 공간관계가 설정되어 공간분석에 효율적이다.

> **해설** 스파게티 모형은 완전한 위상관계가 정립되지 않아 공간분석에 용이하지 않다.
> [스파게티 모형의 특징]
> ① 공간자료를 점, 선, 면을 단순한 좌표목록으로 저장하며 위상관계를 정의하지 않음
> ② 상호연결성이 결여된 점과 선의 집합체
> ③ 수작업으로 디지타이징된 지도자료가 대표적인 예
> ④ 인접하고 있는 다각형을 나타내기 위해 경계하는 선은 두 번씩 저장
> ⑤ 모든 면사상이 일련의 독립된 좌표집합으로 저장되므로 자료저장공간 많이 차지
> ⑥ 객체들 간의 공간관계가 설정되지 않아 공간분석에 비효율적

50. 래스터데이터 압축방법 중 각 행마다 왼쪽에서 오른쪽으로 진행하면서 동일한 수치를 갖는 셀들을 묶어 압축하는 방법은?

① Quadtree   ② Block code
③ Chain code ④ Run length code

> **해설** [래스터자료의 압축방식]
> ① Run-length code(연속분할부호) : 각 행에 대해 왼쪽에서 오른쪽으로 시작 셀과 끝 셀을 표시
> ② Chain code(체인코드방식) : 영역의 경계는 그 시작점과 방향에 대한 단위벡터로 표시
> ③ Block code(블록코드방식) : 영역을 다양한 크기의 정사각형 블록으로 표시
> ④ Quadtree(사지수형) : 영역을 단계적으로 4분원으로 분할하여 표시

51. 토지종합정보망 소프트웨어 구성에 관한 설명으로 옳지 않은 것은?

① 미들웨어는 클라이언트에 탑재
② DB서버 – 응용서버 – 클라이언트로 구성
③ 미들웨어는 자료제공자와 도면생성자로 구분
④ 자바(Java)로 구현하여 IT – 플랫폼에 관계없이 운영 가능

> **해설** [미들웨어의 개발]
> ① LMIS(코바 미들웨어) : 고딕엔진 및 PBLIS 기능의 추가에 따른 기능
> ② PBLIS(고딕용 프로바이더) : 기존 ArcSDE 및 ZEUS 엔진과 상호 자료교환
> ③ 시군구(엔테라 미들웨어) : 시군구행정종합 정보시스템과 KLIS간 정보공유를 위한 미들웨어 연계

52. 차량네비게이션(CNS)에서 사용하는 최단거리 분석방법으로 적합한 분석기능은?

① 네트워크분석   ② 관계분석
③ 표면분석   ④ 인접성분석

> **해설** [관망분석(네트워크분석)]
> ① 네트워크상에서 최단 경로나 최소 비용 경로를 찾는 최적경로탐색문제
> ② 주어진 자원으로 고려하여 시설물을 적정한 위치에 할당하는 배분
> ③ 네트워크상에 존재하는 수요와 공급을 고려하여 각종 시설물의 입지와 배분을 해결하는 입지-배분
> ④ 지역간의 공간적 상호작용을 네트워크상에서 분석하는 것으로 중력모델이나 상권 분석에 활용

53. 필지중심토지정보시스템 중 지적 소관청에서 일반적으로 많이 사용하는 시스템은?

① 지적측량시스템   ② 지적행정시스템
③ 지적공부관리시스템 ④ 지적측량성과작성시스템

해설 [필지중심토지정보체계(PBLIS)의 구성]
① 지적공부관리시스템 : 사용자권한관리, 지적측량검사업무, 토지이동관리, 지적일반업무관리, 창구민원업무, 토지기록자료조회 및 출력, 지적통계관리, 정책정보관리 등 1600여 종의 업무 제공
② 지적측량시스템 : 지적삼각측량, 지적삼각보조점측량, 지적도근점측량, 세부측량 등 170여종의 업무 제공
③ 지적측량성과작성시스템 : 지적측량을 위한 준비도 작성과 성과도의 입력 등으로 지적측량업무를 지원하며, 측량성과를 데이터베이스로 저장하여, 지적업무의 효율성 제고

54. 토지 관련 자료의 입력 과정에서 지적도면과 같은 자료를 수동으로 입력할 수 있는 장비는 어느 것인가?

① 프린터 ② 디지타이저
③ 스캐너 ④ 플로터

해설 [디지타이징(Digitizing)]
① 디지타이저를 이용하여 종이지도나 영상자료로부터 객체정보를 추출하고 수치화하여 입력하는 방법
② 입력시 바로 벡터형식의 자료 저장이 가능하여 벡터화 변환 불필요
③ 벡터형식으로 직접 입력하므로 작업자의 숙련도에 따라 효율성 좌우
④ 촘촘하게 입력할수록 정확도는 향상되며 수동방식이므로 시간이 많이 소요됨

55. 토지정보체계를 구축할 때 도형자료를 작성하는데 가장 적합한 원시자료는?

① 공유지연명부 자료
② 대지권등록부 자료
③ 경계점좌표등록부 자료
④ 토지대장 및 임야대장 자료

해설 ① **도형 혹은 속성자료** : 경계점좌표등록부
② **속성자료** : 공유지연명부, 대지권등록부, 토지대장 및 임야대장

56. DEM데이터가 다음과 같을 때, A→B 방향의 경사도는? (단, 셀의 크기는 100m×100m이다.)

200	210	(A)220
190	(B)190	200
170	190	190

① 약 +21% ② 약 -21%
③ 약 +30% ④ 약 -30%

해설 측점간 간격(중심선의 간격)은 100m이고 대각선의 경우 $100\sqrt{2}$ 이므로
경사도$(i) = \dfrac{H}{D} \times 100(\%) = \dfrac{190-220}{100\sqrt{2}} \times 100 = -21.21\%$

57. 토지정보시스템의 구성 요소로 가장 거리가 먼 것은?

① 인적자원 ② 하드웨어
③ 소프트웨어 ④ 운영규정 및 매뉴얼

해설 토지정보시스템의 구성요소로는 하드웨어, 소프트웨어, 데이터, 인력 및 조직 등이며 3대요소이면 하드웨어, 소프트웨어, 데이터를 들 수 있다.

58. 우리나라 PBLIS의 개발 소프트웨어는?

① CARIS ② GOTHIC
③ ER-Mapper ④ SYSTEM 9

해설 [미들웨어의 개발]
① **LMIS(코바 미들웨어)** : 고딕엔진 및 PBLIS 기능의 추가에 따른 기능
② **PBLIS(고딕용 프로바이더)** : 기존 ArcSDE 및 ZEUS 엔진과 상호 자료교환
③ **시군구(엔테라 미들웨어)** : 시군구행정종합 정보시스템과 KLIS간 정보공유를 위한 미들웨어 연계

59. 학교정화구역(학교로부터 100m 이내 지역)을 설정할 때 적합한 공간분석 방법은?

① 버퍼분석 ② 중첩분석
③ TIN 분석 ④ 네트워크분석

해설 [버퍼분석]
① 버퍼란 공간 형상의 둘레에 특정한 폭을 가진 구역을 구축하는 것
② 버퍼를 생성하는 과정이 버퍼링
③ 버퍼링은 점, 선, 폴리곤 형상 주변에 생성
④ 버퍼링한 결과는 모두 폴리곤으로 표현됨
⑤ 버퍼링은 근접분석을 수행하는데 매우 중요한 것
⑥ 특정 지점 또는 선형으로 나타나는 공간 형상 주변지역의 특징을 평가하는데도 활용
⑦ 버퍼링의 목적은 근접분석시에 관심 대상지역을 경계짓는 것

60. 벡터자료의 구조에 관한 설명으로 가장 거리가 먼 것은?

① 복잡한 현실세계의 묘사가 가능하다.
② 좌표계를 이용하여 공간정보를 기록한다.
③ 래스터자료보다 자료구조가 단순하여 중첩분석이 쉽다.
④ 위상 관련 정보가 제공되어 네트워크 분석이 가능하다.

해설 [벡터자료의 특징]
• 현상적 자료구조의 표현이 용이하고 효율적 축약
• 뛰어난 위상관계 구축과 위치와 속성의 일반화 가능
• 3차원 분석 및 확대 축소시의 정보의 손실 없음
• 자료구조는 복잡하고 고가의 장비 필요

4과목 지적학

61. 지적의 원칙과 이념의 연결이 옳은 것은?

① 공시의 원칙 – 공개주의
② 공신의 원칙 – 국정주의
③ 신의성실의 원칙 – 실질적 심사주의
④ 임의 신청의 원칙 – 적극적 등록주의

해설 [토지등록의 원칙]
① 공신의 원칙 : 선의의 거래자를 보호하여 진실로 등기내용과 같은 권리관계가 존재한 것처럼 법률효과를 인정하려는 법률 원칙
② 공시의 원칙 : 지적공부를 직접 열람 및 등본과 지적공부에 등록된 경계를 지상에 복원하며 지적공부에 등록된 사항과 현장이 불일치할 경우 변경하여 등록하는 형식을 갖추고 있다.
③ 등록의 원칙 : 토지에 관한 모든 표시사항을 지적공부에 등록하여야 하고 토지의 이동이 발생하면 그 변동사항을 정리 등록해야 한다는 원칙
④ 신청의 원칙 : 국가나 공공단체에 대하여 어떤 사항을 희망하거나 청구하는 의사표시를 말하며 행정 주체라 할 수 있는 소관청의 일방적 의사에 따라 결정되므로 신청은 지적정리를 위한 행정행위의 효력을 발생하는 원칙

62. 지적기술자가 측량 시 타인의 토지 내에서 시설물의 파손 등 재산상의 피해를 입힌 경우에 속하는 것은?

① 징계책임 ② 민사책임
③ 형사책임 ④ 도의적 책임

해설 지적측량과정에서 과실로 토지내 수목제거를 한 경우나 타인의 토지내에서 시설물의 파손 등 재산상의 피해를 입힌 경우, 민사책임에 해당한다.

63. 다음 중 등록의무에 따른 지적제도의 분류에 해당하는 것은?

① 세지적 ② 도해지적
③ 2차원 지적 ④ 소극적 지적

해설 ① 적극적 등록주의 : 토지등록은 일필지의 개념으로 법적인 권리보장이 인증되고 정부에 의해 그러한 합법성과 효력이 발생
② 소극적 등록주의 : 기본적으로 거래와 그에 관한 거래증서의 변경기록을 수행하는 것이며, 일필지의 소유권이 거래되면서 발생되는 거래증서를 변경 등록하는 것
③ 날인증서등록제도 : 토지의 이익에 미치는 문서의 공적 등기를 보전하는 등록

④ 권원등록제도 : 공적기관에서 보존되는 특정한 사람에게 귀속된 명확히 한정된 단위의 토지에 대한 권리와 그러한 권리들이 존속되는 한계에 대한 권위있는 등록

64. 다음 중 지적제도와 등기제도를 처음부터 일원화하여 운영한 국가는?

① 대만 ② 독일
③ 일본 ④ 네덜란드

해설 지적과 등기를 일원화된 체계로 운영하는 국가는 네덜란드, 일본, 대만, 터키, 인도네시아 등이며, 이중 처음으로 일원화하여 운영한 국가는 네덜란드이다.

65. 탁지부 양지국에 관한 설명으로 옳지 않은 것은?

① 토지측량에 관한 사항을 담당하였다.
② 관습조사(慣習調査) 사항을 담당하였다.
③ 공문서류의 편찬 및 조사에 관한 사항을 담당하였다.
④ 1904년 탁지부 양지국관제가 공포되면서 상설기구로 설치되었다.

해설 [양지국]
1904년 4월 19일 탁지부 양지국 관제(量地局 官制)가 공포되면서 양지국은 지계아문의 양전 기능과 기구를 계승하여 상설기구로 설치되었다. 토지관습조사는 조선총독부에서 실시하였다.

66. 우리나라에서 자호제도가 처음 사용된 시기는?

① 백제 ② 신라
③ 고려 ④ 조선

해설 고려시대에는 토지대장은 양전도장, 양전장적, 전적 등 다양한 명칭으로 호칭되었으며 과전법의 실시와 함께 자호제도가 창설되어 정단위로 자호를 붙여 대장에 기록하였다.

67. 지적측량사규정에 국가공무원으로서 그 소속관서의 지적측량 사무에 종사하는 자로 정의하며, 내무부를 비롯하여 각 시·도와 시·군·구에 근무하는 지적직 공무원은 물론 국가기관에서 근무하는 공무원도 포함되었던 지적측량사는?

① 감정측량사 ② 대행측량사
③ 상치측량사 ④ 지정측량사

해설 지적측량사는 상치측량사와 대행측량사(代行測量士)로 구분할 수 있는데 상치측량사란 국가공무원으로서 소속관서의 지적측량사무에 종사하는 자를 말한다. 대행측량사는 국가나 대한지적협회로부터 업무의 촉탁을 받지 아니하고도 측량업무를 처리할 수 있다.

68. 적극적 등록제도에 대한 설명으로 옳지 않은 것은?

① 토지 등록을 의무화하지 않는다.
② 토렌스시스템은 이 제도의 발달된 형태이다.
③ 지적측량이 실시되지 않으면 토지의 등기도 할 수 없다.
④ 토지 등록상의 문제로 인해 선의의 제3자가 받은 피해는 법적으로 보호되고 있다.

해설 [적극적 등록주의]
① 토지의 등록은 일필지의 개념으로 법적인 권리보장이 인증되고 정부에 의해 합법성과 효력이 발생하며 모든 토지를 공부에 강제등록시키는 제도
② 공부에 등록되지 않은 토지는 어떠한 권리도 인정되지 않는다.
③ 지적측량이 실시되어야만 등기를 허락한다.
④ 토지등록의 효력이 국가에 의해 보장되므로 선의의 제3자는 토지등록의 문제로 인한 피해에 대하여 법적으로 보호를 받는다.

69. 토지조사사업 당시의 지목 중 면세지에 해당하지 않는 것은?

① 분묘지
② 사사지
③ 수도선로
④ 철도용지

해설 [토지조사사업 당시 지목의 구분(18개 지목)]

구분	용도
과세대상(6)	전, 답, 대, 지소, 임야, 잡종지
비과세대상 (7, 개인소유 불인정)	도로, 하천, 구거, 제방, 성첩, 철도선로, 수도선로
면제대상 (5, 공공용지)	사사지, 분묘지, 공원지, 철도용지, 수도용지

70. 개개의 토지를 중심으로 토지등록부를 편성하는 방법은?

① 물적 편성주의
② 인적 편성주의
③ 연대적 편성주의
④ 물적·인적 편성주의

해설 [물적 편성주의]
① 개개의 토지를 중심으로 지적공부를 편성하는 방법으로 각국에서 가장 많이 사용되는 합리적인 제도로 평가
② 토지대장과 같이 지번순에 따라 등록되고 분할되더라도 본번과 관련하여 편철
③ 소유자의 변동이 있을 경우 이를 계속 수정하여 관리하는 방식
④ 토지이용, 관리, 개발 측면에 편리
⑤ 권리주체인 소유자별 파악이 곤란한 단점

71. 다음 중 우리나라에서 최초로 '지적'이라는 용어가 법률상에 등장한 시기로 옳은 것은?

① 1895년
② 1905년
③ 1910년
④ 1950년

해설 고종 32년(1895년) 3월 26일 칙령 제53호로 내부관제를 공포하고 동령 제8조 판적국의 사무 제2항에 "판적국은 호구적(戶口籍)과 지적(地積)에 관한 사항"을 관장하도록 규정하여 내부관제의 판적국에서 지적에 관한 사항을 담당하도록 하였다.

72. 우리나라 법정지목을 구분하는 중심적 기준은?

① 토지의 성질
② 토지의 용도
③ 토지의 위치
④ 토지의 지형

해설 [용도지목]
① 토지의 주된 사용목적(용도)에 따라 지목을 결정하는 방법
② 우리나라에서 지목을 결정할 때 사용되는 방법

73. 다음 중 지적의 요건으로 볼 수 없는 것은?

① 안전성
② 정확성
③ 창조성
④ 효율성

해설 [지적제도의 특징(지적의 요건)]
안전성, 간편성, 정확성, 신속성, 저렴성, 적합성, 완전성, 효율성

74. 경계의 표시방법에 따른 지적제도의 분류가 옳은 것은?

① 도해지역, 수치지적
② 수평지적, 입체지적
③ 2차원지적, 3차원지적
④ 세지적, 법지적, 다목적지적

해설 [경계의 표시방법에 따른 지적제도의 분류]
① **도해지적** : 토지의 각 필지 경계점을 측량하여 일정한 축척으로 그림으로 묘사하는 것으로 정밀도가 낮은 지역에 적합
② **수치지적** : 토지의 각 필지 경계점을 수학적인 평면직각종횡선수치(x,y)의 형태로 표시하여 정밀한 경계 등록 가능

75. 내수사(內需司) 등 7궁 소속의 토지 가운데 채소밭을 실측한 지도에 대한 설명으로 옳지 않은 것은?

① 사표식으로 주기되어 있다.
② 궁채전도(宮菜田圖)라 한다.
③ 지목과 지번이 기재되어 있다.
④ 면적은 삼사법으로 구적하였다.

해설 [내수사 궁채전도]
① 조선시대 왕들의 사유재산을 관리하던 곳으로 내시들이 관장
② 정부기구가 아닌 사유재산을 관리하는 곳이었으므로 관료들의 통제를 받지 않는 왕실의 사유재산을 관리하는 사적 조직
③ 토지의 각 필지 경계점을 측량하여 일정한 축척으로 그림으로 묘화하는 것으로 정밀도가 낮은 지역에 적합(지번, 지목이 기재되어 있지 않음)
④ 궁채전도 : 내수사(內需司) 등 7궁 소속의 토지 가운데 채소밭을 실측한 지도

76. 철도용지와 하천 지목이 중복되는 토지의 지목 설정 방법은?

① 등록 선후의 원칙에 따른다.
② 필지 규모와 면적에 따른다.
③ 경제적 고부가 가치의 용도에 따른다.
④ 소관청 담당자의 주관적 직권으로 결정한다.

해설 [경계결정의 원칙]
① **축척종대의 원칙** : 축척이 큰 것에 등록된 경계를 따름
② **경계불가분의 원칙** : 경계는 유일무이한 것으로 이를 분리할 수 없다는 원칙
③ **등록선후의 원칙** : 등록시기가 빠른 토지의 경계를 따른다는 원칙
④ **경계국정주의** : 지적공부에 등록하는 경계는 국가가 조사·측량하여 결정한다는 원칙

77. 소극적 등록제도에 대한 설명으로 옳지 않은 것은?

① 권리자체의 등록이다.
② 지적측량과 측량도면이 필요하다.
③ 토지 등록을 의무화하고 있지 않다.
④ 서류의 합법성에 대한 사실조사가 이루어지는 것은 아니다.

해설 ① **적극적 등록주의** : 토지등록은 일필지의 개념으로 법적인 권리보장이 인증되고 정부에 의해 그러한 합법성과 효력이 발생
② **소극적 등록주의** : 기본적으로 거래와 그에 관한 거래증서의 변경기록을 수행하는 것이며, 일필지의 소유권이 거래되면서 발생되는 거래증서를 변경 등록하는 것

78. 토지측량사에 의해 정밀 지적측량이 수행되고, 토지소관청으로부터 사정의 행정처리가 완료되어 확정된 지적경계의 유형은?

① 고정경계   ② 일반경계
③ 보증경계   ④ 지상경계

해설 [경계의 구분]
① **보증경계** : 지적측량사에 의해 정밀지적측량이 행해지고 지적관리청의 사정에 의해 행정처리가 완료되어 측정된 토지경계
② **고정경계** : 특정토지에 대한 경계점의 지상에 석주, 철주, 말뚝 등 경계표지를 설치하거나 이를 정확하게 측량하여 지적도상에 등록관리하는 경계
③ **일반경계** : 특정토지에 대한 소유권이 오랜 기간동안 존속하였기에 담장, 울타리, 도로 등 자연적·인위적 형태의 지형지물을 필지별 경계로 인식하는 것

79. 임야조사사업 당시 사정기관은?

① 법원   ② 도지사
③ 임야심사위원회   ④ 토지조사위원회

해설	구분	토지조사사업	임야조사사업
	측량기관	임시토지조사국	부(府), 면(面)
	사정기관	임시토지조사국장	도지사
	재결기관	고등토지조사위원회	임야심사위원회

80. 다음 중 조선총독부에서 제정한 법령이 아닌 것은?

① 토지조사령　　② 토지조사법
③ 토지대장규칙　④ 토지측량표규칙

해설 [토지조사법]
대한제국의 탁지부에서 근대적인 지적제도를 창설하기 위하여 전 국토에 대한 토지조사사업을 추진할 목적으로 제정 공포한 제도

5과목 지적관계법규

81. 다음 중 지번을 새로이 부여할 필요가 없는 것은?

① 임야분할
② 지목변경
③ 등록전환
④ 신규등록

해설 지목변경은 지적측량을 수반하지 않아도 되며, 새로이 지번을 부여할 필요도 없다.

82. 다음 중 측량업등록의 결격사유에 해당하지 않는 것은?

① 파산자로서 복권되지 아니한 자
② 피성년후견인 또는 피한정후견인
③ 측량업의 등록이 취소된 후 2년이 지나지 아니한 자
④ 국가보안법의 관련 규정을 위반하여 금고 이상의 실형을 선고받고 그 집행이 끝난 날부터 2년이 지나지 아니한 자

해설 [공간정보의 구축 및 관리 등에 관한 법률 제47조(측량업 등록의 결격 사유)]
다음 각 호의 어느 하나에 해당하는 자는 측량업의 등록을 할 수 없다.
1. 피성년후견인 또는 피한정후견인
2. 이 법이나 국가보안법, 형법의 규정을 위반하여 금고 이상의 실형을 선고받고 그 집행이 끝나거나 집행이 면제된 날부터 2년이 지나지 아니한 자
3. 이 법이나 국가보안법, 형법의 규정을 위반하여 금고 이상의 형의 집행유예를 선고받고 그 집행유예기간 중에 있는 자
4. 측량업의 등록이 취소된 후 2년이 지나지 아니한 자
5. 임원 중에 제1호부터 제4호까지의 어느 하나에 해당하는 자가 있는 법인

83. 등록사항의 정정에 관한 설명으로 옳지 않은 것은?

① 토지소유자는 지적공부의 등록사항에 잘못이 있음을 발견하면 지적소관청에 그 정정을 신청할 수 있다.
② 토지소유자에 관한 사항을 정정하는 경우에는 주민등록등본·초본 및 가족관계 기록사항에 관한 증명서에 따라 정정하여야 한다.
③ 지적공부의 등록사항 중 경계나 면적 등 측량을 수반하는 토지의 표시가 잘못된 경우에는 지적소관청은 그 정정이 완료될 때까지 지적측량을 정지시킬 수 있다.
④ 미등기 토지에 대하여 토지소유자의 성명 또는 명칭, 주민등록번호, 주소 등이 명백히 잘못된 경우에는 가족관계 기록사항에 관한 증명서에 따라 정정하여야 한다.

해설 [공간정보의 구축 및 관리 등에 관한 법률 제84조(등록사항의 정정)]
지적소관청이 등록사항을 정정할 때 그 정정사항이 토지소유자에 관한 사항인 경우에는 등기필증, 등기완료통지서, 등기사항증명서 또는 등기관서에서 제공한 등기전산정보자료에 따라 정정하여야 한다.

84. 지적공부에 등록된 일필지의 토지를 분할하기 위한 [보기]의 지적정리 절차를 순서대로 올바르게 나열한 것은?

```
                    [보기]
  ㄱ. 토지의 이동 신청
  ㄴ. 등기촉탁 및 지적정리의 통지
  ㄷ. 지적측량 의뢰
  ㄹ. 지적공부정리
```

① ㄷ → ㄱ → ㄹ → ㄴ
② ㄱ → ㄷ → ㄹ → ㄴ
③ ㄷ → ㄱ → ㄴ → ㄹ
④ ㄱ → ㄷ → ㄴ → ㄹ

해설 [지적정리 절차]
지적측량의 의뢰 - 토지의 이동 신청 - 지적공부의 정리 - 등기촉탁 및 지적정리의 통지

85. 토지 등의 출입 등에 따른 손실보상에 관하여, 손실을 보상할 자와 손실을 받은 자의 협의가 성립되지 않거나 협의를 할 수 없는 경우 재결을 신청할 수 있는 것은?

① 지적소관청
② 중앙지적위원회
③ 지방지적위원회
④ 관할 토지수용위원회

해설 [공간정보의 구축 및 관리 등에 관한 법률 제102조(토지 등의 출입 등에 따른 손실보상)]
손실을 보상할 자 또는 손실을 받은 자는 제2항에 따른 협의가 성립되지 아니하거나 협의를 할 수 없는 경우에는 관할 토지수용위원회에 재결(裁決)을 신청할 수 있다.

86. 지번변경 승인신청 시 필요한 서류가 아닌 것은?

① 지번변경 대상지역의 지번 등 명세
② 지번변경 사유를 적은 승인신청서
③ 지번변경 대상지역의 일람도 사본
④ 지번변경 대상지역의 지적도 및 임야도의 사본

해설 [공간정보의 구축 및 관리 등에 관한 법률 시행령 제57조 (지번변경 승인신청 등)]
① 지적소관청은 지번을 변경하려면 지번변경 사유를 적은 승인신청서에 지번변경 대상지역의 지번·지목·면적·소유자에 대한 상세한 내용을 기재하여 시·도지사 또는 대도시 시장에게 제출하여야 한다. 이 경우 시·도지사 또는 대도시 시장은 행정정보의 공동이용을 통하여 지번변경 대상지역의 지적도 및 임야도를 확인하여야 한다.

87. 축척변경에 따른 청산금의 산정 및 납부고지 등에 관한 설명으로 옳지 않은 것은?

① 청산금을 산정한 결과 차액이 생긴 경우 초과액은 그 지방자치단체의 수입으로 한다.
② 지적소관청은 청산금의 수령통지를 한 날부터 6개월 이내에 청산금을 지급하여야 한다.
③ 납부고지를 받은 자는 그 고지를 받은 날부터 9개월 이내에 청산금을 지적소관청에 내야 한다.
④ 청산금은 축척변경 지번별 보서의 필지별 증감면적에 지번별 제곱미터당 금액을 곱하여 산정한다.

해설 [공간정보의 구축 및 관리 등에 관한 법률 시행령 제76조 (청산금의 납부고지 등)]
① 지적소관청은 청산금의 결정을 공고한 날부터 20일 이내에 토지소유자에게 청산금의 납부고지 또는 수령통지를 하여야 한다.
② 제1항에 따른 납부고지를 받은 자는 그 고지를 받은 날부터 6개월 이내에 청산금을 지적소관청에 내야 한다.
③ 지적소관청은 수령통지를 한 날부터 6개월 이내에 청산금을 지급하여야 한다.
④ 지적소관청은 청산금을 지급받을 자가 행방불명 등으로 받을 수 없거나 받기를 거부할 때에는 그 청산금을 공탁할 수 있다.
⑤ 지적소관청은 청산금을 내야 하는 자가 기간 내에 청산금에 관한 이의신청을 하지 아니하고 기간 내에 청산금을 내지 아니하면 지방세 체납처분의 예에 따라 징수할 수 있다.

88. 다음 중 축척변경에 관한 설명으로 옳지 않은 것은?

① 지적소관청은 축척변경 시행지역의 각 필지별 지번·지목·면적·경계 또는 좌표를 새로 정하여야 한다.
② 지적소관청은 하나의 지번부여지역에 서로 다른 축척의 지적도가 있는 경우 일정한 지역을 정하여 그 지역의 축척을 변경할 수 있다.
③ 지적소관청이 지적공부의 관리에 필요하여 축척변경을 하고자 하는 경우 축척변경 시행지역의 토지소유자 3분의 1 이상의 동의를 얻어야 한다.
④ 잦은 토지의 이동으로 1필지의 규모가 작아서 소축척으로는 지적측량성과의 결정이 곤란한 경우 지적소관청은 일정한 지역을 정하여 그 지역이 축척을 변경할 수 있다.

해설 [공간정보의 구축 및 관리 등에 관한 법률 제83조(축척변경)]
지적소관청은 축척변경을 하려면 축척변경시행지역의 토지소유자 (2/3) 이상의 동의를 받아 축척변경위원회의 의결을 거친 후 시·도지사 또는 대도시 시장의 승인을 받아야 한다.

89. 다음 중 지목설정이 올바르게 연결되지 않은 것은?

① 황무지 – 임야
② 경마장 – 체육용지
③ 야외시장 – 잡종지
④ 고속도로의 휴게소 부지 – 도로

해설 ① 잡종지 : 갈대밭, 실외에 물건을 쌓아두는 곳, 돌을 캐내는 곳, 흙을 파내는 곳, 야외시장, 비행장, 공동우물
② 유원지 : 일반 공중의 위락·휴양 등에 적합한 시설물을 종합적으로 갖춘 수영장, 유선장, 낚시터, 어린이놀이터, 동물원, 식물원, 민속촌, 경마장 등의 토지와 이에 접속된 부속시설물의 부지는 유원지로 한다.

90. 지적측량업의 등록 기준이 옳은 것은?

① 특급기술자 1명 또는 고급기술자 3명 이상
② 중급기술자 3명 이상
③ 초급기술자 2명 이상
④ 지적 분야의 초급기능사 1명 이상

해설 [지적측량업 등록기준]
① 특급기술자 1명 또는 고급기술자 2명 이상
② 중급기술자 2명 이상
③ 초급기술자 1명 이상
④ 지적분야의 초급기능사 1명 이상
⑤ 장비
 • 토털스테이션 1대 이상
 • 자동제도장치 1대 이상

91. 토지의 이동과 관련하여 세부측량을 실시할 때 면적을 측정하지 않는 것은?

① 지적공부의 복구·신규 등록을 하는 경우
② 등록전환·분할 및 축척 변경을 하는 경우
③ 등록된 경계점을 지상에 복원만 하는 경우
④ 면적 및 경계의 등록사항을 정정하는 경우

해설 등록된 경계점을 지상에 복원만 하는 경우는 면적을 측정하지 않는다.

92. 부동산등기법상 등기할 수 있는 권리에 해당하지 않는 것은?

① 점유권과 유치권　② 소유권과 지역권
③ 저당권과 임차권　④ 지상권과 전세권

해설 [등기할 수 있는 권리]
 • 소유권, 지상권, 지역권, 전세권, 저당권, 권리질권, 채권담보권, 임차권
 • 등기할 수 없는 권리
 • 점유권, 유치권, 동산질권, 분묘기지권, 특수지역권

93. 부동산등기법에 따른 용어의 정의로 옳지 않은 것은?

① "등기부"란 전산정보처리조직에 의하여 입력·처리된 등기정보자료를 대법원규칙으로 정하는 바에 따라 편성한 것을 말한다.
② "등기부부본자료"란 등기부의 멸실 방지를 위하여 전산으로 출력하여 별도의 장소에 보관한 자료를 말한다.
③ "등기기록"이란 1필의 토지 또는 1개의 건물에 관한 등기정보자료를 말한다.
④ "등기필정보"란 등기부에 새로운 권리자가 기록되는 경우에 그 권리자를 확인하기 위하여 등기관이 작성한 정보를 말한다.

해설 [부동산등기법 제2조(정의)]
"등기부부본자료"(登記簿副本資料)란 등기부와 동일한 내용으로 보조기억장치에 기록된 자료를 말한다.

94. 공간정보의 구축 및 관리 등에 관한 법률상 필요한 경우 토지를 수용할 수 있는 경우는?

① 장애물을 제거하는 경우
② 경계복원 측량을 하는 경우
③ 축척변경 사업을 하는 경우
④ 지적측량기준점표지를 설치하는 경우

해설 기본측량(측량기준점표지의 설치 등)을 실시하기 위해 필요하다고 인정하는 경우 토지를 수용할 수 있다.
[공간정보의 구축 및 관리 등에 관한 법률 제103조(토지의 수용 또는 사용)]
① 국토교통부장관 및 해양수산부장관은 기본측량을 실시하기 위하여 필요하다고 인정하는 경우에는 토지, 건물, 나무, 그 밖의 공작물을 수용하거나 사용할 수 있다.
② 제1항에 따른 수용 또는 사용 및 이에 따른 손실보상에 관하여는 「공익사업을 위한 토지 등의 취득 및 보상에 관한 법률」을 적용한다.

95. 다음 중 토지의 이동이라 할 수 없는 사항은?

① 지번의 변경
② 토지의 합병
③ 토지등급의 수정
④ 경계점 좌표의 변경

해설 [토지의 이동]
① 토지의 이동이란 토지의 표시를 새로이 정하거나 변경 또는 말소하는 것
② 토지이동의 종류 : 신규등록, 등록전환, 분할, 합병, 지목변경, 축척변경, 도시개발사업 등의 신고
③ 토지소유권자의 변경, 토지소유자의 주소변경, 토지의 등급의 변경은 토지의 이동에 해당하지 아니한다.

96. 국토의 계획 및 이용에 관한 법률상 용도지역에 해당하지 않는 것은?

① 농림지역
② 도시지역
③ 자연환경보전지역
④ 취락지역

해설 [국토의 계획 및 이용에 관한 법률 제7조(용도지역별 관리의무)]
1. **도시지역** : 이 법 또는 관계 법률에서 정하는 바에 따라 그 지역이 체계적이고 효율적으로 개발·정비·보전될 수 있도록 미리 계획을 수립하고 그 계획을 시행하여야 한다.
2. **관리지역** : 이 법 또는 관계 법률에서 정하는 바에 따라 필요한 보전조치를 취하고 개발이 필요한 지역에 대하여는 계획적인 이용과 개발을 도모하여야 한다.
3. **농림지역** : 이 법 또는 관계 법률에서 정하는 바에 따라 농림업의 진흥과 산림의 보전·육성에 필요한 조사와 대책을 마련하여야 한다.
4. **자연환경보전지역** : 이 법 또는 관계 법률에서 정하는 바에 따라 환경오염 방지, 자연환경·수질·수자원·해안·생태계 및 문화재의 보전과 수산자원의 보호·육성을 위하여 필요한 조사와 대책을 마련하여야 한다.

97. 다음 설명의 ( ) 안에 공통으로 들어갈 알맞은 용어는?

> 토지의 이동에 따른 면적 등의 결정방법은 ( )에 따른 경계·좌표 또는 면적은 따로 지적측량을 하지 아니하고 ( ) 후 필지의 경계 또는 좌표와 ( ) 후 필지의 면적의 구분에 따라 결정한다.

① 등록 ② 분할
③ 전환 ④ 합병

해설 [공간정보의 구축 및 관리 등에 관한 법률 제26조(토지의 이동에 따른 면적 등의 결정방법)]
① 합병에 따른 경계·좌표 또는 면적은 따로 지적측량을 하지 아니하고 다음 각 호의 구분에 따라 결정한다.
  1. 합병 후 필지의 경계 또는 좌표: 합병 전 각 필지의 경계 또는 좌표 중 합병으로 필요 없게 된 부분을 말소하여 결정
  2. 합병 후 필지의 면적: 합병 전 각 필지의 면적을 합산하여 결정
② 등록전환이나 분할에 따른 면적을 정할 때 오차가 발생하는 경우 그 오차의 허용 범위 및 처리방법 등에 필요한 사항은 대통령령으로 정한다.

98. 토지 등기기록의 표제부에 기록하여야 하는 사항으로 옳지 않은 것은?

① 이해 관계자 ② 지목과 면적
③ 신청인의 성명, 주소 ④ 부동산의 소재와 지번

해설 ① 등기부 표제부에 기록될 사항 : 표시번호, 접수, 소재, 지번, 지목, 면적, 등기원인 및 기타사항
② 갑구 : 소유권에 관한 사항
③ 을구 : 소유권 이외의 권리에 관한 사항

99. 다음 중 국토의 계획 및 이용에 관한 법률의 제정 목적으로 가장 타당한 것은?

① 공공복리의 증진 ② 도시의 미관개선
③ 투기억제 및 경제발전 ④ 건전한 도시발전의 도모

해설 [국토의 계획 및 이용에 관한 법률 제1조(목적)]
이 법은 국토의 이용·개발과 보전을 위한 계획의 수립 및 집행 등에 필요한 사항을 정하여 공공복리를 증진시키고 국민의 삶의 질을 향상시키는 것을 목적으로 한다.

100. 우리나라 부동산 등기의 일반적 효력과 관계가 없는 것은?

① 순위 확정적 효력
② 권리의 공신적 효력
③ 권리의 변동적 효력
④ 권리의 추정적 효력

해설 [우리나라 등기제도의 특징]
① 등기사무의 관장 : 사법부
② 등기부의 조직 : 물적편성주의로 1부동산 1등기 원칙
③ 등기의 효력 : 형식주의로 성립요건주의, 효력발생요건주의, 순위확정적 효력, 점유적 효력, 추정적 효력
④ 공신력 불인정 : 등기부를 믿고 거래한 자는 보호되지 않는다.

2018년도 제2회 지적기사 기출문제

1과목 지적측량

01. 오차의 성질에 대한 설명 중 옳지 않은 것은?

① 값이 큰 오차일수록 발생확률도 높다.
② 우연오차는 확률법칙에 따라 전파된다.
③ 숙련된 지적측량기술자도 착오는 일으킨다.
④ 정오차는 측정회수를 거듭할수록 누적된다.

해설 [오차의 성질에 따른 분류]
① 정오차(누적오차, 계통오차) : 오차가 일어나는 원인이 명백하고, 일정한 조건 밑에서는 일정한 크기와 방향으로 발생하는 오차, 그 원인이 조사되면 오차량을 계산하여 제거할 수 있는 오차. 특성치, 온도, 처짐, 장력, 경사, 표고 등
② 부정오차(우연오차, 상차) : 일어나는 원인이 불분명하거나 원인을 안다 하여도 직접 처리하는 방법이 불확실하고 예견할 수 없으며 관측값에 어느 정도 주고 있는지를 알 수 없는 성질의 불규칙한 오차. 아무리 주의해도 피할 수 없고 또 계산으로 제거할 수 없으므로 통계학(최소제곱법)적으로 소거하는 방법을 사용
③ 과대오차(착오) : 관측자 기술의 미숙, 심리상태의 혼란, 부주의, 착각에 의한 눈금 오독, 기장오기 등으로 발생

02. 지적삼각점측량에서 수평각을 5방향으로 구성하여 1대회 정측을 실시한 결과 출발차가 +20초, 폐색차가 +30초 발생하였다면, 제 3방향각에 각각 보정할 수는?

① 출발차: -4″, 폐색차: -2″
② 출발차: -20″, 폐색차: -2″
③ 출발차: -4″, 폐색차: -20″
④ 출발차: -20″, 폐색차: -18″

해설 출발차는 전체를 방향각에 배부하므로 -20″를 배부한다. 폐색차의 계산은 비례식으로 처리하므로 $5:30 = 3:x$에서 폐색차는 -18″를 배부한다.

03. 평판측량방법에 따른 세부측량을 방사법으로 하는 경우 광파조준의를 사용할 때에는 1방향선의 도상길이를 최대 얼마 이하로 할 수 있는가?

① 10cm ② 15cm
③ 20cm ④ 30cm

해설 평판측량방법에 따른 세부측량을 방사법으로 하는 경우, 광파조준의를 사용할 때 1방향선의 도상길이는 30cm 이하로 한다.

04. 다음 그림에서 AP 거리를 구하는 식으로 옳은 것은?

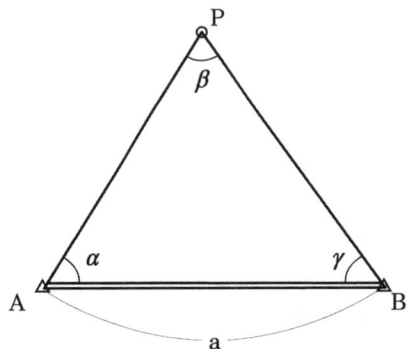

① $AP = \dfrac{\alpha \times \sin\gamma}{\sin\beta}$ ② $AP = \dfrac{\alpha \times \sin\alpha}{\sin\gamma}$

③ $AP = \dfrac{\alpha \times \sin\beta}{\sin\gamma}$ ④ $AP = \dfrac{\sin\beta \times \sin\gamma}{\alpha}$

해설 사인법칙에 의해 $\dfrac{AP}{\sin\gamma} = \dfrac{a}{\sin\beta}$ 이므로

$$AP = \dfrac{\sin\gamma}{\sin\beta} \times a$$

05. 평판측량방법에 의한 세부측량을 교회법으로 하는 경우 방향각의 교각에 대한 설명으로 옳은 것은?

① 10° 이상 130° 이하로 한다.
② 20° 이상 140° 이하로 한다.
③ 30° 이상 150° 이하로 한다.
④ 40° 이상 160° 이하로 한다.

해설 [평판측량방법에 따른 세부측량을 교회법으로 하는 경우의 기준]
① 방향선의 도상길이는 측판의 방위표정에 사용한 방향선의 도상길이 이하로서 10cm 이하로 한다. 다만, 광파조준의를 사용하는 경우에는 30cm 이하로 할 수 있다.
② 측량결과 시오삼각형이 생긴 경우 내접원의 지름이 1mm 이하인 때에는 그 중심을 점의 위치로 한다.
③ 방향각의 교각은 30도 이상 150도 이하로 한다.

06. 경위의 측량방법에 의한 세부측량의 관측 및 계산에 대한 설명으로 옳지 않은 것은?

① 교회법에 따른다.
② 연직각의 관측은 정반으로 1회 관측한다.
③ 관측은 20초독 이상의 경위의를 사용한다.
④ 수평각의 관측은 1대회 방향관측법이나 2배각의 배각법에 따른다.

해설 [경위의 측량방법에 의한 세부측량의 관측 및 계산]
① **경계점표지의 설치** : 미리 각 경계에 표지를 설치하여야 함
② **관측방법** : 도선법 또는 방사법에 의함
③ **관측시 사용장비** : 20초독 이상의 경위의 사용
④ **수평각관측** : 1대회의 방향관측법이나 2배각의 배각법에 의함
⑤ **연직각관측** : 정반으로 1회 관측하여 그 교차가 5분 이내일 경우 평균치를 연직각으로 하며 분단위로 독정

07. 지적측량에 사용하는 좌표의 원점 중 서부좌표계의 원점의 경위도는?

① 경도: 동경 123° 00', 위도: 북위 38° 00'
② 경도: 동경 125° 00', 위도: 북위 38° 00'
③ 경도: 동경 127° 00', 위도: 북위 38° 00'
④ 경도: 동경 129° 00', 위도: 북위 38° 00'

해설 [우리나라의 직각좌표원점]

명 칭	투영원점의 위치	적용지역
서부좌표계	북위 38°, 동경 125°	동경 124~126°
중부좌표계	북위 38°, 동경 127°	동경 126~128°
동부좌표계	북위 38°, 동경 129°	동경 128~130°
동해좌표계	북위 38°, 동경 131°	동경 130~132°

08. 도면에 등록하는 제도 폭이 다음의 순서대로 올바르게 짝지어진 것은?

경계 - 행정구역선(동·리) - 지적기준점

① 0.1mm - 0.2mm - 0.4mm
② 0.1mm - 0.4mm - 0.2mm
③ 0.1mm - 0.2mm - 0.2mm
④ 0.1mm - 0.1mm - 0.2mm

해설 [구역선 폭의 기준]
경계는 0.1mm, 동리의 행정구역선은 0.2mm, 동리를 제외한 행정구역선 0.4mm, 지적기준점은 0.2mm 폭으로 제도

09. 지적삼각점측량을 할 때 사용하고자 하는 삼각점의 변동 유무를 확인하는 기준은?

① 기지각과의 오차가 ± 30초 이내
② 기지각과의 오차가 ± 40초 이내
③ 기지각과의 오차가 ± 50초 이내
④ 기지각과의 오차가 ± 60초 이내

해설 [지적삼각측량 수평각의 측각공차]
① 1방향각 : 30초 이내
② 1측회의 폐색 : ±30초 이내
③ 삼각형내각관측치의 합과 180도와의 차 : ±30초 이내
④ 기지각과의 차 : ±40초 이내

10. 3배각법에 의한 수평각 관측의 결과가 다음과 같을 때 수평각의 평균값은?

| 첫 번째 관측값 : 42° 16′ 32″ |
| 두 번째 관측값 : 84° 32′ 54″ |
| 세 번째 관측값 : 126° 49′ 18″ |

① 42° 16′ 22″   ② 42° 16′ 25″
③ 42° 16′ 26″   ④ 42° 16′ 27″

해설 3배각의 경우는 세 번째 관측값을 3으로 나눈 값이 수평각의 평균값이 된다.
$$\frac{126°49'18''}{3} = 42°16'26''$$

11. 지구를 평면으로 가정할 때 정도에서 거리오차는? (단, 지구의 곡률반경은 6370km이다.)

① 1.21cm   ② 2.21cm
③ 3.21cm   ④ 4.21cm

해설 거리의 허용정밀도는 $\frac{d-D}{D} \leq \frac{1}{1,000,000}$ 이고

거리오차는 $d-D = \frac{1}{12}\left(\frac{D^3}{R^2}\right)$ 이므로

거리오차는 허용정밀도에 D를 곱한 값이므로

$D = \sqrt{\frac{12 \times 6,370^2}{1,000,000}} = 22.1 km$ 에서

거리오차 $d-D = \frac{22.1km}{1,000,000} = 2.21cm$

12. 배각법에 의한 지적도근점 측량 시 관측각에 대한 오차 계산으로 옳은 것은?

① 출발기지 방위각-관측각의 합+180°(측점수-1)
② 출발기지 방위각-관측각의 합+도착기지 방위각
③ 출발기지 방위각+관측각의 합-180°(측점수-1)-도착기지 방위각
④ 출발기지 방위각+관측각의 합-도착기지 방위각

해설 [배각법에 의한 지적도근점측량의 측각오차계산식]
$e = T_1 + \sum\alpha - 180(n-1) - T_2$
측각오차 = 출발기지 방위각+관측각의 합-180°(n-1)-도착기지 방위각

13. 평판측량에서 발생할 수 있는 오차가 아닌 것은?

① 시준오차   ② 연결오차
③ 외심오차   ④ 정준오차

해설 [평판측량의 오차]
① **정준오차** : 평판이 시준선에 대하여 직교하는 방향으로 경사질 때 발생하는 오차
② **구심오차** : 평판점과 지상측점이 동일 연장선상에 일치하지 않아 발생하는 오차
③ **표정오차** : 평판을 이동한 후 이동 전의 측점에 방향선을 일치시키지 못하여 발생하는 오차
④ 그밖에 시준오차, 외심오차 등

14. 지적도근점측량을 다각망도선법에 의하여 시행할 경우에 대한 설명으로 옳은 것은?

① 2점 이상의 기지점을 연결하는 다각망 도선법에 의한다.
② 2점 이상의 기지점을 상호 연결하는 방식에 의한다.
③ 3점 이상의 기지점을 상호 연결하는 방식에 의한다.
④ 3점 이상의 기지점을 포함한 결합다각방식에 의한다.

해설 [다각망도선법에 의한 지적삼각측보조점측량의 기준]
① 3점 이상의 기지점으로 포함한 결합다각방식에 의한다.
② 1도선의 거리는 4km 이하로 한다.
③ 1도선의 점의 수는 기지점과 교점 포함하여 5점 이하로 한다.

해설 [좌표에 의한 면적측정방법]
① 대상지역 : 경위의 측량방법으로 세부측량을 실시한 지역
② 필지별 면적측정 : 경계점 좌표에 따를 것
③ 산출면적 : 산출면적은 1/1,000㎡까지 계산하여 1/10㎡ 단위로 정함

15. 지적삼각보조점성과표에 기록·관리하여야 하는 사항에 해당하지 않는 것은?

① 도면번호
② 시준점의 명칭
③ 도선등급 및 도선명
④ 소재지와 측량연월일

해설 [지적기준점성과표의 기록 및 관리]

지적삼각점측량	지적삼각보조점측량
1. 지적삼각점의 명칭과 기준 원점명	1. 번호 및 위치의 약도
2. 좌표 및 표고	2. 좌표와 직각좌표계 원점명
3. 경도 및 위도	3. 경도와 위도
4. 자오선수차	4. 표고
5. 시준점의 명칭, 방위각 및 거리	5. 소재지와 측량연월일
6. 소재지와 측량연월일	6. 도선등급 및 도선명
7. 그 밖의 참고사항	7. 표지의 재질
	8. 도면번호
	9. 설치기관
	10. 조사연월일, 조사자 직위 성명 등

17. 다음 그림의 삽입망 조정에서 삼각형 ABC로 이루어지는 산출 내각은?(단, $\gamma_1=96°04'44''$, $\gamma_2=68°39'10''$이다.)

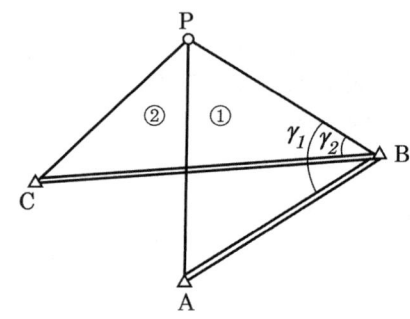

① 27°25'34"
② 68°39'10"
③ 96°04'44"
④ 164°43'54"

해설 △ABC의 산출내각은
$\gamma_1 - \gamma_2 = 96°04'44'' - 68°39'10'' = 27°25'34''$

16. 좌표면적계산법으로 면적측정을 하는 경우 다음 내용의 ㉠과 ㉡에 들어갈 말로 옳은 것은?

산출면적은 (㉠)까지 계산하여 (㉡)단위로 정할 것

① ㉠ : $\frac{1}{10}m^2$ ㉡ : $1m^2$
② ㉠ : $\frac{1}{100}m^2$ ㉡ : $1m^2$
③ ㉠ : $\frac{1}{1000}m^2$ ㉡ : $\frac{1}{10}m^2$
④ ㉠ : $\frac{1}{10000}m^2$ ㉡ : $\frac{1}{10}m^2$

18. 평판측량방법에 따른 세부측량을 방사법으로 하는 경우 1방향선의 도상길이는 최대 얼마 이하로 하여야 하는가? (단, 광파조준의 또는 광파측거기를 사용하는 경우는 고려하지 않는다.)

① 5cm
② 10cm
③ 20cm
④ 30cm

해설 평판측량을 방사법으로 하는 경우 측선장은 도상길이가 10cm로 한다. 광파조준의를 사용하는 경우 30cm 이하로 할 수 있다.

19. 지적측량의 방법으로 옳지 않은 것은?

① 수준측량방법　② 경위의측량방법
③ 사진측량방법　④ 위성측량방법

해설　지적측량은 평면위치의 결정이 요구되므로 높이에 관한 측량인 수준측량은 요구되지 않는다.

20. 교회법에 따른 지적삼각보조점의 관측 및 계산 기준으로 옳은 것은?

① 3배각법에 따른다.
② 3대회의 방향관측법에 따른다.
③ 1방향각의 측각공차는 50초 이내로 한다.
④ 관측은 20초독 이상의 경위의를 사용한다.

해설　[경위의측량방법과 교회법에 의해 지적삼각보조점측량을 실시할 경우 관측 및 계산기준]
① 점간거리의 측정은 2회 실시
② 관측은 20초독 이상의 경위의를 사용
③ 수평각관측의 2대회 방향관측법에 의하므로 2대회의 윤곽도는 0°, 90°
④ 수평각의 1방향각 측각공차는 40초 이내

2과목 응용측량

21. A, B 두 개의 수준점에서 P점을 관측한 결과가 표와 같을 때 P점의 최확값은?

구분	관측값	거리
A → P	80.258m	4km
B → P	80.218m	3km

① 80.235m　② 80.238m
③ 80.240m　④ 80.258m

해설　경중률은 노선거리에 반비례한다.

$P_A : P_B = \dfrac{1}{4} : \dfrac{1}{3} = 3 : 4$

최확값 $= \dfrac{P_A l_A + P_B l_B}{P_A + P_B}$

$= 80.2m + \dfrac{3 \times 58 + 4 \times 18}{3 + 4} mm = 80.235m$

22. 터널측량의 작업 순서 중 선정한 중심선을 현지에 정확히 설치하여 터널의 입구나 수직터널의 위치를 결정하는 단계는?

① 답사　② 예측
③ 지표설치　④ 지하설치

해설　[터널측량의 작업순서]
① **답사** : 개략적인 계획수립, 현장조사를 통한 터널의 위치 예정
② **예측** : 지표의 중심선을 미리 표시하고 도면상 터널위치 검토
③ **지표설치** : 터널 중심선의 지표에 설치, 갱문의 위치 결정
④ **지하설치** : 갱문에서 굴착진행함에 따라 갱내 중심선 설정하는 작업

23. 사진 렌즈의 중심으로부터 지상 촬영 기준면에 내린 수선이 사진면과 교차하는 점에 대한 설명으로 옳은 것은?

① 사진의 경사각에 관계없이 이 점에서 수직사진의 축척과 같은 축척이 된다.
② 지표면에 기복이 있는 경우 사진 상에는 이 점을 중심으로 방사상의 변위가 발생하게 된다.
③ 사진 상에 나타난 점과 그와 대응되는 실제 점의 상관성을 해석하기 위한 점이다.
④ 항공사진에서는 마주 보는 지표의 대각선이 서로 만나는 교점이 이 점의 위치가 된다.

해설　**기복변위** : 대상물에 기복이 있을 경우에 사진면에서 연직점을 중심으로 방사상의 변위가 생기는데 이를 기복변위라 한다. $\Delta r = \dfrac{h}{H}r$ 여기서 h는 비고, H는 촬영고도, Δr은 기복변위량, r은 연직점으로부터의 상점까지의 거리

24. 완화곡선에 대한 설명으로 옳은 것은?

① 완화곡선의 반지름은 종점에서 무한대가 된다.
② 완화곡선의 접선은 시점에서 원호에 접한다.
③ 완화곡선의 원곡선과 원곡선 사이에 위치하는 곡선을 의미한다.
④ 완화곡선에서 곡선 반지름의 감소율은 캔트의 증가율과 같다.

해설 [완화곡선의 성질]
① 완화곡선의 반지름은 시점에서 무한대, 종점에서는 원곡선의 반지름과 같다.
② 완화곡선의 접선은 시점에서는 직선에, 종점에서는 원호에 접한다.
③ 완화곡선의 곡선반경 감소율은 캔트의 증가율과 같다.
④ 완화곡선의 편경사의 크기는 곡선의 반경에 반비례하고 설계속도에 비례한다.

25. 지형도 작성시 점고법(spot height system)이 주로 이용되는 곳으로 거리가 먼 것은?

① 호안
② 항만의 심천
③ 하천의 수심
④ 지형의 등고

해설 점고법 : 하천, 항만 등에서 수심, 호안의 위치, 항만의 심천을 표시하며, 한 측점에 숫자를 기입하여 고저를 표시하는 방법

26. 그림과 같은 등고선에서 AB의 수평거리가 60m일 때 경사도(incline)로 옳은 것은?

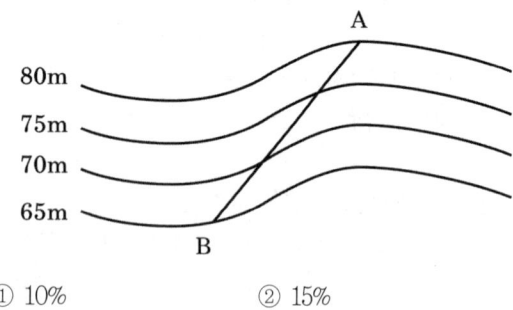

① 10%
② 15%
③ 20%
④ 25%

해설 경사도$(i) = \frac{H}{D} \times 100(\%)$이므로
$i = \frac{80-65}{60} \times 100\% = 25\%$

27. 터널공사에서 터널 내 측량에 주로 사용되는 방법으로 연결된 것은?

① 삼각측량 – 평판측량
② 평판측량 – 트래버스측량
③ 트래버스측량 – 수준측량
④ 수준측량 – 삼각측량

해설 터널 내외의 수평위치결정에는 다각측량(트래버스측량)이, 수직위치의 결정에는 수준측량이 주로 사용된다.

28. GNSS 측량에서 의사거리(pseudo-range)에 대한 설명으로 옳지 않은 것은?

① 인공위성과 지상수신기 사이의 거리 측정값이다.
② 대류권과 이온층의 신호지연으로 인한 오차의 영향력이 제거된 관측값이다.
③ 기하학적인 실제거리와 달라 의사거리라 부른다.
④ 인공위성에서 송신되어 수신기로 도착된 신호의 송신시간을 PRN 인식 코드로 비교하여 측정한다.

해설 [의사거리(Pseudo Range)]
① 인공위성과 지상수신기 사이의 거리측정값이다.
② 의사거리에 주는 오차로는 위성시계의 오차, 위성궤도의 오차, 전리층, 대류권의 굴절오차 등이 있다.

29. 우리나라의 일반철도에 주로 이용되는 완화곡선은?

① 클로소이드 곡선
② 3차 포물선
③ 2차 포물선
④ sin 곡선

해설 [완화곡선의 종류]
① 클로소이드곡선(고속도로)
② 램니스케이트곡선(시가지철도)
③ 3차포물선(일반철도)
④ sine 체감곡선(고속철도)

30. 항공사진측량으로 촬영된 사진에서 높이가 250m인 건물의 변위가 16mm이고, 건물의 정상부분에서 연직점까지의 거리가 48mm이었다. 이 사진에서 어느 굴뚝의 변위가 9mm이고, 굴뚝의 정상부분이 연직점으로부터 72mm 떨어져 있었다면 이 굴뚝의 높이는?

① 90m ② 94m
③ 100m ④ 92m

해설 기복변위 $\Delta r = \dfrac{h}{H} \times r$ 에서

촬영고도 $H = \dfrac{r}{\Delta r} \times h = \dfrac{48mm}{16mm} \times 250m = 750m$

굴뚝의 높이 $h = \dfrac{\Delta r}{r} \times H = \dfrac{9mm}{72mm} \times 750m = 93.75m$

31. 다음 원격탐사에 사용되는 전자스펙트럼 중에서 가장 파장이 긴 것은?

① 가시광선 ② 열적외선
③ 근적외선 ④ 자외선

해설 전자기 복사에너지 중 파장이 긴 쪽에서 짧은 쪽으로의 순서는 일반적으로 적외선(열적외선 - 근적외선) - 가시광선(빨 - 주 - 노 - 초 - 파 - 남 - 보) - 자외선의 순서이다.

32. 교각 55°, 곡선반지름 285m인 단곡선이 설치된 도로의 기점에서 교점(I.P.)까지의 추가거리가 423.87m 일 때, 시단현의 편각은? (단, 말뚝간의 중심거리는 20m이다.)

① 0°11′24″ ② 0°27′05″
③ 1°45′16″ ④ 1°45′20″

해설 중심말뚝의 간격이 20m이므로 시단현의 길이는 곡선시점에서 다음 말뚝까지의 거리를 의미한다.

$T.L = R\tan\dfrac{I}{2} = 285 \times \tan\dfrac{55°}{2} = 148.36m$

곡선시점(B.C)의 위치 = 시점 ~ 교점까지의 거리 - T.L = 423.87 - 148.36 = 275.51m

시단현(l_1)의 길이 = 곡선시점인 275.51m 보다 큰 20의 배수인 280m에서 곡선 시점까지의 거리를 뺀 값이다.
= 280 - 275.51 = 4.49m

시단현 편각(δ) = $\dfrac{l_1}{2R} \times \rho = \dfrac{4.49}{2 \times 285} \times \dfrac{180°}{\pi} = 0°27′05″$

33. 그림과 같은 수준망에서 폐합 수준측량을 한 결과, 표와 같은 관측오차를 얻었다. 이 중 관측 정확도가 가장 낮은 것으로 추정되는 구간은?

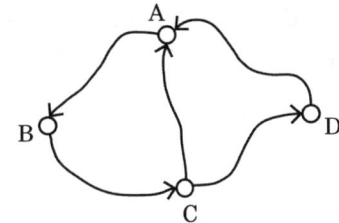

구간	오차(mm)	총거리(km)
AB	4.68	4
BC	2.27	3
CD	5.68	3
DA	7.50	5
CA	3.21	2

① AB구간 ② CD구간
③ DA구간 ④ AB구간

해설 $E = C\sqrt{L}$ 에서 E는 오차, C는 1km에 대한 오차, L은 노선거리(km)이므로 오차는 1km에 대하여 비교하면 된다.

① AB구간 : $C = \dfrac{E}{\sqrt{L}} = \dfrac{4.68}{\sqrt{4}} = 2.34mm$

② BC구간 : $C = \dfrac{E}{\sqrt{L}} = \dfrac{2.27}{\sqrt{3}} = 1.31mm$

③ CD구간 : $C = \dfrac{E}{\sqrt{L}} = \dfrac{5.68}{\sqrt{3}} = 3.28mm$

④ DA구간 : $C = \dfrac{E}{\sqrt{L}} = \dfrac{7.50}{\sqrt{5}} = 3.35mm$

⑤ CA구간 : $C = \dfrac{E}{\sqrt{L}} = \dfrac{3.21}{\sqrt{2}} = 2.27mm$

34. 지형도 작성을 위한 측량에서 해안선의 기준이 되는 높이기준면은?

① 측정 당시 정수면
② 평균해수면
③ 약최저저조면
④ 약최고고조면

해설) 선박의 안전통항을 위한 교량 및 가공선의 높이를 결정하기 위해 해안선의 기준을 적용하므로 약최고고조면이 기준이 된다.

35. AB, BC의 경사 거리를 측정하여 AB=21.562m, BC=28.064m를 얻었다. 레벨을 설치하여 A, B, C의 표척을 읽은 결과가 그림과 같을 때 AC의 수평거리는? (단, AB, BC 구간은 각각 등경사로 가정한다.)

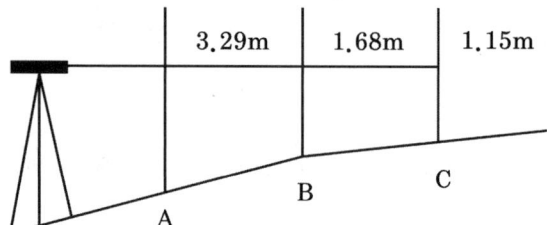

① 49.6m
② 50.1m
③ 59.6m
④ 60.1m

해설) AB구간의 높이차는 1.61m, BC구간의 높이차는 1.15m이므로 AC간의 수평거리는
$AC = \sqrt{21.562^2 - 1.61^2} + \sqrt{28.064^2 - 1.15^2} = 49.6m$

36. GPS 신호 중에서 P-code의 특징이 아닌 것은?

① 주파수가 10.23 MHz이다.
② 파장이 30m이다.
③ 허가된 사용자만 이용할 수 있다.
④ 주기가 1ms(millisecond)로 매우 짧다.

해설) [P code(군사목적으로 만들어진 코드신호)]
① 반복주기 7일인 PRN code(Pseudo Random Noise code)
② 주파수 10.23MHz, 파장 30m
③ AS mode로 동작하기 위해 Y-code로 암호화되어 PPS 사용자에게 제공
④ PPS(Precise Positioning Service : 정밀측위서비스) - 군사용

37. 다음 중 지상(공간)해상도가 가장 좋은 영상을 얻을 수 있는 위성은?

① SPOT
② LANDSAT
③ IKONOS
④ KOMPASAT-1

해설) 공간해상도란 영상 내의 개개 픽셀이 표현 가능한 지상의 면적이다.
① IKONOS - 2 : 1m
② KOMPSAT - 1 : 5m
③ SPOT - 1 : 10m
④ LANDSAT - 5 : 30m

38. 등경사면 위의 A, B점에서 A점의 표고 180m, B점의 표고 60m, AB의 수평거리 200m일 때, A점 및 B점 사이에 위치하는 표고 150m인 등고선까지의 B점으로부터 수평거리는?

① 50m
② 100m
③ 150m
④ 200m

해설) ① A, B 두 점간의 높이차 = 180 - 60 = 120m
② 높이 150m일 때의 B점 표고에 대한 높이차 = 150 - 60 = 90m
③ 삼각형에 대한 비례식을 풀면
$\frac{120}{200} = \frac{90}{d}$ 에서
$d = \frac{200}{120} \times 90m = 150m$

39. 도로의 개설을 위하여 편입되는 대상용지와 경계를 정하는 측량으로서 설계가 완료된 이후에 수행할 수 있는 노선측량 단계는?

① 용지 측량
② 다각 측량
③ 공사 측량
④ 조사 측량

해설 [용지측량]
① 용지경계와 용지면적을 산출하여 지가보상 등의 자료로 사용할 목적으로 실시하는 측량
② 횡단면도에 계획단면을 기입하여 용지폭을 정하고 1/500 또는 1/600 축척의 용지 작성

40. 사진의 크기가 23cm × 23cm인 카메라로 평탄한 지역을 비행고도 2000m에서 촬영하여 촬영면적이 21.16 k㎡인 연직사진을 얻었다. 이 카메라의 초점거리는?

① 10cm
② 27cm
③ 25cm
④ 20cm

해설 초점거리는 촬영고도와 축척의 함수이므로 주어진 조건에서 축척은 유효면적과 사진의 크기로 구하여 적용한다.

$$A_0 = (ma)^2 = \left(\frac{H}{f} \times a\right)^2 \Rightarrow \sqrt{A_0} = \frac{H}{f} \times a$$

$$f = \frac{H \times a}{\sqrt{A_0}} = \frac{2,000m \times 0.23m}{\sqrt{21,160,000m^2}} = 0.10m = 10cm$$

∵ $21.16km^2 = 21,160,000m^2$

3과목 토지정보체계론

41. 지적측량성과작성시스템에서 지적측량접수프로그램을 이용하여 작성된 측량성과 검사요청서 파일 포맷 형식으로 옳은 것은?

① *.jsg
② *.srf
③ *.sif
④ *.cif

해설 [KLIS 측량성과 작성시스템 파일 확장자]
- 측량준비도 추출파일(*.cif, cadastral information file)
- 일필지속성정보파일(*.sebu, 세부측량을 영어로 표현)
- 측량관측파일(*.svy, survey)
- 측량계산파일(*.ksp, kcsc survey project)
- 세부측량계산파일(*.ser, survey evidence relation file)
- 측량성과파일(*.jsg, 성과의 작성을 영어로 표현. 성과(sg), 작성(js))
- 토지이동정리(측량결과)파일(*.dat, data)
- 측량성과검사요청서 파일(*.sif)
- 측량성과검사결과 파일(*.Srf)
- 정보이용승인신청서 파일(*.iuf, information use)

42. 다음 중 기존 공간 사상의 위치, 모양, 방향등에 기초하여 공간 형상의 둘레에 특정한 폭을 가진 구역을 구축하는 공간분석 기법은?

① Buffer
② Dissolve
③ Interpolation
④ Classification

해설 [버퍼분석]
① 버퍼란 공간 형상의 둘레에 특정한 폭을 가진 구역을 구축하는 것
② 버퍼를 생성하는 과정이 버퍼링
③ 버퍼링은 점, 선, 폴리곤 형상 주변에 생성
④ 버퍼링한 결과는 모두 폴리곤으로 표현됨
⑤ 버퍼링은 근접분석을 수행하는데 매우 중요한 것
⑥ 특정 지점 또는 선형으로 나타나는 공간 형상 주변지역의 특징을 평가하는데도 활용
⑦ 버퍼링의 목적은 근접분석시에 관심 대상지역을 경계짓는 것

43. 다음 중 공간데이터 관련 표준화와 관련이 없는 것은?

① IDW
② SDTS
③ CEN/TC
④ ISO/TC 211

해설 ① SDTS : 지리정보시스템을 구성함에 있어 각종 응용시스템들 사이에서 지리정보를 공유하기 위한 목적으로 개발된 공통데이터교환포맷

② **CEN/TC287** : ISO/TC 211 활동이 시작하기 이전에 유럽의 표준화기구를 중심으로 추진된 유럽의 지리정보 표준화기구
③ **ISO/TC 211** : 국제표준화 기구 ISO의 지리정보표준화 관련 위원회
④ **IDW** : 역거리 가중(Inverse Distance Weighted, IDW) 보간법으로 가까이 있는 실측값에 더 큰 가중 값을 주어 보간하는 방법

44. 부동산종합공부시스템에 대한 정상적인 운용상태에 대한 지적소관청의 점검 시기로 옳은 것은?

① 매월　　② 매주
③ 매일　　④ 수시

해설) 부동산종합공부시스템에 대한 정상적인 운용상태에 대하여 지적소관청은 수시로 점검한다.

45. 토지정보시스템(LIS)에 관한 설명으로 옳은 것은?

① 토지개발에 따른 투기형상을 방지하는데 주목적을 두고 있다.
② 토지와 관련된 공간정보를 수집, 저장, 처리, 관리하기 위한 시스템이다.
③ 도시기반 시설에 관한 자료를 저장하여 효율적으로 관리하는 시스템이다.
④ 토지와 관련된 등록부와 도면작성을 위한 도해지적공부의 확보를 위한 것이다.

해설) [토지정보시스템(LIS)]
주로 토지와 관련된 위치정보와 속성정보를 수집, 처리, 저장, 관리하기 위한 정보시스템이다.

46. 다음 중 메타데이터에 관한 설명으로 옳은 것은?

① 데이터에 대한 내용, 품질, 사용조건 등을 기술하고 있다.
② 구축된 토지정보는 토지등기, 평가, 과세, 거래의 기초자료로 활용된다.
③ 토지 부동산정보관리체계 및 다목적 지적정보체계 구축에 활용될 수 있다.
④ 지적도를 기반으로 토지와 관련된 공간정보를 수집·처리·저장·관리하기 위한 정보체계이다.

해설) [메타데이터(meta data)]
실제 데이터는 아니지만 데이터베이스, 레이어, 속성, 공간형상 등과 관련된 데이터의 내용, 품질, 조건 및 특징 등을 저장한 데이터로서 데이터에 관한 데이터로 데이터의 이력을 말한다.

47. 국가나 지방자치단체가 지적전산자료를 이용하는 경우 사용료의 납부방법으로 옳은 것은?

① 사용료를 면제한다.
② 사용료를 수입증지로 납부한다.
③ 사용료를 수입인지로 납부한다.
④ 규정된 사용료의 절반을 현금으로 납부한다.

해설) [지적전산자료의 이용에 관한 사항]
① 시·군·구단위의 지적전산자료를 이용하고자 하는 자는 지적소관청의 승인을 얻어야 한다.
② 시·도단위의 지적전산자료를 이용하고자 하는 자는 시·도지사 또는 지적소관청의 승인을 얻어야 한다.
③ 전국단위의 지적전산자료를 이용하고자 하는 자는 국토교통부장관, 시·도지사 또는 지적소관청의 승인을 얻어야 한다.
④ 지적전산자료의 이용 또는 활용에 관한 승인을 받은 자는 국토교통부령으로 정하는 사용료를 내야 한다. 다만, 국가나 지방자치단체에 대해서는 사용료를 면제한다.

48. 다음 중 대표적인 벡터 자료 파일 형식이 아닌 것은?

① TIFF파일 포맷   ② CAD파일 포맷
③ Shape파일 포맷 ④ Coverage파일 포맷

해설 [래스터 형식의 자료]
pcx, jpg, bmp, Geotiff, IMG, ERM, MrSID, DEM 등
[벡터 데이터 형식의 종류]
Shape 파일형식, Coverage 파일형식, CAD 파일형식, DLG 파일형식, VPF 파일형식, TIGER 파일형식

49. 다음 중 스캐닝을 통해 자료를 구축할 때 해상도를 표현하는 단위에 해당하는 것은?

① PPM   ② DPI
③ DOT   ④ BPS

해설 [DPI(dots per inch)]
① 모니터 등의 디스플레이나, 프린터의 해상도 단위
② 화면 1인치당 몇 개의 도트(점)이 들어가는지를 말한다.

50. 지적공부에 관한 전산자료의 관리에 관한 내용으로 옳지 않은 것은?

① 지적공부에 관한 전산자료가 최신 정보에 맞도록 수시로 갱신하여야 한다.
② 국토교통부장관은 지적전산자료에 오류가 있다고 판단되는 경우에는 지적소관청에 자료의 수정·보완을 요청할 수 있다.
③ 지적소관청은 요청 받은 자료의 수정·보완 내용을 확인하여 지체 없이 바로잡은 후 국토교통부장관에게 그 결과를 보고하여야 한다.
④ 국토교통부장관은 표준지공시지가 및 개별공시지가에 관한 지가전산자료를 개별공시지가가 확정된 후 6개월 이내에 정리하여야 한다.

해설 국토교통부장관은 부동산 가격공시에 관한 법률에 따른 표준지공시지가 및 개별공시지가에 관한 지가전산자료를 개별공시지가가 확정된 후 3개월 이내에 정리하여야 한다.

51. 전산으로 접수된 지적공부정리신청서의 검토사항에 해당되지 않는 것은?

① 첨부된 서류의 적정여부
② 신청인과 소유자의 일치여부
③ 지적측량성과자료의 적정여부
④ 신청사항과 지적전산자료의 일치여부

해설 [지적공부정리신청서의 검토사항]
① 신청사항과 지적전산자료의 일치여부
② 첨부된 서류의 적정여부
③ 지적측량성과자료의 적정여부
④ 그 밖에 지적공부정리를 하기 위하여 필요한 사항

52. 관계형 데이터베이스관리시스템에서 자료를 만들고 조회할 수 있는 도구는?

① ASP   ② JAVA
③ Perl ④ SQL

해설 SQL은 관계형 데이터 베이스를 조작하는 범용 언어로 비과정 질의어의 대표적인 예이다.

53. 필지 식별 번호에 대한 설명으로 틀린 것은?

① 각 필지에 부여하며 가변성이 있는 번호다.
② 필지에 관련된 자료의 공통적인 색인번호 역할을 한다.
③ 필지별 대장의 등록사항과 도면의 등록사항을 연결하는 기능을 한다.
④ 각 필지별 등록 사항의 저장과 수정 등을 용이하게 처리할 수 있는 고유번호다.

정답 44. ④ 45. ② 46. ① 47. ① 48. ① 49. ② 50. ④ 51. ② 52. ④ 53. ①

해설 [필지식별자(필지식별번호)]
① 단일필지 식별번호 또는 부동산식별자 또는 단일식별 참조번호 등의 여러 가지로 표현하나 의미는 비슷함
② 매 필지의 등록사항을 저장, 검색, 수정 등을 편리하게 처리할 수 있어야 함
③ 영구히 불변하는 필지의 고유번호라 하며, 토지필지와 연관된 표준참조번호라 함

54. 데이터 처리 시 대상물이 두 개의 유사한 색조나 색깔을 가지고 있는 경우 소프트웨어적으로 구별하기 어려워서 발생되는 오류는?

① 선의 단절
② 방향의 혼돈
③ 불분명한 경계
④ 주기와 대상물의 혼돈

해설 불분명한 경계는 데이터 처리시 대상물이 두 개의 유사한 색조나 색깔을 가지고 있으므로 소프트웨어적으로 구별이 어려워 짐

55. 지적도 전산화작업의 구축된 도면의 데이터별 레이어 번호로 옳지 않은 것은?

① 지번 : 10
② 지목 : 11
③ 문자정보 : 12
④ 필지경계선 : 1

해설 [데이터별 레이어번호]
필지경계선 : 1, 지번 : 10, 지목 : 11, 문자정보 : 30, 도곽선 : 60

56. 지적도면을 디지타이징한 결과 교차점을 만나지 못하고 선이 끝나는 오류는?

① Spike
② Overshoot
③ Undershoot
④ Sliver polygon

해설 [디지타이징에 의한 오차유형]
① Sliver polygon : 필지를 표현할 때 필지가 아닌데도 조그만 조각이 생겨 필지로 인식하게 되는 경우
② Overshoot : 어느 선분까지 그려야하는데 그 선분을 지나치는 경우
③ Undershoot : 어느 선분까지 그려야하는데 그 선분에 미치지 못한 경우
④ Spike : 교차점에서 두 개의 선분이 만나는 과정에서 엉뚱한 좌표가 입력되어 발생하는 오차

57. 다음 중 한국토지정보시스템(KLIS)의 구성시스템이 아닌 것은?

① DB변환관리시스템
② 지적측량접수시스템
③ 지적공부관리시스템
④ 토지행정지원시스템

해설 [KLIS(한국토지정보시스템)의 구성]
① 지적공부관리시스템
② 지적측량성과작성시스템(DB변환관리시스템)
③ 연속, 편집도 관리시스템
④ 토지민원발급시스템(토지행정지원시스템)
⑤ 도로명 주소 시스템

58. 다음 중 지적도면의 수치 파일화 공정순서로 옳은 것은?

① 지적도면입력 → 폴리곤 형성 → 좌표 및 속성검사 → 도면신축보정
② 지적도면입력 → 폴리곤 형성 → 도면신축보정 → 좌표 및 속성검사
③ 지적도면입력 → 도면신축보정 → 폴리곤 형성 → 좌표 및 속성검사
④ 지적도면입력 → 좌표 및 속성검사 → 도면신축보정 → 폴리곤 형성

해설 [지적도면의 수치파일화 공정순서]
지적도면입력 → 좌표 및 속성검사 → 도면신축보정 → 폴리곤 형성

59. 3차원 지적정보를 구축할 때, 지상 건축물의 권리관계 등록과 가장 밀접한 관련성을 가지는 도형정보는?

① 수치지도　　② 층별권원도
③ 토지피복도　　④ 토지이용계획도

> **해설** [층별권원도의 특징]
> ① 층별권원 규정을 위해 건물의 일부에 대한 권리의 보증을 위해 제작한 층별 도면
> ② 건물 일부에 대한 권리의 보증이며 건물 측량도의 일종
> ③ 층별권원 규정을 위해 층별도를 작성
> ④ 층별도에는 층별구조가 개략적으로 표시되고 벽은 단면도와 그 벽의 권리소속이 표현되어 있음

60. 부동산종합공부시스템의 전산장비의 정기점검 주기로 옳은 것은?

① 일 1회 이상　　② 주 1회 이상
③ 월 1회 이상　　④ 연 1회 이상

> **해설** 부동산종합공부관리시스템의 정기점검은 월 1회 이상으로 한다.

4과목 지적학

61. 수치지적과 도해지적에 관한 설명으로 옳지 않은 것은?

① 수치지적은 비교적 비용이 저렴하고 고도의 기술을 요구하지 않는다.
② 수치지적은 도해지적보다 정밀하게 경계를 표시할 수 있다.
③ 도해지적은 대상 필지의 형태를 시각적으로 용이하게 파악할 수 있다.
④ 도해지적은 토지의 경계를 도면에 일정한 축척의 그림으로 그리는 것이다.

> **해설** [경계의 표시방법에 따른 지적제도의 분류]
> ① **도해지적** : 토지의 각 필지 경계점을 측량하여 일정한 축척으로 그림으로 묘화하는 것으로 정밀도가 낮은 지역에 적합
> ② **수치지적** : 토지의 각 필지 경계점을 수학적인 평면직각 종횡선수치(x,y)의 형태로 표시하여 고도의 정밀한 경계 등록 가능

62. 역토의 종류에 해당되지 않는 것은?

① 마전　　② 국둔전
③ 장전　　④ 급주전

> **해설** [역둔토(驛屯土)]
> ① 역둔토는 역의 경비를 충당하는 역토와 역에 주둔하는 군대가 자급자족을 위하여 경작하는 둔전(屯田)을 이르는 토지
> ② 역토는 역참에 부속된 토지로, 역의 일반 경비와 소속 이원(吏員)의 봉급 및 말을 양육하는 데 필요한 비용을 마련할 수 있도록 일정한 부속지가 설정되어 있었다.
> ③ 관리의 숙박에 소요되는 경비를 충당하는 공수전(公須田), 행정에 쓰이는 지전(紙田), 역장의 수당에 충당하는 장전(長田) 등

63. 다음 중 신라시대 구장산술에 따른 전(田)의 형태별 측량 내용으로 옳지 않은 것은?

① 방전(方田) - 정사각형의 토지로, 장(長)과 광(廣)을 측량한다.
② 규전(圭田) - 이등변삼각형의 토지로, 장(長)과 광(廣)을 측량한다.
③ 제전(梯田) - 사다리꼴의 토지로, 장(長)과 동활(東闊)·서활(西闊)을 측량한다.
④ 환전(環田) - 원형의 토지로, 주(周)와 경(經)을 측량한다.

> **해설** [신라의 구장산술의 토지형태]
> 방전(方田, 정사각형), 직전(直田, 직사각형), 구고전(句股田, 직각삼각형), 규전(圭田, 이등변삼각형), 제전(梯田, 사다리꼴), 원전(圓田, 원), 호전(弧田, 호), 환전(環田, 고리모양)

정답 54. ③　55. ③　56. ③　57. ②　58. ④　59. ②　60. ③　61. ①　62. ②　63. ④

64. 지역선에 대한 설명으로 옳지 않은 것은?

① 임야조사사업 당시의 사정선
② 시행지와 미시행지와의 지계선
③ 소유자가 동일한 토지와의 구획선
④ 소유자를 알 수 없는 토지와의 구획선

해설 [지역선]
① 토지조사사업 당시 소유자는 같으나 지목이 다른 관계로 별필의 토지경계선과 소유자를 알 수 없는 토지와의 구획선, 토지조사 시행지와 미시행지와의 경계선을 말함
② 토지조사 시행지와 미시행지와의 경계선은 별도로 지계선이라 함

65. 동일한 지번부여지역 내에서 최종 지번이 1075이고, 지번이 545인 필지를 분할하여 1076, 1077로 표시하는 것과 같은 부번 방식은?

① 기번식 지번제도
② 분수식 지번제도
③ 사행식 지번제도
④ 자유식 지번제도

해설 [부번부여제도]
① **분수식 부번제도** : 원지번을 분모로 하고 분자에 구역 내의 사용되지 않는 다음 지번을 부여하여 표기하는 방식
② **자유식 부번제도** : 새로이 지번을 붙여야 할 필지의 지번을 필지가 위치해 있는 블록이나 구역내 미사용 지번으로 부여하는 방식
③ **기번식 부번제도** : 모지번에 기초하여 문자나 기호색인을 사용하여 표기하는 방식
④ **평행식 지번제도** : 단식은 본번만, 복식은 부번까지 붙이는 방식

66. 경계 결정 시 경계불가분의 원칙이 적용되는 이유로 옳지 않은 것은?

① 필지 간 경계는 1개만 존재한다.
② 경계는 인접 토지에 공통으로 작용한다.
③ 실지 경계 구조물의 소유권을 인정하지 않는다.
④ 경계는 폭이 없는 기하학적인 선의 의미와 동일하다.

해설 [경계불가분의 원칙]
① 경계는 유일무이한 것으로 이를 분리할 수 없다는 원칙
② 토지의 경계는 같은 토지에 2개 이상의 경계가 있을 수 없고 양필지 사이에 공통으로 작용한다.

67. 다음 설명에 해당하는 학자는?

- 해학유서에서 망척제를 주장하였다.
- 전안을 작성하는데 반드시 도면과 지적이 있어야 비로소 자세하게 갖추어진 것이라 하였다.

① 이기
② 서유구
③ 유진억
④ 정약용

해설 [양전 개정론자의 (저서) 및 개정론]
① **이익 (균전론)** : 영업전, 제도
② **정약용 (목민심서, 경세유표)** : 정전제, 방량법, 어린도법
③ **서유구 (의상경계책)** : 어린도법, 방량법
④ **이기 (해학유서, 전제망언)** : 결부제보완, 망척제
⑤ **유길준 (서유견문)** : 지제의, 전통도 실시

68. 토지조사사업의 목적으로 옳지 않은 것은?

① 부동산 표시에 반드시 필요한 지번 창설
② 국유지 조사로 조선총독부의 소유 토지확보
③ 지세 수입을 증대하기 위한 조세수입체제의 확립
④ 일본인의 토지 점유를 합법화하여 보장하는 법률적 제도의 확립

해설 [토지조사사업의 목적]
① 토지소유의 증명제도 확립
② 토지소유의 합리화
③ 토지의 면적단위 통일

69. 나라별 지적제도에 대한 설명으로 옳지 않은 것은?

① 대만 : 일본의 식민지시대에 지적제도가 창설되었다.
② 스위스 : 적극적 권리의 지적체계를 가지고 있다.
③ 독일 : 최초의 지적조사는 1811년에 착수, 1832년에 확립하였다.
④ 프랑스 : 근대지적의 시초인 나폴레옹 지적으로서 과세지적의 대표이다.

해설 [독일의 지적제도]
① 지적제도는 행정부에서, 등기제도는 사법부에서 관리운영하는 2원체제로 운영
② 지적도에는 도로의 명칭과 건물번호, 가로등, 가로수 등을 등록하고 있으나 지번은 등록되고 지목의 표시는 하지 않고 있음
③ 1934년 이후 공식적인 토지평가가 토지대장에 등록

70. 지적재조사사업의 목적으로 옳지 않은 것은?

① 경계복원능력의 향상
② 지적불부합지의 해소
③ 토지거래질서의 확립
④ 능률적인 지적관리체제 개선

해설 [지적재조사사업의 목적]
① 지적불부합지의 해소
② 능률적인 지적관리체계 개선
③ 경계복원능력의 향상
④ 지적관리를 현대화하기 위한 수단
⑤ 지적공부의 정확도 및 지적에 포함되는 요소들의 확장

71. 토지의 개별성·독립성을 인정하여 물권객체로 설정할 수 있도록 다른 토지와 구별되게 한 토지표시 사항은?

① 지번   ② 지목
③ 면적   ④ 개별공시지가

해설 [지번의 기능]
① 필지를 구별하는 개별성과 특정성의 기능
② 거주지, 주소표기의 기준으로 이용
③ 위치파악의 기준
④ 각종 토지관련 정보시스템에서 검색키로서의 기능
⑤ 물권의 객체의 구분
⑥ 등록공시의 단위

72. 다음 중 입안제도(立案制度)에 대한 설명으로 옳지 않은 것은?

① 토지매매계약서이다.
② 관에서 교부하는 형식이었다.
③ 조선 후기에는 백문매매가 성행하였다.
④ 소유권 이전 후 100일 이내에 신청하였다.

해설 [입안(立案)]
① 조선시대에 실시한 제도로 오늘날의 등기부와 유사
② 토지매매시 관청에서 증명한 공적 소유권 증서
③ 소유자확인 및 토지매매를 증명하는 제도

73. 중앙지적위원회와 지방지적위원회의 위원구성 및 운영에 필요한 사항은 무엇으로 정하는가?

① 대통령령   ② 국토교통부령
③ 행정안전부령   ④ 한국국토정보공사령

해설 중앙지적위원회와 지방지적위원회의 위원구성 및 운영에 필요한 사항은 대통령령으로 정한다.

74. 우리나라의 현행 지번 설정에 대한 원칙으로 옳지 않은 것은?

① 북서기번의 원칙   ② 부번(副番)의 원칙
③ 종서(從書)의 원칙   ④ 아라비아숫자 지번의 원칙

해설 [지번부여의 기준]
① 지번은 지적소관청이 지번부여지역별로 차례대로 부여
② 지번은 북서에서 남동으로 순차적으로 부여
③ 분할 후의 필지 중 1필지의 지번은 분할 전의 지번으로 하고, 나머지 필지의 지번은 본번의 최종부번 다음 순번으로 부번을 부여

④ 합병 대상 지번 중 선순위의 지번을 그 지번으로 하되, 본번으로 된 지번이 있을 때에는 본번 중 선순위의 지번을 합병 후의 지번으로 함
⑤ 신규등록·등록전환의 경우 지번부여지역에서 인접토지의 본번에 부번을 붙여서 지번 부여

75. 다음 지적의 3요소 중 협의의 개념에 해당하지 않는 것은?

① 공부 ② 등록
③ 토지 ④ 필지

해설 지적의 3요소는 토지, 등록 공부이다.

76. 토지조사령은 그 본래의 목적이 일제가 우리나라의 민심수습과 토지수탈의 목적으로 제정되었다고 볼 수 있다. 토지조사령은 토지에 대한 과세에 큰 비중을 두었으며, 토지조사는 세가지 분야에 걸쳐 시행되었다. 다음 중 토지조사에 해당되지 않는 것은?

① 지가조사 ② 소유권조사
③ 지(형)모조사 ④ 측량성과조사

해설 [토지조사사업의 내용]
① **소유권조사** : 토지소유자 및 강계를 조사, 사정하여 토지조사부, 토지대장, 지적도 작성
② **가격조사** : 시가지의 경우 토지의 시가 조사, 시가지 이외의 지역은 대지의 임대가격 조사, 전, 답 등은 지가 조사
③ **외모조사** : 국토 전체에 대한 자연적, 인위적 지물과 고저를 표시한 지형도 작성

77. 다음 중 토지등록의 원칙에 대한 설명으로 옳지 않은 것은?

① 지적국정주의 : 지적공부의 등록사항인 토지표시사항을 국가가 결정하는 원칙이다.
② 물적편성주의 : 권리의 주체인 토지소유자를 중심으로 지적공부를 편성한다는 원칙이다.
③ 의무등록주의 : 토지의 표시를 새로이 정하거나 변경 또는 말소하는 경우 의무적으로 소관청에 토지이동을 신청하여야 한다.
④ 직권등록주의 : 지적공부에 등록할 토지표시사항은 소관청이 직권으로 조사·측량하여 지적공부에 등록한다는 원칙이다.

해설 [물적편성주의]
① 개개의 토지를 중심으로 지적공부를 편성하는 방법으로 각국에서 가장 많이 사용되는 합리적인 제도로 평가
② 토지대장과 같이 지번순에 따라 등록되고 분할되더라도 본번과 관련하여 편철
③ 소유자의 변동이 있을 경우 이를 계속 수정하여 관리하는 방식
④ 토지이용, 관리, 개발 측면에 편리
⑤ 권리주체인 소유자별 파악이 곤란한 단점

78. 지적의 토지표시사항의 특성으로 볼 수 없는 것은?

① 정확성 ② 다양성
③ 통일성 ④ 단순성

해설 지적의 토지표시사항의 특성으로는 정확성, 통일성, 단순성 등이 있다.

79. 대한제국시대에 삼림법에 의거하여 작성한 민유산야약도에 대한 설명으로 옳지 않은 것은?

① 민유산야약도의 경우에는 지번을 기재하지 않았다.
② 최초로 임야측량이 실시되었다는 점에서 중요한 의미가 있다.
③ 민유임야측량은 조직과 계획 없이 개인별로 시행되었고 일정한 수수료도 없었다.
④ 토지 등급을 상세하게 정리하여 세금을 공평하게 징수할 수 있도록 작성된 도면이다.

해설 [민유산야약도]
① 면적과 약도를 첨부하여 농공상부대신에게 기간 내에 제출하지 않으면 국유지로 처리함
② 민유산야(임야)도면에 기재된 내용은 임야의 소재·면

적 · 소유자 · 축척 · 사표 · 측량연월일 · 방위 · 측량자 성명과 날인되었으며 범례와 등고선이 그려져 있고 채색되어 있고 지번이 없는 것이 특징

80. 고도의 정확성을 가진 지적측량을 요구하지는 않으나 과세표준을 위한 면적과 토지 전체에 대한 목록의 작성이 중요한 지적제도는?

① 법지적
② 세지적
③ 경제지적
④ 소유지적

해설 [지적제도의 발전단계별 특징]
① **세지적** : 과세지적, 농경사회부터 발전, 면적과 토지등급 중시
② **법지적** : 소유지적, 과세, 토지거래의 안전, 토지소유권의 보호, 경계 중시
③ **다목적지적** : 종합지적, 경계지적, 과세, 토지거래의 안전, 토지소유권의 보호, 토지이용의 효율화를 위한 다양한 정보제공 등

5과목 지적관계법규

81. 국토의 계획 및 이용에 관한 법상 용도지역 중 농림지역의 건폐율은?

① 20% 이하
② 30% 이하
③ 50% 이하
④ 70% 이하

해설 [용도지역별 건폐율]
① 도시지역 : 주거지역 70%, 상업지역 90%, 공업지역 70%, 녹지지역 20%
② 관리지역 : 보전관리지역 20%, 생산관리지역 20%, 계획관리지역 40%
③ 농림지역 20%, 자연환경보전지역 20%

82. 다음 중 지적공부에 등록하는 토지의 표시가 아닌 것은?

① 소유자
② 지번과 지목
③ 토지의 소재
④ 경계 또는 좌표

해설 [토지의 표시]
지적공부에 토지의 소재, 지번, 지목, 면적, 경계 또는 좌표를 등록하는 것

83. 공간정보의 구축 및 관리 등에 관한 법령상 임야도의 축척으로 옳은 것은?

① 1/1200
② 1/2400
③ 1/5000
④ 1/6000

해설 임야도의 축척에는 1/3,000, 1/6,000 두 가지가 있다.

84. 공간정보의 구축 및 관리 등에 관한 법령상 축척변경 승인을 받았을 때 시행공고를 하여야 하는 사항이 아닌 것은?

① 축척변경의 시행지역
② 축척변경의 시행에 관한 세부계획
③ 축척변경의 시행에 따른 청산방법
④ 축척변경의 시행에 관한 사업시행자

해설 [축척변경시행의 공고내용]
① 축척변경의 목적, 시행지역 및 시행기간
② 축척변경의 시행에 관한 세부계획
③ 축척변경의 시행에 따른 청산방법
④ 축척변경의 시행에 따른 토지소유자 등의 협조에 관한 사항

85. 지적전산자료를 인쇄물로 제공할 경우 1필지당 수수료로 옳은 것은?

① 10원
② 20원
③ 30원
④ 40원

해설 [지적전산자료의 사용료]
① 인쇄물로 제공하는 때 : 1필지당 30원의 수수료
② 자기디스크 등 전산매체로 제공하는 때 : 1필지당 20원의 수수료

86. 지적측량 시행규칙상 지적소관청이 지적삼각 보조점성과표 및 지적도근점성과표에 기록·관리하여야 하는 사항에 해당하지 않는 것은?

① 표지의 재질
② 직각좌표계 원점명
③ 소재지와 측량연월일
④ 지적위성기준점의 명칭

해설 [지적기준점성과표의 기록 및 관리]

지적삼각점측량	지적삼각보조점측량
1. 지적삼각점의 명칭과 기준 원점명 2. 좌표 및 표고 3. 경도 및 위도 4. 자오선수차 5. 시준점의 명칭, 방위각 및 거리 6. 소재지와 측량연월일 7. 그 밖의 참고사항	1. 번호 및 위치의 약도 2. 좌표와 직각좌표계 원점명 3. 경도와 위도 4. 표고 5. 소재지와 측량연월일 6. 도선등급 및 도선명 7. 표지의 재질 8. 도면번호 9. 설치기관 10. 조사연월일, 조사자 직위 성명 등

87. 공간정보의 구축 및 관리 등에 관한 법상 1년 이하의 징역 또는 1천만원 이하의 벌금대상으로 옳은 것은?

① 정당한 사유 없이 측량을 방해한 자
② 측량업 등록사항의 변경신고를 하지 아니한 자
③ 무단으로 측량성과 또는 측량기록을 복제한 자
④ 고시된 측량성과에 어긋나는 측량성과를 사용한 자

해설 [공간정보의 구축 및 관리 등에 관한 법률 제107조(벌금)~제111조(과태료)]
① 정당한 사유없이 측량을 방해한 자 : 300만원 이하의 과태료
② 측량업 등록사항의 변경신고를 하지 아니한 자 : 측량업의 정지사항
③ 무단으로 측량성과 또는 측량기록을 복제한 자 : 1년 이하의 징역 또는 1000만원 이하의 벌금
④ 고시된 측량성과에 어긋나는 측량성과를 사용한 자 : 300만원 이하의 과태료 부과

88. 공간정보의 구축 및 관리 등에 관한 법상 행정구역의 명칭 변경 시 지적공부에 등록된 토지의 소재는 어떻게 되는가?

① 등기소에 변경등기함으로써 변경된다.
② 소관청장이 변경정리함으로써 변경된다.
③ 새로운 행정구역의 명칭으로 변경된 것으로 본다.
④ 행정안전부장관의 승인을 받아야 변경된 것으로 본다.

해설 [공간정보의 구축 및 관리 등에 관한 법률 제85조(행정구역의 명칭변경 등)]
① 행정구역의 명칭이 변경되었으면 지적공부에 등록된 토지의 소재는 새로운 행정구역의 명칭으로 변경된 것으로 본다.
② 지번부여지역의 일부가 행정구역의 개편으로 다른 지번부여지역에 속하게 되었으면 지적소관청은 새로 속하게 된 지번부여지역의 지번을 부여하여야 한다.

89. 다음 중 지목변경에 해당하는 것은?

① 밭을 집터로 만드는 행위
② 밭의 흙을 파서 논으로 만드는 행위
③ 산을 절토(切土)하여 대(垈)로 만드는 행위
④ 지적공부상의 전(田)을 대(垈)로 변경하는 행위

해설 [공간정보의 구축 및 관리 등에 관한 법률 제2조(정의)]
"지목변경"이란 지적공부에 등록된 지목을 다른 지목으로 바꾸어 등록하는 것을 말한다.

90. 공간정보의 구축 및 관리 등에 관한 법령상 지적측량 수행자의 손해배상책임을 보장하기 위한 보증설정에 관한 설명으로 옳은 것은?

① 지적측량업자가 보증보험에 가입하여야 하는 보증금액은 5천만원 이상이다.
② 한국국토정보공사가 보증보험에 가입하여야 하는 보증금액은 20억원 이상이다.
③ 지적측량업자가 보증설정을 하였을 때에는 이를 증명하는 서류를 국토교통부장관에게 제출하여야 한다.
④ 지적측량업자는 지적측량업 등록증을 발급받은 날부터 30일 이내에 보증설정을 하여야 한다.

해설 [공간정보의 구축 및 관리 등에 관한 법률 시행령 제41조 (손해배상책임의 보장)]
1. 지적측량업자 : 보장기간 10년 이상 및 보증금액 1억원 이상
2. 「국가공간정보 기본법」 제12조에 따라 설립된 한국국토정보공사(이하 "한국국토정보공사"라 한다) : 보증금액 20억원 이상

91. 공간정보의 구축 및 관리 등에 관한 법상 규정된 지목의 종류로 옳지 않은 것은?

① 운동장 ② 유원지
③ 잡종지 ④ 철도용지

해설 [지목의 종류]
전, 답, 과수원, 목장용지, 임야, 광천지, 염전, 대, 공장용지, 학교용지, 주차장, 주유소용지, 창고용지, 도로, 철도용지, 제방, 하천, 구거, 유지, 양어장, 수도용지, 공원, 체육용지, 유원지, 종교용지, 사적지, 묘지, 잡종지

92. 지적도의 축척이 600분의 1인 지역에서 분할을 위한 지적측량수행시 1필지 면적측정결과가 0.01㎡인 경우 토지대장 등록을 위한 결정면적은?

① 0.01㎡ ② 0.05㎡
③ 0.1㎡   ④ 1㎡

해설 [공간정보의 구축 및 관리 등에 관한 법률 시행령 제60조 (면적의 결정 및 측량계산의 끝수처리)]
① 지적도의 축척이 600분의 1인 지역과 경계점좌표등록부에 등록하는 지역의 토지 면적은 ㎡ 이하 한 자리 단위로 등록
② 0.1㎡ 미만의 끝수가 있는 경우 0.05㎡ 미만일 때에는 버리고, 0.05㎡를 초과할 때에는 올림
③ 0.05㎡ 때에는 구하려는 끝자리의 숫자가 0 또는 짝수이면 버리고 홀수이면 올림
④ 1필지의 면적이 0.1㎡ 미만일 때에는 0.1㎡로 함

93. 국토의 계획 및 이용에 관한 법상 보호지구로 지정하여 보호하는 시설로 옳지 않은 것은?

① 공항   ② 항만
③ 문화재 ④ 녹지지역

해설 [국토의 계획 및 이용에 관한 법률 제37조(용도지역의 지정)]
1. **보호지구** : 문화재, 중요 시설물(항만, 공항 등 대통령령으로 정하는 시설물을 말한다) 및 문화적·생태적으로 보존 가치가 큰 지역의 보호와 보존을 위하여 필요한 지구
2. **시설보호지구** : 학교시설·공용시설·항만 또는 공항의 보호, 업무기능의 효율화, 항공기의 안전운항 등을 위하여 필요한 지구

94. 국토의 계획 및 이용에 관한 법상 용어의 정의로 옳지 않은 것은?

① "도시·군계획사업"이란 도시·군관리계획을 시행하기 위한 도시·군계획시설사업, 「도시개발법」에 따른 도시개발사업, 「도시 및 주거환경정비법」에 따른 정비사업을 말한다.
② "용도지역"이란 토지의 이용 및 건축물의 용도·건폐율·용적률·높이 등에 대한 용도지역의 제한을 강화하거나 완화하여 적용함으로써 용도지역의 기능을 증진시키고 미관·경관·안전 등을 도모하기 위하여 도시·군관리계획을 결정하는 지역을 말한다.
③ "지구단위계획"이란 도시·군계획 수립 대상지역의 일부에 대하여 토지의 이용을 합리화하고 그 기능을 증진시키며 미관을 개선하고 양호한 환경을 확보하며 그 지역을 체계적·계획적으로 관리하기 위하여 수립하는 도시·군관리계획을 말한다.
④ "용도구역"이란 토지의 이용 및 건축물의 용도·건폐율·용적률·높이 등에 대한 용도지역 및 용도지구의 제한을 강화하거나 완화하여 따로 정함으로써 시가지의 무질서한 확산방지, 계획적이고 단계적인 토지이용의 도모, 토지이용의 종합적 조정·관리 등을 위하여 도시·군 관리계획을 결정하는 지역을 말한다.

해설 [국토의 계획 및 이용에 관한 법률 제2조(정의)]
① "용도구역"이란 토지의 이용 및 건축물의 용도·건폐율·용적률·높이 등에 대한 용도지역 및 용도지구의 제

한을 강화하거나 완화하여 따로 정함으로써 시가지의 무질서한 확산방지, 계획적이고 단계적인 토지이용의 도모, 토지이용의 종합적 조정·관리 등을 위하여 도시·군관리계획으로 결정하는 지역을 말한다.
② "용도지역"이란 토지의 이용 및 건축물의 용도, 건폐율, 용적률, 높이 등을 제한함으로써 토지를 경제적·효율적으로 이용하고 공공복리의 증진을 도모하기 위하여 서로 중복되지 아니하게 도시·군관리계획으로 결정하는 지역을 말한다.

95. 공간정보의 구축 및 관리 등에 관한 법상 지적측량 적부심사청구 사안에 대한 시·도지사의 조사사항이 아닌 것은?

① 지적측량 기준점 설치연혁
② 다툼이 되는 지적측량의 경위 및 그 성과
③ 해당 토지에 대한 토지이동 및 소유권 변동 연혁
④ 해당 토지 주변의 측량기준점, 경계, 주요 구조물 등 현황 실측도

[해설] [공간정보의 구축 및 관리 등에 관한 법률 제29조(지적측량의 적부심사 등)]
지적측량 적부심사청구를 받은 시·도지사는 30일 이내에 다음 각 호의 사항을 조사하여 지방지적위원회에 회부하여야 한다.
1. 다툼이 되는 지적측량의 경위 및 그 성과
2. 해당 토지에 대한 토지이동 및 소유권 변동 연혁
3. 해당 토지 주변의 측량기준점, 경계, 주요 구조물 등 현황 실측도

96. 공간정보의 구축 및 관리 등에 관한 법상 지적측량 및 토지 이동 조사를 위한 타인의 토지에 출입하거나 일시 사용하는 경우에 대한 설명으로 옳지 않은 것은?

① 타인의 토지에 출입하려는 자는 관할 특별자치시장, 특별자치도지사, 시장·군수 또는 구청장의 허가를 받아야 한다.
② 타인의 토지에 출입하려는 자는 소유자·점유자 또는 관리인의 동의 없이 장애물을 변경 또는 제거 할 수 있다.
③ 토지의 점유자는 정당한 사유 없이 지적측량 및 토지이동 조사에 필요한 행위를 방해하거나 거부하지 못한다.
④ 지적측량 및 토지이동 조사에 필요한 행위를 하려는 자는 그 권한을 표시하는 허가증을 지니고 관계인에게 이를 내보여야 한다.

[해설] [공간정보의 구축 및 관리 등에 관한 법률 제101조(토지등에의 출입 등)]
타인의 토지 등을 일시 사용하거나 장애물을 변경 또는 제거하려는 자는 그 소유자·점유자 또는 관리인의 동의를 받아야 한다. 다만, 소유자·점유자 또는 관리인의 동의를 받을 수 없는 경우 행정청인 자는 관할 특별자치시장, 특별자치도지사, 시장·군수 또는 구청장에게 그 사실을 통지하여야 하며, 행정청이 아닌 자는 미리 관할 특별자치시장, 특별자치도지사, 시장·군수 또는 구청장의 허가를 받아야 한다.

97. 지적측량 적부심사 의결서를 받은 자가 지방지적위원회의 의결에 불복하는 경우에는 그 의결서를 받은 날부터 며칠 이내에 국토교통부장관을 거쳐 중앙지적위원회에 재심사를 청구할 수 있는가?

① 7일 이내
② 30일 이내
③ 60일 이내
④ 90일 이내

[해설] [공간정보의 구축 및 관리 등에 관한 법률 제28조(지적측량의 적부심사 등)]
지방지적위원회의 의결에 불복하는 경우에는 그 의결서를 받은 날부터 90일 이내에 국토교통부장관을 거쳐 중앙지적위원회에 재심사를 청구할 수 있다.

98. 부동산등기법상 미등기 토지의 소유권 보존등기를 신청할 수 없는 자는?

① 확정판결에 의하여 자기의 소유권을 증명하는 자
② 수용(收用)으로 인하여 소유권을 취득하였음을 증명하는 자
③ 토지대장등본에 의하여 피상속인이 토지대장에 소유자로서 등록되어 있는 것을 증명하는 자

④ 특별자치도지사, 시장, 군수 또는 구청장의 확인에 의하여 자기의 소유권을 증명하는 자(건물의 경우로 한정한다.)

> **해설** [부동산등기법 제65조(소유권보존등기의 신청인)]
> 1. 토지대장, 임야대장 또는 건축물대장에 최초의 소유자로 등록되어 있는 자 또는 그 상속인, 그 밖의 포괄승계인
> 2. 확정판결에 의하여 자기의 소유권을 증명하는 자
> 3. 수용(收用)으로 인하여 소유권을 취득하였음을 증명하는 자
> 4. 특별자치도지사, 시장, 군수 또는 구청장(자치구의 구청장을 말한다)의 확인에 의하여 자기의 소유권을 증명하는 자(건물의 경우로 한정한다)

99. 부동산등기법상 부동산 등기용 등록번호 부여절차로 옳지 않은 것은?

① 법인의 등록번호는 주된 사무소 소재지 관할 등기소의 등기관이 부여한다.
② 법인 아닌 사단이나 재단의 등록번호는 시장, 군수 또는 구청장이 부여한다.
③ 국가·지방자치단체·국제기관 및 외국정부의 등록번호는 기획재정부장관이 지정·고시한다.
④ 주민등록번호가 없는 재외국민의 등록번호는 대법원 소재지 관할 등기소의 등기관이 부여한다.

> **해설** [부동산등기법 제49조(등록번호의 부여절차)]
> 국가·지방자치단체·국제기관 및 외국정부의 등록번호는 국토교통부장관이 지정·고시한다.

100. 지적측량 시행규칙상 지적기준점표지의 설치·관리로서 옳지 않은 것은?

① 지적소관청은 연 1회 이상 지적기준점표지의 이상 유무를 조사하여야 한다.
② 지적삼각점표지의 점간거리는 평균 3킬로미터 이상 6킬로미터 이하로 하여야 한다.
③ 지적삼각보조점표지의 점간거리는 평균 1킬로미터 이상 3킬로미터 이하로 하여야 한다.
④ 다각망도선법에 따르는 경우 지적도근점 표지의 점간거리는 평균 500미터 이하로 하여야 한다.

> **해설** [지적측량 시행규칙 제2조(지적기준점표지의 설치·관리 등)]
> ① 「공간정보의 구축 및 관리 등에 관한 법률」제8조제1항에 따른 지적기준점표지의 설치는 다음 각 호의 기준에 따른다.
> 1. 지적삼각점표지의 점간거리는 평균 2킬로미터 이상 5킬로미터 이하로 할 것
> 2. 지적삼각보조점표지의 점간거리는 평균 1킬로미터 이상 3킬로미터 이하로 할 것. 다만, 다각망도선법(多角網道線法)에 따르는 경우에는 평균 0.5킬로미터 이상 1킬로미터 이하로 한다.
> 3. 지적도근점표지의 점간거리는 평균 50미터 이상 300미터 이하로 할 것. 다만, 다각망도선법에 따르는 경우에는 평균 500미터 이하로 한다.
> ② 지적소관청은 연 1회 이상 지적기준점표지의 이상 유무를 조사하여야 한다. 이 경우 멸실되거나 훼손된 지적기준점표지를 계속 보존할 필요가 없을 때에는 폐기할 수 있다.
> ③ 지적소관청이 관리하는 지적기준점표지가 멸실되거나 훼손되었을 때에는 지적소관청은 다시 설치하거나 보수하여야 한다.

정답 95. ① 96. ② 97. ④ 98. ③ 99. ③ 100. ②

2018년도 제3회 지적기사 기출문제

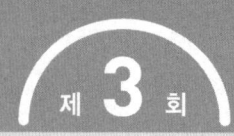

1과목 지적측량

01. 다음 중 오차의 성격이 다른 하나는?

① 기포의 둔감에서 생기는 오차
② 야장의 기입 착오로 생기는 오차
③ 수준척(staff) 눈금의 오독으로 인해 생기는 오차
④ 각 관측에서 시준점의 목표를 잘못 시준하여 생기는 오차

해설 [오차의 종류]
① 수준척(staff) 눈금의 오독으로 인해 생기는 오차 : 착오
② 기포의 둔감에서 생기는 오차 : 부정오차
③ 각관측에서 시준점의 목표를 잘못 시준하여 생기는 오차 : 착오
④ 야장의 기입 착오로 생기는 오차 : 착오

02. 평판측량방법에 따라 조준의를 사용하여 측정한 경사거리가 95m일 때 수평거리로 옳은 것은? (단, 조준의의 경사분획은 18이다.)

① 92.45m ② 92.50m
③ 93.45m ④ 93.50m

해설 $D : l = 100 : \sqrt{100^2 + n^2}$ 에서
$D : 95 = 100 : \sqrt{100^2 + 18^2}$ 이므로
$D = \dfrac{95 \times 100}{\sqrt{100^2 + 18^2}} = 93.5m$

03. 경위의측량방법에 따라 도선법으로 지적도근측량을 할 때, 지형상 부득이 한 경우가 아닌 경우 지적기준점 상호간의 연결기준이 되는 것은?

① 결합도선 ② 왕복도선
③ 폐합도선 ④ 회귀도선

해설 [경위의측량방법에 따라 도선법으로 지적도근측량시]
경위의측량방법에 따라 도선법으로 하는 때에 지형상 부득이한 경우를 제외하고는 결합도선에 의한다.

04. 지적측량에 사용하는 직각좌표계의 투영원점에 가산하는 종·횡선 값으로 옳은 것은? (단, 세계측지계에 따르지 아니하는 지적측량의 경우이다.)

① 종선: 200,000m, 횡선: 500,000m
② 종선: 500,000m, 횡선: 200,000m
③ 종선: 1,000,000m, 횡선: 500,000m
④ 종선: 2,000,000m, 횡선: 5,000,000m

해설 지적측량의 경우에는 가우스상사이중투영법에 의하여 표시하며, 직각좌표계의 투영원점의 수치를 X(N)=500,000m, Y(E)=200,000m를 가산하여 적용하며 제주도의 경우는 X(N)=550,000m, Y(E)=200,000m를 가산하여 적용한다.

05. 경위의측량방법에 따른 세부측량의 관측 및 계산에서, 수평각의 측각공차 중 1회 측정각과 2회 측정각의 평균값에 대한 교차 기준은?

① 30초 이내 ② 40초 이내
③ 50초 이내 ④ 60초 이내

해설 [경위의 측량방법에 의한 세부측량의 관측 및 계산]
① 경계점표지의 설치 : 미리 각 경계에 표지를 설치하여야 함
② 관측방법 : 도선법 또는 방사법에 의함
③ 관측시 사용장비 : 20초독 이상의 경위의 사용
④ 수평각관측 : 1대회의 방향관측법이나 2배각의 배각법에 의함
⑤ 연직각관측 : 정반으로 1회 관측하여 그 교차가 5분 이내일 경우 평균치를 연직각으로 하며 분단위로 독정

06. 다음 중 지적도근점측량에서 지적도근점을 구성하는 도선의 형태에 해당하지 않는 것은?

① 개방도선   ② 결합도선
③ 폐합도선   ④ 다각망도선

해설 [지적도근점측량에서 지적도근점의 구성형태]
결합도선, 폐합도선, 왕복도선, 다각망도선으로 구성

07. 지적기준점 등의 제도에 관한 설명으로 옳은 것은?

① 삼각점 및 지적기준점은 0.1mm 폭의 선으로 제도한다.
② 지적도근점은 직경 1mm, 2mm의 2중원으로 제도한다.
③ 지적삼각점은 직경 3mm의 원으로 제도하고 원 안에 십자선을 표시한다.
④ 지적삼각보조점은 직경 2mm의 원으로 제도하고 원 안에 십자선을 표시한다.

해설 [지적기준점 등의 제도]
① 지적위성기준점은 직경 2mm, 3mm의 2중원 안에 십자선을 표시하여 제도
② 1등 및 2등삼각점은 직경 1mm, 2mm, 3mm의 3중원으로 제도, 1등삼각점은 중심원 내부를 검은색으로 채색
③ 3등 및 4등삼각점은 직경 1mm, 2mm의 2중원으로 제도, 3등삼각점은 그 중심원 내부를 검은색으로 채색
④ 지적삼각점 및 지적삼각보조점은 직경 3mm의 원으로 제도, 지적삼각점은 원안에 십자선을, 지적삼각보조점은 원 안을 검은색으로 채색
⑤ 지적도근점은 직경 2mm의 원으로 제도

08. 2점간의 거리가 123.00m이고 2점간의 횡선차가 105.64m일 때, 2점간의 종선차는?

① 52.25m   ② 63.00m
③ 100.54m ④ 101.00m

해설 2점간의 거리 $=\sqrt{(\text{종선차})^2+(\text{횡선차})^2}$ 이므로
종선차 $=\sqrt{(2\text{점간의 거리})^2-(\text{횡선차})^2}$
$=\sqrt{(123)^2-(105.64)^2}=63.00m$

09. 각 관측 시 발생하는 기계 오차와 소거법에 대한 설명으로 옳지 않은 것은?

① 외심 오차는 시준선에 편심이 나타나 발생하는 오차로, 정위와 반위의 평균으로 소거된다.
② 연직축 오차는 수평축과 연직축이 직교하지 않기 때문에 생기는 오차로, 정위와 반위의 평균으로 소거된다.
③ 수평축 오차는 수평축이 수직축과 직교하지 않기 때문에 생기는 오차로, 정위와 반위의 평균으로 소거된다.
④ 시준축 오차는 시준선과 수평축이 직교하지 않아 생기는 오차로, 망원경의 정위와 반위로 측정하여 평균값을 취하면 소거된다.

해설 연직축이 정확히 연직선상에 있지 않아 발생하는 연직축 오차는 관측값을 평균하여도 소거되지 않는다. 다만 시준할 두 점의 고저차가 연직각으로 5° 이하인 경우 큰 오차가 발생하지 않으므로 무시한다.

10. 세부측량을 하는 경우 필지마다 면적을 측정하여야 하는 대상이 아닌 것은?

① 분할   ② 합병
③ 신규등록   ④ 등록전환

해설 [지적측량을 요하는 경우]
신규등록, 등록전환, 분할, 축척변경, 도시개발사업 등의 신고
[지적측량을 요하지 않는 경우]
합병, 지목변경

정답 01. ① 02. ④ 03. ① 04. ② 05. ② 06. ① 07. ③ 08. ② 09. ② 10. ②

11. 지적도근점측량 중 배각법에 의한 도선의 계산 순서를 올바르게 나열한 것은?

> ㉠ 관측성과의 이기
> ㉡ 측각오차의 계산
> ㉢ 방위각의 계산
> ㉣ 관측각의 합계 계산
> ㉤ 각 관측선의 종·횡선오차의 계산
> ㉥ 각 측점의 좌표계산

① ㉠-㉡-㉢-㉣-㉤-㉥
② ㉠-㉡-㉣-㉢-㉤-㉥
③ ㉠-㉣-㉡-㉢-㉤-㉥
④ ㉠-㉢-㉣-㉡-㉥-㉤

해설 [배각법에 의한 도선의 계산순서]
관측성과의 이기 – 관측각의 합계 계산 – 측각오차의 계산 – 방위각의 계산 – 각 관측선의 종·횡선오차의 계산 – 각 측점의 좌표계산

12. 임야도를 갖춰두는 지역의 세부측량에서, 지적도의 축척에 따른 측량성과를 임야도의 축척으로 측량결과도에 표시하는 방법으로 옳은 것은?

① 임야 경계선과 도곽선을 접합하여 임의로 임야측량결과도에 전개하여야 한다.
② 임야도의 축척에 따른 임야 경계선의 좌표를 구하여 임야측량결과도에 전개하여야 한다.
③ 지적도의 축척에 따른 임야 분할선의 좌표를 구하여 임야측량결과도에 전개하여야 한다.
④ 지적도의 축척에 따른 측량결과도에 표시된 경계점의 좌표를 구하여 임야측량결과도에 전개하여야 한다.

해설 [지적측량 시행규칙 제21조(임야도를 갖춰두는 지역의 세부측량)]
임야도를 갖춰 두는 지역의 세부측량은 위성기준점, 통합기준점, 삼각점, 지적삼각점, 지적삼각보조점 및 지적도근점에 따른다. 다만, 다음 각 호의 어느 하나에 해당하는 경우에는 위성기준점, 통합기준점, 삼각점, 지적삼각점, 지적삼각보조점 및 지적도근점에 따라 측량하지 아니하고 지적도의 축척으로 측량한 후 그 성과에 따라 임야측량결과도를 작성할 수 있다.
1. 측량대상토지가 지적도를 갖춰 두는 지역에 인접하여 있고 지적도의 기지점이 정확하다고 인정되는 경우
2. 임야도에 도곽선이 없는 경우

13. 다음 중 지적도근점측량을 실시하는 경우에 해당하지 않는 것은?

① 축척변경을 위한 측량을 하는 경우
② 도시개발사업 등으로 인하여 지적확정측량을 하는 경우
③ 지적도근점의 재설치를 위하여 지적삼각점의 설치가 필요한 경우
④ 측량지역의 면적이 해당 지적도 1장에 해당하는 면적 이상인 경우

해설 [지적도근점측량을 반드시 실시하여야 하는 경우]
① 도시개발사업 등으로 인하여 지적확정측량을 하는 경우
② 국토의 계획 및 이용에 관한 법률에 의한 도시지역 및 준도시지역에서 세부측량을 하는 경우
③ 측량지역의 면적이 당해 지적도 1장에 해당하는 면적 이상인 경우
④ 세부측량의 시행상 특히 필요한 경우

14. 경위의측량방법에 따른 지적삼각점의 수평각 관측 시 윤곽도로 옳은 것은?

① 0도, 60도, 120도   ② 0도, 45도, 90도
③ 0도, 90도, 180도   ④ 0도, 30도, 60도

해설 [경위의측량방법에 따른 지적삼각점의 관측과 계산 기준]
① 관측은 10초독 이상의 경위의를 사용한다.
② 수평각 관측은 3대회(윤곽도는 0°, 60°, 120°)의 방향관측법에 따른다.
③ 수평각의 측각공차에서 1방향각의 공차는 30초 이내로 한다.
④ 수평각의 측각공차에서 1측회의 폐색공차는 ±30초 이내로 한다.

15. 다음 중 거리 측정에 따른 오차의 보정량이 항상 (−)가 아닌 것은?

① 장력으로 인한 오차
② 줄자의 처짐으로 인한 오차
③ 측선이 수평이 아님으로 인한 오차
④ 측선이 일직선이 아님으로 인한 오차

해설 [거리측량의 오차보정량이 항상 (−)인 경우]
경사보정, 평균해면보정(표고보정), 처짐보정

16. 지적삼각점측량에서 원점에서부터 두 점 A, B까지의 횡선거리가 각각 16km와 20km일 때 축척계수(K)는? (단, R = 6372.2km이다)

① 1.00000072
② 1.00000177
③ 1.00000274
④ 1.00000399

해설 축척계수 $K = 1 + \dfrac{(Y_1 + Y_2)^2}{8R^2} = 1 + \dfrac{(16+20)^2}{8 \times 6372.2^2}$
$= 1.00000399$

17. 전파기 측량방법에 따라 다각망도선법으로 지적삼각보조점측량을 할 때의 기준으로 옳은 것은?

① 1도선의 거리는 4km 이하로 한다.
② 3점 이상의 기지점을 포함한 폐합다각방식에 따른다.
③ 1도선의 점의 수는 기지점을 제외하고 5점 이하로 한다.
④ 1도선은 기지점과 지지점, 교점과 교점 간의 거리이다.

해설 [다각망도선법에 의한 지적삼각측보조점측량의 기준]
① 1도선의 거리는 4km 이하로 한다.
② 3점 이상의 기지점으로 포함한 결합다각방식에 의한다.
③ 1도선의 점의 수는 기지점과 교점 포함하여 5점 이하로 한다.
④ 1도선은 기지점과 교점, 교점과 교점 간의 거리이다.

18. 다음 중 지적측량의 방법에 해당되지 않는 것은?

① 관성측량
② 위성측량
③ 경위의측량
④ 전파기측량

해설 [지적측량의 방법]
위성측량, 사진측량, 경위의측량, 전파 및 광파거리측량, 전자평판측량, 평판측량

19. 사각망조정계산에서 관측각이 다음과 같을 때, α_1의 각 규약에 의한 조정량은? (단, α_1 = 48°31′50.3″, β_2 = 53°03′57.2″, α_3 = 22°44′29.2″, β_4 = 27°16′36.9″)

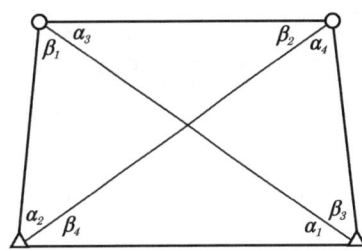

① +0.2″
② −0.2″
③ +0.4″
④ −0.4″

해설 $\epsilon = (\alpha_1 + \beta_4) - (\alpha_3 + \beta_2) = 0°0′0.8″$
즉 오차가 0.8″이므로 조정량은 α_1, β_4에는 −0.2″를 α_3, β_2에는 +0.2″를 조정한다.

20. 평판측량방법으로 세부측량을 할 때에 지적도, 임야도에 따라 측량준비 파일에 포함하여 작성하여야 할 사항에 해당되지 않는 것은?

① 지적기준점 및 그 번호
② 측량방법 및 측량기하적
③ 인근 토지의 경계선, 지번 및 지목
④ 측량대상 토지의 경계선, 지번 및 지목

해설 [지적측량 시행규칙 제17조(측량준비파일의 작성)]
1. 측량대상 토지의 경계선·지번 및 지목

2. 인근 토지의 경계선·지번 및 지목
3. 임야도를 갖춰 두는 지역에서 인근 지적도의 축척으로 측량을 할 때에는 임야도에 표시된 경계점의 좌표를 구하여 지적도에 전개(展開)한 경계선. 다만, 임야도에 표시된 경계점의 좌표를 구할 수 없거나 그 좌표에 따라 확대하여 그리는 것이 부적당한 경우에는 축척비율에 따라 확대한 경계선을 말한다.
4. 행정구역선과 그 명칭
5. 지적기준점 및 그 번호와 지적기준점 간의 거리, 지적기준점의 좌표, 그 밖에 측량의 기점이 될 수 있는 기지점
6. 도곽선(圖廓線)과 그 수치
7. 도곽선의 신축이 0.5밀리미터 이상일 때에는 그 신축량 및 보정(補正) 계수
8. 그 밖에 국토교통부장관이 정하는 사항

2과목 응용측량

21. 그림과 같은 노선 횡단면의 면적은?

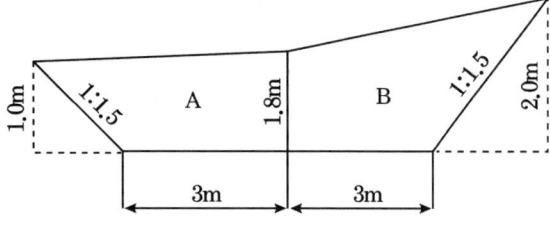

① $13.95m^2$
② $14.95m^2$
③ $15.95m^2$
④ $16.95m^2$

[해설] 도로 중심부를 기준으로 양쪽 사면의 삼각형을 포함한 두 사다리꼴 면적에서 두 삼각형 면적을 제하여 절취단면을 구한다.
이때 좌측 삼각형의 밑변은 $1 \times 1.5 = 1.5m$이고 우측 삼각형의 밑변은 $2 \times 1.5 = 3m$이다.
① 두 사다리꼴 면적 $= \dfrac{1+1.8}{2} \times 4.5 + \dfrac{1.8+2}{2} \times 6 = 17.7$
② 두 삼각형 면적 $= \dfrac{1 \times 1.5}{2} + \dfrac{2 \times 3}{2} = 3.75$
∴ ① - ② $= 17.7 - 3.75 = 13.95 m^2$

22. 완화곡선의 성질에 대한 설명으로 옳지 않은 것은?

① 곡선반지름은 완화곡선의 시점에서 무한대, 종점에서 원곡선의 반지름(R)으로 된다.
② 완화곡선의 접선은 시점에서 원호에, 종점에서는 직선에 접한다.
③ 완화곡선에 연한 곡선반지름의 감소율은 캔트의 증가율과 같다.
④ 종점에 있는 캔트는 원곡선의 캔트와 같게 된다.

[해설] [완화곡선의 성질]
① 완화곡선의 반지름은 시점에서 무한대, 종점에서는 원곡선의 반지름과 같다.
② 완화곡선의 접선은 시점에서는 직선에, 종점에서는 원호에 접한다.
③ 완화곡선의 곡선반경 감소율은 캔트의 증가율과 같다.
④ 완화곡선의 편경사의 크기는 곡선의 반경에 반비례하고 설계속도에 비례한다.

23. GNSS 측량에서 위치를 결정하는 기하학적인 원리는?

① 위성에 의한 평균계산법
② 무선항법에 의한 후방교회법
③ 수신기에 의하여 처리되는 자료해석법
④ GNSS에 의한 폐합 도선법

[해설] GPS의 기하학적 위치결정의 원리는 위성에서 발사하는 전파(기지점)를 지상(미지점)에서 수신하여 위성의 정보를 통하여 미지점의 좌표를 후방교회법으로 결정하는 방식이다.

24. 곡선반지름이 80m, 클로소이드 곡선길이가 20m일 때 클로소이드의 파라미터(A)는?

① 40m
② 80m
③ 120m
④ 1600m

[해설] $A^2 = R \times L$에서
$A = \sqrt{RL} = \sqrt{80m \times 20m} = 40m$

25. 항공사진측량을 통하여 촬영된 사진에서 볼 때 태양광선을 받아 주위보다 밝게 찍혀 보이는 부분을 무엇이라 하는가?

① Sun spot ② Lineament
③ Overlay ④ Shadow spot

해설 [선스팟(son spot)]
사진상에서 태양광선의 반사로 인하여 주위보다 밝게 나타난 부분

26. 초점거리 210mm의 카메라로 비고가 50m인 구릉지에서 촬영한 사진의 축척이 1:25000이다. 이 사진의 비고에 의한 최대 변위량은? (단, 사진크기=23cm×23cm, 종중복도=60%)

① ±0.15mm ② ±0.24mm
③ ±1.5mm ④ ±2.4mm

해설 **기복변위** : 대상물에 기복이 있을 경우에 사진면에서 연직점을 중심으로 방사상의 변위가 생기는데 이를 기복변위라 한다.

$\Delta r = \dfrac{h}{H} r$ 여기서 h는 비고, H는 촬영고도, Δr은 기복변위량, r은 연직점으로부터의 상점까지의 거리

$H = mf = 25,000 \times 0.210 = 5,250 m$

$\Delta r_{max} = \dfrac{h}{H} \times r_{max}$ 여기서, $r_{max} = \dfrac{\sqrt{2}}{2} \times a$

$= \dfrac{50m}{5,250m} \times \dfrac{\sqrt{2}}{2} \times 230mm = 1.5mm$

27. 터널구간의 고저차를 관측하기 위하여 그림과 같이 간접수준측량을 하였다. 경사각은 부각 30°이며, AB의 경사거리가 18.64m이고 A점의 표고가 200.30m일 때 B점의 표고는?

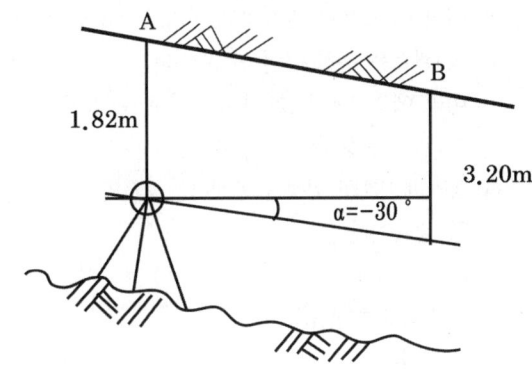

① 182.78m ② 189.60m
③ 190.92m ④ 192.36m

해설 $H_A - 1.82 = H_B - 3.20 + AB$경사거리$\times \sin 30°$에서
$H_B = 200.30 - 1.82 + 3.20 - 18.64 \times \sin 30° = 192.36m$

28. 수준측량에서 전시와 후시의 거리를 같게 하여 소거할 수 있는 오차는?

① 표척의 눈금 오차
② 레벨의 침하에 의한 오차
③ 지구의 곡률 오차
④ 레벨과 표척의 경사에 의한 오차

해설 [전시와 후시 거리를 같게 하므로 제거되는 오차]
① 기계오차(시준축 오차) : 레벨조정의 불안정
② 구차(지구곡률오차)와 기차(대기굴절오차)

29. GNSS에서 이중차분법(Double Differencing)에 대한 설명으로 옳은 것은?

① 1개의 위성을 동시에 추적하는 2대의 수신기는 이중차 관측이다.
② 여러 에포크에서 2개의 수신기로 추적되는 1개의 위성 관측을 통하여 얻을 수 있다.
③ 여러 에포크에서 1개의 수신기로 추적되는 2개의 위성 관측을 통하여 얻을 수 있다.
④ 동시에 2개의 위성을 추적하는 2대의 수신기는 이중차 관측이다.

해설 [위상차 측정방법]
① **일중차** : 1개의 위성을 2개의 수신기를 이용하여 관측하거나 2개의 위성을 1개의 수신기로 관측한 반송파의 위상차를 통하여 위성궤도오차와 원자시계오차를 소거하나 수신기 시계오차는 아직 갖고 있다.
② **이중차** : 2개의 위성을 2개의 수신기를 이용하여 반송파의 위상차를 통하여 수신기의 시계오차를 소거하나 모호정수는 아직 갖고 있다.
③ **3중차** : 일정시간동안 이중위상차를 측정하여 이중위상차를 누적하는 적분위상차방식으로 반송파의 모호정수를 소거한다.

30. 지상에서 이동하고 있는 물체가 사진에 나타나 그 물체를 입체시할 때 그 운동이 기선 방향이면 물체가 뜨거나 가라앉아 보이는 현상(효과)은?

① 정사 효과(orthoscopic effect)
② 역 효과(pseudoscopic effect)
③ 카메론 효과(cameron effect)
④ 반사 효과(reflection effect)

해설 [카메론 효과]
입체사진상에 이동하는 물체가 있을 때 입체시하는 경우 운동하는 물체가 기선방향과 같은 방향인 경우 가라앉아 보이고, 기선방향과 반대방향인 경우 떠올라 보이는 현상

31. 등고선의 특징에 대한 설명으로 틀린 것은?

① 등고선은 경사가 급한 곳에서는 간격이 좁다.
② 경사변환점은 능선과 계곡선이 만나는 점이다.
③ 능선은 빗물이 이 능선을 경계로 좌우로 흘러 분수선이라고도 한다.
④ 계곡선은 지표가 낮거나 움푹 파인 점을 연결한 선으로 합수선이라고도 한다.

해설 최대 경사선은 지표의 임의의 한 점에 있어서 그 경사가 최대로 되는 방향을 표시한 선을 말하며 등고선에 직각으로 교차한다.
[등고선의 특성]
① 최대 경사선은 등고선과 직각 방향이다.
② 높이가 다른 등고선은 동굴이나 절벽을 제외하고는 교차하지 않는다.
③ 등고선은 도면상 혹은 외에서 폐합하며 도중에 손실되지 않는다.
④ 등고선은 급경사지에서는 간격이 좁고 완경사지에서는 넓다.

32. 지형의 표시방법 중 길고 짧은 선으로 지표의 기복을 나타내는 방법은?

① 영선법 ② 채색법
③ 등고선법 ④ 점고법

해설 [지형도 표시방법 중 부호도법]
① 점고법 : 하천, 항만, 해양측량 등에서 심천측량을 한 측점에 숫자를 기입하여 고저를 표시하는 방법
② 채색법 : 색조를 이용하여 고저를 표시하는 방법
③ 등고선법 : 일정한 높이의 수평면으로 지형을 절단했을 때의 잘린 면의 곡선을 이용하여 지형을 표시

[지형도 표시방법 중 자연도법]
① 영선법 : 우모와 같이 짧고 거의 평행한 선의 간격, 굵기, 길이, 방향 등에 의하여 지형을 표시하는 방법
② 음영법 : 서북쪽 45° 방향에서 평행광선이 비칠 때 생기는 그림자로 기복의 모양을 표시하는 방법

33. 수준측량의 기고식에 대한 설명으로 옳은 것은?

① 중력 측정을 통한 기계적 고도 수정 방법
② 시준축 오차를 소거하기 위한 수준 측량 방법
③ 기압 측정을 통한 간접 수준 측량 방법
④ 중간점이 많은 경우에 편리한 야장 기입 방법

해설 [수준측량 야장기입법]
① **고차식** : 중간점없이 이기점 전시와 후시로만 관측된 야장으로 가장 간단하다.
② **승강식** : 완전한 검사로 정밀측량에 적당하나, 중간점이 많으면 계산이 복잡하고 시간과 비용이 많이 든다.
③ **기고식** : 중간점이 많을 경우 편리하나 완전한 검사를 할 수 없는 단점에도 가장 많이 사용되는 방법이다.

34. 곡선 반지름이 150m, 교각이 90°인 단곡선에서 기점으로부터 교점까지의 추가거리가 1273.45m일 때, 기점으로부터 곡선 시점(B.C)까지의 추가거리는?

① 1034.25m ② 1123.45m
③ 1245.56m ④ 1368.86m

해설 도로의 기점에서 곡선시점까지의 거리는 노선의 시점에서 기점까지의 거리에서 접선길이(T.L)를 빼면 얻을 수 있다.
즉, 곡선시점까지의 거리 = 기점까지의 거리 - 접선길이
$T.L = R\tan\frac{I}{2} = 150 \times \tan\frac{90°}{2} = 150m$
곡선시점(B.C)의 위치 $= 1273.45 - 150 = 1123.45m$

35. 터널공사를 위한 트래버스 측량의 결과가 다음 표와 같을 때 직선 EA의 거리와 EA의 방위각은?

측선	위거(m) +	위거(m) −	경거(m) +	경거(m) −
AB		31.4	41.4	
BC		20.9		13.2
CD		13.2		50.9
DE	19.7			37.2

① 74.39m, 52°35′53.5″ ② 74.39m, 232°35′53.5″
③ 75.40m, 52°35′53.5″ ④ 75.40m, 232°35′53.5″

해설 A와 E의 위거합=−45.8m, 경거합=−59.9m
$AE = \sqrt{(-45.8)^2 + (-59.9)^2} = 75.40m$
$\theta_{EA} = \tan^{-1}\left(\frac{+59.9}{+45.8}\right) = 52°35′53.5″ (1상한각이므로)$

36. 교호수준측량을 실시하여 다음 결과를 얻었다. A점의 표고가 56.674m일 때 B점의 표고는?

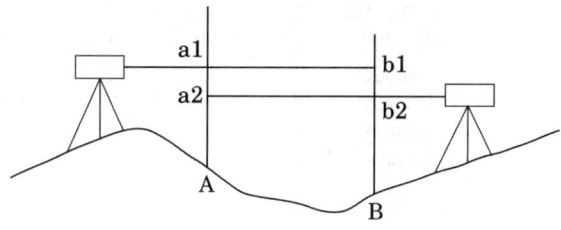

a₁= 2.556m, b₁= 3.894m
a₂= 0.772m, b₂= 2.106m

① 54.130m ② 54.768m
③ 55.338m ④ 57.641m

해설 교호수준측량은 양안에서 수준측량한 결과를 평균하여 높이차를 계산하는 관측방법이다.
$H_B = H_A + \frac{1}{2}\{(a_1 - b_1) + (a_2 - b_2)\}$
$= 56.674 + \frac{1}{2}\{(2.556 - 3.894) + (0.772 - 2.106)\}$
$= 55.338m$

37. 어떤 도로에서 원곡선의 반지름이 200m일 때 현의 길이 20m에 대한 편각은?

① 2°51′53″ ② 3°49′11″
③ 5°44′02″ ④ 8°21′12″

해설 편각 $\delta = \frac{l}{2R} \times \rho$ 이므로
$\delta = \frac{20m}{2 \times 200m} \times \frac{180°}{\pi} = 2°51′53″$

38. 축척 1:50,000 지형도에서 주곡선의 간격은?

① 5m
② 10m
③ 20m
④ 100m

해설 [축척에 따른 등고선의 간격]

표시법 종류 축척	2호실선 계곡선	세실선 주곡선	세파선 간곡선	세점선 보조곡선
1/50,000	100	20	10	5
1/25,000	50	10	5	2.5
1/10,000	25	5	2.5	1.25
1/5,000	25	5	2.5	1.25
1/2,500	10	2	1	0.5
1/1,000	5	1	0.5	0.25
1/500	5	1	0.5	0.25

39. 항공사진 투영방식(A)과 지도 투영방식(B)의 연결이 옳은 것은?

① (A)정사투영, (B)중심투영
② (A)중심투영, (B)정사투영
③ (A)평행투영, (B)중심투영
④ (A)평행투영, (B)정사투영

해설 [정사투영(지도)]
항공사진이 중심부분만 왜곡이 없이 정확한 반면 지도는 높이를 가진 모든 피사체가 왜곡없이 표시된다.
[중심투영(항공사진)]
사진의 상은 피사체로부터 반사된 광선이 렌즈중심으로 직진하여 평면인 필름면에 투영되어 외곽으로 갈수록 방사상의 왜곡이 생긴다.

40. GNSS의 구성요소 중 위성을 추적하여 위성의 궤도와 정밀시간을 유지하고 관련정보를 송신하는 역할을 담당하는 부문은?

① 우주부문
② 제어부문
③ 수신부문
④ 사용자부문

해설 [GNSS의 주요구성요소]
① 우주부문(Space Segment)
연속적 다중위치 결정체계, 55°의 궤도경사각, 위도 60°의 6궤도, 2만km 고도와 12시간주기로 운행
② 제어부문(Control Segment)
궤도와 시각 결정을 위한 위성의 추적, 전리층 및 대류층의 주기적 모형화, 위성시간의 동일화, 위성자료 전송
③ 사용자부문(User Segment)
위성으로부터 보내진 전파를 수신해 원하는 위치 또는 두 점 사이의 거리 계산

3과목 토지정보체계론

41. 지적도면 전산화 사업으로 생성된 지적도면 파일을 이용하여 지적업무를 수행할 경우의 기대되는 장점으로 옳지 않은 것은?

① 지적측량성과의 효율적인 전산관리가 가능하다.
② 토지대장과 지적도면을 통합한 대민서비스의 질적 향상을 도모할 수 있다.
③ 공간정보 분야의 다양한 주제도와 융합을 통해 새로운 콘텐츠를 생성할 수 있다.
④ 원시 지적도면의 정확도가 한층 높아져 지적측량 성과의 정확도 향상을 기할 수 있다.

해설 기존의 지적도면전산화에 적용한 방법에는 벡터자료로는 디지타이징, 래스터자료로는 스캐닝방식이 적용되므로 지적도면의 정확도의 향상을 크게 기대할 수는 없다.

42. 지적전산화의 목적으로 가장 거리가 먼 것은?

① 지적민원처리의 신속성
② 전산화를 통한 중앙통제
③ 관련업무의 능률과 정확도 향상
④ 토지관련 정책자료의 다목적 활용

해설 [지적전산화의 목적]
① 토지정보의 수요에 대한 신속한 정보 제공
② 공공계획의 수립에 필요한 정보 제공
③ 토지 투기의 예방
④ 행정자료구축과 행정업무에 이용
⑤ 다른 정보자료 등과의 연계
⑥ 민원인에 대한 신속한 대처

43. 다음 중 일반적인 수치지형도의 제작에 가장 많이 사용되는 방법은?

① COGO ② 평판측량
③ 디지타이징 ④ 항공사진측량

해설 항공사진측량은 일반적인 수치지형도의 제작에 가장 많이 사용되는 측량방법이다.

44. 기존의 지적도면 전산화에 적용한 방법으로 옳은 것은?

① 원격탐측방식 ② 조사·측량방식
③ 디지타이징 방식 ④ 자동벡터화 방식

해설 [디지타이징(Digitizing)]
① 디지타이저를 이용하여 종이지도나 영상자료로부터 객체정보를 추출하고 수치화하여 입력하는 방법
② 입력시 바로 벡터형식의 자료 저장이 가능하여 벡터화 변환 불필요
③ 벡터형식으로 직접 입력하므로 작업자의 숙련도에 따라 효율성 좌우
④ 촘촘하게 입력할수록 정확도는 향상되며 수동방식이므로 시간이 많이 소요됨

45. 다음 중 속성정보와 도형정보를 컴퓨터에 입력하는 장비로 옳지 않은 것은?

① 스캐너 ② 키보드
③ 플로터 ④ 디지타이저

해설 [자료출력용 하드웨어]
모니터, 플로터, 프린터, 필름제조 등
[자료입력용 하드웨어]
수동방식(디지타이저), 자동방식(스캐너), 각종 측량기기, 기제작된 수치지도, 마우스, 키보드 등

46. 표준 데이터베이스 질의언어인 SQL의 데이터 정의어(DDL)에 해당하지 않는 것은?

① DROP ② ALTER
③ GRANT ④ CREATE

해설 [데이터 정의어(DDL, Data Definition Language)의 종류]
• CREATE : 새로운 테이블 생성
• ALTER : 기존의 테이블 변경
• DROP : 기존의 테이블 삭제
• RENAME : 테이블의 이름 변경
• TURNCATE : 테이블 잘라냄

47. PBLIS와 NGIS의 연계로 인한 장점으로 가장 거리가 먼 것은?

① 토지 관련 자료의 원활한 교류와 공동 활용
② 토지의 효율적인 이용증진과 체계적 국토개발
③ 유사한 정보시스템의 개발로 인한 중복투자 방지
④ 지적측량과 일반측량의 업무통합에 따른 효율성 증대

해설 PBLIS와 NGIS를 연계하더라도 지적측량과 일반측량의 업무통합이 이뤄지지는 않는다.

정답 38. ③ 39. ② 40. ② 41. ④ 42. ② 43. ④ 44. ③ 45. ③ 46. ③ 47. ④

48. 일반적으로 많이 나타나는 디지타이징 오류에 대한 설명으로 옳지 않은 것은?

① 라벨 오류 : 폴리곤에 라벨이 없거나 또는 잘못된 라벨이 붙는 오류
② 선의 중복 : 입력 내용이 복잡한 경우 같은 선이 두 번씩 입력되는 오류
③ Undershoot and Overshoot : 두 선이 목표지점에 못 미치거나 벗어나는 오류
④ 슬리버 폴리곤 : 폴리곤의 시작점과 끝점이 떨어져 있거나 시작점과 끝점이 벗어나는 오류

해설 [디지타이징에 의한 오차유형]
① **Sliver polygon** : 필지를 표현할 때 필지가 아닌데도 조그만 조각이 생겨 필지로 인식하게 되는 경우
② **Overshoot** : 어느 선분까지 그려야하는데 그 선분을 지나치는 경우
③ **Undershoot** : 어느 선분까지 그려야하는데 그 선분에 미치지 못한 경우
④ **레이블 입력오류** : 지번 등이 다르게 기입되는 경우 또는 없거나 2개가 존재하는 경우
⑤ **인접지역 불일치** : 작업자가 영역을 나누어 작업할 경우 접합지역에서 서로 어긋나는 경우

49. 데이터베이스 언어 중 데이터베이스 관리자나 응용 프로그래머가 데이터베이스의 논리적 구조를 정의하기 위한 언어는?

① 위상(topology)   ② 데이터 정의어(DDL)
③ 데이터 제어어(DCL)   ④ 데이터 조작어(DML)

해설 [DDL의 개념]
① 데이터베이스 관리자나 응용 프로그래머가 데이터베이스의 논리적 구조를 정의하기 위한 언어
② 새로운 테이블을 작성하거나, 기존 테이블을 변경·삭제하여 데이터를 정의하는 역할

50. 논리적 데이터 모델에 대한 설명으로 옳지 않은 것은?

① 네트워크형 모델 - 데이터베이스를 그래프구조로 표현한다.
② 관계형 모델 - 데이터베이스를 테이블의 집합으로 표현한다.
③ 계층형 모델 - 데이터베이스를 계층적 그래프 구조로 표현한다.
④ 객체지향형 모델 - 데이터베이스를 객체/상속 구조로 표현한다.

해설 [데이터베이스관리시스템(DBMS)의 모델]
① **계층형** : 최초로 구현된 데이터 모델로 트리구조나 조직표와 같은 계층적으로 배열
② **네트워크형(관망형)** : data들은 다른 파일의 하나 이상의 data들과 연계되어 있으며 이를 연관시키기 위해 지시자 활용
③ **관계형** : 2차원 테이블 형태로 저장되며 한 테이블은 다수의 열로 구성되고, 각 열은 정해진 범위의 값이 저장되는 형태

51. 다음 중 우리나라의 메타데이터에 대한 설명으로 옳지 않은 것은?

① 메타데이터는 데이터사전과 DBMS로 구성되어 있다.
② 1995년 12월 우리나라 NGIS 데이터 교환 표준으로 SDTS가 채택되었다.
③ 국가 기본도 및 공통 데이터 교환 포맷표준안을 확정하여 국가 표준으로 제정하고 있다.
④ NIGS에서 수행하고 있는 표준화 내용은 기본모델연구, 정보구축표준화, 정보유통표준화, 정보활용 표준화, 관련기술 표준화이다.

해설 메타데이터(meta data)란 실제 데이터는 아니지만 데이터베이스, 레이어, 속성, 공간형상 등과 관련된 데이터의 내용, 품질, 조건 및 특징 등을 저장한 데이터로서 데이터에 관한 데이터로 데이터의 이력을 말한다. 메타데이터는 데이터의 일관성 유지에 활용될 수 있다.

52. 행정구역도와 학교위치도를 이용하여 해당 행정구역에 포함되는 학교를 분석할 때 사용하는 기법은?

① 버퍼(Buffer) 분석
② 중첩(overlay) 분석
③ 입체지형(TIN) 분석
④ 네트워크(Network) 분석

해설 [중첩분석(Overlay)]
하나의 레이어에 다른 레이어를 포개어 두 레이어에 나타난 형상들 간의 관계를 분석하는 것
면사상중첩(폴리곤 간), 면사상과 선사상의 중첩(선과 폴리곤), 면사상과 점사상의 중첩(점과 폴리곤)

53. 도형정보와 속성정보의 통합 공간분석 기법 중 연결성 분석과 가장 거리가 먼 것은?

① 관망(network)   ② 근접성(proximity)
③ 연속성(continuity) ④ 분류(classification)

해설
① 인접성 : 분석 공간상에서 특정 객체나 어떤 객체들의 군집의 주변에 무엇이 어떻게 위치하는가에 대한 분석을 의미
② 연결성 : 공간상의 두 개체간 접촉의 유무에 의해 결정되며, 두 점이 선분으로 연결되는가에 대한 분석 또는 면간의 접합의 유무로 측정
③ 방향성 : 객체간의 거리를 측정함으로써 객체간의 최소거리를 조건으로 하는 측정기법
④ 포함성 : 객체간 면적과 위치를 판단하여 영역의 포함관계를 측정

54. 지적도면 전산화 작업과정에서 처리하지 않는 작업은?

① 신축보정   ② 벡터라이징
③ 구조화 편집   ④ 지적도 스캐닝

해설 [구조화 편집]
데이터 간의 지리적 상관관계를 파악하기 위하여 정위치 편집된 지형, 지물을 기하학적 형태로 구성하는 작업을 말한다.

55. DBMS 방식의 설명으로 옳지 않은 것은?

① 데이터의 관리를 효율적으로 한다.
② 다수의 프로그램으로 이루어져 있다.
③ 데이터를 파일단위로 처리하는 데이터 처리시스템이다.
④ 다수의 데이터파일에 존재하는 공간 개체와 관련되는 정보를 관리한다.

해설 DBMS는 개별적인 파일단위가 아닌 테이블 단위로 데이터를 처리하는 시스템이다.
[DBMS의 특징]
① 다양한 응용프로그램에서 서로 다른 목적으로 편집되고 저장 가능
② 자료의 검색과 정보추출이 신속하고 용이
③ 원천이 다른 데이터도 하나의 데이터베이스 내에서 연계
④ 자료가 표준화되고 구조적으로 저장되어 자료의 집중이 가능

56. 토지정보시스템의 필요성을 가장 잘 설명한 것은?

① 기준점의 효율적 관리
② 지적재조사 사업 추진
③ 지역측지계의 세계좌표계로의 변환
④ 토지관련 자료의 효율적 이용과 관리

해설 [토지정보시스템(LIS)]
주로 토지와 관련된 위치정보와 속성정보를 수집, 처리, 저장, 관리하기 위한 정보시스템이다.

57. 다음 중 데이터의 입력 오차가 발생하는 이유로 옳지 않은 것은?

① 작업자의 실수   ② 스캐너의 해상도 문제
③ 스캐닝할 도면의 신축 ④ 도면 수치파일의 보정오차

해설 지적도면의 수치파일화 공정은 지적도면입력 → 좌표 및 속성검사 → 도면신축보정 → 폴리곤 형성에 의하며 여기서 도면의 수치파일의 보정오차는 해당사항이 없다.

정답 48. ④ 49. ② 50. ③ 51. ① 52. ② 53. ④ 54. ③ 55. ③ 56. ④ 57. ④

58. 토지정보시스템의 활용효과로 가장 관련이 없는 것은?

① 원활한 의사결정의 지원
② 토지와 관련된 행정업무 간소화
③ 데이터의 구축비용과 투자의 중복 최소화
④ 데이터의 공유로 인한 이원화된 자료 활용

해설 [토지정보시스템의 활용효과]
① 원활한 의사결정의 지원
② 토지와 관련된 행정업무 간소화
③ 데이터의 구축비용과 투자의 중복 최소화
④ 데이터의 공유로 인한 일원화된 자료 활용

59. 래스터데이터와 벡터데이터에 대한 설명으로 옳지 않은 것은?

① 벡터데이터는 객체들의 질적 위치를 크기와 방향으로 나타낸다.
② 래스터데이터는 데이터 구조가 단순하고 레이어의 중첩분석이 편리하다.
③ 벡터데이터는 좌표계를 이용하여 공간정보를 기록하므로 자료를 보다 정확히 표현할 수 있다.
④ 벡터데이터를 래스터데이터로 변환하는 방법으로 Transit Code, Run-Length Code, Lot Code, Quadtree 기법이 있다.

해설 벡터데이터를 래스터데이터로 변환하는 작업은 래스터라이징이라 하며, Transit Code, Run-Length Code, Lot Code, Quadtree 기법은 래스터데이터의 압축기법이다.

60. 부동산종합공부 운영기관의 장은 프로그램 및 전산자료가 멸실·훼손된 경우에는 누구에게 통보하고 이를 지체없이 복구하여야 하는가?

① 시·도지사   ② 국가정보원장
③ 국토교통부장관   ④ 행정안전부장관

해설 [지적전산자료의 정비]
① 지적소관청은 정비내역을 3년간 보존하여야 한다.
② 지적소관청은 지적전산자료에 오류가 발생한 때에는 지체없이 정비하여야 하고, 지적소관청이 처리할 수 없는 오류는 국토교통부장관에게 보고하여야 한다.
③ 보고를 받은 국토교통부장관은 오류가 정비될 수 있도록 필요한 조치를 하여야 한다.

4과목 지적학

61. 토지조사사업 당시 소유권 조사에서 사정한 사항은?

① 강계, 면적   ② 강계, 소유자
③ 소유자, 지번   ④ 소유자, 면적

해설 [토지조사사업의 내용]
① **소유권조사** : 토지소유자 및 강계를 조사, 사정하여 토지조사부, 토지대장, 지적도 작성
② **가격조사** : 시가지의 경우 토지의 시가 조사, 시가지 이외의 지역은 대지의 임대가격 조사, 전, 답 등은 지가 조사
③ **외모조사** : 국토 전체에 대한 자연적, 인위적 지물과 고저를 표시한 지형도 작성

62. 지적국정주의에 대한 설명으로 옳지 않은 것은?

① 지적공부의 등록사항 결정방법과 운영방법에 통일성을 기하여야 한다.
② 모든 토지를 지적공부에 등록해야 하는 적극적 등록주의를 택하고 있다.
③ 토지에 이동사항이 있을 경우 신청이 없더라도 이를 직권으로 조사·정리할 수 있다.
④ 지적공부에 등록된 사항을 토지소유자나 일반국민에게 신속·정확하게 공개하여 정당하게 이용할 수 있도록 한다.

해설 [지적 공개주의]
지적공부에 등록된 사항을 토지소유자나 일반 국민에게 신속·정확하게 공개하여 정당하게 이용할 수 있도록 한다.

63. 토지조사사업의 사정에 불복하는 자는 공시기간 만료 후 최대 며칠 이내에 고등토지조사위원회에 재결을 신청하여야 하는가?

① 10일   ② 30일
③ 60일   ④ 90일

해설 [토지조사사업의 사정(査定)]
① 임시토지조사국은 지방토지조사위원회에 자문하여 토지소유자와 그 강계를 사정
② 임시토지조사국장은 사정을 하는 때에는 30일간 이를 공시
③ 사정에 불복하는 자는 공시기간 만료 후 60일 내에 고등토지조사위원회에 제기하여 재결받을 수 있음

64. 토지조사 때 사정한 경계에 불복하여 고등토지조사위원회에서 재결한 결과 사정한 경계가 변경되는 경우 그 변경의 효력이 발생되는 시기는?

① 재결일   ② 사정일
③ 재결서 접수일   ④ 재결서 통지일

해설 ① 토지조사사업시 소유자를 사정하여 토지대장에 등록한 소유권의 취득 효력은 원시취득에 해당
② 재결받은 때의 효력 발생일은 사정일로 소급하여 발생

65. 다음 중 토지가옥조사회와 국토조사측량협회를 운영하는 나라는?

① 대만   ② 독일
③ 일본   ④ 한국

해설 [외국의 지적제도]
① 일본 : 측량의 종류에 따라 측량 업무를 담당하는 단체로 국토조사측량협회는 지적조사사업에 따른 측량업무, 토지가옥조사사연합회는 토지이동에 따른 측량업무, 측량협회에서는 측지측량업무를 처리한다.
② 독일 : 독일의 지적제도는 행정부에서 등기제도는 사법부에서 관리 운영하는 이원화체제로 운영되고 지적 및 측량법은 필지의 표시와 측량, 지적, 측량업무와 관할, 특별규정, 수수료와 비용 등으로 구성되어 있으며 지적측량 전반에 관한 사항을 규정하는 것을 목적으로 제정 시행하고 있다.
③ 대만 : 1895년 청일전쟁 후 일본에 합병되어 1887년 7월 지적규칙과 토지조사규칙을 제정 공포하고 9월 토지조사국 관제를 공포하여 임시대만토지조사국을 설치하였다.

66. 고려 말기 토지대장의 편제를 인적편성주의에서 물적편성주의로 바꾸게 된 주요 제도는?

① 자호(子壺)제도   ② 결부(結負)제도
③ 전시과(田柴科)제도   ④ 일자오결(一字五結)제도

해설 [자호(字號)제도]
① 고려말기 토지대장의 편제를 인적편성주의에서 물적편성주의로 바꾸게 된 주요 제도
② 과전법의 실시와 함께 자호제도가 창설되어 정단위로 자호를 붙여 대장에 기록하였다.

67. 토지조사사업의 근거법령은 토지조사법과 토지조사령이다. 임야조사사업의 근거법령은?

① 임야조사령   ② 조선조사령
③ 임야대장규칙   ④ 조선임야조사령

해설 임야조사사업은 토지조사사업 당시 등록하지 않은 임야를 대상으로 조선임야조사령을 공포하여 전국의 임야를 조사하였다.

68. 우리나라에서 사용하고 있는 지목의 분류방식은?

① 지형지목   ② 용도지목
③ 토성지목   ④ 단식지목

해설 [토지 현황에 의한 지목의 분류]
① **지형지목** : 지표면의 형태, 토지의 고저, 수륙의 분포 상태 등 토지의 모양에 따라 지목 결정
② **토성지목** : 토지의 성질인 지층이나 암석, 토양의 종류 등에 따라 지목 결정
③ **용도지목** : 토지의 주된 사용목적에 따라 지목 결정

69. 지목의 설정 원칙으로 옳지 않은 것은?

① 용도경중의 원칙   ② 일시변경의 원칙
③ 주지목추종의 원칙   ④ 사용목적추종의 원칙

해설 [지목의 설정 원칙]
① 1필 1목의 원칙   ② 주지목 추종의 원칙
③ 사용목적 추종의 원칙   ④ 일시변경 불변의 원칙
⑤ 용도경중의 원칙   ⑥ 등록선후의 원칙

70. 다음 중 우리나라 지적제도의 역할과 가장 거리가 먼 것은?

① 토지재산권의 보호   ② 국가인적자원의 관리
③ 토지행정의 기초자료   ④ 토지기록의 법적 효력

해설 우리나라 지적제도의 역할로는 토지라는 물적자원의 관리에 있으며 토지의 소유자인 인적자원의 관리와는 거리가 멀다.

71. 임야조사위원회에 대한 설명으로 옳지 않은 것은?

① 위원장은 조선총독부 정무총감으로 하였다.
② 위원장은 내무부장인 사무관을 도지사가 임명하였다.
③ 재결에 대한 특수한 재판기관으로 종심이라 할 수 있다.
④ 위원장 및 위원으로 조직된 합의체의 부제(部制)로 운영한다.

해설 위원장은 조선총독부 정무총감으로 하고, 위원은 조선총독의 주청에 의하여 조선총독부 판사 및 조선총독부 고등관 중에서 내각이 임명하였다.

72. 조선시대의 토지제도에 대한 설명으로 옳지 않은 것은?

① 조선시대의 지번설정제도에는 부번제도가 없었다.
② 사표(四標)는 토지의 위치로서 동·서·남·북의 경계를 표시한 것이다.
③ 양안의 내용 중 시주(時主)는 토지의 소유자이고, 시작(時作)은 소작인을 나타낸다.
④ 조선시대의 양전은 원칙적으로 20년마다 한번씩 실시하여 새로이 양안을 작성하게 되어있다.

해설 조선시대의 자번호는 양전에 기재한 자번호를 쓰고, 변경하지 않음.
양전 후 새로 개간된 토지에는 자번호에 지번을 붙여 사용(지번=부번)

73. 다음과 같은 특징을 갖는 지적제도를 시행한 나라는?

• 토지대장은 양전도장, 양전장적, 전적 등 다양한 명칭으로 호칭되었다.
• 과전법의 실시와 함께 자호제도가 창설되어 정단위로 자호를 붙여 대장에 기록하였다.
• 수등이척제를 측량의 척도로 사용하였다.

① 고구려   ② 백제
③ 고려   ④ 조선

해설 [시대별 양안의 명칭]
① **고려시대** : 도전장, 양전장적, 양전도장, 도전정, 전적, 전안
② **조선시대** : 양안등서책, 전답안, 성책, 양명등서차, 전답결대장, 전답결타량, 전답타량안, 전답양안, 전답행심, 양전도행장

74. 다음 중 토렌스시스템의 기본 이론에 해당하지 않는 것은?

① 거울이론　　② 보장이론
③ 보험이론　　④ 커튼이론

해설 [토렌스 시스템의 기본이론]
① **거울이론** : 토지권리증서의 등록은 토지의 거래사실을 완벽하게 반영하는 거울과 같다는 입장의 이론
② **커튼이론** : 토지등록업무가 커튼 뒤에 놓인 공정성과 신빙성에 대하여 관여할 필요도 없고 관여해서도 안되는 매입신청자를 위한 유일한 정보의 이론
③ **보험이론** : 인위적 과실로 인해 토지등록에 착오가 발생한 경우 피해를 본 사람은 피해보상에 대해 법률적으로 선의의 제3자와 동일한 동등한 입장이 되어야 한다는 이론

75. 구한말 지적제도의 설명과 가장 거리가 먼 것은?

① 1901년 지계발행 전담기구인 지계아문이 탄생되었다.
② 구한말 내부관제에 지적이라는 용어가 처음 등장하였다.
③ 양전사업의 총본산인 양지아문이 독립관청으로 설치되었다.
④ 조선지적협회를 설립하여 광대이동지 정리제도와 기업자측량 제도가 폐지되었다.

해설 [조선지적협회]
① 설립목적은 지적에 관한 측량, 이동지의 조사, 토지에 관한 신고·신청의 수속대행, 측량기술자의 양성 등을 수행
② 조선지세령에는 대행기관의 지정에 관한 명문규정이 없었으며 조선총독부의 통첩에 의하여 시행

76. 토지의 등록주의에 대한 내용으로 옳지 않은 것은?

① 등록할 가치가 있는 토지만을 등록한다.
② 전 국토는 지적공부에 등록되어야 한다.
③ 지적공부에 미등록된 토지는 토지등록주의의 미비다.
④ 토지의 이동이 지적공부에 등록되지 않으면 공시의 효력이 없다.

해설 과거 토지조사사업 당시 비과세지목은 경제적 가치가 없다고 판단하여 조사대상에서 제외되었지만 현재 토지의 등록주의는 전국토에 대하여 지적공부에 등록함을 원칙으로 한다.

77. 우리나라 토지조사사업 당시 조사측량기관은?

① 부(府)와 면(面)　　② 임야조사위원회
③ 임시토지조사국　　④ 토지조사위원회

해설

구분	토지조사사업	임야조사사업
측량기관	임시토지조사국	부(府), 면(面)
사정기관	임시토지조사국장	도지사
재결기관	고등토지조사위원회	임야심사위원회

78. 토지등록에 있어서 개개의 토지를 중심으로 등록부를 편성하는 것으로, 하나의 토지에 하나의 등기 용지를 두는 방식은?

① 물적 편성주의　　② 인적 편성주의
③ 연대적 편성주의　　④ 물적·인적 편성주의

해설 [지적공부의 편성방법]
① **연대적 편성주의** : 당사자의 신청순서에 따라 차례대로 지적공부를 편성하는 방법
② **인적 편성주의** : 소유자를 중심으로 편성하는 방법
③ **물적 편성주의** : 개개의 토지를 중심으로 등록부를 편성하는 방법

79. 다음 중 지적의 용어와 관련이 없는 것은?

① Capital　　② Kataster
③ Kadaster　　④ Capitastrum

해설 [지적의 어원]
① 라틴어인 Capitastrum, Cadastrum에서 유래(과세부과의 의미)
② 그리스어인 Katastikhon에서 유래(과세부과의 의미)
③ Cadastre 과세 및 측량의 의미

80. 우리나라의 지적도에 등록해야 할 사항으로 볼 수 없는 것은?

① 지번
② 필지의 경계
③ 토지의 소재
④ 소관청의 명칭

해설 [공간정보의 구축 및 관리 등에 관한 법률 제72조(지적도 등의 등록사항)]
① 지적도, 임야도 기재사항 : 토지의 소재, 지번, 지목, 경계, 색인도, 제명 및 축척, 도곽선과 그 수치 등
② 경계점좌표등록부 기재사항 : 토지의 소재, 지번, 좌표, 토지의 고유번호, 지적도면의 번호, 장번호, 부호 및 부호도

5과목 지적관계법규

81. 공간정보의 구축 및 관리 등에 관한 법률에서 규정하고 있는 용어의 정의로 옳지 않은 것은?

① "경계"란 필지별로 경계점들을 직선으로 연결하여 지적공부에 등록한 선을 말한다.
② "지목"이란 토지의 주된 용도에 따라 토지의 종류를 구분하여 지적공부에 등록한 것을 말한다.
③ "지번부여지역"이란 지번을 부여하는 단위지역으로서 읍·면 또는 이에 준하는 지역을 말한다.
④ "등록전환"이란 임야대장 및 임야도에 등록된 토지를 토지대장 및 지적도에 옮겨 등록하는 것을 말한다.

해설 [공간정보의 구축 및 관리 등에 관한 법률 제2조(정의)]
지번부여지역이란 지번을 부여하는 단위지역으로서 동·리 또는 이에 준하는 지역을 말한다.

82. 공간정보의 구축 및 관리 등에 관한 법률에서 규정하고 있는 벌칙에 해당하지 않는 것은?

① 자격 취소, 자격정지, 견책, 훈계
② 1년 이하의 징역 또는 1천만원 이하의 벌금
③ 2년 이하의 징역 또는 2천만원 이하의 벌금
④ 3년 이하의 징역 또는 3천만원 이하의 벌금

해설 자격 취소, 자격정지, 견책, 훈계 등은 벌칙에 해당하지 않는다.

83. 지적기준점측량의 절차 순서로 옳은 것은?

① 계획의 수립 → 준비 및 현지답사 → 선점 및 조표 → 관측 및 계산과 성과표의 작성
② 선점 및 조표 → 계획의 수립 → 준비 및 현지답사 → 관측 및 계산과 성과표의 작성
③ 준비 및 현지답사 → 계획의 수립 → 선점 및 조표 → 관측 및 계산과 성과표의 작성
④ 준비 및 현지답사 → 선점 및 조표 → 계획의 수립 → 관측 및 계산과 성과표의 작성

해설 [지적기준점 측량의 작업절차]
계획의 수립→준비 및 현지답사→선점 및 조표→관측 및 계산과 성과표의 작성

84. 공간정보의 구축 및 관리 등에 관한 법령상 지적공부에 등록할 때 지목을 '대'로 설정 할 수 없는 것은?

① 택지조성공사가 준공된 토지
② 목장용지 내의 주거용 건축물의 부지
③ 과수원 내에 있는 주거용 건축물의 부지
④ 제조업 공장시설물 부지 내의 의료시설 부지

해설 [공간정보의 구축 및 관리 등에 관한 법률 시행령 제58조(지목의 구분)]
가. 영구적 건축물 중 주거·사무실·점포와 박물관·극장·미술관 등 문화시설과 이에 접속된 정원 및 부속시설물의 부지
나. 「국토의 계획 및 이용에 관한 법률」 등 관계 법령에 따른 택지조성공사가 준공된 토지

85. 공간정보의 구축 및 관리 등에 관한 법률상 고의로 지적측량성과를 사실과 다르게 한 자에 대한 벌칙으로 옳은 것은?

① 1년 이하의 징역 또는 1천만원 이하의 벌금
② 2년 이하의 징역 또는 2천만원 이하의 벌금
③ 3년 이하의 징역 또는 3천만원 이하의 벌금
④ 5년 이하의 징역 또는 5천만원 이하의 벌금

> [해설] [공간정보의 구축 및 관리 등에 관한 법률 제107~109조(벌칙), 제110조(양벌규정), 제111조(과태료)]
> ① 고의로 측량성과 또는 수로조사성과를 사실과 다르게 한 자 : 2년 이하의 징역 또는 2천만원 이하의 벌금
> ② 둘 이상의 측량업자에게 소속된 측량기술자 또는 수로기술자 : 1년 이하의 징역 또는 1천만원 이하의 벌금
> ③ 직계존속·비속이 소유한 토지에 대한 지적측량을 한 자 : 300만원 이하의 과태료(양벌규정에 적용되지 않음)
> ④ 측량업자나 수로사업자로서 속임수, 위력(威力), 그 밖의 방법으로 측량업 또는 수로사업과 관련된 입찰의 공정성을 해친 자 : 3년 이하의 징역 또는 3천만원 이하의 벌금

86. 공간정보의 구축 및 관리 등에 관한 법령상 중앙지적위원회의 구성 등에 관한 설명으로 옳은 것은?

① 위원장은 국토교통부장관이 임명하거나 위촉한다.
② 부위원장은 국토교통부의 지적업무 담당 국장이 된다.
③ 위원장 및 부위원장을 제외한 위원의 임기는 2년으로 한다.
④ 위원장 1명과 부위원장 1명을 제외하고, 5년 이상 10명 이하의 위원으로 구성한다.

> [해설] [공간정보의 구축 및 관리 등에 관한 법률 시행령 제20조(중앙지적위원회의 구성 등)]
> ① 중앙지적위원회의 위원은 5명 이상 10명 이하로 구성(위원장, 부위원장 포함)
> ② 위원장은 국토교통부 지적업무담당국장, 부위원장은 담당과장
> ③ 위원의 임기는 2년(위원장, 부위원장 제외)으로 하고 국토교통부장관이 임명

87. 지적소관청으로부터 측량성과에 대한 검사를 받지 않아도 되는 것만 나열한 것은?

① 지적기준점측량, 분할측량
② 경계복원측량, 지적현황측량
③ 신규등록측량, 등록전환측량
④ 지적공부복구측량, 축척변경측량

> [해설] [공간정보의 구축 및 관리 등에 관한 법률 제25조(지적측량성과의 검사)]
> 지적공부를 정리하지 아니하는 경계복원측량, 지적현황측량은 지적소관청으로부터 측량성과에 대한 검사를 받지 않는다.

88. 지적재조사사업에 관한 기본계획 수립 시 포함하여야 하는 사항으로 옳지 않은 것은?

① 지적재조사사업의 시행기간
② 지적재조사사업에 관한 기본방향
③ 지적재조사사업의 시·군별 배분계획
④ 지적재조사사업에 필요한 인력 확보계획

> [해설] [지적재조사사업에 관한 특별법 제4조(기본계획의 수립)]
> ① 국토교통부장관은 지적재조사사업을 효율적으로 시행하기 위하여 다음 사항을 포함한 지적재조사사업에 관한 기본계획을 수립해야 한다.
> 1. 지적재조사사업에 관한 기본방향
> 2. 지적재조사사업의 시행기간 및 규모
> 3. 지적재조사사업비의 연도별 집행계획
> 4. 지적재조사사업비의 특별시·광역시·도·특별자치도·특별자치시 및 「지방자치법」에 따른 대도시로서 구를 둔 시별 배분 계획
> 5. 지적재조사사업에 필요한 인력의 확보에 관한 계획
> 6. 그 밖에 지적재조사사업의 효율적 시행을 위하여 필요한 사항으로서 대통령령으로 정하는 사항

89. 국토의 계획 및 이용에 관한 법률에 따른 용도지구에 대한 설명으로 옳지 않은 것은?

① 경관지구 : 경관을 보호·형성하기 위하여 필요한 지구
② 방재지구 : 화재 위험을 예방하기 위하여 필요한 지구
③ 보호지구 : 문화재, 중요시설물(항만, 공항 등 대통령으로 정하는 시설물을 말한다) 및 문화적·생태적으로도 보존가치가 큰 지역의 보호와 보존을 위하여 필요한 지구
④ 고도지구 : 쾌적한 환경 조성 및 토지의 효율적 이용을 위하여 건축물 높이의 최저한도 또는 최고한도를 규제할 필요가 있는 지구

해설 국토의 계획 및 이용에 관한 법률 제37조(용도지역의 지정)
방재지구 : 풍수해, 산사태, 지반의 붕괴, 그 밖의 재해를 예방하기 위하여 필요한 지구

90. 부동산등기법상 미등기의 토지에 관한 소유권 보존등기를 신청할 수 없는 자는?

① 토지대장에 최초의 소유자로 등록되어 있는 자
② 수용으로 인하여 소유권을 취득하였음을 증명하는 자
③ 확정판결에 의하여 자기의 소유권을 증명하는 자
④ 구청장 또는 면장의 서면에 의하여 자기의 소유권을 증명하는 자

해설 [부동산등기법 제65조(소유권보존등기의 신청인)]
미등기의 토지 또는 건물에 관한 소유권보존등기는 다음 각 호의 어느 하나에 해당하는 자가 신청할 수 있다.
1. 토지대장, 임야대장 또는 건축물대장에 최초의 소유자로 등록되어 있는 자 또는 그 상속인, 그 밖의 포괄승계인
2. 확정판결에 의하여 자기의 소유권을 증명하는 자
3. 수용(收用)으로 인하여 소유권을 취득하였음을 증명하는 자
4. 특별자치도지사, 시장, 군수 또는 구청장의 확인에 의하여 자기의 소유권을 증명하는 자(건물의 경우로 한정한다)

91. 공간정보의 구축 및 관리 등에 관한 법령상 축척변경위원회의 심의·의결 사항이 아닌 것은?

① 청산금의 이의신청에 관한 사항
② 축척변경 시행계획에 관한 사항
③ 축척변경의 확정공고에 관한 사항
④ 지번별 제곱미터당 금액의 결정과 청산금의 산정에 관한 사항

해설 [공간정보의 구축 및 관리 등에 관한 법률 시행령 제80조(축척변경위원회의 기능)]
1. 축척변경 시행계획에 관한 사항
2. 지번별 제곱미터당 금액의 결정과 청산금의 산정에 관한 사항
3. 청산금의 이의신청에 관한 사항
4. 그 밖에 축척변경과 관련하여 지적소관청이 회의에 부치는 사항

92. 공간정보의 구축 및 관리 등에 관한 법령상 지적공부의 복구자료에 해당하지 않는 것은?

① 측량 준비도
② 토지이동정리 결의서
③ 법원의 확정판결서 정본 또는 사본
④ 부동산등기부 등본 등 등기사실을 증명하는 서류

해설 [공간정보의 구축 및 관리 등에 관한 법률 시행규칙 제72조(지적공부의 복구자료)]
1. 지적공부의 등본
2. 측량 결과도
3. 토지이동정리 결의서
4. 부동산등기부 등본 등 등기사실을 증명하는 서류
5. 지적소관청이 작성하거나 발행한 지적공부의 등록내용을 증명하는 서류
6. 법 제69조제3항에 따라 복제된 지적공부
7. 법원의 확정판결서 정본 또는 사본

93. 공간정보의 구축 및 관리 등에 관한 법령상 토지의 합병을 신청할 수 있는 경우는?

① 합병하려는 토지의 지적도 및 임야도의 축척이 서로 다른 경우
② 합병하려는 토지가 등기된 토지와 등기되지 아니한 토지인 경우
③ 합병하려는 토지의 소유자별 공유지분이 다르거나 소유자의 주소가 서로 다른 경우
④ 합병하려는 각 필지의 지목은 같으나 일부 토지의 용도가 다르게 되어 합병 신청과 동시에 토지의 용도에 따라 분할 신청을 하는 경우

> **해설** [공간정보의 구축 및 관리 등에 관한 법률 시행령 제66조 (합병 신청)]
> 토지의 합병을 신청할 수 없는 경우
> 1. 합병하려는 토지의 지적도 및 임야도의 축척이 서로 다른 경우
> 2. 합병하려는 각 필지의 지반이 연속되지 아니한 경우
> 3. 합병하려는 토지가 등기된 토지와 등기되지 아니한 토지인 경우
> 4. 합병하려는 각 필지의 지목은 같으나 일부 토지의 용도가 다르게 되어 법 제79조제2항에 따른 분할대상 토지인 경우. 다만, 합병 신청과 동시에 토지의 용도에 따라 분할 신청을 하는 경우는 제외한다.
> 5. 합병하려는 토지의 소유자별 공유지분이 다르거나 소유자의 주소가 서로 다른 경우
> 6. 합병하려는 토지가 구획정리, 경지정리 또는 축척변경을 시행하고 있는 지역의 토지와 그 지역 밖의 토지인 경우

94. 공간정보의 구축 및 관리 등에 관한 법령상 지적전산자료의 이용에 대한 심사 신청을 받은 관계 중앙행정기관의 장이 심사하여야 할 사항이 아닌 것은?

① 소유권 침해 여부
② 신청 내용의 타당성
③ 개인의 사생활 침해 여부
④ 자료의 목적 외 사용 방지 및 안전관리대책

> **해설** [공간정보의 구축 및 관리 등에 관한 법률 시행령 제62조 (지적전산자료의 이용 등)]
> 심사 신청을 받은 관계 중앙행정기관의 장은 다음 각 호의 사항을 심사한 후 그 결과를 신청인에게 통지하여야 한다.
> 1. 신청 내용의 타당성, 적합성 및 공익성
> 2. 개인의 사생활 침해 여부
> 3. 자료의 목적 외 사용 방지 및 안전관리대책

95. 지적업무처리규정상 직경 2mm 및 3mm의 2중원 안에 십자선을 표시하는 지적기준점은?

① 위성기준점
② 1등 삼각점
③ 지적삼각점
④ 수준점

> **해설** [지적업무처리규정 제43조(지적기준점 등의 제도)]
> 1. 위성기준점은 직경 2밀리미터 및 3밀리미터의 2중원 안에 십자선을 표시하여 제도한다.
> 2. 1등 및 2등삼각점은 직경 1밀리미터, 2밀리미터 및 3밀리미터의 3중원으로 제도한다. 이 경우 1등삼각점은 그 중심원 내부를 검은색으로 엷게 채색한다.
> 3. 3등 및 4등삼각점은 직경 1밀리미터 및 2밀리미터의 2중원으로 제도한다. 이 경우 3등삼각점은 그 중심원 내부를 검은색으로 엷게 채색한다.
> 4. 지적삼각점 및 지적삼각보조점은 직경 3밀리미터의 원으로 제도한다. 이 경우 지적삼각점은 원안에 십자선을 표시하고, 지적삼각보조점은 원안에 검은색으로 엷게 채색한다.
> 5. 지적도근점은 직경 2밀리미터의 원으로 다음과 같이 제도한다.
> 6. 지적기준점의 명칭과 번호는 그 지적기준점의 윗부분에 2밀리미터 이상 3밀리미터 이하 크기의 명조체로 제도한다. 다만, 레터링으로 작성할 경우에는 고딕체로 할 수 있으며 경계에 닿는 경우에는 다른 위치에 제도할 수 있다.

96. 공간정보의 구축 및 관리 등에 관한 법령상 주된 용도의 토지에 편입하여 1필지로 할 수 있는 경우에 해당하는 것은?

① $1000m^2$ 내의 $100m^2$의 답
② $10000m^2$ 내의 $250m^2$의 전
③ $4000m^2$ 내의 $350m^2$의 과수원
④ $5000m^2$인 과수원 내의 $50m^2$의 대지

정답 89. ② 90. ④ 91. ③ 92. ① 93. ④ 94. ① 95. ① 96. ②

해설 [주된 용도의 토지에 편입할 수 없는 토지(양입의 제한)]
① 종된 용도의 토지의 지목이 "대"인 경우
② 주된 용도의 토지면적의 10%를 초과하는 경우
③ 종된 용도의 토지면적이 330㎡를 초과하는 경우

97. 공간정보의 구축 및 관리 등에 관한 법률상 토지의 이동에 해당하는 것은?

① 경계복원   ② 토지합병
③ 지적도 작성 ④ 소유권이전등기

해설 [토지의 이동]
① 토지의 이동이란 토지의 표시를 새로이 정하거나 변경 또는 말소하는 것
② 토지이동의 종류 : 신규등록, 등록전환, 분할, 합병, 지목변경, 축척변경, 도시개발사업 등의 신고
③ 토지소유권자의 변경, 토지소유자의 주소변경, 토지의 등급의 변경은 토지의 이동에 해당하지 아니한다.

98. 토지의 이동을 조사하는 자가 측량 또는 조사 등 필요로 하여 토지 등에 출입하거나 일시 사용함으로 인하여 손실을 받은 자가 있는 경우의 손실보상에 대한 설명으로 옳지 않은 것은?

① 손실을 받은 자가 있으면 그 행위를 한 자는 그 손실을 보상하여야 한다.
② 손실보상에 관하여는 손실을 보상할 자와 손실을 받은 자가 협의하여야 한다.
③ 손실을 보상할 자 또는 손실을 받은 자는 손실보상에 관할 협의가 성립되지 아니하는 경우 관할 토지수용위원회에 재결을 신청할 수 있다.
④ 재결에 불복하는 자는 재결서 정본을 송달받은 날부터 3개월 이내에 중앙토지수용위원회에 이의를 신청할 수 있다.

해설 [공간정보의 구축 및 관리 등에 관한 법률 시행령 제102조(손실보상)]
재결에 불복하는 자는 재결서 정본(正本)을 송달받은 날부터 30일 이내에 중앙토지수용위원회에 이의를 신청할 수 있다. 이 경우 그 이의신청은 해당 지방토지수용위원회를 거쳐야 한다.

99. 등기관이 등기를 한 후 지체 없이 그 사실을 지적소관청 또는 건축물대장 소관청에 통지하여야 하는 것이 아닌 것은?

① 부동산 표시의 변경
② 소유권의 보존 또는 이전
③ 소유권의 말소 또는 말소회복
④ 소유권의 등기명의인표시의 변경 또는 경정

해설 [부동산등기법 제62조(소유권변경 사실의 통지)]
① 소유권의 보존 또는 이전
② 소유권의 등기명의인표시의 변경 또는 경정
③ 소유권의 변경 또는 경정
④ 소유권의 말소 또는 말소회복

100. 국토의 계획 및 이용에 관한 법률상 광역계획권을 지정한 날부터 3년이 지날 때까지 관할 시장 또는 군수로부터 광역도시계획의 승인 신청이 없는 경우의 광역도시계획의 수립권자는?

① 대통령   ② 국무총리
③ 관할 도지사 ④ 국토교통부장관

해설 [국토의 계획 및 이용에 관한 법률 제11조(광역도시계획의 수립권자)]
광역계획권 지정후 3년이 지날 때까지 시장 또는 군수로부터 승인신청이 없는 경우 도지사가 수립한다.

정답 97. ② 98. ④ 99. ① 100. ③

2019년 지적기사 기출문제

Engineer Cadastral Surveying

CHAPTER 05

2019년도 제1회 지적기사 기출문제

1과목 지적측량

01. 지적도근점측량의 배각법에서 종횡선 오차는 어느 방법으로 배분하여야 하는가?

① 반수에 비례하여 배분한다.
② 콤파스 법칙에 의해 배분한다.
③ 트랜싯 법칙에 의해 배분한다.
④ 측정변의 길이에 반비례하여 배분한다.

해설
① **컴퍼스법칙** : 방위각법에 이용되며 수평거리에 비례하여 종횡선 오차 배부
② **트랜싯 법칙** : 배각법에 이용되며 각 측선의 종횡선차에 비례하여 오차 배부

02. 6개의 삼각형으로 구성된 유심 다각망에서 중심각오차 (e)가 −10.6″, 각 삼각형의 내각오차의 합(Σε)이 +20.8″ 일 때에 각 삼각형의 r각의 보정치(Ⅱ)는?

① +3.6″ ② +3.8″
③ +4.0″ ④ +4.4″

해설 n : 삼각형의 수, ε : 삼각형 내각오차의 합, e : 중심각 오차
유심삼각형의 망규약(Ⅱ) 즉,
보정치 Ⅱ $= \dfrac{\sum \epsilon - 3e}{2n} = \dfrac{20.8 - 3 \times (-10.6)}{2 \times 6} = +4.38″$

03. A점에서 트랜싯으로 B점을 시준한 결과, 표척눈금이 5.20m, 기계고가 3.70m, AB의 경사거리가 45m이었다면, AB 두 지점의 수평거리는?

① 44.67m ② 44.70m
③ 44.85m ④ 44.97m

해설 AB의 높이 차(H) = 5.20 − 3.70 = 1.50m
AB의 경사거리(L) = 45m
AB의 수평거리
$D = \sqrt{L^2 - H^2} = \sqrt{45^2 - 1.5^2} = 44.97m$

04. 면적측정의 방법과 관련한 아래 내용의 ㉠과 ㉡에 들어갈 알맞은 말은?

> 면적이 (㉠) 이상인 필지를 분할하는 경우 분할 후의 면적이 분할 전 면적의 80퍼센트 이상이 되는 필지의 면적을 측정할 때에는 분할 전 면적의 20퍼센트 미만이 되는 필지의 면적을 먼저 측정한 후, 분할 전 면적에서 그 측정된 면적을 빼는 방법으로 할 수 있다. 다만, 동일한 측량결과도에서 측정할 수 있는 경우와 (㉡)에 따라 면적을 측정하는 경우에는 그러하지 아니하다.

① ㉠ : 3000m², ㉡ : 전자면적측정법
② ㉠ : 3000m², ㉡ : 좌표면적측정법
③ ㉠ : 5000m², ㉡ : 전자면적측정법
④ ㉠ : 5000m², ㉡ : 좌표면적측정법

해설 [지적측량 시행규칙 제20조(면적측정의 방법 등)]
면적이 5천제곱미터 이상인 필지를 분할하는 경우 분할 후의 면적이 분할 전 면적의 80퍼센트 이상이 되는 필지의

면적을 측정할 때에는 분할 전 면적의 20퍼센트 미만이 되는 필지의 면적을 먼저 측정한 후, 분할 전 면적에서 그 측정된 면적을 빼는 방법으로 할 수 있다. 다만, 동일한 측량결과도에서 측정할 수 있는 경우와 좌표면적계산법에 따라 면적을 측정하는 경우에는 그러하지 아니하다.

05. 전파기 또는 광파기측량방법에 따른 지적삼각점의 점간거리는 몇 회 측정하여야 하는가?

① 2회   ② 3회
③ 4회   ④ 5회

해설 [전파기 또는 광파기 측량방법에 따른 지적삼각점의 관측과 계산]
① 전파 또는 광파측거기는 표준편차가 ±(5mm+5ppm) 이상인 정밀측거기를 사용한다.
② 점간거리는 5회 측정하여 그 측정치의 최대치와 이 평균치의 10만분의 1 이하일 때는 그 평균치를 측정거리로 하고 원점에 투영된 수평거리로 계산하여야 한다.
③ 삼각형의 내각은 세변의 평면거리에 의하여 계산하며 기지각과의 차가 ±40초 이내이어야 한다.

06. 경위의측량방법으로 세부측량을 한 경우 측량결과도에 작성하여야 할 사항이 아닌 것은?

① 측정점의 위치 측량기하적
② 측량결과도의 제명 및 번호
③ 측량대상 토지의 점유현황선
④ 측량대상 토지의 경계점 간 실측거리

해설 [지적측량 시행규칙 제17조(측량준비파일의 작성)]
1. 측량대상 토지의 경계선·지번 및 지목
2. 인근 토지의 경계선·지번 및 지목
3. 임야도를 갖춰 두는 지역에서 인근 지적도의 축척으로 측량을 할 때에는 임야도에 표시된 경계점의 좌표를 구하여 지적도에 전개(展開)한 경계선. 다만, 임야도에 표시된 경계점의 좌표를 구할 수 없거나 그 좌표에 따라 확대하여 그리는 것이 부적당한 경우에는 축척비율에 따라 확대한 경계선을 말한다.

4. 행정구역선과 그 명칭
5. 지적기준점 및 그 번호와 지적기준점 간의 거리, 지적기준점의 좌표, 그 밖에 측량의 기점이 될 수 있는 기지점
6. 도곽선(圖廓線)과 그 수치
7. 도곽선의 신축이 0.5밀리미터 이상일 때에는 그 신축량 및 보정(補正) 계수
8. 그 밖에 국토교통부장관이 정하는 사항

07. 동일조건으로 거리를 측량한 결과가 다음과 같을 때, 최확치로 옳은 것은?

25.475m±0.030m, 25.470m±0.020m, 25.484m±0.040m

① 25.471m   ② 25.473m
③ 25.475m   ④ 25.483m

해설 경중률은 평균제곱근오차의 제곱에 반비례한다.
비율계산이므로 0.030 : 0.020 : 0.040 = 3 : 2 : 4 으로 계산해도 상관없다.

$$P_A : P_B : P_C = \frac{1}{3^2} : \frac{1}{2^2} : \frac{1}{4^2} = \frac{1}{9} : \frac{1}{4} : \frac{1}{16} = 16 : 36 : 9$$

$$최확값 = \frac{P_A l_A + P_B l_B + P_C l_C}{P_A + P_B + P_C}$$

$$= 25.47m + \frac{16 \times 5 + 36 \times 0 + 9 \times 14}{16 + 36 + 9} mm$$

$$= 25.473m$$

08. 지적도면의 작성에 대한 설명으로 옳은 것은?

① 경계점 간 거리는 2mm 크기의 아라비아숫자로 제도한다.
② 도곽선의 수치는 2mm 크기의 아라비아숫자로 제도한다.
③ 도면에 등록하는 지번은 5mm 크기의 고딕체로 한다.
④ 삼각점 및 지적기준점은 0.5mm 폭의 선으로 제도한다.

해설 [지적업무 처리규정 제41조(경계의 제도)]
① 경계점 간 거리는 1.0~1.5mm 크기의 아라비아숫자로 제도한다.

② 도곽선의 수치는 2mm 크기의 아라비아숫자로 제도한다.
③ 도면에 등록하는 지번 및 지목은 2mm 이상 3mm 이하 크기의 명조체로 한다.
④ 삼각점 및 지적기준점은 0.1mm 폭의 선으로 제도한다.

09. 경위의측량방법과 전파기측량방법에 따라 교회법으로 지적삼각보조점측량을 하는 기준으로 옳지 않은 것은?

① 수평각 관측은 2대회의 방향관측법에 의한다.
② 삼각형의 각 내각은 30° 이상 120° 이하로 한다.
③ 2방향의 교회에 의하여 결정하려는 경우, 각 내각의 관측치의 합계와 180°와의 차가 ±50초 이내이어야 한다.
④ 지적삼각보조점표지의 점간거리는 평균 1km 이상 3km 이하로 한다. 단, 다각망도선법에 따르는 경우는 제외한다.

해설 [경위의측량방법과 교회법에 의해 지적삼각보조점측량을 실시할 경우 관측 및 계산기준]
① 수평각 관측은 2대회의 방향관측법에 의한다.
② 지적삼각보조점표지의 점간거리는 평균 1km 이상 3km 이하로 한다.
③ 3방향의 교회에 따른다. 다만 지형상 부득이한 경우 2방향의 교회에 의하며 결정하기도 한다.
④ 삼각형의 각 내각은 30° 이상 120° 이하로 한다.
⑤ 지형상 부득이하여 2방향의 교회에 의하여 결정하고자 하는 때에는 각 내각을 관측하여 각 내각의 관측치의 합계와 180도와의 차가 ±40″이내일 때에는 이를 각 내각에 고르게 배분하여 사용할 수 있다.

10. 산100임을 산지전용하여 대지로 조성하는 경우 지적공부에 등록하기 위한 측량으로 옳은 것은?

① 등록말소   ② 등록전환
③ 신규등록   ④ 축척변경

해설 [공간정보의 구축 및 관리 등에 관한 법률 제2조(정의)]
등록전환 : 임야대장 및 임야도에 등록된 토지를 토지대장 및 지적도에 옮겨 등록하는 것을 말한다.

11. 지적삼각점성과를 관리할 때 지적삼각점성과표에 기록·관리하여야 할 사항이 아닌 것은?

① 설치기관   ② 자오선수차
③ 좌표 및 표고 ④ 지적삼각점의 명칭

해설 [지적기준점성과표의 기록 및 관리]

지적삼각점측량	지적삼각보조점측량
1. 지적삼각점의 명칭과 기준 원점명	1. 번호 및 위치의 약도
2. 좌표 및 표고	2. 좌표와 직각좌표계 원점명
3. 경도 및 위도	3. 경도와 위도(필요한 경우로 한정)
4. 자오선수차	4. 표고(필요한 경우로 한정)
5. 시준점의 명칭, 방위각 및 거리	5. 소재지와 측량연월일
6. 소재지와 측량연월일	6. 도선등급 및 도선명
7. 그 밖의 참고사항	7. 표지의 재질
	8. 도면번호
	9. 설치기관
	10. 조사연월일, 조사자 직위 성명 등

12. 방위각 271° 30′의 방위는?

① N 89° 30′ E   ② N 1° 30′ W
③ N 88° 30′ W   ④ N 90° W

해설 방위각이 271°30′의 방위는 4상한의 각이므로 N88°30′W

13. 광파기측량방법에 따라 다각망도선법으로 지적삼각보조점측량을 할 때 1도선의 거리 기준으로 옳은 것은?

① 1km 이하   ② 2km 이하
③ 3km 이하   ④ 4km 이하

해설 [다각망도선법에 의한 지적삼각측보조점측량의 기준]
① 3점 이상의 기지점으로 포함한 결합다각방식에 의한다.
② 1도선의 거리는 4km 이하로 한다.
③ 1도선의 점의 수는 기지점과 교점 포함하여 5점 이하로 한다.
④ 1도선은 기지점과 교점, 교점과 교점 간의 거리이다.

14. 다각망도선법에 따르는 경우, 지적도근점표지의 점간 거리는 평균 몇 m 이하로 하여야 하는가?

① 500m ② 1000m
③ 2000m ④ 3000m

해설 [지적기준점의 점간거리]
① 지적삼각점 : 2~5km 이상
② 지적삼각보조점 : 1~3km, 다각망도선법 : 0.5~1km 이하
③ 지적도근점 : 50~300m, 다각망도선법 : 500m 이하

15. 트랜싯 법칙에 대한 설명으로 가장 옳은 것은?

① 변의 수에 비례하여 오차를 배분하는 방식이다.
② 측선장에 반비례하여 오차를 배분하는 방식이다.
③ 거리측정의 정밀도가 각 관측의 정밀도에 비하여 높다.
④ 각 관측의 정밀도가 거리측정의 정밀도에 비하여 높다.

해설 [트랜싯 법칙]
① 각 관측의 정밀도가 거리측정의 정밀도에 비해 높은 경우에 적용
② 위거와 경거의 길이에 비례하여 오차를 배분하는 방식

16. 두 점 간의 거리가 222m이고 두 점간의 방위각이 33° 33′ 33″ 일 때 횡선차는?

① 122.72m ② 145.26m
③ 185.00m ④ 201.56m

해설 종선차(ΔX) = $l \times \cos\theta = 222 \times \cos 33°33'33'' = 185.00m$
횡선차(ΔY) = $l \times \sin\theta = 222 \times \sin 33°33'33'' = 122.72m$

17. 경계점좌표등록부를 갖춰 두는 지역의 측량에 대한 설명으로 옳은 것은?

① 경계점좌표등록부를 갖춰 두는 지역에 있는 각 필지의 경계점을 측정할 때에는 도선법 또는 원호법에 따라 좌표를 산출하여야 한다.
② 경계점좌표등록부를 갖춰 두는 지역에 있는 각 필지의 경계점 측점번호는 오른쪽 위에서부터 왼쪽으로 경계를 따라 일련번호를 부여한다.
③ 기존의 경계점좌표등록부를 갖춰 두는 지역의 경계점에 접속하여 지적확정측량을 하는 경우 동일한 경계점의 측량성과의 차이는 0.10m 이내여야 한다.
④ 기존의 경계점좌표등록부를 갖춰 두는 지역의 경계점에 접속하여 지적확정측량을 하는 경우 동일한 경계점의 측량성과가 서로 다를 때에는 새로이 측량한 성과를 좌표로 결정한다.

해설 [경계점좌표등록부를 갖춰 두는 지역에서의 측량방법]
① 각 필지의 경계점을 측정할 때에는 도선법·방사법 또는 교회법에 따라 좌표를 산출하여야 한다.
② 필지의 경계점이 지형·지물에 가로막혀 경위의를 사용할 수 없는 경우에는 간접적인 방법으로 경계점의 좌표를 산출할 수 있다.
③ 기존의 경계점좌표등록부를 갖춰 두는 지역의 경계점에 접속하여 경위의측량방법 등으로 지적확정측량을 하는 경우 동일한 경계점의 측량성과가 서로 다를 때에는 경계점좌표등록부에 등록된 좌표를 그 경계점의 좌표로 본다.
④ 각 필지의 경계점 측점번호는 왼쪽 위에서부터 오른쪽으로 경계를 따라 일련번호를 부여한다.
⑤ 기존의 경계점좌표등록부를 갖춰 두는 지역의 경계점에 접속하여 지적확정측량을 하는 경우 동일한 경계점의 측량성과의 차이는 0.10m 이내여야 한다.

18. 다음 중 온도에 따른 줄자의 신축을 팽창계수에 따라 보정한 오차의 조정과 관련이 있는 것은?

① 착오 ② 과대오차
③ 계통오차 ④ 우연오차

정답 09. ③ 10. ② 11. ① 12. ③ 13. ④ 14. ① 15. ④ 16. ① 17. ③ 18. ③

해설 [오차의 성질에 따른 분류]
① **정오차(누적오차, 누차)** : 오차가 일어나는 원인이 명백하고, 일정한 조건 밑에서는 일정한 크기와 방향으로 발생하는 오차. 그 원인이 조사되면 오차량을 계산하여 제거할 수 있는 오차
② **부정오차(우연오차, 상차)** : 일어나는 원인이 불분명하거나 원인을 안다 하여도 직접 처리하는 방법이 불확실하고 예견할 수 없으며 관측값에 어느 정도의 영향을 주고 있는지를 알 수 없는 성질의 불규칙한 오차. 아무리 주의해도 피할 수 없고 또 계산으로 제거할 수 없으므로 통계학(최소제곱법)적으로 소거하는 방법을 사용
③ **착오** : 관측자 기술의 미숙, 심리상태의 혼란, 부주의, 착각에 의한 눈금 오독, 기장오기 등으로 발생

19. 두 점 A, D 사이의 거리를 AB, BC, CD의 3구간으로 나누어 측정한 결과 아래 표와 같은 값을 얻었다면, AD 사이 전체길이와 표준편차는?

AB = 78.263m±0.015m
BC = 74.537m±0.012m
CD = 71.082m±0.010m

① 224.882m ± 0.020m
② 224.882m ± 0.022m
③ 224.882m ± 0.026m
④ 224.822m ± 0.030m

해설 ① 전체길이 $= AB + BC + CD = 78.263 + 74.537 + 71.082$
$= 224.882m$
② 표준편차 $= \sqrt{\delta_{AB}^2 + \delta_{BC}^2 + \delta_{CD}^2}$
$= \sqrt{0.015^2 + 0.012^2 + 0.010^2} = \pm 0.022m$

20. 경위의 측량방법으로 세부측량을 실시할 때 측량대상 토지의 경계점 간 실측거리와 경계점의 좌표에 따라 계산한 거리의 교차는 얼마 이내여야 하는가? (단, L은 실측거리로서 미터단위로 표시한 수치이다.)

① 6+L/10 센티미터 이내
② 5+L/10 센티미터 이내
③ 4+L/10 센티미터 이내
④ 3+L/10 센티미터 이내

해설 경계점간 실측거리와 계산거리의 교차는 $3+\dfrac{L}{10}$(센티미터) 이내여야 한다.

2과목 응용측량

21. 곡선설치에서 캔트(cant)의 의미는?

① 확폭 ② 편경사
③ 종곡선 ④ 매개변수

해설 캔트(cant)는 차량이 곡선부를 주행할 때 곡률과 차량의 주행속도에 의해 원심력이 작용되므로 횡활 또는 전도를 일으킬 위험이 있는데 외측 노면을 내측보다 높여 주는 것을 cant라고 하며, 이때 한쪽 방향의 경사를 편경사라 한다.

22. GNSS 측량을 위하여 어느 곳에서나 같은 시간대에 관측할 수 있어야 하는 위성의 최소 개수는?

① 2개 ② 4개
③ 6개 ④ 8개

해설 미지점의 위치결정에는 X, Y, Z값의 결정에 3개의 위성이 필요하지만, GPS위성은 높은 정확도의 원자시계를 탑재하나 수신기의 시계는 정밀도가 상대적으로 떨어지므로 시간 오차항이 추가되므로 총 4대의 위성으로 4개의 미지수를 결정하게 된다.

23. 수준측량에서 표척(수준척)을 세우는 횟수를 짝수로 하는 주된 이유는?

① 표척의 영점오차 소거
② 시준축에 의한 오차의 소거
③ 구차의 소거
④ 기차의 소거

해설 눈금오차, 영점오차의 소거를 위해 수준점 간의 편도관측의 측점수는 짝수가 되도록 한다.

24. 입체시에 의한 과고감에 대한 설명으로 옳은 것은?

① 사진의 초점거리와 비례한다.
② 사진 촬영의 기선 고도비에 비례한다.
③ 입체시할 경우 눈의 위치가 높아짐에 따라 작아진다.
④ 렌즈 피사각의 크기와 반비례한다.

해설 [과고감]
① 입체사진에서 높이감이 수평감보다 크게 나타나는 정도
② 과고감은 기선고도비에 비례한다.
③ 촬영고도가 낮을수록, 기선길이가 길수록, 초점거리가 짧을수록 과고감은 커진다.

25. 그림과 같이 경사지에 폭 6.0m의 도로를 만들고자 한다. 절토 기울기 1:0.7, 절토고 2.0m, 성토기울기 1:1, 성토고 5.0m일 때 필요한 용지폭(x_1+x_2)은? (단, 여유폭 a는 1.50m로 한다.)

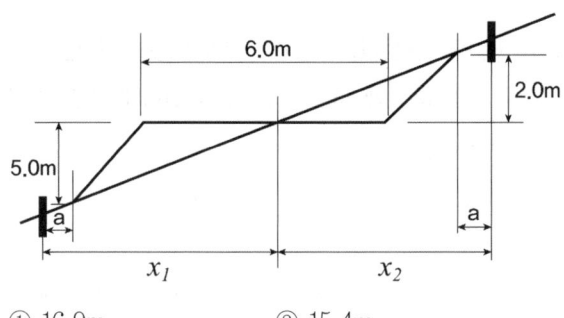

① 16.9m ② 15.4m
③ 11.8m ④ 7.9m

해설 도면의 좌측은 성토, 우측은 절토사면이므로
$x_1 + x_2 = 5 \times 1 + 6 + 2 \times 0.7 + 1.5 \times 2 = 15.4m$

26. 터널 내 두 점의 좌표(X, Y, Z)가 각각 A(1328.0m, 810.0m, 86.3m), B(1734.0m, 589.0m, 112.4m)일 때, A, B를 연결하는 터널의 경사거리는?

① 341.52m ② 341.98m
③ 462.25m ④ 462.99m

해설 $\overline{AB} = \sqrt{(\Delta x)^2 + (\Delta y)^2 + (\Delta z)^2}$ 에서
$\overline{AB} = \sqrt{(1734-1328)^2 + (589-810)^2 + (112.4-86.3)^2}$
$= 462.99m$

27. 회전주기가 일정한 인공위성에 의한 원격탐사의 특성이 아닌 것은?

① 얻어진 영상이 정사투영에 가깝다.
② 판독이 자동적이고 정량화가 가능하다.
③ 넓은 지역을 동시에 측정할 수 있다.
④ 어떤 지점이든 원하는 시기에 관측할 수 있다.

해설 [원격탐사의 특징]
① 수치화된 관측자료를 통한 저장과 분석이 용이
② 단기간 내에 넓은 지역 동시 관측 가능
③ 회전주기가 일정하므로 주기적인 반복관측이 가능 (단, 원하는 시기에 관측할 수는 없음)
④ 관측이 좁은 시야각으로 얻어진 영상은 정사투영에 가깝다.
⑤ 탐사된 자료가 즉시 이용될 수 있으며 재해, 환경문제 해결에 편리하다.
⑥ 다중파장자료로 인한 다양한 정보의 획득이 가능

28. 평판을 이용하여 측량한 결과 경사분획(n)이 10, 수평거리(D)가 50m, 표척의 읽은 값(ℓ)이 1.50m, 기계고(I)가 1.0m 기계를 세운 점의 지반고(H_A)가 20m인 경우 표척을 세운 지점의 지반고는?

① 21.1m ② 21.6m
③ 22.7m ④ 24.5m

해설 $100:n = 50:\ell$에서 $n=10$ 이므로 $\ell = 5m$
$H_A + i = H_B + S - \ell$에서 $H_B = H_A + i - S + \ell$이므로
$H_B = 20 + 1 - 1.5 + 5 = 24.5m$

29. 거리 80m 떨어진 곳에 표척을 세워 기포가 중앙에 있을 때와 기포관의 눈금이 5눈금 이동했을 때 표척 읽음 값의 차이가 0.09m이었다면 이 기포관의 곡률반지름은? (단, 기포관 한눈금의 간격은 2mm이고, ρ'' = 206265″ 이다.)

① 8.9m ② 9.1m
③ 9.4m ④ 9.6m

[해설] [기포관의 감도(θ'')]
기포가 1눈금 움직일 때 수준기축이 경사되는 각도를 감도(感度)라 한다. 즉, 기포관의 1눈금(2mm)이 곡률중심에 끼는 각도를 말하며 곡률반경으로 표시하기도 한다.

$D:H=r:l$에서 $80m:0.09m=r:\frac{2\times5}{1000}m$ 이므로

$r=\frac{80\times\frac{2\times5}{1000}}{0.09}=8.9m$

30. 지형도의 이용과 가장 거리가 먼 것은?

① 도로, 철도, 수로 등의 도상 선정
② 종단면도 및 횡단면도의 작성
③ 간접적인 지적도 작성
④ 집수면적의 측정

[해설] [지형도의 이용]
방향의 결정, 위치의 결정, 경사의 결정, 거리결정, 단면도 제적, 면적계산, 체적계산(토공량계산) 등

31. 터널측량에 대한 설명 중 옳지 않은 것은?

① 터널측량은 크게 터널 내 측량, 터널 외 측량, 터널 내외 연결측량으로 구분할 수 있다.
② 터널 내 측량에서는 망원경의 십자선 및 표척에 조명이 필요하다.
③ 터널의 길이방향은 주로 트래버스측량으로 행한다.
④ 터널 내의 곡선설치는 일반적으로 지상에서와 같이 편각법을 주로 사용한다.

[해설] 터널 내의 곡선설치는 지상에서와는 달리 지거법에 의한 곡선설치와 접선편거와 현편거에 의한 방법을 이용하여 설치한다.

32. 짧은 선의 간격, 굵기, 길이 및 방향 등으로 지표의 기복을 나타내는 지형 표시 방법은?

① 영선법 ② 등고선법
③ 점고법 ④ 채색법

[해설] [지형도 표시방법 중 부호도법]
① **점고법** : 하천, 항만, 해양측량 등에서 심천측량을 한 측점에 숫자를 기입하여 고저를 표시하는 방법
② **채색법** : 색조를 이용하여 고저를 표시하는 방법
③ **등고선법** : 일정한 높이의 수평면으로 지형을 절단했을 때의 잘린 면의 곡선을 이용하여 지형을 표시

[지형도 표시방법 중 자연도법]
① **영선법** : 우모와 같이 짧고 거의 평행한 선의 간격, 굵기, 길이, 방향 등에 의하여 지형을 표시하는 방법
② **음영법** : 서북쪽 45° 방향에서 평행광선이 비칠 때 생기는 그림자로 기복의 모양을 표시하는 방법

33. 노선의 중심점간 길이가 20m이고 단곡선의 반지름 R=100m일 때 중심점간 길이(20m)에 대한 편각은?

① 5° 40′ ② 5° 20′
③ 5° 44′ ④ 5° 54′

[해설] 편각(δ) = $\frac{l}{2R}\times\rho=\frac{20}{2\times100}\times\frac{180°}{\pi}=5°43'46''$

34. 지형도에서 92m 등고선 상의 A점과 118m 등고선 상의 B점 사이에 일정한 기울기 8%의 도로를 만들었을 때, AB 사이 도로의 실제 경사거리는?

① 347m ② 339m
③ 332m ④ 326m

[해설] A, B 두 점간의 높이차 = 118 - 92 = 26m

경사 $i = \dfrac{높이차}{수평거리}$ 에서 $\dfrac{8}{100} = \dfrac{26}{수평거리}$ 이므로

수평거리 = 325m

경사거리 = $\sqrt{D^2 + H^2} = \sqrt{325^2 + 26^2} = 326m$

35. 30km×20km의 토지를 사진 크기 18cm×18cm, 초점거리 150mm, 종중복도 60%, 횡중복도 30%, 축척 1:30,000로 촬영할 때, 필요한 총 모델수는? (단, 안전율은 고려하지 않는다.)

① 65 모델 ② 74 모델
③ 84 모델 ④ 98 모델

해설 모델수, 사진매수 계산은 올림으로 한다.
① 종모델수
$$D = \dfrac{S_1}{B} = \dfrac{S_1}{ma(1-p)} = \dfrac{30,000m}{30,000 \times 0.18 \times (1-0.6)} = 14$$
② 촬영경로수
$$D' = \dfrac{S_2}{C} = \dfrac{S_2}{ma(1-q)} = \dfrac{20,000m}{30,000 \times 0.18 \times (1-0.3)} = 6$$
③ 총모델수
$$N' = D \times D' = 14 \times 6 = 84$$

36. 그림과 같은 지역에 정지작업을 하였을 때, 절토량과 성토량이 같게 되는 지반고는? (단, 각 구역의 면적은 $16m^2$으로 동일하고, 지반고 단위는 m 이다.)

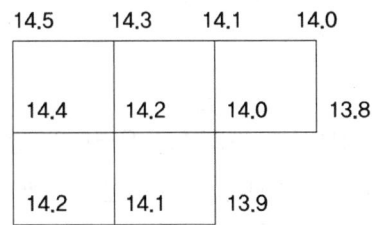

① 13.78m ② 14.09m
③ 14.15m ④ 14.23m

해설 ① 토공량 $V = \dfrac{ab}{4}(\Sigma h_1 + 2\Sigma h_2 + 3\Sigma h_3 + 4\Sigma h_4)$

$V = \dfrac{16}{4}[(14.5+14+13.8+13.9+14.2) + 2 \times (14.3+14.1+14.1+14.4) + 3 \times 14.0 + 4 \times 14.2]$
$= 1132 m^3$

② 정지지반고 $h = \dfrac{V}{\Sigma A} = \dfrac{1132}{16 \times 5} = 14.15m$

37. GPS 신호에서 P코드의 1/10 주파수를 가지는 C/A코드의 파장 크기로 옳은 것은?

① 100m ② 200m
③ 300m ④ 400m

해설 P코드는 10.23MHz, C/A코드는 1.023MHz이고, 전파의 속도는 약 300,000km/s

$\lambda = \dfrac{c}{f}$ (λ: 파장, c: 광속도, f: 주파수), 주파수는 시간의 역수 $\left(\dfrac{1}{t}\right)$이고, MHz를 Hz 단위로 환산하여 계산하면,

$$\lambda = \dfrac{300,000,000 \, \dfrac{m}{s}}{1.023 \times 1,000,000 \, \dfrac{1}{s}} \fallingdotseq 300m$$

38. 항공사진을 촬영하기 위한 비행고도가 3,000m일 때, 평지에 있는 200m 높이의 언덕에 대한 사진상 최대 기복변위는? (단, 항공사진 1장의 크기는 23cm×23cm 이다.)

① 7.67mm ② 10.84mm
③ 15.33mm ④ 21.68mm

해설 **기복변위** : 대상물에 기복이 있을 경우에 사진면에서 연직점을 중심으로 방사상의 변위가 생기는데 이를 기복변위라 한다.

$\Delta r = \dfrac{h}{H}r$ (여기서 h는 비고, H는 촬영고도, Δr은 기복변위량, r은 연직점으로부터의 상점까지의 거리)

$\Delta r_{max} = \dfrac{h}{H} \times r_{max}$ 여기서, $r_{max} = \dfrac{\sqrt{2}}{2} \times a$

$= \dfrac{200m}{3,000m} \times \dfrac{\sqrt{2}}{2} \times 230mm = 10.84mm$

39. GPS 위성의 궤도 주기로 옳은 것은?

① 약 6시간 ② 약 10시간
③ 약 12시간 ④ 약 18시간

[해설] GPS 위성은 하루에 약 2번씩 지구 주위를 회전하고 있다.(12시간 주기)

40. 곡선설치법에서 원곡선의 종류가 아닌 것은?

① 렘니스케이트 ② 복심곡선
③ 반향곡선 ④ 단곡선

[해설] [곡선의 종류]
① 평면곡선(원곡선) : 단곡선, 복합곡선(복심곡선), 반향곡선, 머리핀곡선
② 완화곡선 : 클로소이드, 렘니스케이트, 3차포물선
③ 수직곡선(종곡선) : 2차포물선, 원곡선

3과목 토지정보체계론

41. 주요 DBMS에서 채택하고 있는 표준 데이터베이스 질의어는?

① SQL ② COBOL
③ DIGEST ④ DELPHI

[해설] [SQL(Structured Query Language) : 구조화 질의 언어]
- 데이터 베이스를 사용할 때 데이터베이스에 접근할 수 있는 데이터베이스 하부 언어
- 데이터 정의어(DDL)와 데이터 조작어(DML)를 포함한 데이터베이스용 질의 언어(query language)의 일종
- 단순한 질의 기능뿐만 아니라 완전한 데이터 정의 기능과 조작 기능을 갖추고 있음
- 영어 문장과 비슷한 구문을 갖고 있으므로 초보자들도 비교적 쉽게 사용

42. 데이터베이스에서 데이터 표준 유형을 분류할 때 기능 측면의 분류에 해당하지 않는 것은?

① 기술 표준 ② 데이터 표준
③ 프로세스 표준 ④ 메타데이터 표준

[해설] [데이터 측면에 따른 분류]
① 내적요소 : 데이터 모델, 데이터 내용, 데이터 교환, 메타데이터 표준
② 외적요소 : 데이터 수집, 데이터 품질, 위치참조 표준

43. Web GIS에 대한 설명으로 옳지 않은 것은?

① 클라이언트-서버 형태의 시스템으로 대용량 공간 자료의 저장, 관리와 분산처리가 가능하다.
② 전문적인 GIS 개발자들이 특정 목적의 GIS 응용 프로그램을 개발할 수 있도록 하는 개발지원도구이다.
③ 인터넷 기술을 GIS와 접목시켜 네트워크 환경에서 GIS 서비스를 제공할 수 있도록 구축한 시스템이다.
④ 데이터베이스와 웹의 상호 연결로 시공간상의 한계를 극복하고 실시간으로 정보 취득과 공유가 가능하다.

[해설] [Web GIS의 도입효과]
① 업무처리의 신속화
② 정보의 공유
③ 업무별 분산처리의 실현
④ 시간과 거리에 제한이 없음
⑤ 중복된 업무를 처리하지 않을 수 있음

44. 토탈스테이션과 지적측량 운영프로그램 등이 설치된 컴퓨터를 연결하여 세부측량을 수행함으로써 필지 경계 정보를 취득하는 측량 방법은?

① GNSS ② 경위의측량
③ 전자평판측량 ④ 네트워크 RTK측량

[해설] [전자평판]
토탈스테이션과 지적측량 운영프로그램 등이 설치된 컴퓨터를 연결하여 세부측량을 수행함으로써 필지 경계 정보를 취득하는 측량 방법

45. 다음 중 지적 관련 속성정보를 데이터베이스에 입력하기에 가장 적합한 장비는?

① 스캐너 ② 플로터
③ 키보드 ④ 디지타이저

해설 [자료출력용 하드웨어]
모니터, 플로터, 프린터, 필름제조 등
[자료입력용 하드웨어]
수동방식(디지타이저), 자동방식(스캐너), 각종 측량기기, 기 제작된 수치지도, 마우스, 키보드(속성정보 입력) 등

46. 나무줄기와 같은 구조를 가지고 있으며, 가장 상위의 계층을 뿌리라 할 때 뿌리를 제외한 모든 객체들은 부모-자녀의 관계를 갖는 데이터 모델은?

① 관계형 데이터 모델
② 계층형 데이터 모델
③ 객체지향형 데이터 모델
④ 네트워크형 데이터 모델

해설 [데이터베이스관리시스템(DBMS)의 모델]
① **계층형** : 최초로 구현된 데이터 모델로 트리구조나 조직표와 같은 계층적으로 배열
② **네트워크형(관망형)** : data들은 다른 파일의 하나 이상의 data들과 연계되어 있으며 이를 연관시키기 위해 지시자 활용
③ **관계형** : 2차원 테이블 형태로 저장되며 한 테이블은 다수의 열로 구성되고, 각 열은 정해진 범위의 값이 저장되는 형태

47. 다음 중 공간자료의 파일형식이 다른 것은?

① BIL ② DGN
③ DWG ④ SHP

해설 [래스터 형식의 자료]
pcx, jpg, bmp, Geotiff, IMG, ERM, MrSID, DEM, BIL 등
[벡터 데이터 형식의 종류]
Shape(shp), Coverage, CAD(dwg), DLG, VPF, TIGER, DGN 파일형식 등

48. 지적도 전산화 작업의 목적으로 옳지 않은 것은?

① 정확한 지적측량자료의 이용
② 지적도의 대량 생산 및 배포
③ 대민서비스의 질적 수준 향상
④ 지적도 원형 보관·관리의 어려움 해소

해설 [지적도 전산화의 목적]
① 토지정보의 수요에 대한 신속한 정보 제공
② 공공계획의 수립에 필요한 정보 제공
③ 토지 투기의 예방
④ 행정자료구축과 행정업무에 이용
⑤ 다른 정보자료 등과의 연계
⑥ 민원인에 대한 신속한 대처

49. 토지대장의 고유번호 중 행정구역코드를 구성하는 자리 수 기준으로 옳지 않은 것은?

① 리 - 3자리 ② 시·도 - 2자리
③ 시·군·구 - 3자리 ④ 읍·면·동 - 3자리

해설 [행정구역코드의 자리구성]
① 행정구역코드 10자리(시·도 2, 시·군·구 3, 읍·면·동 3, 리 2)
② 대장구분 1자리, 본번 4자리, 부번 4자리를 합한 19자리로 구성

50. PBLIS와 NGIS의 연계로 나타나는 장점으로 가장 거리가 먼 것은?

① 토지관련 자료의 원활한 교류와 공동활용
② 토지의 효율적인 이용 증진과 체계적 국토개발
③ 유사한 정보시스템의 개발로 인한 중복투자 방지
④ 지적측량과 일반측량의 업무통합에 따른 효율성 증대

해설 [PBLIS와 NGIS의 연계로 나타나는 장점]
① 토지관련 자료의 원활한 교류와 공동활용
② 토지의 효율적인 이용 증진과 체계적 국토개발
③ 유사한 정보시스템의 개발로 인한 중복투자 방지

정답 39.③ 40.① 41.① 42.④ 43.② 44.③ 45.③ 46.② 47.① 48.② 49.① 50.④

51. 실세계를 GIS의 데이터베이스로 구축하는 과정을 추상화 수준에 따라 분류할 때 이에 해당하지 않는 것은?

① 개념적 모델 ② 논리적 모델
③ 물리적 모델 ④ 수리적 모델

해설 [데이터 모델링 작업 진행 순서]
개념적 모델링 → 논리적 모델링 → 물리적 모델링

52. 아래 내용의 ㉠, ㉡에 들어갈 용어가 올바르게 나열된 것은?

> 수치지도는 영어로 digital map으로 일컬어진다. 좀 더 명확한 의미에서는 도형자료만을 수치로 나타낸 것을 (㉠)라 하고, 도형자료와 관련 속성을 함께 지닌 수치지도를 (㉡)라고 칭한다.

① ㉠ : 레전드, ㉡ : 레이어
② ㉠ : 레전드, ㉡ : 커버리지
③ ㉠ : 커버리지, ㉡ : 레이어
④ ㉠ : 레이어, ㉡ : 커버리지

해설 수치지도는 영어로 digital map으로 일컬어진다. 좀 더 명확한 의미에서는 도형자료만을 수치로 나타낸 것을 (레이어)라 하고, 도형자료와 관련 속성을 함께 지닌 수치지도를 (커버리지)라고 칭한다.
[커버리지(Coverage)]
① 커버리지는 지도를 digital화한 형태의 컴퓨터상의 지도
② GIS 커버리지는 토지이용도, 식생도와 같은 하나의 중요한 주제도를 말한다.
③ 레이어 : 수치화된 도형자료만을 나타낸 것
④ 커버리지 : 도형자료와 관련된 속성데이터를 함께 갖는 수치지도

53. 공간 데이터에서 나타나는 오차의 발생원으로 볼 수 없는 것은?

① 원시자료 이용 시 나타나는 오차
② 데이터 모델의 표현 시 발생하는 오차
③ 데이터 처리과정과 공간 분석 시에 발생하는 오차
④ 수치데이터를 생성 및 편집하는 단계에서 발생하는 오차

해설 데이터 모델의 표현시 발생하는 오차는 공간 정보를 갖기 이전이므로 공간데이터 오차의 발생원으로 볼 수 없다.

54. 지적관련 전산화 사업의 시기가 빠른 순으로 올바르게 나열한 것은?

① 토지·임야대장 전산화 → 지적도면전산화 → KLIS구축 → 부동산종합공부시스템구축
② 지적도면전산화 → 토지·임야대장 전산화 → KLIS구축 → 부동산종합공부시스템구축
③ 지적도면전산화 → 토지·임야대장 전산화 → 부동산종합공부시스템구축 → KLIS구축
④ 토지·임야대장 전산화 → KLIS구축 → 지적도면전산화 → 부동산종합공부시스템구축

해설 [지적관련 전산화 작업 순서]
토지·임야대장 전산화 → 지적도면전산화 → KLIS구축 → 부동산종합공부시스템구축

55. 다음 중 지적 행정에 웹 LIS를 도입한 효과로 가장 거리가 먼 것은?

① 중복된 업무를 처리하지 않을 수 있다.
② 지적 관련 정보와 자원을 공유할 수 있다.
③ 업무의 중앙 집중 및 업무별 중앙 제어가 가능하다.
④ 시간과 거리에 제한을 받지 않고 민원을 처리할 수 있다.

해설 [웹기반의 토지정보시스템의 기대효과]
① 업무처리의 신속성
② 정보의 공유
③ 업무별 분산처리 실현
④ 시간과 거리에 대한 제약을 받지 않음

56. 데이터 분석에 대한 설명이 옳은 것은?

① 재부호화란 속성값의 숫자나 명칭을 변경하는 작업이다.
② 네트워크 분석은 어떤 객체 둘레에 특정한 폭을 가진 구역을 구축하는 것이다.
③ 질의검색이란 취득한 자료를 대상으로 최댓값, 표준편차, 분산 등의 분석과 상관관계 조사 등을 실시할 수 있다.
④ 근접분석은 하나의 레이어 또는 커버리지 위에 다른 레이어를 올려놓고 두 레이어에 나타난 형상들 간의 관계를 분석하는 것이다.

해설 [데이터 분석에 관한 사항]
① 재부호화란 속성값의 숫자나 명칭을 변경하는 작업이다.
② 버퍼 분석은 어떤 객체 둘레에 특정한 폭을 가진 구역을 구축하는 것이다.
③ 질의검색이란 데이터베이스 운영 시스템이나 GIS를 통해 사용자에 의해 데이터베이스에 질문하는 것으로서, 데이터 자체의 변경은 하지 않고 속성 데이터를 조사하는 것이다.
④ 중첩분석은 하나의 레이어 또는 커버리지 위에 다른 레이어를 올려놓고 두 레이어에 나타난 형상들 간의 관계를 분석하는 것이다.

57. 벡터데이터의 위상구조를 이용하여 분석이 가능한 내용이 아닌 것은?

① 분리성 ② 연결성
③ 인접성 ④ 포함성

해설 [위상모델을 통해 가능한 공간분석]
영역성분석(중첩분석), 인접성분석, 연결성분석 등

58. 다음 토지정보시스템의 공간데이터 취득방법 중 성격이 다른 하나는?

① GPS에 의한 방법 ② COGO에 의한 방법
③ 스캐너에 의한 방법 ④ 토탈스테이션에 의한 방법

해설 [위상구조(Topology)]
① 점, 선, 면들의 공간 형상들의 공간 관계(spatial relationship)를 말한다.
② 다양한 공간형상들간의 공간 관계 정보를 인접성, 연속성, 영역성 등으로 구성
③ 공간 분석을 위해서는 필수적으로 위상구조가 정립되어야 한다.
[위상모델을 통해 가능한 공간분석]
영역성분석(중첩분석), 인접성분석, 연결성분석 등

59. 다음 용어의 설명 중 잘못된 것은?

① "국가공간정보체계"란 관리기관이 구축 및 관리하는 공간정보체계를 말한다.
② "공간정보데이터베이스"란 공간정보를 체계적으로 정리하여 사용자가 검색하고 활용할 수 있도록 가공한 정보의 집합체를 말한다.
③ "국가공간정보 통합체계"란 기본공간정보 데이터베이스를 기반으로 국가공간정보체계를 통합 또는 연계하여 행정안전부 장관이 구축 운용하는 공간정보체계를 말한다.
④ "공간정보체계"란 공간정보를 효과적으로 수집·저장·가공·분석·표현할 수 있도록 서로 유기적으로 연계된 컴퓨터의 하드웨어·소프트웨어·데이터베이스 및 인적자원의 결합체를 말한다.

해설 [국가공간정보기본법 제2조(정의)]
"국가공간정보통합체계"란 제19조제3항의 기본공간정보데이터베이스를 기반으로 국가공간정보체계를 통합 또는 연계하여 국토교통부장관이 구축·운용하는 공간정보체계를 말한다.

60. 국가공간정보 기본법에서는 다음과 같이 공간정보를 정의하고 있다. ㉠, ㉡, ㉢에 들어갈 용어가 모두 올바르게 나열된 것은?

공간정보 지상·지하·(㉠)·수중 등 공간상에 존재하는 자연적 또는 인공적인 (㉡)에 대한 위치정보 및 이와 관련된 (㉢) 및 의사결정에 필요한 정보를 말한다.

정답 51. ④ 52. ④ 53. ② 54. ① 55. ③ 56. ① 57. ① 58. ③ 59. ③

① ㉠ : 공중, ㉡ : 개체, ㉢ : 지형정보
② ㉠ : 지표, ㉡ : 객체, ㉢ : 도형정보
③ ㉠ : 지표, ㉡ : 개체, ㉢ : 속성정보
④ ㉠ : 수상, ㉡ : 객체, ㉢ : 공간적 인지

해설 국가공간정보기본법 제2조(정의)
"공간정보"란 지상·지하·수상·수중 등 공간상에 존재하는 자연적 또는 인공적인 객체에 대한 위치정보 및 이와 관련된 공간적 인지 및 의사결정에 필요한 정보를 말한다.

4과목 지적학

61. 지주총대의 사무에 해당되지 않는 것은?

① 신고서류 취급 처리
② 소유자 및 경계 사정
③ 동리의 경계 및 일필지조사의 안내
④ 경계표에 기재된 성명 및 지목 등의 조사

해설 [지주총대의 사무]
① 동리의 경계 및 일필지조사의 안내
② 신고서류 취급처리
③ 경계표에 기재된 성명 및 지목 등의 조사

62. 토지조사사업 당시 토지의 사정에 대하여 불복이 있는 경우 이의 재결기관은?

① 도지사
② 임시토지조사국장
③ 고등토지조사위원회
④ 지방토지조사위원회

해설

구분	토지조사사업	임야조사사업
측량기관	임시토지조사국	부(府), 면(面)
사정기관	임시토지조사국장	도지사
재결기관	고등토지조사위원회	임야심사위원회

63. 다음 중 근대지적의 시초로 과세지적이 대표적인 나라는?

① 일본
② 독일
③ 프랑스
④ 네덜란드

해설 [나폴레옹 지적]
① 근대적 과세지적의 완성과 소유권제도의 확립을 위한 지적제도 성립의 전환점으로 평가
② 나폴레옹 1세가 1808~1850년까지 프랑스 전 국토를 대상으로 공평한 과세와 소유권 분쟁해결위해 실시

64. 대한제국 정부에서 문란한 토지제도를 바로잡기 위하여 시행하였던 근대적 공시제도의 과도기적 제도는?

① 등기제도
② 양안제도
③ 입안제도
④ 지권제도

해설 [지계제도(지권제도)]
근대 지적제도가 창설되기 전에 문란한 토지제도를 바로잡기 위하여 대한제국에서 과도기적으로 시행한 제도

65. 양안 작성 시 실제로 현장에 나가 측량하여 기록하는 것은?

① 야초책
② 정서책
③ 정초책
④ 중소책

해설 [야초책 양안]
광무 양안 때 1필지마다 토지측량을 행한 결과를 최초로 기록하는 장부로 각 면단위로 실제로 측량해서 작성하는 가장 기초적인 장부이다.

66. 우리나라에서 지적공부에 토지표시, 사항을 결정 등록하기 위하여 택하고 있는 심사방법은?

① 공중심사
② 대질심사
③ 실질심사
④ 형식심사

해설 [실질적 심사주의(사실심사주의)]
지적공부에 새로이 등록하거나 등록된 사항의 변경은 국가기관의 장인 시장, 군수, 구청장(지적소관청)이 공간정보의 구축 및 관리 등에 관한 법률에 의한 절차성의 적법성 및 실체법상의 사실관계의 부합여부를 심사하여 등록한다는 의미

67. 다음 중 고조선시대의 토지제도로 옳은 것은?

① 과전법(科田法)
② 두락제(斗落制)
③ 정전제(井田制)
④ 수등이척제(隨等異尺制)

해설 [고조선시대의 지적제도]
① 토지제도로는 균형있는 촌락의 설치와 토지분급 및 수확량 파악을 위해 정전제(井田制) 시행
② 풍백의 지휘를 받아 봉가가 지적을 담당하였고, 측량실무는 오경박사가 시행

68. 우리나라의 지적제도와 등기제도에 대한 설명이 옳지 않은 것은?

① 지적과 등기 모두 형식주의를 기본이념으로 한다.
② 지적과 등기 모두 실질적 심사주의를 원칙으로 한다.
③ 지적은 공신력을 인정하고, 등기는 공신력을 인정하지 않는다.
④ 지적은 토지에 대한 사실관계를 공시하고 등기는 토지에 대한 권리관계를 공시한다.

해설 우리나라의 지적제도는 실질적 심사주의, 등기제도는 형식적 심사주의를 채택하고 있다.

69. 토지멸실에 의한 등록말소에 속하는 것은?

① 등록전환에 의한 말소
② 등록변경에 따른 말소
③ 토지합병에 따른 말소
④ 바다로 된 토지의 말소

해설 [공간정보의 구축 및 관리 등에 관한 법률 제82조(바다로 된 토지의 등록말소 신청)]
지적소관청은 토지가 바다로 된 경우 토지소유자가 통지를 받은 날부터 90일 이내에 등록말소 신청을 하지 아니하면 대통령령으로 정하는 바에 따라 등록을 말소한다.

70. 지적국정주의에 대한 내용으로 옳지 않은 것은?

① 토지의 표시사항을 국가가 결정한다.
② 토지소유권의 변동은 등기를 해야 효력이 발생한다.
③ 토지의 표시방법에 대하여 통일성, 획일성, 일관성을 유지하기 위함이다.
④ 소유자의 신청이 없을 경우 국가가 직권으로 이를 조사 또는 측량하여 결정한다.

해설 [지적국정주의]
① 지적에 관한 사항, 즉, 지번·지목·경계·면적·좌표는 국가만이 이를 결정한다는 원리
② 토지표시사항의 결정권한을 국가만이 가진다는 이념
③ 지적국정주의를 채택하는 주된 이유는 통일성, 일관성, 획일성을 확보하기 위함

71. 우리나라에서 지적이라는 용어가 법률상 처음 등장한 것은?

① 1895년 내부관제
② 1898년 양지아문 직원급 처무규정
③ 1901년 지계아문 직원급 처무규정
④ 1910년 토지조사법

해설 고종 32년(1895년) 3월 26일 칙령 제53호로 내부관제를 공포하고 동령 제8조 판적국의 사무 제2항에 "판적국은 호구적(戶口籍)과 지적(地積)에 관한 사항"을 관장하도록 규정하여 내부관제의 판적국에서 지적에 관한 사항을 담당하도록 하였다.

72. 지적행정을 재무부와 사세청의 지도·감독 하에 세무서에서 담당한 연도로 옳은 것은?

① 1949년 12월 31일
② 1960년 12월 31일
③ 1961년 12월 31일
④ 1975년 12월 31일

해설 ① 지적법 제정(1950년)
② 지적법 1차개정(1961년) : 지적행정을 재무부와 사세청의 지도·감독 하에 세무서에서 담당
③ 지적법 2차개정(1975년) : 지적법의 입법목적을 규정. 경계점좌표로 등록하기 위한 수치지적부 도입

73. 경계불가분의 원칙에 관한 설명으로 옳은 것은?

① 3개의 단위 토지 간을 구획하는 선이다.
② 토지의 경계에는 위치, 길이, 넓이가 있다.
③ 같은 토지에 2개 이상의 경계가 있을 수 있다.
④ 토지의 경계는 인접 토지에 공통으로 작용한다.

해설 [경계불가분의 원칙]
① 경계는 유일무이한 것으로 이를 분리할 수 없다는 원칙
② 토지의 경계는 같은 토지에 2개 이상의 경계가 있을 수 없고 양필지 사이에 공통으로 작용한다.

74. 다음 중 토지조사사업의 일필지 조사 내용에 해당하지 않는 것은?

① 임차인 조사
② 지목의 조사
③ 경계 및 지역의 조사
④ 증명 및 등기필토지의 조사

해설 [토지조사사업의 일필지 조사 내용]
지주의 조사, 강계 및 지역의 조사, 지목의 조사, 지번의 조사, 증명 및 등기필지의 조사

75. 양전개정론을 주장한 학자와 그 저서의 연결이 옳은 것은?

① 김정호 – 속대전
② 이기 – 해학유서
③ 정약용 – 경국대전
④ 서유구 – 목민심서

해설 [양전 개정론자의 (저서) 및 개정론]
① 이익(균전론) : 영업전, 제도
② 정약용(목민심서, 경세유표) : 정전제, 방량법, 어린도법
③ 서유구(의상경계책) : 어린도법, 방량법
④ 이기(해학유서, 전제망언) : 결부제보완, 망척제
⑤ 유길준(서유견문) : 지제의, 전통도 실시

76. 형식적 심사에 의하여 개설하는 토지등기부의 보전 등기를 위하여 일반적으로 권원증명이 되는 서류는?

① 공인인증서
② 인감증명서
③ 인우보증서
④ 토지대장등본

해설 형식적 심사에 의하여 개설하는 토지등기부의 보전 등기를 위하여 일반적으로 권원증명이 되는 서류는 토지대장등본이다.

77. 토지조사사업 당시 토지의 사정이 의미하는 것은?

① 경계와 면적으로 확정하는 것이다.
② 지번, 지목, 면적으로 확정하는 것이다.
③ 소유자와 지목을 확정하는 행정행위이다.
④ 소유자와 강계를 확정하는 행정처분이다.

해설 [사정(査定)]
① 토지조사부 및 지적도에 의하여 토지소유자 및 강계를 확정하는 행정처분
② 지적도에 등록된 강계선이 대상이며 지역선은 사정하지 않음

78. 다음 중 지적재조사의 효과로 볼 수 없는 것은?

① 지적과 등기의 책임부서 명백화
② 국토개발과 토지이용의 정확한 자료제공
③ 행정구역의 합리적 조정을 위한 기초자료
④ 토지소유권의 공시에 대한 국민의 신뢰확보

해설 [지적재조사사업의 목적]
① 지적불부합지의 해소
② 능률적인 지적관리체계 개선
③ 경계복원능력의 향상
④ 지적관리를 현대화하기 위한 수단
⑤ 지적공부의 정확도 및 지적에 포함되는 요소들의 확장

79. 토지조사사업에서 측량에 관계되는 사항을 구분한 7가지 항목에 해당하지 않는 것은?

① 삼각측량　　② 지형측량
③ 천문측량　　④ 이동지측량

해설 [토지조사사업 당시의 업무]
① 소유권 및 지가조사 : 준비조사, 일필지조사, 분쟁지조사, 지위등급조사, 장부조제, 지방토지조사위원회, 고등토지조사위원회, 사정, 이동지 정리
② 측량 : 삼각측량, 도근측량, 세부측량, 면적계산, 지적도 작성, 이동지측량, 지형측량

80. 우리나라 토지대장과 같이 토지를 지번 순서에 따라 등록하고 분할되더라도 본번과 관련하여 편철하고 소유자의 변동이 있을 때에 이를 계속 수정하여 관리하는 토지등록부 편성 방법은?

① 물적편성주의　　② 인적편성주의
③ 연대적 편성주의　　④ 인적·물적편성주의

해설 [물적편성주의]
① 개개의 토지를 중심으로 지적공부를 편성하는 방법으로 각국에서 가장 많이 사용되는 합리적인 제도로 평가
② 토지대장과 같이 지번순에 따라 등록되고 분할되더라도 본번과 관련하여 편철

③ 소유자의 변동이 있을 경우 이를 계속 수정하여 관리하는 방식
④ 토지이용, 관리, 개발 측면에 편리
⑤ 권리주체인 소유자별 파악이 곤란한 단점

5과목 지적관계법규

81. 지적재조사에 관한 특별법상 납부고지된 조정금에 이의가 있는 토지소유자는 납부고지를 받은 날부터 며칠 이내에 지적소관청에 이의신청을 할 수 있는가?

① 7일　　② 15일
③ 30일　　④ 60일

해설 [지적재조사에 관한 특별법 제21조의 2(조정금에 관한 이의사항)]
① 제21조제3항에 따라 수령통지 또는 납부고지된 조정금에 이의가 있는 토지소유자는 수령통지 또는 납부고지를 받은 날부터 60일 이내에 지적소관청에 이의신청을 할 수 있다.
② 지적소관청은 제1항에 따른 이의신청을 받은 날부터 30일 이내에 제30조에 따른 시·군·구 지적재조사위원회의 심의·의결을 거쳐 이의신청에 대한 결과를 신청인에게 서면으로 알려야 한다.

82. 지적소관청이 토지이동현황 조사계획을 수립하는 단위는?

① 도 단위　　② 시 단위
③ 시·도 단위　　④ 시·군·구 단위

해설 토지이동현황 조사계획은 시·군·구별로 수립하되, 부득이한 사유가 있는 때에는 읍·면·동별로 수립할 수 있다.

83. 다음 중 지적소관청이 관할 등기관서에 등기를 촉탁하여야 하는 경우가 아닌 것은?

① 토지의 신규등록을 하는 경우
② 토지가 지형의 변화 등으로 바다로 된 경우
③ 지번을 변경할 필요가 있다고 인정되는 경우
④ 하나의 지번부여지역에 서로 다른 축척의 지적도가 있는 경우

해설 신규등록 당시는 등기부가 존재하지 않으므로 등기촉탁의 대상이 되지 않는다.

84. 공간정보의 구축 및 관리 등에 관한 법률에서 정의한 용어의 설명으로 옳지 않은 것은?

① "필지"란 대통령령으로 정하는 바에 따라 구획되는 토지의 등록단위를 말한다.
② "경계"란 필지별로 경계점들을 직선으로 연결하여 지적공부에 등록한 선을 말한다.
③ "토지의 표시"란 지적공부에 토지의 소재·지번(地番)·지목(地目)·면적·경계 또는 좌표를 등록한 것을 말한다.
④ "측량기준점"이란 지적삼각점, 지적삼각보조점, 지적수준점을 말한다.

해설 지적기준점에는 지적삼각점, 지적삼각보조점, 지적도근점이 있다.

85. 공간정보의 구축 및 관리 등에 관한 법령상 지목이 다른 하나는?

① 골프장
② 수영장
③ 스키장
④ 승마장

해설 [공간정보의 구축 및 관리 등에 관한 법률 시행령 제58조 (지목의 구분)]
① **체육용지**: 국민의 건강증진 등을 위한 체육활동에 적합한 시설과 형태를 갖춘 종합운동장·실내체육관·야구장·골프장·스키장·승마장·경륜장 등 체육시설의 토지와 이에 접속된 부속시설물의 부지. 다만, 체육시설로서의 영속성과 독립성이 미흡한 정구장·골프연습장·실내수영장 및 체육도장, 유수(流水)를 이용한 요트장 및 카누장, 산림 안의 야영장 등의 토지는 제외한다.
② **유원지**: 일반 공중의 위락·휴양 등에 적합한 시설물을 종합적으로 갖춘 수영장, 유선장, 낚시터, 어린이놀이터, 동물원, 식물원, 민속촌, 경마장 등의 토지와 이에 접속된 부속시설물의 부지는 유원지로 한다.

86. 공간정보의 구축 및 관리 등에 관한 법률상 축척변경에 대한 설명으로 옳지 않은 것은?

① 작은 축척을 큰 축척으로 변경하는 것을 말한다.
② 임야도의 축척을 지적도의 축척으로 바꾸는 것을 말한다.
③ 축척변경은 지적도에 등록된 경계점의 정밀도를 높이기 위해 시행한다.
④ 축척변경에 관한 사항을 심의·의결하기 위하여 지적소관청에 축척변경위원회를 둔다.

해설 [공간정보의 구축 및 관리 등에 관한 법률 제2조(정의)]
① **축척변경**: 지적도에 등록된 경계점의 정밀도를 높이기 위하여 작은 축척을 큰 축척으로 변경하고 등록하는 것
② **등록전환**: 임야대장 및 임야도에 등록된 토지를 토지대장 및 지적도에 옮겨 등록하는 것

87. 지적삼각점성과표에 기록·관리하여야 하는 사항 중 필요한 경우로 한정하여 기록·관리하는 사항은?

① 자오선수차
② 경도 및 위도
③ 시준점의 명칭
④ 좌표 및 표고

해설 [지적기준점성과표의 기록 및 관리]

지적삼각점측량	지적삼각보조점측량
1. 지적삼각점의 명칭과 기준 원점명	1. 번호 및 위치의 약도
2. 좌표 및 표고	2. 좌표와 직각좌표계 원점명
3. 경도 및 위도	3. 경도와 위도(필요한 경우로 한정)
4. 자오선수차	4. 표고(필요한 경우로 한정)
5. 시준점의 명칭, 방위각 및 거리	5. 소재지와 측량연월일
6. 소재지와 측량연월일	6. 도선등급 및 도선명
7. 그 밖의 참고사항	7. 표지의 재질
	8. 도면번호
	9. 설치기관
	10. 조사연월일, 조사자 직위 성명 등

88. 공간정보의 구축 및 관리 등에 관한 법령상 지목 설정이 올바르게 연결된 것은?

① 체육용지 - 실내체육관, 승마장
② 유원지 - 스키장, 어린이 놀이터
③ 잡종지 - 원상회복을 조건으로 돌을 캐내는 곳
④ 염전 - 동력을 이용하여 소금을 제조하는 공장시설물의 부지

해설 [공간정보의 구축 및 관리 등에 관한 법률 시행령 제58조 (지목의 구분)]
① 체육용지 : 국민의 건강증진 등을 위한 체육활동에 적합한 시설과 형태를 갖춘 종합운동장·실내체육관·야구장·골프장·스키장·승마장·경륜장 등 체육시설의 토지와 이에 접속된 부속시설물의 부지. 다만, 체육시설로서의 영속성과 독립성이 미흡한 정구장·골프연습장·실내수영장 및 체육도장, 유수(流水)를 이용한 요트장 및 카누장, 산림 안의 야영장 등의 토지는 제외한다.
② 유원지 : 일반 공중의 위락·휴양 등에 적합한 시설물을 종합적으로 갖춘 수영장, 유선장, 낚시터, 어린이놀이터, 동물원, 식물원, 민속촌, 경마장 등의 토지와 이에 접속된 부속시설물의 부지는 유원지로 한다.
③ 잡종지 : 갈대밭, 실외에 물건을 쌓아두는 곳, 돌을 캐내는 곳, 흙을 파내는 곳, 야외시장, 비행장, 공동우물
④ 염전 : 바닷물을 끌어들여 소금을 채취하기 위하여 조성된 토지와 이에 접속된 제염장(製鹽場) 등 부속시설물의 부지. 다만, 천일제염 방식으로 하지 아니하고 동력으로 바닷물을 끌어들여 소금을 제조하는 공장시설물의 부지는 제외한다.

89. 부동산등기법에 따라 미등기의 토지에 관한 소유권보존등기를 신청할 수 없는 자는?

① 토지대장에 최초의 소유자로 등록되어 있는 자
② 확정판결에 의하여 자기의 소유권을 증명하는 자
③ 수용으로 인하여 소유권을 취득하였음을 증명하는 자
④ 토지에 대하여 지적소관청의 확인에 의하여 자기의 소유권을 증명하는 자

해설 [부동산등기법 제65조(소유권보존등기의 신청인)]
1. 토지대장, 임야대장 또는 건축물대장에 최초의 소유자로 등록되어 있는 자 또는 그 상속인, 그 밖의 포괄승계인
2. 확정판결에 의하여 자기의 소유권을 증명하는 자
3. 수용(收用)으로 인하여 소유권을 취득하였음을 증명하는 자
4. 특별자치도지사, 시장, 군수 또는 구청장(자치구의 구청장을 말한다)의 확인에 의하여 자기의 소유권을 증명하는 자(건물의 경우로 한정한다)

90. 지적공부의 열람, 등본 발급 및 수수료에 대한 설명으로 옳지 않은 것은?

① 성능검사대행자가 하는 성능검사 수수료는 현금으로 내야 한다.
② 인터넷으로 지적도면을 발급할 경우 그 크기는 가로 21cm, 세로 30cm이다.
③ 지적기술자격을 취득한 자가 지적공부를 열람하는 경우에는 수수료를 면제한다.
④ 전산파일로 된 경우에는 당해 지적소관청이 아닌 다른 지적소관청에 신청할 수 있다.

해설 [지적공부의 열람 및 등본 발급]
지적측량업무에 종사하는 측량기술자가 지적공부를 열람하는 경우에는 수수료를 면제한다.

91. 다음 중 도시·군관리계획의 입안권자가 아닌 자는?

① 군수   ② 구청장
③ 광역시장   ④ 특별시장

해설 [도시·군 관리계획의 입안권자]
도시·군관리계획은 특별시장, 광역시장, 특별자치시장, 특별자치도지사, 시장 또는 군수가 관할구역에 대하여 입안하여야 한다.

정답 83. ① 84. ④ 85. ② 86. ② 87. ② 88. ① 89. ④ 90. ③ 91. ②

92. 토지의 이동이 있을 때 지적공부에 등록하는 지번·지목·면적·경계 또는 좌표를 결정하는 자는?

① 시·도지사 ② 지적소관청
③ 지적측량업자 ④ 행정안전부장관

해설 지적공부에 등록하는 지번·지목·면적·경계 또는 좌표는 토지의 이동이 있을 때 토지소유자의 신청을 받아 지적소관청이 결정한다.
신청이 없는 경우 지적소관청이 직권으로 조사·측량하여 결정할 수 있다.

93. 지적기준점성과의 관리 등에 대한 설명으로 옳은 것은?

① 지적도근점성과는 지적소관청이 관리한다.
② 지적삼각점성과는 지적소관청이 관리한다.
③ 지적삼각보조점성과는 시·도지사가 관리한다.
④ 지적소관청이 지적삼각점을 변경하였을 때에는 그 측량성과를 국토교통부장관에게 통보한다.

해설 [지적측량 시행규칙 제3조(지적기준점성과의 관리 등)]
1. 지적삼각점성과는 특별시장·광역시장·도지사 또는 특별자치도지사가 관리하고, 지적삼각보조점성과 및 지적도근점성과는 지적소관청이 관리할 것
2. 지적소관청이 지적삼각점을 설치하거나 변경하였을 때에는 그 측량성과를 시·도지사에게 통보할 것
3. 지적소관청은 지형·지물 등의 변동으로 인하여 지적삼각점성과가 다르게 된 때에는 지체 없이 그 측량성과를 수정하고 그 내용을 시·도지사에게 통보할 것

94. 국토의 계획 및 이용에 관한 법률상 심의를 거치지 아니하고 한 차례만 2년 이내의 기간 동안 개발행위허가의 제한을 연장할 수 있는 지역이 아닌 곳은?

① 기반시설부담구역으로 지정된 지역
② 지구단위계획구역으로 지정된 지역
③ 개발행위로 인하여 주변의 환경·경관·미관·문화재 등이 크게 오염되거나 손상될 우려가 없는 지역
④ 도시·군관리계획을 수립하고 있는 지역으로서 그 도시·군관리계획이 결정될 경우 용도지역의 변경이 예상되고 그에 따라 개발행위허가의 기준이 크게 달라질 것으로 예상되는 지역

해설 [국토의 계획 및 이용에 관한 법률 제63조(개발행위허가의 제한)]
중앙도시계획위원회나 지방도시계획위원회의 심의를 거치지 아니하고 한 차례만 2년 이내의 기간 동안 개발행위허가의 제한을 연장할 수 있다.
1. 녹지지역이나 계획관리지역으로서 수목이 집단적으로 자라고 있거나 조수류 등이 집단적으로 서식하고 있는 지역 또는 우량 농지 등으로 보전할 필요가 있는 지역
2. 개발행위로 인하여 주변의 환경·경관·미관·문화재 등이 크게 오염되거나 손상될 우려가 있는 지역
3. 도시·군기본계획이나 도시·군관리계획을 수립하고 있는 지역으로서 그 도시·군기본계획이나 도시·군관리계획이 결정될 경우 용도지역·용도지구 또는 용도구역의 변경이 예상되고 그에 따라 개발행위허가의 기준이 크게 달라질 것으로 예상되는 지역
4. 지구단위계획구역으로 지정된 지역
5. 기반시설부담구역으로 지정된 지역

95. 지적소관청을 직접 방문하여 1필지를 기준으로 토지대장 또는 임야대장에 대한 열람신청을 하거나 등본발급 신청을 할 경우 납부해야 하는 수수료는?

① 열람 : 200원, 등본발급 : 300원
② 열람 : 300원, 등본발급 : 500원
③ 열람 : 500원, 등본발급 : 700원
④ 열람 : 700원, 등본발급 : 1000원

해설 [지적공부 등본 및 열람 수수료]
① **토지대장, 임야대장 열람 : 300원, 등본발급 : 500원**(1필지)
② **지적도, 임야도 열람 : 400원, 등본발급 : 700원**(1장)
③ **경계점좌표등록부 열람 : 300원, 발급 : 500원**(1필지)

96. 지적측량업의 등록에 필요한 기술능력의 등급별 인원 기준으로 옳은 것은? (단, 상위 등급의 기술능력으로 하위 등급의 기술능력을 대체하는 경우는 고려하지 않는다.)

① 고급기술인 1명 이상
② 중급기술인 1명 이상
③ 초급기술인 1명 이상
④ 지적분야의 초급기능사 2명 이상

해설 [지적측량업 등록기준]
① 특급기술자 1명 또는 고급기술자 2명 이상
② 중급기술자 2명 이상
③ 초급기술자 1명 이상
④ 지적분야의 초급기능사 1명 이상
⑤ 장비
   토털스테이션 1대 이상
   자동제도장치 1대 이상

97. 공간정보의 구축 및 관리 등에 관한 법률상 2년 이하의 징역 또는 2천만원 이하의 벌금에 처하는 자로 옳지 않은 것은?

① 측량성과를 국외로 반출한 자
② 고의로 측량성과 또는 수로조사성과를 사실과 다르게 한 자
③ 측량기준점표지를 이전 또는 파손하거나 그 효용을 해치는 행위를 한 자
④ 측량업자로서 속임수, 위력(威力), 그 밖의 방법으로 측량업과 관련된 입찰의 공정성을 해친 자

98. 새로운 권리에 관한 등기를 마쳤을 때, 작성한 등기필정보를 등기권리자에게 통지하지 아니하는 경우로 옳지 않은 것은?

① 등기권리자를 대위하여 등기신청을 한 경우
② 국가 또는 지방자치단체가 등기권리자인 경우
③ 등기권리자가 등기필정보의 통지를 원하지 아니하는 경우
④ 등기필정보통지서를 수령할 자가 등기를 마친 때부터 1개월 이내에 그 서면을 수령하지 않은 경우

해설 [부동산등기법 제50조(등기필정보)]
① 등기관이 새로운 권리에 관한 등기를 마쳤을 때에는 등기필정보를 작성하여 등기권리자에게 통지하여야 한다. 다만, 다음 각 호의 어느 하나에 해당하는 경우에는 그러하지 아니하다.
  1. 등기권리자가 등기필정보의 통지를 원하지 아니하는 경우
  2. 국가 또는 지방자치단체가 등기권리자인 경우
  3. 제1호 및 제2호에서 규정한 경우 외에 대법원규칙으로 정하는 경우

[부동산등기규칙 제109조(등기필정보를 작성 또는 통지할 필요가 없는 경우)]
① 등기필정보를 전산정보처리조직으로 통지받아야 할 자가 수신이 가능한 때부터 3개월 이내에 전산정보처리조직을 이용하여 수신하지 않은 경우
② 등기필정보통지서를 수령할 자가 등기를 마친 때부터 3개월 이내에 그 서면을 수령하지 않은 경우
③ 법 제23조제4항에 따라 승소한 등기의무자가 등기신청을 한 경우
④ 법 제28조에 따라 등기권리자를 대위하여 등기신청을 한 경우
⑤ 법 제66조제1항에 따라 등기관이 직권으로 소유권보존등기를 한 경우

99. 지적삼각점의 지적측량성과와 검사 성과와의 연결교차 허용범위로 옳은 것은? (단, 그 지적측량성과에 관하여 다른 입증을 할 수 있는 경우는 제외한다.)

① 0.10m 이내　　② 0.15m 이내
③ 0.20m 이내　　④ 0.25m 이내

해설 [경계점좌표등록부 시행지역의 측량성과와 검사성과의 연결교차]
① **지적삼각점측량**: 0.20m 이내
② **지적삼각보조점측량**: 0.25m 이내
③ **지적도근점측량**: 0.15m 이내, **그 밖의 지역**: 0.25m 이내
④ **세부측량**: 0.10m 이내, **그 밖의 지역**: $\frac{3}{10}M$mm 이내

100. 다음 중 지적소관청이 지적공부의 등록사항에 잘못이 있는지를 직권으로 조사·측량하여 정정할 수 있는 경우에 해당하지 않는 것은?

① 미등기 토지의 소유자를 변경하는 경우
② 지적공부의 작성 또는 재작성 당시 잘못 정리된 경우
③ 토지이동정리 결의서의 내용과 다르게 정리된 경우
④ 지적도 및 임야도에 등록된 필지가 면적의 증감 없이 경계의 위치만 잘못된 경우

해설 [공간정보의 구축 및 관리 등에 관한 법률 시행령 제82조 (등록사항의 직권정정 등)]
1. 토지이동정리 결의서의 내용과 다르게 정리된 경우
2. 지적도 및 임야도에 등록된 필지가 면적의 증감 없이 경계의 위치만 잘못된 경우
3. 1필지가 각각 다른 지적도나 임야도에 등록되어 있는 경우로서 지적공부에 등록된 면적과 측량한 실제면적은 일치하지만 지적도나 임야도에 등록된 경계가 서로 접합되지 않아 지적도나 임야도에 등록된 경계를 지상의 경계에 맞추어 정정하여야 하는 토지가 발견된 경우
4. 지적공부의 작성 또는 재작성 당시 잘못 정리된 경우
5. 지적측량성과와 다르게 정리된 경우
6. 법 제29조제10항에 따라 지적공부의 등록사항을 정정하여야 하는 경우
7. 지적공부의 등록사항이 잘못 입력된 경우
8. 「부동산등기법」 제37조제2항에 따른 통지가 있는 경우 (지적소관청의 착오로 잘못 합병한 경우만 해당한다)
9. 면적 환산이 잘못된 경우

2019년도 제2회 지적기사 기출문제

1과목 지적측량

01. 사각망조정계산에서 각규약, 변규약, 점규약 조건식의 수로 올바르게 짝지어진 것은?

① 각규약 : 2개, 변규약 : 1개, 점규약 : 1개
② 각규약 : 1개, 변규약 : 3개, 점규약 : 0개
③ 각규약 : 3개, 변규약 : 1개, 점규약 : 0개
④ 각규약 : 3개, 변규약 : 1개, 점규약 : 1개

해설 [사각망조정계산의 규약의 개수]
① 각규약 : 3개 ② 망규약(점규약) : 0개 ③ 변규약 : 1개

02. 다음 중 데오드라이트의 3축 조건으로 옳지 않은 것은?

① 시준축 ⊥ 수평축   ② 수평축 ⊥ 수직축
③ 수직축 ⊥ 기포관축 ④ 시준축 // 연직축

해설 [완전한 각조정 조건]
1) 기포관축과 연직축은 직교해야 한다. (L ⊥ V)
2) 시준선과 수평축은 직교해야 한다. (S ⊥ H)
3) 수평축과 연직축은 직교해야 한다. (H ⊥ V)

03. 다음 중 평판측량방법에 따른 세부측량을 교회법으로 하는 경우의 기준 및 방법에 대한 설명으로 옳지 않은 것은?

① 전방교회법 또는 측방교회법에 따른다.
② 방향각의 교각을 30° 이상 150° 이하로 한다.
③ 광파조준의를 사용하는 경우 방향선의 도상길이는 최대 30cm 이하로 한다.
④ 측량결과 시오삼각형이 생긴 경우 내접원의 반지름이 1mm 이하일 때에는 그 중심을 점의 위치로 한다.

해설 [평판측량방법에 따른 세부측량을 교회법으로 하는 경우의 기준]
① 방향선의 도상길이는 측판의 방위표정에 사용한 방향선의 도상길이 이하로서 10cm 이하로 한다. 다만, 광파조준의를 사용하는 경우에는 30cm 이하로 할 수 있다.
② 측량결과 시오삼각형이 생긴 경우 내접원의 지름이 1mm 이하인 때에는 그 중심을 점의 위치로 한다.

04. 경위의로 수평각을 측정하는데 50m 떨어진 곳에 지름 2cm인 폴(pole)의 외곽을 시준했을 때 수평각에 생기는 오차량은?

① 약 41초   ② 약 83초
③ 약 98초   ④ 약 102초

해설 거리측정의 정밀도와 각측정의 정밀도가 동일하다고 하면
$\frac{\Delta l}{L} = \frac{\Delta \alpha}{\rho}$ 이므로
$\Delta \alpha = \frac{\Delta l}{L} \times \rho = \frac{0.01m}{50m} \times \frac{180°}{\pi} ≒ 41''$

05. 광파기측량방법에 따라 다각망도선법으로 지적도근점측량을 할 때 1도선의 점의 수는 몇 개 이하로 하여야 하는가?

① 10개　　② 20개
③ 30개　　④ 40개

해설 [지적측량 시행규칙 제12조(지적도근점측량)]
① 지적도근점측량의 도선은 1등도선과 2등도선으로 구분한다.
② 다각망도선법으로 지적도근점측량을 할 때에 1도선의 점의 수는 20개 이하로 한다.
③ 도선법, 교회법 또는 다각망도선법으로 구성하여야 한다.

06. 평판측량방법에 따른 세부측량을 도선법으로 하는 경우, 변의 수가 16개인 도선의 도상허용오차 한도는?

① 1.0mm　　② 1.1mm
③ 1.2mm　　④ 1.3mm

해설 최대도선의 변수가 16변이므로
도상허용오차의 한도= $\frac{\sqrt{16}}{3}=1.3mm$ 이다.

07. 삼각측량에 의해 계산된 측지방위각과 천문측량에 의해 측정된 값을 비교하여 그 차이를 조정함으로써 보다 정확한 위치를 결정하기 위해 이용하는 관계식은?

① 리먼(Lehman) 정리
② 가우스(Gauss) 정리
③ 라플라스(Laplace) 정리
④ 르장드르(Legendre) 정리

해설 [라플라스의 정리]
라플라스점에서 삼각측량에 의해 계산된 측지방위각과 천문측량에 의해 관측된 값들을 Laplace 방정식에 적용하고 계산한 측지방위각을 비교하여 그 차이를 조정하면 정확한 위치결정이 가능하고 삼각망의 비틀림을 바로 잡을 수 있다.

08. 지적측량성과를 결정함에 있어 측량성과와 검사성과의 연결교차 허용범위의 연결이 옳은 것은? (단, M은 축척분모)

① 지적삼각점: 0.15m
② 지적삼각보조점: 0.20m
③ 지적도근점(경계점좌표등록부 시행지역): 0.15m
④ 경계점(경계점좌표등록부 시행지역): 10분의 3Mmm

해설 [지적측량시행규칙 제27조(지적측량성과의 결정)]
1. 지적삼각점: 0.20미터
2. 지적삼각보조점: 0.25미터
3. 지적도근점
  가. 경계점좌표등록부 시행지역: 0.15미터
  나. 그 밖의 지역: 0.25미터
4. 경계점
  가. 경계점좌표등록부 시행지역: 0.10미터
  나. 그 밖의 지역: 10분의 3M밀리미터 (M은 축척분모)

09. 지적도근점측량에서 연결오차의 허용범위 기준을 결정하는 경우, 경계점좌표등록부를 갖춰 두는 지역의 축척분모는 얼마로 하여야 하는가?

① 500　　② 600
③ 1200　　④ 3000

해설 경계점좌표등록부를 비치하는 지역에서 연결오차 허용범위의 축척분모는 500으로 한다.

10. 점간 거리를 3회 측정하여 23cm, 24cm, 25cm의 측정치를 얻었다면, 평균제곱근 오차는?

① $\pm 1/\sqrt{2}$　　② $\pm 1/\sqrt{3}$
③ $\pm 1/2$　　④ $\pm 1/3$

해설 ① 최확값(MPV)
$MPV = \frac{23+24+25}{3} = 24$
② 최확값의 평균제곱근오차
$\sigma = \pm\sqrt{\frac{\sum v^2}{n(n-1)}} = \pm\sqrt{\frac{(-1)^2+(1)^2}{3(3-1)}} = \pm\sqrt{\frac{1}{3}}$

11. 지적소관청은 지적도면의 관리에 필요한 경우에는 지번부여지역마다 일람도와 지번색인표를 작성하여 갖춰 둘 수 있다. 이 때 일람도를 작성하지 아니할 수 있는 경우는 도면이 몇 장 미만일 때인가?

① 4장   ② 5장
③ 6장   ④ 7장

해설 [일람도의 작성 기준]
① 일람도의 축척은 그 도면축척의 1/10로 함
② 도면의 장수가 많아 1장에 작성할 수 없는 경우 축척을 줄여서 작성할 수 있음
③ 도면의 장수가 4장 미만인 경우 일람도의 작성을 하지 않을 수 있음

12. 다각망도선법에 따른 지적삼각보조점의 관측 및 계산 기준에 대한 설명으로 옳지 않은 것은? (단, n은 폐색변을 포함한 변의 수, S는 도선의 거리를 1천으로 나눈 수를 말한다.)

① 수평각관측은 배각법에 따를 수 있다.
② 관측은 20초독 이상의 경위의를 사용하도록 한다.
③ 도선별 연결오차는 (0.05+0.05×S)미터 이하로 한다.
④ 종·횡선오차의 배부는 종·횡선차 길이에 비례하여 배부한다.

해설 [광파기측량방법, 다각망도선법의 도선별 연결오차]
$(0.05+0.05 \times S)$ 미터 이하이며 S는 도선거리/1,000

13. 면적측정 방법에 관한 아래 내용 중 ㉠, ㉡에 알맞은 것은?

전자면적측정기에 따른 면적측정에 있어서 도상에서 (㉠)회 측정하여 그 교차가 허용면적 이하일 때에는 그 평균치를 측정면적으로 정하는데, 허용면적의 계산식은 (㉡)이다.

① ㉠:2회, ㉡:$A=0.023M\sqrt{F}$
② ㉠:2회, ㉡:$A=0.023^2M\sqrt{F}$
③ ㉠:3회, ㉡:$A=0.026M\sqrt{F}$
④ ㉠:3회, ㉡:$A=0.026^2M\sqrt{F}$

해설 전자면적측정기에 의한 면적측정은 도상에서 2회 측정하여 그 교차가 $A=0.023^2M\sqrt{F}$식에 의한 허용면적 이하인 때에는 그 평균치를 측정면적으로 한다.(여기서, A : 허용면적, M : 축척분모, F : 2회 측정한 면적의 합계를 2로 나눈 수)

14. 수평각 관측에서 망원경의 정위와 반위로 관측을 하는 목적은?

① 눈금오차를 방지하기 위하여
② 연직축 오차를 방지하기 위하여
③ 시준축 오차를 제거하기 위하여
④ 굴절보정 오차를 제거하기 위하여

해설 수평각 관측에서 망원경의 정위와 반위로 관측하는 목적은 시준축 오차를 제거하기 위함이다.

15. 배각법에 의한 지적도근점측량 시 종·횡선차합이 각각 200.25m, −150.44m, 종·횡선차 절대치의 합이 각각 200.25m, 150.44m, 출발점의 좌표값이 각각 1000.00m, 1000.00m, 도착점의 좌표값이 각각 1200.15m, 849.58m일 때 연결오차로 옳은 것은?

① 0.10m   ② 0.11m
③ 0.12m   ④ 0.13m

해설 ① 측량시 종선차 $\Delta x = 1200.15 - 1000 = 200.15m$
② 측량시 횡선차 $\Delta y = 849.58 - 1000 = -150.42m$
③ 연결오차
$= \sqrt{(200.15-200.25)^2 + (150.42-150.44)^2} = 0.10m$

정답 05.② 06.④ 07.③ 08.③ 09.① 10.② 11.① 12.③ 13.② 14.③ 15.①

16. 좌표면적계산법에 따른 면적측정 시 산출면적의 결정 기준으로 옳은 것은?

① 10분의 $1m^2$ 까지 계산하여 $1m^2$ 단위로 정한다.
② 100분의 $1m^2$ 까지 계산하여 $1m^2$ 단위로 정한다.
③ 100분의 $1m^2$ 까지 계산하여 10분의 $1m^2$ 단위로 정한다.
④ 1000분의 $1m^2$ 까지 계산하여 10분의 $1m^2$ 단위로 정한다.

해설 [좌표면적계산법]
① 도곽에 0.2밀리미터 이상의 신축이 있을 경우 보정하여야 한다.
② 경위의측량으로 세부측량을 시행한 지역의 면적측정방법이다.
③ 산출면적은 1,000분의 1제곱미터까지 계산하여 10분의 1제곱미터 단위로 정한다.

17. 지적삼각보조점측량을 다각망도선법에 의할 경우 폐색오차의 범위로 옳은 것은? (단, n은 폐색변을 포함한 변의 수이다.)

① $±10\sqrt{n}$ 초 이내
② $±20\sqrt{n}$ 초 이내
③ $±30\sqrt{n}$ 초 이내
④ $±40\sqrt{n}$ 초 이내

해설 도선별 평균방위각과 관측방위각의 폐색오차는 $±10\sqrt{n}$ 이내로 한다.

18. 시·도지사가 지적삼각점성과를 관리할 때 지적삼각점성과표에 기록·관리하여야 하는 사항에 해당하지 않는 것은?

① 자오선수차
② 표지의 재질
③ 좌표 및 표고
④ 지적삼각점의 명칭

해설 [지적기준점성과표의 기록 및 관리]

지적삼각점측량	지적삼각보조점측량
1. 지적삼각점의 명칭과 기준 원점명	1. 번호 및 위치의 약도
2. 좌표 및 표고	2. 좌표와 직각좌표계 원점명
3. 경도 및 위도	3. 경도와 위도(필요한 경우로 한정)
4. 자오선수차	4. 표고(필요한 경우로 한정)
5. 시준점의 명칭, 방위각 및 거리	5. 소재지와 측량연월일
6. 소재지와 측량연월일	6. 도선등급 및 도선명
7. 그 밖의 참고사항	7. 표지의 재질
	8. 도면번호
	9. 설치기관
	10. 조사연월일, 조사자 직위 성명 등

19. 지적삼각점의 계산에서 자오선수차의 계산단위는?

① 초아래 1자리
② 초아래 3자리
③ 초아래 5자리
④ 초아래 6자리

해설 [지적삼각측량의 계산 단위]
① 각 : 초
② 변의 길이 : cm
③ 진수 : 6자리 이상
④ 좌표 : cm
⑤ 자오선수차 : 초아래 1자리

20. 축척이 3000분의 1인 지역에서 등록전환을 하는 경우 면적이 $2500m^2$일 때 등록전환에 따른 오차의 허용범위로 옳은 것은?

① $±101m^2$
② $±102m^2$
③ $±202m^2$
④ $±203m^2$

해설 [등록전환에 따른 오차의 허용범위]
축척이 3천분의 1인 지역은 축척분모는 6천으로 한다.
$A = 0.026^2 M\sqrt{F}$ 에서 A:오차허용면적, M:축척의 분모, F:등록전환될 면적
$A = 0.026^2 \times 6,000 \times \sqrt{2,500} = 202.80 m^2$

2과목 응용측량

21. 노선측량 순서에서 중심선을 선정하고 도상 및 현지에 설치하는 단계는?

① 계획조사측량 ② 실시설계측량
③ 세부측량 ④ 노선선정

해설 [노선측량의 순서]
① 노선선정
② 계획조사측량 : 지형도작성, 비교노선선정, 종·횡단면도 작성, 개략노선 결정
③ 실시설계측량 : 지형도작성, 중심선선정, 중심선설치, 다각측량, 고저측량
④ 세부측량 : 구조물의 장소에 대해 평면도와 종단면도 작성
⑤ 공사측량 : 노선측량의 점검 목적으로 공사 이후에 수행하는 측량

22. 그림과 같이 터널 내 수준측량에서 A점의 표고가 450.50m이었다면 B점의 표고는?

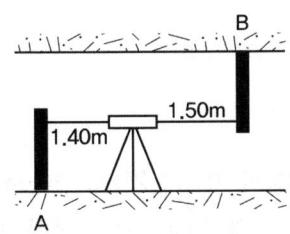

① 450.40m ② 450.60m
③ 453.40m ④ 453.60m

해설 $H_B = H_A +$ 후시 $-$ 전시 $= 450.50 + 1.40 - (-1.50)$
$= 453.40m$

23. 터널측량에 관한 설명으로 옳지 않은 것은?

① 터널측량은 크게 터널 내 측량, 터널 외 측량, 터널 내외 연결측량으로 나눈다.
② 터널 내외 연결측량은 지상측량의 좌표와 지하측량의 좌표를 같게 하는 측량이다.
③ 터널 내외 연결측량 시 추를 드리울 때는 보통 피아노선이 이용된다.
④ 터널 내외 연결측량 방법 중 가장 일반적인 것은 다각법이다.

해설 [터널 내외의 연결측량]
① 깊은 수갱은 피아노선이 사용되며 무게는 50~60kg
② 추는 얕은 수갱일 경우 철선, 동선 등이 사용되며, 무게는 5kg 이하
③ 추가 진동하므로 직각방향으로 진동의 위치를 10회 이상 관측하여 평균값으로 정지점을 정함
④ 하나의 수갱에서 두 개의 추를 달아 이것에 의하여 연직면을 결정하고 그 방위각을 지상에서 측정하여 지하의 측량에 연결
⑤ 수갱 밑바닥에는 물 또는 기름을 넣은 통을 두어 추의 진동을 감소시킴

24. 사진의 크기가 23cm×23cm이고 사진의 주점 기선길이가 8cm이었다면 종중복도는?

① 약 43% ② 약 65%
③ 약 67% ④ 약 70%

해설 주점기선장은 모델에서 처음사진과 다음사진과의 거리를 말한다. 즉 겹치지 않은 순수한 사진 한장의 길이이므로
종중복도 $p = \dfrac{겹친 부분}{사진의 크기} = \dfrac{23-8}{23} \times 100(\%) = 65.3\%$

25. 수준측량시 중간점이 많을 경우에 가장 편리한 야장기입법은?

① 고차식 ② 승강식
③ 교차식 ④ 기고식

정답 16.④ 17.① 18.② 19.① 20.③ 21.② 22.③ 23.④ 24.② 25.④

해설 [수준측량 야장기입법]
① **고차식** : 중간점없이 이기점 전시와 후시로만 관측된 야장으로 가장 간단하다.
② **승강식** : 완전한 검사로 정밀측량에 적당하나, 중간점이 많으면 계산이 복잡하고 시간과 비용이 많이 든다.
③ **기고식** : 중간점이 많을 경우 편리하나 완전한 검산을 할 수 없는 단점에도 가장 많이 사용되는 방법이다.

26. 축척 1:1000의 도면을 이용하여 측정한 면적이 2600m²였다. 이 도면의 종·횡 크기가 모두 1.5%씩 줄어 있었다면 실제면적은?

① 2510m² ② 2520m²
③ 2610m² ④ 2680m²

해설 면적오차와 거리오차의 비 $\frac{dA}{A} = 2 \times \frac{dl}{l}$ 에서

$\frac{dA}{2600} = 2 \times \frac{1.5}{100}$ 이므로 $dA = 2 \times \frac{1.5}{100} \times 2600 = 78$

실제면적 = $2600 + 78 = 2678 m^2$

27. 지하시설물관이나 케이블에 교류전류를 흐르게 하여 발생시킨 교류자장을 측정하여 평면위치 및 깊이를 측정하는 측량방법은?

① 원자탐사법
② 음파탐사법
③ 전자유도탐사법
④ 지중레이더탐사법

해설 [지하시설물 탐사의 종류]
① **지중레이더측량기법(GPR)** : 전자파의 반사특성을 이용하여 지하시설물을 측량하는 방법 (지표투과레이더 탐사법)
② **음파탐측법** : 비금속지하시설물에 이용하는 방법으로 물이 흐르는 관내부에 음파신호를 보내면 관내부에 음파가 발생하는데 이때 수신기를 이용하여 발생한 음파를 측량하는 기법

28. 곡선길이가 104.7m이고, 곡선반지름이 100m일 때, 곡선시점과 곡선종점 간의 곡선길이와 직선거리(장현)의 거리 차는?

① 4.7m ② 5.3m
③ 10.9m ④ 18.1m

해설 ① 곡선길이와 장현의 거리차
$$l - C = \frac{C^3}{24R^2} = \frac{104.7^3}{24 \times 100^2} = 4.78m$$
② 부채꼴의 중심각 $\theta = \frac{104.7}{100}\rho = 59°59'19.25''$
③ 장현 $C = 2R\sin\frac{\theta}{2} = 2 \times 100 \times \sin\frac{59°59'19.25''}{2}$
$\fallingdotseq 100m$
③ 곡선길이와 장현의 거리차 $l - C = 104.7 - 100 = 4.7m$

29. 등고선에 대한 설명으로 옳지 않은 것은?

① 계곡선 간격이 100m이면 주곡선 간격은 20m이다.
② 계곡선은 주곡선보다 굵은 실선으로 그린다.
③ 주곡선 간격이 10m이면 축척 1:10,000 지형도이다.
④ 간곡선 간격이 2.5m이면 주곡선 간격은 5m이다.

해설 1:25,000 지형도의 주곡선 간격은 10m이다.

30. 종·횡방향의 거리가 25km×10km인 지역을 종중복(P) 60%, 횡중복(Q) 30%, 사진축척 1:5,000으로 촬영하였을 때의 입체 모델 수는? (단, 사진의 크기는 23cm×23cm이다)

① 356매 ② 534매
③ 625매 ④ 715매

해설 ① 종모델수 $D = \frac{S_1}{B} = \frac{25,000}{5,000 \times 0.23 \times (1-0.6)} = 55$
② 촬영경로수 $D' = \frac{S_2}{C} = \frac{10,000}{5,000 \times 0.23 \times (1-0.3)} = 13$
③ 입체모델수 $N = D \times D' = 55 \times 13 = 715$

31. GNSS 측량의 구성에서 제어부분(지상관제국)이 실시하는 주 임무에 해당되지 않는 것은?

① 수신기의 위치결정 및 시각비교
② 궤도와 시각결정을 위한 위성의 추적
③ 위성의 궤도 수정 및 위성 상태 유지·관리
④ 위성시간의 동일화 및 위성으로의 자료전송

해설 수신기의 위치결정 및 시각비교는 관측자 중심의 사용자 부분에 해당하는 내용이다.

32. 정밀도 저하율(DOP : Dilution of Precision)에 대한 설명으로 틀린 것은?

① 정밀도 저하율의 수치가 클수록 정확하다.
② 위성들의 상대적인 기하학적 상태가 위치결정에 미치는 오차를 표시한 것이다.
③ 무차원수로 표시된다.
④ 시간의 정밀도에 의한 DOP의 형식을 TDOP라 한다.

해설 [DOP(Dilution of Precision), 정밀도 저하율]
① 위성의 배치에 따른 정밀도 저하율을 의미한다.
② 높은 DOP는 위성의 기하학적 배치 상태가 나쁘다는 것을 의미한다.
③ 수신기를 가운데 두고 4개의 위성이 정사면체를 이룰 때, 즉 최대 체적일 때 GDOP, PDOP 등이 최소가 된다.
④ DOP 상태가 좋지 않을 때는 정밀 측량을 피하는 것이 좋다.

33. 하천, 호수, 항만 등의 수심을 숫자로 도상에 나타내는 지형표시 방법은?

① 등고선법 ② 음영법
③ 모형법   ④ 점고법

해설 [지형도 표시방법 중 부호도법]
① 점고법 : 하천, 항만, 해양측량 등에서 심천측량을 한 측점에 숫자를 기입하여 고저를 표시하는 방법
② 채색법 : 색조를 이용하여 고저를 표시하는 방법
③ 등고선법 : 일정한 높이의 수평면으로 지형을 절단했을 때의 잘린 면의 곡선을 이용하여 지형을 표시

34. 그림과 같이 곡선중점(E)을 E'로 이동하여 교각의 변화 없이 새로운 곡선을 설치하고자 한다. 새로운 곡선의 반지름은?

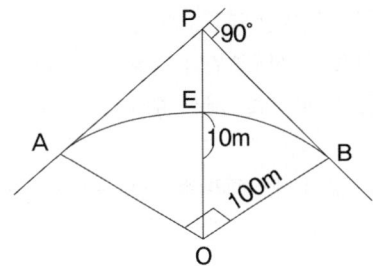

① 68m   ② 90m
③ 124m ④ 200m

해설 ① 구곡선
$$E = R\left(\sec\frac{I}{2} - 1\right) = 100 \times \left(\frac{1}{\cos\frac{90°}{2}} - 1\right) = 41.421m$$

② 신곡선 $E' = E + 10 = R\left(\sec\frac{I}{2} - 1\right)$ 이므로
$$R = \frac{41.421 + 10}{\sec\frac{I}{2} - 1} = \frac{51.421}{\frac{1}{\cos\frac{90°}{2}} - 1} ≒ 124m$$

35. 단일 주파수 수신기와 비교할 때, 이중 주파수 수신기의 특징에 대한 설명으로 옳은 것은?

① 전리층 지연에 의한 오차를 제거할 수 있다.
② 단일 주파수 수신기보다 일반적으로 가격이 저렴하다.
③ 이중 주파수 수신기는 C/A코드를 사용하고 단일 주파수 수신기는 P코드를 사용한다.
④ 단거리 측량에 비하여 장거리 기선측량에서는 큰 이점이 없다.

해설 L_1과 L_2의 2중 주파수 수신기를 사용하게 되면 전리층 오차를 제거할 수 있다.

36. 지형도를 이용하여 작성할 수 있는 자료에 해당되지 않는 것은?

① 종·횡단면도 작성
② 표고에 의한 평균유속 결정
③ 절토 및 성토범위의 결정
④ 등고선에 의한 체적 계산

해설 표고에 의한 평균유속의 결정은 연속방정식에 의해 유량을 계산할 수 있는 자료이다.

37. 폭이 넓은 하천을 횡단하여 정밀하게 수준측량을 실시할 때 가장 좋은 방법은?

① 교호 수준측량에 의해 실시
② 삼각측량에 의해 실시
③ 시거측량에 의해 실시
④ 육분의에 의해 실시

해설 [교호 수준측량]
① 하천, 계곡 등이 있어 중간 지점에 레벨을 세울 수 없는 경우 실시
② 사용되는 기계는 레벨과 수준척(표척)으로 일반 수준측량과 동일
③ 양안에서 표척의 시준거리를 같게 설치
④ 구차, 기차, 구조적 오차가 소거가능하며, 정밀수준측량으로 활용

38. 반지름이 다른 2개의 원곡선이 그 접속점에서 공통접선을 갖고 그것들의 중심이 공통접선에 대하여 같은 쪽에 있는 곡선은?

① 반향곡선 ② 머리핀곡선
③ 복심곡선 ④ 종단곡선

해설 [복합곡선(Compound Curve)의 종류]
① 복심곡선 : 반경이 다른 2개의 원곡선이 1개의 공통접선을 같은 방향에서 연결하는 곡선
② 반향곡선 : 반경이 다른 2개의 원곡선이 1개의 공통접선의 서로 반대쪽에 있는 곡선중심을 연결하는 곡선
③ 배향곡선 : 반향곡선을 연속시켜 머리핀 같은 형태의 곡선으로 된 것으로 머리핀곡선이라고도 함

39. 다음 중 수동적 센서에 해당하는 것은?

① 항공사진카메라
② SLAR(Side Looking Airborne Rader)
③ 레이다
④ 레이저 스캐너

해설 수동적 센서는 대상물에서 반사되는 전자기파를 수집하는 장치이며, 능동적 센서는 대상물에 전자기파를 발사한 후 반사되는 전자기파를 수집하는 장치이다. 대표적인 능동적 센서로는 Laser, Radar 등이 있다.

40. 굴뚝의 높이를 구하기 위하여 A, B점에서 굴뚝 끝의 경사각을 관측하여 A점에서는 30°, B점에서는 45°를 얻었다. 이 때 굴뚝의 표고는? (단, AB의 거리는 22m, A,B 및 굴뚝의 하단은 일직선상이 있고, 기계고(I.H)는 A, B 모두 1m이다.)

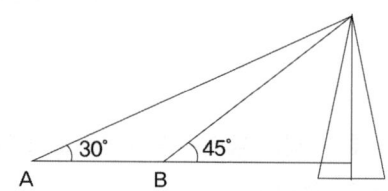

① 30m ② 31m
③ 33m ④ 35m

해설 B점에서의 각도가 45°이므로 BC=H
$\tan 30° = \dfrac{H}{22+BC} = \dfrac{H}{22+H}$ 에서
$H = (22+H) \times \tan 30°$ 이고 이항하여 정리하면

$(1-\tan 30°)H = 22 \times \tan 30°$

$H = 30.05m$

굴뚝의 표고는 기계고 1m를 합산하여 계산하므로 31m

3과목 토지정보체계론

41. 토지정보체계의 특징에 해당되지 않는 것은?

① 지형도 기반의 지적정보를 대상으로 하는 위치참조 체계이다.
② 토지이용계획 및 토지관련 정책자료 등 다목적으로 활용이 가능하다.
③ 토지 1필지의 이동정리에 따른 정확한 자료가 저장되고 검색이 편리하다.
④ 지적도의 경계점 좌표를 수치로 등록함으로써 각종 계획업무에 활용할 수 있다.

해설 토지정보체계는 지적도 기반의 지적정보를 대상으로 하는 위치참조체계이다.

42. 행정구역의 명칭이 변경된 때에 지적소관청은 시·도지사를 경유하여 국토교통부장관에게 행정구역변경일 며칠 전까지 행정구역의 코드변경을 요청하여야 하는가?

① 7일 전   ② 10일 전
③ 15일 전 ④ 30일 전

해설 [지적사무전산처리규정 제26조(행정구역코드의 변경)]
① 행정구역의 명칭이 변경된 때에는 소관청은 시·도지사를 경유하여 국토교통부장관에게 행정구역변경일 10일 전까지 행정구역의 코드변경을 요청하여야 한다.
② 제1항의 규정에 의한 행정구역의 코드변경 요청을 받은 국토교통부장관은 지체없이 행정구역코드를 변경하고, 그 변경 내용을 관련기관에 통지하여야 한다.

43. 지적전산자료에 오류가 발생한 때의 정비내역 보존기간으로 옳은 것은?

① 2년   ② 3년
③ 5년   ④ 영구

해설 [지적전산자료의 정비]
① 지적소관청은 정비내역을 3년간 보존하여야 한다.
② 지적소관청은 지적전산자료에 오류가 발생한 때에는 지체없이 정비하여야 하고, 지적소관청이 처리할 수 없는 오류는 국토교통부장관에게 보고하여야 한다.
③ 보고를 받은 국토교통부장관은 오류가 정비될 수 있도록 필요한 조치를 하여야 한다.

44. 공간자료교환의 표준(SDTS)에 대한 설명으로 옳지 않은 것은?

① NSIS의 데이터 교환 표준화로 제정되었다.
② 모든 종류의 공간자료들을 호환하도록 하기 위한 내용을 기술하고 있다.
③ 위상구조정보로서 순서(order), 연결성(connectivity), 인접성(adjacency) 정보를 규정하고 있다.
④ 국방 분야의 지리정보 데이터 교환 표준으로서 미국과 주요 NATO 국가들이 채택하여 사용하고 있다.

해설 SDTS는 지리정보시스템을 구성함에 있어 각종 응용시스템들 사이에서 지리정보를 공유하기 위한 목적으로 개발된 공통데이터교환포맷을 말한다.

45. 토지정보시스템의 속성정보가 아닌 것은?

① 일람도 자료   ② 대지권등록부
③ 토지·임야대장 ④ 경계점좌표등록부

해설 [지적정보의 구분]
① **속성정보** : 토지대장, 임야대장, 공유지연명부, 대지권등록부, 지번, 면적, 개별공시지가, 경계점좌표등록부
② **공간정보** : 지적도, 임야도, 일람도, 경계점좌표등록부

46. 우리나라 지적도에서 사용하는 평면직각좌표계의 경우 중앙경선에서의 축척계수는?

① 0.9996
② 0.9999
③ 1.0000
④ 1.5000

해설 우리나라에서 지적도 제작에 사용되는 TM투영의 중앙자오선에서의 축척계수는 1.00000이며, 중앙자오선 이외 지역에서의 축척계수는 1보다 크다.

47. 필지중심토지정보시스템의 구성 체계 중, 지적측량업무를 지원하는 시스템으로서 지적측량업무의 자동화를 통하여 생산성과 정확성을 높여주는 시스템은?

① 지적측량시스템
② 지적행정시스템
③ 공간정보관리시스템
④ 지적공부관리시스템

해설 [필지중심토지정보체계(PBLIS)의 구성]
① **지적공부관리시스템** : 사용자권한관리, 지적측량검사업무, 토지이동관리, 지적일반업무관리, 창구민원업무, 토지기록자료조회 및 출력, 지적통계관리, 정책정보관리 등 160여 종의 업무 제공
② **지적측량시스템** : 지적삼각측량, 지적삼각보조점측량, 지적도근점측량, 세부측량 등 170여종의 업무 제공
③ **지적측량성과작성시스템** : 지적측량을 위한 준비도 작성과 성과도의 입력 등으로 지적측량업무를 지원하며, 측량성과를 데이터베이스로 저장하여, 지적업무의 효율성 제고

48. 도시 현황의 파악 및 도시 계획, 도시 정비, 도시 기반 시설의 관리를 효과적으로 수행할 수 있는 시스템은?

① 교통 정보 시스템(TIS)
② 도시 정보 시스템(UIS)
③ 자원 정보 시스템(RIS)
④ 환경 정보 시스템(EIS)

해설 [UIS(Urban Information System), 도시정보체계]
① 도시지역의 위치 및 특성정보에 관한 DB를 구축하여 관리하므로 시정업무를 효율적으로 지원하는 정보체계
② 도시지역의 인구, 건물면적, 지명 등과 같이 숫자나 문자로 표시되는 속성정보와 지형, 행정경계, 도로 등과 같이 지도나 도면에 의해 표시되는 정보를 체계적으로 관리
③ 시정업무를 효율적으로 지원할 수 있는 기능과 소프트웨어를 갖춘 정보체계

49. 다음 중 필지를 개별화하고 대장과 도면의 등록사항을 연결하는 역할을 하는 것은?

① 면적
② 지목
③ 지번
④ 주민등록번호

해설 [지번의 역할]
① 토지의 필지별 개별화
② 토지 위치의 추정
③ 토지의 특정성 보장
④ 물권 객체로서의 단위

50. 필지식별자(Parcel Identifier)에 대한 설명으로 옳지 않은 것은?

① 경우에 따라서 변경이 가능하다.
② 지적도에 등록된 모든 필지에 부여하여 개별화한다.
③ 필지별 대장의 등록사항과 도면의 등록사항을 연결시킨다.
④ 각 필지의 등록사항의 저장, 검색, 수정 등을 처리하는데 이용한다.

해설 [필지식별자(필지식별번호)]
① 단일필지 식별번호 또는 부동산식별자 또는 단일식별 참조번호 등의 여러 가지로 표현하나 의미는 비슷함
② 매 필지의 등록사항을 저장, 검색, 수정 등을 편리하게 처리할 수 있어야 함
③ 영구히 불변하는 필지의 고유번호라 하며, 토지필지와 연관된 표준참조번호라 함

51. 공간의 관계를 정의하는데 쓰이는 수학적 방법으로서 입력된 자료 간의 정보를 상대적 위치로 저장하며, 선의 방향, 특성 간의 관계, 연결성, 인접성 등을 정의하는 것을 무엇이라 하는가?

① 속성정보　　② 위상관계
③ 위치관계　　④ 위치정보

해설 위상관계는 공간정보의 각각의 위치의 상관관계에 대한 인접성, 연결성, 포함성을 규정한다.

52. 토지정보시스템의 도형자료 입력에 주로 사용하는 방식이 아닌 것은?

① 레이아웃(layout) 방식
② 스캐닝(scanning) 방식
③ 디지타이징(digitizing) 방식
④ COGO(coordinate geometry) 방식

해설 레이아웃 방식은 도형의 출력에 사용되는 방식이다.

53. 지적 관련 전산시스템을 나타내는 용어의 표기로 옳지 않은 것은?

① 지리정보시스템-GIS
② 토지관리정보시스템-LIMS
③ 한국토지정보시스템-KLIS
④ 필지중심토지정보시스템-PBLIS

해설 [토지관리정보시스템(LMIS)]
① 시스템의 목적 : 시군구의 지형도 및 지적도와 토지대장 정보를 기반으로 각종 토지행정 업무를 수행
② 주요업무내용 : 토지거래관리, 개발부담금관리, 부동산중개업관리, 공시지가관리, 용도지역지구관리, 외국인토지관리

54. 지형도와 지적도를 중첩할 때 도면과 도면의 비연속되는 부분을 수정하는데 이용될 수 있는 참고자료로 가장 유용한 것은?

① 식생도　　② 지질도
③ 정사사진　　④ 토지이용도

해설 정사사진은 기복변위와 경사변위를 모두 제거한 사진으로 지형도와 지적도의 비연속되는 부분의 수정에 유용하게 이용될 수 있다.

55. 다음 중 데이터베이스 관리 시스템(DBMS)의 기본 기능에 해당하지 않는 것은?

① 정의기능　　② 제어기능
③ 조작기능　　④ 표준화기능

해설 데이터베이스 관리시스템(DBMS)의 기본기능은 정의기능, 조작기능, 제어기능이다.

56. 래스터 자료의 압축방법에 해당하지 않는 것은?

① 블록 코드(Block code) 기법
② 체인 코드(Chain code) 기법
③ 포인트 코드(Point code) 기법
④ 연속분할 코드(Run-length code) 기법

해설 [래스터 자료의 압축방식]
① Run-length code(연속분할부호) : 각 행에 대해 왼쪽에서 오른쪽으로 시작 셀과 끝 셀을 표시
② Chain code(체인코드방식) : 영역의 경계는 그 시작점과 방향에 대한 단위벡터로 표시
③ Block code(블록코드방식) : 영역을 다양한 크기의 정사각형 블록으로 표시
④ Quadtree(사지수형) : 영역을 단계적으로 4분원으로 분할하여 표시

57. 지적도면을 스캐너로 입력한 전산자료에 포함될 수 있는 오차로 가장 거리가 먼 것은?

① 기계적인 오차
② 도면등록시의 오차
③ 입력도면의 평탄성 오차
④ 벡터 자료의 래스터 자료로의 변환과정에서의 오차

[해설] 벡터자료의 래스터 자료로의 변환 과정은 래스터라이징으로 스캐닝과정이 아니다.

58. 토지정보체계를 구축할 때 좌표를 입력하여 도형자료를 작성하는데 가장 적합한 원시자료는?

① 경계점등록부 자료
② 공유지연명부 자료
③ 대지권등록부 자료
④ 토지대장 및 임야대장 자료

[해설] 경계점등록부 자료는 토지의 소재 및 지번, 경계점의 좌표가 등록되어 있으므로 토지정보체계의 도형자료를 작성하는데 적합한 원시자료가 된다.

59. 한국토지정보시스템에 대한 설명으로 옳은 것은?

① 한국토지정보시스템은 지적공부관리 시스템과 지적측량과 작성시스템으로만 구성되어 있다.
② 한국토지정보시스템은 국토교통부의 토지관리정보시스템과 개별공시지가관리시스템을 통합한 시스템이다.
③ 한국토지정보시스템은 국토교통부의 토지관리정보시스템과 행정안전부의 시·군·구 지적행정시스템을 통합한 시스템이다.
④ 한국토지정보시스템은 필지중심토지정보시스템과 토지관리정보시스템을 통합·연계한 시스템이다.

[해설] [KLIS(한국토지정보시스템)]
① 국가적인 정보화사업을 효율적으로 추진하기 위해 PBLIS와 LMIS를 하나의 시스템으로 통합
② 전산정보의 공공활용과 행정의 효율성 제고를 위해 행정안전부와 국토교통부가 공동주관으로 추진하고 있는 정보화사업

60. 다음 중 래스터 형식의 자료에 해당하는 파일포맷은?

① DWG
② DXF
③ SHAPE
④ GeoTIF

[해설] [래스터 형식의 자료]
pcx, jpg, bmp, Geotiff, IMG, ERM, MrSID, DEM 등
[벡터 데이터 형식의 종류]
Shape 파일형식, Coverage 파일형식, CAD 파일형식, DLG 파일형식, VPF 파일형식, TIGER 파일형식

4과목 지적학

61. 토지조사사업 시 일필지측량의 결과로 작성한 도부(개황도)의 축척에 해당되지 않는 것은?

① 1/600
② 1/1200
③ 1/2400
④ 1/3000

[해설] 개황도는 토지조사사업의 일필지조사를 마친 후 그 강계 및 지역을 보측하여 개략적인 현황을 그리고 각종 조사사항을 기재하여 장부조제의 참고자료 또는 세부측량의 안내자료로 활용한 것으로 1/600, 1/1,200, 1/2,400 등이 있다.

62. 매 20년마다 양전을 실시하여 작성하도록 경국대전에 나타난 것은?

① 문권(文券)
② 양안(量案)
③ 입안(立案)
④ 양전대장(量田臺帳)

[해설] **[양전제도]**
① 고려·조선 시대 토지의 실제경작 상황을 파악하기 위해 실시한 토지측량 제도
② 모든 토지를 6등급으로 구분(정전, 속전, 강등전, 강속전, 가경전, 화전)
③ 20년마다 한 번씩 양전을 실시, 그 결과를 양안에 기록하며, 양전을 할 때는 균전사를 파견하여 감독
④ 호조, 본도, 본읍에 보관

63. 다음 중 물권의 객체로서 토지를 외부에서 인식할 수 있는 토지등록의 원칙은?

① 공고(公告)의 원칙   ② 공시(公示)의 원칙
③ 공신(公信)의 원칙   ④ 공증(公證)의 원칙

[해설] **[공시의 원칙]**
지적공부를 직접 열람 및 등본과 지적공부에 등록된 경계를 지상에 복원하며 지적공부에 등록된 사항과 현장이 불일치할 경우 변경하여 등록하는 형식을 갖추고 있다.

64. 토지등기를 위하여 지적제도가 해야 할 가장 중요한 역할은?

① 필지 확정   ② 소유권 심사
③ 지목의 결정   ④ 지번의 설정

[해설] 지적제도는 토지등기를 위한 기초자료로 활용되며, 필지의 확정은 지적제도 고유의 중요한 역할이다.

65. 대한제국시대의 행정조직이 아닌 것은?

① 사세청   ② 탁지부
③ 양지아문   ④ 지계아문

[해설] 사세청은 1948년 미군정시대 국세를 관리하던 기관이다.
[대한제국의 토지제도 발전과정]
① 1895 : 내부판적국(호구적, 지적에 관한 사항)
② 1898 : 양지아문(양전사업을 담당하기 위하여 설치된 기관)
③ 1901 : 지계아문(토지대장에 의한 토지소유권자의 확인에 의해 지계발행)
④ 1904 : 탁지부의 양지국(지계아문의 양전기능과 기구만을 계승하여 상설기구로 설치)
⑤ 1905 : 탁지부 사세국 양지과(토지조사의 경험을 얻을 목적으로 측량 실시)

66. 토지조사사업시의 사정(査定)에 대한 설명으로 옳지 않은 것은?

① 사정권자는 당시 고등토지위원회의 장이었다.
② 토지 소유자 및 그 강계를 획정하는 행정처분이다.
③ 사정권자는 사정을 하기 전 지방토지위원회의 자문을 받았다.
④ 토지의 강계는 지적도에 등록된 토지의 경계선인 강계선이 대상이었다.

[해설]

구분	토지조사사업	임야조사사업
측량기관	임시토지조사국	부(府), 면(面)
사정기관	임시토지조사국장	도지사
재결기관	고등토지조사위원회	임야심사위원회

67. 조세, 토지관리 및 지적사무를 담당하였던 백제의 지적 담당기관은?

① 공부   ② 조부
③ 호조   ④ 내두좌평

[해설] **[삼국시대의 지적제도]**

구분	고구려	백제	신라
길이단위	척		
면적단위	경무법	두락제, 결부제	결부제
토지장부	봉역도, 요동성총도	도적	장적
측량방식	구장산술		
부서조직	주부, 사자	내두좌평, 산학박사, 화사, 산사	조부, 산학박사
토지제도	토지국유제		

정답 57. ④ 58. ① 59. ④ 60. ④ 61. ④ 62. ② 63. ② 64. ① 65. ① 66. ① 67. ④

68. 결수연명부에 관한 설명으로 옳은 것은?

① 소유권의 분계(分界)를 확정하는 대장
② 지반의 고저가 있는 토지를 정리한 장부
③ 강계(疆界) 지역을 조사하여 등록한 장부
④ 지세대장을 겸하여 토지조사준비를 위해 만든 과세부

해설 [결수연명부]
① 개별적인 납세자와 납세액을 국가가 직접 파악하기 위해 국가가 개별납세자를 대상으로 조사를 해서 징세대장을 작성한 것
② 토지소유자의 신고에 의해 토지소유자별로 그의 소유필지의 납세액을 기록한 장부로 결부제에 기초한 장부

69. 다음 중 지적의 형식주의에 대한 설명으로 옳은 것은?

① 지적공부에 등록할 사항은 국가의 공권력에 의하여 국가만이 이를 결정할 수 있다.
② 지적공부에 등록된 사항을 일반 국민에게 공개하여 정당하게 이용할 수 있도록 하여야 한다.
③ 지적공부에 새로이 등록하거나 변경된 사항은 사실관계의 부합여부를 심사하여 등록하여야 한다.
④ 국가의 통치권이 미치는 모든 영토를 필지단위로 구획하여 지적공부에 등록·공시하여야만 배타적인 소유권이 인정된다.

해설 [지적형식주의]
① 지적공부에 등록하는 법적인 형식을 갖추어야만 토지로서의 거래단위가 될 수 있다는 원리
② 국가의 통치권이 미치는 모든 영토를 필지단위로 구획하여 지적공부에 등록·공시하여야만 배타적인 소유권이 인정된다.

70. 1필지에 하나의 지번을 붙이는 이유로서 가장 관계없는 것은?

① 물권객체 표시   ② 제한물권 설정
③ 토지의 개별화   ④ 토지의 독립화

해설 1필지는 행정적 또는 사법적 목적에 의해 인위적으로 구획된 토지의 단위구역, 법적으로는 등록의 객체가 된다.

71. 토지에 대한 일정한 사항을 조사하여 지적공부에 등록하기 위하여 반드시 선행되어야 할 사항은?

① 토지번호의 확정   ② 토지용도의 결정
③ 1필지의 경계설정   ④ 토지소유자의 결정

해설 토지에 대한 일정한 사항을 조사하여 지적공부에 등록하기 위하여 1필지의 경계설정이 반드시 선행되어야 한다.

72. 영국의 토지등록제도에 있어서 경계의 구분이 아닌 것은?

① 고정경계   ② 보증경계
③ 일반경계   ④ 특별경계

해설 [경계의 구분]
① 보증경계 : 지적측량사에 의해 정밀지적측량이 행해지고 지적관리청의 사정에 의해 행정처리가 완료되어 측정된 토지경계
② 고정경계 : 특정토지에 대한 경계점의 지상에 석주, 철주, 말뚝 등 경계표지를 설치하거나 이를 정확하게 측량하여 지적 등록관리하는 경계
③ 일반경계 : 특정토지에 대한 소유권이 오랜 기간동안 존속하였기에 담장, 울타리, 도로 등 자연적·인위적 형태의 지형지물을 필지별 경계로 인식하는 것

73. 다음 중 지목의 변천에 관한 설명으로 옳은 것은?

① 2000년의 지목의 수는 28개이었다.
② 토지조사사업당시 지목의 수는 21개이었다.
③ 최초 지적법이 개정된 후 지목의 수는 24이었다.
④ 지목 수의 증가는 경제발전에 따른 토지이용의 세분화를 반영하는 것이다.

해설 [지목의 변천과정]
① 토지조사사업당시의 1910년 토지조사 및 1912년 토지조사령은 18개 지목
② 1918년 지세령에서는 19개
③ 1943년 조선지세령은 21개
④ 1950년 제정 지적법은 21개
⑤ 1975년 개정 지적법은 24개
⑥ 2001년 개정 지적법에서는 토지의 주된 사용목적 또는 용도에 따라 주차장 · 주유소용지 · 창고용지 · 양어장 등 4개의 지목을 새로이 도입하여 현재 법률에 규정된 지목은 28개의 종류로 구분

74. 토지조사사업에 의하여 작성된 지적공부는?

① 토지대장, 지적도
② 임야대장, 임야도
③ 토지대장, 수치지적부
④ 임야대장, 수치지적부

해설 토지조사사업에 의하여 작성된 지적공부는 토지대장, 지적도이다.

75. 다음 중 토지대장의 일반적인 편성 방법이 아닌 것은?

① 인적 편성주의   ② 물적 편성주의
③ 구역별 편성주의 ④ 연대적 편성주의

해설 [지적공부의 편성방법]
① 연대적 편성주의 : 당사자의 신청순서에 따라 차례대로 지적공부를 편성하는 방법
② 인적 편성주의 : 소유자를 중심으로 편성하는 방법
③ 물적 편성주의 : 개개의 토지를 중심으로 등록부를 편성하는 방법

76. 지적도의 도곽선이 갖는 역할로 옳지 않은 것은?

① 면적의 통계 산출에 이용된다.
② 도면 신축량 측정의 기준선이다.
③ 도북 방위선의 표시에 해당한다.
④ 인접 도면과의 접합 기준선이 된다.

해설 [도곽선의 역할]
① 지적기준점을 전개할 때의 기준
② 방위의 표시(도북방향)
③ 인접도면과의 접합기준
④ 도곽의 신축량 측정할 때의 기준
⑤ 측량결과도와 실지의 부합여부 확인의 기준

77. 지적국정주의를 처음 채택한 때는?

① 해방 이후   ② 일제 말엽
③ 토지조사 당시 ④ 5.16 이후

해설 지적국정주의를 처음 채택한 때는 토지조사사업 당시이다.

78. 우리나라의 등기제도에 관한 내용으로 옳지 않은 것은?

① 법적 권리관계를 공시한다.
② 단독 신청주의를 채택하고 있다.
③ 형식적 심사주의를 기본 이념으로 한다.
④ 공신력을 인정하지 않고 확정력만을 인정하고 있다.

해설 우리나라 지적제도는 단독신청주의를, 등기제도는 공동신청주의를 채택하고 있다.

79. 고려시대 토지장부의 명칭으로 옳지 않은 것은?

① 양안(量案)   ② 원적(元籍)
③ 전적(田積)   ④ 양전도장(量田都帳)

해설 [시대별 양안의 명칭]
① 고려시대 : 도전장, 양전장적, 양전도장, 도전정, 전적, 전안, 원적
② 조선시대 : 양안등서책, 전답안, 성책, 양명등서차, 전답결대장, 전답결타량, 전답타량안, 전답양안, 전답행심, 양전도행장

80. 다목적 지적제도의 구성요소가 아닌 것은?

① 기본도
② 지적중첩도
③ 측지기본망
④ 주민등록파일

해설 [다목적 지적의 구성요소]
① 3대 구성요소 : 측지기준망, 기본도, 중첩도
② 5대 구성요소 : 측지기준망, 기본도, 중첩도, 필지식별번호, 토지자료파일

5과목 지적관계법규

81. 용도지역 안에서 건폐율의 최대한도를 20% 이하로 규정하고 있는 지역에 해당되지 않는 것은?

① 녹지지역
② 보전관리지역
③ 계획관리지역
④ 자연환경보전지역

해설 [용도지역별 건폐율]
① 도시지역 : 주거지역 70%, 상업지역 90%, 공업지역 70%, 녹지지역 20%
② 관리지역 : 보전관리지역 20%, 생산관리지역 20%, 계획관리지역 40%
③ 농림지역 20%, 자연환경보전지역 20%

82. 합병 조건이 갖추어진 4필지(99-1, 100-10, 111, 125)를 합병할 경우 새로이 설정하여야 하는 지번은? (단, 합병 전의 필지에 건축물이 없는 경우이다.)

① 99-1
② 100-10
③ 111
④ 125

해설 ① 합병이 이루어진 경우 합병대상 지번 중 선순위의 지번을 그 지번으로 함
② 본번으로 된 지번이 있을 때는 본번 중 선순위의 지번을 합병 후의 지번으로 함

83. 지적공부에 등록하는 지목의 설정기준으로 옳은 것은?

① 토지의 공시 지가
② 토지의 주된 용도
③ 토지의 지형 지세
④ 토지의 토성 분포

해설 [용도지목]
① 토지의 주된 사용목적(용도)에 따라 지목을 결정하는 방법
② 우리나라에서 지목을 결정할 때 사용되는 방법

84. 축척변경 시행지역의 토지는 언제 토지의 이동이 있는 것으로 보는가?

① 축척변경 승인신청일
② 축척변경 시행공고일
③ 축척변경 확정공고일
④ 축척변경 청산금 교부일

해설 [공간정보의 구축 및 관리 등에 관한 법률 시행령 제78조 (축척변경의 확정공고)]
축척변경 시행지역의 토지는 제1항에 따른 확정공고일에 토지의 이동이 있는 것으로 본다.

85. 부동산등기법상 등기기관이 토지 등기기록의 표제부에 기록하여야 할 사항이 아닌 것은?

① 면적
② 지목
③ 좌표
④ 등기원인

해설 ① 등기부 표제부에 기록될 사항 : 표시번호, 접수, 소재, 지번, 지목, 면적, 등기원인 및 기타사항
② 갑구 : 소유권에 관한 사항
③ 을구 : 소유권 이외의 권리에 관한 사항

86. 부동산등기법상 등기할 수 있는 권리가 아닌 것은?

① 유치권
② 임차권
③ 저당권
④ 권리질권

해설 [등기할 수 있는 권리]
소유권, 지상권, 지역권, 전세권, 저당권, 권리질권, 채권담보권, 임차권
[등기할 수 없는 권리]
점유권, 유치권, 동산질권, 분묘기지권, 특수지역권

87. 공간정보의 구축 및 관리 등에 관한 법률상 토지의 이동으로 볼 수 없는 것은?

① 지적도에 등록된 경계변경
② 지적공부에 등록된 지목변경
③ 토지대장에 등록된 소유권변경
④ 경계점좌표등록부에 등록된 좌표변경

해설 [공간정보의 구축 및 관리 등에 관한 법률 제2조(정의)]
토지의 이동 : 토지의 표시를 새로 정하거나 변경 또는 말소하는 것을 말한다.

88. 공간정보의 구축 및 관리 등에 관한 법령상 축척변경에 관한 설명으로 옳지 않은 것은?

① 지적소관청이 축척변경의 확정공고를 하였을 때에는 지체 없이 축척변경에 따라 확정된 사항을 지적공부에 등록하여야 한다.
② 청산금의 납부 및 지급이 완료되었을 때에는 지적소관청은 7일 이내에 축척변경의 확정공고를 하여야 한다.
③ 축척변경의 확정공고에 따라 해당 사항을 지적공부에 등록하는 때에 지적도는 확정측량 결과도 또는 경계점좌표에 따른다.
④ 축척변경위원회는 5명 이상 10명 이하의 위원으로 구성하되, 위원의 2분의 1 이상을 토지소유자로 하여야 한다.

해설 [공간정보의 구축 및 관리 등에 관한 법률 시행령 제78조(축척변경의 확정공고)]
① 청산금의 납부 및 지급이 완료되었을 때에는 지적소관청은 지체 없이 축척변경의 확정공고를 하여야 한다.
② 지적소관청은 제1항에 따른 확정공고를 하였을 때에는 지체 없이 축척변경에 따라 확정된 사항을 지적공부에 등록하여야 한다.
③ 축척변경 시행지역의 토지는 제1항에 따른 확정공고일에 토지의 이동이 있는 것으로 본다.

89. 국토의 계획 및 이용에 관한 법률의 정의에 따른 도시·군관리계획에 포함되지 않는 것은?

① 기반시설의 설치·정비 또는 개량에 관한 계획
② 광역계획권의 기본구조와 발전방향에 관한 계획
③ 지구단위계획구역의 지정 또는 변경에 관한 계획
④ 용도지역·용도지구의 지정 또는 변경에 관한 계획

해설 [국토의 계획 및 이용에 관한 법률 제2조(정의)]
"도시·군관리계획"이란 특별시·광역시·특별자치시·특별자치도·시 또는 군의 개발·정비 및 보전을 위하여 수립하는 토지 이용, 교통, 환경, 경관, 안전, 산업, 정보통신, 보건, 복지, 안보, 문화 등에 관한 다음 각 목의 계획을 말한다.
가. 용도지역·용도지구의 지정 또는 변경에 관한 계획
나. 개발제한구역, 도시자연공원구역, 시가화조정구역(市街化調整區域), 수산자원보호구역의 지정 또는 변경에 관한 계획
다. 기반시설의 설치·정비 또는 개량에 관한 계획
라. 도시개발사업이나 정비사업에 관한 계획
마. 지구단위계획구역의 지정 또는 변경에 관한 계획과 지구단위계획
바. 입지규제최소구역의 지정 또는 변경에 관한 계획과 입지규제최소구역계획

90. 지적소관청이 등록사항을 정정할 때 그 정정사항이 토지소유자에 관한 사항인 경우 정정을 위한 관련 서류가 아닌 것은?

① 등기필증
② 등기완료통지서
③ 등기사항증명서
④ 인접 토지소유자의 승낙서

해설 [공간정보의 구축 및 관리 등에 관한 법률 제84조(등록사항의 정정)]
지적소관청이 등록사항을 정정할 때 그 정정사항이 토지소유자에 관한 사항인 경우에는 등기필증, 등기완료통지서, 등기사항증명서 또는 등기관서에서 제공한 등기전산정보자료에 따라 정정하여야 한다.

91. 직경 2밀리미터 및 3밀리미터의 2중원 안에 십자선을 표시하여 제도하는 측량기준점은?

① 위성기준점　　② 지적도근점
③ 지적삼각점　　④ 지적삼각보조점

해설 [지적업무처리규정 제43조(지적기준점 등의 제도)]
1. 위성기준점은 직경 2밀리미터 및 3밀리미터의 2중원 안에 십자선을 표시하여 제도한다.
2. 1등 및 2등삼각점은 직경 1밀리미터, 2밀리미터 및 3밀리미터의 3중원으로 제도한다. 이 경우 1등삼각점은 그 중심원 내부를 검은색으로 엷게 채색한다.
3. 3등 및 4등삼각점은 직경 1밀리미터 및 2밀리미터의 2중원으로 제도한다. 이 경우 3등삼각점은 그 중심원 내부를 검은색으로 엷게 채색한다.
4. 지적삼각점 및 지적삼각보조점은 직경 3밀리미터의 원으로 제도한다. 이 경우 지적삼각점은 원안에 십자선을 표시하고, 지적삼각보조점은 원안에 검은색으로 엷게 채색한다.
5. 지적도근점은 직경 2밀리미터의 원으로 다음과 같이 제도한다.
6. 지적기준점의 명칭과 번호는 그 지적기준점의 윗부분에 2밀리미터 이상 3밀리미터 이하 크기의 명조체로 제도한다. 다만, 레터링으로 작성할 경우에는 고딕체로 할 수 있으며 경계에 닿는 경우에는 다른 위치에 제도할 수 있다.

92. 공간정보의 구축 및 관리 등에 관한 법률에서 규정하고 있는 사항 중 옳지 않은 것은?

① 지적도에는 소유자의 주소, 지번, 지목, 경계 등을 등록하여야 한다.
② 국토의 효율적인 관리와 해상교통의 안전 및 국민의 소유권 보호에 기여함을 목적으로 한다.
③ 시·도지사나 지적소관청은 지적기준점 성과와 그 측량기록을 보관하고 일반인이 열람할 수 있도록 하여야 한다.
④ 토지소유자는 지목변경을 60일 이내에 지적소관청에 지목변경을 신청하여야 한다.

해설 지적도 및 임야도에는 토지의 소재, 지번, 지목, 경계 등을 등록하여야 한다.

93. 지적업무처리규정상 일람도 및 지번색인표의 등재사항 중 일람도에 등재하여야 하는 사항으로 옳지 않은 것은?

① 도곽선과 그 수치
② 도면의 제명 및 축척
③ 지번·도면번호 및 결번
④ 지번부여지역의 경계 및 인접지역의 행정구역명칭

해설 [일람도의 등재사항]
① 지번부여지역의 경계 및 인접지역의 행정구역명칭
② 도면의 제명 및 축척
③ 지번·도면번호 및 결번
④ 도면번호
⑤ 도로, 철도, 하천, 구거, 유지, 취락 등 주요 지형 지물의 표시

94. 공간정보의 구축 및 관리 등에 관한 법령상 지적소관청이 직권으로 지적공부에 등록된 사항을 정정할 수 없는 경우는?

① 지적측량성과와 다르게 정리된 경우
② 지적공부의 등록사항이 잘못 입력된 경우
③ 토지이동정리 결의서의 내용과 다르게 정리된 경우
④ 지적도에 등록된 필지가 면적증감이 있고 경계의 위치가 잘못된 경우

해설 [공간정보의 구축 및 관리 등에 관한 법률 시행령 제82조(등록사항의 직권정정 등)]
1. 토지이동정리 결의서의 내용과 다르게 정리된 경우

2. 지적도 및 임야도에 등록된 필지가 면적의 증감 없이 경계의 위치만 잘못된 경우
3. 1필지가 각각 다른 지적도나 임야도에 등록되어 있는 경우로서 지적공부에 등록된 면적과 측량한 실제면적은 일치하지만 지적도나 임야도에 등록된 경계가 서로 접합되지 않아 지적도나 임야도에 등록된 경계를 지상의 경계에 맞추어 정정하여야 하는 토지가 발견된 경우
4. 지적공부의 작성 또는 재작성 당시 잘못 정리된 경우
5. 지적측량성과와 다르게 정리된 경우
6. 법 제29조제10항에 따라 지적공부의 등록사항을 정정하여야 하는 경우
7. 지적공부의 등록사항이 잘못 입력된 경우
8. 「부동산등기법」 제37조제2항에 따른 통지가 있는 경우 (지적소관청의 착오로 잘못 합병한 경우만 해당한다)
9. 법률 제2801호 지적법개정법률 부칙 제3조에 따른 면적 환산이 잘못된 경우

95. 지번부여지역의 일부가 행정구역의 개편으로 다른 지번부여지역에 속하게 될 때 지번정리방법은?

① 토지소재만 변경 정리한다.
② 종전 지번에 부호를 붙여 정한다.
③ 지적소관청이 새로 그 지번을 부여하여야 한다.
④ 변경된 지번부여지역의 최종본번에 부번을 붙여 정리한다.

해설 [공간정보의 구축 및 관리 등에 관한 법률 제85조(행정구역의 명칭변경 등)]
① 행정구역의 명칭이 변경되었으면 지적공부에 등록된 토지의 소재는 새로운 행정구역의 명칭으로 변경된 것으로 본다.
② 지번부여지역의 일부가 행정구역의 개편으로 다른 지번부여지역에 속하게 되었으면 지적소관청은 새로 속하게 된 지번부여지역의 지번을 부여하여야 한다.

96. 토지등록에 있어서 등록의 주체와 객체가 가장 올바르게 짝지어진 것은?

① 권리-필지
② 소유자-토지
③ 지적소관청-토지
④ 행정안전부장관-필지

해설 [등록의 주체 및 객체]
① 지적공부에 등록하는 주체는 국가(지적소관청)
② 등록의 객체는 토지의 표시사항인 토지의 소재ㆍ지번ㆍ지목ㆍ면적ㆍ경계 또는 좌표 등

97. 부동산등기법의 규정에 의해 등기할 수 없는 권리는?

① 소유권 및 저당권
② 지상권 및 임차권
③ 지역권 및 전세권
④ 점유권 및 유치권

해설 [등기할 수 있는 권리]
소유권, 지상권, 지역권, 전세권, 저당권, 권리질권, 채권담보권, 임차권
[등기할 수 없는 권리]
점유권, 유치권, 동산질권, 분묘기지권, 특수지역권

98. 공간정보의 구축 및 관리 등에 관한 법률상 지적측량의 적부심사에 관한 내용으로 옳은 것은?

① 지적측량업자가 중앙지적위원회에 지적측량 적부심사를 청구하여, 지적소관청이 이를 심의ㆍ의결한다.
② 지적소관청이 지방지적위원회에 지적측량 적부심사를 청구하여, 관할 시ㆍ도지사가 이를 심의ㆍ의결한다.
③ 지적소관청이 중앙지적위원회에 지적측량 적부심사를 청구하여, 국토교통부장관이 이를 심의ㆍ의결한다.
④ 토지소유자가 관할 시ㆍ도지사를 거쳐 지방지적위원회에 지적측량 적부심사를 청구하고, 지방지적위원회가 이를 심의ㆍ의결한다.

해설 [공간정보의 구축 및 관리 등에 관한 법률 제29조(지적측량의 적부심사 등)]
① 토지소유자, 이해관계인 또는 지적측량수행자는 지적측량성과에 대하여 다툼이 있는 경우에는 대통령령으로 정하는 바에 따라 관할 시ㆍ도지사를 거쳐 지방지적위원회에 지적측량 적부심사를 청구할 수 있다.
② 제1항에 따른 지적측량 적부심사청구를 받은 시ㆍ도지사는 30일 이내에 다음 각 호의 사항을 조사하여 지방지적위원회에 회부하여야 한다.

1. 다툼이 되는 지적측량의 경위 및 그 성과
2. 해당 토지에 대한 토지이동 및 소유권 변동 연혁
3. 해당 토지 주변의 측량기준점, 경계, 주요 구조물 등 현황 실측도

③ 제2항에 따라 지적측량 적부심사청구를 회부받은 지방지적위원회는 그 심사청구를 회부받은 날부터 60일 이내에 심의·의결하여야 한다.

99. 공간정보의 구축 및 관리 등에 관한 법률상 지적전산자료의 이용 또는 활용 신청 시 자료를 인쇄물로 제공할 때 수수료로 옳은 것은?

① 1필지당 10원
② 1필지당 20원
③ 1필지당 30원
④ 1필지당 40원

해설 [지적전산자료의 사용료]
① 인쇄물로 제공하는 때 : 1필지당 30원의 수수료
② 자기디스크 등 전산매체로 제공하는 때 : 1필지당 20원의 수수료

100. 지적서고의 기준면적이 잘못된 것은?

① 10만필지 이하: 90m²
② 10만필지 초과 20만필지 이하: 110m²
③ 20만필지 초과 30만필지 이하: 130m²
④ 30만필지 초과 40만필지 이하: 150m²

해설 [공간정보의 구축 및 관리 등에 관한 법률 시행규칙 제65조(지적서고의 설치기준 등) 별표 7(지적서고의 기준면적)]

지적공부 등록 필지수	지적서고의 기준면적
10만필지 이하	80제곱미터
10만필지 초과 ~ 20만필지 이하	110제곱미터
20만필지 초과 ~ 30만필지 이하	130제곱미터
30만필지 초과 ~ 40만필지 이하	150제곱미터
40만필지 초과 ~ 50만필지 이하	165제곱미터
50만필지 초과	180제곱미터에 60만필지를 초과하는 10만필지 마다 10제곱미터를 가산한 면적

2019년도 제3회 지적기사 기출문제

1과목 지적측량

01. 지적도근점측량에서 변장의 거리가 200m인 측점에서 2cm 편위한 측각오차는?

① 21″　　② 31″
③ 36″　　④ 42″

해설 ① $\frac{\Delta l}{l} = \frac{\Delta \alpha}{\rho}$ 에서 $\Delta \alpha = \frac{\Delta l}{l} \times \rho = \frac{0.02}{200} \times \frac{180°}{\pi} = 20.63″$

② $\theta = \tan^{-1}\left(\frac{0.02}{200}\right) = 20.63″$

02. 방향관측법으로 수평각을 3대회 관측할 때, 각 방향각은 몇 회를 측정하게 되는가?

① 2회　　② 3회
③ 4회　　④ 6회

해설 3대회 방향관측의 윤곽도는 0°, 60°, 120°이며 정반의 양방향으로 관측하므로 총 6회를 측정하게 된다.

03. 우리나라 토지조사사업 당시 기선측량을 실시한 지역 수는?

① 7개소　　② 10개소
③ 13개소　　④ 19개소

해설 [토지조사사업 당시의 삼각측량의 기선]
우리나라의 기선측량은 1910년 6월 대전기선의 위치선정을 시작으로 1913년 10월 함경북도 고건원기선측량까지 전국에 13개의 기선측량 실시

04. 배각법에 의한 지적도근점의 각도관측 시 측정오차의 배분 방법으로 옳은 것은?

① 반수에 비례하여 각 측선의 관측각에 배분한다.
② 반수에 반비례하여 각 측선의 관측각에 배분한다.
③ 변의 수에 비례하여 각 측선의 관측각에 배분한다.
④ 변의 수에 반비례하여 각 측선의 관측각에 배분한다.

해설 [배각법에 의한 지적도근점 각도관측시 측각오차의 배분]
$K = -\frac{e}{R} \times r$ (K:각 측선에 배분할 초단위의 각도, e:초단위의 각오차, R:측선장의 분수의 총합, r:각 측선장의 반수)
① 배각법에 의해 각도관측시 측각오차는 측선장의 반수에 비례하여 각 측선의 관측각에 배분
② 방위각법에 의한 각도관측시 측각오차는 변의 수에 비례하여 각 측선의 관측각에 배분

05. A점과 B점의 종선좌표값은 같고 B점의 횡선좌표가 A점보다 큰 값을 가지고 있다. 교회점 계산 시 내각을 이용하여 방위각을 계산하는 경우, P의 위치가 A점에서 3상한에 존재할 때 V_P를 구하는 식은?

① $V_a^b + \alpha$　　② $V_a^b - \alpha$
③ $\beta + V_a^b$　　④ $\alpha - V_a^b$

정답 01.① 02.④ 03.③ 04.① 05.①

해설 A와 B는 동일종선이며, B의 횡선이 크고 P는 A를 기준으로 3상한에 존재하므로 $V_p = V_a^b + \alpha$

06. 경위의측량방법에 따른 세부측량을 하여 측량대상 토지의 경계점 간 실측거리가 50m이었을 때 경계점의 좌표에 따라 계산한 거리와의 교차는 얼마 이내이어야 하는가?

① 5cm 이내　② 8cm 이내
③ 10cm 이내　④ 12cm 이내

해설 경계점간 실측거리와 계산거리의 교차는 $3 + \frac{L}{10}$(센티미터) 이내여야 한다.

거리의 교차 $= 3 + \frac{L}{10} = 3 + \frac{50}{10} = 8cm$

07. 참값을 구하기 어려우므로 여러 번 관측하여 얻은 관측값으로부터 최확값을 얻기 위한 조정방법이 아닌 것은?

① 간이법　② 미정계수법
③ 최소조정법　④ 라플라스 변수법

해설 최확값을 얻기 위한 조정방법으로 최소제곱법이 사용되며, 최소제곱법에는 미정계수법과 관측방정식법, 간이법 등이 이용된다.

08. 경위의측량방법과 교회법에 따른 지적삼각보조점의 관측 및 계산 기준으로 옳지 않은 것은?

① 변의 길이를 계산하는 단위는 cm이다.
② 수평각 관측은 2대회의 방향관측법에 따른다.
③ 관측은 20초독 이상의 경위의를 사용하여야 한다.
④ 수평각의 측각공차는 기지각과의 차가 ±40초 이내여야 한다.

해설 [경위의측량방법과 교회법에 따른 지적삼각보조점의 관측 및 계산]
① 1방향각 : 40초 이내
② 1측회의 폐색 : ±40초 이내
③ 삼각형내각관측치의 합과 180도와의 차 : ±50초 이내
④ 기지각과의 차 : ±50초 이내

09. 축척 500분의 1 도곽선에 신축량이 1.8mm 줄었을 경우 면적의 보정계수는?

① 0.9895　② 1.0106
③ 1.0213　④ 1.1140

해설 1/500 지적도의 도상길이는 300mm×400mm이므로

보정계수(Z) $= \frac{X \times Y}{\Delta X \times \Delta Y} = \frac{300 \times 400}{(300 - 1.8) \times (400 - 1.8)}$
$= 1.0106$

10. 1910년대 토지조사사업 당시 채택한 준거타원체의 편평률은?

① 1/293.47　② 1/297.00
③ 1/298.26　④ 1/299.15

해설 1910년대 토지조사사업 당시 채택한 준거타원체는 Bessel 타원체이고 1/299.15이다.

11. 지상 경계의 구획을 형성하는 구조물 등의 소유자가 다른 경우 지상 경계를 결정하는 기준으로 옳은 것은?

① 그 소유권에 따라 지상 경계를 결정한다.
② 도상 경계에 따라 지상 경계를 결정한다.
③ 면적이 넓은 쪽을 따라 지상 경계를 결정한다.
④ 그 구조물 등의 중앙을 따라 지상 경계를 결정한다.

> 해설 [공간정보의 구축 및 관리 등에 관한 법률 시행령 제55조 (지상경계의 결정 등)]
> ① 지상경계를 새로 결정하는 경우
>   - 연접되는 토지 간에 높낮이 차이가 없는 경우: 그 구조물 등의 중앙
>   - 연접되는 토지 간에 높낮이 차이가 있는 경우: 그 구조물 등의 하단부
>   - 도로·구거 등의 토지에 절토(切土)된 부분이 있는 경우: 그 경사면의 상단부
>   - 토지가 해면 또는 수면에 접하는 경우: 최대만조위 또는 최대만수위가 되는 선
>   - 공유수면매립지의 토지 중 제방 등을 토지에 편입하여 등록하는 경우: 바깥쪽 어깨부분
> ② 지상 경계의 구획을 형성하는 구조물 등의 소유자가 다른 경우에는 그 소유권에 따라 지상 경계를 결정

12. 평판측량방법에 따른 세부측량 시 임야도를 갖춰 두는 지역의 거리측정단위로 옳은 것은?

① 5cm
② 20cm
③ 40cm
④ 50cm

> 해설 평판측량방법에 의한 세부측량의 기준 및 방법에서 거리측정단위는 지적도를 갖춰 두는 지역에서는 5센티미터로 하고, 임야도를 갖춰 두는 지역에서는 50센티미터로 한다.

13. 경위의측량방법으로 세부측량을 할 때 연직각에 대한 관측방법으로 옳은 것은?

① 정반으로 1회 관측하여 그 교차가 1분 이내이면 평균치로 한다.
② 정반으로 2회 관측하여 그 교차가 1분 이내이면 평균치로 한다.
③ 정반으로 1회 관측하여 그 교차가 5분 이내이면 평균치로 한다.
④ 정반으로 2회 관측하여 그 교차가 5분 이내이면 평균치로 한다.

> 해설 [경위의 측량방법에 의한 세부측량의 관측 및 계산]
> ① **수평각관측** : 1대회의 방향관측법이나 2배각의 배각법에 의함
> ② **연직각관측** : 정반으로 1회 관측하여 그 교차가 5분 이내일 경우 평균치를 연직각으로 하며 분단위로 독정

14. 지적삼각점측량 방법의 기준으로 옳지 않은 것은?

① 미리 지적삼각표지를 설치하여야 한다.
② 지적삼각점표지의 점간거리는 평균 2km 이상 5km 이하로 한다.
③ 삼각형의 각 내각은 30° 이상 120° 이하로 한다. 단, 망평균계산법과 삼변측량에 따르는 경우에는 그러하지 아니한다.
④ 지적삼각점의 명칭은 측량지역이 소재하고 있는 시·군의 명칭 중 한 글자를 선택하고, 시·군 단위로 일련번호를 붙여서 정한다.

> 해설 지적삼각점의 명칭은 측량지역이 소재하고 있는 시·도의 명칭 중 한 글자를 선택하고, 시·도 단위로 일련번호를 붙여서 정한다.

15. 관측 시의 장력 P=20kg일 때, 관측 길이 L=49.0055m인 기선의 인장에 대한 보정량은? (단, 단면적 A=0.03342cm^2, 표준장력 P$_0$=5kg, 탄성계수 E=200kg/m^2)

① +0.011m
② -0.011m
③ +0.022m
④ -0.022m

> 해설 장력에 대한 보정(Correction for pull) : C_p
> $$C_p = \frac{(P-P_0)}{AE}L = \frac{(20-5)}{0.03342 \times 200 \times 10000} \times 49.0055$$
> $$= +0.011m$$

16. 축척 600분의 1 지역에서 지적도근점측량을 실시하여 측정한 수평거리의 총 합계가 1600m이었을 때 연결오차는? (단, 1등도선인 경우다.)

① 2.4m 이하   ② 0.24m 이하
③ 2.7m 이하   ④ 0.27m 이하

해설 연결오차 = $\dfrac{M}{100}\sqrt{N}\,cm$ 이하이므로
= $\dfrac{600}{100}\sqrt{16} = 24cm$ 이하

17. 30m의 천줄자를 사용하여 A, B 두 점간의 거리를 측정하였더니 1.6km였다. 이 천줄자를 표준길이와 비교 검정한 결과 30m에 대하여 20mm가 짧았다면 올바른 거리는?

① 1596m   ② 1597m
③ 1599m   ④ 1601m

해설 늘어나 있는 줄자로 관측한 값의 실제값은 +로, 수축된 줄자는 반대로 −로 적용한다.

$L_0 = L \pm C_0$ ∴ $C_0 = \pm \dfrac{\Delta l}{l} L$

$C_0 = \dfrac{0.02}{30} \times 1{,}600m ≒ 1m$

$L_0 = 1{,}600 - 1 = 1{,}599m$

18. 아래 그림의 망형으로 소구점을 구할 때 필요한 최소 조건식(규약)은?

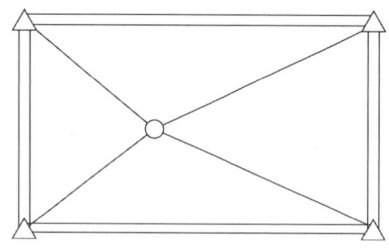

① 4개   ② 7개
③ 9개   ④ 11개

해설 유심삼각망의 규약의 개수는 총 9개
① **삼각규약** : 삼각형의 개수이므로 4개
② **망규약(측점규약)** : 1개
③ **변규약** : 4개(기선이 4개이므로)

19. 평판측량방법에 따른 세부측량에서 지상경계선과 도상경계선의 부합 여부를 확인하는 방법으로 옳지 않은 것은?

① 현형법   ② 거리비교교회법
③ 도상원호교회법   ④ 지상원호교회법

해설 [지적측량 시행규칙 제18조(세부측량의 기준 및 방법 등)]
경계점은 기지점을 기준으로 하여 지상경계선과 도상경계선의 부합 여부를 현형법(現形法)·도상원호(圖上圓弧)교회법·지상원호(地上圓弧)교회법 또는 거리비교확인법 등으로 확인하여 정할 것

20. 평판측량을 위해 평판을 세울 때의 오차 중 결과에 큰 영향을 주는 것은?

① 평판이 수평으로 되지 않을 때
② 평판의 구심이 올바르지 않을 때
③ 평판의 표정이 올바르지 않을 때
④ 앨리데이드의 조정이 불충분할 때

해설 [평판측량의 오차]
① **정준오차** : 평판이 시준선에 대하여 직교하는 방향으로 경사질 때 발생하는 오차
② **구심오차** : 평판점과 지상측점이 동일 연장선상에 일치하지 않아 발생하는 오차
③ **표정오차** : 평판을 이동한 후 이동 전의 측점에 방향선을 일치시키지 못하여 발생하는 오차

2과목 응용측량

21. 클로소이드 곡선의 매개변수를 2배 증가시키고자 한다. 이때 곡선의 반지름이 일정하다면 완화곡선의 길이는 몇 배가 되는가?

① 2　　② 4
③ 8　　④ 14

해설 $A^2 = R \cdot L$에서 매개변수를 2배 증가시키면
$(2A)^2 = 4A^2$
$4A^2 = 4 \cdot R \cdot L$이므로 곡선반지름이 일정하다면 완화곡선의 길이를 4배로 하여야 한다.

22. 그림과 같은 지역에 정지작업을 하였을 때, 절토량과 성토량이 같아지는 지반고는? (단, 각 구역의 크기(4m×4m)는 동일하다.)

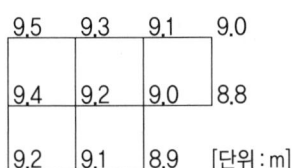
[단위 : m]

① 8.95m　　② 9.05m
③ 9.15m　　④ 9.35m

해설 $V = \dfrac{ab}{4}(\Sigma h_1 + 2\Sigma h_2 + 3\Sigma h_3 + 4\Sigma h_4)$

$= \dfrac{4 \times 4}{4}\{(9.5 + 9.0 + 8.8 + 8.9 + 9.2) +$
$\quad 2(9.3 + 9.1 + 9.1 + 9.4) + 3(9.0) + 4(9.2)\} = 732\,m^3$

$h = \dfrac{V}{nA} = \dfrac{732}{5 \times 4 \times 4} = 9.15\,m$

23. 상향기울기 7.5/1000와 하향기울기 45/1000인 두 직선에 반지름 2500m인 원곡선을 종단곡선으로 설치할 때, 곡선시점에서 25m 떨어져 있는 지점의 종거 y값은 약 얼마인가?

① 0.1m　　② 0.3m
③ 0.4m　　④ 0.5m

해설 $y = \dfrac{x^2}{2R} = \dfrac{25^2}{2 \times 2,500} = 0.125\,m$

24. 항공사진 측량에서 산지는 실제보다 돌출하여 높고 기복이 심하며, 계곡은 실제보다 깊고, 사면은 실제의 경사보다 급하게 느껴지는 것은 무엇에 의한 영향인가?

① 형상　　② 음영
③ 색조　　④ 과고감

해설 [과고감]
① 입체사진에서 높이감이 수평감보다 크게 나타나는 정도를 의미하며, 산과 건물을 포함한 지형의 높이가 실제보다 과장되어 보이는 현상
② 과고감은 기선고도비에 비례한다.
$\dfrac{B}{H} = \dfrac{ma(1-p)}{mf} = \dfrac{a(1-p)}{f}$

25. 터널을 만들기 위하여 A, B 두 점의 좌표를 측정한 결과 A점은 N(X)_A=1000.00m, E(Y)_A=250.11m, B점은 N(X)_B=1500.00m, E(Y)_B=50.00m 이었다면 AB의 방위각은?

① 21°48′05″　　② 158°11′15″
③ 201°48′05″　　④ 338°11′15″

해설 A와 B의 위거합=500m, 경거합=−200.11m(4상한각)
$\theta_{AB} = \tan^{-1}\left(\dfrac{\Delta Y}{\Delta X}\right) = \tan^{-1}\left(\dfrac{-200.11}{+500}\right) = -21°48′45″$
AB방위각은 4상한각이므로 338°11′15″

26. 지형도의 이용과 가장 거리가 먼 것은?

① 연직단면의 작성
② 저수용량, 토공량의 산정
③ 면적의 도상 측정
④ 지적도 작성

해설 [지형도의 이용]
방향의 결정, 위치의 결정, 경사의 결정, 거리결정, 단면도 제작, 면적계산, 체적계산(토공량계산) 등

27. GPS에서 사용되는 L_1과 L_2 신호의 주파수로 옳은 것은?

① 150MHz와 400MHz
② 420MHz와 585.53MHz
③ 1575.42MHz와 1227.60MHz
④ 1832.12MHz와 3236.94MHz

해설 GPS에서 사용되는 반송파 신호는 L_1파(1,575.42MHz), L_2파(1,227.60MHz) 등이 있다.

28. 수치사진측량 작업에서 영상정합 이전의 전처리작업에 해당하지 않는 것은?

① 영상개선
② 영상복원
③ 방사보정
④ 경계선탐색

해설 수치사진측량작업에서 전처리작업에는 잡음제거, 기하학적 보정과 방사보정, 형상의 정교화과정(영상개선, 영상복원) 등이 있다.

29. 다음 중 원곡선의 종류가 아닌 것은?

① 반향 곡선
② 단곡선
③ 렘니스케이트 곡선
④ 복심 곡선

해설 [곡선의 종류]
① 평면곡선(원곡선) : 단곡선, 복합곡선(복심곡선, 반향곡선, 머리핀곡선)
② 완화곡선 : 클로소이드, 렘니스케이트, 3차포물선
③ 수직곡선(종곡선) : 2차포물선, 원곡선

30. 촬영기준면으로부터 비행고도 4350m에서 촬영한 연직사진의 크기가 23cm×23cm이고 이 사진의 촬영면적이 48km²라면 카메라의 초점거리는?

① 14.4cm
② 17.0cm
③ 21.0cm
④ 47.9cm

해설 $M = \dfrac{1}{m} = \dfrac{f}{H} = \sqrt{\dfrac{a}{A}}$ 이므로

$f = H \times \sqrt{\dfrac{a}{A}} = 4350 \times \sqrt{\dfrac{0.23^2}{48 \times 1,000,000}} = 0.144m$

31. 수준측량에서 각 점들이 중력방향에 직각으로 이루어진 곡면을 뜻하는 용어는?

① 지평면(horizontal plane)
② 수준면(level surface)
③ 연직면(plumb plane)
④ 특별기준면(special datum plane)

해설 **수준면** : 어떠한 면 위에 어느 점에서든지 수선을 내릴 때 그 방향이 지구의 중력(重力)방향을 향하는 면

32. 축척 1:50,000의 지형도에서 A점과 B점 사이의 거리를 도상에서 관측한 결과 16mm였다. A점의 표고가 230m, B점의 표고가 320m일 때, 이 사면의 경사는?

① 1/9
② 1/10
③ 1/11
④ 1/12

해설
① A와 B의 높이차 = 320 - 230 = 90m
② A와 B의 수평거리 = 16mm × 50,000 = 800m
③ A와 B의 경사 = $\dfrac{H}{D} = \dfrac{90}{800} ≒ \dfrac{1}{9}$

33. 캔트의 계산에 있어서 곡선반지름만을 반으로 줄이면 캔트의 크기는 어떻게 되는가?

① 반으로 준다.   ② 변화가 없다.
③ 2배가 된다.   ④ 4배가 된다.

해설 $C = \dfrac{bV^2}{gR}$ (C : 캔트, b : 궤도간격, V : 설계속도, g : 중력가속도, R : 곡선반경)
반지름이 1/2로 변화할 경우 캔트의 계산
$C = \dfrac{bV^2}{g(0.5R)} = 2 \times \dfrac{bV^2}{gR}$
∴ 2배로 증가한다.

34. 경사 터널 내 고저차를 구하기 위해 그림과 같이 고저각 a, 경사거리 L을 측정하여 다음과 같은 결과를 얻었다. A, B간의 고저차는? (단, IH = 1.15m, H.P = 1.56m, L = 31.00m, a=+30°)

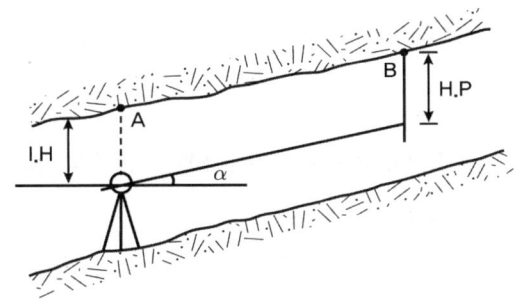

① 15.09m   ② 15.91m
③ 18.31m   ④ 18.21m

해설 시준선은 정준이 되어 평행하므로 시준선 높이에서 A, B점 간의 고저차를 비교하면
$\triangle h$ = B점까지의 높이 - A점까지의 높이
  = $(IH + L \times \sin\alpha) - HP$
  = $(1.56 + 31m \times \sin 30°) - 1.15 = 15.91m$

35. GNSS의 구성체계에 포함되지 않는 부문은?

① 우주부문   ② 사용자부문
③ 제어부문   ④ 탐사부문

해설 [GPS의 주요구성요소]
① 우주부문(Space Segment)
   연속적 다중위치 결정체계, 55°의 궤도경사각, 위도 60°의 6궤도, 2만km 고도와 12시간 주기로 운행
② 제어부문(Control Segment)
   궤도와 시각 결정을 위한 위성의 추적, 전리층 및 대류층의 주기적 모형화, 위성시간의 동일화, 위성자료 전송
③ 사용자부문(User Segment)
   위성으로부터 보내진 전파를 수신해 원하는 위치 또는 두 점 사이의 거리 계산

36. 지상 1km²의 면적이 어떤 지형도상에서 400cm²일 때 지형도의 축척은?

① 1:1000   ② 1:5000
③ 1:25000   ④ 1:50000

해설 면적은 거리의 제곱에 비례한다. 축척은 거리의 함수이므로 축척의 제곱의 면적에 비례한다.
$\dfrac{a_2}{a_1} = \left(\dfrac{m_2}{m_1}\right)^2$ 이므로
$M = \dfrac{m_2}{m_1} = \sqrt{\dfrac{a_2}{a_1}} = \sqrt{\dfrac{400cm^2}{1km^2}}$
$= \sqrt{\dfrac{400cm^2}{10,000,000,000cm^2}} = \dfrac{1}{5,000}$

37. 평탄한 지형에서 초점거리 150mm인 카메라로 촬영한 축척 1:15000 사진 상에서 굴뚝의 길이가 2.4mm, 주점에서 굴뚝 윗부분까지의 거리가 20cm로 측정되었다. 이 굴뚝의 실제 높이는?

① 20m   ② 27m
③ 30m   ④ 36m

[해설] 기복변위 $\Delta r = \dfrac{h}{H} \times r$ 에서

촬영고도 $H = mf = 15000 \times 0.15 = 2250m$

굴뚝의 높이 $h = \dfrac{\Delta r}{r} \times H = \dfrac{2.4mm}{200mm} \times 2250m = 27m$

38. 수준측량에서 전시와 후시의 거리를 같게 함으로써 소거할 수 있는 주요 오차는?

① 망원경의 시준선이 기포관축에 평행하지 않아 생기는 오차
② 시준하는 순간 기포가 중앙에 있지 않아 생기는 오차
③ 전시와 후시의 야장기입을 잘못하여 생기는 오차
④ 표척이 표준길이와 달라서 생기는 오차

[해설] 수준측량에서 전후시 거리를 같게 하면 시준축오차를 소거할 수 있다. 시준축오차는 망원경의 시준선이 기포관축에 평행이 아닐 때의 오차를 의미하며 전후시 거리를 같게 하므로 소거할 수 있다.

39. 네트워크 RTK GNSS 측량의 특징이 아닌 것은?

① 실내·외 어디에도 측량이 가능하다.
② 1대의 GNSS 수신기만으로도 측량이 가능하다.
③ GNSS 상시관측소를 기준국으로 사용한다.
④ 관측자가 1명이어도 관측이 가능하다.

[해설] GPS의 단점으로는 터널, 실내 등과 같이 수신기의 상공이 막혀 있는 경우 전파의 수신이 불가능하다는 것이다.

40. 수준측량으로 지반고(G.H)를 구하는 식은? (단, B.S: 후시, F.S:전시, I.H:기계고)

① G.H=I.H+F.S
② G.H=I.H+B.S
③ G.H=I.H−F.S
④ G.H=I.H−B.S

[해설] 기계고 = 지반고 + 후시, 지반고 = 기계고 − 전시

3과목 토지정보체계론

41. 다음 중 표고를 나타내는 자료가 아닌 것은?

① DEM
② DLG
③ DTM
④ TIN

[해설] 표고를 나타내는 수치표고모델의 종류로는 DEM, DTM 등이 있고, 불규칙삼각망(TIN)으로 표고를 표시할 수 있다. 반면에 DLG는 벡터데이터 형식중의 하나이다.

42. 벡터데이터와 래스터데이터의 구조에 관한 설명으로 옳지 않은 것은?

① 래스터데이터는 중첩분석이나 모델링이 유리하다.
② 벡터데이터는 자료구조가 단순하여 중첩분석이 쉽다.
③ 벡터데이터는 좌표계를 이용하여 공간정보를 기록한다.
④ 벡터데이터는 점, 선, 면으로 래스터데이터는 격자로 도형을 표현한다.

[해설] 레스터데이터는 자료구조가 단순하여 중첩분석이 쉽다.

43. 필지중심토지정보시스템(PBLIS)에 대한 설명으로 옳지 않은 것은?

① LMIS와 통합되어 KLIS로 운영되어 왔다.
② 각종 지적행정업무의 수행과 정책정보를 제공할 목적으로 개발되었다.
③ 지적전산화사업의 속성 데이터베이스를 연계하여 구축되었다.
④ 개발 초기에 토지관리 업무시스템, 공간자료관리시스템, 토지행정지원시스템으로 구성되었다.

해설 **[PBLIS(필지중심토지정보시스템)]**
① 지적도, 토지대장의 통합관리시스템 구축으로 지자체의 지적업무효율화와 토지정책, 도시계획 등의 다양한 정책 분야에 기초공간자료의 제공목적으로 개발
② 대장정보와 도형정보를 통합한 일필지정보를 기반으로 토지의 모든 정보를 다루는 시스템
③ 각종 지적행정업무 수행과 관련부처 및 타기관에 제공할 정책정보를 생산하는 시스템
④ 지적공부관리시스템, 지적측량시스템, 지적측량성과작성시스템으로 구성

44. 토지정보시스템의 구성요소에 해당되지 않는 것은?

① 소프트웨어 ② 정보이용자
③ 데이터베이스 ④ 인력 및 조직

해설 **[토지정보체계의 구성요소]**
① 4대요소 : 하드웨어, 소프트웨어, 데이터(자료), 조직과 인력 등
② 3대요소 : 하드웨어, 소프트웨어, 데이터

45. 다음 중 임야도의 도형자료를 스캐너로 편집한 자료형태는?

① 속성정보 ② 메타데이터
③ 벡터데이터 ④ 래스터데이터

해설 스캐너로 스캐닝하여 편집하는 자료형태는 래스터데이터이다.

46. 지적재조사사업 측량 대행자의 전산시스템 등록업무와 관련이 없는 것은?

① 경계점 표지등록부 전산등록
② 해당 사업지구 사용자 전산등록 및 승인요청
③ 지적재조사사업지구 등 실시계획에 관한 사항 전산등록
④ 일필지측량 완료 후 지적확정조서에 관한 사항 전산등록

해설 **[지적재조사 행정시스템 운영규정 제11조 대행자 업무]**
1. 해당 사업지구 사용자 전산등록 및 승인 요청
2. 일필지측량 완료 후 지적확정조서에 관한 사항 전산등록
3. 일필지 현지조사에 관한 사항 전산등록
4. 대국민공개시스템 및 모바일 현장지원 시스템 활용
5. 경계점 표지등록부 전산등록
6. 그 밖에 지적재조사 측량규정에 의한 측량 성과 전산등록 등

47. 레이어의 중첩에 대한 설명으로 옳지 않은 것은?

① 레이어별로 필요한 정보를 추출해 낼 수 있다.
② 일정한 정보만을 처리하기 때문에 정보가 단순하다.
③ 새로운 가설이나 이론 및 시뮬레이션을 통해 정보를 추출하는 모델링 작업을 수행할 수 있다.
④ 형상들의 공간관계를 파악할 수 있으며 특정지점의 주변 환경에 대한 정보를 얻고자 하는 경우에도 사용할 수 있다.

해설 **[레이어 중첩의 특징]**
① 하나의 레이어에 각각의 객체와 다른 레이어의 객체들 사이에 관계를 찾아내는 작업
② 레이어별로 필요한 정보를 추출해 낼 수 있다.
③ 새로운 가설이나 이론 및 시뮬레이션을 통해 정보를 추출하는 모델링 작업을 수행할 수 있다.
④ 형상들의 공간관계를 파악할 수 있으며 특정지점의 주변 환경에 대한 정보를 얻은 경우에도 사용할 수 있다.

48. 표면모델링에 대한 설명으로 옳지 않은 것은?

① 선형으로 나타나는 불완전한 표면의 대표적인 것은 등고선 또는 등치선이다.
② 불완전한 표면은 격자의 x, y좌표가 알려져 있고 z좌표값만 입력하면 된다.
③ 수집되는 데이터의 특성과 표현방법에 따라 완전한 표면과 불완전한 표면으로 구분된다.
④ 완전한 표면은 관심대상지역이 분할되어 있고 각각의 분할된 구역에 다양한 z값을 가지고 있다.

해설 [표면모델링]
① 수집되는 데이터의 특성과 표현방법에 따라 완전한 표면과 불완전한 표면으로 구분된다.
② 불완전한 표면은 격자의 x, y좌표가 알려져 있고 z좌표 값만 입력하면 된다.
③ 선형으로 나타나는 불완전한 표면의 대표적인 것은 등고선 또는 등치선이다.
④ 완전한 표면은 관심대상지역이 분할되어 있고 각각의 분할된 구역에 다양한 x, y값을 가지고 있다.

49. 스캐너에 의한 반자동 입력방식의 작업과정을 순서대로 올바르게 나열한 것은?

① 준비→래스터데이터 취득→벡터화 및 도형인식→편집→출력 및 저장
② 준비→벡터화 및 도형인식→편집→래스터데이터 취득→출력 및 저장
③ 준비→편집→벡터화 및 도형인식→래스터데이터 취득→출력 및 저장
④ 준비→편집→래스터데이터 취득→벡터화 및 도형인식→출력 및 저장

해설 [스캐너에 의한 반자동 입력방식의 작업과정]
준비→래스터데이터 취득→벡터화 및 도형인식→편집→출력 및 저장

50. 스캐너 및 좌표독취기 장비를 이용한 좌표취득 특성으로 옳지 않은 것은?

① 작업환경이 양호하여 작업진행이 수월하다.
② 정밀도가 높아 도곽을 기준점으로 변위작업이 가능하다.
③ 스캐너에 의한 작업은 스캐닝 및 이미지파일 수신시간이 소요된다.
④ 스캐너는 축이 고정되어 있어 이동식 장비보다 오차 발생요인은 적으나 작업영역이 한정되어 있다.

해설 ① 스캐너는 광학주사기를 이용하여 일정 파장의 레이저 광선을 도면에 주사하고 반사되는 값에 수치값을 부여하여 컴퓨터에 저장시킴으로써 기존의 도면을 영상의 형태로 만드는 방식으로 디지털카메라로 촬영하여 얻은 자료와 유사하다.
② 드럼이 회전함에 따라(Y 방향) 감지기가 수평방향으로 움직이며(X 방향) 반사되는 수치값을 기록하지만 일반적으로 원통형 스캐너가 많이 사용되며 성능도 좋다.

51. 토지정보시스템(LIS)의 구축 목적으로 옳지 않은 것은?

① 지적재조사의 기반 확보
② 다목적 지적정보체계 구축
③ 도시기반시설의 유지 및 관리
④ 지적 관련 민원의 신속·정확한 처리

해설 도시기반시설의 유지 및 관리는 도시정보체계인 UIS의 구축 목적 중의 하나이다.

52. DBMS방식의 자료 관리의 장점이 아닌 것은?

① 중앙제어가 가능하다.
② 자료의 중복을 최대한 감소시킬 수 있다.
③ 시스템 구성이 파일방식에 비해 단순하다.
④ 데이터베이스 내의 자료는 다른 사용자와의 호환이 가능하다.

해설 DBMS는 단순한 파일처리방식을 개선하여 데이터의 중복성이 발생되지 않으며 일관성을 유지할 수 있어 자료의 검색과 정보추출이 신속하고 용이하며 시스템 구성이 복잡한 단점이 있다.

53. 격자구조를 압축 및 저장하는 기법 중 각각의 열(列) 진행방향에 대하여 동일한 속성값을 갖는 격자(cell)들을 하나로 묶어 길이와 위치를 저장하는 방식은?

① Quadtree 기법   ② Block code 기법
③ Chain code 기법 ④ Run-length code 기법

해설 [래스터자료의 압축방식]
① Run-length code(연속분할부호) : 각 행에 대해 왼쪽에서 오른쪽으로 시작 셀과 끝 셀을 표시
② Chain code(체인코드방식) : 영역의 경계는 그 시작점과 방향에 대한 단위벡터로 표시
③ Block code(블록코드방식) : 영역을 다양한 크기의 정사각형 블록으로 표시
④ Quadtree(사지수형) : 영역을 단계적으로 4분원으로 분할하여 표시

54. GIS에서 위성영상 자료의 활용 등에 관한 설명으로 옳지 않은 것은?

① 벡터데이터 구조로 처리 · 지정되므로 데이터호환이 매우 쉽다.
② 인공위성 상용영상의 해상도가 높아지면서 GIS에서 활용이 크다.
③ 원격탐사 및 영상처리는 공간데이터를 다루는 특성화된 기술이다.
④ 데이터가 컴퓨터로 바로 처리할 수 있는 디지털 형태라는 점에서 GIS와 통합되고 있다.

해설 [래스터데이터자료]
① 실 세계면을 일정단위의 셀(grid, pixel)로 분할하고 각각의 셀에 속성값을 입력하는 방식
② 스캐닝자료, 항공/위성영상이 여기에 해당

55. 지적행정에 웹(Web)기반의 LIS를 도입함으로써 발생하는 효과가 아닌 것은?

① 정보와 지원을 공유할 수 있다.
② 업무별 분산처리를 실현할 수 있다.
③ 서버의 구축비용을 절감할 수 있다.
④ 시간과 거리에 제한을 받지 않으며 민원을 처리할 수 있다.

해설 지적행정에 web LIS를 도입하려면 먼저 서버를 구축하여 데이터베이스를 관리하여야 한다.

[Web LIS의 도입효과]
① 업무처리의 신속화
② 정보의 공유
③ 업무별 분산처리의 실현
④ 시간과 거리에 제한이 없음
⑤ 중복된 업무를 처리하지 않을 수 있음

56. 국가의 공간정보의 제공과 관련한 내용으로 옳지 않은 것은?

① 공간정보이용자에게 제공하기 위하여 국가공간정보센터를 설치 · 운영하고 있다.
② 수집한 공간정보는 제공의 효율화를 위해 분석 또는 가공하지 않고 원 자료 형태로 제공하여야 한다.
③ 관리기관이 공공기관일 경우는 자료를 제출하기 전에 주무기관의 장과 미리 합의하여야 한다.
④ 국토교통부장관은 국가공간정보센터의 운영에 필요한 공간정보를 생산 또는 관리하는 관리기관의 장에게 자료의 제출을 요구할 수 있다.

해설 국가공간정보센터의 수행업무로는 수집된 원자료 형태의 공간정보를 가공하여 제공하는 업무와 지적공부의 관리 및 활용을 수행한다.

57. 전자평판측량 및 위성측량방법으로 관측 후 지적측량정보를 처리할 수 있는 시스템에 따라 작성된 측량결과도 파일과 토지이동정리를 위한 지번, 지목 및 경계점의 좌표가 포함된 파일은?

① 측량준비파일   ② 측량성과파일
③ 측량현형파일   ④ 측량부데이터베이스

해설 [지적업무처리규정 제3조(정의)]
① "지적측량파일"이란 측량준비파일, 측량현형파일 및 측량성과파일을 말한다.
② "측량준비파일"이란 부동산종합공부시스템에서 지적측량 업무를 수행하기 위하여 도면 및 대장속성 정보를 추출한 파일을 말한다.

정답 49. ① 50. ④ 51. ③ 52. ③ 53. ④ 54. ① 55. ③ 56. ② 57. ②

③ "측량현형파일" 이란 전자평판측량 및 위성측량방법으로 관측한 데이터 및 지적측량에 필요한 각종 정보가 들어있는 파일을 말한다.
④ "측량성과파일" 이란 전자평판측량 및 위성측량방법으로 관측 후 지적측량정보를 처리할 수 있는 시스템에 따라 작성된 측량결과도파일과 토지이동정리를 위한 지번, 지목 및 경계점의 좌표가 포함된 파일을 말한다.

58. 도시정보시스템에 대한 설명으로 옳지 않은 것은?

① 토지와 건물의 속성만을 입력할 수 있는 시스템이다.
② UIS라고 하며 Urban Information System의 약어이다.
③ 도시전반에 관한 사항을 관리·활용하는 종합적이고 체계적인 정보시스템이다.
④ 지적도 및 각종 지형도, 도시계획도, 토지이용계획도, 도로교통시설물 등의 지리정보를 데이터베이스화한다.

해설 [시설물정보체계(FM)]
건축, 전기, 설비, 통신 등 도면 자동화를 통해 구축된 수치지도를 바탕으로 지상 및 지하의 각종 시설물을 시스템 상에 구축하여 시설물에 대한 유지보수 활동을 효과적으로 지원하는 시스템

59. 다음 중 지적전산업무에 속하지 않는 것은?

① 용도지역 고시
② 지적측량성과 작성
③ 부동산종합공부의 운영
④ 지적공부의 데이터베이스화

해설 용도지역의 지정, 변경 및 고시는 도시·군관리계획에 포함되는 사항으로 지적전산업무에 속하지 않는다.

60. 벡터형식의 토지정보 자료구조 중 위상 관계없이 점, 선, 다각형을 단순한 좌표로 저장하는 방식은?

① 블록코드 모형
② 스파게티 모형
③ 체인코드 모형
④ 커버리지 모형

해설 [스파게티 모형의 특징]
① 공간자료를 점, 선, 면을 단순한 좌표목록으로 저장하며 위상관계를 정의하지 않음
② 상호연결성이 결여된 점과 선의 집합체
③ 수작업으로 디지타이징된 지도자료가 대표적인 예
④ 인접하고 있는 다각형을 나타내기 위해 경계하는 선은 두 번씩 저장
⑤ 모든 면사상이 일련의 독립된 좌표집합으로 저장되므로 자료저장공간 많이 차지
⑥ 객체들 간의 공간관계가 설정되지 않아 공간분석에 비효율적

4과목 지적학

61. 토지조사사업 당시 토지대장은 1동·리마다 조제하되 약 몇 매를 1책으로 하였는가?

① 200매
② 300매
③ 400매
④ 500매

해설 토지대장규칙의 부칙 제6호 본부는 200매를 1책으로 한다.

62. 지적법이 제정되기까지의 순서를 올바르게 나열한 것은?

① 토지조사법 → 토지조사령 → 지세령 → 조선지세령 → 조선임야조사령 → 지적법
② 토지조사법 → 지세령 → 토지조사령 → 조선지세령 → 조선임야조사령 → 지적법
③ 토지조사법 → 토지조사령 → 지세령 → 조선임야조사령 → 조선지세령 → 지적법

④ 토지조사법 → 지세령 → 조선임야조사령 → 토지조사령 → 조선지세령 → 지적법

해설 토지조사법(1910) → 토지조사령(1912) → 지세령(1914) → 조선임야조사령(1918) → 조선지세령(1943) → 지적법(1950)

63. 토지조사사업 당시 일부 지목에 대하여 지번을 부여하지 않았던 이유로 옳은 것은?

① 소유자 확인 불명
② 과세적 가치의 희소
③ 경계선의 구분 곤란
④ 측량조사작업의 어려움

해설 도로, 하천, 구거, 소도서는 국유지로 구분되어 과세대상이 아니므로 과세적 가치가 없기 때문에 토지(임야)대장 등록에서 제외됨

64. 법률 체제를 갖춘 우리나라 최초의 지적법으로 이 법의 폐지 이후 대부분의 내용이 토지조사령에 계승된 것은?

① 삼림법
② 지세법
③ 토지조사법
④ 조선임야조사령

해설 [토지조사법]
대한제국의 탁지부에서 근대적인 지적제도를 창설하기 위하여 전 국토에 대한 토지조사사업을 추진할 목적으로 제정 공포한 제도

65. 대규모 지역의 지적측량에 부가하여 항공사진측량을 병용하는 것과 가장 관계 깊은 지적원리는?

① 공기능의 원리
② 능률성의 원리
③ 민주성의 원리
④ 정확성의 원리

해설 [능률성의 원리]
기술적 측면의 효율성 그리고 지적활동을 능률화 한다는 것이다.

66. 토지조사사업 및 임야조사사업에 대한 설명으로 옳은 것은?

① 임야조사사업의 사정기관은 도지사였다.
② 토지조사사업의 사정기관은 시장, 군수였다.
③ 토지조사사업 당시 사정의 공시는 60일간 하였다.
④ 토지조사사업의 재결기관은 지방토지조사위원회였다.

해설

구분	토지조사사업	임야조사사업
측량기관	임시토지조사국	부(府), 면(面)
사정기관	임시토지조사국장	도지사
재결기관	고등토지조사위원회	임야심사위원회

67. 하천으로 된 민유지의 소유권 정리는?

① 국가
② 국방부
③ 토지소유자
④ 지방자치단체

해설 민유지의 소유권은 토지소유자에 있다.

68. 토지조사사업 당시 분쟁의 원인에 해당되지 않는 것은?

① 미개간지
② 토지 소속의 불분명
③ 역둔토의 정리 미비
④ 토지 점유권 증명의 미비

해설 [분쟁지 조사의 개요 및 원인]
① 불분명한 국유지와 미정리된 역둔토와 궁장토, 소유권이 불확실한 미개간지를 정리하기 위한 조사
② 토지소속의 불분명
③ 토지소유권 증명의 미비
④ 세제의 불균일

69. 다음 중 토지의 분할이 속하는 것은?

① 등록전환
② 사법처분
③ 행정처분
④ 형질변경

정답 58. ① 59. ① 60. ② 61. ① 62. ③ 63. ② 64. ③ 65. ② 66. ① 67. ③ 68. ④ 69. ③

해설 토지의 분할 등의 토지의 이동은 지적국정주의 원칙에 따라 지적소관청이 수행하는 행정처분이다.

70. 지표면의 형태, 토지의 고저, 수륙의 분포상태 등 땅이 생긴 모양에 따라 결정하는 지목은?

① 용도지목
② 복식지목
③ 지형지목
④ 토성지목

해설 [토지 현황에 의한 지목의 분류]
① **지형지목** : 지표면의 형태, 토지의 고저, 수륙의 분포 상태 등 토지의 모양에 따라 지목 결정
② **토성지목** : 토지의 성질인 지층이나 암석, 토양의 종류 등에 따라 지목 결정
③ **용도지목** : 토지의 주된 사용목적에 따라 지목 결정

71. 토렌스 시스템의 커튼이론(curtain principle)에 대한 설명으로 가장 옳은 것은?

① 선의의 제3자에게는 보험 효과를 갖는다.
② 사실심사 시 권리의 진실성에 직접 관여하여야 한다.
③ 토지등록이 토지의 권리 관계를 완전하게 반영한다.
④ 토지등록 업무는 매입 신청자를 위한 유일한 정보의 기초다.

해설 [토렌스 시스템의 커튼이론]
동일한 동등한 입장이 되어야 한다는 이론인 커튼이론(Curtain Principle)은 현재의 소유권증서는 완전한 것이며 이전의 증서나 왕실증여를 추적할 필요가 없다는 것이며 토지등록업무가 커튼 뒤에 놓인 공정성과 신빙성에 관여할 필요도 없고 관여해서도 안 된다는 매입 신청자를 위한 유일한 정보의 기초이다.

72. 토지조사사업에서 지목은 모두 몇 종류로 구분하였는가?

① 18종
② 21종
③ 24종
④ 28종

해설 [토지조사사업 당시의 지목(18개)]
전, 답, 대, 지소, 임야, 잡종지, 사지, 분묘지, 공원지, 철도용지, 수도용지, 도로, 하천, 구거, 제방, 성첩, 철도선로, 수도선로

73. 지적도나 임야도에서 도곽선의 역할과 가장 거리가 먼 것은?

① 도면접합의 기준
② 도곽신축 보정의 기준
③ 토지합병 시의 필지결정기준
④ 지적측량기준점 전개의 기준

해설 [도곽선의 역할]
① 지적기준점을 전개할 때의 기준
② 방위의 표시(도북방향)
③ 인접도면과의 접합기준
④ 도곽의 신축량 측정할 때의 기준
⑤ 측량결과도와 실지의 부합여부 확인의 기준

74. 토지등록에 대한 설명으로 가장 거리가 먼 것은?

① 토지 거래를 안전하고 신속하게 해 준다.
② 토지의 공개념을 실현하는데 활용될 수 있다.
③ 지적소관청이 토지등록사항을 공적장부에 기록 공시하는 행정행위이다.
④ 국가나 공적장부에 기록된 토지의 이동 및 수정사항을 규제하는 법률적 행위이다.

해설 토지등록은 토지의 이동이 있는 때에 토지소유자의 신청에 의하여 소관청이 결정하는 행정적 행위라고 할 수 있다.

75. 다음 지번의 부번(附番) 방법 중 진행방향에 의한 분류에 해당하지 않는 것은?

① 기우식법
② 단지식법
③ 사행식법
④ 도엽단위법

해설 [지번의 진행방향에 따른 부번방식]
① **사행식** : 농촌지역의 필지와 같이 배열이 불규칙한 지역에서 지번을 부여하는 가장 대표적인 방식으로 뱀이 기어가는 모습과 같다는 뜻이며 우리나라 지번의 대부분이 이 방식으로 부여되었다.
② **기우식** : 도로를 중심으로 한쪽은 홀수(奇數)로 그 반대는 짝수(偶數)로 지번을 부여하는 방법으로 경지정리 및 구획정리지구의 지번부여방식으로 많이 사용되고 있다.
③ **단지식** : 매 단지마다 하나의 본번(本番)을 부여하고 단지 내 다른 필지들은 본번에 부번(副番)을 부여하는 방법으로 Block식이라고도 한다.

76. 다음 지적의 기본이념에 대한 설명으로 옳지 않은 것은?

① 지적공개주의 : 지적공부에 등록하여야만 효력이 발생한다는 이념
② 지적국정주의 : 지적공부의 등록사항은 국가만이 결정할 수 있다는 이념
③ 직권등록주의 : 모든 필지는 강제적으로 지적공부에 등록·공시해야 한다는 이념
④ 실질적 심사주의 : 지적공부의 등록사항이나 변경등록은 지적 관련 법률상 적법성과 사실관계 부합여부를 심사하여 지적공부에 등록한다는 이념

해설 [지적 공개주의]
지적공부에 등록된 사항을 토지소유자나 일반 국민에게 신속·정확하게 공개하여 정당하게 이용할 수 있도록 한다.

77. 고려시대의 토지제도에 관한 설명으로 옳지 않은 것은?

① 당나라의 토지제도를 모방하였다.
② 광무개혁(光武改革)을 실시하였다.
③ '도행'이나 '작'이라는 토지 장부가 있었다.
④ 고려 말에는 전제가 극도로 문란해져서 이에 대한 개혁으로 과전법이 실시되었다.

해설 [광무양전사업]
① 1898년부터 대한제국 정부가 전국의 토지를 대상으로 실시한 근대적 토지조사사업

② 광무양전의 양안에는 각 변의 척수를 기입하고 전체 실적으로 표시함으로 필지당 토지면적을 확정

78. 토지대장의 편성 방법 중 리코딩시스템(Recording system)이 해당하는 것은?

① 물적 편성주의
② 연대적 편성주의
③ 인적 편성주의
④ 면적별 편성주의

해설 [연대적 편성주의]
① 특별한 기준없이 신청순서에 의해 지적공부를 편성하는 방법
② 공부편성방법으로 가장 유효한 권리증서의 등록제도
③ 단순히 토지처분에 관한 증서의 내용을 기록하며 뒷날 증거로 하는 것에 불과
④ 그 자체만으로는 공시기능 발휘 못함
⑤ 프랑스, 미국의 일부 주에서 실시하는 리코딩시스템이 이에 해당

79. 경계 불가분의 원칙에 대한 설명과 가장 거리가 먼 것은?

① 필지 사이의 경계는 분리할 수 없다.
② 경계는 인접 토지에 공통으로 작용된다.
③ 경계는 위치와 길이만 있고 너비는 없다.
④ 동일한 경계가 축척이 다른 도면에 각각 등록된 경우 둘 중 하나의 경계만을 최종경계로 결정한다.

해설 [경계불가분의 원칙]
① 경계는 유일무이한 것으로 이를 분리할 수 없다는 원칙
② 토지의 경계는 같은 토지에 2개 이상의 경계가 있을 수 없고 양필지 사이에 공통으로 작용한다.

80. 토지대장의 편성방법 중 현행 우리나라에서 채택하고 있는 방법은?

① 물적편성주의
② 인적편성주의
③ 연대적편성주의
④ 인적·물적편성주의

해설 현행 지적공부의 작성은 물적편성주의이므로 지적공부에 등록은 지번순으로 이루어진다.

5과목 지적관계법규

81. 다음 중 축척변경위원회의 구성에 대한 설명으로 옳은 것은?

① 위원은 지적소관청이 위촉한다.
② 축척변경 시행지역의 토지소유자가 7명 이하일 때 토지소유자 전원을 위원으로 위촉하여야 한다.
③ 10명 이상 15명 이하의 위원으로 구성하되, 위원의 3분의 2 이상을 축척변경 시행지역의 토지소유자로 하여야 한다.
④ 위원장은 위원 중에서 지적에 관하여 전문지식을 가지고 해당 지역의 사정에 정통한 사람 중에서 국토교통부장관이 지명한다.

해설 [공간정보의 구축 및 관리 등에 관한 법률 시행령 제79조 (축척변경위원회의 구성 등)]
① 축척변경위원회는 5명 이상 10명 이하의 위원으로 구성하되, 위원의 2분의 1 이상을 토지소유자로 하여야 한다. 이 경우 그 축척변경 시행지역의 토지소유자가 5명 이하일 때에는 토지소유자 전원을 위원으로 위촉하여야 한다.
② 위원장은 위원 중에서 지적소관청이 지명한다.
③ 위원은 다음 각 호의 사람 중에서 지적소관청이 위촉한다.
　1. 해당 축척변경 시행지역의 토지소유자로서 지역 사정에 정통한 사람
　2. 지적에 관하여 전문지식을 가진 사람
④ 축척변경위원회의 위원에게는 예산의 범위에서 출석수당과 여비, 그 밖의 실비를 지급할 수 있다. 다만, 공무원인 위원이 그 소관 업무와 직접적으로 관련되어 출석하는 경우에는 그러하지 아니하다.

82. 측량업자로서 속임수, 위력(威力), 그 밖의 방법으로 측량업과 관련된 입찰의 공정성을 해친 자에 대한 벌칙 기준은?

① 300만원 이하의 과태료
② 1년 이하의 징역 또는 1천만원 이하의 벌금
③ 2년 이하의 징역 또는 2천만원 이하의 벌금
④ 3년 이하의 징역 또는 3천만원 이하의 벌금

해설 [공간정보의 구축 및 관리 등에 관한 법률 제107(벌칙)]
측량업자나 수로사업자로서 속임수, 위력(威力), 그 밖의 방법으로 측량업 또는 수로사업과 관련된 입찰의 공정성을 해친 자 : 3년 이하의 징역 또는 3천만원 이하의 벌금

83. 국토교통부장관, 해양수산부장관 또는 시·도지사가 측량업자에게 측량업의 등록을 취소하거나 1년 이내의 기간을 정하여 영업의 정지를 명할 수 있는 경우에 해당하지 않는 것은?

① 고의 또는 과실로 측량을 부정확하게 한 경우
② 거짓이나 그 밖의 부정한 방법으로 측량업의 등록을 한 경우
③ 지적측량업자가 업무 범위를 위반하여 지적측량을 한 경우
④ 정당한 사유 없이 측량업의 등록을 한 날부터 1년 이내에 영업을 시작하지 아니한 경우

해설 측량업의 등록을 하지 아니하거나 거짓이나 그 밖의 부정한 방법으로 측량업의 등록을 하고 측량업을 한 자 : 2년 이하의 징역이나 2000만원 이하의 벌금에 해당하며 영업정지가 아닌 측량업의 등록취소에 해당하는 사항이다.

84. 공간정보의 구축 및 관리 등에 관한 법률상의 기본원칙이 아닌 것은?

① 토지표지의 공시
② 등록사항의 국가결정
③ 등록사항의 실질적 심사
④ 등록사항의 형식적 심사

해설 [적극적 등록주의]
① 등록은 강제적이고 의무적임
② 공부에 등록되지 않은 토지는 어떠한 권리도 인정되지 않음
③ 지적측량이 실시되어야만 등기를 허락
④ 토지등록의 효력이 국가에 의해 보장
⑤ 실질적 심사주의를 채택

85. 공간정보의 구축 및 관리 등에 관한 법령상 지적위원회에 관한 설명으로 옳지 않은 것은?

① 지적위원회는 중앙지적위원회와 지방지적위원회가 있다.
② 지방지적위원회의 위원장 및 부위원장을 제외한 위원의 임기는 2년으로 한다.
③ 지방지적위원회는 지적측량 적부심사청구를 회부받은 날부터 60일 이내에 심의·의결하여야 한다.
④ 중앙지적위원회의 위원장은 국토교통부의 지적업무 담당 과장이 되고, 부위원장은 위원중에서 임명한다.

[해설] [공간정보의 구축 및 관리 등에 관한 법률 시행령 제20조(중앙지적위원회의 구성 등)]
① 중앙지적위원회의 위원은 5명 이상 10명 이하로 구성(위원장, 부위원장 포함)
② 위원장은 국토교통부 지적업무담당국장, 부위원장은 담당과장
③ 위원의 임기는 2년(위원장, 부위원장 제외)으로 하고 국토교통부장관이 임명

86. 공간정보의 구축 및 관리 등에 관한 법규상 측량업자의 지위승계 신고서에 첨부하여야 할 서류로 옳지 않은 것은?

① 합병공고문
② 지적측량업등록증
③ 양도·양수 계약서 사본
④ 상속인임을 증명할 수 있는 서류

[해설] [공간정보의 구축 및 관리 등에 관한 법률 시행규칙 제51조(측량업자의 지위승계 신고서)]
1. 측량업 양도·양수 신고의 경우 : 양도·양수 계약서 사본
2. 측량업 상속 신고의 경우 : 상속인임을 증명할 수 있는 서류
3. 측량업 법인 합병 신고의 경우 : 합병계약서 사본, 합병공고문, 합병에 관한 사항을 의결한 총회 또는 창립총회의 결의서 사본

87. 도시·군관리계획으로 결정하는 주거지역의 분류 및 설명으로 옳은 것은?

① 준주거지역 : 편리한 주거환경을 조성하기 위하여 필요한 지역
② 전용주거지역 : 양호한 주거환경을 보호하기 위하여 필요한 지역
③ 일반준주거지역 : 근린지역에서의 일용품 및 서비스의 공급을 위하여 필요한 지역
④ 일반주거지역 : 주거기능을 위주로 일부 상업기능 및 업무기능을 보완하기 위하여 필요한 지역

[해설] [국토의 계획 및 이용에 관한 법률 시행령 제30조(용도지역의 세분)]
① 준주거지역 : 주거기능을 위주로 이를 지원하는 일부 상업기능 및 업무기능을 보완하기 위하여 필요한 지역
② 전용주거지역 : 양호한 주거환경을 보호하기 위하여 필요한 지역
③ 일반주거지역 : 편리한 주거환경을 조성하기 위하여 필요한 지역
※ 일반준주거지역이라는 용어는 없다.

88. 공간정보의 구축 및 관리 등에 관한 법률상 지적공부 등록사항의 정정에 대한 내용으로 옳지 않은 것은?

① 등록사항의 정정이 토지소유자에 관한 사항일 경우 지적공부등본에 의하여야 한다.
② 토지소유자는 지적공부의 등록사항에 잘못이 있음을 발견하면 지적소관청에 그 정정을 신청할 수 있다.
③ 지적소관청은 지적공부의 등록사항에 잘못이 있음을 발견하면 대통령령으로 정하는 바에 따라 직권으로 조사·측량하여 정정할 수 있다.
④ 등록사항의 정정으로 인접 토지의 경계가 변경되는 경우 그 정정은 인접 토지소유자의 승낙서가 제출되어야 한다. (토지소유자가 승낙하지 아니하는 경우는 이에 대항할 수 있는 확정판결서 정본을 제출한다.)

[해설] [공간정보의 구축 및 관리 등에 관한 법률 제84조(등록사항의 정정)]
지적소관청이 등록사항을 정정할 때 그 정정사항이 토지소유자에 관한 사항인 경우에는 등기필증, 등기완료통지서, 등기사항증명서 또는 등기관서에서 제공한 등기전산정보자료에 따라 정정하여야 한다.

89. 부동산등기법상 토지가 멸실된 경우 그 토지 소유권의 등기명의인은 그 사실이 있는 때부터 얼마 이내에 그 등기를 신청하여야 하는가?

① 1개월 이내 ② 2개월 이내
③ 3개월 이내 ④ 6개월 이내

해설 [부동산등기법 제39조(멸실등기의 신청)]
토지가 멸실된 경우에는 그 토지 소유권의 등기명의인은 그 사실이 있는 때부터 1개월 이내에 그 등기를 신청하여야 한다.

90. 부동산등기법상 등기관이 토지 등기기록의 표제부에 기록하여야 하는 사항으로 옳지 않은 것은?

① 경계 ② 면적
③ 지목 ④ 지번

해설 ① 등기부 표제부에 기록될 사항 : 표시번호, 접수, 소재, 지번, 지목, 면적, 등기원인 및 기타사항
② 갑구 : 소유권에 관한 사항
③ 을구 : 소유권 이외의 권리에 관한 사항

91. 공간정보의 구축 및 관리 등에 관한 법령상 지목변경 없이 등록전환을 신청할 수 없는 경우는?

① 도시·군관리계획선에 따라 토지를 분할하는 경우
② 관계 법령에 따른 토지의 형질변경 또는 건축물의 사용을 승인하는 경우
③ 임야도에 등록된 토지가 사실상 형질변경 되었으나 지목변경을 할 수 없는 경우
④ 대부분의 토지가 등록 전환되어 나머지 토지를 임야도에 계속 존치하는 것이 불합리한 경우

해설 [공간정보의 구축 및 관리 등에 관한 법률 시행령 제64조(등록전환의 신청)]
다음 각 호의 어느 하나에 해당하는 경우에는 지목변경 없이 등록전환을 신청할 수 있다.
1. 대부분의 토지가 등록전환되어 나머지 토지를 임야도에 계속 존치하는 것이 불합리한 경우
2. 임야도에 등록된 토지가 사실상 형질변경되었으나 지목변경을 할 수 없는 경우
3. 도시·군관리계획선에 따라 토지를 분할하는 경우

92. 다음 중 지적소관청이 관할 등기관서에 등기촉탁을 하는 사유에 해당되지 않는 것은?

① 축척변경
② 신규등록
③ 등록사항의 직권정정
④ 행정구역 개편에 따른 지번부여

해설 [공간정보의 구축 및 관리 등에 관한 법률 제89조(등기촉탁)]
신규등록 당시는 등기부가 존재하지 않으므로 등기촉탁의 대상이 되지 않는다.

93. 국토의 계획 및 이용에 관한 법률상 입지규제최소구역에서의 다른 법률 규정을 적용하지 아니할 수 있는 사항으로 옳지 않은 것은?

① 「도로법」 제40조에 따른 접도구역
② 「주차장법」 제19조에 따른 부설주차장의 설치
③ 「문화예술진흥법」 제9조에 따른 건축물에 대한 미술작품의 설치
④ 「주택법」 제35조에 따른 주택의 배치, 부대시설·복리시설의 설치기준 및 대지조성기준

해설 [국토의 계획 및 이용에 관한 법률 제83조의 2(입지규제최소구역에서의 다른 법률의 적용 특례)]
① 입지규제최소구역에 대하여는 다음 각 호의 법률 규정을 적용하지 아니할 수 있다.
1. 「주택법」 제35조에 따른 주택의 배치, 부대시설·복리시설의 설치기준 및 대지조성기준
2. 「주차장법」 제19조에 따른 부설주차장의 설치
3. 「문화예술진흥법」 제9조에 따른 건축물에 대한 미술작품의 설치

94. 다음 중 공간정보의 구축 및 관리 등에 관한 법률의 목적으로 볼 수 없는 것은?

① 해상교통의 안전
② 토지개발의 촉진
③ 국토의 효율적 관리
④ 국민의 소유권 보호에 기여

해설 [공간정보의 구축 및 관리 등에 관한 법률 제1조(목적)]
이 법은 측량 및 수로조사의 기준 및 절차와 지적공부·부동산종합공부의 작성 및 관리 등에 관한 사항을 규정함으로써 국토의 효율적 관리와 해상교통의 안전 및 국민의 소유권 보호에 기여함을 목적으로 한다.

95. 지적측량 시행규칙에 따른 지적측량의 실시기준 중 지적도근점측량을 실시하여야 하는 경우로 옳은 것은?

① 측량지역의 지형상 지적삼각점의 재설치가 필요한 경우
② 세부측량을 하기 위하여 지적삼각보조점의 설치가 필요한 경우
③ 측량지역의 면적이 해당 지적도 1장에 해당하는 면적 이상인 경우
④ 지적도근점의 설치 또는 재설치를 위하여 지적삼각점이나 지적삼각보조점의 설치가 필요한 경우

해설 [지적도근점측량을 반드시 실시하여야 하는 경우]
① 도시개발사업 등으로 인하여 지적확정측량을 하는 경우
② 국토의 계획 및 이용에 관한 법률에 의한 도시지역 및 준도시지역에서 세부측량을 하는 경우
③ 측량지역의 면적이 당해 지적도 1장에 해당하는 면적 이상인 경우
④ 세부측량의 시행상 특히 필요한 경우

96. 공간정보의 구축 및 관리 등에 관한 법률상 토지소유자가 하여야 하는 신청을 대신할 수 없는 자는? (단, 등록사항 정정 대상토지는 제외한다.)

① 토지점유자
② 채권을 보전하기 위한 채권자
③ 학교용지, 도로, 수도용지 등의 지목으로 될 토지의 경우 그 해당사업의 시행자
④ 지방자치단체가 취득하는 토지의 경우 그 토지를 관리하는 지방자치단체의 장

해설 [공간정보의 구축 및 관리 등에 관한 법률 제87조(신청의 대위)]
① **사업시행자** : 공공사업 등으로 인하여 학교용지, 도로, 철도용지, 제방, 하천, 구거, 유지, 수도용지 등의 지목으로 되는 토지의 경우에는 그 사업시행자
② **국가기관 또는 지방자치단체장** : 국가, 지방자치단체가 취득하는 토지의 경우에는 그 토지를 관리하는 국가기관 또는 지방자치단체의 장
③ **관리인 또는 사업시행자** : 주택법에 의한 주택의 부지의 경우에는 〈집합건물의 소유 및 관리에 관한 법률〉에 의한 관리인 또는 사업시행자
④ **민법 제404조의 규정에 의한 채권자** : 채권자는 자신의 채권을 보전하기 위하여 채무자의 권리를 행사할 수 있음

97. 공간정보의 구축 및 관리 등에 관한 법률상 토지를 수용하거나 사용할 수 있는 경우는?

① 타인의 토지를 출입할 경우
② 장애물의 형상을 변경할 경우
③ 기본측량 시 필요하다고 인정하는 경우
④ 축척변경 측량 시 경계표지를 설치할 경우

해설 [공간정보의 구축 및 관리 등에 관한 법률 제103조(토지의 수용 또는 사용)]
① 국토교통부장관 및 해양수산부장관은 기본측량을 실시하기 위하여 필요하다고 인정하는 경우에는 토지, 건물, 나무, 그 밖의 공작물을 수용하거나 사용할 수 있다.

정답 89. ① 90. ① 91. ② 92. ② 93. ① 94. ② 95. ③ 96. ① 97. ③

98. 다음 중 1년 이하의 징역 또는 1천만원 이하의 벌금에 처하는 경우는?

① 고의로 측량성과를 다르게 한 자
② 정당한 사유 없이 측량을 방해한 자
③ 지적측량수수료 외의 대가를 받은 지적측량기술자
④ 본인 또는 배우자가 소유한 토지에 대한 지적측량을 한 자

해설 [공간정보의 구축 및 관리 등에 관한 법률 제107~109조(벌칙), 제110조(양벌규정), 제111조(과태료)]
① 고의로 측량성과 또는 수로조사성과를 사실과 다르게 한 자 : 2년 이하의 징역 또는 2천만원 이하의 벌금
② 정당한 사유없이 측량을 방해한 자 : 300만원 이하의 과태료(양벌규정에 적용되지 않음)
③ 지적측량수수료 외의 대가를 받은 지적측량기술자 : 1년 이하의 징역 또는 1천만원 이하의 벌금
④ 직계존속·비속이 소유한 토지에 대한 지적측량을 한 자 : 300만원 이하의 과태료(양벌규정에 적용되지 않음)

99. 등기의 일반적 효력에 관한 사항으로 옳지 않은 것은?

① 공신력
② 대항적 효력
③ 추정적 효력
④ 순위 확정적 효력

해설 [우리나라 등기제도의 특징]
① **등기사무의 관장** : 사법부
② **등기부의 조직** : 물적편성주의로 1부동산 1등기 원칙
③ **등기의 효력** : 형식주의로 성립요건주의, 효력발생요건주의, 순위확정적 효력, 점유적 효력, 추정적 효력
④ **공신력 불인정** : 등기부를 믿고 거래한 자는 보호되지 않는다.

100. 공간정보의 구축 및 관리 등에 관한 법률상 용어의 정의로 옳은 것은?

① "경계점"이란 구면좌표를 이용하여 계산한다.
② "토지의 이동"이란 토지의 표시를 새로이 정하는 경우만을 말한다.
③ "지적공부"란 정보처리시스템에 저장된 것을 제외한 토지대장, 임야대장 등을 말한다.
④ "토지의 표시"란 지적공부에 토지의 소재·지번·지목·면적·경계 또는 좌표를 등록한 것을 말한다.

해설 [공간정보의 구축 및 관리 등에 관한 법률 제2조(정의)]
① "경계점"이란 필지를 구획하는 선의 굴곡점으로서 지적도나 임야도에 도해(圖解) 형태로 등록하거나 경계점좌표등록부에 좌표 형태로 등록하는 점을 말한다.
② "토지의 이동(異動)"이란 토지의 표시를 새로 정하거나 변경 또는 말소하는 것을 말한다.
③ "지적공부"란 토지대장, 임야대장, 공유지연명부, 대지권등록부, 지적도, 임야도 및 경계점좌표등록부 등 지적측량 등을 통하여 조사된 토지의 표시와 해당 토지의 소유자 등을 기록한 대장 및 도면(정보처리시스템을 통하여 기록·저장된 것을 포함한다)을 말한다.

2020년 지적기사 기출문제
Engineer Cadastral Surveying

CHAPTER 06

지적기사 기출문제

1과목 지적측량

01. 중부원점지역에 설치된 지적삼각점의 경위도좌표에 해당되는 것은?

① 북위 37° 43′ 23″ 동경 129° 58′ 53″
② 북위 36° 56′ 18″ 동경 128° 34′ 35″
③ 북위 35° 32′ 36″ 동경 125° 24′ 36″
④ 북위 34° 23′ 14″ 동경 125° 21′ 46″

해설 [우리나라의 직각좌표원점]

명칭	투영원점의 위치	적용지역
서부좌표계	북위 38°, 동경 125°	동경 124~126°
중부좌표계	북위 38°, 동경 127°	동경 126~128°
동부좌표계	북위 38°, 동경 129°	동경 128~130°
동해좌표계	북위 38°, 동경 131°	동경 130~132°

02. 다음 중 경위의측량방법과 평판측량방법으로 세부측량을 할 때 측량 준비 파일 작성에 공통적으로 포함되는 사항이 아닌 것은?

① 도곽선과 그 수치
② 행정구역선과 그 명칭
③ 측량대상 토지의 지번 및 지목
④ 인근 토지의 경계점의 좌표 및 경계선

해설 [세부측량의 거리 및 위치 표현의 차이점]
① **평판측량방법** : 측정점의 위치, 측량기하적 및 지상에서 측정한 거리
② **경위의 측량방법** : 측정점의 위치(측량계산부의 좌표를 전개하여 기재), 지상에서 측정한 거리 및 방위각

03. 경위의 측량방법에 따른 세부측량의 기준으로 옳은 것은?

① 거리측정단위는 0.01cm로 한다.
② 경계점의 점간거리는 1회 측정한다.
③ 관측은 30초독 이상의 경위의를 사용한다.
④ 수평각의 관측은 1대회의 방향관측법이나 2배각의 배각법에 따른다.

해설 [경위의 측량방법에 의한 세부측량의 관측 및 계산]
① 거리측정단위는 1cm로 한다.
② 경계점의 점간거리는 2회 측정한다.
③ 관측은 20초독 이상의 경위의를 사용한다.
④ 수평각의 관측은 1대회의 방향관측법이나 2배각의 배각법에 따른다.

04. 수평각 측정에 있어서 측점에 편심이 있었을 때 측정한 측각오차에 관한 설명 중 옳지 않은 것은?

① 측각오차는 편심량과 편심방향에 관계가 있다.
② 측각오차의 크기는 보통 측점거리에 비례한다.
③ 편심방향이 시준방향에 직각인 경우에 측각오차가 가장 크다.
④ 시준방향과 편심방향이 같을 때에는 측각오차가 거의 없다.

해설 수평각관측시 편심이 있을 경우 측각오차의 크기는 편심거리에 비례하고 측점거리에는 반비례하게 된다.

05. 평판측량방법으로 조준의를 사용하여 경사거리를 측정한 결과가 아래와 같은 경우 수평거리가 옳은 것은? (단, 경사거리는 74.3m, 경사분획은 6.5이다.)

① 72.3m ② 74.1m
③ 81.1m ④ 82.3m

해설 $D : l = 100 : \sqrt{100^2 + n^2}$ 에서
$D : 74.3 = 100 : \sqrt{100^2 + 6.5^2}$ 이므로
$D = \dfrac{74.3 \times 100}{\sqrt{100^2 + 6.5^2}} = 74.1m$

06. 각을 측정할 때 발생할 수 있는 오차에 해당되지 않는 것은?

① 정오차 ② 과대오차
③ 우연오차 ④ 확률중등오차

해설 [오차의 성질에 따른 분류]
① **정오차(누적오차, 누차)** : 오차가 일어나는 원인이 명백하고, **일정한 조건 밑에서는 일정한 크기와 방향으로 발생**하는 오차, 그 원인이 조사되면 오차량을 계산하여 제거할 수 있는 오차
② **부정오차(우연오차, 상차)** : 일어나는 원인이 불분명 하거나 원인을 안다 하여도 직접 처리하는 방법이 불확실하고 예견할 수 없으며 관측값에 어느 정도의 영향을 주고 있는지를 알 수 없는 성질의 불규칙한 오차, 아무리 주의해도 피할 수 없고 또 계산으로 제거할 수 없으므로 통계학(최소제곱법)적으로 소거하는 방법을 사용
③ **착오(과대오차)** : 관측자 기술의 미숙, 심리상태의 혼란, 부주의, 착각에 의한 눈금 오독, 기장오기 등으로 발생

07. 토털스테이션을 이용한 작업의 장점으로 가장 거리가 먼 것은?

① 각과 거리를 동시에 측정할 수 있다.
② 전자기록 장치를 사용할 수 있어 작업효율이 높다.
③ 날씨나 장애물의 영향을 받지 않아 항상 작업이 가능하다.
④ 측정에 있어 사용자에 따른 눈금읽기 오차로 인한 실수를 피할 수 있다.

해설 토털스테이션을 이용한 작업은 광학적인 관측이므로 목표점의 시준이 가능해야 하므로 날씨나 장애물의 영향을 받는다.

08. 전파기 또는 광파기측량방법에 따라 다각망도선법으로 지적삼각보조점측량을 할 때 기지점과 교점을 포함하여 1도선의 점의 수는 몇 점 이하로 하여야 하는가?

① 5점 이하 ② 10점 이하
③ 15점 이하 ④ 20점 이하

해설 [다각망도선법에 의한 지적삼각측보조점측량의 기준]
① 3점 이상의 기지점으로 포함한 **결합다각방식**에 의한다.
② 1도선의 거리는 4km 이하로 한다.
③ 1도선의 점의 수는 **기지점과 교점 포함**하여 5점 이하로 한다.
④ 1도선은 **기지점과 교점**, 교점과 교점 간의 거리이다.

09. 지적도근점측량에서 변장거리가 200m, 측점에서 5cm 오차가 있었다면 측각치의 오차는?

① 22″ ② 32″
③ 42″ ④ 52″

해설 거리오차와 측각오차의 정밀도는 다음 식으로 정리된다.
$\dfrac{\triangle h}{D} = \dfrac{\theta}{\rho(1\text{라디안})}$
$\theta = \dfrac{\triangle h}{D} \times \rho = \dfrac{0.05m}{200m} \times 206,265″ ≒ 52″$

10. 30m의 줄자로 120m의 거리를 4구간으로 나누어 측정하였다. 구간마다 ±5mm의 우연오차가 발생하였다면, 전 구간에서 발생할 우연오차는?

① ±5mm ② ±10mm
③ ±15mm ④ ±20mm

해설 정오차는 횟수에 비례하고, 우연오차는 횟수의 제곱근에 비례하므로
① 관측횟수는 120/30=4회
② 전구간에 발생할 우연오차 $=\pm 5mm \times \sqrt{4} = \pm 10mm$

11. 전자면적측정기에 의한 면적측정 기준에 대한 설명으로 옳은 것은?

① 측정면적은 1만분의 1제곱미터까지 계산하여 10분의 1제곱미터 단위로 정한다.
② 측정면적은 1천분의 1제곱미터까지 계산하여 10분의 1제곱미터 단위로 정한다.
③ 측정면적은 1천분의 1제곱미터까지 계산하여 100분의 1제곱미터 단위로 정한다.
④ 측정면적은 1만분의 1제곱미터까지 계산하여 100분의 1제곱미터 단위로 정한다.

해설 [좌표면적계산법]
① 도곽에 0.2밀리미터 이상의 신축이 있을 경우 보정하여야 한다.
② 경위의측량으로 세부측량을 시행한 지역의 면적측정방법이다.
③ 산출면적은 1,000분의 1제곱미터까지 계산하여 10분의 1제곱미터 단위로 정한다.

12. 시·도지사가 지적삼각성과를 관리할 때 지적삼각점성과표에 기록·관리하여야 하는 사항이 아닌 것은?

① 자오선수차 ② 좌표 및 표고
③ 소재지와 측량연월일 ④ 번호 및 위치의 약도

해설 [지적기준점성과표의 기록 및 관리]

지적삼각점측량	지적삼각보조점측량
1. 지적삼각점의 명칭과 기준 원점명	1. 번호 및 위치의 약도
2. 좌표 및 표고	2. 좌표와 직각좌표계 원점명
3. 경도 및 위도	3. 경도와 위도(필요한 경우로 한정)
4. 자오선수차	4. 표고(필요한 경우로 한정)
5. 시준점의 명칭, 방위각 및 거리	5. 소재지와 측량연월일
6. 소재지와 측량연월일	6. 도선등급 및 도선명
7. 그 밖의 참고사항	7. 표지의 재질
	8. 도면번호
	9. 설치기관
	10. 조사연월일, 조사자 직위 성명 등

13. 지적도근점측량에서 측각오차를 배부할 때 소수점 아래의 단수처리 방법은?

① 모두 올린다. ② 모두 버린다.
③ 4사 5입법에 의한다. ④ 5사 5입법에 의한다.

해설 [오사오입 법칙]
면적산정시 산출면적과 결정면적 사이의 관계를 구하고자 하는 끝자리의 다음 숫자가 5 초과할 때 올림, 5 미만인 경우 버림으로 계산하는 방식

14. 표준자보다 5cm 긴 50m의 줄자를 이용하여 정방형 토지의 면적을 측정한 결과 40,000m²이었다면, 이 토지의 정확한 면적은?

① 39920m² ② 39980m²
③ 40080m² ④ 40100m²

해설 늘어나 있는 줄자로 관측한 값의 실제값은 +로, 수축된 줄자는 반대로 −로 적용한다.
$\dfrac{dA}{A} = 2 \times \dfrac{dl}{l}$ 에서
$dA = 2 \times \dfrac{dl}{l} \times A = 2 \times \dfrac{0.05}{50} \times 40000 = 80m^2$
$A_0 = A + dA = 40000 + 80 = 40080m^2$

15. 지적삼각점의 선점에 대한 설명으로 옳지 않은 것은?

① 사용이 편리하고 발견이 쉬운 장소가 좋다.
② 측량 지역의 특정 장소에 밀집하여 배치하도록 한다.
③ 지반이 견고하고, 가급적 시준선상에 장애물이 없도록 한다.
④ 후속 측량에 편리하고 영구적으로 보존할 수 있는 위치이어야 한다.

해설 지적삼각점의 선점시 측량지역에 대하여 등밀도로 배점하도록 한다.

16. 지적삼각보조점 측량에서 지적삼각보조점을 구성할 수 있는 형태로 옳은 것은?

① 교회망 또는 교점다각망
② 사각망 또는 교점다각망
③ 삼각쇄망 또는 교점다각망
④ 유심다각망 또는 교점다각망

해설 [지적삼각보조점 측량]
① 지적삼각보조점 측량을 하는 때 필요한 경우에는 미리 지적삼각보조점표지를 설치해야 한다.
② 지적삼각보조점은 측량지역별로 설치순서에 따라 일련번호를 부여하되, 영구표지를 설치하는 경우에는 시군·구별로 일련번호를 부여한다. 이 경우 지적삼각보조점의 일련번호 앞에 "보"자를 붙인다.
③ 지적삼각보조점은 **교회망 또는 교점다각망으로 구성해야 한다.**

17. 배각법으로 지적도근점측량을 실시한 결과 횡선오차(f_y)가 +0.16m, 횡선차($\triangle y$)의 절대치의 합계가 396.28m일 때, 4cm를 배분할 횡선차는?

① 75.36m   ② 86.95m
③ 99.07m   ④ 105.30m

해설 4cm의 횡선차는 횡선오차의 1/4에 해당하므로 횡선차 절대치의 합계에 대한 1/4을 구하면 된다.

4cm를 배분할 횡선차 = $\frac{396.28m}{4}$ = 99.07m

18. 30m 표준자보다 20mm가 짧은 스틸테이프를 사용하여 두 점의 거리를 측정한 결과 1.5km일 때, 두 점의 실제 거리는?

① 1486m   ② 1490m
③ 1494m   ④ 1499m

해설 늘어나 있는 줄자로 관측한 값의 실제값은 +로, 수축된 줄자는 반대로 −로 적용한다.

$L_0 = L \pm C_0 \quad \because C_0 = \pm \frac{\triangle l}{l} L$

$C_0 = \frac{0.020}{30} \times 1500m = 1m$

$L_0 = 1500 - 1 = 1499m$

19. 지적도의 축척이 600분의 1 지역에서 산출면적이 327.55㎡일 때 결정면적은?

① 327㎡   ② 327.5㎡
③ 327.6㎡ ④ 328㎡

해설 [공간정보의 구축 및 관리 등에 관한 법률 시행령 제60조 (면적의 결정 및 측량계산의 끝수처리)]
① 지적도의 축척이 600분의 1인 지역과 경계점좌표등록부에 등록하는 지역의 토지 면적은 ㎡ 이하 한 자리 단위로 등록
② 0.1㎡ 미만의 끝수가 있는 경우 0.05㎡ 미만일 때에는 버리고, 0.05㎡를 초과할 때에는 올림
③ 0.05㎡ 때에는 구하려는 끝자리의 숫자가 0 또는 짝수이면 버리고 홀수이면 올림
④ 1필지의 면적이 0.1㎡ 미만일 때에는 0.1㎡로 함

20. 다음 그림에서 전제장 $l(\overline{PA} = \overline{PB})$의 길이 (㉠)와 전제면적(㉡)으로 옳은 것은? (단, θ = 82°21′50″, L = 5m이다.)

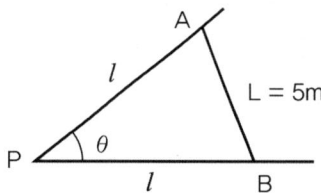

① ㉠: 3.364m, ㉡: 9.74㎡
② ㉠: 3.797m, ㉡: 7.14㎡
③ ㉠: 3.894m, ㉡: 18.82㎡
④ ㉠: 3.988m, ㉡: 14.29㎡

해설 ① 전제장

$$\frac{L/2}{l} = \sin\frac{\theta}{2}$$ 이므로

$$l = \frac{L/2}{\sin\frac{\theta}{2}} = \frac{5/2}{\sin\frac{82°21'50''}{2}} = 3.797m$$

② 전제면적

$$A = \frac{1}{2} \times L \times l \times \cos\frac{\theta}{2}$$
$$= \frac{1}{2} \times 5 \times 3.797 \times \cos\frac{82°21'50''}{2}$$
$$= 7.144m^2$$

2과목 응용측량

21. 노선측량의 완화곡선에서 클로소이드에 대한 설명으로 옳지 않은 것은?

① 클로소이드는 곡률이 곡선의 길이에 비례한다.
② 모든 클로소이드는 닮은꼴이다.
③ 종단곡선 설치에 가장 효과적이다.
④ 클로소이드의 요소에는 길이의 단위를 갖는 것과 단위가 없는 것이 있다.

해설 클로소이드는 도로에 설치하는 완화곡선으로 곡률이 곡선의 길이에 비례하는 나선형의 곡선이다.

22. 반지름 100m의 단곡선을 설치하기 위하여 교각 I를 관측하였더니 60°이었다. 곡선시점과 교점(I, P)간의 거리는?

① 45.25m ② 55.57m
③ 57.74m ④ 81.37m

해설 접선거리(T.L) : 곡선시점과 교점과의 거리
$$T.L = R\tan\frac{I}{2} = 100 \times \tan\frac{60°}{2} = 57.74m$$

23. 수준측량에서 중간시가 많을 경우 가장 편리한 야장기입법은?

① 승강식 ② 고차식
③ 기고식 ④ 하강식

해설 [수준측량 야장기입법]
① **고차식** : 중간점 없이 이기점 전시와 후시로만 관측된 야장으로 가장 간단하다.
② **승강식** : 완전한 검사로 정밀측량에 적당하나, 중간점이 많으면 계산이 복잡하고 시간과 비용이 많이 든다.
③ **기고식** : 중간점이 많을 경우 편리하나 완전한 검산을 할 수 없는 단점에도 가장 많이 사용되는 방법이다.

24. GPS에 이용되는 WGS84 좌표계는 다음 중 어디에 해당하는가?

① 경위도좌표계 ② 극좌표계
③ 평면직교 좌표계 ④ 지심좌표계

해설 GPS측량에서 이용하는 좌표계는 WGS84이며, 이는 지구의 질량중심을 원점으로 하는 3차원 평면직교좌표계이다.

25. 교각 I = 60°, 곡선반지름 R = 150m인 노선인 기점에서 교점(I. P.)까지의 추가거리가 210.60m일 때 시단현의 편각은? (단, 중심말뚝은 40m 마다 설치하는 것으로 가정한다.)

① 0° 45′ 50″ ② 3° 03′ 59″
③ 6° 16′ 20″ ④ 6° 52′ 32″

해설 중심말뚝의 간격이 20m이므로 시단현의 길이는 곡선시점에서 다음 말뚝까지의 거리를 의미한다.
$$T.L = R\tan\frac{I}{2} = 150 \times \tan\frac{60°}{2} = 86.60m$$
곡선시점(B.C)의 위치 = 시점 ~ 교점까지의 거리 - T.L
= 210.60 - 86.60 = 124.00m
시단현(l_1)의 길이 = 곡선시점인 124.00m 보다 큰 40의 배수인 160m 에서 곡선 시점까지의 거리를 뺀 값이다.
= 160 - 124.00 = 36.00m

시단현 편각 $(\delta) = \dfrac{l_1}{2R} \times \rho = \dfrac{36}{2 \times 150} \times \dfrac{180°}{\pi}$
$= 6°52'32''$

26. 그림과 같이 2개의 산꼭대기가 서로 만나는 곳으로 좋은 교통로가 되는 고개 부분을 무엇이라고 하는가?

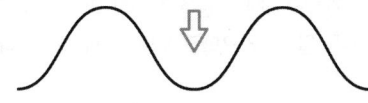

① 안부　　② 요지
③ 능선　　④ 경사변환점

해설 등고선에서 안부(鞍部)는 고개라고도 하며 능선과 곡선의 교차점 凸形 등고선군과 凹形 등고선군이 마주보는 곳을 말한다.

27. 터널측량에 대한 설명으로 틀린 것은?

① 터널 내 측량은 주로 굴착방향과 표고를 결정하기 위하여 실시한다.
② 터널 내·외 연결 측량은 지상측량의 좌표와 지하측량의 좌표를 연결하기 위하여 실시한다.
③ 터널 외 측량은 주로 굴착을 위한 기준점 설치를 목적으로 한다.
④ 세부측량은 터널의 단면 변형과 변위관리를 위해 시공 후 실시한다.

해설 ④ 터널의 단면변형과 변위관리를 위한 측량은 세부측량이 아닌 유지관리 측량으로 시공 후에 실시한다.

28. 정밀도저하율(DOP)의 종류에 대한 설명으로 틀린 것은?

① GDOP : 기하학적 정밀도저하율
② HDOP : 시간 정밀도저하율
③ RDOP : 상대 정밀도저하율
④ PDOP : 위치 정밀도저하율

해설 [DOP(Dilution of Precision), 정밀도 저하율]
① 위성의 배치에 따른 정밀도 저하율을 의미한다.
② 높은 DOP는 위성의 기하학적 배치 상태가 나쁘다는 것을 의미한다.
③ 수신기를 가운데 두고 4개의 위성이 정사면체를 이룰 때, 즉 최대 체적일 때 GDOP, PDOP 등이 최소가 된다.
④ HDOP는 수평위치 정밀도 저하율을 의미한다.

29. 축척 1:50000 지도상에서 도상거리가 8cm인 두 점 사이의 실제거리는?

① 1.6km　　② 4km
③ 8km　　④ 16km

해설 축척은 실제거리에 대한 도상거리를 의미하므로
$M = \dfrac{1}{m} = \dfrac{l}{L}$ 에서
$L = m \times l = 50000 \times 8cm = 400,000cm = 4km$

30. 항공사진의 특수 3점 중 기복변위의 중심점이 되는 것은?

① 연직점　　② 주점
③ 등각점　　④ 표정점

해설 **기복변위** : 대상물에 기복이 있을 경우에 사진면에서 연직점을 중심으로 방사상의 변위가 생기는데 이를 기복변위라 한다.
$\Delta r = \dfrac{h}{H} r$　여기서 h는 비고, H는 촬영고도, Δr은 기복변위량, r은 연직점으로부터의 상점까지의 거리

31. 완화곡선의 성질에 대한 설명으로 옳은 것은?

① 완화곡선의 반지름은 종점에서 무한대가 된다.
② 완화곡선은 원곡선이 연속되는 경우에 설치되는 것으로 원곡선과 원곡선 사이에 설치하는 곡선이다.
③ 완화곡선의 접선은 종점에서 직선에 접한다.
④ 완화곡선의 종점에 있는 캔트는 원곡선의 캔트와 같게 된다.

정답　21. ③　22. ③　23. ③　24. ④　25. ④　26. ①　27. ④　28. ②　29. ②　30. ①　31. ④

해설 [완화곡선의 성질]
① 완화곡선의 반지름은 시점에서 무한대, 종점에서는 원곡선의 반지름이 된다.
② 완화곡선은 직선과 원곡선 사이에 설치하여 운전자의 충격을 완화시켜주는 곡선이다.
③ 완화곡선의 접선은 시점에서 직선에, 종점에서 원곡선에 접한다.
④ 완화곡선의 종점에 있는 캔트는 원곡선의 캔트와 같게 된다.

32. GNSS 측량 시 이중 주파수 관측을 통해 실질적으로 소거할 수 있는 오차는?

① 다중경로 오차
② 전리층 굴절 오차
③ 대류권 굴절 오차
④ 위성궤도 오차

해설 L_1과 L_2의 2중 주파수 수신기를 사용하게 되면 전리층 오차를 제거할 수 있다.

33. A, B 두 지점간 지반고의 차를 구하기 위하여 왕복 관측한 결과, 그림과 같은 관측값을 얻었다. 지반고 차의 최확값은?

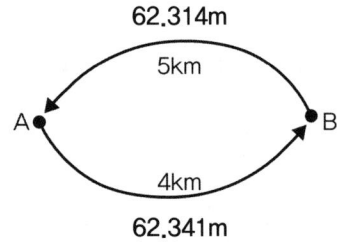

① 62.326m
② 62.329m
③ 62.334m
④ 62.341m

해설 경중률은 노선의 거리에 반비례한다.
$$P_1 : P_2 = \frac{1}{5} : \frac{1}{4} = 4 : 5$$
$$최확값(h) = \frac{P_1 \times h_1 + P_2 \times h_2}{P_1 + P_2}$$
$$= 61.3 + \frac{4 \times 14 + 5 \times 41}{4 + 5} \times 10^{-3}$$
$$= 61.329m$$

34. 수준측량의 오차 중 우연오차에 해당되는 것은?

① 지구의 곡률에 의한 오차
② 빛의 굴절에 의한 오차
③ 표척의 눈금이 표준(검정)길이와 달라 발생하는 오차
④ 순간적인 레벨 시준축 변위에 의한 읽음 오차

해설 순간적인 레벨 시준축 변위에 의한 읽음 오차는 오차의 원인을 알 수 없으므로 우연오차에 해당한다.

35. 수치사진 측량의 영상정합(image matching)방법에 해당되지 않는 것은?

① 형상기준 정합
② 미분연산자 정합
③ 영역기준 정합
④ 관계형 정합

해설 [영상정합방법의 종류]
① **영역기준정합** : 기준영역의 밝기를 기준으로 매칭 대상 영상의 동일구역을 일정한 범위 내에서 이동시키면서 밝기값 비교
② **형상기준정합** : 원영상으로부터 점, 경계선, 지역 등의 형상을 추출한 후, cost function을 이용하여 유사성 관측
③ **관계형정합** : 영상에 나타나는 특징들을 선이나 영역 등의 부호적 표현을 이용하여 묘사

36. 지형측량에서 산지의 형상, 토지의 기복 등을 나타내기 위한 지형의 표시방법이 아닌 것은?

① 등고선법
② 방사법
③ 음영법
④ 영선법

해설 지형의 표시법에는 자연적 도법(음영법, 영선법)과 부호적 도법(점고법, 채색법, 등고선법) 등이 있으며, 방사법은 평판측량의 관측법이다.

37. 위성을 이용한 원격탐사의 일반적인 특징에 대한 설명으로 옳지 않은 것은?

① 넓은 지역을 짧은 시간에 관측할 수 있다.
② 육안으로 식별되지 않는 대상도 측정할 수 있다.
③ 어떤 대상이든 원하는 시간에 쉽게 관측할 수 있다.
④ 관측 시야각이 작아 취득한 영상은 정사투영에 가깝다.

해설 위성을 이용한 원격탐사는 회전주기가 일정하므로 주기적인 반복관측이 가능하나 원하는 시간에 원하는 장소를 방문할 수는 없는 주기성을 갖고 있다.

38. 표고가 동일한 A, B 두 지점에서 지구중심방향으로 깊이 1000m인 수직터널을 각각 굴착하였다. 지표에서 150m 떨어진 두 점간의 수평거리와 지하 1000m 깊이의 두 점간 수평거리의 차이는? (단, 지구의 반지름은 6370km이다.)

① 2cm   ② 4cm
③ 6cm   ④ 8cm

해설 지구중심방향으로 깊이 1000m인 수직터널상의 거리를 수평거리로 환산하므로 표고보정량을 구하면
$$c = \frac{LH}{R} = \frac{1km \times 150m}{6370km} = 0.02m = 2cm$$

39. 초점거리 15cm, 사진의 크기 23cm×23cm, 축척 1:20000, 촬영기준면으로부터 종중복도 60%가 되도록 수립된 촬영계획을 촬영종기선장을 유지하며 종중복도를 50%로 변경하였을 때, 비행고도의 변화량은?

① 333m   ② 420m
③ 550m   ④ 600m

해설 ① 종중복도 60%에서의 비행고도
$$M = \frac{1}{m} = \frac{f}{H} 에서$$
$$H = mf = 20,000 \times 0.15m = 3,000m$$
② 종중복도 60%에서의 촬영종기선길이
$$B = ma(1-p) = 20,000 \times 0.23 \times (1-0.6)$$
$$= 1,840m$$

③ 종중복도 50%에서의 축척
$$B = ma(1-p) 에서$$
$$m = \frac{B}{a(1-p)} = \frac{1,840}{0.23 \times (1-0.5)} = 16,000$$
④ 종중복도 50%에서의 비행고도
$$H = mf = 16,000 \times 0.15m = 2,400m$$
⑤ 비행고도의 변화량
$$\Delta H = 3,000 - 2,400 = 600m$$

40. 등고선을 이용하여 결정하는 지성선(地性線)과 거리가 먼 것은?

① 삼각망 기선   ② 최대 경사선
③ 계곡선   ④ 능선

해설 [지성선(地性線 : topographical line)]
① **능선(능선, 분수선)** : 정상을 향하여 가장 높은 점을 연결한 선으로 빗물이 이것을 경계로 흐르게 되므로 분수선이라고도 한다.
② **곡선(합수선, 계곡선)** : 가장 낮은 점을 연결한 선으로 계곡선이라고도 한다.
③ **경사변환선** : 동일 방향의 경사면에서 경사의 크기가 다른 두면의 교선을 경사 변환선이라 한다.
④ **최대 경사선** : 지표의 임의의 한 점에 있어서 그 경사가 최대로 되는 방향을 표시한 선을 말하며 등고선에 직각으로 교차한다.

3과목 토지정보체계론

41. 국가지리정보체계의 추진과정에 관한 내용으로 틀린 것은?

① 1995년부터 2000년까지 제1차 국가 GIS 사업수행
② 2006년부터 2010년에는 제2차 국가 GIS 기본 계획 수립
③ 제1차 국가 GIS 사업에서는 지형도, 공통주제도, 지하시설물도의 DB 구축 추진
④ 제2차 국가 GIS 사업에서는 국가공간정보기반 확충을 통한 디지털 국토 실현 추진

해설 [NGIS 추진과정]
① 1단계(1995~2000, GIS 기반조성단계) : 지형도, 주제도, 지하시설물도 DB구축 추진
② 2단계(2001~2005, GIS 활용확산단계) : 국가공간정보기반 확충을 통한 디지털 국토실현 추진
③ 3단계(2006~2010, GIS 정착단계) : 고도의 GIS 활용단계

42. 벡터데이터의 구성요소에 대한 설명으로 틀린 것은?

① 점 사상은 차원은 없으나 심볼을 사용하여 지도나 컴퓨터상에 표현되는 객체이다.
② 지표상의 면사상 실체는 축척에 따라 면 또는 점사상으로 표현이 가능하다.
③ 선사상은 연속적으로 선을 묘사하는 다수의 X, Y좌표 집합으로 아크, 체인, 스트링 등의 다양한 용어로 표현된다.
④ 선과 선을 가지고 추적할 수 있는 선형 네트워크를 형성하기 위해서 자료구조에 포인터의 삽입이 불필요하다.

해설 선과 선을 가지고 추적할 수 있는 선형 네트워크를 형성하기 위해서 자료구조에 포인터의 삽입이 필요하다.

43. 필지중심토지정보시스템(PBLIS)의 업무 및 시스템 개발 내용으로 옳지 않은 것은?

① 지적측량업무 ② 지적공부관리업무
③ 지적소유권관리업무 ④ 지적측량성과작성업무

해설 [PBLIS(필지중심토지정보시스템)]
① 지적도, 토지대장의 통합관리시스템 구축으로 지자체의 지적업무효율화와 토지정책, 도시계획 등의 다양한 정책분야에 기초공간자료의 제공목적으로 개발
② 대장정보와 도형정보를 통합한 일필지정보를 기반으로 토지의 모든 정보를 다루는 시스템
③ 각종 지적행정업무 수행과 관련부처 및 타기관에 제공할 정책정보를 생산하는 시스템
④ 지적공부관리시스템, 지적측량시스템, 지적측량성과작성시스템으로 구성

44. 지적소관청이 부동산종합공부에 공통으로 등록하여야 하는 사항으로 옳지 않은 것은?

① 소재지 ② 관련지번
③ 건축물 명칭 ④ 토지이동 사유

해설 "부동산종합공부"란 토지의 표시와 소유자에 관한 사항, 건축물의 표시와 소유자에 관한 사항, 토지의 이용 및 규제에 관한 사항, 부동산의 가격에 관한 사항 등 부동산에 관한 종합정보를 정보관리체계를 통하여 기록·저장한 것으로 토지이동사유를 기재하지는 않는다.

45. 지적재조사사업의 목적으로 옳지 않은 것은?

① 지적불부합지 문제 해소
② 토지의 경계복원능력 향상
③ 지하시설물 관리체계 개선
④ 능률적인 지적관리체제 개선

해설 [지적재조사사업의 목적]
① 지적불부합지의 해소
② 능률적인 지적관리체계 개선
③ 경계복원능력의 향상
④ 지적관리를 현대화하기 위한 수단
⑤ 지적공부의 정확도 및 지적에 포함되는 요소들의 확장

46. 지적 데이터베이스 설계 시 면적필드의 변수로 사용하는 것은?

① Text ② Char
③ Integer ④ Floating

해설 면적 필드의 변수는 부동 소수점(Floating Point)의 형태로 사용된다.

47. 벡터자료의 특징에 대한 설명이 아닌 것은?

① 위상 구조를 가질 수 있다.
② 확대·축소하여도 선이 매끄럽다.

③ 자료의 표준화를 위해 geoTIFF가 개발되었다.
④ 객체의 크기와 방향성에 대한 정보를 가지고 있다.

해설 geoTIFF는 래스터자료이고, 지리정보를 공유하기 위해 개발된 자료표준은 SDTS 포맷을 들 수 있다.

48. 한국토지정보시스템(KLIS)에 대한 설명으로 옳은 것은?

① PBLIS와 LIS를 통합하여 구축한 것이다.
② 지하시설물 관리를 중심으로 구축한 것이다.
③ 토지관련 정보를 공동 활용하기 위해 구축한 것이다.
④ 과거 행정안전부에서 독자적으로 구축한 시스템이다.

해설 [KLIS(한국토지정보시스템)]
① PBLIS와 LMIS를 통합하여 구축한 것이다.
② 토지 관리를 중심으로 구축한 것이다.
③ 토지관련 정보를 공동 활용하기 위해 구축한 것이다.
④ 과거 행정자치부와 건설교통부가 공동주관으로 추진하고 있는 정보화사업이다.

49. 필지중심토지정보시스템의 데이터베이스 설계에 대한 설명으로 옳지 않은 것은?

① 데이터베이스 설계는 기본 틀과 데이터의 관계를 논리적으로 연결해주는 역할을 한다.
② 사용자 요구사항과 분야별 응용성, 다양한 데이터간의 관계성 등을 고려하여 설계하여야 한다.
③ 데이터베이스 구조는 자료의 중복을 배제하고 자료의 공유 및 일관성을 유지할 수 있어야 한다.
④ 지적도면의 도곽은 필지경계가 수치화될 경우 의미가 없어서 도곽의 개념을 적용하지 않았다.

해설 필지중심토지정보시스템(PBLIS)의 데이터베이스 설계에서 지적도면은 국가차원에서 수치지도 작성규칙을 제정하여 표준화된 대축척도면을 사용하여야 하므로 도곽의 개념을 포함하고 있다.

50. 두 개 또는 더 많은 레이어들에 대하여 불린(boolean)의 OR연산자를 적용하여 합병하는 방법으로, 기준이 되는 레이어의 모든 특징이 결과 레이어에 포함되는 중첩분석 방법은?

① Clip   ② Union
③ Identity   ④ Intersection

해설 [공간연산방법]
① **Intersect**: Boolean 연산의 AND연산과 유사한 것으로 두 개의 구역이 연산이 될 때 교차되는 구역에 포함되는 입력 구역만이 남게 됨
② **Union**: Boolean 연산에서의 OR과 유사한 개념으로 공간연산 후 연산에 참여한 모든 데이터들이 결과파일에 나타남
③ **Identity**: 두 개의 커버리지를 차집합으로 중첩하는 기능을 수행
④ **Clip**: 정해진 모양으로 자료층상의 특정 영역의 데이터를 잘라내는 기능

51. 데이터베이스의 구축에 따른 장점으로 옳지 않은 것은?

① 자료의 중복을 방지할 수 있다.
② 통제의 분산화를 이룰 수 있다.
③ 자료의 효율적인 관리가 가능하다.
④ 같은 자료에 동시 접근이 가능하다.

해설 DBMS는 데이터의 통제가 목적이 아니며 자료의 효율적인 관리로 검색과 정보추출이 신속하고 용이하게 관리하는 시스템이다.
[DBMS의 특징]
① 다양한 응용프로그램에서 서로 다른 목적으로 편집되고 저장 가능
② 자료의 검색과 정보추출이 신속하고 용이
③ 원천이 다른 데이터도 하나의 데이터베이스 내에서 연계
④ 자료가 표준화되고 구조적으로 저장되어 자료의 집중이 가능

정답 42. ④ 43. ③ 44. ④ 45. ③ 46. ④ 47. ③ 48. ③ 49. ④ 50. ② 51. ②

52. 다음 그림의 경계선을 체인코드방법으로 올바르게 표기한 것은?

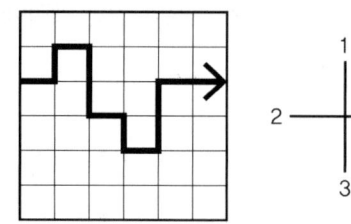

① 0, 1, 0, 3, 3, 0, 3, 0, 1, 1, 0, 0
② 0, 1, 0, 3^2, 0, 3, 0, 1^2, 0^2
③ ABACCACABBAA
④ $ABAC^2ACAB^2A^2$

[해설] 체인코드방식(Chain code)의 영역의 경계는 그 시작점과 방향에 대한 단위벡터로 동은 0, 북은 1, 서는 2, 남은 3으로 표시하며 방향이 2칸 이상일 경우 제곱으로 표시한다.
0, 1, 0, 3^2, 0, 3, 0, 1^2, 0^2

53. 디지타이징에서 발생하는 오류가 아닌 것은?

① 방향의 혼동
② 오버슈트(overshoot)
③ 언더슈트(undershoot)
④ 슬리버 폴리곤(sliver polygon)

[해설] [벡터데이터 입력 및 편집과정에서 발생하는 오차]
오버슈트, 언더슈트, 오버랩, 슬리버 폴리곤, 스파이크, 댕글

54. 규칙적인 격자(cell)에 의하여 형상을 묘사하는 자료구조는?

① 벡터 자료 구조
② 속성 자료 구조
③ 필지 자료 구조
④ 래스터 자료 구조

[해설] 래스터 자료구조는 동일한 크기의 셀의 격자에 의하여 공간형상을 표현하며 벡터자료구조에 비해 자료구조가 단순하고, 중첩에 대한 조작 및 분석의 수행이 용이하다.

55. 토지 관련 정보시스템의 구축 순서를 올바르게 나열한 것은?

① 지적행정시스템 → 필지중심토지정보시스템(PBLIS) → 토지관리정보체계(LMIS) → 한국토지정보시스템(KLIS)
② 필지중심토지정보시스템(PBLIS) → 토지관리정보체계(LMIS) → 한국토지정보시스템(KLIS) → 지적행정시스템
③ 토지관리정보체계(LMIS) → 지적행정시스템 → 필지중심토지정보시스템(PBLIS) → 한국토지정보시스템(KLIS)
④ 한국토지정보시스템(KLIS) → 토지관리정보체계(LMIS) → 지적행정시스템 → 필지중심토지정보시스템

[해설] [토지정보시스템의 개발순서]
지적행정시스템 - 필지중심토지정보시스템(PBLIS) - 토지종합정보망(LMIS) - 한국토지정보시스템(KLIS) - 부동산종합공부시스템

56. 위상 자료 구조를 만드는 과정에 해당하는 것은?

① 스캐닝
② 디지타이징
③ 구조화 편집
④ 정위치 편집

[해설] [구조화 편집]
데이터 간의 지리적 상관관계를 파악하기 위하여 정위치 편집된 지형, 지물을 기하학적 형태로 구성하는 작업을 말한다.

57. 전산화 관련 자료의 구조 중 하나의 조직 안에서 다수의 사용자들이 공통으로 자료를 사용할 수 있도록 통합 저장되어 있는 운영자료의 집합을 무엇이라고 하는가?

① DMS
② Geocode
③ Database
④ Expert System

해설 [데이터베이스]
- 자료기반 또는 자료기초라고도 함
- 지도로부터 추출한 도형 및 영상정보와 문헌, 조사, 각종 대장 또는 통계자료로부터 추출한 속성정보 포함

58. 필지중심토지정보시스템에서 도형정보와 속성정보를 연계하기 위하여 사용되는 가변성이 없는 고유번호는?

① 객체식별번호　② 단일식별번호
③ 유일식별번호　④ 필지식별번호

해설 [필지식별번호]
① 각 필지별 등록사항의 조직적인 저장과 수정을 용이하게 각 정보를 인식, 선정, 식별, 조정하는 가변성이 없는 토지의 고유번호
② 지적도의 등록사항과 도면의 등록사항을 연결시켜 자료 파일의 검색 등 색인번호의 역할
③ 토지평가, 토지의 과세, 토지의 거래, 토지이용계획 등에서 활용

59. SQL 언어 중 데이터조작어(DML)에 해당하지 않는 것은?

① DROP　② INSERT
③ DELETE　④ UPDATE

해설 [SQL(Structured Query Language)의 데이터 조작언어(DML)]
① INSERT INTO : 행 데이터 또는 테이블 데이터의 삽입
② UPDATE~SET : 표 업데이트
③ DELETE FROM : 테이블에서 특정 행 삭제
④ SELECT~FROM~WHERE : 테이블 데이터의 검색 결과 집합의 취득
[SQL(Structured Query Language)의 데이터 정의언어(DDL)]
① CREATE : 데이터베이스 개체(테이블, 인덱스, 제약조건 등)의 정의
② DROP : 데이터베이스 개체 삭제
③ ALTER : 데이터베이스 개체 정의 변경

60. 토지대장의 데이터베이스 관리시스템은?

① C-ISAM
② Infor Database
③ Access Database
④ RDBMS(Relational DBMS)

해설 토지대장은 토지의 소재, 지번, 지목, 면적, 소유권 등을 표(테이블)로 만들어 관리하므로 데이터 구조는 테이블의 열과 행의 집합을 말하는 릴레이션(relation)으로 표현되는 관계형 데이터모델(RDBMS)로 관리한다.

4과목 지적학

61. 임야조사사업에 대한 설명으로 옳지 않은 것은?

① 토지조사사업에 제외된 임야를 대상으로 하였다.
② 1916년 시험 조사로부터 1924년까지 시행하였다.
③ 임야 내에 개재된 임야 이외의 토지를 대상으로 하였다.
④ 농경지 사이에 있는 5만평 이하의 낙산임야를 대상으로 하였다.

해설 토지조사사업 조사대상은 전국 평야부의 토지 및 농경지 사이에 있는 5만평 이하의 낙산임야를 대상으로 하였다.

62. 초기의 지적도에 대한 설명으로 틀린 것은?

① 지적도에는 토지 경계와 지번, 지목이 등록되었다.
② 지적도 도곽 내의 산림에는 등고선을 표시하여 표고에 의한 지형구별이 용이하도록 하였다.
③ 토지분할의 경우에는 지적도 정리 시 신강계선을 흑백으로 정리하였으나 그 후 양홍색으로 변경하였다.
④ 조사지역 외의 토지에 대해서는 이용현황에 따라 활자로 산(山), 해(海), 도(道), 천(川), 구(溝) 등으로 표기하였다.

정답　52. ②　53. ①　54. ④　55. ①　56. ③　57. ③　58. ④　59. ①　60. ④　61. ④　62. ③

해설 [초기의 지적도]
① 임시토지조사국 개국 당시는 주로 작업방법의 연구, 기구와 기계의 선정 및 작업원의 교육 준비 업무와 함께 사업계획용 지도 및 각종 도표 등을 집성(輯成)하였다.
② 우리나라에 1/1,200 지적도를 근간으로 하여 부분적으로 1/600, 1/2,400의 현대적인 지적도가 완성되었다. 지적도의 도곽은 남북으로 1척1촌(33.33cm), 동서는 1척3촌7분5리(41.67cm)로 특별히 제작된 도곽정규라는 기구를 사용하였다.
③ 초기의 지적도에는 지적 도곽내의 산림에는 등고선을 표시하여 구별이 용이하도록 하였고, 토지분할의 경우에는 지적 정리시 신강계선을 양홍선으로 정리하였으나 그 후에는 흑색으로 변경하였다.

63. 토지조사업의 특징으로 틀린 것은?

① 근대적 토지제도가 확립되었다.
② 사업의 조사, 준비, 홍보에 철저를 기하였다.
③ 역둔토 등을 사유화하여 토지소유권을 인정하였다.
④ 도로, 하천, 구거 등을 토지조사사업에서 제외하였다.

해설 [토지조사사업의 특징]
① 1910~1918년까지 일제가 한국의 식민지체제 수립을 위한 기초작업으로 시행한 대규모 토지조사사업
② 일본자본의 토지점유에 적합한 토지소유의 증명제도 확립
③ 은결 등을 찾아내어 지세수입을 증대시킴으로 식민통치를 위한 재정자금 확보
④ **역둔토를 국유화**하여 조선총독부의 소유로 개편하기 위한 목적

64. 토지조사사업 초기의 임야도 표시방식에 대한 설명으로 틀린 것은?

① 임야 내 미등록 도로는 양홍색으로 표시하였다.
② 임야 경계와 토지 소재, 지번, 지목을 등록하였다.
③ 모든 국유 임야는 1/6000 지형도를 임야도로 간주하여 적용하였다.
④ 임야도의 크기는 남북 1척 3촌 2리(40cm), 동서 1척 6촌 5리(50cm)이었다.

해설 [간주지적도]
① 지적도로 간주하는 임야도를 간주지적도라 함
② 조선지세령에 "조선총독이 지정하는 지역에서는 임야도로서 지적도로 간주한다"라고 규정
③ 육지에서 멀리 떨어진 도서지역, 토지조사구역에서 멀리 떨어진 산간벽지(약200간) 등 지정
④ 전, 답, 대 등 과세지가 있을 경우 이를 지적도에 등록하지 아니하고 임야도에 존치
⑤ 임야도에 녹색 1호선으로 구역 표시
⑥ 별책토지대장, 산토지대장, 을호토지대장이라 하며 간주지적도에 대한 대장은 일반토지대장과 달리 별도의 대장으로 작성

65. 지적의 기능 및 역할로 옳지 않은 것은?

① 재산권의 보호   ② 토지관리에 기여
③ 공정과세의 기초 자료   ④ 쾌적한 생활환경 조성

해설 [지적의 기능과 역할]
① **일반적 기능** : 사회적 기능, 법률적 기능, 행정적 기능
② **실질적 기능** : 토지등기, 감정평가, 토지과세, 토지거래, 토지이용계획, 주소 표기의 기초가 되며 각종 토지정보의 제공

66. 지목 '임야'의 명칭이 변천된 과정으로 옳은 것은?

① 산림산야 → 산림임야 → 임야
② 산림원야 → 산림산야 → 임야
③ 산림임야 → 산림산야 → 임야
④ 산림산야 → 산림원야 → 임야

해설 임야의 명칭 변천과정은 산림원야 - 삼림산야 - 임야 등으로 변경되었다.

67. 지적공부의 효력으로 옳지 않은 것은?

① 공적인 기록이다.
② 등록 정보에 대한 공시력이 있다.
③ 토지에 대한 사실관계의 등록이다.
④ 등록된 정보는 모두 공신력이 있다.

해설 현대지적의 기능으로는 토지등록의 법적효력과 공시, 도시 및 국토계획의 원천, 지방행정의 자료, 토지감정평가의 기초, 토지유통의 매개체, 토지관리의 지침 등이 있으나 등록된 모든 정보가 공신력이 있는 것은 아니다.

[지적공부의 일반적 효력(법률행위에 의한 효력)]
① **창설적 효력** : 신규등록이란 새로이 조성된 토지 및 등록이 누락되어 있는 토지를 지적공부에 등록하는 것
② **대항적 효력** : 토지의 소재, 지번, 지목, 면적, 경계, 좌표 등 지적공부에 등록된 토지의 표시사항은 제3자에게 대항할 수 있다는 것
③ **형성적 효력** : 분할이나 합병 등에 의해 새로운 권리가 형성된다는 것
④ **공증적 효력** : 지적공부에 등록되는 사항, 예를 들면 토지의 표시사항, 소유자에 관한 사항 등을 공증하는 것

68. 지목설정에 대한 설명으로 옳지 않은 것은?

① 지목설정은 토지소유자의 신청이 있어야만 한다.
② 지목은 주된 사용목적 또는 용도에 따라 설정한다.
③ 지목은 하나의 필지에 하나의 지목만을 설정하여야 한다.
④ 지목설정은 행정기관인 지적소관청에서만 할 수 있다.

해설 지목설정은 토지소유자의 신청 유무에 의해서가 아니라 행정기관인 지적소관청에서만 할 수 있다.

[지목의 설정 원칙]
① **일필일지목의 원칙** : 일필지의 토지에는 1개의 지목만을 설정
② **주지목추정의 원칙** : 주된 토지의 사용목적 또는 용도에 따라 지목 설정
③ **등록선후의 원칙** : 지목이 서로 중복될 경우 먼저 등록된 토지의 사용목적, 용도에 따라 지목 설정
④ **용도경중의 원칙** : 지목이 중복될 경우 중요한 토지의 사용목적, 용도에 따라 지목 설정
⑤ **일시변경불변의 원칙** : 임시적이고 일시적인 용도의 변경이 있는 경우 등록전환을 하거나 지목변경 불가
⑥ **사용목적추종의 원칙** : 도시계획사업 등의 완료로 인해 조성된 토지는 사용목적에 따라 지목 설정

69. 각 도에 지적측량사를 두어 광대지 측량업무를 대행함으로써 사실상의 지적측량 일부 대행제도가 시작된 시기는?

① 1910년　　　　② 1918년
③ 1923년　　　　④ 1938년

해설 1923년부터 각 도에 1명 정도의 지정측량사를 두어 광대지의 측량 업무를 대행함으로써 사실상의 지적측량 일부 대행제도가 시작되었다.
① 1898년 : 양지아문 설치, 미국인 크룸 측량교육과 양전사업착수
② 1910년 : 토지조사국 설치, 토지조사사업추진, 지적도, 대장 작성
③ 1918년 : 조선임야조사령 제정

70. 토지등록의 법적 지위에 있어서 토지의 이동은 외부에 알려야 한다는 일반원칙은?

① 공시의 원칙　　　② 공신의 원칙
③ 신고의 원칙　　　④ 형식의 원칙

해설 [토지등록의 원칙]
① **공신의 원칙** : 선의의 거래자를 보호하여 진실로 등기내용과 같은 권리관계가 존재한 것처럼 법률효과를 인정하려는 법률 원칙
② **공시의 원칙** : 지적공부를 직접 열람 및 등본과 지적공부에 등록된 경계를 지상에 복원하며 지적공부에 등록된 사항과 현장이 불일치할 경우 변경하여 등록하는 형식을 갖추고 있다.
③ **등록의 원칙** : 토지에 관한 모든 표시사항을 지적공부에 등록하여야 하고 토지의 이동이 발생하면 그 변동사항을 정리 등록해야 한다는 원칙
④ **신청의 원칙** : 국가나 공공단체에 대하여 어떤 사항을 희망하거나 청구하는 의사표시를 말하며 행정 주체라 할 수 있는 소관청의 일방적 의사에 따라 결정되므로 신청은 지적정리를 위한 행정행위의 효력을 발생하는 원칙

71. 우리나라의 지적제도와 등기제도에 대한 내용이 모두 옳은 것은?

구분	지적제도	등기제도
㉠ 편제방법	물적 편성주의	인적 편성주의
㉡ 심사방법	형식적 심사주의	실질적 심사주의
㉢ 공신력	불인정	인정
㉣ 토지제도의 기능	토지에 대한 물리적 현황의 등록공시	토지에 대한 법적 권리관계의 공시

① ㉠　　② ㉡
③ ㉢　　④ ㉣

해설 [우리나라의 지적제도와 등기제도]

구분	지적제도	등기제도
㉠ 편제방법	물적 편성주의	물적 편성주의
㉡ 심사방법	실질적 심사주의	형식적 심사주의
㉢ 공신력	인정	불인정(확정력만 인정)
㉣ 토지제도의 기능	토지에 대한 물리적 현황의 등록공시	토지에 대한 법적 권리관계의 공시

72. 토지 경계선의 위치가 가장 정확하여야 하는 것은?

① 법지적　　② 세지적
③ 경제지적　　④ 유사지적

해설 [지적제도의 발전단계별 특징]
① **세지적** : 과세지적, 농경사회부터 발전, 면적과 토지등급 중시
② **법지적** : 소유지적, 과세, 토지거래의 안전, 토지소유권의 보호, 경계 중시
③ **다목적지적** : 종합지적, 경계지적, 과세, 토지거래의 안전, 토지소유권의 보호, 토지이용의 효율화를 위한 다양한 정보제공 등

73. 토렌스시스템의 기본이론인 거울이론에 대한 설명으로 옳은 것은?

① 토지등록부는 매입신청자를 위한 유일한 정보의 기초이다.
② 토지권리증서의 등록은 토지의 거래 사실을 완벽하게 반영한다.
③ 선의의 제3자는 토지의 권리자와 동등한 입장에 놓여야 한다.
④ 토지권리에 대한 사실심사 시 권리의 진실성에 직접 관여하여야 한다.

해설 [토렌스 시스템의 기본이론]
① **거울이론** : 토지권리증서의 등록은 토지의 거래사실을 완벽하게 반영하는 거울과 같다는 입장의 이론
② **커튼이론** : 토지등록업무가 커튼 뒤에 놓인 공정성과 신빙성에 대하여 관여할 필요도 없고 관여해서도 안되는 매입신청자를 위한 유일한 정보의 이론
③ **보험이론** : 인위적 과실로 인해 토지등록에 착오가 발생한 경우 피해를 본 사람은 피해보상에 대해 법률적으로 선의의 제3자와 동일한 동등한 입장이 되어야 한다는 이론

74. 노비의 이름을 빌려 부동산을 처분하기 위해 작성한 문서로 옳은 것은?

① 패지　　② 불망기
③ 전세문기　　④ 매려약관부 문기

해설 [사문기 : 조선시대 관청의 증명을 받지 않고 토지매매 당사자간 임의로 작성한 문기]
① **패지** : 노비의 이름을 빌려 부동산 처분을 하기 위하여 작성한 문서
② **불망기** : 구문기가 없는 부동산을 매도하는 경우에 매도주가 구문기가 없는 사유를 증명하기 위해 작성한 문서로 신문기에 첨부하여 매수인에게 교부하는 것
③ **전세문기** : 임대차의 일종으로 경성 내의 가옥에 한하여 실시되는 관습으로 가옥의 소유주는 대차 때 차주(세입자)로부터 일정한 금액을 받고 일정한 기간동안 그 가옥을 차주의 거주에 제공하며 가옥의 명도와 함께 그 금액을 차주에게 환부(還付)하는 것
④ **매려약관부 문기** : 매도한 주인이 다시 매수할 경우 기간을 정하여 기간 내 또는 그 기간 만료 때까지의 기간으로 기간이 정해지지 않는 것은 매도인이 그 부동산을 다시 매수할 수 있는 금전상의 여유가 생길 때까지 기다린다는 의미를 기재한 것

75. 거래안전의 도모 및 배타적 소유권 보호와 관련 있는 것은?

① 공개주의   ② 국정주의
③ 증거주의   ④ 형식주의

해설 [지적 공개주의]
토지등록의 법적 지위에서 토지이동이나 물권의 변동은 반드시 외부에 알려야 한다는 이념으로 소유권, 기타 물권에 대하여도 제3자로부터 보호를 받고 배타적인 소유권의 인정을 받으려면 공시하여야 한다는 것으로 공시의 원칙이라고도 한다.

76. 토지조사사업 당시 재결기관으로 옳은 것은?

① 부와 면   ② 임시토지조사국
③ 임야심사위원회   ④ 고등토지조사위원회

해설

구분	토지조사사업	임야조사사업
측량기관	임시토지조사국	부(府), 면(面)
사정기관	임시토지조사국장	도지사
재결기관	고등토지조사위원회	임야심사위원회

77. 지적측량 대행제도를 운영하고 있지 않는 국가는?

① 독일   ② 스위스
③ 프랑스   ④ 네덜란드

해설 ① 국가직영체제를 실시한 국가 : 네덜란드, 대만, 미얀마(버마), 인도네시아
② 일부대행체제로 실시한 국가 : 프랑스, 독일, 스위스
③ 완전대행체제를 실시한 국가 : 한국, 일본

78. 다음 중 지적 관련 법령의 변천 순서로 옳은 것은?

① 토지조사령 → 조선임야조사령 → 지세령 → 조선지세령 → 지적법
② 토지조사령 → 지세령 → 조선임야조사령 → 조선지세령 → 지적법
③ 토지조사령 → 조선임야조사령 → 조선지세령 → 지세령 → 지적법
④ 토지조사령 → 조선지세령 → 조선임야조사령 → 지세령 → 지적법

해설 토지조사법(1910) → 토지조사령(1912) → 지세령(1914) → 조선임야조사령(1918) → 조선지세령(1943) → 지적법(1950)

79. 토지소유권 권리의 특성 중 틀린 것은?

① 단일성   ② 완전성
③ 탄력성   ④ 항구성

해설 지적제도 중 토지소유권의 권리의 특성으로 탄력성, 혼일성, 항구성, 완전성 등이 있다.
혼일성이란 여러 권능이 단순히 결합되어 있는 것이 아니고 모든 권능의 원천이 되는 포괄적인 권리를 의미한다.

80. 조선시대에 정약용의 양전개정론과 관계가 없는 것은?

① 경무법   ② 망척제
③ 방량법   ④ 어린도법

해설 [양전 개정론자의 (저서) 및 개정론]
① 이익 (균전론) : 영업전, 제도
② 정약용 (목민심서, 경세유표) : 정전제, 방량법, 어린도법
③ 서유구 (의상경계책) : 어린도법, 방량법
④ 이기 (해학유서, 전제망언) : 결부제보완, 망척제
⑤ 유길준 (서유견문) : 지제의, 전통도 실시

5과목 지적관계법규

81. 부동산등기법상 등기할 수 없는 권리만으로 연결된 것은?

① 유치권 – 점유권   ② 소유권 – 지역권
③ 지상권 – 전세권   ④ 저당권 – 임차권

정답 71. ④ 72. ① 73. ② 74. ① 75. ① 76. ④ 77. ④ 78. ② 79. ① 80. ② 81. ①

해설 [등기할 수 있는 권리]
소유권, 지상권, 지역권, 전세권, 저당권, 권리질권, 채권담보권, 임차권
[등기할 수 없는 권리]
점유권, 유치권, 동산질권, 분묘기지권, 특수지역권

82. 도시개발사업 등이 준공되기 전에 사업시행자가 지번 부여 신청을 하는 경우 처리방법으로 옳은 것은?

① 지번을 부여할 수 없다.
② 지번을 부여할 수 있다.
③ 가지번을 부여할 수 있다.
④ 행정안전부장관의 승인을 받아 지번을 부여할 수 있다.

해설 [공간정보의 구축 및 관리 등에 관한 법률 시행규칙 제61조(도시개발사업 등 준공 전 지번 부여)]
지적소관청은 도시개발사업 등이 준공되기 전에 지번을 부여하는 때에는 **사업계획도에 따르되**, 도시개발사업 등이 완료됨에 따라 지적확정측량을 실시한 지역 안의 각 필지에 지번을 새로이 부여하여야 한다.

83. 공간정보의 구축 및 관리 등에 관한 법률상 토지의 등록에 관한 설명으로 틀린 것은?

① 토지의 소재와 지번은 토지대장과 임야대장에 공통적으로 등록되는 사항이다.
② 국토교통부장관은 모든 토지에 대하여 필지별로 소재 · 지번 · 지목 · 면적 · 경계 또는 좌표 등을 조사 · 측량하여 지적공부에 등록하여야 한다.
③ 지적공부에 등록하는 지번 · 지목 · 면적 · 경계 또는 좌표는 토지의 이동이 있을 때 토지소유자(법인이 아닌 사단이나 재단의 경우에는 그 대표자나 관리인)의 신청을 받아 지적소관청이 결정한다.
④ 지적소관청은 지적공부에 등록된 지번을 변경할 필요가 있다고 인정하면 국토교통부장관의 승인을 받아 지번부여지역의 전부 또는 일부에 대하여 지번을 새로 부여할 수 있다.

해설 [공간정보의 구축 및 관리 등에 관한 법률 제66조(지번의 부여 등)]
① 지번은 지적소관청이 지번부여지역별로 차례대로 부여한다.
② 지적소관청은 지적공부에 등록된 지번을 변경할 필요가 있다고 인정하면 시 · 도지사나 대도시 시장의 승인을 받아 지번부여지역의 전부 또는 일부에 대하여 지번을 새로 부여할 수 있다.
③ 제1항과 제2항에 따른 지번의 부여방법 및 부여절차 등에 필요한 사항은 대통령령으로 정한다.

84. 국토의 계획 및 이용에 관한 법률에 따른 국토의 용도 구분 4가지에 해당하지 않는 것은?

① 관리지역
② 농림지역
③ 도시지역
④ 보존지역

해설 [국토의 계획 및 이용에 관한 법률 제6조(국토의 용도 구분)]
1. **도시지역** : 인구와 산업이 밀집되어 있거나 밀집이 예상되어 그 지역에 대하여 체계적인 개발 · 정비 · 관리 · 보전 등이 필요한 지역
2. **관리지역** : 도시지역의 인구와 산업을 수용하기 위하여 도시지역에 준하여 체계적으로 관리하거나 농림업의 진흥, 자연환경 또는 산림의 보전을 위하여 농림지역 또는 자연환경보전지역에 준하여 관리할 필요가 있는 지역
3. **농림지역** : 도시지역에 속하지 아니하는 「농지법」에 따른 농업진흥지역 또는 「산지관리법」에 따른 보전산지 등으로서 농림업을 진흥시키고 산림을 보전하기 위하여 필요한 지역
4. **자연환경보전지역** : 자연환경 · 수자원 · 해안 · 생태계 · 상수원 및 문화재의 보전과 수산자원의 보호 · 육성 등을 위하여 필요한 지역

85. 다음 중 관할등기소의 정의로 옳은 것은?

① 상급법원의 장이 위임하는 등기소
② 매도인의 소재지를 관할하는 지방법원, 그 지원(支院) 또는 등기소
③ 부동산의 소재지를 관할하는 지방법원, 그 지원(支院) 또는 등기소
④ 소유자의 소재지를 관할하는 지방법원, 그 지원(支院) 또는 등기소

해설 [부동산등기법 제7조(관할등기소)]
① 관할등기소 : 부동산의 소재지를 관할하는 지방법원, 그 지원(支院) 또는 등기소
② 부동산이 여러 등기소의 관할구역에 걸쳐 있을 때에는 대법원규칙으로 정하는 바에 따라 각 등기소를 관할하는 상급법원의 장이 관할 등기소를 지정한다.

86. 축척변경에 대한 내용으로 틀린 것은? (단, 예외의 경우는 고려하지 않는다.)

① 작은 축척을 큰 축척으로 변경하여 등록하는 것을 말한다.
② 임야도 축척에서 지적도 축척으로 옮겨 등록하는 것을 의미한다.
③ 축척변경위원회는 청산금의 이의신청에 관한 사항을 심의·의결한다.
④ 축척변경을 시행하고자 할 경우에는 시·도지사의 승인을 받아서 시행한다.

해설 [공간정보의 구축 및 관리 등에 관한 법률 제2조(정의)]
① **축척변경** : 지적도에 등록된 경계점의 정밀도를 높이기 위하여 작은 축척을 큰 축척으로 변경하여 등록하는 것
② **등록전환** : 임야대장 및 임야도에 등록된 토지를 토지대장 및 지적도에 옮겨 등록하는 것

87. 국토의 계획 및 이용에 관한 법률에 따른 용도지구가 아닌 것은?

① 경관지구 ② 고도지구
③ 문화지구 ④ 보호지구

해설 [국토의 계획 및 이용에 관한 법률 제37조(용도지역의 지정)]
경관지구, 고도지구, 방화지구, 방재지구, 보호지구, 취락지구, 개발진흥지구, 특정용도제한지구, 복합용도지구, 그 밖에 대통령령으로 정하는 지구

88. 지적기준점표지의 설치·관리 등에 관한 내용으로 옳지 않은 것은?

① 지적도근점표지의 점간거리는 평균 50미터 이상 300미터 이하로 한다.
② 지적삼각보조점표지의 점간거리는 평균 1킬로미터 이상 3킬로미터 이하로 한다.
③ 지적도근점표지의 점간거리는 다각망도선법(多角網導線法)에 따르는 경우에는 평균 1킬로미터 이하로 한다.
④ 지적삼각보조점표지의 점간거리는 다각망도선법(多角網導線法)에 따르는 경우에는 평균 0.5킬로미터 이상 1킬로미터 이하로 한다.

해설 [지적기준점의 점간거리]
① 지적삼각점 : 2~5km 이상
② 지적삼각보조점 : 1~3km, 다각망도선법 : 0.5~1km 이하
③ 지적도근점 : 50~300m, 다각망도선법 : 500m 이하

89. 공간정보의 구축 및 관리에 관한 법률상 벌칙규정으로서 1년 이하의 징역 또는 1천만원 이하의 벌금에 해당되는 자는?

① 측량성과를 국외로 반출한 자
② 무단으로 측량성과 또는 측량기록을 복제한 자
③ 본인, 배우자 또는 직계 존속·비속이 소유한 토지에 대한 지적측량을 한 자
④ 측량업자가 속임수, 위력, 그 밖의 방법으로 측량업과 관련된 입찰의 공정성을 해친 자

해설 [공간정보의 구축 및 관리 등에 관한 법률 제107~109조(벌칙), 제110조(양벌규정), 제111조(과태료)]
① **측량성과를 국외로 반출한 자** : 2년 이하의 징역 또는 2천만원 이하의 벌금
② **무단으로 측량성과 또는 측량기록을 복제한 자** : 1년 이하의 징역 또는 1000만원 이하의 벌금
③ **본인, 배우자 또는 직계 존속·비속이 소유한 토지에 대한 지적측량을 한 자** : 300만원 이하의 과태료(양벌규정에 적용되지 않음)

④ 측량업자나 수로사업자로서 속임수, 위력(威力), 그 밖의 방법으로 측량업 또는 수로사업과 관련된 입찰의 공정성을 해친 자 : 3년 이하의 징역 또는 3천만원 이하의 벌금

90. 지상경계점등록부의 등록사항이 아닌 것은?

① 경계점의 사진 파일
② 경계점 위치 설명도
③ 토지의 소재와 지번
④ 경계점 등록자의 정보

해설 [지상경계점좌표등록부 등록사항]
① 토지의 소재 및 지번
② 경계점 좌표(경계점좌표등록부 시행지역에 한정)
③ 경계점 위치 설명도
④ 공부상 지목과 실제 토지이용 지목
⑤ 경계점의 사진 파일
⑥ 경계점표지의 종류 및 경계점 위치

91. 공간정보의 구축 및 관리 등에 관한 법령상 청산금의 납부고지 및 이의신청 기준으로 틀린 것은?

① 지적소관청은 수령통지를 한 날부터 6개월 이내에 청산금을 지급하여야 한다.
② 납부고지를 받은 자는 그 고지를 받은 날부터 6개월 이내에 청산금을 지적소관청에 내야 한다.
③ 지적소관청은 청산금의 결정을 공고한 날부터 1개월 이내에 토지소유자에게 청산금의 납부고지 또는 수령통지를 하여야 한다.
④ 납부고지되거나 수령통지된 청산금에 관하여 이의가 있는 자는 납부고지 또는 수령통지를 받은 날부터 1개월 이내에 지적소관청에 이의신청을 할 수 있다.

해설 [공간정보의 구축 및 관리 등에 관한 법률 시행령 제76조 (청산금의 납부고지 등)]
① 지적소관청은 청산금의 결정을 공고한 날부터 **20일 이내**에 토지소유자에게 청산금의 납부고지 또는 수령통지를 하여야 한다.
② 제1항에 따른 납부고지를 받은 자는 그 고지를 받은 날부터 **6개월 이내**에 청산금을 지적소관청에 내야 한다.
③ 지적소관청은 수령통지를 한 날부터 6개월 이내에 청산금을 지급하여야 한다.
④ 지적소관청은 청산금을 지급받을 자가 행방불명 등으로 받을 수 없거나 받기를 거부할 때에는 그 청산금을 공탁할 수 있다.
⑤ 지적소관청은 청산금을 내야 하는 자가 기간 내에 청산금에 관한 이의신청을 하지 아니하고 기간 내에 청산금을 내지 아니하면 지방세 체납처분의 예에 따라 징수할 수 있다.

92. 지적소관청이 토지의 이동현황을 직권으로 조사·측량하여 토지의 지번·지목·면적·경계 또는 좌표를 결정하고자 하는 때에 토지이동현황조사계획 수립 기준으로 옳은 것은?

① 시·도별로 수립한다.
② 시·군·구별로 수립한다.
③ 한국국토정보공사의 지사별로 수립한다.
④ 측량수행자가 수립하여 지적소관청에 보고한다.

해설 토지이동현황 조사계획은 시·군·구별로 수립하되, 부득이한 사유가 있는 때에는 읍·면·동별로 수립할 수 있다.

93. 축척변경 시행지역의 토지소유자가 5명 이하인 경우, 토지소유자 중 위원으로 위촉하여야 하는 기준은?

① 0명
② 무작위 선정
③ 토지소유자 전원
④ 토지소유자 대표 1명

해설 [공간정보의 구축 및 관리 등에 관한 법률 시행령 제79조 (축척변경위원회의 구성 등)]
① 축척변경위원회는 5명 이상 10명 이하의 위원으로 구성하되, 위원의 2분의 1 이상을 토지소유자로 하여야 한다. 이 경우 그 축척변경 시행지역의 토지소유자가 5명 이하일 때에는 토지소유자 전원을 위원으로 위촉하여야 한다.
② 위원장은 위원 중에서 지적소관청이 지명한다.

94. 공간정보의 구축 및 관리 등에 관한 법률상 용어의 정의로 틀린 것은?

① "면적"이란 지적공부에 등록한 필지의 수평면상 넓이를 말한다.
② "지적소관청"이란 지적공부를 관리하는 특별자치시장, 시장·군수 또는 구청장을 말한다.
③ "필지"란 토지의 주된 용도에 따라 토지의 종류를 구분하여 지적공부에 등록한 것을 말한다.
④ "토지의 표시"란 지적공부에 토지의 소재·지번(地番)·지목(地目)·면적·경계 또는 좌표를 등록한 것을 말한다.

해설 [공간정보의 구축 및 관리 등에 관한 법률 제2조(정의)]
필지 : 대통령령으로 정하는 바에 따라 구획되는 토지의 등록단위를 말한다.

95. 공간정보의 구축 및 관리 등에 관한 법률상 지적측량 수수료에 관한 설명으로 틀린 것은?

① 지적측량 종목별 세부 산정기준은 국토교통부장관이 정한다.
② 지적측량수수료는 국토교통부장관이 매년 12월 말일까지 고시하여야 한다.
③ 국토교통부장관이 고시하는 표준품셈 중 지적측량품에 지적기술자의 정부노임단가를 적용하여 산정한다.
④ 지적소관청이 직권으로 조사·측량하여 지적공부를 정리한 경우, 조사·측량에 들어간 비용을 면제한다.

해설 [공간정보의 구축 및 관리 등에 관한 법률 제106조(수수료 등)]
지적소관청이 직권으로 조사·측량하여 지적공부를 정리한 경우에는 그 조사·측량에 들어간 비용을 토지소유자로부터 징수한다.

96. 경위의 측량방법에 따른 세부측량의 관측 및 계산에 관한 기준으로 옳지 않은 것은?

① 도선법 또는 방사법에 따른다.
② 미리 각 경계점에 표지를 설치한다.
③ 관측은 20초독 이상의 경위의를 사용한다.
④ 연직각의 관측은 교차가 30초 이내인 때에 그 평균치를 연직각으로 하되, 초단위로 독정한다.

해설 [경위의 측량방법에 의한 세부측량의 관측 및 계산]
① 경계점표지의 설치 : 미리 각 경계에 표지를 설치하여야 함
② 관측방법 : 도선법 또는 방사법에 의함
③ 관측시 사용장비 : 20초독 이상의 경위의 사용
④ 수평각관측 : 1대회의 방향관측법이나 2배각의 배각법에 의함
⑤ 연직각관측 : 정반으로 1회 관측하여 그 교차가 5분 이내일 경우 평균치를 연직각으로 하며 분단위로 독정

97. 측량기하적에 대한 내용으로 틀린 것은?

① 측량대상토지의 점유현황선은 검은색 점선으로 표시한다.
② 측량결과의 파일 형식은 표준화된 공통포맷을 지원할 수 있어야 한다.
③ 측정점의 표시에서 측량자는 붉은색 짧은 십자선(+)으로 표시한다.
④ 측량대상토지에 지상구조물 등이 있는 경우와 새로이 설정하는 경계에 지상건물 등이 걸리는 경우에는 그 위치현황을 표시하여야 한다.

해설 [지적업무처리규정 제27조(측량기하적)]
측량대상토지의 점유현황선은 **붉은색 점선**으로 표시한다.

98. 등기관이 토지 등기기록의 표제부에 기록하여야 하는 사항으로 옳지 않은 것은?

① 이해 관계자
② 지목과 면적
③ 등기원인
④ 소재와 지번

해설 ① 등기부 표제부에 기록될 사항 : 표시번호, 접수, 소재, 지번, 지목, 면적, 등기원인 및 기타사항
② 갑구 : 소유권에 관한 사항
③ 을구 : 소유권 이외의 권리에 관한 사항

99. 다음 중 2년 이하의 징역 또는 2천만원 이하의 벌금에 처하는 벌칙 기준을 적용받는 자는?

① 정당한 사유 없이 측량을 방해한 자
② 측량기술자가 아님에도 불구하고 측량을 한 자
③ 측량업의 등록을 하지 아니하고 측량업을 한 자
④ 측량업자로서 속임수로 측량업과 관련된 입찰의 공정성을 해친 자

해설 [공간정보의 구축 및 관리 등에 관한 법률 제107~109조(벌칙), 제110조(양벌규정), 제111조(과태료)]
① 정당한 사유없이 측량을 방해한 자 : 300만원 이하의 과태료
② 측량기술자가 아님에도 불구하고 측량을 한 자 : 1년 이하의 징역 또는 1천만원 이하의 벌금
③ 측량업의 등록을 하지 아니하고 측량업을 한 자 : 2년 이하의 징역 또는 2천만원 이하의 벌금
④ 측량업자로서 속임수로 측량업과 관련된 입찰의 공정성을 해친 자 : 3년 이하의 징역 또는 3천만원 이하의 벌금

100. 지목을 '대'로 구분할 수 없는 것은?

① 목장용지 내 주거용 건축물의 부지
② 영구적 건축물 중 변전소 시설의 부지
③ 과수원에 접속된 주거용 건축물의 부지
④ 국토의 계획 및 이용에 관한 법률 등 관계 법령에 따른 택지조성공사가 준공된 토지

해설 [공간정보의 구축 및 관리 등에 관한 법률 시행령 제58조(지목의 구분)]
가. 영구적 건축물 중 주거·사무실·점포와 박물관·극장·미술관 등 문화시설과 이에 접속된 정원 및 부속 시설물의 부지
나. 「국토의 계획 및 이용에 관한 법률」 등 관계 법령에 따른 택지조성공사가 준공된 토지

2020년도 제 3 회 지적기사 기출문제

1과목 지적측량

01. 지적삼각망조정시 국소조정이라고도 하며 수평각관측부의 출발차 또는 폐색차를 조정하는 것을 무엇이라고 하는가?

① 변규약 ② 도형조건
③ 삼각규약 ④ 측점조건

해설 [지적삼각망조정의 조건]
관측시의 출발차와 폐색차의 조정은 국소규약(측점조건)이며, 삼각형 내각의 관측치와 180°와의 차의 조정은 삼각규약, 관측치와 기지내각과의 차의 조정은 망규약, 하나의 기지변과 평균각으로 다른 기지변까지의 계산된 거리와의 차의 조정은 변규약에 해당된다.

02. 경계의 제도방법 기준으로 옳지 않은 것은?

① 경계는 0.1mm 폭의 선으로 제도한다.
② 경계점좌표등록부 등록지역의 도면에 등록할 경계점 간 거리는 붉은색으로 제도한다.
③ 경계점좌표등록부 등록지역의 도면에 등록할 경계점 간 거리는 1.0mm~1.5mm 크기의 아라비아숫자로 제도한다.
④ 지적기준점이 매설된 토지를 분할하는 경우 그 토지가 작아서 제도하기 곤란한 때에는 그 도면의 여백에 그 축척의 10배로 확대하여 제도할 수 있다.

해설 [지적업무 처리규정 제41조(경계의 제도)]
① 경계는 0.1밀리미터 폭의 선으로 제도한다.
② 1필지의 경계가 도곽선에 걸쳐 등록되어 있으면 도곽선 밖의 여백에 경계를 제도하거나, 도곽선을 기준으로 다른 도면에 나머지 경계를 제도한다. 이 경우 다른 도면에 경계를 제도할 때에는 지번 및 지목은 붉은색으로 표시한다.
③ 경계점좌표등록부 등록지역의 도면(경계점 간 거리등록을 하지 아니한 도면을 제외한다)에 등록할 **경계점 간 거리는 검은색의 1.0~1.5밀리미터 크기의 아라비아숫자로 제도**한다. 다만, 경계점 간 거리가 짧거나 경계가 원을 이루는 경우에는 거리를 등록하지 아니할 수 있다.
④ 지적기준점 등이 매설된 토지를 분할할 경우 그 토지가 작아서 제도하기가 곤란한 때에는 그 도면의 여백에 그 축척의 10배로 확대하여 제도할 수 있다.

03. 잔차를 v, 관측횟수를 n이라고 할 때 최확치의 확률오차는?

① $\sqrt{\dfrac{[vv]}{n-1}}$ ② $\sqrt{\dfrac{[vv]}{n(n-1)}}$
③ $\pm 0.6745\sqrt{\dfrac{[vv]}{n-1}}$ ④ $\pm 0.6745\sqrt{\dfrac{[vv]}{n(n-1)}}$

해설 [평균제곱근오차 및 확률오차]

항목	동일 경중률	상이한 경중률
최확값	$MPV = \dfrac{\sum L}{n}$	$MPV = \dfrac{\sum (w \times L)}{\sum w}$
표준편차 (개별관측의 평균제곱근오차)	$\sigma = \pm \sqrt{\dfrac{\sum \nu^2}{n-1}}$	$\sigma = \pm \sqrt{\dfrac{\sum (w\nu^2)}{n-1}}$
표준오차 (최확값의 평균제곱근오차)	$\sigma_s = \pm \sqrt{\dfrac{\sum \nu^2}{n(n-1)}}$	$\sigma_s = \pm \sqrt{\dfrac{\sum (w\nu^2)}{\sum w(n-1)}}$
최확값의 확률오차	$\gamma_s = \pm 0.6745 \sigma_s$ $= \pm 0.6745\sqrt{\dfrac{\sum \nu^2}{n(n-1)}}$	$\gamma_s = \pm 0.6745 \sigma_s$ $= \pm 0.6745\sqrt{\dfrac{\sum (w\nu^2)}{\sum w(n-1)}}$

04. 60m의 Steel tape로 540m의 거리를 측정했다. 이 때 60m의 거리를 잴 때마다 ±5mm의 평균제곱근 오차가 있었다면 전장측정치의 평균제곱근 오차는?

① ±5mm ② ±10mm
③ ±15mm ④ ±20mm

해설 평균제곱근오차는 부정오차이고, 부정오차는 관측횟수의 제곱근에 비례하고, 횟수는 관측길이를 줄자의 길이로 나누어 계산하면

$$\sum \sigma = \pm \sigma \sqrt{n} = \pm 5 \sqrt{\frac{540}{60}} = \pm 15mm$$

05. 지적측량의 방법 중 세부측량의 방법으로 옳지 않은 것은?

① 평판측량방법 ② 경위의측량방법
③ 전파기측량방법 ④ 전자평판측량방법

해설 [세부측량의 장비 및 방법]
① 과거 : 평판측량방법, 전자평판측량방법
② 지적재조사사업이 완료된 지역 : 경위측량방법, 항공사진측량방법, 위성측량

06. A, B 두 점의 좌표가 아래와 같을 때 A, B 사이의 거리를 구하면?

- A점의 좌표 (-100.25m, 0.00m)
- B점의 좌표 (0.00m, -200.18m)

① 99.93m ② 121.33m
③ 182.66m ④ 223.88m

해설 좌표가 주어질 때 거리는 피타고라스 식으로 계산한다.

$$\overline{AB} = \sqrt{(X_B - X_A)^2 + (Y_B - Y_A)^2}$$
$$= \sqrt{(0-(-100.25))^2 + (-200.18-0)^2}$$
$$= 223.88m$$

07. 지적측량성과와 검사성과의 연결교차의 허용범위 기준으로 옳지 않은 것은?

① 지적삼각점 : 0.20m 이내
② 지적삼각보조점 : 0.20m 이내
③ 지적도근점(경계점좌표등록부 시행지역) : 0.15m 이내
④ 경계점(경계점좌표등록부 시행지역) : 0.10m 이내

해설 [경계점좌표등록부 시행지역의 측량성과와 검사성과의 연결교차]
① 지적삼각점측량 : 0.20m 이내
② 지적삼각보조점측량 : 0.25m 이내
③ 지적도근점측량 : 0.15m 이내, 그 밖의 지역 : 0.25m 이내
④ 세부측량(경계점) : 0.10m 이내, 그 밖의 지역 : $\frac{3}{10}M$ mm 이내

08. 다각망도선법의 망형태에 따른 최소조건식의 설명으로 옳지 않은 것은?

① Y망의 최소조건식 수는 3개이지만 조건식 수는 2개만 충족시키면 된다.
② X망의 최소조건식 수는 4개이지만 조건식 수는 3개만 충족시키면 된다.
③ A망의 최소조건식 수는 5개이지만 조건식 수는 4개만 충족시키면 된다.
④ 복합망은 어느 조건식을 사용하던지 최소조건식 수만 충족시키면 된다.

해설 [다각망도선법의 망형태에 따른 최소조건식]
① X, Y형은 3개의 기지점에 근거하여 교점 1개를 평균하고, A, H형은 교점 2개를 평균하는 것이다.
② Y망의 최소조건식 수는 3개이지만 조건식 수는 2개만 충족시키면 된다.
③ X망의 최소조건식 수는 4개이지만 조건식 수는 3개만 충족시키면 된다.
④ A망의 최소조건식 수는 4개이지만 조건식 수는 3개만 충족시키면 된다.

⑤ 복합망은 어느 조건식을 사용하던지 최소조건식 수만 충족시키면 된다.

09. 지적삼각점 사이의 거리를 광파기로 5회 측정한 결과 245.45m일 때 허용교차는?

① 0.2cm   ② 0.1cm
③ 0.002cm   ④ 0.001cm

해설 지적삼각점측량시 점간거리는 5회 측정하여 그 측정치의 최대치와 이 평균치의 1/10만 이하일 경우 그 평균치를 측정거리로 하고, 원점에 투영된 평면거리에 따라 계산한다.

허용교차 $= \dfrac{245.45m}{100,000} = 0.2cm$

10. 경위의측량방법으로 세부측량을 할 때 측량준비 파일에 포함하여 작성하여야 하는 사항에 해당하지 않는 것은?

① 경계점간 계산거리
② 인근 토지의 경계와 경계점의 좌표
③ 측량대상 토지의 경계와 경계점의 좌표
④ 지적기준점 및 그 번호와 지적기준점의 좌표

해설 [경위의측량방법으로 세부측량을 할 때 측량준비파일에 포함하여 작성하여야 할 사항]
① 측량대상토지의 경계와 경계점의 좌표 및 부호도·지번·지목
② 인근 토지의 경계와 경계점의 좌표 및 부호도·지번·지목
③ 행정구역선과 그 명칭
④ 지적기준점 및 그 번호와 지적기준점간의 방위각 및 그 거리
⑤ 경계점간 계산거리
⑥ 도곽선과 그 수치
⑦ 그밖에 국토교통부장관이 정하는 사항

11. 그림과 같은 사각망에서 $\Sigma a = 360°00'32''$이고, $((a_1 + a_2) - (a_5 + a_6)) = -4''$일 때 a_6에 배분할 조정량은?

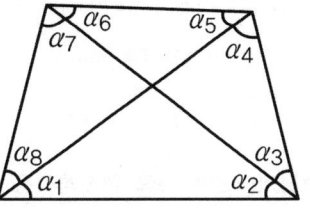

① $-3''$ ② $-5''$
③ $+3''$ ④ $+5''$

해설 ① 사각망의 모든 각의 합이 32″ 초과하므로 오차를 8등분하여 일괄적으로 -4″씩 보정해야 한다.
② 각조건에서 $\epsilon = (\alpha_1 + \alpha_2) - (\alpha_5 + \alpha_6) = -4''$이므로 오차를 4등분하여 α_1, α_2에는 +1″, α_5, α_6에는 -1″를 조정해야 한다.
그러므로 α_6는 -5″를 조정한다.

12. 다음 중 지적도근점측량을 반드시 시행하여야 하는 지역은?

① 토지분할지역   ② 대단위 합병지역
③ 축척변경시행지역   ④ 소규모등록전환지역

해설 [지적도근점측량을 반드시 실시하여야 하는 경우]
① 도시개발사업 등으로 인하여 지적확정측량을 하는 경우
② 국토의 계획 및 이용에 관한 법률에 의한 도시지역 및 준도시지역에서 세부측량을 하는 경우
③ 측량지역의 면적이 당해 지적도 1장에 해당하는 면적 이상인 경우
④ 세부측량의 시행상 특히 필요한 경우
⑤ 축척변경 시행지역

13. 100m+4.96mm의 정수를 표시한 권척을 사용하여 500m를 측정하였을 경우 바른 길이는?

① 500.000m   ② 500.025m
③ 500.043m   ④ 500.050m

[해설] 늘어나 있는 줄자로 관측한 값의 실제값은 +로, 수축된 줄 자는 반대로 −로 적용한다.

$$L_0 = L \pm C_0 \quad \therefore C_0 = \pm \frac{L}{l} \times \Delta l$$

$$C_0 = \frac{500}{100} \times 4.96mm = 24.8mm = +0.025m$$

$$L_0 = 500 + 0.025 = 500.025m$$

14. 좌표면적계산법에 따른 면적측정을 하는 경우 면적을 정하는 단위기준으로 옳은 것은?

① 10분의 1제곱미터 단위로 정한다.
② 100분의 1제곱미터 단위로 정한다.
③ 1000분의 1제곱미터 단위로 정한다.
④ 10000분의 1제곱미터 단위로 정한다.

[해설] [좌표면적계산법]
① 도곽에 0.2밀리미터 이상의 신축이 있을 경우 보정하여야 한다.
② 경위의측량으로 세부측량을 시행한 지역의 면적측정방법이다.
③ 산출면적은 1,000분의 1제곱미터까지 계산하여 10분의 1제곱미터 단위로 정한다.

15. 지적삼각보조점의 관측 및 계산방법으로 옳은 것은?

① 진수의 계산은 6자리 이상으로 한다.
② 1측회의 폐색공차는 ±30초 이내여야 한다.
③ 삼각형 내각관측의 합과 180도와의 차는 ±40초 이내여야 한다.
④ 수평각 관측의 윤곽도는 0도, 60도, 120도의 방향관측법에 의한다.

[해설] [경위의측량방법과 교회법에 따른 지적삼각보조점의 관측 및 계산]
① 1방향각 : 40초 이내
② 1측회의 폐색 : ±40초 이내
③ 삼각형내각관측치의 합과 180도와의 차 : ±50초 이내
④ 기지각과의 차 : ±50초 이내
⑤ 진수의 계산은 6자리 이상으로 한다.

16. 다음 그림과 같은 정삼각형 ABC의 내접원의 반지름(r)은? (단, AB = 10m)

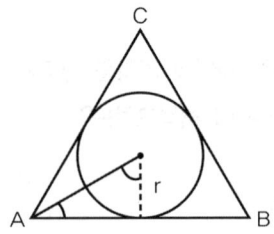

① 약 1.6m   ② 약 2.9m
③ 약 3.5m   ④ 약 4.1m

[해설] $s = \frac{a+b+c}{2}, R = \sqrt{\frac{(s-a)(s-b)(s-c)}{s}}$ 에서

$$s = \frac{10+10+10}{2} = 15m$$

$$R = \sqrt{\frac{(15-10)(15-10)(15-10)}{15}} ≒ 2.9m$$

17. 경계점좌표등록부를 갖춰 두는 지역에 있는 각 필지의 경계점을 측정할 때 좌표를 산출하는 방법이 아닌 것은?

① 교회법   ② 도선법
③ 방사법   ④ 지거법

[해설] 경계점좌표등록부를 갖춰 두는 지역에 있는 각 필지의 경계점을 측정할 때에는 교회법, 도선법, 방사법, 또는 원호법에 따라 좌표를 산출하여야 하며 지거법은 터널 내의 곡선설치에 쓰이는 측량방법이다.

18. 세부측량을 실시한 경우 지적소관청이 지적측량성과검사시 검사항목이 아닌 것은?

① 기지점사용의 적정여부
② 지적기준점설치망 구성의 적정여부
③ 측량준비도 및 측량결과도 작성의 적정여부
④ 경계점간 계산거리(도상거리)와 실측거리의 부합여부

해설 [세부측량시 검사항목]
① 기지점사용의 적정여부
② 측량준비도 및 측량결과도 작성의 적정여부
③ 기지점과 지상경계와의 부합여부
④ 경계점간 계산거리(도상거리)와 실측거리의 부합여부
⑤ 면적측정의 정확여부
⑥ 관계법령의 분할제한 등의 저촉여부

19. 경기도에 위치한 2등삼각점의 종선좌표(X)가 −3156.78m, 횡선좌표(Y)가 +2314.65m일 때, 이를 지적측량에서 사용하고 있는 좌표로 환산한 값으로 옳은 것은?

① X=496843.22m, Y=202314.65m
② X=196843.22m, Y=502314.65m
③ X=503156.78m, Y=197685.35m
④ X=−546843.22m, Y=197685.35m

해설 지적측량의 경우에는 가우스상사이중투영법에 의하여 표시하며, 직각좌표계의 투영원점의 수치를 X(N)=500,000m, Y(E)=200,000m를 가산하여 적용하며 제주도의 경우는 X(N)=550,000m, Y(E)=200,000m를 가산하여 적용한다.
$X = -3156.78 + 500000 = 496843.22m$,
$Y = 2314.65 + 200000 = 202314.65m$

20. 지적도근점측량을 배각법에 따르는 경우 연결오차의 배분방법으로 옳은 것은?

① 각 측선의 측선장에 비례하여 배분한다.
② 각 측선의 측선장에 반비례하여 배분한다.
③ 각 측선의 종횡선차 길이에 비례하여 배분한다.
④ 각 측선의 종횡선차 길이에 반비례하여 배분한다.

해설 [지적도근점측량에서 종선 및 횡선차의 배분]
① **배각법** : 각 측선의 종선차 또는 횡선차 길이에 비례하여 배분
② **방위각법** : 각 측선장에 비례하여 배분

2과목 응용측량

21. GNSS측량에서 사이클슬립(cycle slip)의 주된 원인은?

① 높은 위성이 고도
② 높은 신호강도
③ 낮은 신호잡음
④ 지형·지물에 의한 신호단절

해설 [사이클 슬립의 원인]
① GPS 안테나 주위의 지형, 지물에 의한 신호 단절
② 높은 신호 잡음
③ 낮은 신호 강도(Signal strength)
④ 낮은 위성의 고도각
⑤ 사이클 슬립은 이동측량에서 많이 발생

22. GPS위성의 신호에 대한 설명 중 틀린 것은?

① L_1반송파에는 C/A코드와 P코드가 포함되어 있다.
② L_2반송파에는 C/A코드만 포함되어 있다.
③ L_1반송파가 L_2반송파보다 높은 주파수를 가지고 있다.
④ 위성에서 송신되는 신호는 대기의 상태에 따라 전파의 속도가 달라지는 것을 보정하기 위하여 파장이 다른 2가지의 전파를 동시에 수신한다.

해설

반송파 신호	코드 신호	용도
L_1파 (1,575.42 MHz)	C/A 코드 : 위성궤도정보를 PRN 코드로 암호화한 코드	민간용
	P 코드 : 위성궤도정보를 PRN 코드로 암호화한 코드(10.23MHz)	군사용
	항법 메시지 : 시각정보, 궤도정보 및 타위성의 궤도 정보	민간용
L_2파 (1,227.60 MHz)	P코드(10.23MHz)	군사용
	항법 메시지	민간용

23. 터널측량시 터널입구를 결정하기 위하여 측점 A, B, C, D 순으로 트래버스 측량한 결과가 아래와 같을 때 AD 간의 거리는?

[측량결과]
측선 AB : 거리 30m, 방위각 40°
측선 BC : 거리 35m, 방위각 120°
측선 CD : 거리 40m, 방위각 210°

① 40.45m ② 40.54m
③ 41.45m ④ 41.54m

해설 ① $\sum$위거 $= AB\cos\theta_{AB} + BC\cos\theta_{BC} + CD\cos\theta_{CD}$
$= 30 \times \cos 40° + 35 \times \cos 120° + 40 \times \cos 210°$
$= -29.160m$
② $\sum$경거 $= AB\sin\theta_{AB} + BC\sin\theta_{BC} + CD\sin\theta_{CD}$
$= 30 \times \sin 40° + 35 \times \sin 120° + 40 \times \sin 210°$
$= 29.595m$
③ $AD = \sqrt{\sum 위거^2 + \sum 경거^2}$
$= \sqrt{(-29.160)^2 + (29.595)^2}$
$= 41.54m$

24. 단곡선에서 반지름 R=300m, 교각 I=60°일 때, 곡선길이(C.L)는?

① 310.10m ② 315.44m
③ 314.16m ④ 311.55m

해설 곡선의 길이 $CL = \dfrac{\pi}{180°}RI = \dfrac{\pi}{180°} \times 300m \times 60°$
$= 314.16m$

25. GNSS측량에서 구조적 요인에 의한 오차에 해당하지 않는 것은?

① 전리층 오차
② 대류층 오차
③ SA(Selective availability) 오차
④ 위성궤도오차 및 시계오차

해설 [GPS측량의 구조적 원인에 의한 오차(단독측위의 정확도에 영향을 미치는 요소)]
① 위성시계오차
② 위성궤도오차, 위성의 배치
③ 전리층과 대류권의 전파지연에 의한 오차
④ 전파적 잡음, 다중경로 오차

26. 축척 1:50000 지형도에서 등고선 간격을 20m로 할 때 도상에서 표시될 수 있는 최소간격을 0.45mm로 할 경우 등고선으로 표현할 수 있는 최대경사각은?

① 40.1° ② 41.6°
③ 44.6° ④ 46.1°

해설 경사각(i)을 구하면 $\tan i = \dfrac{높이차}{수평거리}$ 이므로
수평거리 $= 0.45mm \times 50,000 = 22,500mm = 22.5m$
$i = \tan^{-1}\dfrac{20}{22.5} = 41.6°$

27. 수준측량에서 전시와 후시거리를 같게 취하는 가장 큰 이유는?

① 시준축과 기포관축이 평행이 아니므로 생기는 오차의 제거를 위해
② 표척에 있을 수 있는 눈금오차의 제거를 위해
③ 표척이 연직이 아닐 때의 오차 제거를 위해
④ 관측을 편하게 하기 위해

해설 [전시와 후시거리를 같게 함으로써 제거되는 오차]
① 기계오차(시준축 오차) : 레벨조정의 불안정
② 구차(지구곡률오차)와 기차(대기굴절오차)

28. 사진의 주점이나 표정점 등 제점의 위치를 인접한 사진에 옮기는 작업은?

① 점이사 ② 표정
③ 투영 ④ 정합

해설 점이사는 사진상의 주점이나 표정점 등 각 점의 위치를 인접한 다른 사진상에 옮기는 작업으로 점이사기를 이용하는 경우와 측점을 이용하는 경우가 있다.

29. 편각법으로 원곡선을 설치할 때 기점으로부터 교점까지의 거리 = 123.45m, 교각(I) = 40°20′, 곡선반지름(R) = 100m일 때 시단현의 길이는? (단, 중심말뚝의 간격은 20m이다.)

① 4.15m ② 6.72m
③ 13.28m ④ 14.18m

해설 도로의 기점에서 곡선시점까지의 거리는 노선의 시점에서 기점까지의 거리에서 접선길이(T.L)를 빼면 얻을 수 있다.
즉, 곡선시점까지의 거리 = 기점까지의 거리 - 접선길이
$T.L = R\tan\frac{I}{2} = 100 \times \tan\frac{40°20′}{2} = 36.73m$
곡선시점(B.C)의 위치 = 123.45 - 36.73 = 86.72m 이고 시단현의 길이는 곡선시점의 위치 86.72m 보다 큰 20의 배수인 100m에서 86.72m를 뺀 13.28m이다.

30. 항공삼각측량에서 기본단위가 사진으로, 블록내의 각 사진상의 관측된 기준점, 접합점의 사진좌표를 이용하여 최소제곱법으로 사진의 외부표정요소 및 접합점의 최확값을 결정하는 방법은?

① 다항식법 ② 독립모델법
③ 광속조정법 ④ 그루버법

해설 [광속조정법]
① 상좌표를 사진좌표로 변환시킨 후 사진좌표로부터 직접 절대좌표를 구하는 방법
② 투영중심으로부터 사진상에 있는 상점과 대상점에 대하여 공간상에서 일직선을 이루게 되는 공선조건을 이용

[사진기준점 측량방법]
① 광속조정법 : 사진 기준
② 독립모형조정법 : 모델(모형) 기준
③ 다항식법, 스트립조정법 : 스트립 기준

31. 갑, 을 2인이 두 점간의 수준측량을 하여 고저차를 구하였더니 다음과 같았다면 최확값은?

갑 : 25.56±0.029m, 을 : 25.52±0.012m

① 25.516m ② 25.526m
③ 25.537m ④ 25.548m

해설 경중률은 평균제곱근오차의 제곱에 반비례한다.
$P_갑 : P_을 = \frac{1}{0.029^2} : \frac{1}{0.012^2}$

최확값 $= \frac{P_갑 l_갑 + P_을 l_을}{P_갑 + P_을}$

$= \frac{25.56 \times \frac{1}{0.029^2} + 25.52 \times \frac{1}{0.012^2}}{\frac{1}{0.029^2} + \frac{1}{0.012^2}} = 25.526m$

32. 지형의 표시방법 중 자연적 도법에 해당되는 것은?

① 영선법 ② 점고법
③ 채색법 ④ 등고선법

해설 [지형표시방법]
① **자연도법** : 영선법(우모법, 게바법), 음영선
② **부호도법** : 등고선법, 점고법, 채색법(단채법)

33. 노선측량에서 일반적으로 종단면도에 기입되는 항목이 아닌 것은?

① 관측점간 수평거리 ② 절토 및 성토량
③ 계획선의 경사 ④ 관측점의 지반고

해설 [노선측량 종단면도의 표기사항]
① 측점의 위치
② 측점간의 수평거리
③ 각 측점의 누가거리
④ 측점의 지반고 및 계획고
⑤ 지반고와 계획고의 차이, 즉 성토고와 절토고
⑥ 계획선의 경사
⑦ 평면곡선의 설치위치

정답 23.④ 24.③ 25.③ 26.② 27.① 28.① 29.③ 30.③ 31.② 32.① 33.②

34. 항공사진측량에서 동일한 지역을 사진의 크기와 촬영고도는 같게 하고, 카메라를 달리하여 촬영하였을 때, 1장의 사진에서 나타나는 초광각 카메라에 의한 촬영면적은 광각카메라에 의한 촬영면적의 몇 배인가? (단, 초광각 카메라 초점거리=88mm, 광각카메라 초점거리=150mm)

① 약 2배 ② 약 3배
③ 약 4배 ④ 약 5배

해설 $A_{초} : A_{광} = (ma)^2 : (ma)^2 = \left(\dfrac{H}{f}a\right)^2 : \left(\dfrac{H}{f}a\right)^2$
$= \left(\dfrac{H}{88}a\right)^2 : \left(\dfrac{H}{150}a\right)^2 ≒ 3 : 1$

35. 수준측량의 야장기입법 중에서 완전한 검산을 계산으로 할 수 있으며 높은 정도를 필요로 하는 측량에 적합하나 중간점이 많을 경우 계산이 복잡하고 시간이 많이 소요되는 단점을 갖고 있는 것은?

① 고차식 ② 기고식
③ 승강식 ④ 종단식

해설 [수준측량 야장기입법]
① **고차식** : 중간점이 이기점 전시와 후시로만 관측된 야장으로 가장 간단하다.
② **승강식** : 완전한 검사로 정밀측량에 적당하나, 중간점이 많으면 계산이 복잡하고 시간과 비용이 많이 든다.
③ **기고식** : 중간점이 많을 경우 편리하나 완전한 검산을 할 수 없는 단점에도 가장 많이 사용되는 방법이다.

36. 완화곡선의 성질에 대한 설명으로 옳지 않은 것은?

① 곡선의 반지름은 완화곡선의 시점에서 무한대, 종점에서 원곡선의 반지름이 된다.
② 완화곡선의 접선은 시점에서 원호에, 종점에서 직선에 접한다.
③ 완화곡선에 연한 곡선반지름의 감소율은 캔트의 증가율과 같다.
④ 완화곡선의 종점에 있는 캔트는 원곡선의 캔트와 같다.

해설 [완화곡선의 성질]
① 완화곡선의 반지름은 시점에서 무한대, 종점에서는 원곡선의 반지름과 같다.
② 완화곡선의 접선은 시점에서는 직선에, 종점에서는 원호에 접한다.
③ 완화곡선의 곡선반경 감소율은 캔트의 증가율과 같다.
④ 완화곡선의 편경사의 크기는 곡선의 반경에 반비례하고 설계속도에 비례한다.

37. 터널 내 수준측량의 특징에 대한 설명으로 옳은 것은?

① 지상에서의 수준측량방법과 장비 모두 동일하다.
② 관측점의 위치는 바닥레일의 중심점을 이용한다.
③ 이동식 답판을 주로 이용해야 안정성이 있다.
④ 수준측량을 위한 관측점은 천정에 설치되는 경우가 많다.

해설 수준측량을 위한 관측점은 천정에 설치되는 경우가 많다.

38. 항공사진을 실체시할 때 생기는 과고감에 영향을 미치는 인자가 아닌 것은?

① 사진의 크기 ② 카메라의 초점거리
③ 기선고도비 ④ 입체시할 경우 눈의 위치

해설 [과고감]
① 입체사진에서 높이감이 수평감보다 크게 나타나는 정도를 의미하며, 산과 건물의 높이가 실제보다 과장되어 보이는 현상
② 과고감은 기선고도비에 비례한다.
$\dfrac{B}{H} = \dfrac{ma(1-p)}{mf} = \dfrac{a(1-p)}{f}$
③ 과고감은 기선의 길이, 축척의 분모수, 눈의 위치에 비례, 초점거리, 촬영고도에 반비례한다.

39. 다음 중 지형측량의 지성선에 해당되지 않는 것은?

① 합수선 ② 능선(분수선)
③ 경사변환선 ④ 주곡선

해설 [지성선(地性線 : topographical line)]
① 능선(능선, 분수선) : 정상을 향하여 가장 높은 점을 연결한 선으로 빗물이 이것을 경계로 흐르게 되므로 분수선이라고도 한다.
② 곡선(합수선, 계곡선) : 가장 낮은 점을 연결한 선으로 계곡선이라고도 한다.
③ 경사변환선 : 동일 방향의 경사면에서 경사의 크기가 다른 두 면의 교선을 경사 변환선이라 한다.
④ 최대 경사선 : 지표의 임의의 한 점에 있어서 그 경사가 최대로 되는 방향을 표시한 선을 말하며 등고선에 직각으로 교차한다.

40. 등고선의 성질을 설명한 것으로 틀린 것은?

① 등고선은 등경사지에서 등간격으로 나타난다.
② 등고선은 도면 내·외에서 반드시 폐합하는 폐곡선이다.
③ 등고선은 절벽이나 동굴에서는 교차할 수 있다.
④ 등고선은 급경사지에서는 간격이 넓고 완경사지에서는 좁다.

해설 등고선은 급경사지에서는 간격이 좁고, 완경사지에서는 넓다.

3과목 토지정보체계론

41. 관계형 DBMS에서 자료를 만들고 조회할 수 있는 도구로서 처음 개발된 것으로, DBMS를 제어하고 DBMS와 대화할 수 있는 관계형 데이터베이스의 표준 질의 언어는?

① SQL ② ADT
③ HTML ④ COBOL

해설 [SQL(Structured Query Language) : 구조화 질의 언어]
• 데이터 베이스를 사용할 때 데이터베이스에 접근할 수 있는 데이터베이스 하부 언어
• 데이터 정의어(DDL)와 데이터 조작어(DML)를 포함한 데이터베이스용 질의 언어(query language)의 일종
• 단순한 질의 기능뿐만 아니라 완전한 데이터 정의 기능과 조작 기능을 갖추고 있음
• 영어 문장과 비슷한 구문을 갖고 있으므로 초보자들도 비교적 쉽게 사용

42. 아래와 같이 주어진 수식이 의미하는 좌표변환은? (λ : 축척변경, (x_0, y_0) : 원점의 변위량, θ : 회전변환, (x', y') : 보정된 자료, (x, y) : 보정전 좌표)

$$\begin{bmatrix} x' \\ y' \end{bmatrix} = \lambda \begin{bmatrix} \cos\theta & -\sin\theta \\ \sin\theta & \cos\theta \end{bmatrix} \begin{bmatrix} x \\ y \end{bmatrix} + \begin{bmatrix} x_0 \\ y_0 \end{bmatrix}$$

① 투영변환
② 등각사상변환
③ 어파인(Affine)변환
④ 의사어파인(Pseudo Affine)변환

해설 등각사상변환은 회전변환, 원점의 이동, 축척변경을 수행한다.
[내부표정을 위한 좌표변환식]
① 선형등각사상변환
$X = ax - by + x_0$, $Y = bx + ay + y_0$
② 부등각사상변환(affine변환)
$X = a_1 x + a_2 y + x_0$, $Y = b_1 x + b_2 y + y_0$
③ 의사부등각사상변환
$X = a_1 x + a_2 y + a_3 xy + x_0$, $Y = b_1 x + b_2 y + b_3 xy + y_0$

43. 지적분야에서 토지정보시스템 구축목적으로 옳은 것은?

① 세계좌표계로의 변환에 대비
② 지적삼각점의 관리부실 개선
③ 지적불부합에 의한 분쟁 해결
④ 토지관련정보의 효율적 이용 및 관리

해설 토지정보시스템의 구축목적으로는 토지관련정보의 효율적 이용 및 관리이며 그밖에 지적재조사의 기반 확보, 다목적 지적정보체계 구축, 지적 관련 민원의 신속·정확한 처리 등을 들 수 있다.

44. 데이터 취득시 항공사진측량에서 중복촬영 사진의 도화유형에 속하지 않는 것은?

① 기계도화기 ② 디지타이저
③ 해석식도화기 ④ 수치사진측량시스템

해설 [디지타이저(Digitizer)]
① 도면자료를 수치화하는 장치로 디지타이저를 이용하여 주제의 형태를 수동으로 입력하는 방법이 주로 사용
② 디지타이저에 의해 입력을 할 때 바로 벡터형식의 자료 저장 가능
③ 벡터화 변환이 불필요하나 작업자의 숙련도에 따라 효율성 좌우

45. 데이터베이스시스템의 구성요소에 해당하지 않는 것은?

① 사용자 ② 운영체계
③ 하드웨어 ④ 데이터베이스관리시스템

해설 [데이터베이스시스템의 구성요소]
① 4대요소 : 하드웨어, 소프트웨어, 데이터(자료), 조직과 인력 등
② 3대요소 : 하드웨어, 소프트웨어, 데이터

46. 한국토지정보시스템 구축에 따른 기대효과로 옳지 않은 것은?

① 업무능률성 향상 ② 데이터 무결성 확보
③ 지적도 DB활용 확보 ④ 1계층으로 시스템 확장성

해설 한국토지정보시스템의 아키텍쳐는 3계층 클라이언트 서버(3계층 시스템)를 기본으로 한다.
[웹기반의 토지정보시스템의 기대효과]
① 업무처리의 신속성
② 정보의 공유
③ 업무별 분산처리 실현
④ 시간과 거리에 대한 제약을 받지 않음

47. 지적도면을 전산화함에 있어 정비하여야 할 사항과 가장 거리가 먼 것은?

① 경계 정비 ② 도곽선 정비
③ 소유자 정비 ④ 도면번호 정비

해설 [지적도면 정비대상]
도면번호 정비, 색인도 정비, 도면의 도곽선 정비, 행정구역선의 정비, 경계 등의 정비

48. 벡터데이터에 비하여 래스터데이터가 갖는 특징으로 옳지 않은 것은?

① 자료구조가 단순하다.
② 위상구조의 표현에 적합하다.
③ 중첩연산을 용이하게 구현할 수 있다.
④ 원격탐사자료와의 연계처리가 용이하다.

해설 [벡터자료의 특징]
• 현상적 자료구조의 표현이 용이하고 효율적 축약
• 뛰어난 위상관계 구축과 위치와 속성의 일반화 가능
• 3차원 분석 및 확대 축소시의 정보의 손실 없음
• 자료구조는 복잡하고 고가의 장비 필요

49. 지반보강을 할 필요가 있는 사질토에 위치한 대지를 검색하여 공간정보데이터 중첩분석을 통해 얻어지는 결과로 옳은 것은?

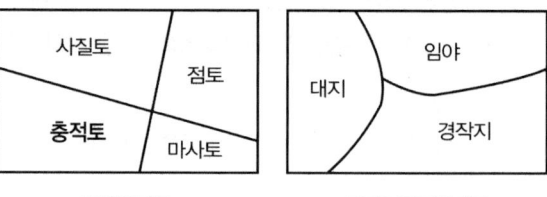

토질주제도 토지이용주제도

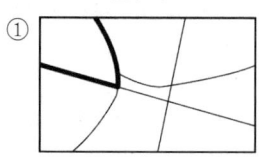
①

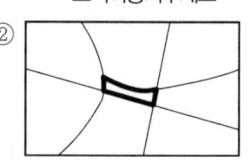
②

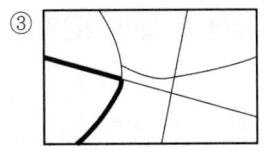
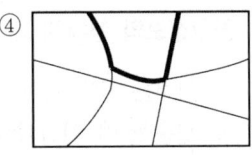

해설 중첩분석(Overlay)은 하나의 레이어에 다른 레이어를 포개어 두 레이어에 나타난 형상들 간의 관계를 분석하는 것으로 주제도의 교집합에 해당하는 부분을 선택하면 된다.

50. 경위의측량방법으로 세부측량을 하고자 할 때 측량준비파일의 작성에 있어 지적기준점간 거리 및 방위각의 작성표시 색으로 옳은 것은?

① 검은색 ② 노란색
③ 붉은색 ④ 파란색

해설 [지적업무 처리규정 제18조(측량준비파일의 작성)]
① 평판측량방법 또는 전자평판측량방법으로 세부측량을 하고자 할 때에는 측량준비파일을 작성하여야 하며, 부득이한 경우 측량준비도면을 연필로 작성할 수 있다.
② 측량준비파일을 작성하고자 하는 때에는 지적기준점 및 그 번호와 좌표는 **검은색으로, 도곽선 및 그 수치와 지적기준점 간 거리는 붉은색**으로, 그 외는 검은색으로 작성한다.

51. 다음의 지적도 종류 중 지형과의 부합도가 가장 높은 도면은?

① 건물지적도 ② 개별지적도
③ 연속지적도 ④ 편집지적도

해설 편집지적도는 다른 지적도에 비하여 지형과의 부합도가 가장 높은 도면이다.

52. GIS 구축시 좌표계의 선정이 중요한 공간데이터에 대한 설명으로 틀린 것은?

① 수집한 데이터의 좌표계가 무엇인지 파악하여 투영정의해야 한다.
② 투영정의 한 후에는 최종구축할 좌표계로 투영변환해야 한다.
③ 각기 다른 좌표계로 투영변환할 때에는 변환인자가 필요하다.
④ 우리나라의 경우 X, Y좌표에 대한 가산수치는 모두 +500000m, −200000m이므로 확인하지 않아도 된다.

해설 지적측량의 경우에는 가우스상사이중투영법에 의하여 표시하며, 직각좌표계의 투영원점의 수치를 X(N)=500,000m, Y(E)=200,000m를 가산하여 적용하며 제주도의 경우는 X(N)=550,000m, Y(E)=200,000m를 가산하여 적용한다.

53. 아래 내용에서 ( ) 안에 들어갈 내용으로 알맞은 것은?

> 지적소관청이 지번변경, 행정구역변경, 구획정리, 경지정리, 축척변경, 토지개발사업을 하고자 하는 때에는 ( )을 생성하여야 한다.

① 도곽파일 ② 복제파일
③ 임시파일 ④ 토지이동파일

해설 지적소관청이 지번변경, 행정구역변경, 구획정리, 경지정리, 축척변경, 토지개발사업을 하고자 하는 때에는 (임시파일)을 생성하여야 한다.

54. 항공사진을 활용한 토지정보수집에 대한 설명으로 옳지 않은 것은?

① 항공사진을 스캐닝하여 공간데이터에 대한 보조적 자료로 활용한다.
② 항공사진은 세부적인 정보를 얻을 수 있는 소축척의 정보획득에 적합하다.
③ 항공사진은 사진판독을 통하여 지질도, 토지이용도 등의 각종 주제도 제작시 자료로 이용한다.
④ 변동사항이 광역적이지 않을 경우 간단히 최근의 항공사진과 비교함으로서 공간데이터를 최신정보로 수정할 수 있다.

정답 44. ② 45. ② 46. ④ 47. ③ 48. ② 49. ① 50. ③ 51. ④ 52. ④ 53. ③ 54. ②

해설 항공사진측량을 통해서는 세부적인 정보를 얻을 수 없으므로 사진측량 후에 현지조사를 병행한다.

55. 속성정보로 보기 어려운 것은?

① 임야도의 등록사항인 경계
② 경계점좌표등록부의 등록사항인 지번
③ 공유지연명부의 등록사항인 토지의 소재
④ 대지권등록부의 등록사항의 대지권 비율

해설 속성정보는 토지의 상태나 특성들을 문자나 숫자형태로 나타낸 자료로 대장, 보고서 등이 이에 속한다.

56. PBLIS 구축의 직접적인 기대효과가 아닌 것은?

① 지적정보의 효율적 관리
② 지적정보활용의 극대화
③ 지적재조사사업의 비용절감
④ 지적행정업무의 획기적인 개선

해설 PBLIS 구축의 기대효과와 지적재조사사업의 비용절감과는 무관하다.
[PBLIS(필지중심토지정보시스템)]
① 필지중심토지정보시스템은 토지 관련 정보를 전산화하여 공간적, 기능적, 분석기능이 다양하고 매우 유용한 체계로 활용할 수 있다.
② 활용범위는 국토이용, 토지 관리, 지적정보관리, 토지에 대한 법률적 자료관리 등에 필요한 일반적인 대장 및 도면자료의 연계활용, 지가산정, 이용능력평가, 토지이용현황 확인 등에 대한 공간적, 시간적인 기록과 보존 및 기능적 분석을 위하여 활용될 수 있다.
③ 지적공부관리시스템은 속성정보와 공간정보를 유기적으로 통합하여 상호 데이터의 연계성을 유지하며 변동자료를 실시간으로 수정하여 국민과 관련 기관에 필요한 정보를 제공하는 시스템이다.

57. 공간정보의 형태에 대한 설명 중 틀린 것은?

① 영역은 선에 의해 폐합된 형태로서 범위를 갖는다.
② 선은 점이 연결되어 만들어지는 2차원의 공간객체이다.
③ 점은 위치좌표계의 단 하나의 쌍으로 표현되는 대상이다.
④ 표면은 공간적 대상물의 범주로 간주되며 연속적인 자료의 표현이다.

해설 노드는 점유형으로 0차원, 체인, 링크, 아크 등은 선유형으로 1차원 공간객체이다.

58. 한국토지정보시스템의 개발배경에 대한 설명으로 옳지 않은 것은?

① 필지중심토지정보시스템은 지적도를 기본도로 하였으며, 토지종합정보망은 지형도를 기본도로 하였다.
② 한국토지정보시스템은 구 행정자치부의 필지중심토지정보시스템과 구 건설교통부의 토지종합정보망을 통합하여 개발한 시스템이다.
③ 기존 전산화사업을 통해 구축된 데이터의 중복을 방지하고 데이터간 이질감을 방지하기 위해 필지중심토지정보시스템과 토지종합정보망을 연계 통합하였다.
④ 한국토지정보시스템은 구 행정자치부가 담당하는 다양한 지적관련 업무와 함께 구 건설교통부가 담당하는 토지행정업무 지원기능 및 공간자료 관리기능을 제공한다.

해설 토지종합정보망(LMIS; Land Management Information System)은 구 건설교통부가 지리정보시스템을 핵심기술로 시·군·구에서 생산·관리하는 공간자료와 속성자료를 통합구축·관리하여 자료의 일관성과 정확성을 확보하고 이를 공유하여 업무의 효율성을 획기적으로 개선하였다.

59. 지적전산자료의 이용에 대한 심사신청을 받은 관계 중앙행정기관의 장이 심사하는 사항에 해당하지 않는 것은?

① 개인의 사생활 침해 여부
② 신청내용의 타당성, 적합성 및 공익성
③ 자료의 이용에 따른 사용료 납부 방법
④ 자료의 목적 외 사용방지 및 안전관리대책

> 해설 [공간정보의 구축 및 관리 등에 관한 법률 시행령 제62조 (지적전산자료의 이용 등)]
> 심사 신청을 받은 관계 중앙행정기관의 장은 다음 각 호의 사항을 심사한 후 그 결과를 신청인에게 통지하여야 한다.
> 1. 신청 내용의 타당성, 적합성 및 공익성
> 2. 개인의 사생활 침해 여부
> 3. 자료의 목적 외 사용 방지 및 안전관리대책

60. 토지정보시스템에 있어 객체(Object)와 관련이 먼 것은?

① 도로나 시설물 등도 해당된다.
② 공간정보를 근간으로 구성된다.
③ 정보의 생성, 저장, 관리기능 일체를 의미한다.
④ 공간상에 존재하는 일정 사물이나 특정 현상을 발생시키는 존재이다.

> 해설 정보의 생성, 저장, 관리기능 일체를 의미하는 것은 정보관리시스템이다.
> [객체(Object)]
> ① 속성 자료에 의해 표현되는 현상을 일컫는다.
> ② 객체 지향 프로그래밍에서 자료나 절차를 구성하는 기본 요소이다.
> ③ 작성, 조작 및 수정을 위하여 단일 요소로 취급되는 문자·치수·선·원 또는 다각선과 같은 하나 이상의 기본체·도면요소라고도 한다.
> ④ 실세계 실체를 표현하는 공간 데이터베이스의 점·선 또는 다각형 실체. 용어 Feature와 Object는 종종 동의적으로 사용된다.

4과목 지적학

61. 다음 중 지번의 특성에 해당하지 않는 것은?

① 연속성
② 종속성
③ 특정성
④ 형평성

> 해설 지번의 특성은 특정성, 동질성, 종속성, 불가분성, 연속성이 있어야 한다.

62. 신라의 토지측량에 사용된 구장산술의 방전장의 내용에 속하지 않는 토지형태는?

① 양전
② 직전
③ 환전
④ 구고전

> 해설 양전제도는 고려·조선 시대 토지의 실제경작 상황을 파악하기 위해 실시한 토지측량 제도이다.
> [신라의 구장산술의 토지형태]
> 방전(方田, 정사각형), 직전(直田, 직사각형), 구고전(句股田, 직각삼각형), 규전(圭田, 이등변삼각형), 제전(梯田, 사다리꼴), 원전(圓田, 원), 호전(弧田, 호), 환전(環田, 고리모양)

63. 지적공부에 등록하는 면적에 관한 내용으로 틀린 것은?

① 국가만이 결정한다.
② 1제곱미터 단위로만 등록한다.
③ 계산은 오사오입법에 의한다.
④ 지적측량에 의하여 결정한다.

> 해설 지적공부에 등록하는 면적의 단위는 제곱미터로 하며, 지적도의 축척이 600분의 1인 지역과 경계점좌표등록부에 등록하는 지역의 토지면적은 제곱미터 이하 한 자리 단위로 한다.

64. 독일의 지적제도에 관한 설명으로 틀린 것은?

① 등기제도와 지적제도는 행정부에서 통합하여 운영하고 있다.
② 각 주마다 주측량사무소와 지적사무소를 설치하여 운영하고 있다.
③ 연방정부는 내무부에서 측량관련 업무를 담당하고 있으나 주정부에 대한 통제가 미비한 상태로 운영되고 있다.
④ 지적관련법령으로 민법, 지적법, 토지측량법, 지적 및 측량법, 부동산등기법 등으로 각주마다 다르다.

해설 [독일의 지적제도]
① 지적제도는 행정부에서, 등기제도는 사법부에서 관리운영하는 2원체제로 운영
② 지적도에는 도로의 명칭과 건물번호, 가로등, 가로수 등을 등록하고 있으나 지번은 등록되고 지목의 표시는 하지 않고 있음

65. 토지조사사업에 대한 설명으로 틀린 것은?

① 토지조사사업은 일제가 식민지정책의 일환으로 실시하였다.
② 토지조사사업의 내용은 토지소유권 조사, 토지가격 조사, 지형지모조사가 있다.
③ 토지조사사업은 사법적인 성격을 갖고 업무를 수행하였으며 연속성과 통일성이 있도록 하였다.
④ 축척 2만5천분의 1 지형도를 작성하기 위해 축척 3천분의 1과 6천분의 1을 사용하여 세부측량을 함께 실시하였다.

해설 [토지조사사업의 지형지모조사]
토지의 지형지모 조사는 지형을 측량하여 지상에 존재하는 모든 물체의 고저맥락 관계를 지도상에 표시한 것으로서, 그 축척은 전국에 걸쳐 1/50,000으로 하고, 다시 부제(府制) 시행지와 이에 준하는 지방 33개소는 1/10,000, 기타 도읍 부근 13개소는 1/25,000의 축척을 사용하여 지형도를 작성하였다. 또한 금강산·경주·부여와 개성에 대해서는 별도로 사용의 편의를 꾀하여 특수지형도를 제작하였다.

66. 현대 지적의 기능을 일반적 기능과 실제적 기능으로 구분하였을 때, 지적의 일반적 기능이 아닌 것은?

① 법률적 기능
② 사회적 기능
③ 유통적 기능
④ 행정적 기능

해설 유통적 기능은 지적의 일반적 기능으로 볼 수 없다.
[지적의 일반적 기능]
① 사회적 기능
② 법률적 기능 : 사법적 기능, 공법적 기능
③ 행정적 기능

67. 입안을 받지 않은 매매계약서를 무엇이라 하였는가?

① 휴도
② 결연매매
③ 백문매매
④ 지세명기

해설 ① 휴도 : 도면제작에 경선과 위선의 개념과 계통적 과정을 도입하는 과학적인 방법을 제시한 것
② 백문매매 : 문기의 일종으로 입안을 받지 않는 매매계약서
③ 지세명기 : 지세징수를 위해 이동정리를 끝낸 토지대장 중 민유과세지만을 뽑아 각 면마다 소유자별로 성명을 기록하여 비치한 문서

68. 조선시대의 영전법은 토지의 등급에 따라 상등전·중등전·하등전의 척도를 다르게 하는 수등이척제(隨等異尺制)를 사용하였는데 이에 대한 설명으로 옳은 것은?

① 상등전은 농부수의 20지(指)
② 상등전은 농부수의 25지(指)
③ 중등전은 농부수의 20지(指)
④ 중등전은 농부수의 30지(指)

해설 수등이척제는 상등전의 척도는 농부수(農夫手)의 20지(指), 중등전은 농부수의 25지(指), 하등전은 30지(指)로 등급에 따라 타량하였다.

69. 적극적 등록제도와 관련된 내용으로 틀린 것은?

① 토지등록의 효력은 정부에 의해 보장된다.
② 지적공부에 등록된 토지만이 권리가 인정된다.
③ 토렌스시스템은 적극적 등록제도의 발전된 형태이다.
④ 적극적 등록제도를 채택한 국가는 영국, 프랑스, 네덜란드이다.

> [해설] [소극적 등록제도]
> ① 소극적 등록(Negative System)제도는 기본적으로 거래와 그에 관한 거래증서의 변경기록을 수행하는 제도이다.
> ② 네덜란드, 영국, 프랑스, 이탈리아, 미국의 일부 주 및 캐나다 등에서 채택하고 있다.

70. 관계(官契)에 대한 설명으로 옳은 것은?

① 민유지만 조사하여 관계를 발급하였다.
② 외국인에게도 토지소유권을 인정하였다.
③ 관계발급의 신청은 소유자의 의무사항은 아니다.
④ 발급대상은 산천, 전답, 천택(川澤), 가사(家舍) 등 모든 부동산이었다.

> [해설] [가계제도와 지계제도]
> ① 관계는 3편으로 되어 있으며 제1편은 본아문, 제2편은 소유자, 제3편은 지방관청에 보존한다.
> ② 지계제도에서 전답을 매매하는 경우는 관계(官契)를 받아야 한다.
> ③ 가계와 지계 제도는 대도시에서는 외국인 거주자가 발생하면서 외국인이 토지소유권을 취득한 경우 종래의 입안제도 보완이 필요한 제도이다.
> ④ 지계는 본질에서 입안과 같은 것으로 근대화된 것이다.
> ⑤ 가계제도는 지계제도보다 10년 앞서 시행되었다.
> ⑥ 발급대상은 산천, 전답, 천택(川澤), 가사(家舍) 등 모든 부동산이었다.

71. 지적에서 지번의 부번진행방법 중 옳지 않은 것은?

① 고저식(高低式)
② 기우식(寄寓式)
③ 사행식(蛇行埴)
④ 절충식(折衷植)

> [해설] [지번의 부번진행방법]
> ① **진행방향에 따른 분류** : 사행식, 기우식, 절충식, 단지식
> ② **부여단위에 따른 분류** : 지역단위법, 도엽단위법, 단지단위법
> ③ **기번위치에 따른 분류** : 북서기번법, 북동기번법

72. 필지별 지번의 부번방식이 아닌 것은?

① 기번식
② 문자식
③ 분수식
④ 자유식

> [해설] 도로의 중심선을 기준으로 좌측은 홀수, 우측은 짝수로 부번하는 방식을 기우식이라 하며 문자식이라는 부번방식은 존재하지 않는다.

73. 토지조사부(土地調査簿)에 대한 설명으로 옳은 것은?

① 결수연명부로 사용된 장부이다.
② 입안과 양안을 통합한 장부이다.
③ 별책토지대장으로 사용된 장부이다.
④ 토지소유권의 사정원부로 사용된 장부이다.

> [해설] 토지조사부는 토지소유권의 사정원부로 사용된 장부이다.
> [토지조사부(土地調査簿)와 지적도]
> ① 토지조사부는 토지의 구역마다 지번·가지번·지목·지적·신고 또는 통지연월일, 소유자의 주소·이름 또는 명칭을 등록한 것
> ② 지적도는 토지 구역의 위치·지목·지주를 달리하는 토지와 토지와의 강계선, 동일지주의 소유에 속한 일필지와 일필지의 한계 및 조사 시행지와 미시행지인 도로·구거·산야 등과의 지계를 표지하는 지역선을 묘화한 것

74. 토지조사사업 당시 사정에 대한 재결기관은?

① 도지사
② 임시토지조사국장
③ 고등토지조사위원회
④ 지방토지조사위원회

해설	구분	토지조사사업	임야조사사업
	측량기관	임시토지조사국	부(府), 면(面)
	사정기관	임시토지조사국장	도지사
	재결기관	고등토지조사위원회	임야심사위원회

75. 지적법의 3대 이념으로 옳은 것은?

① 지적공부주의   ② 직권등록주의
③ 지적형식주의   ④ 실질적 심사주의

해설 [지적법의 3대 이념]
① **국정주의** : 국가의 공권력에 의거 국가기관의 장인 시장 · 군수 · 구청장만이 토지에 대한 소재 · 지번 · 지목 · 경계 또는 좌표와 면적 등을 결정할 수 있는 권한을 가진다는 이념
② **형식주의(등록주의)** : 토지에 대한 물리적 현황과 권리관계 등을 외부에서 인식할 수 있도록 일정한 법정의 형식을 갖추어 국가기관에서 비치하고 있는 지적공부에 등록하여야만 효력을 인정할 수 있다는 이념
③ **공개주의** : 지적공부에 등록된 사항은 소유자 또는 이해관계인 등 일반 국민에게 널리 공개하여 정당하게 이용할 수 있게 하여야 한다는 이념

76. 필지의 성립요건으로 볼 수 없는 것은?

① 경계의 결정
② 정확한 측량성과
③ 지번 및 지목의 설정
④ 지표면을 인위적으로 구획한 폐쇄된 공간

해설 [필지의 성립요건]
① 지표면을 인위적으로 구획한 폐쇄된 공간
② 지번 및 지목의 설정
③ 경계의 결정

77. 토지조사사업 당시 험조장의 위치를 선정할 때 고려사항이 아닌 것은?

① 조류의 속도   ② 해저의 깊이
③ 유수 및 풍향   ④ 선착장의 편리성

해설 [험조장의 위치선정시 고려사항]
① 유수 및 풍향
② 해저의 깊이
③ 조류의 속도

78. 토지표시사항은 지적공부에 등록하여야만 효력이 발생한다는 이념은?

① 공개주의   ② 국정주의
③ 직권주의   ④ 형식주의

해설 [지적형식주의]
① 지적공부에 등록하는 법적인 형식을 갖추어야만 토지로서의 거래단위가 될 수 있다는 원리
② 국가의 통치권이 미치는 모든 영토를 필지단위로 구획하여 지적공부에 등록 · 공시하여야만 배타적인 소유권이 인정된다.

79. 다음 중 지적형식주의와 가장 관계있는 사항은?

① 공시의 원칙   ② 등록의 원칙
③ 특정화의 원칙   ④ 인적편성의 원칙

해설 [지적형식주의]
① 지적공부에 등록하는 법적인 형식을 갖추어야만 비로소 토지로서의 거래단위가 될 수 있다는 원리
② 지적등록주의라고도 한다.

80. 현존하는 지적기록 중 가장 오래된 것은?

① 매향비   ② 경국대전
③ 신라장적   ④ 해학유서

해설 ① **매향비** : 고려말~조선초, 내세에 미륵불의 세계에 태어날 것을 염원하면서 향을 묻고 세우는 비
② **경국대전** : 조선 시대에 나라를 다스리는 기준이 된 최고의 법전
③ **신라장적** : 8세기~9세기 초에 작성된 문서로 통일신라의 세금징수목적으로 작성된 문서이며, 지적공부 중 토지대장의 성격을 갖는 가장 오래된 문서
④ **해학유서** : 조선 말기의 학자이자 애국계몽운동가인 이기의 시문집

5과목 지적관계법규

81. 좌표면적계산법으로 면적측정을 하는 경우 산출면적은 얼마까지 계산하는가?

① $\frac{1}{10}m^2$　② $\frac{1}{100}m^2$
③ $\frac{1}{1000}m^2$　④ $\frac{1}{10000}m^2$

해설 [좌표에 의한 면적측정방법]
① **대상지역** : 경위의 측량방법으로 세부측량을 실시한 지역
② **필지별 면적측정** : 경계점 좌표에 따를 것
③ **산출면적** : 산출면적은 1/1,000㎡까지 계산하여 1/10㎡ 단위로 정함

82. 공간정보의 구축 및 관리 등에 관한 법률에 따른 용어의 정의가 틀린 것은?

① "지번"이란 필지에 부여하여 지적공부에 등록한 번호를 말한다.
② "등록전환"이란 지적도에 등록된 경계점의 정밀도를 높이는 것을 말한다.
③ "토지의 이동"이란 토지의 표시를 새로 정하거나 변경 또는 말소하는 것을 말한다.
④ "지목변경"이란 지적공부에 등록된 지목을 다른 지목으로 바꾸어 등록하는 것을 말한다.

해설 [공간정보의 구축 및 관리 등에 관한 법률 제2조(정의)]
등록전환 : 임야대장 및 임야도에 등록된 토지를 토지대장 및 지적도에 옮겨 등록하는 것을 말한다.

83. 사용자권한 등록파일에 등록하는 사용자번호 및 비밀번호에 대한 설명으로 틀린 것은?

① 사용자의 비밀번호는 6자리부터 16자리까지의 범위에서 사용자가 정하여 사용한다.
② 사용자번호는 사용자권한 등록관리청별로 일련번호로 부여하여야 하며, 수시로 사용자번호를 변경하며 관리하여야 한다.
③ 사용자의 비밀번호는 다른 사람에게 누설하여서는 아니되며, 사용자는 비밀번호가 누설되거나 누설될 우려가 있는 때에는 즉시 이를 변경하여야 한다.
④ 사용자권한 등록관리청은 사용자가 다른 사용자권한 등록관리청으로 소속이 변경되거나 퇴직 등을 한 경우에는 사용자번호를 따로 관리하여 사용자의 책임을 명백히 할 수 있도록 하여야 한다.

해설 [사용자권한 등록파일에 등록하는 사용자의 비밀번호 설정 기준]
① 비밀번호는 6자리부터 16자리까지의 범위에서 사용자가 정하여 사용한다.
② 비밀번호는 다른 사람에게 누설하여서는 아니된다.
③ 누설되거나 누설될 우려가 있는 때에는 즉시 이를 변경하여야 한다.

84. 지목을 '도로'로 구분할 수 있는 토지가 아닌 것은?

① 고속도로의 휴게소 부지
② 1필지에 진입하는 통로로 이용되는 토지
③ 〈도로법〉 등 관계법령에 따라 도로로 개설된 토지
④ 일반 공중의 교통 운수를 위해 차량운행에 필요한 설비를 갖추어 이용되는 토지

해설 [도로]
① 일반공중의 교통운수를 위하여 보행이나 차량운행에 필요한 일정한 설비 또는 형태를 갖추어 이용되는 토지

② 〈도로법〉 등 관계법령에 따라 도로로 개설된 토지
③ 고속도로의 휴게소 부지
④ 2필지 이상에 진입하는 통로로 이용되는 토지
⑤ 다만, 아파트, 공장 등 단일 용도의 일정한 단지 안에 설치된 통로 등은 제외

85. 축척변경에 따른 청산금을 산출한 결과, 증가된 면적에 대한 청산금의 합계와 감소된 면적에 대한 청산금의 합계에 차액이 생긴 경우 부족액의 부담권자는?

① 국토교통부 ② 토지소유자
③ 지방자치단체 ④ 한국국토정보공사

해설 [공간정보의 구축 및 관리 등에 관한 법률 시행령 제75조(청산금의 산정)]
청산금을 산정한 결과 증가된 면적에 대한 청산금의 합계와 감소된 면적에 대한 청산금의 합계에 차액이 생긴 경우 **초과액은 그 지방자치단체의 수입**으로 하고, **부족액은 그 지방자치단체가 부담**한다.

86. 이미 완료된 등기에 대해 등기 절차상에 착오 또는 유루(流漏)가 발생하여 원시적으로 등기사항과 실체사항과의 불일치가 발생되었을 때 이를 시정하기 위해 행하여지는 등기는?

① 경정등기 ② 기입등기
③ 부기등기 ④ 회복등기

해설 [등기의 종류]
① **부기등기** : 독립된 순위번호를 갖지 않고 기존의 등기에 부기번호를 붙여서 행하여지는 등기
② **경정등기** : 등기의 일부에 착오 또는 유루가 있을 때 그것을 시정하기 위하여 하는 등기
③ **회복등기** : 등기부의 전부 또는 일부가 멸실되었다가 회복절차에 따라 회복시키는 등기
④ **기입등기** : 새로운 등기원인에 기하여 특정한 사항을 등기부에 새롭게 기입하는 등기

87. 측량기하적에 대한 설명으로 틀린 것은?

① 측정점의 방향선 길이는 측정점을 중심으로 약 2센티미터로 표시한다.
② 평판점 측정점 및 방위표정에 사용한 기지점 등에는 방향선을 긋고 실측한 거리를 기재한다.
③ 평판점은 측량자의 경우 직경 1.5밀리미터 이상 3밀리미터 이하의 검은색 원으로 표시한다.
④ 평판점의 결정 및 방위표정에 사용한 기지점은 측량자의 경우 직경 1밀리미터와 2밀리미터의 2중원으로 표시한다.

해설 [지적측량 시행규칙 제24조(측량기하적)]
1. 평판점·측정점 및 방위표정에 사용한 기지점 등에는 방향선을 긋고 실측한 거리를 기재한다. 이 경우 측정점의 방향선 길이는 측정점을 중심으로 약 1센티미터로 표시한다. 다만, 전자측량시스템에 따라 작성할 경우 필지선이 복잡한 때는 방향선과 측정거리를 생략할 수 있다.
2. 평판점은 측량자는 직경 1.5밀리미터 이상 3밀리미터 이하의 검은색 원으로 표시하고, 검사자는 1변의 길이가 2밀리미터 이상 4밀리미터 이하의 삼각형으로 표시한다. 이 경우 평판점 옆에 평판이동순서에 따라 不₁, 不₂ ——으로 표시한다.
3. 평판점의 결정 및 방위표정에 사용한 기지점은 측량자는 직경 1밀리미터와 2밀리미터의 2중원으로 표시하고, 검사자는 1변의 길이가 2밀리미터와 3밀리미터의 2중 삼각형으로 표시한다.
4. 평판점과 기지점 사이의 도상거리와 실측거리를 방향선 상에 다음과 같이 기재한다.

(측량자)	(검사자)
(도상거리)	Δ(도상거리)
실측거리	Δ실측거리

88. 지적재조사사업에 따른 경계확정시기로 옳지 않은 것은?

① 이의신청 기간에 이의를 신청하지 아니하였을 때
② 경계결정위원회의 의결을 거쳐 결정되었을 때
③ 이의신청에 대한 결정에 대하여 30일 이내에 불복의 사를 표명하지 아니하였을 때
④ 이의신청에 대한 결정에 불복하여 행정소송을 제기한 경우 그 판결이 확정되었을 때

해설 [지적재조사에 관한 특별법 제18조(경계의 확정)]
지적재조사사업에 따른 경계는 다음 각 호의 시기에 확정된다.
1. 이의신청 기간에 이의를 신청하지 아니하였을 때
2. 이의신청에 대한 결정에 대하여 **60일 이내**에 불복의사를 표명하지 아니하였을 때
3. 경계에 관한 결정이나 이의신청에 대한 결정에 불복하여 행정소송을 제기한 경우에는 그 판결이 확정되었을 때

89. 공간정보의 구축 및 관리 등에 관한 법률에서 규정한 지적측량수행자의 성실의무 등에 관한 내용으로 옳지 않은 것은?

① 지적측량수행자는 업무상 알게 된 비밀을 누설하여서는 아니된다.
② 지적측량수행자는 지적측량수수료 외에는 어떠한 명목으로도 그 업무와 관련된 대가를 받으면 아니된다.
③ 지적측량수행자는 본인, 배우자 또는 직계존속, 비속이 소유한 토지에 대한 지적측량을 하여서는 아니된다.
④ 지적측량수행자는 신의와 성실로서 공정하게 지적측량을 하여야 하며, 정당한 사유없이 지적측량 신청을 거부하여서는 아니된다.

해설 [공간정보의 구축 및 관리 등에 관한 법률 제50조(지적측량수행자의 성실의무 등)]
① 지적측량수행자(소속 지적기술자를 포함한다. 이하 이 조에서 같다)는 신의와 성실로써 공정하게 지적측량을 하여야 하며, 정당한 사유 없이 지적측량 신청을 거부하여서는 아니 된다.
② 지적측량수행자는 본인, 배우자 또는 직계 존속·비속이 소유한 토지에 대한 지적측량을 하여서는 아니 된다.
③ 지적측량수행자는 제106조 제2항에 따른 지적측량수수료 외에는 어떠한 명목으로도 그 업무와 관련된 대가를 받으면 아니 된다.

90. 다음 중 2년 이하의 징역 또는 2천만원 이하의 벌금에 해당하는 자는?

① 거짓으로 축척변경 신청을 한 자
② 고의로 측량성과를 사실과 다르게 한 자
③ 속임수로 측량업과 관련된 입찰의 공정성을 해친 자
④ 심사를 받지 아니하고 지도 등을 간행하여 판매하거나 배포한 자

해설 [공간정보의 구축 및 관리 등에 관한 법률 제107~109조(벌칙), 제110조(양벌규정), 제111조(과태료)]
① 거짓으로 축척변경 신청을 한 자 : 1년 이하의 징역 또는 1천만원 이하의 벌금
② 고의로 측량성과 또는 수로조사성과를 사실과 다르게 한 자 : 2년 이하의 징역 또는 2천만원 이하의 벌금
③ 속임수, 위력(威力), 그 밖의 방법으로 입찰의 공정성을 해친 자 : 3년 이하의 징역 또는 3천만원 이하의 벌금
④ 심사를 받지 아니하고 지도 등을 간행하여 판매하거나 배포한 자 : 1년 이하의 징역 또는 1000만원 이하의 벌금

91. 국토의 계획 및 이용에 관한 법률상의 용도지역 중 행위제한시 자연공원법, 수도법 또는 문화재보호법의 규정이 적용되는 지역은?

① 녹지지역   ② 계획관리지역
③ 보전관리지역   ④ 자연환경보전지역

해설 [국토의 계획 및 이용에 관한 법률 제8조(다른 법률에 따른 토지 이용에 관한 구역 등의 지정 제한 등)]
농림지역이나 자연환경보전지역에서 다음 각 목의 구역 등을 지정하는 경우
가. 제1호 각 목의 어느 하나에 해당하는 구역 등
나. 「자연공원법」 제4조에 따른 자연공원
다. 「자연환경보전법」 제34조 제1항 제1호에 따른 생태·자연도 1등급 권역
라. 「독도 등 도서지역의 생태계보전에 관한 특별법」 제4조에 따른 특정도서
마. 「문화재보호법」 제25조 및 제27조에 따른 명승 및 천연기념물과 그 보호구역
바. 「해양생태계의 보전 및 관리에 관한 법률」 제12조 제1항 제1호에 따른 해양생태도 1등급 권역

92. 토지의 표시 변경에 관한 등기를 할 필요가 있는 경우에는 지적소관청은 지체없이 관할등기관서에 그 등기를 촉탁하여야 하는데, 다음 중 등기촉탁이 가능하지 않은 것은?

① 등록전환 ② 신규등록
③ 지번변경 ④ 축척변경

해설 [공간정보의 구축 및 관리 등에 관한 법률 제89조(등기촉탁)]
신규등록 당시는 등기부가 존재하지 않으므로 등기촉탁의 대상이 되지 않는다.

93. 수수료를 현금으로만 내야 하는 사항으로 옳은 것은?

① 측량성과 사본발급 신청 수수료
② 지적기준점성과의 열람 및 등본 수수료
③ 성능검사대행자가 하는 성능검사 수수료
④ 측량성과의 국외반출허가 신청 수수료

해설 성능검사대행자가 하는 성능검사 수수료는 현금으로 내야 한다.

94. 공간정보의 구축 및 관리 등에 관한 법률상 지목의 명칭으로 옳은 것은?

① 소지, 염전, 도로용지, 광천지
② 사적지, 광천지, 운동장, 유원지
③ 주차장용지, 잡종지, 양어장, 임야
④ 공장용지, 창고용지, 목장용지, 주유소용지

해설 소지→유지, 도로용지→도로, 운동장→학교용지, 주차장용지→주차장
[28개 지목]
전, 답, 과수원, 목장용지, 임야, 광천지, 염전, 대, 공장용지, 학교용지, 주차장, 주유소용지, 창고용지, 도로, 철도용지, 제방, 하천, 구거, 유지, **양어장**, 수도용지, 공원, 체육용지, 유원지, 종교용지, 사적지, 묘지, 잡종지

95. 시·도별 지적삼각점의 명칭이 잘못된 것은?

① 충청북도 : 충청 ② 서울특별시 : 서울
③ 부산광역시 : 부산 ④ 제주특별자치도 : 제주

해설 지적삼각점 명칭은 측량지역의 시·도 명칭 중 두 글자를 선택하고, 서울특별시·광역시·도 단위로 일련번호를 붙여서 정한다.
충청북도의 지적삼각점의 명칭은 충북이다.

96. 공간정보의 구축 및 관리 등에 관한 법률상 1필지로 정할 수 있는 기준에 해당하지 않는 것은?

① 지반이 연속된 토지
② 토지의 용도가 동일
③ 토지의 소유자가 동일
④ 동일한 지적측량방법에 의한 토지

해설 [1필지로 정할 수 있는 기준]
① 지번부여지역의 동일
② 토지소유자 동일
③ 용도의 동일
④ 지반이 연속

97. 거짓으로 분할 신청을 한 경우 벌칙 기준으로 옳은 것은?

① 300만원 이하의 과태료
② 1년 이하의 징역 또는 1천만원 이하의 벌금
③ 2년 이하의 징역 또는 2천만원 이하의 벌금
④ 3년 이하의 징역 또는 3천만원 이하의 벌금

해설 [공간정보의 구축 및 관리 등에 관한 법률 제109조(벌칙) : 1년 이하의 징역이나 1000만원 이하의 벌금]
거짓으로 신규등록, 등록전환, 분할, 합병, 지목변경, 등록말소, 축척변경, 등록사항의 정정 신청을 한 자

98. 등기관이 토지에 관한 등기를 하였을 때 지적소관청에 지체없이 그 사실을 알려야 하는 대상에 해당하지 않는 것은?

① 소유권의 변경 또는 경정
② 소유권의 보존 또는 이전
③ 소유권의 등록 또는 등록정정
④ 소유권의 말소 또는 말소회복

해설 [부동산등기법 제62조(소유권변경 사실의 통지)]
등기관이 다음 각 호의 등기를 하였을 때에는 지체 없이 그 사실을 토지의 경우에는 **지적소관청**에, 건물의 경우에는 건축물대장 소관청에 각각 알려야 한다.
1. 소유권의 보존 또는 이전
2. 소유권의 등기명의인 표시의 변경 또는 경정
3. 소유권의 변경 또는 경정
4. 소유권의 말소 또는 말소회복

99. 국토의 계획 및 이용에 관한 법률상 공동구관리자로 옳은 것은?

① 구청장
② 특별시장
③ 국토교통부장관
④ 행정안전부장관

해설 [국토의 계획 및 이용에 관한 법률 제144조(과태료)]
허가를 받지 않고 공동구를 점용하거나 사용했을 경우 특별시장, 광역시장이 과태료를 부과한다.

100. 사업시행자가 지적소관청에 토지이동에 대한 신청을 할 수 없는 사업은?

① 도시개발사업
② 주택건설사업
③ 축척변경사업
④ 산업단지개발사업

해설 [공간정보의 구축 및 관리 등에 관한 법률 제83조(축척변경)]
① 축척변경에 관한 사항을 심의·의결하기 위하여 지적소관청에 축척변경위원회를 둔다.
② 지적소관청은 지적도가 다음 각 호의 어느 하나에 해당하는 경우에는 토지소유자의 신청 또는 지적소관청의 직권으로 일정한 지역을 정하여 그 지역의 축척을 변경할 수 있다.
1. 잦은 토지의 이동으로 1필지의 규모가 작아서 소축척으로는 지적측량성과의 결정이나 토지의 이동에 따른 정리를 하기가 곤란한 경우
2. 하나의 지번부여지역에 서로 다른 축척의 지적도가 있는 경우
3. 그 밖에 지적공부를 관리하기 위하여 필요하다고 인정되는 경우

정답 92. ② 93. ③ 94. ④ 95. ① 96. ④ 97. ② 98. ③ 99. ② 100. ③

2020년도 제4회 지적기사 기출문제

1과목 지적측량

01. 광파거리측량기의 프리즘 정수와 관련하여 보정하는 사항은?

① 경사보정 ② 기상보정
③ 영점보정 ④ 투영보정

해설) EDM의 영점보정이란 측점에 설치한 기계의 중심과 관측하는 측점간을 일치시키도록 하는 프리즘 정수를 조정하는 것을 의미한다.

02. 경계점좌표등록부 시행지역에서 지적도근점의 측량성과와 검사성과의 연결교차 기준은?

① 0.15m 이내 ② 0.20m 이내
③ 0.25m 이내 ④ 0.30m 이내

해설) [경계점좌표등록부 시행지역의 측량성과와 검사성과의 연결교차]
① 지적삼각점측량 : 0.20m 이내
② 지적삼각보조점측량 : 0.25m 이내
③ 지적도근점측량 : 0.15m 이내, 그 밖의 지역 : 0.25m 이내
④ 세부측량(경계점) : 0.10m 이내, 그 밖의 지역 : $\frac{3}{10}M$mm 이내

03. 축척 1200분의 1 지역에서 도곽선의 신축량이 +2.0mm일 때 도곽의 신축에 따른 면적보정계수는?

① 0.99328 ② 0.99224
③ 0.98929 ④ 0.98844

해설) 1/1,200 지적도의 도상길이는 333.33mm×416.67mm이고,
보정계수(Z) = $\frac{X \times Y}{\Delta X \times \Delta Y}$ = $\frac{333.33 \times 416.67}{(333.33+2) \times (416.67+2)}$
= 0.98929

04. 세부측량 중 벳셀법에 의한 방식은 어디에 해당하는가?

① 방사법 ② 전방교회법
③ 측방교회법 ④ 후방교회법

해설) [후방교회법의 3점문제]
① 레만법 : 신속, 정확, 경험이 필요
② 벳셀법 : 경험 불필요, 시간 많이 소요
③ 투사지법 : 가장 간단하며, 현장에서 사용

05. 도선법과 다각망도선법에 따른 지적도근점의 각도 관측에서 도선별 폐색오차의 허용범위 기준으로 틀린 것은? (단, n은 폐색변을 포함한 변의 수를 말한다.)

① 방위각법에 따르는 경우 : 1등도선 ±$\sqrt{n}$ 분 이내
② 방위각법에 따르는 경우 : 2등도선 ±2$\sqrt{n}$ 분 이내
③ 배각법에 따르는 경우 : 1등도선 ±20$\sqrt{n}$ 초 이내
④ 배각법에 따르는 경우 : 2등도선 ±30$\sqrt{n}$ 초 이내

해설 [지적도근점 측량시 도선법의 폐색오차]

구분	배각법	방위각법
1등도선	±20$\sqrt{n}$ 초 이내	±$\sqrt{n}$ 분 이내
2등도선	±30$\sqrt{n}$ 초 이내	±1.5$\sqrt{n}$ 분 이내

06. 평판측량방법에 따른 세부측량을 방사법으로 하는 경우 1방향의 도상길이는 몇 cm 이하로 하여야 하는가?

① 3cm   ② 5cm
③ 8cm   ④ 10cm

해설 평판측량을 방사법으로 하는 경우 측선장은 도상길이 10cm로 한다. 광파조준의를 사용하는 경우 30cm 이하로 할 수 있다.

07. 평판측량방법에 따른 세부측량을 교회법으로 할 때 방향각의 교각은?

① 30° 이상 150° 이하로 한다.
② 20° 이상 130° 이하로 한다.
③ 30° 이상 120° 이하로 한다.
④ 50° 이상 130° 이하로 한다.

해설 [평판측량방법에 따른 세부측량을 교회법으로 하는 경우의 기준 및 방법]
① 전방교회법 또는 측방교회법에 따른다.
② 방향각의 교각을 30° 이상 150° 이하로 한다.
③ 광파조준의를 사용하는 경우 방향선의 도상길이는 최대 30cm 이하로 한다.
④ 측량결과 시오삼각형이 생긴 경우 내접원의 지름이 1mm 이하인 때에는 그 중심을 점의 위치로 한다.

08. 우리나라 토지조사사업 당시 대삼각본점 측량의 방법으로 틀린 것은?

① 전국 13개소에 기선을 설치하였다.
② 관측은 기선망에서 12대회의 방향관측을 실시하였다.
③ 대삼각점은 평균점간거리 30km로 23개의 삼각망으로 구분하였다.
④ 대삼각점은 위도 20′, 경도 15′의 방안 내에 10점이 배치되도록 하였다.

해설 [대삼각본점 측량]
① 우리나라의 대삼각본점 측량에서 평균 점간거리 30km로 23개의 삼각망으로 구분하였다.
② 우리나라의 대삼각망 변장의 길이는 평균 약 30km이며 총 점수는 400점이다.
③ 대삼각점은 위도 15′, 경도 20′의 방안 내에 1점이 배치되도록 하였다.

09. 지적삼각보조점측량을 다각망도선법에 의하여 시행하는 경우에 대한 설명으로 옳은 것은?

① 1도선의 거리는 4km 이하로 한다.
② 4점 이상의 기지점을 포함한 결합다각방식에 따른다.
③ 1도선의 점의 수는 기지점과 교점을 제외하고 5점 이하로 한다.
④ 1도선의 점의 수는 기지점과 교점을 포함하고 6점 이하로 한다.

해설 [다각망도선법에 의한 지적삼각보조점측량의 기준]
① 3점 이상의 기지점으로 포함한 결합다각방식에 의한다.
② 1도선의 거리는 4km 이하로 한다.
③ 1도선의 점의 수는 기지점과 교점 포함하여 5점 이하로 한다.

10. 지적삼각보조점의 각 점에서 같은 정도로 측정하여 생기는 각도오차의 소거방법으로 옳은 것은? (단, 2방향 교회에 의하고, 각 내각의 합계와 180도와의 차가 ±40초 이내인 경우)

① 변장에 비례하여 배분한다.
② 각의 크기에 비례하여 배분한다.
③ 각의 크기에 역비례하여 배분한다.
④ 삼각형의 각 내각에 고르게 배분한다.

정답 01. ③ 02. ① 03. ③ 04. ④ 05. ② 06. ④ 07. ① 08. ④ 09. ① 10. ④

해설 지형상 부득이하여 2방향의 교회에 의하여 결정하고자 하는 때에는 각 내각을 관측하여 각 내각의 관측값 합계와 180도와의 차가 ±40초 이내일 때에는 이를 각 내각에 고르게 배분하여 사용할 수 있다.

11. 고초원점의 평면직각종횡선수치는 얼마인가?

① X=0m, Y=0m
② X=10000m, Y=30000m
③ X=500000m, Y=200000m
④ X=550000m, Y=200000m

해설 [구소삼각원점]
① 조본원점, 고초원점, 율곡원점, 현창원점, 소라원점의 평면직각종횡선수치의 단위는 미터
② 망산원점, 계양원점, 가리원점, 등경원점, 구암원점, 금산원점의 평면직각종횡선수치의 단위는 간(間)
③ 각각의 원점에 대한 평면직각종횡선수치는 0으로 한다.

12. 지적삼각점측량에서 A점의 종선좌표가 1000m, 횡선좌표가 2000m, AB간의 평면거리가 3210.987m, AB간의 방위각이 333°33′33.3″일 때의 B점의 횡선좌표는?

① 496.789m
② 570.237m
③ 798.466m
④ 1322.123m

해설 종선좌표(X_B) = $X_A + l \times \cos\theta$
= $1,000 + 3,210.987 \times \cos 333°33′33.3″$
= $3,875.10m$

횡선좌표(Y_B) = $Y_A + l \times \sin\theta$
= $2,000 + 3,210.987 \times \sin 333°33′33.3″$
= $570.237m$

13. 경위의 측량방법에 따른 세부측량에서 연직각의 관측은 정반으로 1회 관측하여 그 교차가 얼마 이내일 때에 그 평균치를 연직각으로 하는가?

① 2분 이내
② 3분 이내
③ 4분 이내
④ 5분 이내

해설 [경위의 측량방법에 의한 세부측량]
① 관측은 20초독 이상의 경위의를 사용한다.
② 수평각의 관측은 1대회의 방향관측법이나 2배각의 배각법에 의한다.
③ 연직각의 관측은 정반으로 1회 관측하여 그 교차가 5분 이내인 때에는 그 평균치로 하되, 분단위로 독정한다.

14. 지적삼각점측량에 대한 설명으로 옳지 않은 것은?

① 지적삼각점표지는 관측 후에 설치한다.
② 삼각형의 각 내각은 30도 이상 120도 이하로 한다.
③ 지적삼각점의 일련번호는 측량지역이 소재하고 있는 시·도 단위로 부여한다.
④ 지적삼각점의 명칭은 측량지역이 소재하고 있는 시·도의 명칭 중 두 글자를 선택한다.

해설 [지적삼각점측량 방법의 기준]
① 미리 지적삼각점표지를 설치하여야 한다.
② 삼각형의 각 내각은 30도 이상 120도 이하로 한다.
③ 지적삼각점표지의 점간거리는 평균 2km 이상 5km 이하로 한다.
④ 지적삼각점의 일련번호는 측량지역이 소재하고 있는 시·도 단위로 부여한다.
⑤ 지적삼각점의 명칭은 측량지역이 소재하고 있는 시·도의 명칭 중 두 글자를 선택한다.

15. 다음 중 지적삼각점성과를 관리하는 자는?

① 지적소관청
② 시·도지사
③ 국토교통부장관
④ 행정안전부장관

해설 지적삼각점성과는 시·도지사가 관리한다.

16. 교회법에서 삼각형의 3내각을 같은 정도로 측정하였을 때에 그 합계 180°와의 차에 대한 배부는?

① 각의 크기에 비례하여 배부한다.
② 3등분하여 각각에 1/3씩 배부한다.
③ 각의 크기에 역비례하여 배부한다.
④ 대변의 크기에 비례하여 배부한다.

> 해설   교회법에서 삼각형의 3내각을 같은 정도로 측정하였을 때에 그 합계 180°와의 차에 대한 배부는 허용오차 범위안에 들어오면 3등분하여 각각에 1/3씩 배부한다.

17. 축척 1000분의 1로 평판측량을 할 때 제도의 허용오차 q=0.2mm 이내로 하려면 지적도근점을 중심으로 반경 몇 cm 이내에 있도록 평판을 설치하여야 하는가?

① 6cm ② 10cm
③ 15cm ④ 20cm

> 해설   구심오차(e)
> $e = \dfrac{qM}{2}$ 에서 $e = \dfrac{0.2mm \times 1000}{2} = 100mm = 10cm$

18. 지적삼각점측량시 두 지점의 기지점에서 소구점까지 평면거리가 각각 4700m, 3900m일 때, 두 기지점에서 소구점의 표고를 계산한 교차는 얼마 이하이어야 하는가?

① 0.46m ② 0.47m
③ 0.48m ④ 0.50m

> 해설   2개의 기지점에서 소구점의 표고를 계산한 결과 그 교차가 $0.05m + 0.05(S_1 + S_2)m$ 이하일 때에는 그 평균치를 표고로 한다.
> 교차 $= 0.05m + 0.05(4.7 + 3.9) = 0.48m$

19. 지적도의 제도방법으로 틀린 것은?

① 도면의 윗방향은 항상 북쪽이 되어야 한다.
② 경계선은 경계점과 경계점 사이를 직선으로 연결한다.
③ 등록전환할 때에는 지적도의 그 지번 및 지목을 말소한다.
④ 말소된 경계를 다시 등록할 때에는 말소정리 이전의 자료로 원상회복 정리한다.

> 해설   ① 등록전환은 임야대장 및 임야도에 등록된 토지를 토지대장 및 지적도에 옮겨 등록하는 행정처분으로 축척이 1/3,000 또는 1/6,000인 임야도에 등록된 토지를 축척 1/600 또는 1/1,200의 지적도에 옮겨 등록하는 것을 말한다.
> ② 등록전환측량은 임야대장 및 임야도의 등록사항은 말소하여야 한다.

20. 수평각을 관측하는 경우 망원경을 정반으로 하여 측정하는 가장 큰 목적은?

① 망원경이 회전되기 때문에
② 관측오차를 발견하기 위하여
③ 외심오차를 발견하기 위하여
④ 기계조정에 의한 오차를 소거하기 위하여

> 해설   수평각의 관측시 윤곽도를 달리하여 망원경을 정반으로 관측하는 이유는 측각장비의 기계조정에 의한 오차를 제거하기 위함이다.

2과목 응용측량

21. 축척 1:50000 지형도에서 길이가 6.58cm인 두 점 A, B의 길이가 항공사진 촬영한 사진에서 23.03cm이었다면 항공사진의 촬영고도는? (단, 사진기의 초점거리는 21cm이다.)

① 2000m ② 2500m
③ 3000m ④ 3500m

해설 AB거리 = $0.0658m \times 50000 = 3290m$이고 사진축척은
$M = \dfrac{1}{m} = \dfrac{f}{H} = \dfrac{l}{L}$이므로
$M = \dfrac{1}{m} = \dfrac{0.21m}{H} = \dfrac{0.2303m}{3290m}$에서
$H = \dfrac{0.21m}{0.2303m} \times 3290m = 3000m$

22. 등고선의 성질에 대한 설명으로 틀린 것은?

① 등고선의 최대경사선과 직교한다.
② 동일 등고선 상에 있는 모든 점은 높이가 같다.
③ 등고선은 절벽이나 동굴의 지형을 제외하고는 교차하지 않는다.
④ 등고선은 폭포와 같이 도면 내외 어느 곳에서도 폐합되지 않는 경우가 있다.

해설 등고선은 도면의 안 또는 밖에서 반드시 폐합된다.

23. 다음 중 수동적 센서 방식이 아닌 것은?

① 사진방식 ② 선주사방식
③ Laser방식 ④ Vidicon방식

해설 수동적 센서는 대상물에서 반사되는 전자기파를 수집하는 장치이며, 능동식 센서는 대상물에 전자기파를 발사한 후 반사되는 전자기파를 수집하는 장치이다. 대표적인 능동적 센서로는 Laser, Radar 등이 있다.

24. 초점거리 210mm, 사진크기 18cm×18cm인 카메라로 평지를 촬영한 항공사진 입체모델의 주점기선장이 60mm라면 종중복도는?

① 56% ② 61%
③ 67% ④ 72%

해설 주점기선길이는 겹치지 않은 길이이고 종중복도는 사진의 전체 길이에 대한 겹친 길이의 비율이므로
$b_0 = a\left(1 - \dfrac{p}{100}\right)$에서
$p = \left(1 - \dfrac{b_0}{a}\right) \times 100 = \left(1 - \dfrac{6}{18}\right) \times 100 = 67\%$

25. 단곡선 설치에 있어서 접선과 현이 이루는 각을 이용하여 곡선을 설치하는 방법은?

① 편각설치법 ② 지거설치법
③ 중앙종거법 ④ 현편거법

해설 [단곡선 설치방법의 비교]
① **편각법** : 철도, 도로 등에 널리 이용되며 Transit로는 편각을 tape로 거리를 측정하면서 곡선을 설치하는 방법으로 토털스테이션이 없던 시절에는 가장 좋은 결과를 얻을 수 있는 방법
② **중앙종거법** : 기설곡선의 검사 또는 조정에 편리하나 중심 말뚝의 간격을 20m마다 설치할 수 없는 것이 결점
③ **절선편거와 현편거법** : 줄자만으로 설치할 수 있는 방법으로 지방도로 등에 많이 사용되나 정밀도는 떨어짐
④ **장현에 대한 종거와 횡거법** : 반경이 짧은 곡선은 이 방법에 의하여 설치
⑤ **절선에 대한 지거법** : 산림지대에서 편각법을 쓰며 벌목량이 많아지는 경우에 사용

26. 축척 1:5000의 지형측량에서 위치의 허용오차를 도상 ±0.5mm, 실제 관측높이의 허용오차를 ±1.0m로 하는 경우에 토지의 경사가 25°인 지형에서 발생할 수 있는 등고선의 최대오차는?

① ±2.51m ② ±2.17m
③ ±2.04m ④ ±1.83m

해설 ① 등고선 오차(dl)
$$dl = 5,000 \times 0.0005m = 2.5m$$
② 등고선 오차(dl')
$$\tan 25° = \frac{dh}{dl'} = \frac{1.0}{dl'} \text{에서}$$
$$dl' = \frac{1.0}{\tan 25°} = 2.145m$$
∴ 등고선오차 = $dl + dl' = 2.5 + 2.145 = 4.645m$
③ 표고의 최대오차(dh)
$$\tan 25° = \frac{dh}{dl} = \frac{dh}{4.645} \text{에서}$$
$$dh = \tan 25° \times 4.645 ≒ \pm 2.17m$$

27. 그림과 같이 측점 A의 밑에 기계를 세워 천장에 설치된 측점 A, B를 관측하였을 때 두 점의 높이차(H)는?

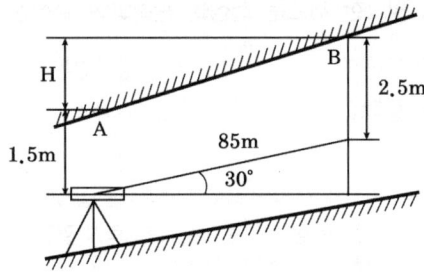

① 42.5m　　② 43.5m
③ 45.5m　　④ 46.5m

해설 ΔH = 스타프 읽음값의 차이 + 경사거리 × sin 경사각
$\Delta H = (2.5 - 1.5) + 85 \times \sin 30° = 43.5m$

28. GNSS측량에서 위도, 경도, 고도, 시간에 대한 차분해(differential solution)를 얻기 위해 필요한 최소위성의 수는?

① 2　　② 4
③ 6　　④ 8

해설 GNSS 측량에서 위도, 경도, 고도, 시간에 대한 4가지 부분의 차분해가 요구되므로 최소 4개의 위성이 필요하다.

29. 수준기의 감도가 20″인 레벨(Level)을 사용하여 40m 떨어진 표척을 시준할 때 발생할 수 있는 시준오차는?

① ±0.5mm　　② ±3.9mm
③ ±5.2mm　　④ ±7.5mm

해설 [기포관의 감도(θ'')]
기포가 1눈금 움직일 때 수준기축이 경사되는 각도를 감도(感度)라 한다. 즉, 기포관의 1눈금(2mm)이 곡률중심에 끼는 각도를 말하며 곡률반경으로 표시하기도 한다.
$L = Dn\theta''$, $180° = \pi \, Rad$,
$L = 40m \times 20'' \times \frac{1}{206,265''} = 0.00388m ≒ 3.9mm$

30. 지하시설물측량에 대한 설명으로 옳은 것은?

① 전자기유도법 - 고가이고 판독기술이 요구된다.
② 지하레이더탐사법 - 비금속 탐지가 가능하다.
③ 음파탐사법 - 지중에 있는 강자성체의 이상자기를 조사하는 방법이다.
④ 전기탐사법 - 문화유적지 조사, 지중금속체 탐지에는 부적합하다.

해설 [지하시설물 탐사의 종류]
① **지중레이더측량기법(GPR)** : 전자파의 반사특성을 이용하여 지하시설물을 측량하는 방법
② **지중레이더탐사법** : 지표로부터 매설된 금속관로 및 케이블관측과 탐침을 이용하여 관로나 비금속관로를 관측할 수 있는 방법
③ **음파탐측법** : 비금속지하시설물에 이용하는 방법으로 물이 흐르는 관내부에 음파신호를 보내면 관내부에 음파가 발생하는데 이때 수신기를 이용하여 발생한 음파를 측량하는 기법

31. 수준측량에서 n회 기계를 설치하여 높이를 측정할 때 1회기계 설치에 따른 표준오차가 $\hat{\sigma_r}$이면 전체 높이에 대한 오차는?

① $n\hat{\sigma_r}$
② $\dfrac{\sqrt{n}}{\sigma_r}$
③ $\hat{\sigma_r}$
④ $\sqrt{n}\hat{\sigma_r}$

해설 표준오차는 조정환산값(최확값)의 정밀도를 나타내는데 사용하는 우연오차로 우연오차는 측정횟수의 제곱근에 비례한다.

32. 노선측량의 작업단계를 A~E와 같이 나눌 때, 일반적인 작업순서로 옳은 것은?

A : 실시설계측량	B : 계획조사측량
C : 노선선정	D : 용지 및 공사측량
E : 세부측량	

① A - C - D - E - B
② C - C - B - D - E
③ C - A - D - B - E
④ C - B - A - E - D

해설 [노선측량의 순서]
① 노선선정
② 계획조사측량 : 지형도작성, 비교노선선정, 종·횡단면도 작성, 개략노선 결정
③ 실시설계측량 : 지형도작성, 중심선선정, 중심선설치, 다각측량, 고저측량
④ 세부측량 : 구조물의 장소에 대해 평면도와 종단면도 작성
⑤ 공사측량 : 노선측량의 점검 목적으로 공사 이후에 수행하는 측량

33. 현장에서 수준측량을 정확하게 수행하기 위해서 고려해야할 사항이 아닌 것은?

① 전시와 후시의 거리를 가능한 동일하게 한다.
② 기포가 중앙에 있을 때 읽는다.
③ 표척이 연직으로 세워졌는지 확인한다.
④ 레벨의 설치 횟수는 홀수회로 끝나도록 한다.

해설 수준점간의 편도관측의 측점수는 짝수로 하는 것이 좋다.
[수준측량시 유의사항]
① 왕복측량을 원칙으로 한다.
② 왕복시 노선은 다르게 한다.
③ 전시와 후시의 거리를 동일하게 한다.
④ 이기점이 홀수가 되도록 한다.
⑤ 수준점간의 편도관측의 측점수는 짝수가 되도록 한다. (눈금오차 소거를 위해)

34. 설치되어 있는 기준점만으로 세부측량을 실시하기에 부족할 경우 설치되어 있는 기준점을 기준으로 지형측량에 필요한 새로운 측점을 관측하여 결정된 기준점은?

① 도근점
② 경사변환점
③ 등각점
④ 이점

해설 기설의 기준점만으로 세부측량을 실시하기에 부족할 경우 기설기준점을 기준으로 지형측량에 필요한 새로운 측점을 관측하여 결정된 기준점은 도근점이다.

35. 터널의 시점(P)과 종점(Q)의 좌표를 P(1200, 800, 75), Q(1600, 600, 100)로 하여 터널을 굴진할 경우 경사각은? (단, 좌표단위 : m)

① 2°11′59″
② 2°13′19″
③ 3°11′59″
④ 3°13′19″

해설 경사각(θ)을 구하면 $\tan\theta = \dfrac{높이차}{수평거리}$ 이므로

수평거리 $= \sqrt{(\Delta X)^2 + (\Delta Y)^2}$
$= \sqrt{(1600-1200)^2 + (600-800)^2} = 447.21m$

$\theta = \tan^{-1}\left(\dfrac{100-75}{447.21}\right) = 3°11′59″$

36. GPS에서 이용되는 좌표계는?

① WGS84　　　　② Bessel
③ JGD2000　　　④ ITRF2000

해설 우리나라의 측지기준으로는 타원체는 GRS80, 좌표계는 ITRF를, GPS는 WGS84타원체를 채택하고 있다.

37. 축척 1:50000의 지형도에서 A의 표고가 235m, B의 표고가 563m일 때 두 점 A, B 사이 주곡선 간격의 등고선 수는?

① 13　　　　　　② 15
③ 17　　　　　　④ 18

해설 축척 1:50,000 지형도의 주곡선 간격은 20m이므로 235m 보다 크고, 563m보다 작은 20의 배수를 찾으면 240, 260, 280, 300, 320, 340, 360, 380, 400, 420, 440, 460, 480, 500, 520, 540, 560m로 모두 17개 주곡선이 삽입된다.
$$\frac{560-240}{20}+1=17$$

38. 완화곡선의 성질에 대한 설명으로 틀린 것은?

① 곡선의 반지름은 시점에서 원곡선의 반지름이 되고 종점에서는 무한대이다.
② 완화곡선의 접선은 시점에서 직선, 종점에서 원호에 접한다.
③ 완화곡선에 연한 곡선반지름의 감소율은 캔트의 증가율과 동률로 된다.
④ 중점에 있는 캔트는 원곡선의 캔트와 같게 된다.

해설 [완화곡선의 성질]
① 완화곡선의 반지름은 시점에서 무한대, 종점에서는 원곡선의 반지름과 같다.
② 완화곡선의 접선은 시점에서는 직선에, 종점에서는 원호에 접한다.
③ 완화곡선의 곡선반경 감소율은 캔트의 증가율과 같다.
④ 완화곡선의 편경사의 크기는 곡선의 반경에 반비례하고 설계속도에 비례한다.

39. 동서(종방향) 45km, 남북(횡방향) 25km인 직사각형의 토지를 종중복도 60%, 횡중복도 30%, 초점거리 150mm, 촬영고도 3000m, 사진크기 23cm×23cm로 촬영하였을 경우에 필요한 입체모델수는?

① 100　　　　　② 125
③ 150　　　　　④ 200

해설 모델수 계산에서 중요한 것은 소수점 처리로 반올림하는 것이 아니라 올림으로 계산함에 유의한다.
① 종모델수
$$D=\frac{S_1}{B}=\frac{S_1}{ma(1-p)}=\frac{45,000m}{\frac{3000}{0.15}\times 0.23m\times(1-0.6)}$$
$$=24.46\fallingdotseq 25$$
② 촬영경로수
$$D_1=\frac{S_2}{C}=\frac{S_2}{ma(1-q)}=\frac{25,000m}{\frac{3000}{0.15}\times 0.23m\times(1-0.3)}$$
$$=7.76\fallingdotseq 8$$
③ 총모델수
∴ 모델수 = 종모델수 × 촬영경로수 = 25 × 8 = 200

40. 곡선의 반지름이 250m, 교각 80°20′의 원곡선을 설치하려고 한다. 시단현에 대한 편각이 2°10′이라면 시단현의 길이는?

① 16.29m　　　② 17.29m
③ 17.45m　　　④ 18.91m

해설 시단현의 편각 $(\delta_1)=\frac{l_1}{2R}\times\rho=\frac{l_1}{2\times 250}\times\frac{180°}{\pi}=2°10′$
이므로
시단현(l_1)의 길이 $l_1=\frac{2°10′}{180°}\times 2\times 250\times\pi=18.91m$

3과목 토지정보체계론

41. 토지정보시스템의 발전과정에 대한 설명으로 옳지 않은 것은?

① 1950년대 미국 워싱턴 대학에서 연구를 시작하여 1960년대 캐나다의 자원관리를 목적으로 CGIS(Canadian GIS)가 개발되어 각국에 보급되었다.
② 1970년대에는 GIS전문회사가 출현되어 토지나 공공시설의 관리를 목적으로 시범적인 개발계획을 수행하였다.
③ 1980년대에는 개발도상국의 GIS도입과 구축이 활발히 진행되면서 위상정보의 구축과 관계형 데이터베이스의 기술발전 및 워크스테이션 도입으로 활성화되었다.
④ 1990년대에는 Network 기술의 발달로 중앙집중형에서 지역분산형 데이터베이스의 구축으로 변환되어 경제적인 공간데이터베이스의 구축과 운용이 가능하게 되었다.

해설 모두 옳은 설명이므로 모두 정답이다.

42. 한국토지정보시스템 운영기관의 장이 데이터를 백업해야 하는 주기는?

① 일 1회 ② 주 1회
③ 월 1회 ④ 연 1회

해설 [한국토지정보시스템 운영규정 제19조(백업 및 복구)]
① 한국토지정보시스템 운영기관의 장은 데이터베이스의 장애 및 복구를 위하여 월 1회 백업을 수행하여야 하며, 백업된 자료는 별도의 저장장치에 저장하여 전산실 외의 장소에 소산하여 보관한다.
② 한국토지정보시스템 운영기관의 장은 자료가 멸실 훼손된 때에는 지체 없이 자료를 복구하여야 하고, 복구된 자료를 국토교통부장관에게 제출하여야 한다.

43. SDTS(Spatial Data Transfer Standard)를 통한 데이터변환에 있어 최소 단위의 체적으로 표현되는 3차원 객체의 정의는?

① Chain ② Voxel
③ GT-ring ④ 2D-Manifold

해설 [복셀(Voxel, Volume Pixel)]
① 픽셀은 2차원 평면에서 한 점을 정의하므로 x와 y좌표가 필요하지만 복셀은 x, y, z값이 필요
② 3차원 공간에서 한 점을 정의하는 그래픽 정보의 단위

44. 국토교통부장관이 시·군·구 자료를 취합하여 지적통계를 작성하는 주기로 옳은 것은?

① 매일 ② 매주
③ 매월 ④ 매년

해설 지적소관청에서는 지적통계를 작성하기 위한 일일마감, 월마감, 연마감을 하여야 하며, 국토교통부장관은 매년 시·군·구 자료를 취합하여 지적통계를 작성한다.

45. 토지정보체계의 특징으로 옳지 않은 것은?

① 편리한 자료 검색
② 전문화에 따른 호환성 배제
③ 변동자료의 신속·정확한 처리
④ 토지권리에 대한 분석과 정보제공

해설 [토지정보체계의 특징]
① 일필지의 이동정리에 따른 정확한 자료가 저장되고 검색이 편리하다.
② 지적도의 경계점좌표를 수치로 등록함으로써 각종 계획업무에 활용할 수 있다.
③ 토지이용계획 및 토지관련 정책자료 등 다목적으로 활용이 가능하며 공공계획에 유용하게 사용된다.
④ 개인 또는 법인의 토지소유 현황자료는 토지권리에 대한 분석과 정보제공의 기초가 된다.
⑤ 지적공부의 열람·등본의 발급업무 및 토지이동, 소유권변동, 공시지가 등 변동자료를 신속하고 정확하게 처리할 수 있다.

⑥ 지적전산화는 지방행정 관련 통계자료가 가능하고 지적의 일필지 지번부여지역이 다른 토지등록부와 일치되지 않을 경우가 있으므로 모든 필지는 강제등록한다.

46. 사용자권한 등록관리청이 지적정보관리체계 사용자권한 등록신청 내용을 심사하여 사용자권한 등록 신청내용을 심사하여 사용자권한 등록파일에 등록하여야 하는 사항을 모두 나열한 것은?

① 사용자의 소속 및 권한과 비밀번호
② 사용자의 이름 및 권한과 사용자번호
③ 사용자의 이름 및 권한과 사용자번호 및 비밀번호
④ 사용자의 소속 및 권한과 사용자번호 및 비밀번호

해설 [지적정보관리체계 담당자등록]
신청을 받은 사용자권한 등록관리청은 신청내용을 심사하여 사용자권한등록파일에 **사용자의 이름과 권한, 사용자번호 및 비밀번호**를 등록하여야 한다.

47. 도형자료의 입력방법에 대한 설명으로 옳지 않은 것은?

① 수치형태의 자료입력방법은 키보드를 이용한다.
② 항공사진에 의한 도면자료 입력은 디지타이저를 이용한다.
③ 스캐너에 의한 방법은 별도의 자료변환 작업을 필요로 한다.
④ 도형자료 입력은 수치형태의 자료입력과 도형형태의 자료입력이 있다.

해설 항공사진에 의한 도면자료 입력은 영상을 스캐닝하여야 하므로 스캐너를 이용한다.

48. 벡터자료를 래스터자료로 자료변환하는 것은?

① 섹션화   ② 필터링
③ 벡터라이징   ④ 래스터라이징

해설 벡터데이터를 래스터데이터로 변환하는 작업은 래스터라이징이라 하며, Transit Code, Run-Length Code, Lot Code, Quadtree 기법은 래스터데이터의 압축기법이다.

49. 데이터베이스에서 속성자료의 형태에 대한 설명으로 옳지 않은 것은?

① 법규집, 일반보고서 등의 자료를 말한다.
② 통계자료, 관측자료, 범례 등의 형태로 구성되어 있다.
③ 선 또는 다각형과 입체의 형태로 표현되는 자료이다.
④ 지리적 객체와 관련된 정보와 문자 형식으로 구성되어 있다.

해설 선 또는 다각형과 입체의 형태로 표현되는 자료는 벡터데이터로 공간자료의 형태이다.

50. 한국토지정보시스템에 대한 설명으로 옳은 것은?

① PBLIS와 LMIS를 통합하여 새로 구축한 시스템이다.
② 지하시설물관리를 중심으로 각 지자체에서 구축한 것이다.
③ 한국토지정보시스템은 National Geographic Information System의 약자로 NGIS라 한다.
④ 한국토지정보시스템은 지적공부관리시스템과 지적측량성과시스템으로 구성되어 있다.

해설 [KLIS(한국토지정보시스템)]
① 국가적인 정보화사업을 효율적으로 추진하기 위해 PBLIS와 LMIS를 하나의 시스템으로 통합
② 전산정보의 공공활용과 행정의 효율성 제고를 위해 행정안전부와 국토교통부가 공동주관으로 추진하고 있는 정보화사업

51. 한국토지정보시스템에서 사용할 수 있는 GIS엔진이 아닌 것은?

① Java   ② Zeus
③ Gothic   ④ ArcSDE

해설 [한국토지정보시스템 미들웨어의 개발]
① LMIS(코바 미들웨어) : 고딕엔진 및 PBLIS 기능의 추가에 따른 기능
② PBLIS(고딕용 프로바이더) : 기존 ArcSDE 및 ZEUS 엔진과 상호 자료교환

정답 41. 정답없음 42. ③ 43. ② 44. ④ 45. ② 46. ③ 47. ② 48. ④ 49. ③ 50. ① 51. ①

③ 시군구(엔테라 미들웨어) : 시군구행정종합 정보시스템과 KLIS간 정보공유를 위한 미들웨어 연계

52. 래스터자료의 중첩분석에서 A xor B의 결과로 옳은 것은? (단, 그림에서 음영 셀은 참값을 의미한다.)

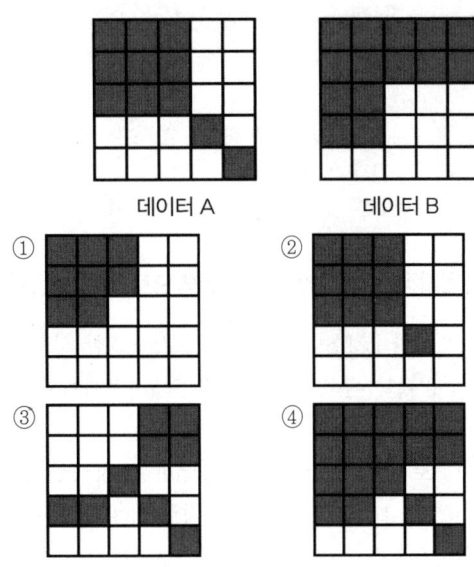

해설 XOR은 'exclusive OR' 배타적 논리합을 의미한다. 2개의 피연산자가 다른 불리언 값(Boolean value)을 취할 때만 결과가 불리언 값 1이 되는 이항 불리언 연산

53. 제2차 NGIS(국가GIS)사업의 주요 추진전략에 해당하지 않는 것은?

① 지리정보의 통합
② 기본지리정보 구축
③ GIS전문인력 양성
④ 지리정보 유통체계 구축

해설 2차 NGIS사업은 지리정보의 통합보다는 공간정보의 확충과 유통체계의 정비에 있다.
[2차 NGIS사업의 추진전략]
① 국가공간정보기반 확충 및 유통체계 정비
② 범 국가차원의 강력한 지원
③ 상호협력체계 강화
④ 국민중심의 서비스 극대화

54. 벡터자료의 저장모형 중 위상(Topology)모형에 대한 설명으로 옳지 않은 것은?

① 좌표데이터만을 사용할 때보다 다양한 공간분석이 가능하다.
② 공간객체간의 위상정보를 저장하는데 보편적으로 사용되는 방식이다.
③ 인접한 폴리곤 간의 공통경계는 각 폴리곤에 대하여 반드시 두 번 기록되어야 한다.
④ 다각형의 형상(shape), 인접성(neighborhood), 계급성(hierarchy)을 묘사할 수 있는 정보를 제공한다.

해설 위상모형(Topology)에서 인접한 폴리곤 간의 공통 경계는 각각의 폴리곤에 대하여 공통경계를 공유하므로 한번만 기록하게 된다.

55. 지적정보관리체계로 처리하는 지적공부정리 등의 사용자권한 등록파일을 등록할 때의 사용자 비밀번호 설정 기준으로 옳은 것은?

① 4자리부터 12자리까지의 범위에서 사용자가 정하여 사용한다.
② 6자리부터 16자리까지의 범위에서 사용자가 정하여 사용한다.
③ 영문을 포함하여 3자리부터 12자리까지의 범위에서 사용자가 정하여 사용한다.
④ 영문을 포함하여 5자리부터 16자리까지의 범위에서 사용자가 정하여 사용한다.

해설 [사용자권한 등록파일에 등록하는 사용자의 비밀번호 설정 기준]
① 비밀번호는 6자리부터 16자리까지의 범위에서 사용자가 정하여 사용한다.
② 비밀번호는 다른 사람에게 누설하여서는 아니된다.
③ 누설되거나 누설될 우려가 있는 때에는 즉시 이를 변경하여야 한다.

56. 지적재조사사업 시스템의 구축과 관련한 내용으로 옳지 않은 것은?

① 공개시스템으로 구축한다.
② 토지현황조사, 새로운 지적공부 및 등기촉탁, 건축물 위치 및 건물 표시 등의 정보를 시스템에 입력한다.
③ 토지소유자 등이 지적재조사사업과 관련한 정보를 인터넷 등을 통하여 실시간 열람할 수 있도록 구축한다.
④ 취득된 필지경계 정보의 안정적인 관리를 위하여 관련 행정정보와의 연계활용이 발생하지 않도록 보안시스템으로 구축한다.

해설 [지적재조사에 관한 특별법 제38조(서류의 열람 등)]
국토교통부장관은 토지소유자나 이해관계인이 지적재조사사업과 관련한 정보를 인터넷 등을 통하여 실시간 열람할 수 있도록 공개시스템을 구축·운영하여야 한다.
[지적재조사에 관한 특별법 시행령 제27조(공개시스템의 구축 운영 등)]
국토교통부장관은 제1항에 따른 공개시스템을 행정정보의 공동이용과 연계하거나 정보의 공동활용체계를 구축할 수 있다.

57. 다음 중 SQL과 같은 표준 질의어를 사용하여 복잡한 질의를 간단하게 표현할 수 있게 하는 데이터베이스 모형은?

① 관계형(relational)
② 계층형(hierarchical)
③ 네트워크형(network)
④ 객체지향형(object-oriented)

해설 SQL은 관계형 데이터 베이스를 조작하는 범용 언어로 비과정 질의어의 대표적인 예이다.
[데이터베이스관리시스템(DBMS)의 모델]
① 계층형 : 최초로 구현된 데이터 모델로 트리구조나 조직표와 같은 계층적으로 배열
② 네트워크형(망형) : data들은 다른 파일의 하나 이상의 data들과 연계되어 있으며 이를 연관시키기 위해 지시자 활용
③ 관계형 : 2차원 테이블 형태로 저장되며 한 테이블은 다수의 열로 구성되고, 각 열은 정해진 범위의 값이 저장되는 형태

58. 두 개 이상의 커버리지 오버레이로 인해 폴리곤의 경계에 생기는 작은 영역을 일컫는 것은?

① 슬리버(Sliver)
② 스파이크(Spike)
③ 오버슈트(Overshoot)
④ 언더슈트(Undershoot)

해설 [디지타이징에 의한 오차유형]
① Sliver polygon : 필지를 표현할 때 필지가 아닌데도 조그만 조각이 생겨 필지로 인식하게 되는 경우
② Overshoot : 어느 선분까지 그려야하는데 그 선분을 지나치는 경우
③ Undershoot : 어느 선분까지 그려야하는데 그 선분에 미치지 못한 경우
④ 레이블 입력오류 : 지번 등이 다르게 기입되는 경우 또는 없거나 2개가 존재하는 경우
⑤ 인접지역 불일치 : 작업자가 영역을 나누어 작업할 경우 접합지역에서 서로 어긋나는 경우

59. 토지정보시스템의 구성요소에 해당하지 않는 것은?

① 인적자원
② 처리시간
③ 소프트웨어
④ 공간데이터베이스

해설 토지정보시스템의 구성요소로는 하드웨어, 소프트웨어, 데이터, 인력 및 조직 등이며 3대요소이면 하드웨어, 소프트웨어, 데이터를 들 수 있다.

60. 지적업무처리규정상 다음 내용의 ( ) 안에 들어갈 말로 알맞은 것은?

> 지적소관청이 지번변경, 행정구역변경, 구획정리, 경지정리, 축척변경, 토지개발사업을 하고자 할 때에는 ( )을 생성하여야 한다.

① 도곽파일
② 복제파일
③ 임시파일
④ 토지이동파일

정답 52. ③ 53. ① 54. ③ 55. ② 56. ④ 57. ① 58. ① 59. ② 60. ③

해설 지적소관청이 지번변경, 행정구역변경, 구획정리, 경지정리, 축척변경, 토지개발사업을 하고자 하는 때에는 (임시파일)을 생성하여야 한다.

4과목 지적학

61. 지적공부에 등록하는 경계에 있어 경계불가분의 원칙이 적용되는 가장 큰 이유는?

① 면적의 크기에 따르기 때문이다.
② 경계의 중앙선택원칙 때문이다.
③ 설치자의 소속으로 결정하기 때문이다.
④ 경계선은 길이와 위치만 존재하기 때문이다.

해설 [경계불가분의 원칙]
① 경계는 유일무이한 것으로 이를 분리할 수 없다는 원칙
② 토지의 경계는 같은 토지에 2개 이상의 경계가 있을 수 없고 양필지 사이에 공통으로 작용한다.

62. 토지표시사항 등록의 심사원칙은?

① 대행심사　　② 서류심사
③ 실질심사　　④ 형식심사

해설 지적공부는 토지표시사항을 등록함으로써 효력을 나타내는 근거자료가 되며, 실질적 심사주의는 사실관계 부합 여부를 심사하여 지적공부에 등록한다는 이념이다.

63. 임야조사사업 당시의 사정(査定)기관으로 옳은 것은?

① 도지사　　　② 읍·면장
③ 임야조사위원회　　④ 임야토지조사국장

해설

구분	토지조사사업	임야조사사업
측량기관	임시토지조사국	부(府), 면(面)
사정기관	임시토지조사국장	도지사
재결기관	고등토지조사위원회	임야심사위원회

64. 수등이척제에 대한 개선으로 망척제를 주장한 학자는?

① 이기　　　② 서유구
③ 정약용　　④ 정약전

해설 [양전 개정론자의 (저서) 및 개정론]
① 이익(균전론) : 영업전, 제도
② 정약용(목민심서, 경세유표) : 정전제, 방량법, 어린도법
③ 서유구(의상경계책) : 어린도법, 방량법
④ 이기(해학유서, 전제망언) : 결부제보완, 망척제
⑤ 유길준(서유견문) : 지제의, 전통도 실시

65. 토지소유권 보장제도의 변천과정으로 옳은 것은?

① 지계제도 → 증명제도 → 입안제도
② 입안제도 → 지계제도 → 증명제도
③ 증명제도 → 입안제도 → 지계제도
④ 지계제도 → 입안제도 → 증명제도

해설 [토지소유권 보장제도의 변천과정]
입안제도(고려, 조선시대) → 지계제도(조선시대말기) → 증명제도(1905년 이후)이며 전체적으로는 입안, 지계, 증명, 조선부동산등기령, 조선부동산증명령, 등기령, 부동산등기법 등이다.

66. 지적공개주의를 실현하는 방법에 해당하지 않는 것은?

① 지적공부를 직접 열람하거나 등본에 의하여 외부에서 알 수 있도록 하는 방법
② 지적공부에 등록된 사항을 실지에 복원하여 등록된 결정사항을 파악하는 방법
③ 지적공부에 등록된 사항과 실지상황이 불일치할 경우 실지상황에 따라 변경등록하는 방법
④ 등록사항에 대하여 소유자의 신청이 없는 경우 국가가 직권으로 이를 조사 또는 측량하여 결정하는 방법

해설 [직권등록주의]
등록사항에 대하여 소유자의 신청이 없는 경우 국가가 직권으로 이를 조사 또는 측량하여 결정하는 방법

67. 지적제도와 등기제도가 통합된 넓은 의미의 지적제도에서의 3요소이며, 네덜란드의 J.L.G.Henssen이 구분한 지적의 3요소로만 나열된 것은?

① 소유자, 권리, 필지 ② 측량, 필지, 지적파일
③ 필지, 측량, 지적공부 ④ 권리, 지적도, 토지대장

해설 헨센(Henssen, J. L. G.) 교수는 "지적은 특정한 국가나 일정한 지역 안에 있는 일필지에 대한 법률관계(Legal Situation)에 대하여 별개의 재산권으로 행사할 수 있도록 대장과 대축척 지적도에 개별적으로 표시하여 체계적으로 정리한다."라고 정의하며 지적의 3요소로 소유자, 권리, 필지를 제시하였다.

68. 토지조사사업 당시의 재결기관(裁決機關)으로 옳은 것은?

① 도지사 ② 부와 면
③ 임시토지조사국장 ④ 고등토지조사위원회

해설

구분	토지조사사업	임야조사사업
측량기관	임시토지조사국	부(府), 면(面)
사정기관	임시토지조사국장	도지사
재결기관	고등토지조사위원회	임야심사위원회

69. 고려시대에 양전을 담당한 중앙기구로서의 특별관서가 아닌 것은?

① 급전도감 ② 사출도감
③ 절급도감 ④ 정치도감

해설 [고려시대 특별관서]
급전도감, 방고감전별감, 찰리변위도감, 화자거집전민추고도감, 절급도감, 정치도감 등

70. 토지의 매매 및 소유자의 등록요구에 의하여 필요한 경우 토지를 지적공부에 등록하는 방법은?

① 권원등록제도 ② 분산등록제도
③ 수복등록제도 ④ 일괄등록제도

해설 [지적공부의 등록제도]
① **분산등록제도**: 국가 또는 지방정부에 의해 토지의 등록이 필요한 경우 또는 토지의 소유권이 새로 확정되거나 토지개발과 거래 등으로 소유자가 토지의 등록을 신청할 경우 그때 그때 토지를 조사측량하여 토지관련정보를 산발적으로 지적공부에 등록하여 공시하는 제도
② **일괄등록제도**: 국가 또는 지방정부의 필요에 의하여 일정한 지역 내의 모든 토지를 일시에 체계적으로 조사측량하여 토지관련정보를 일괄적으로 지적공부에 등록하여 공시하는 제도

71. 다음 중 토지정보시스템(LIS)에 해당하는 지적은?

① 법지적 ② 과제지적
③ 경계지적 ④ 다목적지적

해설 [다목적지적]
① 종합지적, 유사지적, 경제지적, 통합지적이라고도 함
② 일필지를 단위로 토지관련정보를 종합적으로 등록하는 제도
③ 토지에 대한 평가, 과세, 거래, 이용계획, 지하시설물과 공공시설물 및 토지통계 등에 관한 정보를 공동으로 활용하기 위한 지적제도

72. 다음 지적불부합지의 유형 중 아래의 설명에 해당하는 것은?

> 지적도근점의 위치가 부정확하거나 지적도근점의 사용이 어려운 지역에서 현황측량 방식으로 대단위지역의 이동측량을 할 경우에 일필지의 단위면적에는 큰 차이가 없으나 토지경계선이 인접한 토지를 침범해 있는 형태다.

① 공백형 ② 중복형
③ 편위형 ④ 불규칙형

해설 [지적불부합의 유형]
① **중복형**: 기존 등록된 경계선의 충분한 확인없이 측량했을 때 주로 발생
② **공백형**: 도상경계는 인접해 있으나 현장에서는 공간의 형상이 생기는 유형으로 도선의 배열이 상이한 경우에 발생

③ **편위형** : 현형법을 이용하여 이동측량했을 때, 측판점의 위치오류로 인해 발생
④ **불규칙형** : 불부합의 형태가 일정하지 않고 산발적으로 발생한 형태로 위치파악, 원인분석이 어려움
⑤ **위치오류형** : 등록된 토지의 형상과 면적은 현지와 일치하나 지상의 위치가 전혀 다른 위치에 있는 유형
⑥ **경계이외의 불부합** : 지적공부의 표시사항 오류, 대장과 등기부간의 오류 등

73. 다음 중 양안에 기재된 사항에 해당하지 않는 것은?

① 신구 토지 소유자
② 토지 소재, 지번, 면적
③ 측량순서, 토지등급
④ 토지모양(지형), 사표(四標)

해설 [양안(量案)의 기재사항]
① **고려시대** : 지목, 전형(토지의 형태), 토지소유자, 양전방향, 사표, 결수, 총결수
② **조선시대** : 논밭의 소재지, 지목, 면적, 자호, 전형, 토지소유자, 양전방향, 사표, 장광척, 등급, 결수, 결작 여부 등

74. 토지등록방법인 인적편성주의에 대한 설명으로 옳은 것은?

① 개개의 토지를 중심으로 등록부를 편성하는 방식이다.
② 당사자의 신청순서에 따라 순차적으로 등록편성하는 방식이다.
③ 동일 소유자에게 속하는 모든 토지를 당해 소유자의 대장에 기록하는 방식이다.
④ 2개 이상의 토지를 하나의 등기용지인 공동용지를 사용하여 등록하는 방식이다.

해설 인적 편성주의는 개개의 토지소유자를 중심으로 해서 편성하는 방식이다.

75. 지방토지조사위원회에 대한 설명으로 옳지 않은 것은?

① 각 도에 설치하였다.
② 토지사정의 자문기관이었다.
③ 위원장은 조선총독부 정무총감이 맡았다.
④ 위원장 1명과 상임위원 5명으로 구성되었다.

해설 [지방토지조사위원회]
① 지방토지조사위원회는 토지조사령의 규정에 의하여 설치된 기관으로 토지조사국장의 토지사정에 있어서 매 필지의 소유자 및 강계의 조사에 관해 자문하는 기관이다.
② 지방토지조사위원회는 각 도에 설치되었으며 위원장 1인, 상임위원 5인, 모두 6인으로 구성하였고 필요할 때에는 정원 외에 3인 이내의 임시위원을 두었다.
③ **위원장은 도장관이 당연직으로 겸임하고** 상임위원(5명) 중에서 3명은 도참여관(道參與官) 및 도부장급(道部長級)으로 하고 2명은 도 내의 명망 있는 자 중에서 조선총독이 직접 임명하였다.
④ 위원회의 운영은 위원장을 포함하여 정원의 1/2 이상 출석으로 개회하고, 출석위원의 1/2 이상으로 의결하였으며 가부동수일 때는 위원장이 결정권을 행사하였다.
⑤ 지방토지조사위원회는 1913년 10월 평안북도 신의주 및 의주 시가지의 자문이 최초로 개회하였으며 1917년 함경북도 명천군의 자문에 관한 건이 마지막이었다.

76. 지적의 요건에 해당하지 않는 것은?

① 경제성   ② 공개성
③ 안전성   ④ 정확성

해설 [지적의 요건(지적제도의 특성)]
영국에서 소유권 등기를 만드는 데 주도적 역할을 한 브릭데일(C.F. Brickdale)경은 소유권 등록에 있어서 연결되는 6가지의 특징으로 안전성, 간편성, 정확성, 신속성, 저렴성(경제성), 적합성을 들었으며 Dowson과 Sheppard는 여기에 등록의 완전성을 추가하고 있다.

77. 임야조사사업의 특징에 대한 설명으로 옳지 않은 것은?

① 토지조사사업에 비해 적은 인원으로 업무를 수행하였다.

② 토지조사사업을 시행하면서 축적된 기술을 이용하여 사업을 완성하였다.
③ 면적이 넓어 토지조사사업에 비해 많은 예산을 투입하여 사업을 완성하였다.
④ 임야는 토지에 비하여 경제적 가치가 낮아 정확도가 낮은 소축척을 사용하였다.

해설 임야조사사업은 토지조사사업에 비해 토지의 경제적 가치가 낮아 적은 예산으로 사업을 완성하였으리라 생각하지만 실질적으로는 더 많은 경비가 소요되었다. 답안은 ③번이지만 문제오류이다.
[임야조사사업의 특징]
① 임야조사사업은 토지조사사업에 소요되는 경비보다 더 많은 경비가 필요하였다.
② 임야는 경제적 가치가 적어 전, 답, 대 등에 개재하는 작은 면적은 부수적으로 조사하였다.
③ 원칙적으로 토지조사를 시행하지 않은 임야를 조사하는 것이 목적이었다.
④ 관계법령을 정정하여 실시하면서 일반토지에 대한 지적제도의 확립이 완성되었다.

78. 현대지적의 일반적 기능이 아닌 것은?
① 사회적 기능   ② 경제적 기능
③ 법률적 기능   ④ 행정적 기능

해설 [지적의 일반적 기능]
① 사회적 기능
② 법률적 기능 : 사법적 기능, 공법적 기능
③ 행정적 기능

79. 의상경계책(擬上經界策)을 주장한 양전개혁론자는?
① 이기   ② 김성규
③ 서유구   ④ 정약용

해설 [양전 개정론자의 (저서) 및 개정론]
① 이익(균전론) : 영업전, 제도
② 정약용(목민심서, 경세유표) : 정전제, 방량법, 어린도법
③ 서유구(의상경계책) : 어린도법, 방량법

④ 이기(해학유서, 전제망언) : 결부제보완, 망척제
⑤ 유길준(서유견문) : 지제의, 전통도 실시

80. 다음 중 현존하는 우리나라의 가장 오래된 지적자료는?
① 경자양안   ② 광무양안
③ 신라장적   ④ 결수연명부

해설 [신라장적]
8세기~9세기 초에 작성된 문서로 통일신라의 세금징수목적으로 작성된 문서이며, 지적공부 중 토지대장의 성격을 갖는 가장 오래된 문서

5과목 지적관계법규

81. 측량기준점의 설치를 위해 토지 등의 출입 등에 따라 손실이 발생하였을 때, 손실을 보상할 자와 손실을 받은 자의 협의가 성립되지 아니한 경우 재결을 신청할 수 있는 곳은?
① 시·도지사   ② 중앙지적위원회
③ 행정안전부장관   ④ 관할 토지수용위원회

해설 [공간정보의 구축 및 관리 등에 관한 법률 제102조(토지 등의 출입 등에 따른 손실보상)]
손실을 보상할 자 또는 손실을 받은 자는 제2항에 따른 협의가 성립되지 아니하거나 협의를 할 수 없는 경우에는 관할 토지수용위원회에 재결(裁決)을 신청할 수 있다.

82. 공간정보의 구축 및 관리 등에 관한 법령상 잡종지로 지목을 설정할 수 없는 것은?
① 야외시장
② 돌을 캐내는 곳
③ 자동차운전학원의 부지
④ 원상회복을 조건으로 흙을 파내는 곳으로 허가된 토지

정답 73. ① 74. ③ 75. ③ 76. ② 77. ③ 78. ② 79. ③ 80. ③ 81. ④ 82. ④

해설 [공간정보의 구축 및 관리 등에 관한 법률 시행령 제58조 (지목의 구분) 잡종지]
다음 각 목의 토지. 다만, 원상회복을 조건으로 돌을 캐내는 곳 또는 흙을 파내는 곳으로 허가된 토지는 제외한다.
가. 갈대밭, 실외에 물건을 쌓아두는 곳, 돌을 캐내는 곳, 흙을 파내는 곳, 야외시장, 비행장, 공동우물
나. 영구적 건축물 중 변전소, 송신소, 수신소, 송유시설, 도축장, 자동차운전학원, 쓰레기 및 오물처리장 등의 부지
다. 다른 지목에 속하지 않는 토지

83. 주된 용도의 토지에 편입하여 1필지로 할 수 있는 종된 토지로 옳은 것은?

① 주된 지목의 토지면적이 1148m²인 토지로 종된 지목의 토지면적이 116m²인 토지
② 주된 지목의 토지면적이 2230m²인 토지로 종된 지목의 토지면적이 231m²인 토지
③ 주된 지목의 토지면적이 3125m²인 토지로 종된 지목의 토지면적이 228m²인 토지
④ 주된 지목의 토지면적이 3350m²인 토지로 종된 지목의 토지면적이 332m²인 토지

해설 [주된 용도의 토지에 편입할 수 없는 토지(양입의 제한)]
① 종된 용도의 토지의 지목이 "대"인 경우
② 주된 용도의 토지면적의 10%를 초과하는 경우
③ 종된 용도의 토지면적이 330m²를 초과하는 경우

84. 토지대장의 등록사항에 해당하지 않는 것은?

① 면적   ② 지번
③ 대지권 비율   ④ 토지의 소재

해설 [공간정보의 구축 및 관리 등에 관한 법률 제71조(토지대장 등의 등록사항)]
① 경계는 지적도, 임야도에만 등록되며,
② 토지대장에는 토지의 소재, 지번, 지목, 면적, 소유자의 성명 또는 명칭, 주소 및 주민등록번호, 그 밖에 국토교통부령으로 정하는 사항을 등록한다.

85. 성능검사대행자의 등록을 취소하여야 하는 경우가 아닌 것은?

① 거짓이나 부정한 방법으로 성능검사를 한 경우
② 업무정지기간 중에 계속하여 성능검사대행 업무를 한 경우
③ 다른 행정기관이 관계법령에 따라 등록취소 또는 업무정지를 요구한 경우
④ 다른 사람에게 자기의 성명 또는 상호를 사용하여 성능검사대행업무를 수행하게 한 경우

해설 다른 행정기관이 관계 법령에 따라 업무정지를 요구한 경우는 1차위반시 3개월 업무정지, 2차위반시 6개월 업무정지, 3차위반시 등록취소의 행정처분한다. (공간정보의 구축 및 관리 등에 관한 법률 시행규칙 별표11)
[공간정보의 구축 및 관리 등에 관한 법률 제96조 (성능검사대행자의 등록취소 등)]
1. 등록취소
   ① 거짓이나 그 밖의 부정한 방법으로 등록을 한 경우
   ② 거짓이나 부정한 방법으로 성능검사를 한 경우
   ③ 다른 사람에게 자기의 성능검사대행자등록증을 빌려주거나 자기의 성명 또는 상호를 사용하여 성능검사대행업무를 수행하게 한 경우
   ④ 업무정지기간 중에 계속하여 성능검사대행업무를 한 경우
2. 업무정지
   ① 등록기준에 미달하게 된 경우. 다만, 일시적으로 등록기준에 미달하는 등 대통령령으로 정하는 경우는 제외한다.
   ② 등록사항 변경신고를 하지 아니한 경우
   ③ 정당한 사유 없이 성능검사를 거부하거나 기피한 경우
   ④ 다른 행정기관이 관계 법령에 따라 등록취소 또는 업무정지를 요구한 경우

86. 공간정보의 구축 및 관리 등에 관한 법령에 따른 성능검사대행자의 등록기준으로 옳은 것은?

① 기술인력 중 기술인과 기능사는 상호 대체할 수 있다.
② 기술인력에 해당하는 사람은 상시 근무하는 사람이 아니어도 된다.
③ 외국인이 측량기기 성능검사대행자 등록을 신청하는 경우 영업소를 설치하지 않아도 된다.

④ 일반성능검사 대행자와 금속관로탐지기 성능검사 대행자를 중복해서 신청하는 경우에는 기술인력을 50% 감면할 수 있다.

> **해설** [공간정보의 구축 및 관리 등에 관한 법률 시행령 별표11 (성능검사대행자의 등록기준)]
> 1. 콜리미터 시설의 설치 장소는 진동 등의 영향으로부터 성능 측정에 지장이 없는 장소여야 한다.
> 2. 기술인력 중 1명은 측량기술자이어야 한다.
> 3. 기술인력에 해당하는 사람은 상시 근무하는 사람이어야 한다.
> 4. 상위 등급의 기술인력으로 하위 등급의 기술인력을 대체할 수 있다. 다만, 기술인력 중 기술인과 기능사는 상호 대체할 수 없다.
> 5. 일반성능검사대행자와 **관로 탐지기 성능검사대행자**를 중복해서 신청하는 경우에는 기술인력을 50퍼센트 감면할 수 있다.
> 6. 외국인이 측량기기성능검사대행자 등록을 신청하는 경우에는 「상법」 제614조에 따라 영업소를 설치하고 등기하여야 한다.
> 7. 기술인력에 해당하는 사람 또는 임원이 외국인인 경우에는 「출입국관리법 시행령」 별표 1에 따른 주재·기업투자 또는 무역경영의 체류자격을 갖춘 사람이어야 한다.

87. 임야도 작성시 구계(區界)와 동계(洞界)가 겹치는 경우 제도하는 방법은?

① 구계만 그린다.
② 동계만 그린다.
③ 필지 경계만 그린다.
④ 구계와 동계를 겹쳐 그린다.

> **해설** ① 행정구역선이 2종 이상 겹치는 경우 최상위 행정구역선만 제도
> ② 구계와 동계가 겹치는 경우 구계만 작도

88. 도시·군 기본계획에 포함되어야 할 사항으로 옳은 것은?

① 도시개발사업이나 정비사업의 계획에 관한 사항
② 지구단위계획구역의 지정 또는 변경에 관한 사항
③ 공간구조, 생활권의 설정 및 인구의 배분에 관한 사항
④ 도시자연공원구역의 지정 또는 변경계획에 관한 사항

> **해설** [국토의 계획 및 이용에 관한 법률 제2조(정의)]
> "도시·군기본계획"이란 특별시·광역시·특별자치시·특별자치도·시 또는 군의 관할 구역에 대하여 **기본적인 공간구조와 장기발전방향을 제시하는 종합계획**으로서 도시·군관리계획 수립의 지침이 되는 계획을 말한다.

89. 합병하고자 하는 4필지의 지번이 99-1, 100-10, 222, 325인 경우 지번의 결정방법으로 옳은 것은? (단, 토지소유자가 별도의 신청을 하는 경우는 고려하지 않는다.)

① 222로 한다. ② 325로 한다.
③ 99-1로 한다. ④ 100-10으로 한다.

> **해설** ① 합병이 이루어진 경우 합병대상 지번 중 선순위의 지번을 그 지번으로 함
> ② 본번으로 된 지번이 있을 때는 본번 중 선순위의 지번을 합병 후의 지번으로 함

90. 지적재조사사업을 하고자 하는 목적으로 가장 적합한 것은?

① 정확한 과세부과 ② 행정구역의 조정
③ 합리적인 토지개발 ④ 효율적인 토지관리

> **해설** [지적재조사에 관한 특별법 제1조(목적)]
> 이 법은 토지의 실제 현황과 일치하지 아니하는 지적공부(地籍公簿)의 등록사항을 바로 잡고 종이에 구현된 지적(地籍)을 디지털 지적으로 전환함으로써 국토를 효율적으로 관리함과 아울러 국민의 재산권 보호에 기여함을 목적으로 한다.

91. 공간정보의 구축 및 관리 등에 관한 법률에 따른 용어의 정의로 틀린 것은?

① "지번"이란 필지에 부여하여 지적공부에 등록한 번호를 말한다.
② "경계"란 필지별로 경계점들을 직선으로 연결하여 지적공부에 등록한 선을 말한다.

③ "지목"이란 토지의 주된 용도에 따라 토지의 종류를 구분하여 지적공부에 등록한 것을 말한다.
④ "등록전환"이란 토지대장 및 지적도에 등록된 토지를 임야대장 및 임야도에 옮겨 등록하는 것을 말한다.

> **해설** [공간정보의 구축 및 관리 등에 관한 법률 제2조(정의)]
> 등록전환 : 임야대장 및 임야도에 등록된 토지를 토지대장 및 지적도에 옮겨 등록하는 것을 말한다.

92. 특별시·광역시·특별자치시·특별자치도·시 또는 군의 개발·정비 및 보전을 위하여 수립하는 도시·군관리계획에 포함되지 않는 것은?

① 도시개발사업이나 정비사업에 관한 계획
② 기반시설의 설치·정비 또는 개량에 관한 계획
③ 기본적인 공간구조와 장기발전방향을 제시하는 종합계획
④ 용도지역·용도지구의 지정 또는 변경에 관한 계획

> **해설** [국토의 계획 및 이용에 관한 법률 제2조(정의)]
> 도시·군 관리계획의 내용
> 가. 용도지역·용도지구의 지정 또는 변경에 관한 계획
> 나. 개발제한구역, 도시자연공원구역, 시가화조정구역, 수산자원보호구역의 지정 또는 변경에 관한 계획
> 다. 기반시설의 설치·정비 또는 개량에 관한 계획
> 라. 도시개발사업이나 정비사업에 관한 계획
> 마. 지구단위계획구역의 지정 또는 변경에 관한 계획과 지구단위계획
> 바. 입지규제최소구역의 지정 또는 변경에 관한 계획과 입지규제최소구역계획

93. 토지이동으로 볼 수 있는 것은?

① 경계의 정정
② 소유권의 변경
③ 지상권의 변경
④ 소유자의 주소변경

> **해설** "토지의 이동(異動)"이란 토지의 표시를 새로 정하거나 변경 또는 말소하는 것으로 신규등록, 등록전환, 분할, 합병, 지목변경, 축척변경 등으로 경계의 정정이 이에 해당된다.

94. 지적소관청이 토지의 표시변경에 관한 등기를 촉탁하는 사유가 아닌 것은?

① 신규등록
② 축척변경
③ 등록사항의 정정
④ 지번변경에 따른 지번의 부여

> **해설** [공간정보의 구축 및 관리 등에 관한 법률 제89조(등기촉탁)]
> 신규등록 당시는 등기부가 존재하지 않으므로 등기촉탁의 대상이 되지 않는다.

95. 지적삼각점성과표에 기록·관리하여야 하는 사항 중 필요한 경우로 한정하여 기재하는 것은?

① 자오선수차
② 경도 및 위도
③ 좌표 및 표고
④ 시준점의 명칭

> **해설** [지적기준점성과표의 기록 및 관리]
>
> | 지적삼각점측량 | 지적삼각보조점측량 |
> |---|---|
> | 1. 지적삼각점의 명칭과 기준 원점명 | 1. 번호 및 위치의 약도 |
> | 2. 좌표 및 표고 | 2. 좌표와 직각좌표계 원점명 |
> | 3. 경도 및 위도 | 3. 경도와 위도(필요한 경우로 한정) |
> | 4. 자오선수차 | 4. 표고(필요한 경우로 한정) |
> | 5. 시준점의 명칭, 방위각 및 거리 | 5. 소재지와 측량연월일 |
> | 6. 소재지와 측량연월일 | 6. 도선등급 및 도선명 |
> | 7. 그 밖의 참고사항 | 7. 표지의 재질 |
> | | 8. 도면번호 |
> | | 9. 설치기관 |
> | | 10. 조사연월일, 조사자 직위 성명 등 |

96. 등기관이 토지소유권의 이전등기를 한 경우 지체없이 그 사실을 누구에게 알려야 하는가?

① 이해관계인
② 지적소관청
③ 관할 등기소
④ 행정안전부장관

> **해설** [부동산등기법 제62조(소유권변경 사실의 통지)]
> 등기관이 다음 각 호의 등기를 하였을 때에는 지체 없이 그 사실을 토지의 경우에는 **지적소관청**에, 건물의 경우에는 건축물대장 소관청에 각각 알려야 한다.

97. 지적업무처리규정에서 사용하는 용어의 뜻에 대한 내용으로 틀린 것은?

① "지적측량파일"이란 측량준비파일, 측량현형파일 및 측량성과파일을 말한다.
② "토털스테이션"이란 경위의측량방법에 따른 기초측량 및 세부측량에 사용되는 장비를 말한다.
③ "측량부"란 기초측량 또는 세부측량성과를 결정하기 위하여 사용한 관측부·계산부 등 이에 수반되는 기록을 말한다.
④ 기초측량에서 "기지점"이란 지적기준점 또는 지적도면상 필지를 구획하는 선의 경계점과 상호부합되는 지상의 경계점을 말한다.

해설 [지적업무처리규정 제3조(정의)]
① "지적측량파일"이란 측량준비파일, 측량현형파일 및 측량성과파일을 말한다.
② "측량준비파일"이란 부동산종합공부시스템에서 지적측량업무를 수행하기 위하여 도면 및 대장속성 정보를 추출한 파일을 말한다.
③ "측량현형파일"이란 전자평판측량 및 위성측량방법으로 관측한 데이터 및 지적측량에 필요한 각종 정보가 들어있는 파일을 말한다.
④ "측량성과파일"이란 전자평판측량 및 위성측량방법으로 관측 후 지적측량정보를 처리할 수 있는 시스템에 따라 작성된 측량결과도파일과 토지이동정리를 위한 지번, 지목 및 경계점의 좌표가 포함된 파일을 말한다.

98. 부동산등기법상 등기부에 관한 설명으로 옳지 않은 것은?

① 등기부는 영구히 보존하여야 한다.
② 공동인명부와 도면은 영구히 보존하여야 한다.
③ 등기부는 토지등기부와 건물등기부로 구분한다.
④ 등기부란 전산정보처리조직에 의하여 입력·처리된 등기정보자료를 대법원규칙으로 정하는 바에 따라 편성한 것을 말한다.

해설 [부동산등기법 제14조(등기부의 종류 등)]
① 등기부는 토지등기부(土地登記簿)와 건물등기부(建物登記簿)로 구분한다.
② 등기부는 영구(永久)히 보존하여야 한다.
③ 등기부는 대법원규칙으로 정하는 장소에 보관·관리하여야 하며, 전쟁·천재지변이나 그 밖에 이에 준하는 사태를 피하기 위한 경우 외에는 그 장소 밖으로 옮기지 못한다.
④ 등기부의 부속서류는 전쟁·천재지변이나 그 밖에 이에 준하는 사태를 피하기 위한 경우 외에는 등기소 밖으로 옮기지 못한다. 다만, 신청서나 그 밖의 부속서류에 대하여는 법원의 명령 또는 촉탁(囑託)이 있거나 법관이 발부한 영장에 의하여 압수하는 경우에는 그러하지 아니하다.

99. 지적공부에 등록된 지번을 변경하여 새로이 부여할 경우 승인을 받아야 하는 자로 옳은 것은?

① 행정안전부 장관
② 군수·구청장
③ 중앙지적위원회 위원장
④ 특별시장·광역시장·도지사

해설 [공간정보의 구축 및 관리 등에 관한 법률 시행령 제57조(지번변경의 승인신청 등)]
지적소관청은 지번을 변경하려면 지번변경 사유를 적은 승인신청서에 지번변경 대상지역의 지번·지목·면적·소유자에 대한 상세한 내용을 기재하여 **시·도지사 또는 대도시 시장에게 제출**해야 한다. 이 경우 시·도지사 또는 대도시 시장은 행정정보의 공동이용을 통하여 지번변경 대상지역의 지적도 및 임야도를 확인해야 한다.

100. 60일 이내에 토지의 이동신청을 하지 않아도 되는 것은?

① 경계정정 신청
② 신규등록 신청
③ 지목변경 신청
④ 형질변경에 따른 분할신청

해설 경계정정에 대한 토지의 이동은 신청사항이 아니다.
[공간정보의 구축 및 관리 등에 관한 법률 제77, 78, 79, 81조]
토지소유자는 신규등록, 등록전환, 토지분할, 지목변경, 신청할 토지가 있으면 사유가 발생한 날부터 60일 이내에 지적소관청에 신청하여야 한다.

지적기사 필기
기출문제로 끝내기

CHAPTER 07

2021년 지적기사 기출문제

Engineer Cadastral Surveying

2021년도 제1회 지적기사 기출문제

1과목 지적측량

01. 오차의 성질에 관한 설명으로 옳지 않은 것은?

① 정오차는 측정횟수에 비례하여 증가한다.
② 부정오차는 일정한 크기와 방향으로 나타난다.
③ 우연오차는 상차라고도 하며, 측정횟수의 제곱근에 비례한다.
④ 1회 측정 후 우연오차를 b라 하면, n회 측정의 우연오차는 $b\sqrt{N}$이다.

해설 [부정오차(우연오차)]
① 일어나는 원인이 불분명하거나 원인을 안다 하여도 직접 처리하는 방법이 불확실하고 예견할 수 없음
② 관측값에 어느 정도의 주고 있는지를 알 수 없는 성질의 불규칙한 오차
③ 아무리 주의해도 피할 수 없고 또 계산으로 제거할 수 없으므로 통계학(최소제곱법)적으로 소거하는 방법을 사용

02. 점 P에서 점 A를 지나며 방위각이 β인 직선까지의 수선장(d)을 구하는 식으로 옳은 것은?

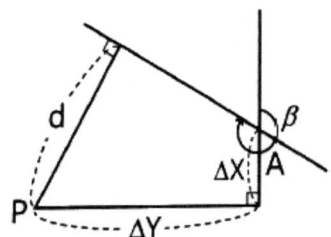

① d = △X cosβ − △Y sinβ
② d = △Y cosβ − △X sinβ
③ d = △X sinβ − △Y cosβ
④ d = △Y siβ − △X cosβ

해설 수선의 길이
$$E = \Delta y \cdot \cos\beta - \Delta x \cdot \sin\beta$$
$$= (Y_2 - Y_1) \times \cos\beta - (X_2 - X_1) \times \sin\beta$$

03. 광파기측량방법과 도선법에 따른 지적도근점 간의 수평거리를 2회 측정한 결과가 각각 149.95m, 150.05m이었을 때 결정거리는?

① 149.90m
② 150.00m
③ 150.10m
④ 재측정

해설
① 2회 측정한 평균 $= \dfrac{149.95 + 150.05}{2} = 150.00m$
② 2회 측정값의 교차 $= 150.05 - 149.95 = 0.10m$
③ 2회 측정값의 허용교차
$= \dfrac{149.95 + 150.05}{2} \times \dfrac{1}{3000} = 0.05m$
④ 점간거리의 측정은 2회측정하여 그 측정치의 교차가 평균치의 3,000분의 1 허용교차의 범위를 벗어나므로 재측정한다.

04. A, B 기지점으로부터 소구점의 표고를 계산하고자 A, B 각 지점에서 소구점까지 평면거리를 관측한 결과 1km, 2km이었다. 이 때 두 기지점으로부터 구한 소구점의 표고에 대한 교차한계는?

① 0.1m
② 0.2m
③ 0.3m
④ 0.4m

> **해설** 2개의 기지점에서 소구점의 표고를 계산한 결과 그 교차가 $0.05m+0.05(S_1+S_2)$m이하일 때에는 그 평균치를 표고로 한다.
> 교차한계 $= 0.05m + 0.05(1+2) = 0.20m$

05. 경위의측량방법과 다각망도선법에 따른 지적도근점의 관측에서 시가지 지역, 축척변경지역 및 경계점좌표등록부 시행 지역의 수평각 관측방법은?

① 교회법　　② 배각법
③ 방위각법　④ 방향각법

> **해설** 경위의측량방법과 다각망도선법에 따른 지적도근점의 관측에서 시가지 지역, 축척변경지역 및 경계점좌표등록부 시행 지역의 수평각 관측방법은 **배각법**에 의한다.

06. 축척이 1200분의 1인 지역 토지의 면적을 전자면적측정기로 2회 측정한 결과가 각각 138232m², 138347m²이었을 때 처리방법으로 옳은 것은? (단, 측정한 면적의 교차가 허용면적 이하인 경우)

① 재측량하여야 한다.
② 평균치를 측정면적으로 한다.
③ 작은 면적을 측정면적으로 한다.
④ 큰 면적을 측정면적으로 한다.

> **해설** ① 교차 $= 138,347 - 138,232 = 115m^2$,
> ② 평균 $= \dfrac{138,347+138,232}{2} = 138,289m^2$
> ③ 허용범위 $A = 0.023^2 M\sqrt{F}$
> $= 0.023^2 \times 1,200 \times \sqrt{138,289} = 236m^2$
> ④ 교차가 허용범위 이내이므로 평균치를 측정면적으로 한다.

07. 지적도근점측량에 의하여 계산된 연결오차가 허용범위 이내인 경우 연결오차의 배분방법이 옳은 것은? (단, 방위각법에 의하는 경우를 기준으로 한다.)

① 각 측선장에 비례하여 배분한다.
② 각 방위각의 크기에 비례하여 배분한다.
③ 각 측선장의 반수에 비례하여 배분한다.
④ 각 측선의 종횡선차 길이에 비례하여 배분한다.

> **해설** [방위각법에 의한 도근측량의 각오차 배부]
> 방위각법에 의한 종횡선차의 배부는 측선장에 비례하여 배분한다.

08. 삼각형의 각 변의 길이가 각각 30m, 40m, 50m일 때 이 삼각형의 면적은?

① 600m²　　② 756m²
③ 1000m²　④ 1200m²

> **해설** 세 변의 길이가 주어져있으므로 헤론의 공식에 의해 삼각형의 면적을 산정한다.
> $S = \dfrac{a+b+c}{2} = \dfrac{30+40+50}{2} = 60$
> $A = \sqrt{S(S-a)(S-b)(S-c)}$
> $= \sqrt{60(60-30)(60-40)(60-50)} = 600m^2$

09. 경위의측량방법에 따른 지적삼각점의 관측 및 계산에 대한 기준으로 옳은 것은?

① 1측회의 폐색 공차는 ±40초 이내로 한다.
② 관측은 20초독 이상의 경위의를 사용한다.
③ 1방향각의 수평각 공차는 30초 이내로 한다.
④ 삼각형의 각 내각은 30° 이상 150° 이하로 한다.

> **해설** [경위의측량방법에 따른 지적삼각점의 관측 및 계산]
> ① 1측회의 폐색 공차는 ±30초 이내로 한다.
> ② 관측은 10초독 이상의 경위의를 사용한다.
> ③ 1방향각의 수평각 공차는 30초 이내로 한다.
> ④ 삼각형의 내각은 30° 이상 120° 이하로 한다.

정답 01. ② 02. ② 03. ④ 04. ② 05. ② 06. ② 07. ① 08. ① 09. ③

10. 지적삼각점측량의 시행에 있어 내각을 n회 측정하였을 경우, 경중률(weight)의 부여 방법은?

① n
② n²
③ 1/n
④ n(n-1)

해설
① 경중률은 관측횟수에 비례한다.
② 경중률은 노선거리에 반비례한다.
③ 경중률은 평균제곱근오차의 제곱에 반비례한다.

11. 지적측량에서의 직각좌표는 어떤 투영법으로 표시함을 기준으로 하는가? (단, 세계측지계에 따르지 아니하는 지적측량의 경우)

① 벳셀법
② 가우스법
③ 가우스쿠르거법
④ 가우스상사이중투영법

해설 지적측량의 경우에는 가우스상사이중투영법에 의하여 표시하며, 직각좌표계의 투영원점의 수치를 X(N) = 500,000m, Y(E) = 200,000m를 가산하여 적용하며 제주도의 경우는 X(N) = 550,000m, Y(E) = 200,000m를 가산하여 적용한다.

12. 평판측량에서 발생할 수 있는 오차가 아닌 것은?

① 시준오차
② 연결오차
③ 외심오차
④ 정준오차

해설 [평판측량에서 발생할 수 있는 오차]
① 측량기계오차 : 외심오차, 자침오차
② 평판의 설치오차 : 정준오차, 표정오차, 구심오차, 시준오차

13. 지적삼각보조점의 수평각을 관측하는 방법에 대한 기준으로 옳은 것은?

① 도선법에 따른다.
② 2대회의 방향관측법에 따른다.
③ 3대회의 방향관측법에 따른다.
④ 관측 지역에 따라 방위각법과 배각법을 혼용한다.

해설 경위의측량방법과 교회법에 의해 지적삼각보조점측량을 실시할 경우 관측은 20초독 이상의 경위의를 사용하며, 수평각관측의 2대회 방향관측법에 의하므로 2대회의 윤곽도는 0°, 90°이다.

14. 지구를 평면으로 가정할 때 정도 $1/10^6$에서 거리오차는? (단, 지구의 곡률반경은 6370km이다.)

① 1.2cm
② 2.2cm
③ 3.2cm
④ 4.2cm

해설 거리의 허용정밀도는 $\frac{d-D}{D} \leq \frac{1}{1,000,000}$ 이고 거리오차는 $d-D = \frac{1}{12}\left(\frac{D^3}{R^2}\right)$ 이므로

$D = \sqrt{\frac{12 \times 6,370^2}{1,000,000}} \approx 22\,km$ 에서

거리오차는 허용정밀도에 D를 곱한 값이므로

거리오차 $d-D = \frac{22km}{1,000,000} = 2.2cm$

15. 전파기 또는 광파기측량방법에 따라 다각망도선법으로 지적삼각보조점측량을 할 때의 기준으로 틀린 것은?

① 1도선의 거리는 4km 이하로 한다.
② 삼각형의 각 내각은 30도 이상 150도 이하로 한다.
③ 3점 이상의 기지점을 포함한 결합다각방식에 따른다.
④ 1도선의 점의 수는 기지점과 교점을 포함하여 5점 이하로 한다.

해설 [다각망도선법에 의한 지적삼각측보조점측량의 기준]
① 1도선(기지점과 교점간 또는 교점과 교점간)의 거리는 4km 이하로 한다.
② 삼각형의 내각은 30° 이상 120° 이하로 한다.
③ 3점 이상의 기지점으로 포함한 결합다각방식에 의한다.
④ 1도선의 점의 수는 기지점과 교점 포함하여 5점 이하로 한다.

16. 지적삼각점측량에서 점표가 기울어진 상단을 시준 관측하고 편심거리(ℓ)를 측정한 결과 시준선에서 직각방향으로 1.6m이었다. 이로 인한 각도오차(θ)는? (단, 삼각점 간 거리(S)는 3km이다.)

① 0′ 34″ ② 1′ 34″
③ 1′ 50″ ④ 2′ 50″

해설 거리 정밀도와 각 정밀도가 같다면
$\dfrac{d\ell}{\ell} = \dfrac{d\alpha}{\rho}$ 에서

$d\alpha = \dfrac{d\ell}{\ell} \times \rho = \dfrac{1.6}{3000} \times \dfrac{180°}{\pi} = 0° 1′ 50″$

17. 반지름 11km 이내의 면적을 기준으로 평면측량을 시행한다면 이 측량의 정밀도는?

① 1/5000 ② 1/10000
③ 1/500000 ④ 1/1000000

해설 거리의 허용정밀도는 $\dfrac{d-D}{D} = \dfrac{1}{12}\left(\dfrac{D^2}{R^2}\right)$ 이므로

$\dfrac{d-D}{D} = \dfrac{1}{12} \times \dfrac{22^2}{6370^2} \fallingdotseq \dfrac{1}{1000000}$

18. 토지의 이동에 따른 도면의 제도 방법 기준이 틀린 것은?

① 이동 전 지번 및 지목을 말소하고 새로 설정된 지번 및 지목을 가로쓰기로 제도한다.
② 지적공부에 등록된 토지가 바다가 된 때에는 경계, 지번 및 지목을 말소한다.
③ 도곽선에 걸쳐 있는 필지를 분할하는 경우 그 도곽선 밖에 필지의 경계, 지번 및 지목을 제도한다.
④ 합병할 때에는 합병되는 필지 사이의 경계, 지번 및 지목을 말소한 후 새로 부여하는 지번과 지목을 제도한다.

해설 [지적업무 처리규정 제41조(경계의 제도)]
① 경계는 0.1밀리미터 폭의 선으로 제도한다.
② 1필지의 경계가 도곽선에 걸쳐 등록되어 있으면 도곽선 밖의 여백에 경계를 제도하거나, 도곽선을 기준으로 다른 도면에 나머지 경계를 제도한다. 이 경우 다른 도면에 경계를 제도할 때에는 지번 및 지목은 붉은색으로 표시한다.
③ 경계점좌표등록부 등록지역의 도면(경계점 간 거리등록을 하지 아니한 도면을 제외한다)에 등록할 경계점 간 거리는 검은색의 1.0~1.5밀리미터 크기의 아라비아숫자로 제도한다. 다만, 경계점 간 거리가 짧거나 경계가 원을 이루는 경우에는 거리를 등록하지 아니할 수 있다.
④ 지적기준점 등이 매설된 토지를 분할할 경우 그 토지가 작아서 제도하기가 곤란한 때에는 그 도면의 여백에 그 축척의 10배로 확대하여 제도할 수 있다.

19. 지적확정측량 결과도 작성 시 포함하여야 할 사항으로 틀린 것은?

① 경계점 간 계산거리 및 실측거리
② 확정 경계선에 지상구조물 등이 걸리는 경우에는 그 위치현황
③ 지적기준점 및 그 번호와 지적기준점 간 방위각 및 거리
④ 확정된 필지의 경계(경계점좌표를 전개하여 연결한 선) 및 면적

해설 [지적확정측량 결과도 작성시 포함하여야 할 사항]
① 지적확정측량결과도의 제명·축척 및 색인도
② 확정된 필지의 경계·지번 및 지목
③ 경계점간 계산거리 및 실측거리
④ 지적기준점 및 그 번호와 지적기준점간 방위각 및 거리
⑤ 행정구역선과 그 명칭
⑥ 도곽선과 그 수치, 경계에 지상건물 등이 걸리는 경우에는 그 위치현황
⑦ 측량 및 검사연월일, 측량자 및 검사자의 성명·소속·자격등급 등

20. 다음 중 구면삼각법을 평면삼각법으로 간주하여 계산할 때 적용하는 이론은?

① 가우스(Gauss) 정리
② 르장드르(Legendre) 정리
③ 뫼스니에(Measnier) 정리
④ 가우스쿠르거(Gauss-Kruger) 정리

해설 [르장드르의 정리]
구면삼각형에서 구과량을 고려하는 경우 구과량을 오차로 간주하고 각각의 각에 오차의 1/3만큼씩을 빼주어 평면삼각형으로 간주하여 간편하게 변의 길이를 구하는 방식

2과목 응용측량

21. 그림에서 삼각형의 BC와 병행한 XY로 면적을 m:n=1:4의 비율로 분할하고자 한다. AB = 75m일 때 AX의 거리는?

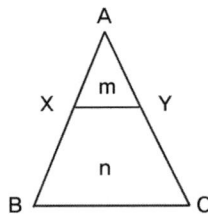

① 15.0m ② 18.8m
③ 33.5m ④ 37.5m

해설 1변에 평행한 직선으로 분할하는 경우 △ABC와 △AXY는 닮은꼴이므로 다음과 같은 관계식이 적용된다.

$$\frac{\triangle AXY}{\triangle ABC} = \left(\frac{XY}{BC}\right)^2 = \left(\frac{AX}{AB}\right)^2 = \left(\frac{AY}{AC}\right)^2 = \frac{m}{m+n}$$

$$\therefore \overline{AX} = \overline{AB}\sqrt{\frac{m}{m+n}} = 75\sqrt{\frac{1}{1+4}} = 33.5m$$

22. 회전주기가 일정한 위성을 이용한 원격탐사의 특징에 대한 설명으로 옳지 않은 것은?

① 탐사된 자료가 즉시 이용될 수 있으며, 재해 및 환경 문제 해결에 편리하다.
② 관측이 좁은 시야각으로 행하여지므로 얻어진 영상은 정사투영에 가깝다.
③ 회전주기가 일정하므로 원하는 지점 및 시기에 관측하기가 쉽다.
④ 짧은 시간 내에 넓은 지역을 동시에 측정할 수 있으며 반복측정이 가능하다.

해설 회전주기가 일정하므로 주기적인 반복관측이 가능하나 원하는 지점 및 시기에 관측은 어렵다.
[원격탐사의 특징]
① 수치화된 관측자료를 통한 저장과 분석이 용이
② 단기간 내에 넓은 지역 동시 관측 가능
③ 회전주기가 일정하므로 주기적인 반복관측이 가능
④ 관측이 좁은 시야각으로 얻어진 영상은 정사투영에 가깝다.
⑤ 탐사된 자료가 즉시 이용될 수 있으며 재해, 환경문제 해결에 편리하다.

23. 지성선 상의 중요점의 위치에 표고를 측정하여, 이 점들을 기준으로 등고선을 삽입하는 등고선 측정방법은?

① 좌표점법 ② 종단점법
③ 횡단점법 ④ 직접법

해설 [등고선의 삽입법]
① 방안법(좌표점고법) : 방안의 각 교점의 표고를 측정하고 그 결과로 등고선을 삽입하는 방법으로 지형이 복잡한 경우에 적합
② 종단점법 : 지성선 위에 여러 측선에 대하여 거리와 표고를 측정하여 등고선을 삽입하는 방법으로 소축척의 산지 등에 적합
③ 횡단점법 : 노선측량에서 횡단측량의 결과를 이용하여 각 단면에 등고선을 삽입할 경우에 사용되는 방법

24. 비행고도 3000m인 항공기에서 초점거리 150mm인 카메라로 촬영한 실제거리 50m 교량의 수직사진에서의 길이는?

① 1.0mm ② 1.5mm
③ 2.0mm ④ 2.5mm

해설 사진의 축척 $M = \frac{1}{m} = \frac{f}{H} = \frac{0.15m}{3,000m} = \frac{1}{20,000}$ 에서

$M = \frac{도상거리}{실제거리} = \frac{1}{20,000}$ 이므로

도상거리 $= \frac{50m}{20,000} = 0.0025m = 2.5mm$

25. 지형도에 의한 댐의 저수량 측정에 사용할 수 있는 방법으로 적당한 것은?

① 영선법 ② 채색법
③ 음영법 ④ 등고선법

해설 등고선법은 지형도에 의한 댐의 저수량 측정에 사용하는 방법으로 등고선의 면적을 구적하고 각주공식에 의해 저수량, 토공량을 산정할 수 있다.

26. 원심력의 변화를 곡선의 길이에 따라 점진적으로 반영하도록 직선부와 곡선부 사이에 삽입하는 곡선은?

① 횡단곡선 ② 완화곡선
③ 반향곡선 ④ 복심곡선

해설 [완화곡선]
① 원심력의 변화를 곡선의 길이에 따라 점진적으로 반영하도록 직선부와 곡선부 사이에 삽입하는 곡선
② 완화곡선의 종류 : 클로소이드곡선(고속도로), 램니스케이트곡선(시가지철도), 3차포물선(일반철도), sine 체감곡선(고속철도)

27. 지형도 작성 시 활용하는 지형 표시 방법과 거리가 먼 것은?

① 방사법 ② 영선법
③ 채색법 ④ 점고법

해설 [지형표시방법]
① 자연도법 : 영선법(우모법, 게바법), 음영선
② 부호도법 : 등고선법, 점고법, 채색법(단채법)

28. 노선측량에서 단곡선의 설치방법 중 접선과 현이 이루는 각을 이용하여 곡선을 설치하는 방법은?

① 편각법 ② 중앙 종거법
③ 장현 지거법 ④ 좌표에 의한 설치법

해설 [단곡선 설치방법의 비교]
① 편각법 : 철도, 도로 등에 널리 이용되며 Transit로는 편각을 tape로 거리를 측정하면서 곡선을 설치하는 방법으로 토털스테이션이 없던 시절에는 가장 좋은 결과를 얻을 수 있는 방법
② 중앙종거법 : 기설곡선의 검사 또는 조정에 편리하나 중심 말뚝의 간격을 20m마다 설치할 수 없는 것이 결점
③ 절선편거와 현편거법 : 줄자만으로 설치할 수 있는 방법으로 지방도로 등에 많이 사용되나 정밀도는 떨어짐
④ 장현에 대한 종거와 횡거법 : 반경이 짧은 곡선은 이 방법에 의하여 설치
⑤ 절선에 대한 지거법 : 산림지대에서 편각법을 쓰며 벌목량이 많아지는 경우에 사용

29. 항공삼각측량(aerial triangulation) 방법에 대한 설명으로 옳은 것은?

① 다항식조정법(polynomial method)은 가장 최근에 제안된 방법이다.
② 독립모델조정법(independent model triangulation)은 공선조건식을 사용한다.
③ 광속조정법(bundle adjustment method)은 공면조건식을 이용한다.
④ 광속조정법(bundle adjustment method)은 사진좌표를 기본 단위로 사용한다.

해설 [항공삼각측량방법과 기준]
① 광속조정법(bundle adjustment method)은 가장 최근에 제안된 방법이다.
② 독립모델조정법(independent model triangulation)은 공면조건식을 사용한다.
③ 광속조정법(bundle adjustment method)은 공선조건식을 이용한다.
④ 광속조정법 : 사진 기준
   독립모형조정법 : 모델(모형) 기준, 다항식법
   스트립조정법 : 스트립 기준이다.

정답 21. ③ 22. ③ 23. ② 24. ④ 25. ④ 26. ② 27. ① 28. ① 29. ④

30. GNSS의 구성요소에 해당되지 않는 것은?

① 위성에 대한 우주 부분
② 지상 관제소에서의 제어 부분
③ 경영 활동에 위한 영업부분
④ 측량용 수신기에 대한 사용자 부분

해설 [GPS의 주요구성요소]
① 우주부문(Space Segment)
  연속적 다중위치 결정체계, 55°의 궤도경사각, 위도 60°의 6궤도, 2만km 고도와 12시간주기로 운행
② 제어부문(Control Segment)
  궤도와 시각 결정을 위한 위성의 추적, 전리층 및 대류층의 주기적 모형화, 위성시간의 동일화, 위성자료 전송
③ 사용자부문(User Segment)
  위성으로부터 보내진 전파를 수신해 원하는 위치 또는 두 점 사이의 거리 계산

31. 곡선의 종류 중 원곡선 두 개가 접속점에서 각각 다른 방향으로 굽어진 형태의 곡선으로 주로 계곡부에 이용되는 것은?

① 단곡선
② 복선곡선
③ 완화곡선
④ 반향곡선

해설 [복합곡선(Compound Curve)의 종류]
① 복심곡선 : 반경이 다른 2개의 원곡선이 1개의 공통접선을 같은 방향에서 연결하는 곡선
② 반향곡선 : 반경이 다른 2개의 원곡선이 1개의 공통접선의 서로 반대쪽에 있는 곡선중심을 연결하는 곡선
③ 배향곡선 : 반향곡선을 연속시켜 머리핀 같은 형태의 곡선으로 된 것으로 머리핀곡선이라고도 함

32. 직접수준측량에서 2km를 왕복하는데 오차가 ±4mm 발생하였다면 이와 같은 정밀도로 하여 4.5km를 왕복했을 때의 오차는?

① ±5.0mm
② ±5.5mm
③ ±6.0mm
④ ±6.5mm

해설 $E_s = \pm E\sqrt{S}$, 여기서 S : 왕복거리
4km에 대한 오차 $E_s = \pm E\sqrt{4} = \pm 4mm$에서
$E = \frac{\pm 4mm}{\sqrt{4}} = \pm 2mm$
9km에 대한 오차
$E_s = \pm E\sqrt{4} = \pm 2mm \times \sqrt{9} = \pm 6mm$

33. 터널 내에서 천정에 고정점 A, B를 관측한 결과가 그림과 같을 때 두 지점간의 고저차는? (단, a=1.15m, S=25.30m, b=1.75m, α=30°)

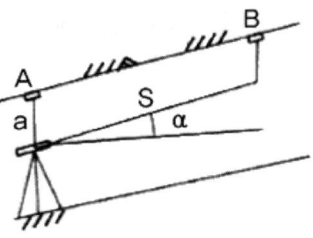

① 11.50m
② 13.25m
③ 20.76m
④ 22.51m

해설 고저차 ΔH = 스타프읽음값의 차이 + 경사거리 × sin경사각에서
$\Delta H = (1.75 - 1.15) + 25.30 \times \sin 30° = 13.25m$

34. GNSS의 오차 중 반송파가 지상의 수신기를 향하여 직접 송신되지 못하고 주변의 다른 장애물에 반사된 후 수신기에 수신될 때 생기는 오차는?

① 수신기오차
② 위성의 궤도오차
③ 대기조건에 의한 오차
④ 다중 전파경로에 의한 오차

해설 [Multipath(다중경로)]
도심지와 같이 장애물이 많은 경우 높은 건물 등에 전파가 굴절되어 전파 송신이 지연되거나 단절되는 현상

35. GNSS에서 의사거리 결정에 영향을 주는 오차의 원인으로 거리가 먼 것은?

① 대기굴절에 의한 오차
② 위성의 시계오차
③ 수신 위치의 기온 변화에 의한 오차
④ 위성의 기하학적 위치에 따른 오차

해설 [의사거리(Pseudo Range)]
① 인공위성과 지상수신기 사이의 거리측정값이다.
② 의사거리에 주는 오차로는 대기굴절에 의한 오차, 위성 시계의 오차, 위성의 기하학적 위치에 따른 오차, 위성궤도의 오차, 전리층, 대류권의 굴절오차 등이 있다.

36. 수준측량에서 굴절오차와 관측거리의 관계를 설명한 것으로 옳은 것은?

① 거리의 제곱에 비례한다.
② 거리의 제곱에 반비례한다.
③ 거리의 제곱근에 비례한다.
④ 거리의 제곱근에 반비례한다.

해설 굴절오차(기차 $h = -\dfrac{kS^2}{2R}$)에서 k: 굴절계수, R: 지구의 반지름, S: 수평선까지의 거리
거리의 제곱에 비례한다.

37. 지상거리 500m인 두 개의 수직터널에 의하여 깊이 700m의 터널 내외를 연결하는 경우에 두 수직터널의 지상거리와 터널 내 연결점의 거리 차는? (단, 지구반지름 R=6370km이다.)

① 4.5m   ② 5.5m
③ 4.5cm   ④ 5.5cm

해설 평균해수면에 대한 오차 $C_h = -\dfrac{H}{R}L$
오차를 보정한 후의 수평거리는 $L_0 = L - \dfrac{H}{R}L$

여기서, R : 지구반경, H : 높이, L_0 : 기준면상의 거리
지표상의 측정거리를 조건으로 주어주고 수갱간의 거리를 구하므로 수직터널간 오차
$= -\dfrac{700}{6,370,000} \times 500 = 0.055m = 5.5cm$

38. 초점거리 100mm인 카메라로 촬영한 축척 1:5000 수직사진에 사진크기 23cm×23cm, 종중복도 60%인 경우에 기선고도비는?

① 0.61   ② 0.92
③ 1.09   ④ 0.25

해설 기선고도비는 기선을 고도로 나눈 값이고, 초점거리와 축척으로부터 고도를, 중복값으로부터 기선의 길이를 구한다. 분자, 분모에 축척(m)을 약분하여 적용하면 계산이 간단해 진다.

기선고도비 $\left(\dfrac{B}{H}\right) = \dfrac{ma(1-p)}{mf} = \dfrac{a(1-p)}{f} = \dfrac{0.23 \times (1-0.6)}{0.10}$
$= 0.92$

39. 곡선반지름 R=80m, 곡선길이 L=20m일 때 클로소이드의 매개변수 A의 값은?

① 40m   ② 60m
③ 100m   ④ 160m

해설 $A^2 = R \times L$ 에서
$A = \sqrt{RL} = \sqrt{80m \times 20m} = 40m$

40. A점의 표고가 100.56m이고, A와 B점의 지표에 세운 표척의 관측값이 각각 a=+5.5m, b=+2.3m라 할 때 B점의 표고는?

① 97.36m   ② 101.46m
③ 103.76m   ④ 108.36m

해설 $H_B = H_A + 후시 - 전시 = 100.56 + 5.5 - 2.3 = 103.76m$

정답 30. ③ 31. ④ 32. ③ 33. ② 34. ④ 35. ③ 36. ① 37. ④ 38. ② 39. ① 40. ③

3과목 토지정보체계론

41. 스파게티(Spaghetti) 모형에 대한 설명으로 옳지 않은 것은?

① 자료구조가 단순하여 파일의 용량이 작다.
② 하나의 점(X, Y좌표)을 기본으로 하고 있어 구조가 간단하므로 이해하기 쉽다.
③ 객체들 간의 공간 관계에 대한 정보가 입력되므로 공간분석에 효율적이다.
④ 상호 연관성에 관한 정보가 없어 인접한 객체들의 특징과 관련성을 파악하기 힘들다.

해설 [스파게티 모형의 특징]
① 공간자료를 점, 선, 면을 단순한 좌표목록으로 저장하며 위상관계를 정의하지 않음
② 상호연결성이 결여된 점과 선의 집합체
③ 수작업으로 디지타이징된 지도자료가 대표적인 예
④ 인접하고 있는 다각형을 나타내기 위해 경계하는 선은 두 번씩 저장
⑤ 모든 면사상이 일련의 독립된 좌표집합으로 저장되므로 자료저장공간 많이 차지
⑥ 객체들 간의 공간관계가 설정되지 않아 공간분석에 비효율적

42. 데이터 품질 측정의 구성요소에 해당하지 않는 것은? (단, KS X ISO 19157:2013을 기준으로 한다.)

① 설명   ② 이름
③ 정의   ④ 완전성

해설 [KS X ISO 19157 지리정보 : 데이터품질표준 문서]
① 품질구성요소 : 완전성, 논리적 일관성, 위치정확도, 주제정확도, 시간적 품질, 유용성 요소
② 품질측정 : 측정식별자, 이름, 요소이름, 기본측정, 정의, 설명
③ 품질평가 : 직접평가, 간접평가, 종합과 유도

43. 지적공부의 효율적인 관리 및 활용을 위하여 지적정보 전담 관리기구를 설치·운영하는 자는?

① 국토교통부장관   ② 행정안전부장관
③ 국토지리정보원장   ④ 한국국토정보공사장

해설 [공간정보의 구축 및 관리 등에 관한 법률 제70조(지적정보 전담 관리기구의 설치)]
① 국토교통부장관은 지적공부의 효율적인 관리 및 활용을 위하여 지적정보 전담관리기구를 설치·운영한다.
② 지적정보전담 관리기구의 설치·운영에 관한 세부사항은 대통령령으로 정한다.

44. 토지 고유번호의 코드 구성 기준으로 옳은 것은?

① 행정구역코드 9자리, 대장구분 2자리, 본번 4자리, 부번 4자리, 합계 19자리로 구성
② 행정구역코드 9자리, 대장구분 1자리, 본번 4자리, 부번 5자리, 합계 19자리로 구성
③ 행정구역코드 10자리, 대장구분 1자리, 본번 4자리, 부번 4자리, 합계 19자리로 구성
④ 행정구역코드 10자리, 대장구분 1자리, 본번 3자리, 부번 5자리, 합계 19자리로 구성

해설 [행정구역코드의 자리구성]
① 행정구역코드 10자리(시·도 2, 시·군·구 3, 읍·면·동 3, 리 2)
② 대장구분 1자리, 본번 4자리, 부번 4자리를 합한 19자리로 구성

45. 국토교통부장관이 지적공부에 관한 전산자료를 갱신하여야 하는 기간의 기준으로 옳은 것은?

① 수시   ② 매 월
③ 매 분기 ④ 매 년

해설 [지적공부에 관한 전산자료의 관리에 관한 내용]
① 지적공부에 관한 전산자료가 최신 정보에 맞도록 수시로 갱신하여야 한다.
② 국토교통부장관은 지적전산자료에 오류가 있다고 판단되는 경우에는 지적소관청에 자료의 수정·보완을 요청할 수 있다.

③ 지적소관청은 요청 받은 자료의 수정·보완 내용을 확인하여 지체 없이 바로잡은 후 국토교통부장관에게 그 결과를 보고하여야 한다.
④ 국토교통부장관은 표준지공시지가 및 개별공시지가에 관한 지가전산자료를 개별공시지가가 확정된 후 3개월 이내에 정리하여야 한다.

46. 데이터에 대한 정보로서 데이터의 내용, 품질, 조건 및 기타 특성에 대한 정보를 포함하는 정보의 이력서라 할 수 있는 것은?

① 인덱스(Index)
② 라이브러리(Library)
③ 메타데이터(Metadata)
④ 데이터베이스(Database)

해설 [메타데이터(meta data)]
실제 데이터는 아니지만 데이터베이스, 레이어, 속성, 공간 형상 등과 관련된 데이터의 내용, 품질, 조건 및 특징 등을 저장한 데이터로서 데이터에 관한 데이터로 데이터의 이력을 말한다.

47. DBMS의 "정의" 기능에 대한 설명이 아닌 것은?

① 데이터의 물리적 구조를 명세한다.
② 데이터의 논리적 구조와 물리적 구조 사이의 변환이 가능하도록 한다.
③ 데이터베이스의 논리적 구조와 그 특성을 데이터 모델에 따라 명세한다.
④ 데이터베이스를 공용하는 사용자의 요구에 따라 체계적으로 접근하고 조작할 수 있다.

해설 데이터베이스를 공용하는 사용자의 요구에 따라 체계적으로 접근하고 조작할 수 있도록 하는 것은 "조작" 기능에 관한 내용이다.

48. 국가지리정보체계사업(NGIS)의 단계별 주요 목표에 대한 설명으로 옳은 것은?

① 제1차 사업은 1995년 시작되었으며, 수치지도의 표준화 활용방안을 주요 목표로 설정하였다.
② 제2차 사업은 2001년 시작되었으며, 지적도 전산화 구축을 주요 목표로 하였다.
③ 제3차 사업은 2006년부터 시작되었으며, 수치지도의 작성을 주요 목표로 하였다.
④ 제4차 사업은 2010년부터 시작되었으며, 언제·어디서나·누구나 자유롭게 활용할 수 있는 그린(Green) 공간정보 구축을 목표로 하였다.

해설 [NGIS 사업의 계획기간 및 목표]
① 1차 NGIS 사업 : 1995년~2000년, 공간정보 DB구축 기반조성 목표
② 2차 NGIS 사업 : 2001년~2005년, 국가공간정보 기관을 확충하여 디지털국토 실현 목표
③ 3차 NGIS 사업 : 2006년~2010년, 유비쿼터스 세상을 향한 지능형 사이버국토 구축 목표
④ 4차 NGIS 사업 : 2010년~2012년, 녹색성장을 위한 그린 정보사회실현 목표
⑤ 5차 NGIS 사업 : 2013년~2017년, 공간정보산업의 질적 도약 목표

49. 필지중심토지정보시스템 중 지적소관청에 일반적으로 많이 사용하는 시스템은?

① 지적측량시스템   ② 지적행정시스템
③ 지적공부관리시스템   ④ 지적측량성과작성시스템

해설 [필지중심토지정보체계(PBLIS)의 구성]
① 지적공부관리시스템 : 사용자권한관리, 지적측량검사업무, 토지이동관리, 지적일반업무관리, 창구민원업무, 토지기록자료조회 및 출력, 지적통계관리, 정책정보관리 등 160여 종의 업무 제공
② 지적측량시스템 : 지적삼각측량, 지적삼각보조점측량, 지적도근점측량, 세부측량 등 170여종의 업무 제공
③ 지적측량성과작성시스템 : 지적측량을 위한 준비도 작성과 성과도의 입력 등으로 지적측량업무를 지원하며, 측량성과를 데이터베이스로 저장하여, 지적업무의 효율성 제고

정답 41. ③ 42. ④ 43. ① 44. ③ 45. ① 46. ③ 47. ④ 48. ④ 49. ③

50. 다음 NGIS의 데이터 교환 표준 포맷은?

① MOSS
② DX-90
③ TIGER
④ SDTS

> [해설] ① MOSS : 환경규제에 따른 유해물질 관리의 표준
> ② DX-90 : NGIS의 수로(해도)관련부분의 데이터 표준
> ③ TIGER : 미국 통계청의 국세 조사를 위한 정보 체계
> ④ SDTS : 지리정보시스템을 구성함에 있어 각종 응용시스템들 사이에서 지리정보를 공유하기 위한 목적으로 개발된 공통데이타교환포맷을 말한다.

51. 스캐닝 방식을 이용하여 지적전산 파일을 생성할 경우, 선명한 영상을 얻기 위한 방법으로 옳지 않은 것은?

① 해상도를 최대한 낮게 한다.
② 원본 형상의 보존 상태를 양호하게 한다.
③ 하프톤 방식의 스캐닝 시에는 되도록 속도를 느리게 한다.
④ 크기가 큰 영상은 영역을 세분하여 차례로 스캐닝 한다.

> [해설] 선명한 영상을 얻기 위해서는 해상도를 최대한 높여야 한다.

52. 레스터데이터 구조에 비하여 벡터데이터 구조가 갖는 장점으로 옳지 않은 것은?

① 자료구조가 단순하다.
② 위상자료구조를 가질 수 있다.
③ 복잡한 현실세계에 대한 세밀한 묘사를 할 수 있다.
④ 세밀한 묘사에 비해 데이터 용량이 상대적으로 작다.

> [해설] [벡터자료의 특징]
> ① 현상적 자료구조의 표현이 용이하고 효율적 축약
> ② 뛰어난 위상관계 구축과 위치와 속성의 일반화 가능
> ③ 3차원 분석 및 확대 축소시의 정보의 손실 없음
> ④ 자료구조는 복잡하고 고가의 장비 필요

53. 공간정확도를 확인하기 위해서는 샘플링이 필요하다. 모집단에 대한 기존지식을 활용하여 모집단을 몇 개의 소집단으로 구분하고, 각 소집단 내에서 랜덤(random) 추출하는 방법으로 구성요소들이 전체로써 모집단의 구성요소들보다 더욱 동질적으로 될 수 있도록 추출하는 방법은?

① 계통샘플링(systematic sampling)
② 단순무작위샘플링(simple random sampling)
③ 층화무작위샘플링(stratified random sampling)
④ 층화계통비정렬샘플링(stratified systematic unaligned sampling)

> [해설] 층화무작위 샘플링 : 모집단을 보다 동질적인 몇 개의 층으로 나누고(층화), 각 층으로부터 단순무작위 표본추출(무작위 샘플링)을 하는 방법

54. 다음 중 데이터 표준화의 내용에 해당하지 않는 것은?

① 데이터 교환의 표준화
② 데이터 분석의 표준화
③ 데이터 품질의 표준화
④ 데이터 위치참조의 표준화

> [해설] [GIS 데이터의 표준화 유형]
> 데이터 모델(Data Model), 데이터 내용(Data Content), 데이터 수집(Data Collection), 위치참조(Location Reference), 데이터 품질(Quality), 메타데이터(Metadata), 데이터교환(Data Exchange)의 표준화로 7가지유형으로 분류한다.

55. 사용자가 데이터베이스에 접근하여 데이터를 처리할 수 있도록 하는 것으로 데이터의 검색, 삽입, 삭제 및 갱신 등과 같은 조작을 하는데 사용되는 데이터 언어는?

① DLL(Data Link Language)
② DCL(Data Control Language)
③ DDL(Data Definition Language)
④ DML(Data Manipulation Language)

해설 [데이터조작어(DML: Data manipulation Language)]
① 사용자로 하여금 적절한 데이터 모델에 근거하여 데이터를 처리하도록 하는 도구로 사용자(응용프로그램)와 DBMS 간의 인터페이스 제공
② 데이터의 연산은 데이터의 검색, 삽입, 삭제, 변경 등을 의미
③ INSERT(삽입), UPDATE(업데이트), DELETE(삭제), SELECT(검색결과 취득)

56. 스캐너를 활용한 공간자료 구축과정에 대한 설명으로 옳지 않은 것은?

① 손상된 도면을 입력하기 어렵고 벡터화가 불완전한 부분들의 인식·점검이 필요하며 래스터 및 벡터자료 편집용 소프트웨어가 필요하다.
② 스캐너의 정밀도에 따라 이미지 자료의 변형이 발생하며 벡터라이징 과정에서 자료를 선택적으로 분리하기 어렵다는 단점이 있다.
③ 스캐너 장비는 평판 스캐너와 원통형 스캐너가 있으며 일반적으로 평판 스캐너가 성능이 우수하여 더 많이 활용된다.
④ 파장이 적어질수록 래스터의 수가 늘어나서 스캐닝의 결과로서 생성되는 데이터의 양이 늘어난다는 단점이 있다.

해설 드럼이 회전함에 따라(Y 방향) 감지기가 수평방향으로 움직이며(X 방향) 반사되는 수치값을 기록하지만 일반적으로 원통형 스캐너가 많이 사용되며 성능도 좋다.

57. 속성자료 입력 시 발생할 수 있는 가장 일반적인 오차는?

① 도면인식 오차   ② 자동입력 오차
③ 통계처리 오차   ④ 입력자 착오 오차

해설 속성자료는 컴퓨터 키보드에 의하여 입력되므로 입력자의 착오로 인한 오차가 발생할 확률이 가장 높다. 이를 방지하기 위해 입력한 자료를 출력하여 원자료와 비교하는 검토 작업이 요구된다.

58. OGC(Open GIS Consortium 또는 Open Geodata Consortium)에 대한 설명으로 틀린 것은?

① 지리정보를 객체지향적으로 정의하기 위한 명세서라 할 수 있다.
② 지리정보와 관련된 여러 처리방식에 대하여 개방형 시스템적인 접근을 시도하였다.
③ 지리정보를 활용하고 관련 응용분야를 주요 업무로 하고 있는 공공기관 및 민간기관으로 구성된 컨소시엄이다.
④ OGIS(Open GIS)를 개발하고 추진하는데 필요한 합의된 절차를 정립할 목적으로 비영리의 협회형태로 설립되었다.

해설 [OGC(OpenGIS Consortium)]
① 서로 다른 기종 사이에 공간데이터의 분산처리를 위한 상호운용에 관한 표준을 개발하려는 것
② 새로운 GIS 환경에서 상호 운용성을 도모하기 위해 결성된 표준화 규약
③ 개발보급을 위한 corba, java, OLE/COM, ODBC 분산환경에 대한 규약의 정의
④ 개방형, 분산처리, 컴포넌트 프레임워크에 기초한 정보기술과 처리기술의 융합과 분산된 지리정보데이터 처리와 관련된 산업계 공동개발을 촉진하기 위한 산업체 포럼 제공

59. 다음 중 래스터데이터의 자료압축 방법이 아닌 것은?

① 블록코드(block code) 방법
② 체인코드(chain code) 방법
③ 트랜스코드(trans code) 방법
④ 런렝스코드(run-length code) 방법

해설 [래스터자료의 압축방식]
① Run-length code(연속분할부호) : 각 행에 대해 왼쪽에서 오른쪽으로 시작 셀과 끝 셀을 표시
② Chain code(체인코드방식) : 영역의 경계는 그 시작점과 방향에 대한 단위벡터로 표시
③ Block code(블록코드방식) : 영역을 다양한 크기의 정사각형 블록으로 표시
④ Quadtree(사지수형) : 영역을 단계적으로 4분원으로 분할하여 표시

정답 50. ④ 51. ① 52. ① 53. ③ 54. ② 55. ④ 56. ③ 57. ④ 58. ① 59. ③

60. 다음 중 LIS/GIS의 기능적 요소에 해당하지 않는 것은?

① 데이터 생산
② 데이터 입력
③ 데이터 처리
④ 데이터 해석

해설 [LIS/GIS의 기능적 요소]
데이터의 입력, 데이터의 처리, 데이터의 해석, 데이터의 출력

4과목 지적학

61. 지압(地押)조사에 대한 설명으로 옳은 것은?

① 신고, 신청에 의하여 실시하는 토지조사이다.
② 토지의 이동 측량 성과를 검사하는 성과검사이다.
③ 분쟁지의 경계와 소유자를 확정하는 토지조사이다.
④ 무신고 이동지를 발견하기 위하여 실시하는 토지검사이다.

해설 [지압조사(地押調査)]
무신고 이동지를 발견하기 위하여 실시하는 토지검사

62. 토지조사사업에 대한 설명으로 틀린 것은?

① 사정권자는 임시 토지조사국장이었다.
② 조사측량기관은 임시 토지조사국이었다.
③ 도면축척은 1/1200, 1/2400, 1/3000이었다.
④ 조사대상은 전국 평야부의 토지 및 낙산임야이다.

해설 토지조사사업의 지적도의 축척은 시가지(1/600), 평야지(1/1,200), 산간지(1/2,400)이다.

63. 다음 중 지적의 요건으로 볼 수 없는 것은?

① 안전성
② 정확성
③ 창조성
④ 효율성

해설 [지적의 요건(지적제도의 특성)]
영국에서 소유권 등기를 만드는 데 주도적 역할을 한 브릭데일(C.F. Brickdale)경은 소유권 등록에 있어서 연결되는 6가지의 특징으로 안전성, 간편성, 정확성, 신속성, 저렴성(경제성), 적합성을 들었으며 Dowson과 Sheppard는 여기에 등록의 완전성을 추가하고 있다.

64. 우리나라 지적제도의 기본이념에 해당하는 것은?

① 지적민정주의
② 인적편성주의
③ 지적형식주의
④ 지적비밀주의

해설 [우리나라 지적제도의 기본이념]
① 지적은 국가의 모든 영토에 대한 물리적 현황과 법적권리관계 등을 등록·공시하는 제도이다.
② 5대 기본이념 : 지적국정주의, 지적형식주의, 지적공개주의, 실질적심사주의, 직권등록주의
③ 일반적으로 지적국정주의, 지적형식주의, 지적공개주의를 지적의 3대 기본이념이라 한다.

65. 다음 지적재조사사업에 관한 설명으로 옳은 것은?

① 지적재조사사업은 지적소관청이 시행한다.
② 지적소관청은 지적재조사사업에 관한 기본 계획을 수립하여야 한다.
③ 지적재조사사업에 관한 주요 정책을 심의·의결하기 위하여 지적소관청 소속으로 중앙지적재조사위원회를 둔다.
④ 시·군·구의 지적재조사사업에 관한 주요 정책을 심의·의결하기 위하여 국토교통부장관 소속으로 시·군·구 지적재조사위원회를 둘 수 있다.

해설 [지적재조사사업]
① 지적재조사사업은 지적소관청이 시행한다.
② 국토교통부장관은 지적재조사사업에 관한 기본계획을 수립하여야 한다.
③ 지적재조사사업에 관한 주요정책을 심의의결하기 위하여 국토교통부장관 소속으로 중앙지적조사위원회를 둔다.
④ 시·군·구의 지적재조사사업에 관한 주요정책을 심의·의결하기 위하여 지적소관청 소속으로 시·군·구 지적재조사위원회를 둘 수 있다.

66. 다음 중 지적제도와 등기제도를 처음부터 일원화하여 운영한 국가는?

① 대만 ② 독일
③ 일본 ④ 네덜란드

해설 지적과 등기를 일원화된 체계로 운영하는 국가는 네덜란드, 일본, 대만, 터키, 인도네시아 등이며, 이중 처음으로 일원화하여 운영한 국가는 네덜란드이다.

67. 입안제도(立案制度)에 대한 설명으로 옳지 않은 것은?

① 입안은 매수인의 소재관(所在官)에게 제출하였다.
② 토지매매 후 100일 이내에 하는 명의변경 절차이다.
③ 입안 받지 못한 문기는 효력을 인정받지 못하였다.
④ 조선시대에 토지거래를 관(官)에 신고하고 증명을 받는 것이다.

해설 [입안(立案)제도]
① 매매계약이 성립되면 매매문기와 구문기를 첨부하여 매도인의 소재관에 제출한다.
② 조선시대에 실시한 제도로 오늘날의 등기부와 유사
③ 토지매매시 관청에서 증명한 공적 소유권 증서
④ 소유자확인 및 토지매매를 증명하는 제도

68. 다음 중 지적의 개념 연결이 잘못된 것은?

① 법지적 – 소유지적   ② 세지적 – 과세지적
③ 수치지적 – 입체지적 ④ 다목적지적 – 정보지적

해설 [수치지적(Numerical Cadastre)]
① 필지의 경계점을 그림으로 묘화하지 않고 수학적인 평면직각종횡선수치의 형태로 표시하는 것으로서 도면지적보다 정밀하게 경계를 등록할 수 있다.
② 통일원점을 기준으로 평면직각종횡선수치의 형태로 각 점을 좌표(X, Y)로 등록 공시하는 지적제도이다.
③ 2차원 평면지적이다.

69. 다음 경계 중 정밀지적측량이 수행되고 지적소관청으로부터 사정의 행정처리가 완료된 것은?

① 고정경계 ② 보증경계
③ 일반경계 ④ 특정경계

해설 [경계의 구분]
① 보증경계 : 지적측량사에 의해 정밀지적측량이 행해지고 지적관리청의 사정에 의해 행정처리가 완료되어 측정된 토지경계
② 고정경계 : 특정토지에 대한 경계점의 지상에 석주, 철주, 말뚝 등 경계표를 설치하거나 이를 정확하게 측량하여 지적 등록관리하는 경계
③ 일반경계 : 특정토지에 대한 소유권이 오랜 기간 동안 존속하였기에 담장, 울타리, 도로 등 자연적·인위적 형태의 지형지물을 필지별 경계로 인식하는 것

70. 토지의 이익에 영향을 미치는 문서의 공적등기를 보전하는 것을 주된 목적으로 하는 등록제도는?

① 권원 등록제도   ② 소극적 등록제도
③ 적극적 등록제도 ④ 날인증서 등록제도

해설 [날인증서등록제도]
① 토지의 이익에 영향을 미치는 문서의 공적등기를 보전하는 등록
② 등록된 문서가 등록되지 않은 문서 또는 뒤늦게 등록된 서류보다 우선권을 가짐
③ 문서가 본질적으로는 소유권을 입증하지는 못함
④ 독립된 거래에 대한 기록에 지나지 않음
[권원등록제도]
공적기관에서 보존되는 특정한 사람에게 귀속된 명확히 한정된 단위의 토지에 대한 권리와 그러한 권리들이 존속되는 한계에 대한 권위있는 등록

71. 조선시대 이성계와 그를 지지하는 신진세력들에 의하여 추진된 제도로서, 토지의 국유화에 의한 사전(私田)의 재분배와 수확량의 10분의 5가 일반화되었던 수조율(收租率)을 대폭 경감하여 국고와 경작자 사이에 개재하는 중간착취를 배제하고자 하는 목적으로 시행된 제도는?

① 과전법　　② 역분전
③ 전시과　　④ 정전제

해설
① 과전법 : 토지의 국유화에 의한 사전(私田)의 재분배와 수확량의 10분의 5가 일반화되었던 수조율(收租率)을 대폭 경감하여 국고와 경작자 사이에 개재하는 중간착취를 배제하고자 하는 목적으로 시행된 제도
② 역분전 : 고려는 삼국을 통일한 후 토지제도를 정비하기 위해 집권과 동시에 집권적 공전제(公田制)로서의 국유제도를 확립하였으며 역분전(役分田)을 효시로 토지제도를 정비하였다.
③ 전시과 : 고려시대 문무백관으로부터 말단의 부병, 한인에 이르기까지 국가의 관직에 복무하거나 직역을 부담하는 자에게 그들의 지위에 따라 응분의 전토(田土)와 시지(柴地)를 분급하는 제도
④ 정전제 : 정전제는 토지를 정(井)자 모양으로 구획하는 제도로 백성들에게 세금을 부과하는데 명확히 하기 위해 동일하게 구획한 토지에서 수확량에 따라 1/10씩 세금을 징수하기 위한 제도

72. 다목적 지적제도를 구축하는 이유로 가장 거리가 먼 것은?

① 토지 공개념 도입 용이
② 토지소유현황 파악 용이
③ 정확한 토지 과세정보의 획득
④ 중복업무 방지로 인한 국가 토지행정의 효율성 증대

해설 토지등록은 토지의 이동이 있을 때 토지소유자의 신청에 의하여 소관청이 결정하는 행정적 책임으로 토지의 공개념을 실현하는데 활용될 수 있으며, 이는 다목적 지적제도를 구축하는 이유로 볼 수 없다.

73. 신라시대에 시행한 토지측량 방식으로 토지를 여러 형태로 구분하여 측량하기 쉽도록 하였던 것은?

① 결부제　　② 경무법
③ 연산법　　④ 구장산술

해설 [신라의 구장산술의 토지형태]
방전(方田, 정사각형), 직전(直田, 직사각형), 구고전(句股田, 직각삼각형), 규전(圭田, 이등변삼각형), 제전(梯田, 사다리꼴), 원전(圓田, 원), 호전(弧田, 호), 환전(環田, 고리모양)

[삼국시대의 지적제도]

구분	고구려	백제	신라
길이단위	척		
면적단위	경무법	두락제, 결부제	결부제
토지장부	봉역도, 요동성총도	도적	장적
측량방식	구장산술		
부서조직	주부, 사자	내두좌평, 산학박사, 화사, 산사	조부, 산학박사
토지제도	토지국유제		

74. 현행 지목 중 차문자(次文字) 표기를 따르지 않는 것은?

① 주차장　　② 유원지
③ 공장용지　④ 종교용지

해설 지목을 지적도에 등록할 경우 하나의 문자로 압축하여 표기하도록 하며, 일반적으로 맨 앞의 문자(두문자, 24)와 두 번째 문자(차문자, 4)로 표기하며 두 번째 문자로 표기되는 지목은 **주차장(차), 공장용지(장), 하천(천), 유원지(원)** 등이 있다.

75. 다음 중 오늘날의 토지대장과 유사한 것이 아닌 것은?

① 문기(文記)　　② 양안(量案)
③ 도전장(都田帳)　④ 타량성책(打量成冊)

해설 [문기(文記)]
조선시대에 토지 및 가옥을 매수 또는 매도할 때 작성한 매매계약서를 말하며 명문문권이라고도 한다.

76. 토지조사사업 당시 지번의 부번방식으로 가장 많이 사용된 것은?

① 기우식　　② 단지식
③ 사행식　　④ 절충식

해설 [지번의 진행방향에 따른 부번방식]
① 사행식 : 농촌지역의 필지와 같이 배열이 불규칙한 지역에서 지번을 부여하는 가장 대표적인 방식으로 뱀이 기어가는 모습과 같다는 뜻이며 토지조사사업 당시부터 우리나라 지번의 대부분이 이 방식으로 부여되었다.
② 기우식 : 도로를 중심으로 한쪽은 홀수(奇數)로 그 반대는 짝수(偶數)로 지번을 부여하는 방법으로 경지정리 및 구획정리지구의 지번부여방식으로 많이 사용되고 있다.
③ 단지식 : 매 단지마다 하나의 본번(本番)을 부여하고 단지 내 다른 필지들은 본번에 부번(副番)을 부여하는 방법으로 Block식이라고도 한다.

77. 조선지세령(朝鮮地稅令)에 관한 내용으로 틀린 것은?

① 1943년 공포되어 시행되었다.
② 전문 7장과 부칙을 포함한 95개 조문으로 되어 있었다.
③ 토지대장, 지적도, 임야대장에 관한 모든 규칙을 통합하였다.
④ 우리나라 세금의 대부분인 지세에 관한 사항을 규정하는 것이 주목적이었다.

해설 [조선지세령(朝鮮地稅令)]
① 1943년에 제정·공포되어 조선총독부 시대에 시행되었다.
② 전문 7장과 부칙을 포함한 95개 조문으로 되어 있었다.
③ 지적에 관한 사항과 지세에 관한 사항을 동시에 규정하였다.
④ 우리나라 세금의 대부분인 지세에 관한 사항을 규정하는 것이 주목적이었다.

78. 일반적으로 양안에 기재된 사항에 해당되지 않는 것은?

① 지번, 면적
② 측량순서, 토지등급
③ 토지형태, 사표(四標)
④ 신구 토지소유자, 토지가격

해설 [양안(量案)의 기재사항]
① 고려시대 : 지목, 전형(토지의 형태), 토지소유자, 양전방향, 사표, 결수, 총결수
② 조선시대 : 논밭의 소재지, 지목, 면적, 자호, 전형, 토지소유자, 양전방향, 사표, 장광척, 등급, 결수, 결작 여부 등

79. 일필지에 대한 내용으로 틀린 것은?

① 자연적으로 형성된 토지단위
② 토지소유권이 미치는 구획단위
③ 토지의 법률적 단위로서 거래단위
④ 국가의 권력으로 결정하는 등록단위

해설 [일필지의 경계설정]
① 일필지의 경계는 지적측량에서 가장 우선적으로 설정하고 지적공부에 등록함으로써 경계에 대한 법적효력이 성립된다.
② 경계의 설정방법은 점을 사용하며 필지경계는 직선의 형태로 이루어진 울타리, 벽, 담, 도로, 하천 등의 가장자리를 따라 설정한다.
③ 일필지를 둘러싸고 있는 담장이나 울타리는 반드시 그 필지 내에 있어야 하고 필지가 황무지나 숲과 접해 있는 곳의 경계는 울타리의 형태에 관계없이 울타리 바깥 가장자리에 있어야 하며 연접한 필지가 동시에 생성되는 경우의 경계는 자연히 그 담장의 중앙에 있게 된다.
④ 일필지가 처음 생성될 때 설치한 항목이나 경계표는 담장이나 울타리의 소유권과 정확한 경계를 표시해주기 때문에 문제가 되지 않는다.

80. 지번의 특성에 해당되지 않는 것은?

① 토지의 식별   ② 토지의 가격화
③ 토지의 특정화   ④ 토지의 위치 추측

해설 [지번의 기능(지번의 특성)]
① 필지를 구별하는 개별성과 특정성의 기능
② 거주지, 주소표기의 기준으로 이용
③ 위치파악의 기준
④ 각종 토지관련 정보시스템에서 검색키로서의 기능
⑤ 물권의 객체의 구분
⑥ 등록공시의 단위

5과목 지적관계법규

81. 토지 등의 출입 등에 따른 손실보상에 관하여, 손실을 보상할 자와 손실을 받은 자의 협의가 성립되지 않거나 협의를 할 수 없는 경우 재결을 신청할 수 있는 곳은?

① 지적소관청
② 중앙지적위원회
③ 지방지적위원회
④ 관할 토지수용위원회

해설 [공간정보의 구축 및 관리 등에 관한 법률 제102조(토지 등의 출입 등에 따른 손실보상)]
손실을 보상할 자 또는 손실을 받은 자는 제2항에 따른 협의가 성립되지 아니하거나 협의를 할 수 없는 경우에는 관할 토지수용위원회에 재결(裁決)을 신청할 수 있다.

82. 부동산등기법에 따라 등기할 수 있는 권리가 아닌 것은?

① 소유권
② 저당권
③ 점유권
④ 지상권

해설 [등기할 수 있는 권리]
소유권, 지상권, 지역권, 전세권, 저당권, 권리질권, 채권담보권, 임차권
[등기할 수 없는 권리]
점유권, 유치권, 동산질권, 분묘기지권, 특수지역권

83. 국토의 계획 및 이용에 관한 법률상 용도지역의 지정 목적으로 옳은 것은?

① 도시기능을 증진시키고 미관·경관·안전 등을 도모
② 시가지의 무질서한 확산 방지로 계획적·단계적인 토지이용의 도모
③ 산업과 인구의 과대한 도시 집중을 방지하여 기반시설의 설치에 필요한 용지 확보
④ 토지의 이용 및 건축물의 용도, 건폐율, 용적률, 높이 등을 제한함으로써 토지의 경제적·효율적 이용 도모

해설 [국토의 계획 및 이용에 관한 법률 제2조(정의)]
① "용도구역"이란 토지의 이용 및 건축물의 용도·건폐율·용적률·높이 등에 대한 용도지역 및 용도지구의 제한을 강화하거나 완화하여 따로 정함으로써 시가지의 무질서한 확산방지, 계획적이고 단계적인 토지이용의 도모, 토지이용의 종합적 조정·관리 등을 위하여 도시·군관리계획으로 결정하는 지역을 말한다.
② "용도지역"이란 토지의 이용 및 건축물의 용도, 건폐율, 용적률, 높이 등을 제한함으로써 토지를 경제적·효율적으로 이용하고 공공복리의 증진을 도모하기 위하여 서로 중복되지 아니하게 도시·군관리계획으로 결정하는 지역을 말한다.

84. 공간정보의 구축 및 관리 등에 관한 법령상 지목의 구분에 따라, 한강을 이용한 경정장의 지목으로 옳은 것은?

① 하천
② 유원지
③ 잡종지
④ 체육용지

해설 [공간정보의 구축 및 관리 등에 관한 법률 시행령 제58조(지목의 구분)]
① 하천 : 자연의 유수(流水)가 있거나 있을 것으로 예상되는 토지
② 유원지 : 일반 공중의 위락·휴양 등에 적합한 시설물을 종합적으로 갖춘 수영장·유선장(遊船場)·낚시터·어린이놀이터·동물원·식물원·민속촌·경마장·야영장 등의 토지와 이에 접속된 부속시설물의 부지. 다만, 이들 시설과의 거리 등으로 보아 독립적인 것으로 인정되는 숙식시설 및 유기장(遊技場)의 부지와 하천·구거 또는 유지[공유(公有)인 것으로 한정한다]로 분류되는 것은 제외한다.
③ 잡종지 : 다음 각 목의 토지. 다만, 원상회복을 조건으로 돌을 캐내는 곳 또는 흙을 파내는 곳으로 허가된 토지는 제외한다.
  가. 갈대밭, 실외에 물건을 쌓아두는 곳, 돌을 캐내는 곳, 흙을 파내는 곳, 야외시장 및 공동우물
  나. 변전소, 송신소, 수신소 및 송유시설 등의 부지
  다. 여객자동차터미널, 자동차운전학원 및 폐차장 등 자동차와 관련된 독립적인 시설물을 갖춘 부지
  라. 공항시설 및 항만시설 부지
  마. 도축장, 쓰레기처리장 및 오물처리장 등의 부지
  바. 그 밖에 다른 지목에 속하지 않는 토지

④ 체육용지 : 국민의 건강증진 등을 위한 체육활동에 적합한 시설과 형태를 갖춘 종합운동장·실내체육관·야구장·골프장·스키장·승마장·경륜장 등 체육시설의 토지와 이에 접속된 부속시설물의 부지. 다만, 체육시설로서의 영속성과 독립성이 미흡한 정구장·골프연습장·실내수영장 및 체육도장과 유수(流水)를 이용한 요트장 및 카누장 등의 토지는 제외한다.

85. 지적재조사사업에 관한 기본계획 수립 시 포함하여야 하는 사항으로 옳지 않은 것은?

① 지적재조사사업의 시행기간
② 지적재조사사업에 관한 기본방향
③ 지적재조사사업비의 시·군별 배분계획
④ 지적재조사사업에 필요한 인력 확보계획

해설 [지적재조사사업에 관한 특별법 제4조(기본계획의 수립)]
① 국토교통부장관은 지적재조사사업을 효율적으로 시행하기 위하여 다음 사항을 포함한 지적재조사사업에 관한 기본계획을 수립해야 한다.
  1. 지적재조사사업에 관한 기본방향
  2. 지적재조사사업의 시행기간 및 규모
  3. 지적재조사사업비의 연도별 집행계획
  4. 지적재조사사업비의 특별시·광역시·도·특별자치도·특별자치시 및 「지방자치법」에 따른 대도시로서 구를 둔 시별 배분 계획
  5. 지적재조사사업에 필요한 인력의 확보에 관한 계획
  6. 그 밖에 지적재조사사업의 효율적 시행을 위하여 필요한 사항으로서 대통령령으로 정하는 사항

86. 다음 중 지번을 새로이 부여해야 할 경우가 아닌 것은?

① 등록전환   ② 신규등록
③ 임야분할   ④ 지목변경

해설 지목변경은 지적측량을 수반하지 않아도 되며, 새로이 지번을 부여할 필요도 없다.

87. 토지의 지번이 결번되는 사유에 해당되지 않는 것은?

① 지번의 변경   ② 토지의 분할
③ 행정구역의 변경   ④ 도시개발사업의 시행

해설 [공간정보의 구축 및 관리 등에 관한 법률 제2조(정의)]
"축척변경"은 지적도에 등록된 경계점의 정밀도를 높이기 위하여 작은 축척을 큰 축척으로 변경하여 등록하는 것을 말한다.

88. 공간정보의 구축 및 관리 등에 관한 법률상 1년 이하의 징역 또는 1천만원 이하의 벌금대상으로 옳은 것은?

① 정당한 사유 없이 측량을 방해한 자
② 측량업 등록사항의 변경신고를 하지 아니한 자
③ 무단으로 측량성과 또는 측량기록을 복제한 자
④ 고시된 측량성과에 어긋나는 측량성과를 사용한 자

해설 [공간정보의 구축 및 관리 등에 관한 법률 제107~109조(벌칙), 제110조(양벌규정), 제111조(과태료)]
① 정당한 사유없이 측량을 방해한 자 : 300만원 이하의 과태료
② 측량업 등록사항의 변경신고를 하지 아니한 자 : 측량업의 정지사항
③ 무단으로 측량성과 또는 측량기록을 복제한 자 : 1년 이하의 징역 또는 1000만원 이하의 벌금
④ 고시된 측량성과에 어긋나는 측량성과를 사용한 자 : 300만원 이하의 과태료 부과

89. 측량업의 등록취소 및 영업정지에 관한 설명으로 옳지 않은 것은?

① 다른 사람에게 자기의 측량업 등록증을 빌려 준 경우 등록취소 사유가 된다.
② 거짓이나 그 밖의 부정한 방법으로 측량업을 등록한 경우 등록을 취소하여야 한다.
③ 영업정지기간 중에 측량업을 영위한 경우일지라도 등록취소가 아닌 재차의 영업정지 명령이 내려질 수 있다.

④ 지적측량업자가 법 규정에 의한 지적측량수수료보다 과소하게 받은 경우도 등록취소 및 영업정지 처분의 대상이 된다.

해설 다른 행정기관이 관계 법령에 따라 업무정지를 요구한 경우는 1차위반시 3개월 업무정지, 2차위반시 6개월 업무정지, 3차위반시 등록취소의 행정처분한다. (공간정보의 구축 및 관리 등에 관한 법률 시행규칙 별표11)
[공간정보의 구축 및 관리 등에 관한 법률 제96조 (성능검사대행자의 등록취소 등)]
1. 등록취소
   ① 거짓이나 그밖의 부정한 방법으로 등록을 한 경우
   ② 거짓이나 부정한 방법으로 성능검사를 한 경우
   ③ 다른 사람에게 자기의 성능검사대행자등록증을 빌려주거나 자기의 성명 또는 상호를 사용하여 성능검사 대행업무를 수행하게 한 경우
   ④ 업무정지기간 중에 계속하여 성능검사대행업무를 한 경우
2. 업무정지
   ① 등록기준에 미달하게 된 경우. 다만, 일시적으로 등록기준에 미달하는 등 대통령령으로 정하는 경우는 제외한다.
   ② 등록사항 변경신고를 하지 아니한 경우
   ③ 정당한 사유 없이 성능검사를 거부하거나 기피한 경우
   ④ 다른 행정기관이 관계 법령에 따라 등록취소 또는 업무정지를 요구한 경우

90. 부동산등기법상 합필의 등기를 할 수 있는 것은?

① 소유권 등기가 있는 토지
② 전세권 등기가 있는 토지
③ 승역지에 하는 지역권의 등기가 있는 토지
④ 합필하려는 모든 토지에 있는 등기원인 및 그 연원일과 접수번호가 상이한 저당권에 관한 등기가 있는 토지

해설 [공간정보의 구축 및 관리 등에 관한 법률 제80조(합병신청)]
– 합병신청이 불가한 경우 –
1. 합병하려는 토지의 지번부여지역, 지목 또는 소유자가 서로 다른 경우
2. 합병하려는 토지에 다음 각 목의 등기 외의 등기가 있는 경우
   가. 소유권·지상권·전세권 또는 임차권의 등기
   나. 승역지(承役地)에 대한 지역권의 등기
   다. 합병하려는 토지 전부에 대한 등기원인(登記原因) 및 그 연월일과 접수번호가 같은 저당권의 등기
3. 그 밖에 합병하려는 토지의 지적도 및 임야도의 축척이 서로 다른 경우 등 대통령령으로 정하는 경우

91. 공간정보의 구축 및 관리 등에 관한 법률상 규정된 지목의 종류로 옳지 않은 것은?

① 운동장
② 유원지
③ 잡종지
④ 철도용지

해설 [지목의 종류]
전, 답, 과수원, 목장용지, 임야, 광천지, 염전, 대, 공장용지, 학교용지, 주차장, 주유소용지, 창고용지, 도로, 철도용지, 제방, 하천, 구거, 유지, 양어장, 수도용지, 공원, 체육용지, 유원지, 종교용지, 사적지, 묘지, 잡종지

92. 다음 중 지적공부에 등록하는 토지의 표시가 아닌 것은?

① 소유자
② 지번과 지목
③ 토지의 소재
④ 경계 또는 좌표

해설 [토지의 표시]
지적공부에 토지의 소재, 지번, 지목, 면적, 경계 또는 좌표를 등록하는 것

93. 국토의 계획 및 이용에 관한 법률에 따른 도시·군관리계획에 포함되지 않는 것은?

① 지적불부합지역의 지적재조사에 관한 계획
② 기반시설의 설치·정비 또는 개량에 관한 계획
③ 용도지역·용도지구의 지정 또는 변경에 관한 계획
④ 지구단위계획구역의 지정 또는 변경에 관한 계획과 지구단위계획

해설 [국토의 계획 및 이용에 관한 법률 제2조(정의)]
"도시·군관리계획"이란 특별시·광역시·특별자치시·특별자치도·시 또는 군의 개발·정비 및 보전을 위하여 수립하는 토지 이용, 교통, 환경, 경관, 안전, 산업, 정보통신, 보건, 복지, 안보, 문화 등에 관한 다음 각 목의 계획을 말한다.
가. 용도지역·용도지구의 지정 또는 변경에 관한 계획
나. 개발제한구역, 도시자연공원구역, 시가화조정구역(市街化調整區域), 수산자원보호구역의 지정 또는 변경에 관한 계획
다. 기반시설의 설치·정비 또는 개량에 관한 계획
라. 도시개발사업이나 정비사업에 관한 계획
마. 지구단위계획구역의 지정 또는 변경에 관한 계획과 지구단위계획
바. 입지규제최소구역의 지정 또는 변경에 관한 계획과 입지규제최소구역계획

94. 축척변경 시행지역의 토지는 어느 때에 토지의 이동이 있는 것으로 보는가?

① 청산금 산출일
② 청산금 납부일
③ 축척변경 승인공고일
④ 축척변경 확정공고일

해설 [공간정보의 구축 및 관리 등에 관한 법률 제2조(정의)]
"토지의 이동(異動)"이란 토지의 표시를 새로 정하거나 변경 또는 말소하는 것을 말한다.

95. 경위의측량방법으로 세부측량을 한 경우 측량결과도에 적어야 하는 사항이 아닌 것은?

① 방위각
② 측량기하적
③ 지상에서 측정한 거리
④ 측량대상 토지의 점유현황선

해설 측량기하적은 평판측량방법에 의해 세부측량을 한 경우 표시하게 된다.
[측량결과도에 기재할 사항]
1. 측량준비파일의 사항
2. 측정점의 위치
3. 지상에서 측정한 거리 및 방위각
4. 측량대상 토지의 경계점간 실측거리

5. 측량대상 토지의 토지이동 전의 지번과 지목
6. 측량결과도의 제명 및 번호와 지적도의 도면번호
7. 신규등록 또는 등록전환하려는 경계선 및 분할경계선
8. 측량대상 토지의 점유현황선
9. 측량 및 검사의 연월일, 측량자 및 검사자의 성명·소속 및 자격등급

96. 축척변경에 따른 청산금을 산정한 결과 증가된 면적에 대한 청산금의 합계와 감소된 면적에 대한 청산금의 합계에 차액이 생긴 경우 부족액은 누가 부담하는가?

① 지적소관청
② 지방자치단체
③ 국토교통부장관
④ 증가된 면적의 토지소유자

해설 [공간정보의 구축 및 관리 등에 관한 법률 시행령 제75조(청산금의 산정)]
청산금을 산정한 결과 증가된 면적에 대한 청산금의 합계와 감소된 면적에 대한 청산금의 합계에 차액이 생긴 경우 **초과액은 그 지방자치단체의 수입**으로 하고, **부족액은 그 지방자치단체가 부담**한다.

97. 전파기 또는 광파기측량방법에 따른 지적삼각점의 관측과 계산 기준으로 틀린 것은?

① 표준편차가 ±(5mm+5ppm) 이상인 정밀측거기를 사용한다.
② 삼각형의 내각계산은 기지각과의 차가 ±40초 이내이어야 한다.
③ 점간거리는 3회 측정하고, 원점에 투영된 수평거리로 계산하여야 한다.
④ 측정치의 최대치와 최소치의 교차가 평균치의 10만분의 1 이하일 때는 그 평균치를 측정거리로 한다.

해설 [전파기 또는 광파기 측량방법에 따른 지적삼각점의 관측과 계산]
① 전파 또는 광파측거기는 표준편차가 ±(5mm+5ppm) 이상인 정밀측거기를 사용한다.

② **점간거리는 5회 측정**하여 그 측정치의 최대치와 이 평균치의 10만분의 1 이하일 때는 그 평균치를 측정거리로 하고 원점에 투영된 수평거리로 계산하여야 한다.
③ 삼각형의 내각은 세변의 평면거리에 의하여 계산하며 기지각과의 차가 ±40초 이내이어야 한다.

1. 토지의 이용현황
2. 관계법령의 저촉여부
3. 조사자의 의견, 조사연월일 및 조사자 직·성명

98. 지적공부의 '대장'으로만 나열된 것은?

① 토지대장, 임야도
② 대지권등록부, 지적도
③ 공유지연명부, 토지대장
④ 경계점좌표등록부, 일람도

[해설] [지적공부의 구분]
① 대장 : 토지대장, 임야대장, 공유지연명부, 대지권등록부, 경계점좌표등록부
② 도면 : 지적도, 임야도, 일람도, 경계점좌표등록부

99. 다음 중 면적의 최소 등록단위가 다른 하나는? (단, 경계점좌표등록부에 등록하는 지역의 경우는 고려하지 않는다.)

① 1/600   ② 1/1000
③ 1/2400   ④ 1/6000

[해설] 대축척일수록 면적의 최소등록단위가 작아지며 1:600 축척인 경우 면적은 최소 0.1㎡로, 나머지 축척은 1㎡로 등록한다.

100. 지목변경 및 합병을 하여야 하는 토지가 있을 때 작성하는 현지조사서에 포함되어야 하는 사항에 해당되지 않는 것은?

① 조사자의 의견   ② 소유자 변동이력
③ 토지의 이용현황   ④ 관계법령의 저촉여부

[해설] [지적업무처리규정 제50조(지적공부정리신청의 조사)]
지목변경 및 합병을 하여야 하는 토지가 있을 때와 등록전환에 따라 지목이 바뀔 때에는 다음 각 호의 사항을 확인·조사하여 현지조사서를 작성하여야 한다.

2021년도 제2회 지적기사 기출문제

1과목 지적측량

01. 경위의측량방법으로 세부측량을 하였을 때 측량대상 토지의 경계점 간 실측거리와 경계점의 좌표에 따라 계산한 거리의 교차기준은? (단, L은 실측거리로서 미터단위로 표시한 수치를 말한다.)

① $\frac{3L}{10}$ 센티미터 이내

② $\frac{3L}{100}$ 센티미터 이내

③ $3+\frac{L}{10}$ 센티미터 이내

④ $3+\frac{L}{100}$ 센티미터 이내

해설 경계점간 실측거리와 계산거리의 교차는 $3+\frac{L}{10}$(센티미터) 이내여야 한다.

02. 지적삼각점성과표에 기록·관리하여야 하는 사항이 아닌 것은?

① 번호 및 위치의 약도
② 소재지와 측량연월일
③ 시준점의 명칭, 방위각 및 거리
④ 지적삼각점의 명칭과 기준 원점명

해설 [지적기준점성과표의 기록 및 관리]

지적삼각점측량	지적삼각보조점측량
1. 지적삼각점의 명칭과 기준 원점명	1. 번호 및 위치의 약도
2. 좌표 및 표고	2. 좌표와 직각좌표계 원점명
3. 경도 및 위도	3. 경도와 위도
4. 자오선수차	4. 표고
5. 시준점의 명칭, 방위각 및 거리	5. 소재지와 측량연월일
6. 소재지와 측량연월일	6. 도선등급 및 도선명
7. 그 밖의 참고사항	7. 표지의 재질
	8. 도면번호
	9. 설치기관
	10. 조사연월일, 조사자 직위 성명 등

03. 다각망도선법에 따른 지적도근점측량에 대한 설명으로 옳은 것은?

① 1도선의 점의 수는 최대 40점 이하로 한다.
② 각 도선의 교점은 지적도근점의 번호 앞에 '교점'자를 붙인다.
③ 3점 이상의 기지점을 포함한 결합다각방식에 따른다.
④ 영구표지를 설치하지 않는 경우, 지적도근점의 번호는 시·군·구별로 부여한다.

해설 [다각망도선법에 따른 지적도근점측량]
① 1도선의 점의 수는 20개 이하로 한다.
② 각 도선의 교점은 지적도근점의 번호 앞에 '교'자를 붙인다.
③ 3점 이상의 기지점을 포함한 결합다각방식에 따른다.
④ 영구표지를 설치하는 경우, 시행지역별로 설치순서에 따라 일련번호를 부여한다.(영구표지를 설치하는 경우는 시·군·구별로)

정답 98. ③ 99. ① 100. ② / 01. ③ 02. ① 03. ③

04. 어떤 도선측량에서 변장거리 800m, 측점 8점, △x의 폐합차 7cm, △y의 폐합차 6cm의 결과를 얻었다. 이때 정도를 구하는 올바른 식은?

① $\dfrac{\sqrt{0.07^2+0.06^2}}{(8-1)800}$ ② $\dfrac{\sqrt{0.07^2+0.06^2}}{800}$

③ $\dfrac{\sqrt{0.07^2+0.06^2}}{8\times 800}$ ④ $\dfrac{\sqrt{0.07^2-0.06^2}}{800}$

해설 도선측량의 정도는 $\dfrac{\text{폐합오차}}{\text{전체측선의 길이}}$ 이므로

$$\dfrac{\sqrt{\Delta x^2+\Delta y^2}}{\sum L}=\dfrac{\sqrt{0.07^2+0.06^2}}{800}$$

05. 다음 중 지적도근점측량에서 지적도근점을 구성하는 도선의 형태에 해당하지 않는 것은?

① 개방도선 ② 결합도선
③ 폐합도선 ④ 다각망도선

해설 [지적도근점측량에서 지적도근점의 구성형태]
결합도선, 폐합도선, 왕복도선, 다각망도선으로 구성

06. 지적삼각측량에서 진북방향각의 계산단위로 옳은 것은?

① 초 아래 1자리 ② 초 아래 2자리
③ 초 아래 3자리 ④ 초 아래 4자리

해설 지적삼각측량에서 진북방향각의 계산단위는 초아래 1자리로 한다.

07. 우리나라 직각좌표계의 원점축척계수로 옳은 것은?

① 0.9996 ② 0.9997
③ 0.9999 ④ 1.0000

해설 우리나라에서 지적도 제작에 사용되는 TM투영의 중앙자오선에서의 축척계수는 1.0000이며, 중앙자오선 이외 지역에서의 축척계수는 1보다 크다.

08. 지적삼각점 간 거리가 2.5km에서 각도 오차가 1′20″가 발생되었다면 위치 오차는?

① 0.3m ② 0.5m
③ 1.0m ④ 1.4m

해설 거리오차와 측각오차의 정밀도는 다음 식으로 정리된다.

$\dfrac{\Delta h}{D}=\dfrac{\theta}{\rho(1\text{라디안})}$ 에서 $\dfrac{\Delta h}{2500m}=\dfrac{1'20''}{\dfrac{180°}{\pi}}$ 이므로

$$\Delta h=\dfrac{0°1'20''\times 2500m}{\dfrac{180°}{\pi}}\fallingdotseq 1m$$

09. 지적삼각보조점표지의 점간거리 기준으로 옳은 것은? (단, 다각망도선법에 따르는 경우다.)

① 평균 2km 이상 5km 이하
② 평균 1km 이상 3km 이하
③ 평균 0.5km 이상 1km 이하
④ 평균 0.3km 이상 5km 이하

해설 [지적기준점의 점간거리]
① 지적삼각점 : 2~5km 이상
② 지적삼각보조점 : 1~3km, 다각망도선법 : 0.5~1km 이하
③ 지적도근점 : 50~300m, 다각망도선법 : 500m 이하

10. 평판측량방법으로 세부측량을 할 때에 지적도, 임야도에 따라 작성하는 측량 준비 파일에 포함시켜야 할 사항이 아닌 것은?

① 인근 토지의 경계선·지번 및 지목
② 측량대상 토지의 경계선·지번 및 지목
③ 지적기준점 간의 거리, 지적기준점의 좌표
④ 지적기준점 간의 방위각 및 경계점간 계산거리

해설 지상에서 측정한 거리 및 방위각은 경위의 측량방법으로 세부측량할 때 측량준비파일에 포함하여야 할 사항이다.

[경위의측량방법과 평판측량방법으로 세부측량을 할 때 측량준비파일 작성에 공통적으로 포함하는 사항]
① 측량대상토지의 경계선·지번 및 지목
② 인근 토지의 경계선·지번 및 지목
③ 행정구역선과 그 명칭
④ 지적측량기준점 및 그 번호와 지적측량기준점 간의 거리
⑤ 지적측량기준점의 좌표 등

11. 전자기 또는 광파기측량방법에 따라 다각망도선법으로 지적삼각보조점측량을 할 때 기지점과 교점을 포함하여 1도선의 거리는 얼마 이하로 하여야 하는가?

① 20점 이하   ② 10점 이하
③ 15점 이하   ④ 5점 이하

해설 [다각망도선법에 의한 지적삼각측보조점측량의 기준]
① 3점 이상의 기지점으로 포함한 결합다각방식에 의한다.
② 1도선의 거리는 4km 이하로 한다.
③ 1도선의 점의 수는 기지점과 교점 포함하여 5점 이하로 한다.
④ 1도선은 기지점과 교점, 교점과 교점 간의 거리이다.

12. UTM좌표계에 대한 설명으로 옳은 것은?

① 종선좌표의 원점은 위도 38°선이다.
② 중앙자오선에서 멀수록 축척계수는 작아진다.
③ 우리나라는 UTM좌표를 53, 54 종대에 속해 있다.
④ UTM투영은 적도선을 따라 6°간격으로 이루어진다.

해설 [UTM좌표계]
① 종선좌표의 원점은 적도이다.
② 적도를 기준으로 멀어질수록 축척계수는 작아진다.
③ 우리나라는 UTM좌표 51, 52 종대에 속해 있다.
④ UTM투영은 적도선을 따라 6°간격으로 이루어진다.

13. 지적도 및 임야도에 등록하는 도곽선의 용도가 아닌 것은?

① 토지경계의 측정기준
② 도곽신축량의 측정기준
③ 인접도면과의 접합기준
④ 지적측량 기준점 전개시의 기준

해설 [도곽선의 용도]
① 지적기준점을 전개할 때의 기준
② 방위의 표시(도북방향)
③ 인접도면과의 접합기준
④ 도곽의 신축량 측정할 때의 기준
⑤ 측량결과도와 실지의 부합여부 확인의 기준

14. 지적기준점을 19점 설치하여 측량하는 경우 측량기간으로 옳은 것은?

① 4일   ② 5일
③ 6일   ④ 7일

해설 ① 지적측량의 측량기간은 5일로 하며, 측량검사기간은 4일로 한다.
② 지적기준점을 설치하여 측량 또는 측량검사를 하는 경우 지적기준점이 15점 이하인 경우에는 4일, 15점을 초과하는 경우에는 15점을 초과하는 4점마다 1일을 가산하도록 하고 있다.
③ 문제의 조건은 지적기준점 19점 설치이므로 15점에 4일, 초과 4점에 대하여 1일을 가산하므로 측량기간은 5일이 된다.

15. 데오도라이트의 기계오차 중 수평각 관측 시 고려하지 않아도 되는 것은?

① 기포관조정   ② 수평축의 조정
③ 십자선 종선의 조정   ④ 망원경 수준기의 조정

해설 [데오도라이트의 수평각 조정]
① 제1조정 : 기포관의 조정
② 제2조정 : 십자종선의 조정
③ 제3조정 : 수평축의 조정
[데오도라이트의 수직각 조정]
① 제4조정 : 십자횡선의 조정
② 제5조정 : 망원경 수준기의 조정
③ 제6조정 : 연직분도원 버니어의 조정

16. 거리측량을 할 때 발생하는 오차 중 우연오차의 원인이 아닌 것은?

① 테이프의 길이가 표준길이와 다를 때
② 온도가 측정 중 시시각각으로 변할 때
③ 눈금의 끝수를 정확히 읽을 수 없을 때
④ 측정 중 장력을 확보하기 곤란할 때

[해설] 테이프의 길이가 표준길이와 다를 때는 정오차로 횟수에 비례하여 오차가 누적되는 성질을 보인다.

17. 조준의(앨리데이드)가 갖추어야 할 조건으로 틀린 것은?

① 시준판의 눈금은 정확하여야 한다.
② 기포관 축은 자의 밑면과 평행이어야 한다.
③ 시준판은 조준의의 밑면에 직교되어야 한다.
④ 시준판을 세웠을 때 밑면에 평행하여야 한다.

[해설] 조준의(앨리데이드) 시준판을 세웠을 때 조준의의 밑면에 직교되어야 한다.

18. A점의 좌표가(1000.00, 1000.00)이고 AP의 방위각이 60°00′00″, AP의 거리가 3000m일 때 P점의 좌표는? (단, 좌표의 단위는 m이다.)

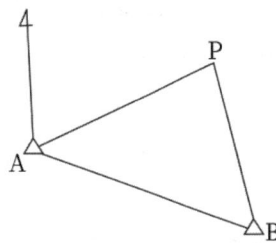

① (1500.00, 1000.00) ② (2476.89, 2611.29)
③ (2500.00, 3598.08) ④ (3611.28, 3611.09)

[해설] ① $X_P = X_A + \overline{AP} \times \cos\theta = 1000 + 3000 \times \cos 60° = 2500m$
② $Y_P = Y_A + \overline{AP} \times \sin\theta = 1000 + 3000 \times \sin 60°$
$= 3598.08m$

19. α=58°40′50″, AC=64.85m, BD=59.60m인 아래 도형의 면적은?

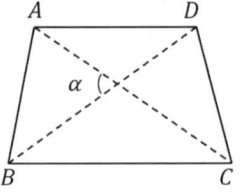

① 1650.9m²   ② 1805.4m²
③ 1950.9m²   ④ 2005.4m²

[해설] $A = \frac{1}{2} AC \times BD \times \sin\alpha$에서
$A = \frac{1}{2} \times 64.85 \times 59.60 \times \sin 58°40′50″ = 1650.9m^2$

20. 지적삼각점측량을 할 때 사용하고자 하는 삼각점의 변동 유무를 확인하는 기준은?

① 기지각과의 오차가 ±30초 이내
② 기지각과의 오차가 ±40초 이내
③ 기지각과의 오차가 ±50초 이내
④ 기지각과의 오차가 ±60초 이내

[해설] [지적삼각측량 수평각의 측각공차]
① 1방향각 : 30초 이내
② 1측회의 폐색 : ±30초 이내
③ 삼각형내각관측치의 합과 180도와의 차 : ±30초 이내
④ 기지각과의 차 : ±40초 이내

2과목 응용측량

21. 지형도에서 92m 등고선 상의 A점과 118m 등고선 상의 B점 사이에 기울기가 8%로 일정한 도로를 만들었을 때, AB 사이 도로의 실제 경사거리는?

① 347m   ② 339m
③ 332m   ④ 326m

해설 ① 경사 (%) = $\frac{H}{D} \times 100(\%)$ 에서

$$8(\%) = \frac{118m - 92m}{D} \times 100(\%) \text{이므로}$$

$$D = \frac{118m - 92m}{8(\%)} \times 100(\%) = 325m$$

② 경사거리는 피타고라스정리에 의해 산정한다.

경사거리 = $\sqrt{D^2 + H^2} = \sqrt{325^2 + 26^2} ≒ 326m$

22. GNSS 측량에서 다중경로오차가 발생할 가능성이 가장 큰 곳은?

① 사막 ② 수중
③ 지하 ④ 건물 옆

해설 [Multipath(다중경로)]
도심지와 같이 장애물이 많은 경우 높은 건물 등에 전파가 굴절되어 전파 송신이 지연되거나 단절되는 현상

23. 궤도간격 1.067m인 철도에서 곡선반지름이 5000m인 곡선궤도를 속도 100km/h로 주행할 경우에 캔트(cant)의 높이는? (단, 중력가속도 g=9.8m/s²)

① 17mm ② 25mm
③ 31mm ④ 60mm

해설 캔트 $C = \frac{bV^2}{gR}$ 에서

$$C = \frac{1.067 \times \left(\frac{100}{3.6}\right)^2}{9.8 \times 5000} ≒ 0.017m = 17mm$$

24. 수준 측량시 중간시가 많은 경우 가장 편리한 야장 기입 방법은?

① 기고식 ② 고차식
③ 승강식 ④ 기준면식

해설 [수준측량 야장기입법]
① 고차식 : 중간점없이 이기점 전시와 후시로만 관측된 야장으로 가장 간단하다.
② 승강식 : 완전한 검사로 정밀측량에 적당하나, 중간점이 많으면 계산이 복잡하고 시간과 비용이 많이 든다.
③ 기고식 : 중간점이 많을 경우 편리하나 완전한 검산을 할 수 없는 단점에도 가장 많이 사용되는 방법이다.

25. 회전주기가 일정한 위성을 이용한 원격탐사의 특징으로 틀린 것은?

① 짧은 시간에 넓은 지역을 동시에 측정할 수 있으며 반복측정이 주기적으로 가능하여 대상물의 변화를 감지할 수 있다.
② 다중파장대에 의한 지구표면의 다양한 정보의 취득이 용이하며 관측 자료가 수치로 기록되어 판독에 있어서 자동적인 작업수행이 가능하고 정량화하기 쉽다.
③ 관측이 넓은 시야각으로 행해지므로 얻어진 영상은 중심투영에 가깝다.
④ 탐사된 자료가 즉시 이용될 수 있으며 재해 및 환경문제의 해결에 유용하게 이용될 수 있다.

해설 [원격탐사의 특징]
① 수치화된 관측자료를 통한 저장과 분석이 용이
② 단기간 내에 넓은 지역 동시 관측 가능
③ 회전주기가 일정하므로 주기적인 반복관측이 가능
④ 관측이 좁은 시야각으로 얻어진 영상은 정사투영에 가깝다.
⑤ 탐사된 자료가 즉시 이용될 수 있으며 재해, 환경문제 해결에 편리하다.

26. 클로소이드 곡선에 대한 설명으로 옳지 않은 것은?

① 클로소이드형식에는 기본형, S형, 나선형, 복합형 등이 있다.
② 모든 클로소이드는 닮은꼴이다.
③ 단위 클로소이드의 모든 요소들은 단위가 없다.
④ 매개변수(A)에 의해 클로소이드의 크기가 정해진다.

정답 16. ① 17. ④ 18. ③ 19. ① 20. ② 21. ④ 22. ④ 23. ① 24. ① 25. ③ 26. ③

해설 [클로소이드의 성질]
① 클로소이드는 나선의 일종이다.
② 모든 클로소이드는 닮은꼴(상사성)이다.
③ 단위가 있는 것도 있고 없는 것도 있다.
④ τ는 30°가 적당하다.

27. 수직 터널에 의하여 지상과 지하의 측량을 연결할 때의 수선측량에 대한 설명으로 틀린 것은?

① 깊은 수직 터널에 내리는 추는 50~60kg 정도의 추를 사용할 수 있다.
② 추를 드리울 때, 깊은 수직 터널에서는 보통 피아노선이 이용된다.
③ 수직 터널 밑에는 물이나 기름을 담은 물통을 설치하고 내린 추가 그 물통 속에서 동요하지 않게 한다.
④ 수직 터널 밑에서 수선의 위치를 결정하는 데는 수선이 완전 정지하는 것을 기다린 후 1회 관측값으로 결정한다.

해설 [터널 내외의 연결측량]
① 깊은 수갱은 피아노선이 사용되며 무게는 50~60kg
② 추는 얕은 수갱일 경우 철선, 동선 등이 사용되며, 무게는 5kg 이하
③ 추가 진동하므로 직각방향으로 진동의 위치를 10회 이상 관측하여 평균값으로 정지점 정함
④ 하나의 수갱에서 두 개의 추를 달아 이것에 의하여 연직면을 결정하고 그 방위각을 지상에서 측정하여 지하의 측량에 연결
⑤ 수갱 밑바닥에는 물 또는 기름을 넣은 통을 두어 추의 진동을 감소시킴

28. 축척 1:25000의 항공사진을 200km/h로 촬영한 경우에 최장노출시간이 1/100초였다면 사진에서 허용 흔들림량은?

① 0.002mm   ② 0.02mm
③ 0.2mm   ④ 2mm

해설 최장노출시간은 셔터의 노출시간으로 촬영을 위해 조리개가 열리고 닫히는 순간의 흔들림량에 비례한다.

최장노출시간 $T_l = \frac{\Delta S \cdot m}{V}$ 에서

$\Delta S = \frac{T_l \times V}{m} = \frac{\frac{1}{100} \times \left(\frac{180}{3.6}\right)}{25000} = 2 \times 10^{-5} m = 0.02mm$

29. 영상정합의 종류에서 객체의 점, 선, 면의 밝기값 등을 이용하는 정합은?

① 단순 정합   ② 관계형 정합
③ 형상 기준 정합 ④ 영역 기준 정합

해설 [영상정합방법의 종류]
① 영역기준정합 : 기준영역의 밝기를 기준으로 매칭 대상 영상의 동일구역을 일정한 범위 내에서 이동시키면서 밝기값 비교
② 형상기준정합 : 원영상으로부터 점, 경계선, 지역 등의 형상을 추출한 후, cost function을 이용하여 유사성 관측
③ 관계형정합 : 영상에 나타나는 특징들을 선이나 영역 등의 부호적 표현을 이용하여 묘사

30. 원곡선의 설치에서 곡선반지름이 150m, 교각 I = 60°인 노선의 기점에서 교점(I. P.)까지의 추가거리가 211.60m일 때 시단현에 의한 편각은? (단, 중심말뚝은 20m 마다 설치하는 것으로 가정한다.)

① 2°6′ 35″   ② 2°51′ 53″
③ 3°44′ 35″   ④ 5°44′ 53″

해설 중심말뚝의 간격이 20m이므로 시단현의 길이는 곡선시점에서 다음 말뚝까지의 거리를 의미한다.

$T.L = R\tan\frac{I}{2} = 150 \times \tan\frac{60°}{2} = 86.60m$

곡선시점(B.C)의 위치 = 시점 ~ 교점까지의 거리 − T.L = 211.60 − 86.60 = 125.00m
시단현(l_1)의 길이 = 곡선시점인 125.00m 보다 큰 20의 배수인 140m 에서 곡선 시점까지의 거리를 뺀 값이다.
= 140 − 125.00 = 15.00m

시단현 편각(δ) = $\frac{l_1}{2R} \times \rho = \frac{15}{2 \times 150} \times \frac{180°}{\pi} = 2°51′53″$

31. 터널 안에서 A점의 좌표가 (1749.0, 1134.0, 126.9), B점의 좌표가 (2419.0, 987.0, 149.4)일 때 A, B점을 연결하는 터널을 굴진하는 경우 이 터널의 경사거리는? (단, 좌표의 단위는 m이다.)

① 685.94m ② 686.19m
③ 686.31m ④ 686.57m

해설 $\overline{AB} = \sqrt{(\Delta x)^2 + (\Delta y)^2 + (\Delta z)^2}$ 에서
$\overline{AB} = \sqrt{(2419-1749)^2 + (987-1134)^2 + (149.4-126.9)^2}$
$= 686.31m$

32. 축척 1:50000 지형도에서 주곡선의 간격은?

① 5m   ② 10m
③ 20m ④ 100m

해설 [축척에 따른 등고선의 간격]

표시법	축척 종류	1/50,000	1/25,000	1/10,000	1/5,000
2호실선	계곡선	100	50	25	25
세실선	주곡선	20	10	5	5
세파선	간곡선	10	5	2.5	2.5
세점선	보조곡선	5	2.5	1.25	1.25

33. A, B 두 개의 수준점에서 P점을 관측한 결과가 표와 같을 때 P점의 최확값은?

구분	관측값	거리
A→P	80.258m	4km
B→P	80.218m	3km

① 80.235m ② 80.238m
③ 80.240m ④ 80.258m

해설 경중률은 노선거리에 반비례한다.
$P_A : P_B = \frac{1}{4} : \frac{1}{3} = 3 : 4$
최확값 $= \frac{P_A l_A + P_B l_B}{P_A + P_B}$
$= 80.2m + \frac{3 \times 58 + 4 \times 18}{3+4} mm = 80.235m$

34. GNSS 측량방법 중 후처리 방식이 아닌 것은?

① Static 방법
② Kinematic 방법
③ Pseudo-Kinematic 방법
④ Real-Time Kinematic 방법

해설 RTK(Real-Time Kinematic)은 실시간 이동측위 방식이다.

35. 원곡선에서 교각(I)이 90°일 때, 외할(E)이 25m라고 하면 곡선 반지름은?

① 35.6m ② 46.2m
③ 60.4m ④ 93.7m

해설 교점(I, P)으로부터 원곡선의 중점까지 거리는 외선길이, 외할을 의미하므로
$E = R \times \left(\sec\frac{I}{2} - 1\right)$
sec 함수는 cos 함수의 역수이므로
$R = \frac{E}{\left(\sec\frac{I}{2} - 1\right)} = \frac{25m}{\left(\frac{1}{\cos\frac{90°}{2}} - 1\right)} = 60.4m$

36. 레벨의 시준축이 기포관축과 평행하지 않으므로 인한 오차를 소거하는 방법으로 옳은 것은?

① 후시한 후 곧바로 전시한다.
② 전시와 후시의 거리를 같게 한다.
③ 표척을 정확히 수직으로 세운다.
④ 표척을 시준선의 좌우로 약간 기울인다.

해설 수준측량에서 전후시거리를 같게 하면 시준축오차를 소거할 수 있다. 시준축오차는 망원경의 시준선이 기포관축에 평행이 아닐 때의 오차를 의미하며 전후시 거리를 같게 하므로 소거할 수 있다.

37. GPS를 구성하는 위성의 궤도 주기로 옳은 것은?

① 약 6시간　　② 약 12시간
③ 약 18시간　④ 약 24시간

[해설] GPS위성은 하루에 약 2번씩 지구 주위를 회전하고 있다.(12시간 주기)

38. 지형의 표시 방법이 아닌 것은?

① 평행선법　　② 점고법
③ 등고선법　　④ 우모법

[해설] [지형표시방법]
① 자연도법 : 영선법(우모법, 게바법), 음영선
② 부호도법 : 등고선법, 점고법, 채색법(단채법)

39. 카메라의 초점거리가 153mm, 촬영 경사각이 4.5°로 평지를 촬영한 항공사진이 있다. 이 사진에서 등각점과 주점의 거리는?

① 5.4mm　　② 5.2mm
③ 6.0mm　　④ 3.6mm

[해설] [등각점과 주점의 거리]
$$\overline{mj} = f \times \tan\frac{i}{2} = 153 \times \tan\frac{4.5°}{2} ≒ 6.0mm$$

40. 지물과 지모의 대상으로 짝지어진 것으로 옳은 것은?

① 지물 : 산정, 평야, 구릉, 계곡
② 지모 : 수로, 계곡, 평야, 도로
③ 지물 : 교량, 평야, 수로, 도로
④ 지모 : 산정, 구릉, 계곡, 평야

[해설] [지형측량]
① 정의 : 지표면상의 자연적, 인공적인 상태를 정확히 측정하여 그 결과를 일정한 축척과 도식으로 도시하는 지형도를 작성
② 지물 : 일정한 축척으로 나타내며 주로 인공적인 형태를 의미함 (도로, 하천, 철도, 시가지, 촌락 등)
③ 지모 : 등고선으로 표시되는 지표의 기복을 의미함 (산정, 구릉, 계곡, 평야, 경사 등)

3과목 토지정보체계론

41. 지적전산자료의 이용 및 활용에 관한 사항으로 틀린 것은?

① 지적공부의 형식으로는 복사할 수 없다.
② 필요한 최소한도 안에서 신청하여야 한다.
③ 지적파일 자체를 제공하라고 신청할 수는 없다.
④ 승인받은 자료의 이용·활용에 관한 사용료는 무료이다.

[해설] [지적전산자료의 이용에 관한 사항]
① 시·군·구 단위의 지적전산자료를 이용하고자 하는 자는 지적소관청의 승인을 얻어야 한다.
② 시·도 단위의 지적전산자료를 이용하고자 하는 자는 시·도지사 또는 지적소관청의 승인을 얻어야 한다.
③ 전국단위의 지적전산자료를 이용하고자 하는 자는 국토교통부장관, 시·도지사 또는 지적소관청의 승인을 얻어야 한다.
④ 지적전산자료의 이용 또는 활용에 관한 승인을 받은 자는 국토교통부령으로 정하는 사용료를 내야 한다. 다만, 국가나 지방자치단체에 대해서는 **사용료를 면제한다**.

42. 다음 중 지형 및 공간과 관련된 모든 종류의 공간자료들을 서로 호환이 가능하도록 하기 위하여 만들어진 대표적인 교환표준은?

① SPSS　　② SDTS
③ GIST　　④ NIST

[해설] SDTS는 지리정보시스템을 구성함에 있어 각종 응용시스템들 사이에서 지리정보를 공유하기 위한 목적으로 개발된 공통데이타교환포맷을 말한다.

43. 도형정보의 입력 방법 중 디지타이징 방식에 비하여 스캐닝 방식이 갖는 특징으로 옳지 않은 것은?

① 특정 주제만을 선택하여 입력시킬 수 없다.
② 레이어별로 나뉘어져 입력되므로 비용이 저렴하다.
③ 복잡한 도면을 입력할 경우에 작업시간이 단축된다.
④ 손상된 도면의 경우 스캐닝에 의한 인식이 원활하지 못할 수 있다.

> **해설** [레이어 중첩의 특징]
> ① 하나의 레이어에 각각의 객체와 다른 레이어의 객체들 사이에 관계를 찾아내는 작업
> ② 레이어별로 필요한 정보를 추출해 낼 수 있다.
> ③ 새로운 가설이나 이론 및 시뮬레이션을 통해 정보를 추출하는 모델링 작업을 수행할 수 있다.
> ④ 형상들의 공간관계를 파악할 수 있으며 특정지점의 주변 환경에 대한 정보를 얻은 경우에도 사용할 수 있다.

44. 시·군·구(자치구가 아닌 구 포함) 단위의 지적공부에 관한 전산자료의 이용 및 활용에 관한 승인권자로 옳은 것은?

① 지적소관청
② 시·도지사 또는 지적소관청
③ 국토교통부장관 또는 시·도지사
④ 국토교통부장관, 시·도지사 또는 지적소관청

> **해설** [지적전산자료의 이용에 관한 사항]
> ① 시·군·구단위의 지적전산자료를 이용하고자 하는 자는 **지적소관청의 승인**을 얻어야 한다.
> ② 시·도단위의 지적전산자료를 이용하고자 하는 자는 시·도지사 또는 지적소관청의 승인을 얻어야 한다.
> ③ 전국단위의 지적전산자료를 이용하고자 하는 자는 국토교통부장관, 시·도지사 또는 지적소관청의 승인을 얻어야 한다.

45. GIS의 일반적 작업순서로 옳은 것은?

① 실세계→데이터수집→DB구축→분석→결과도출→사용자
② 실세계→DB구축→데이터수집→분석→결과도출→사용자
③ 실세계→분석→DB구축→데이터수집→결과도출→사용자
④ 실세계→데이터수집→분석→DB구축→결과도출→사용자

> **해설** [GIS의 일반적 작업순서]
> 실세계→데이터수집→DB구축→분석→결과도출→사용자

46. 토지정보체계에서 차원이 다른 공간객체는?

① 노드
② 링크
③ 아크
④ 체인

> **해설** 노드는 점유형으로 0차원, 체인, 링크, 아크 등은 선유형으로 1차원 공간객체
> [공간객체의 종류]
> ① 점(point) : 0차원 공간객체
> ② 선(line) : 1차원 공간객체
> ③ 면(polygon, area) : 2차원 공간객체

47. 데이터베이스의 모형 중 트리(Tree) 형태의 구조로 행정구역을 나타내는 레이어 등에 효율적으로 적용될 수 있는 것은?

① 계급형
② 관계형
③ 관망형
④ 평면형

> **해설** [데이터베이스관리시스템(DBMS)의 모델]
> ① 계급형(계층형) : 최초로 구현된 데이터 모델로 트리구조나 조직표와 같은 계층적으로 배열
> ② 네트워크형(관망형) : data들은 다른 파일의 하나 이상의 data들과 연계되어 있으며 이를 연관시키기 위해 지시자 활용

③ 관계형 : 2차원 테이블 형태로 저장되며 한 테이블은 다수의 열로 구성되고, 각 열은 정해진 범위의 값이 저장되는 형태

48. 기존 종이지적도면을 스캐닝 방식으로 입력할 경우, 격자영상에 생긴 잡음(noise)을 제거하는 단계는?

① 스캐닝 단계 ② 필터링 단계
③ 위상정립 단계 ④ 세선화(thinning) 단계

해설 [필터링 단계(Filtering)]
① 실세계에서 세밀한 지리적 변화를 제거하는 과정
② 스캐닝에서 발생하는 불필요한 기호를 제거하거나, 임의로 생긴 선분이나 끊어진 선분을 잇는 과정

49. 데이터 처리 시 대상물이 두 개의 유사한 색조나 색깔을 가지고 있는 경우 소프트웨어적으로 구별하기 어려워서 발생되는 오류는?

① 선의 단절 ② 방향의 혼돈
③ 불분명한 경계 ④ 주기와 대상물의 혼돈

해설 불분명한 경계는 데이터 처리시 대상물이 두 개의 유사한 색조나 색깔을 가지고 있으므로 소프트웨어적으로 구별이 어려워 짐

50. 3차원 지적정보를 구축할 때, 지상 건축물의 권리관계 등록과 가장 밀접한 관련성을 가지는 도형정보는?

① 수치지도 ② 층별권원도
③ 토지피복도 ④ 토지이용계획도

해설 [층별권원도의 특징]
① 층별권원 규정을 위해 건물의 일부에 대한 권리의 보증을 위해 제작한 층별 도면
② 건물 일부에 대한 권리의 보증이며 건물 측량도의 일종
③ 층별권원 규정을 위해 층별도를 작성
④ 층별도에는 층별구조가 개략적으로 표시되고 벽은 단면도와 그 벽의 권리소속이 표현되어 있음

51. 제5차 국가공간정보정책 기본계획의 계획기간으로 옳은 것은?

① 2005년~2010년 ② 2010년~2015년
③ 2013년~2017년 ④ 2014년~2019년

해설 [NGIS 사업의 계획기간 및 목표]
① 1차 NGIS 사업 : 1996년~2000년, 공간정보 DB구축 기반조성 목표
② 2차 NGIS 사업 : 2001년~2005년, 국가공간정보 기관을 확충하여 디지털국토 실현 목표
③ 3차 NGIS 사업 : 2006년~2010년, 유비쿼터스 세상을 향한 지능형 사이버국토 구축 목표
④ 4차 NGIS 사업 : 2010년~2012년, 녹색성장을 위한 그린 정보사회실현 목표
⑤ 5차 NGIS 사업 : 2013년~2017년, 공간정보산업의 질적 도약 목표

52. 지리정보데이터 교환표준은 각 국가마다 상이하다. 세계 각국의 데이터 교환 표준이 서로 잘못 연결된 것은?

① 한국 - GXF
② 미국 - SDTS
③ NATO 국가 - DIGEST
④ 유럽 교통관련 표준 - GDF

해설 1995년 12월 우리나라 NGIS 데이터 교환 표준으로 SDTS가 채택되었다.

53. 데이터베이스관리시스템(DBMS)의 주요기능에 대한 설명으로 틀린 것은?

① 데이터를 안정적으로 관리한다.
② 하드디스크에 매체를 저장할 수 있다.
③ 데이터에 대한 효율적인 검색을 지원한다.
④ 각종 데이터베이스의 질의 언어를 지원한다.

해설 [데이터베이스관리시스템(DBMS)의 주요기능]
① 정의 : 데이터에 대한 형식, 구조, 제약조건들을 명세하는 기능이다.

② 구축 : DBMS가 관리하는 기억 장치에 데이터를 저장하는 기능이다.
③ 조작 : 특정한 데이터를 검색하기 위한 질의, 데이터베이스의 갱신, 보고서 생성 기능 등을 포함한다.
④ 공유 : 여러 사용자와 프로그램이 데이터베이스에 동시에 접근하도록 하는 기능이다.
⑤ 보호 : 하드웨어나 소프트웨어의 오동작 또는 권한이 없는 악의적인 접근으로부터 시스템을 보호한다.
⑥ 유지보수 : 시간이 지남에 따라 변화하는 요구사항을 반영할 수 있도록 하는 기능이다.

54. 지적측량성과작성시스템에서 지적측량접수프로그램을 이용하여 작성된 측량성과 검사요청서 파일 포맷 형식으로 옳은 것은?

① *.jsg
② *.srf
③ *.sif
④ *.cif

해설 [KLIS 측량성과 작성시스템 파일 확장자]
- 측량준비도 추출파일(*.cif, cadastral information file)
- 일필지속성정보파일(*.sebu, 세부측량을 영어로 표현)
- 측량관측파일(*.svy, survey)
- 측량계산파일(*.ksp, kcsc survey project)
- 세부측량계산파일(*.ser, survey evidence relation file)
- 측량성과파일(*.jsg, 성과의 작성을 영어로 표현, 성과(sg), 작성(js))
- 토지이동정리(측량결과)파일(*.dat, data)
- 측량성과검사요청서 파일(*.sif)
- 측량성과검사결과 파일(*.Srf)
- 정보이용승인신청서 파일(*.iuf, information use)

55. 다음 중 공간데이터 모델링 과정에 포함되지 않는 것은?

① 개념적 모델링
② 논리적 모델링
③ 물리적 모델링
④ 위상적 모델링

해설 [데이터 모델링 작업 진행 순서]
개념적 모델링 → 논리적 모델링 → 물리적 모델링

56. 다음 중 벡터데이터의 위상 구조에 대한 설명으로 옳지 않은 것은?

① 다양한 공간분석을 가능하게 해주는 구조다.
② 지형·지물들 간의 공간관계를 인식할 수 있다.
③ 데이터의 갱신 시 위상 구조는 신경 쓰지 않아도 된다.
④ 다중연결을 통하여 각 지형·지물은 다른 지형·지물과 연결될 수 있다.

해설 저장된 위상정보는 데이터의 갱신시 위상을 필요로 하는 많은 데이터의 분석이 빠르고 용이하도록 하여야 한다.

57. 다음 중 OGC(Open GIS Consortium)에 관한 설명으로 옳지 않은 것은?

① 지리정보와 관련된 여러 처리방식에 대하여 개방형 시스템적인 접근을 시도하였다.
② 지리정보를 활용하고 관련 응용분야를 주요업무로 하는 공공기관 및 민간기관들로 구성된 컨소시엄이다.
③ ISO/TC211의 활동이 시작되기 이전에 미국의 표준화 기구를 중심으로 추진된 지리정보 표준화 기구이다.
④ OGIS(Open Geodata Interoperability Specification)를 개발하고 추진하는데 필요한 합의된 절차를 정립할 목적으로 설립되었다.

해설 ① OGC는 1994년 8월 설립된 GIS관련 기관과 업체를 중심으로 하는 비영리 단체
② CEN/TC287은 ISO/TC 211 활동이 시작하기 이전에 유럽의 표준화기구를 중심으로 추진된 유럽의 지리정보 표준화기구

58. 시설물관리를 위한 수치지도를 바탕으로 건축, 전기, 설비, 통신, 가스, 도로 등의 위치 정보를 데이터베이스로 구축하고 공간데이터와 연관되는 속성자료를 입력하여 시설물에 대한 유지보수 활동을 효과적으로 지원할 수 있는 체계는 무엇인가?

① FM
② ITS
③ UGIS
④ Telematics

정답 48. ② 49. ③ 50. ② 51. ③ 52. ① 53. ② 54. ③ 55. ④ 56. ③ 57. ③ 58. ①

해설 [시설물정보체계(FM)]
건축, 전기, 설비, 통신 등 도면 자동화를 통해 구축된 수치지도를 바탕으로 지상 및 지하의 각종 시설물을 시스템 상에 구축하여 시설물에 대한 유지보수 활동을 효과적으로 지원하는 시스템

59. 캐나다의 지적제도와 지적공부 전산화 과정에 대한 설명으로 옳지 않은 것은?

① 캐나다의 국립지리원(Ordnance Survey)은 1971년 설립되었으며 대축척 수치지도를 작성한다.
② 'GeoConnections'은 캐나다 지리정보체계를 인터넷 상에서 활용할 수 있도록 하기 위해 개발한 프로그램이다.
③ GEONet은 캐나다와 세계적인 지리와 지구관측 상품과 서비스에 대한 정보를 포함한다.
④ 지리정보관계기관 위원회는 14개의 연방주처와 민간 분야 관련 산업 협의회와 학계로 구성된다.

해설 캐나다의 CGIS는 1971년부터 본격적으로 시작한 세계최대의 GIS 데이터베이스이다.

60. 개인이나 기업이 직접 지적소관청을 방문하지 않고, 원하는 시간에 인터넷 상에서 민원을 처리할 수 있도록 개발된 토지정보시스템은?

① GIS
② PIS
③ OGC
④ WEB LIS

해설 [Web LIS의 도입효과]
① 업무처리의 신속화
② 정보의 공유
③ 업무별 분산처리의 실현
④ 시간과 거리에 제한이 없음
⑤ 중복된 업무를 처리하지 않을 수 있음

4과목 지적학

61. 다목적 지적제도에서의 토지등록 사항으로 보기 어려운 것은?

① 지하 시설물
② 지상 건축물
③ 토지의 위치
④ 당해 토지의 상속권

해설 당해 토지의 상속권를 포함한 법적 관리관계는 등기제도로 공시한다.

62. 토지조사사업 당시 소유자는 같으나 지목이 상이하여 별필(別筆)로 해야 하는 토지들의 경계선과 소유자를 알 수 없는 토지와의 구획선으로 옳은 것은?

① 강계선(彊界線)
② 경계선(境界線)
③ 지세선(地勢線)
④ 지역선(地域線)

해설 ① 강계선(彊界線) : 사정선을 의미한다.
② 경계선(境界線) : 확정된 소유자가 다른 토지 사이에 사정된 경계선
③ 지세선(地勢線) : 지표면이 다수의 평면으로 이루어졌다고 생각할 때, 이 평면들의 교차선을 지성선 또는 지세선이라 한다.
④ 지역선(地域線) : 토지조사사업 당시 소유자는 같으나 지목이 다를 때 구획한 별필의 토지경계선

63. 일필지의 경계설정 방법이 아닌 것은?

① 보완설
② 분급설
③ 점유설
④ 평분설

해설 [경계설정설의 종류]
① 점유설 : 토지소유권의 경계는 불명하지만 양지의 소유자가 점유하는 지역의 명확한 선으로 구분되어 있을 때에는 이 1개의 선을 소유자의 경계로 하여야 한다.
② 평분설 : 경계가 불명하고 점유상태까지 확정할 수 없는 경우 분쟁지를 물리적으로 평분하여 쌍방토지에 소속시켜야 한다.

③ 보완설 : 현 점유선에 의거나 또는 평분하여 경계를 결정하고자 할 경우 그 새로 결정되는 경계가 이미 조사된 신빙할 만한 다른 자료와 일치하지 않을 경우 이 자료를 감안하여 공평하고도 그 적당한 방법에 따라 그 경계를 보완하여야 할 것이다.

64. 지적재조사사업 추진을 위한 구체적인 기본계획이 최초로 수립된 시기는?

① 1992년 ② 1995년
③ 1997년 ④ 2000년

해설 [지적재조사사업의 추진현황]
① 1995년 지적재조사 기본계획 수립
② 2002년 지적불부합지정리 기본계획 수립
③ 2007년 경계정비대상 조사지침 제정
④ 2009년 디지털지적구축 시범사업 추진
⑤ 2011년 지적재조사에 관한 특별법 제정

65. 지적을 아래와 같이 정의한 학자는?

> 지적은 과세의 기초자료를 제공하기 위하여 한 나라의 부동산의 규모와 가치 및 소유권을 등록하는 제도이다.

① A. Toffler ② G. McEntyre
③ S. R. Simpson ④ Henessen, J. L. G.

해설 [지적을 정의한 학자의 견해]
① Simpson : 과세의 기초로 제공하기 위하여 한 국가 내의 부동산의 면적이나 소유권 및 그 가격을 등록하는 공부
② McEntyre : 토지에 대한 법률상 용어로서 세부과를 위한 부동산의 수량, 가치 및 소유권의 공정등록
③ Henssen : 지적은 특정한 국가나 지역 내에 있는 재산을 지적측량에 의해 체계적으로 정리해 놓은 공부

66. 지적제도의 외부요소에 속하지 않는 것은?

① 교육적 요소 ② 법률적 요소
③ 사회적 요소 ④ 지리적 요소

해설 [지적의 구성요소]
① 외부요소 : 지리적 요소, 법률적 요소, 사회, 정치, 경제적 요소
② 내부요소 : 토지, 경계설정과 측량, 등록, 지적공부

67. 지적공부에 원칙적으로 등록할 수 없는 토지는?

① 간석지 ② 해안 빈지
③ 하천 포락지 ④ 해안 방풍림

해설 ① 간석지 : 강을 타고 운반된 미립물질이 해안에 퇴적되어 쌓인 개펄로 공부에 등록되지 않으므로 지목을 설정할 수 없다.
② 해안빈지 : 해안선으로부터 지적공부에 등록된 지역까지의 사이를 일컫는 것으로, 현재는 '바닷가'라는 용어로 표준화되었다.
③ 하천 포락지 : 전, 답이 강물이나 냇물에 씻겨서 무너져 침식되어 수면 밑으로 잠긴 토지
④ 해안방풍림 : 해안의 강풍을 막기 위하여 조성된 숲

68. 임야조사사업에 대한 설명으로 틀린 것은?

① 조사 및 측량기관은 부 또는 면이다.
② 임야조사사업 당시 사정의 대상은 소유자 및 경계이다.
③ 토지조사에서 제외된 임야 등의 토지에 대한 행정처분이다.
④ 사정권자는 지방토지조사위원회의 자문을 받아 당시 토지조사국장이 실시하였다.

해설 임야조사사업의 사정권자는 임야심사위원회의 자문을 받아 당시 도지가가 실시하였다.

구분	토지조사사업	임야조사사업
측량기관	임시토지조사국	부(府), 면(面)
사정기관	임시토지조사국장	도지사
재결기관	고등토지조사위원회	임야심사위원회

69. 토지조사사업 당시 지번의 설정을 생략한 지목은?

① 성첩 ② 임야
③ 지소 ④ 잡종지

정답 59.① 60.④ 61.④ 62.④ 63.② 64.② 65.③ 66.① 67.① 68.④ 69.①

해설 [토지조사사업 당시 지목의 구분(18개 지목)]

구분	용도
과세대상(6)	전, 답, 대, 지소, 임야, 잡종지
비과세대상 (7, 개인소유 불인정)	도로, 하천, 구거, 제방, 성첩, 철도선로, 수도선로
면제대상(5, 공공용지)	사사지, 분묘지, 공원지, 철도용지, 수도용지

70. 고구려의 토지 면적 측정에 관한 설명으로 틀린 것은?

① 토지의 면적 단위는 경무법을 사용하였다.
② 면적의 단위로 '정, 단, 무, 보'를 사용하였다.
③ 구고장은 측량에 따른 계산에 관한 문제를 다루었다.
④ 방전장은 주로 논이나 밭의 넓이를 계산하였다.

해설 정, 단, 무, 보는 임야조사사업 당시 사용된 임야대장상의 등록단위이다.

71. 지목의 설정 원칙으로 옳지 않은 것은?

① 용도경중의 원칙
② 일시변경의 원칙
③ 주지목추종의 원칙
④ 사용목적추종의 원칙

해설 [지목의 설정 원칙]
① 1필 1목의 원칙
② 주지목 추종의 원칙
③ 사용목적 추종의 원칙
④ 일시변경 불변의 원칙
⑤ 용도경중의 원칙
⑥ 등록선후의 원칙

72. 토지조사사업 당시 재결한 경계의 효력발생 시기는?

① 재결일
② 재결확정일
③ 재결서 접수일
④ 사정일에 소급

해설 ① 토지조사사업시 소유자를 사정하여 토지대장에 등록한 소유권의 취득 효력은 원시취득에 해당
② 재결받은 때의 효력 발생일은 사정일로 소급하여 발생

73. 백문매매에 대한 설명으로 옳은 것은?

① 오늘날의 토지대장에 해당한다.
② 입안을 받지 않은 계약서를 말한다.
③ 구문기에서 소유자란이 없는 것을 뜻한다.
④ 조선건국 초기에 성행되었던 토지등기제도의 일종이다.

해설 ① 양안 : 고려~조선시대 양전에 의해 작성된 토지장부로 오늘날의 토지대장에 해당
② 백문매매 : 문기의 일종으로 입안을 받지 않는 매매계약서

74. 지적공부에 대한 설명으로 옳은 것은?

① 토지대장은 국가가 작성하여 비치하는 공적장부를 말한다.
② 경계점좌표등록부는 지적공부에 해당되지 않는다.
③ 지적공부 중 대장에 해당되는 것은 토지대장, 임야대장만을 말한다.
④ 지적공부 중 도면에 해당되는 것은 지적도, 임야도, 도시계획도를 말한다.

해설 [지적공부에 대한 설명]
① 토지대장은 국가가 작성하여 비치하는 공적장부를 말한다.
② 경계점좌표등록부는 지적공부에 해당된다.
③ 지적공부 중 대장에 해당되는 것은 토지대장, 임야대장, 공유지연명부, 대지권등록부, 경계점좌표등록부 등이 있다.
④ 지적공부 중 도면에 해당되는 것은 지적도, 임야도, 일람도 등이 있다.

75. 우리나라 지적제도에 토지대장과 임야대장이 2원적(二元的)으로 있게 된 가장 큰 이유는?

① 측량기술이 보급되지 않았기 때문이다.
② 삼각측량에 시일이 너무 많이 소요되었기 때문이다.
③ 토지나 임야의 소유권 제도가 확립되지 않았기 때문이다.
④ 우리나라의 지적제도가 조사사업별 구분에 의하여 하였기 때문이다.

[해설] 우리나라 지적제도에 토지대장과 임야대장이 2원적(二元的)으로 있게 된 가장 큰 이유는 우리나라의 지적제도가 토지조사사업, 임야조사사업의 구분에 의하여 하였기 때문이다.

76. 토지등록제도 중 모든 토지를 공부에 강제등록시키는 제도를 취하지 않는 나라는?

① 스위스　　② 프랑스
③ 네덜란드　　④ 오스트리아

[해설] 소극적 등록제도는 네덜란드, 영국, 프랑스, 이탈리아, 캐나다 등에서 채택하고 있으며, 이중 모든 토지를 공부에 강제등록시키는 제도를 취하지 않는 나라는 프랑스이다.

77. 다음 중 최초로 부동산(토지) 등기부를 작성할 때 등기내용을 확인하는 기초 장부로 사용하였던 것은?

① 재결조서　　② 토지대장
③ 토지조사부　　④ 토지가옥증명부

[해설] ① 등기는 토지의 표시에 관하여 등록(토지대장)을 기초로 하고 등록에서 소유자의 표시는 등기를 기초로 한다.
② 미등기 토지의 소유자 표시에 관하여는 등록을 기초로 하는 것은 등록기관의 사실 조사권에 바탕을 두고 등기기관의 형식적 서면심사권밖에 없는 데 기인한다.

78. 지적은 지형, 지질 또는 국유, 민유 등 소유관계에 구애됨이 없이 어떤 객체를 대상으로 하는가?

① 공부　　② 등록
③ 지물　　④ 필지

[해설] 지적은 지형, 지질 또는 국유, 민유 등 소유관계에 구애됨이 없이 필지를 대상으로 한다.

79. 아래 내용이 의미하는 토지등록 제도는?

> 모든 토지는 지적공부에 등록해야 하고 등록 전 토지표시사항은 항상 실제와 일치하게 유지해야 한다.

① 권원등록제도　　② 소극적 등록제도
③ 적극적 등록제도　　④ 날인증서 등록제도

[해설] ① 적극적 등록주의 : 토지등록은 일필지의 개념으로 법적인 권리보장이 인증되고 정부에 의해 그러한 합법성과 효력이 발생
② 소극적 등록주의 : 기본적으로 거래와 그에 관한 거래증서의 변경기록을 수행하는 것이며, 일필지의 소유권이 거래되면서 발생되는 거래증서를 변경 등록하는 것

80. 우리나라 토지소유권 보장제도의 변천순서를 올바르게 나열한 것은?

① 입안제도 → 지계제도 → 증명제도
② 입안제도 → 증명제도 → 지계제도
③ 증명제도 → 지계제도 → 입안제도
④ 지계제도 → 증명제도 → 입안제도

[해설] [토지소유권 보장제도의 변천과정]
입안제도(고려, 조선시대) → 지계제도(조선시대말기) → 증명제도(1905년 이후)이며 전체적으로는 입안, 지계, 증명, 조선부동산등기령, 조선부동산증명령, 등기령, 부동산등기법 등이다.

5과목 지적관계법규

81. 공간정보의 구축 및 관리 등에 관한 법률상 양벌규정에 해당행위가 아닌 것은? (단, 법인 또는 개인이 그 위반행위를 방지하기 위하여 해당 업무에 관하여 상당한 주의와 감독을 게을리하지 아니한 경우는 고려하지 않는다.)

① 고의로 측량성과를 사실과 다르게 한 자
② 둘 이상의 측량업자에게 소속된 측량기술자
③ 직계 존속·비속이 소유한 토지에 대한 지적측량을 한 자
④ 측량업자로서 속임수, 위력(威力), 그 밖의 방법으로 측량업과 관련된 입찰의 공정성을 해친 자

해설 [공간정보의 구축 및 관리 등에 관한 법률 제107~109조(벌칙), 제110조(양벌규정), 제111조(과태료)]
① 고의로 측량성과 또는 수로조사성과를 사실과 다르게 한 자 : 2년 이하의 징역 또는 2천만원 이하의 벌금
② 둘 이상의 측량업자에게 소속된 측량기술자 또는 수로기술자 : 1년 이하의 징역 또는 1천만원 이하의 벌금
③ 직계존속·비속이 소유한 토지에 대한 지적측량을 한 자 : 300만원 이하의 과태료(양벌규정에 적용되지 않음)
④ 측량업자나 수로사업자로서 속임수, 위력(威力), 그 밖의 방법으로 측량업 또는 수로사업과 관련된 입찰의 공정성을 해친 자 : 3년 이하의 징역 또는 3천만원 이하의 벌금

82. 성능검사대행자의 등록을 1년 이내의 기간을 정하여 업무정지 처분을 할 수 있는 경우가 아닌 것은?

① 등록사항 변경신고를 하지 아니한 경우
② 정당한 사유 없이 성능검사를 거부하거나 기피한 경우
③ 업무정지기간 중에 계속하여 성능검사대행 업무를 한 경우
④ 다른 행정기관이 관계 법령에 따라 등록취소 또는 업무정지를 요구한 경우

해설 다른 행정기관이 관계 법령에 따라 업무정지를 요구한 경우는 1차위반시 3개월 업무정지, 2차위반시 6개월 업무정지, 3차위반시 등록취소의 행정처분한다. (공간정보의 구축 및 관리 등에 관한 법률 시행규칙 별표11)
[공간정보의 구축 및 관리 등에 관한 법률 제96조(성능검사대행자의 등록취소 등)]
1. 등록취소
① 거짓이나 그 밖의 부정한 방법으로 등록을 한 경우
② 거짓이나 부정한 방법으로 성능검사를 한 경우
③ 다른 사람에게 자기의 성능검사대행자등록증을 빌려주거나 자기의 성명 또는 상호를 사용하여 성능검사 대행 업무를 수행하게 한 경우
④ 업무정지기간 중에 계속하여 성능검사대행업무를 한 경우

2. 업무정지
① 등록기준에 미달하게 된 경우. 다만, 일시적으로 등록기준에 미달하는 등 대통령령으로 정하는 경우는 제외한다.
② 등록사항 변경신고를 하지 아니한 경우
③ 정당한 사유 없이 성능검사를 거부하거나 기피한 경우
④ 다른 행정기관이 관계 법령에 따라 등록취소 또는 업무정지를 요구한 경우

83. 시장, 군수가 도시·군 관리 계획을 입안하고자 할 때 기초조사 사항이 아닌 것은?

① 재해의 발생현황 및 추이
② 토지이용상황 및 지가 변동 상황
③ 기반시설 및 주거수준의 현황과 전망
④ 기후·지형·자원·생태 등 자연적 여건

해설 [국토의 계획 및 이용에 관한 법률 시행령 제11조(광역도시계획의 수립을 위한 기초조사)]
1. 기후·지형·자원·생태 등 자연적 여건
2. 기반시설 및 주거수준의 현황과 전망
3. 풍수해·지진 그 밖의 재해의 발생현황 및 추이
4. 광역도시계획과 관련된 다른 계획 및 사업의 내용
5. 그 밖에 광역도시계획의 수립에 필요한 사항

84. 다음 중 토지의 이동 신청·신고 기간이 잘못 연결된 것은?

① 등록전환 : 그 사유가 발생한 날부터 60일 이내
② 지목변경 : 그 사유가 발생한 날부터 60일 이내
③ 합병 : 그 사유가 발생한 날부터 60일 이내
④ 도시개발사업 착수 신고 : 그 사유가 발생한 날부터 60일 이내

해설 도시개발사업의 착수·변경 또는 완료 사실의 신고는 그 사유가 발생한 날부터 **15일 이내**에 하여야 한다.

85. 공간정보의 구축 및 관리 등에 관한 법률에 따른 지적측량을 수행 시 타인의 토지 등의 출입에 관한 설명으로 옳은 것은?

① 급한 경우에는 소유자에게 통지 없이 출입할 수 있다.
② 토지 등의 점유자는 정당한 사유 없이 업무집행을 거부하지 못한다.
③ 토지 등의 소유자·관리자를 알 수 없을 경우에도 관리인에게 미리 통지 하여야 한다.
④ 타인의 토지 등의 출입 시 권한을 표시하는 허가증을 지니고 있으면 통지없이 출입할 수 있다.

해설 [공간정보의 구축 및 관리 등에 관한 법률 제101조(토지등에의 출입 등)]
타인의 토지 등을 일시 사용하거나 장애물을 변경 또는 제거하려는 자는 그 소유자·점유자 또는 관리인의 동의를 받아야 한다. 다만, 소유자·점유자 또는 관리인의 동의를 받을 수 없는 경우 행정청인 자는 관할 특별자치시장, 특별자치도지사, 시장·군수 또는 구청장에게 그 사실을 통지하여야 하며, 행정청이 아닌 자는 미리 관할 특별자치시장, 특별자치도지사, 시장·군수 또는 구청장의 허가를 받아야 한다.

86. 지적측량수행자가 손해배상책임을 보장하기 위하여 보증보험에 가입하여야 하는 금액으로 옳은 것은?

① 지적측량업자 1억원 이상, 한국국토정보공사 20억원 이상
② 지적측량업자 1억원 이상, 한국국토정보공사 10억원 이상
③ 지적측량업자 2억원 이상, 한국국토정보공사 20억원 이상
④ 지적측량업자 2억원 이상, 한국국토정보공사 10억원 이상

해설 [공간정보의 구축 및 관리 등에 관한 법률 시행령 제41조(손해배상책임의 보장)]
1. 지적측량업자 : 보장기간 10년 이상 및 보증금액 1억원 이상
2. 「국가공간정보 기본법」 제12조에 따라 설립된 한국국토정보공사(이하 "한국국토정보공사"라 한다) : 보증금액 20억원 이상

87. 도시개발사업 등이 준공되기 전에 사업시행자가 지번부여신청을 할 경우 지적소관청은 무엇을 기준으로 지번을 부여하여야 하는가?

① 측량준비도   ② 지번별 조서
③ 사업계획도   ④ 확정측량 결과도

해설 [공간정보의 구축 및 관리 등에 관한 법률 시행규칙 제61조(도시개발사업 등 준공 전 지번 부여)]
지적소관청은 도시개발사업 등이 준공되기 전에 지번을 부여하는 때에는 **사업계획도에 따르되**, 도시개발사업 등이 완료됨에 따라 지적확정측량을 실시한 지역 안의 각 필지에 지번을 새로이 부여하여야 한다.

88. 다음 중 도시·군 관리계획의 입안권자가 아닌 자는?

① 군수   ② 구청장
③ 광역시장   ④ 특별시장

해설 [도시·군 관리계획의 입안권자]
도시·군관리계획은 특별시장, 광역시장, 특별자치시장, 특별자치도지사, 시장 또는 군수가 관할구역에 대하여 입안하여야 한다.

89. 부동산등기법에 따라 미등기의 토지에 관한 소유권보존등기를 신청할 수 없는 자는?

① 토지대장에 최초의 소유자로 등록되어 있는 자
② 확정판결에 의하여 자기의 소유권을 증명하는 자
③ 수용으로 인하여 소유권을 취득하였음을 증명하는 자
④ 토지에 대하여 지적소관청의 확인에 의하여 자기의 소유권을 증명하는 자

해설 [부동산등기법 제65조(소유권보존등기의 신청인)]
1. 토지대장, 임야대장 또는 건축물대장에 최초의 소유자로 등록되어 있는 자 또는 그 상속인, 그 밖의 포괄승계인
2. 확정판결에 의하여 자기의 소유권을 증명하는 자
3. 수용(收用)으로 인하여 소유권을 취득하였음을 증명하는 자
4. 특별자치도지사, 시장, 군수 또는 구청장(자치구의 구청장을 말한다)의 확인에 의하여 자기의 소유권을 증명하는 자(건물의 경우로 한정한다)

정답 81. ③ 82. ③ 83. ② 84. ④ 85. ② 86. ① 87. ③ 88. ② 89. ④

90. 부동산등기법의 수용으로 인한 등기에 관한 내용이다. ( ) 안에 들어갈 내용으로 옳은 것은?

> 수용으로 인한 소유권이전등기를 하는 경우 그 부동산의 등기기록 중 소유권, 소유권 외의 권리, 그 밖의 처분제한에 관한 등기가 있으면 그 등기를 직권으로 말소하여야 한다. 다만, 그 부동산을 위하여 존재하는 ( )의 등기 또는 토지수용위원회 재결(裁決)로써 존속(存續)이 인정된 권리의 등기는 그러하지 아니하다.

① 소유권 ② 지역권
③ 지상권 ④ 저당권

해설 [부동산등기법 제99조(수용으로 인한 등기)]
수용으로 인한 소유권이전등기를 하는 경우 그 부동산의 등기기록 중 소유권, 소유권 외의 권리, 그 밖의 처분제한에 관한 등기가 있으면 그 등기를 직권으로 말소하여야 한다. 다만, 그 부동산을 위하여 존재하는 **지역권**의 등기 또는 토지수용위원회의 재결(裁決)로서 존속(存續)이 인정된 권리의 등기는 그러하지 아니하다.

91. 공간정보의 구축 및 관리 등에 관한 법률에서 규정된 용어의 정의로 틀린 것은?

① "경계"란 필지별로 경계점들을 곡선으로 연결하여 지적공부에 등록한 선을 말한다.
② "면적"이란 지적공부에 등록한 필지의 수평면상 넓이를 말한다.
③ "신규등록"이란 새로 조성된 토지와 지적공부에 등록되어 있지 아니한 토지를 지적공부에 등록하는 것을 말한다.
④ "축척변경"이란 지적도에 등록된 경계점의 정밀도를 높이기 위하여 작은 축척을 큰 축척으로 변경하여 등록하는 것을 말한다.

해설 [공간정보의 구축 및 관리 등에 관한 법률 제2조(정의)]
"경계"란 필지별로 경계점들을 직선으로 연결하여 지적공부에 등록한 선을 말한다.

92. 다음 중 지목변경에 해당하는 것은?

① 밭을 집터로 만드는 행위
② 밭의 흙을 파서 논으로 만드는 행위
③ 산을 절토(切土)하여 대(垈)로 만드는 행위
④ 지적공부상의 전(田)을 대(垈)로 변경하는 행위

해설 [공간정보의 구축 및 관리 등에 관한 법률 제2조(정의)]
"지목변경"이란 지적공부에 등록된 지목을 다른 지목으로 바꾸어 등록하는 것을 말한다.

93. 공간정보의 구축 및 관리 등에 관한 법령에 따른 지목에 관한 내용으로 틀린 것은?

① 산림 안에 야영장으로 활용하는 부지는 체육용지로 한다.
② 공장용지를 지적도면에 등록할 때에는 '장'으로 표기한다.
③ 토지의 주된 용도에 따라 토지의 종류를 구분하여 지적공부에 등록한 것을 말한다.
④ 1필지가 둘 이상의 용도로 활용되는 경우에는 주된 용도에 따라 지목을 설정한다.

해설 [공간정보의 구축 및 관리 등에 관한 법률 시행령 제58조(지목의 구분)]
체육용지: 국민의 건강증진 등을 위한 체육활동에 적합한 시설과 형태를 갖춘 종합운동장·실내체육관·야구장·골프장·스키장·승마장·경륜장 등 체육시설의 토지와 이에 접속된 부속시설물의 부지. 다만, 체육시설로서의 영속성과 독립성이 미흡한 정구장·골프연습장·실내수영장 및 체육도장, 유수(流水)를 이용한 요트장 및 카누장, 산림 안의 야영장 등의 토지는 제외한다.

94. 공간정보의 구축 및 관리 등에 관한 법령상 임야대장에 등록하는 1필지 최소면적 단위는? (단, 지적도의 축척이 600분의 1인 지역과 경계점좌표등록부에 등록하는 지역의 토지 면적은 제외한다.)

① 0.1 제곱미터 ② 1 제곱미터
③ 10 제곱미터 ④ 100 제곱미터

해설 [임야대장에 등록하는 1필지 최소면적의 단위]
임야도의 축척이 6,000분의 1인 지역의 토지 면적은 ㎡ 단위로 하되, 1㎡ 미만의 끝수가 있는 경우 0.5㎡ 미만일 때에는 버리고 0.5㎡를 초과할 때에는 올리며, 0.5㎡일 때에는 구하려는 끝자리의 숫자가 0 또는 짝수이면 버리고 홀수이면 올리되, 1필지의 면적이 1㎡미만일 때에는 1㎡로 한다.

95. 경위의 측량방법에 따른 지적삼각점의 관측과 계산 기준으로 틀린 것은?

① 관측은 10초독 이상의 경위의를 사용한다.
② 수평각 관측은 3대회의 방향관측법에 따른다.
③ 수평각의 측각공차에서 1방향각의 공차는 40초 이내로 한다.
④ 수평각의 측각공차에서 1측회의 폐색공차는 ±30초 이내로 한다.

해설 [경위의측량방법에 따른 지적삼각점의 관측과 계산 기준]
① 관측은 10초독 이상의 경위의를 사용한다.
② 수평각 관측은 3대회(윤곽도는 0°, 60°, 120°)의 방향관측법에 따른다.
③ 수평각의 측각공차에서 1방향각의 공차는 30초 이내로 한다.
④ 수평각의 측각공차에서 1측회의 폐색공차는 ±30초 이내로 한다.

96. 도로명주소법상 "도로명주소안내시설"에 해당하지 않는 것은?

① 도로명판 ② 건물번호판
③ 지역번호판 ④ 지역안내판

해설 [도로명주소법 제20조(현지측량방법 등)]
"주소정보시설"이란 도로명판, 기초번호판, 건물번호판, 국가지점번호판, 사물주소판 및 주소정보안내판을 말한다.

97. 지적업무처리규정상 현지측량방법에 대한 내용으로 틀린 것은?

① 지적측량을 완료한 때에는 반드시 측량결과도에 측정점 위치설명도를 작성하여야 한다.
② 전자평판측량에 따른 세부측량은 지적기준점을 기준으로 실시하여야 하며 면적측량은 전산처리 방법에 따른다.
③ 지적측량수행자가 지적공부의 표지에 잘못이 있음을 발견한 때에는 지체없이 지적소관청에 문서로 통보하여야 한다.
④ 지적확정측량지구 안에서 지적측량을 하고자 할 경우에는 종전에 실시한 지적확정측량성과를 참고하여 성과를 결정하여야 한다.

해설 [지적업무처리규정 제2조(정의)]
지적측량을 완료한 때에는 분할 등록될 경계점의 위치 또는 경계복원점의 위치를 지적기준점·담장모서리 및 전신주 등 주위 고정물로부터 거리를 측정하여 지적측량의뢰인 및 이해관계인에게 확인시키고, 측량결과도 여백에 그 거리를 기재하거나 경위의측량방법에 따른 평면직각종횡선좌표 등 측정점의 위치설명도를 지적측량결과도 작성 예시 목록과 같이 작성하여야 한다. 다만, 주위 고정물이 없는 경우와 도로, 구거, 하천 등 연속·집단된 토지 등의 경우에는 작성을 생략할 수 있다.

98. 기존의 경계점좌표등록부를 갖춰 두는 지역의 경계점에 접속하여 경위의 측량방법 등으로 지적확정측량을 하는 경우 동일한 경계점의 측량성과가 서로 다른 경우에는 어떻게 하여야 하는가?

① 경계점의 측량성과 차이가 0.15m 이내이면 확정측량성과에 따른다.
② 경계점의 측량성과 차이가 0.15m 초과이면 확정측량성과에 따른다.
③ 경계점의 측량성과 차이가 0.10m 이내이면 경계점좌표등록부에 따른다.
④ 경계점의 측량성과 차이가 0.10m 초과이면 경계점좌표등록부에 따른다.

해설 [경계점좌표등록부를 갖춰두는 지역에서의 측량방법]
① 각 필지의 경계점을 측정할 때에는 도선법·방사법 또는 교회법을 따라 좌표를 산출하여야 한다.
② 필지의 경계점이 지형·지물에 가로막혀 경위의를 사용할 수 없는 경우에는 간접적인 방법으로 경계점의 좌표를 산출할 수 있다.
③ 기존의 경계점좌표등록부를 갖춰두는 지역의 경계점에 접속하여 경위의측량방법 등으로 지적확정측량을 하는 경우 동일한 경계점의 측량성과가 서로 다를 때에는 경계점좌표등록부에 등록된 좌표를 그 경계점의 좌표로 본다.
④ 각 필지의 경계점 측점번호는 왼쪽 위에서부터 오른쪽으로 경계를 따라 일련번호를 부여한다.
⑤ 기존의 경계점좌표등록부를 갖춰 두는 지역의 경계점에 접속하여 지적확정측량을 하는 경우 **동일한 경계점의 측량성과와의 차이는 0.10m 이내**여야 한다.

② 측량기술자가 아님에도 불구하고 측량을 한 자 : 1년 이하의 징역 또는 1천만원 이하의 벌금
③ 측량업의 등록을 하지 아니하고 측량업을 한 자 : 2년 이하의 징역 또는 2천만원 이하의 벌금
④ 측량업자로서 속임수로 측량업과 관련된 입찰의 공정성을 해친 자 : 3년 이하의 징역 또는 3천만원 이하의 벌금

99. 지적서고의 연중평균습도 기준으로 옳은 것은?

① 20±5퍼센트   ② 30±5퍼센트
③ 50±5퍼센트   ④ 65±5퍼센트

해설 [공간정보의 구축 및 관리 등에 관한 법률 시행규칙 제65조(지적서고의 설치기준 등)]
온도 및 습도 자동조절장치를 설치하고, 연중 평균온도는 섭씨 20±5도를, 연중평균습도는 65±5퍼센트를 유지할 것

100. 정당한 사유 없이 지적측량 및 토지이동 조사에 필요한 토지 등에의 출입 등을 방해하거나 거부한 자에 대한 조치로 옳은 것은?

① 300만원의 이하의 과태료
② 1년 이하의 징역 또는 1천만원 이하의 벌금
③ 2년 이하의 징역 또는 2천만원 이하의 벌금
④ 3년 이하의 징역 또는 3천만원 이아의 벌금

해설 [공간정보의 구축 및 관리 등에 관한 법률 제107~109조(벌칙), 제110조(양벌규정), 제111조(과태료)]
① 정당한 사유 없이 지적측량 및 토지이동 조사에 필요한 토지 등에의 출입 등을 방해하거나 거부한 자 : 300만원 이하의 과태료

2021년도 제 3 회 지적기사 기출문제

1과목 지적측량

01. 지적도근점측량에서 다각망도선법의 관측방위각 계산식으로 옳은 것은?(단, T_1 : 출발기지방위각, $\sum \alpha$: 관측값의 합, n은 폐색변을 포함한 변수)

① $T_1 + \sum \alpha + 180(n-1)$
② $T_1 - \sum \alpha + 180(n-1)$
③ $T_1 + \sum \alpha - 180(n-1)$
④ $T_1 - \sum \alpha + 180(n+1)$

해설 배각법에 의한 지적도근점측량의 측각오차계산식
$e = T_1 + \sum \alpha - 180(n-1)$

02. 지적삼각점측량의 조정계산에서 기지내각에 맞도록 오차를 조정하는 것을 무엇이라 하는가?

① 각조정　　② 망조정
③ 삼각조정　　④ 측점조정

해설 [지적삼각망조정의 조건]
관측시의 출발차와 폐색차의 조정은 국소규약(측점조건)이며, 삼각형 내각의 관측치와 180°와의 차의 조정은 삼각규약, 관측치와 기지내각과의 차의 조정은 망규약, 하나의 기지변과 평균각으로 다른 기지변까지의 계산된 거리와의 차의 조정은 변규약에 해당된다.

03. 지적도근점 두 점 A, B간의 종·횡선차가 아래와 같을 때 V_a^b는?

종선차 ΔX_a^b=345.67m, 횡선차 ΔY_a^b=−456.78m

① 37°07′00″　　② 52°38′24″
③ 52°53′00″　　④ 307°07′00″

해설 $V_a^b = \tan^{-1} \frac{\Delta Y}{\Delta X}$ 이므로

$V_a^b = \tan^{-1} \frac{-456.78}{345.67} = -52°53′00″$ (4상한이므로)

$V_a^b = 360° - 52°53′00″ = 307°07′00″$

04. 지적측량에서 각을 측정할 경우 발생하는 오차가 아닌 것은?

① 착오　　② 정오차
③ 과밀오차　　④ 부정오차

해설 [지적측량의 각을 측정할 경우 발생하는 오차(오차의 성질에 따른 분류)]
① 정오차(누적오차, 계통오차) : 오차가 일어나는 원인이 명백하고, 일정한 조건 밑에서는 일정한 크기와 방향으로 발생하는 오차, 그 원인이 조사되면 오차량을 계산하여 제거할 수 있는 오차, 특성치, 온도, 처짐, 장력, 경사, 표고 등
② 부정오차(우연오차, 상차) : 일어나는 원인이 불분명 하거나 원인을 안다 하여도 직접 처리하는 방법이 불확실하고 예견할 수 없으며 관측값에 어느 정도 주고 있는지를 알 수 없는 성질의 불규칙한 오차, 아무리 주의해도 피할 수 없고 또 계산으로 제거할 수 없으므로 통계학(최소제곱법)적으로 소거하는 방법을 사용

정답 99. ④　100. ①　/　01. ③　02. ②　03. ④　04. ③

③ 과대오차(착오) : 관측자 기술의 미숙, 심리상태의 혼란, 부주의, 착각에 의한 눈금 오독, 기장오기 등으로 발생

05. 지적삼각보조점측량의 다각망도선법 Y망에서 1도선의 거리의 합이 3865.75m일 때 연결오차의 허용범위는?

① 0.16m 이하 ② 0.19m 이하
③ 0.22m 이하 ④ 0.25m 이하

해설 [광파기측량방법, 다각망도선법의 도선별 연결오차]
$(0.05 \times S)$ 미터 이하이며 S는 도선거리/1,000 이므로
연결오차 $= 0.05 \times \dfrac{3,865.75}{1,000} = 0.1932875m = 19cm$ 이하

06. 관측값의 표준편차(σ), 경중률(ω)과의 관계로 옳은 것은? (단, n: 관측횟수)

① $\omega = \dfrac{1}{\sigma}$ ② $\omega = \dfrac{\sqrt{n}}{\sigma}$

③ $\omega = \dfrac{1}{\sigma^2}$ ④ $\omega = \sqrt{\dfrac{n}{\sigma}}$

해설 경중률은 평균제곱근오차의 제곱에 반비례한다. $\omega = \dfrac{1}{\sigma^2}$

07. 좌표면적계산법에 따른 면적측량의 기준으로 옳은 것은?

① 평판측량방법으로 세부측량을 시행한 지역의 면적측정 방법이다.
② 도곽선의 길이에 0.3mm 이상의 신축이 있을 경우 보정하여야 한다.
③ 산출면적은 100분의 1m² 까지 계산하여 10분의 1m² 단위로 정한다.
④ 경위의측량방법으로 세부측량을 한 지역의 필지별 면적측정은 경계점 좌표에 따른다.

해설 [좌표면적계산법]
① 경위의측량으로 세부측량을 시행한 지역의 면적측정방법이다.
② 도곽에 0.2밀리미터 이상의 신축이 있을 경우 보정하여야 한다.
③ 산출면적은 1,000분의 1제곱미터까지 계산하여 10분의 1제곱미터 단위로 정한다.
④ 경위의측량방법으로 세부측량을 한 지역의 필지별 면적측정은 경계점 좌표에 따른다.

08. 대삼각(본점)측량에 관한 설명으로 옳지 않은 것은?

① 전국에 13개소의 기선을 설치하였다.
② 기선망의 수평각은 12대회 각관측법으로 실시하였다.
③ 르장드르(Legendre)정리에 의하여 구과량을 계산하였다.
④ 대삼각점을 평균점간거리 20km의 20개 삼각망으로 구성하였다.

해설 [대삼각본점측량]
① 우리나라의 대삼각본점측량에서 평균 점간거리 30km로 23개의 삼각망으로 구분하였다.
② 우리나라의 대삼각망 변장의 길이는 평균 약 30km이며 총 점수는 400점이다.

09. 지적기준점측량의 절차가 올바르게 나열된 것은?

① 계획의 수립 → 선점 및 조표 → 준비 및 현지답사 → 관측 및 계산과 성과표의 작성
② 계획의 수립 → 준비 및 현지답사 → 선점 및 조표 → 관측 및 계산과 성과표의 작성
③ 준비 및 현지답사 → 계획의 수립 → 선점 및 조표 → 관측 및 계산과 성과표의 작성
④ 준비 및 현지답사 → 선점 및 조표 → 계획의 수립 → 관측 및 계산과 성과표의 작성

해설 [지적측량 시행규칙에 따른 지적기준점측량의 절차]
계획의 수립 → 준비 및 현지답사 → 선점 및 조표 → 관측 및 계산과 성과표의 작성

10. 지적측량시행규칙상 평판측량방법으로 세부측량을 한 경우 측량결과도에 적어야 할 사항이 아닌 것은?

① 신규등록 또는 등록전환하려는 경계선 및 분할경계선
② 측정점의 위치, 측량기하적 및 지상에서 측정한 거리
③ 이동지의 경계선, 지번, 지목, 토지소유자의 등기의 연월일
④ 측량 및 검사의 연월일, 측량자 및 검사자의 성명과 자격등급

해설 [평판측량으로 세부측량을 할 때 측량결과도에 기재할 사항]
1. 측정점의 위치
2. 측량기하적 및 지상에서 측정한 거리
3. 측량대상 토지의 토지이동 전의 지번과 지목(2개의 붉은 선으로 말소)
4. 측량결과도의 제명 및 번호(연도별로 붙인다)와 도면번호
5. 신규등록 또는 등록전환하려는 경계선 및 분할경계선
6. 측량대상 토지의 점유현황선
7. 측량 및 검사의 연월일
8. 측량자와 검사자의 성명·소속 및 자격등급

11. 지적삼각점측량에서 수평각의 측각공차 기준으로 옳은 것은?

① 1방향각 : 40초 이내
② 1측회의 폐색 : ±30초 이내
③ 기지각과의 차 : ±30초 이내
④ 삼각형 내각관측의 합과 180°와의 차 : ±40초

해설 [지적삼각측량 수평각의 측각공차]
① 1방향각 : 30초 이내
② 1측회의 폐색 : ±30초 이내
③ 기지각과의 차 : ±40초 이내
④ 삼각형내각관측치의 합과 180도와의 차 : ±30초 이내

12. 실선과 허선을 각각 3mm로 연결하고, 허선에 0.3mm의 점 2개로 하는 행정구역선은?

① 국계
② 시·도계
③ 시·군계
④ 동·리계

해설 [지적업무처리규정 제44조(행정구역선의 제도)]
도면에 등록할 행정구역선은 0.4밀리미터 폭으로 다음 각 호와 같이 제도한다. 다만, 동·리의 행정구역선은 0.2밀리미터 폭으로 한다.
1. 국계는 실선 4밀리미터와 허선 3밀리미터로 연결하고 실선 중앙에 실선과 직각으로 교차하는 1밀리미터의 실선을 긋고, 허선에 직경 0.3밀리미터의 점 2개를 제도한다.
2. 시·도계는 실선 4밀리미터와 허선 2밀리미터로 연결하고 실선 중앙에 실선과 직각으로 교차하는 1밀리미터의 실선을 긋고, 허선에 직경 0.3밀리미터의 점 1개를 제도한다.
3. 시·군계는 실선과 허선을 각각 3밀리미터로 연결하고, 허선에 0.3밀리미터의 점 2개를 제도한다.
4. 읍·면·구계는 실선 3밀리미터와 허선 2밀리미터로 연결하고, 허선에 0.3밀리미터의 점 1개를 제도한다.
5. 동·리계는 실선 3밀리미터와 허선 1밀리미터로 연결하여 제도한다.
6. 행정구역선이 2종 이상 겹치는 경우에는 최상급 행정구역선만 제도한다.
7. 행정구역선은 경계에서 약간 띄워서 그 외부에 제도한다.

13. 그림에서 E_1=20m, θ=150°일 때 S_1은?

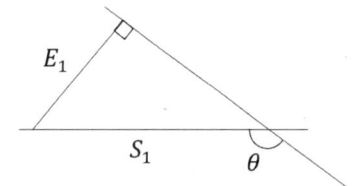

① 10.0m
② 23.1m
③ 34.6m
④ 40.0m

해설 $\sin(180°-\theta) = \dfrac{E_1}{S_1}$ 에서

$S_1 = \dfrac{20m}{\sin(180°-150°)} = 40.0m$

14. 부정오차의 특성으로 옳지 않은 것은?

① 정오차와 유사한 특성을 갖는다.
② 관측과정에서 부분적으로는 상쇄되기도 한다.
③ 최소제곱법의 원리를 사용하여 처리하기도 한다.
④ 원인이 명확하지 않으며, 오차의 크기가 불규칙적이다.

해설 [오차의 성질에 따른 분류]
① 정오차(누적오차, 계통오차) : 오차가 일어나는 원인이 명백하고, 일정한 조건 밑에서는 일정한 크기와 방향으로 발생하는 오차. 그 원인이 조사되면 오차량을 계산하여 제거할 수 있는 오차, 특성치, 온도, 처짐, 장력, 경사, 표고 등
② 부정오차(우연오차, 상차) : 일어나는 원인이 불분명 하거나 원인을 안다 하여도 직접 처리하는 방법이 불확실하고 예견할 수 없으며 관측값에 어느 정도의 주고 있는지를 알 수 없는 성질의 불규칙한 오차. 아무리 주의해도 피할 수 없고 또 계산으로 제거할 수 없으므로 통계학(최소제곱법)적으로 소거하는 방법을 사용
③ 과대오차(착오) : 관측자 기술의 미숙, 심리상태의 혼란, 부주의, 착각에 의한 눈금 오독, 기장오기 등으로 발생

15. 교회법에 의하여 지적삼각보조점측량을 실시할 경우 수평각 관측의 윤곽도는?

① 0°, 90°
② 0°, 120°
③ 0°, 45°, 90°
④ 0°, 60°, 120°

해설 경위의측량방법과 교회법에 의해 지적삼각보조점측량을 실시할 경우 관측은 20초독 이상의 경위의를 사용하며, 수평각관측의 2대회 방향관측법에 의하므로 2대회의 윤곽도는 0°, 90°

16. 경위의측량방법에 따른 세부측량을 실시할 경우, 축척변경 시행지역의 측량결과도는 얼마의 축척으로 작성하여야 하는가?(단, 시·도지사의 승인을 얻는 경우는 고려하지 않는다.)

① 1/500
② 1/1000
③ 1/3000
④ 1/6000

해설 ① 평판측량방법에 의한 세부측량에서 측량결과도는 그 토지가 등록된 도면과 동일한 축척으로 작성한다.
② 경위의측량방법에 따른 세부측량에서 측량결과도는 축척 500분의 1로 작성한다.

17. 경계점좌표등록부 시행지역에서 지적도근점측량의 성과와 검사성과의 연결교차는 얼마 이내이어야 하는가?

① 0.10m 이내
② 0.15m 이내
③ 0.20m 이내
④ 0.25m 이내

해설 [경계점좌표등록부 시행지역의 측량성과와 검사성과의 연결교차]
① 지적삼각점측량 : 0.20m 이내
② 지적삼각보조점측량 : 0.25m 이내
③ 지적도근점측량 : 0.15m 이내, 그밖의 지역 : 0.25m 이내
④ 세부측량(경계점) : 0.10m 이내, 그 밖의 지역 : $\frac{3}{10}M$ mm 이내

18. 경위의측량방법에 따른 세부측량을 할 때, 토지의 경계가 곡선인 경우 직선으로 연결하는 곡선의 중앙종거의 길이기준으로 옳은 것은?

① 5cm 이상 10cm 이하
② 10cm 이상 15cm 이하
③ 15cm 이상 20cm 이하
④ 20cm 이상 25cm 이하

해설 토지의 경계가 곡선인 경우에는 가급적 현재 상태와 다르게 되지 아니하도록 경계점을 측정하여 연결할 것. 이 경우 직선으로 연결하는 곡선 중앙종거의 길이는 5cm 이상 10cm 이하로 한다.

19. 5km 간격의 지적삼각점간 거리측량을 1/50000의 정밀도로 실시하고자 할 때, 각과 거리의 균형을 위한 각측량의 오차의 한계는?

① 1초
② 4초
③ 10초
④ 15초

해설 거리오차와 측각오차의 정밀도는 다음 식으로 정리된다.

$\frac{\Delta h}{D} = \frac{\theta}{\rho(1라디안)}$ 에서 $\frac{1}{50,000} = \frac{\theta''}{\frac{180°}{\pi} \times 60' \times 60''}$

$\theta'' = \frac{1}{50,000} \times \frac{180°}{\pi} \times 60' \times 60'' ≒ ±4''$

20. 특별소삼각원점의 좌표(종선좌표, 횡선좌표)는?

① (10000m, 30000m)
② (20000m, 30000m)
③ (200000m, 600000m)
④ (500000m, 200000m)

[해설] 특별소삼각점 원점의 종선좌표의 수치는 10,000m, 횡선좌표의 수치는 30,000m이다.

2과목 응용측량

21. 터널내 중심선측량시 다보(도벨, dowel)를 설치하는 주된 이유는?

① 중심말뚝간 시통이 잘되도록 하기 위하여
② 차량 등에 의한 기준점 파손을 막기 위하여
③ 후속작업을 위해 쉽게 제거할 수 있도록 하기 위하여
④ 측량시 쉽게 발견할 수 있도록 하기 위하여

[해설] [다보(도벨, Dowel)]
갱내에서의 중심말뚝은 차량 등에 의하여 파괴되지 않도록 견고하게 만들어 주어야 하는데 이를 도벨이라 하며, 노반을 가로×세로 30cm 씩, 깊이 30~40cm 정도 파내어 콘크리트를 넣고 목괴를 묻어 만든다.

22. 다음 중 지질, 토양, 수자원, 삼림조사 등의 판독작업에 가장 적합한 사진은?

① 적외선사진   ② 흑백사진
③ 반사사진   ④ 위색사진

[해설] [필름에 의한 사진측량의 분류]
① 흑백사진 : 지형도 제작에 가장 일반적으로 사용되는 사진
② 적외선 사진 : 지질, 토양, 수자원, 산림조사 판독에 사용
③ 팬인플러사진 : 팬크로사진과 적외선사진의 조합
④ 천연색사진 : 판독용으로 활용

⑤ 위색사진 : 식물의 잎은 적색, 그 외는 청색으로 제작하여 생물 및 식물의 연구조사에 이용

23. 초점거리 210mm의 카메라로 비고가 50m인 구릉지에서 촬영한 사진의 축척이 1:15000이다. 이 사진의 비고에 의한 최대기복변위량은? (단, 사진의 크기는 23cm×23cm이다.)

① ±0.15mm   ② ±0.26mm
③ ±1.5mm   ④ ±2.6mm

[해설] ① 촬영고도 $H = mf = 15000 \times 0.21 = 3150m$
② 기복변위 최대값 $\Delta r_{max} = \dfrac{h}{H} \times r_{max}$ 에서
$\Delta r_{max} = \dfrac{50m}{3150m} \times \dfrac{\sqrt{2}}{2} \times 23mm ≒ 2.6mm$

24. 그림과 같은 수평면과 45°의 경사를 가진 사면의 길이 AB가 25m이다. 이 사면의 경사를 30°로 완화한다면 사면의 길이 AC는?

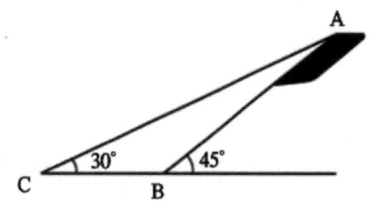

① 32.36m   ② 33.36m
③ 34.36m   ④ 35.36m

[해설] 두 삼각형의 공통 높이는 $\dfrac{25}{\sqrt{2}}$m(45°인 이등변 직각삼각형의 빗변이 25m이므로) 30°, 60°, 90° 직각삼각형의 길이는 $1 : \sqrt{3} : 2$이므로 빗변의 길이는 높이의 2배가 된다.
$AC = \dfrac{25}{\sqrt{2}} \times 2 = 35.36m$

25. 종단경사에서 상향기울기 4.5/1000, 하향기울기 35/1000인 두 노선이 반지름 2000m의 원곡선상에서 교차할 때 접선길이(L)는?

① 49.5m   ② 44.5m
③ 39.5m   ④ 34.5m

해설 [원곡선형태의 종단곡선의 접선길이]

$$L = \frac{R}{2} \times \left(\frac{n}{1,000} - \frac{m}{1,000}\right)$$
$$= \frac{2000}{2} \times \left(\frac{4.5}{1,000} - \frac{-35}{1,000}\right) = 39.5m$$

26. 축척 1:10000의 항공사진에서 건물의 시차를 측정하니 상부가 19.33mm, 하부가 16.83mm이었다면 건물의 높이는? (단, 촬영고도=800m, 사진상의 기선길이=68mm)

① 19.4m   ② 29.4m
③ 39.4m   ④ 49.4m

해설 시차차 $\Delta p = \frac{h}{H} \times b_0$ 에서

$$h = \frac{\Delta p}{b_0} \times H = \frac{(19.33 - 16.83)mm}{68mm} \times 800m \fallingdotseq 29.4m$$

27. 1:25000 지형도상에서 어떤 산정상으로부터 산기슭까지의 수평거리를 측정하니 48mm이었다. 산정상의 표고는 454m, 산기슭의 표고가 12m일 때 이 사면의 경사는?(단, 사면의 경사는 동일한 것으로 가정한다.)

① 1/2.7   ② 1/4.0
③ 1/5.7   ④ 1/9.2

해설 ① 수평거리를 실제거리로 환산

$$M = \frac{1}{m} = \frac{48mm}{실거리} = \frac{1}{25,000}$$

실제거리 $= 25,000 \times 48mm = 1,200,00mm = 1,200m$

② 경사의 계산

$$경사(i) = \frac{H}{D} = \frac{454 - 12m}{1,200m} = \frac{442}{1,200} \fallingdotseq \frac{1}{2.7}$$

28. 각관측장비를 이용하여 고저각을 관측하고 두 지점간의 수평거리를 알고 있을 때 적용할 수 있는 간접수준측량의 방법은?

① 삼각수준측량   ② 스타디아측량
③ 수직표척에 의한 측량   ④ 수평표척에 의한 측량

해설 [삼각수준측량]
① 각관측장비를 이용하여 고저각을 관측하고 두 지점간의 수평거리를 알고 있을 때 적용할 수 있는 간접수준측량의 방법
② 두 측점 간의 연직각과 수평 거리를 측정하여 삼각법에 의하여 표고차를 구하는 방법

29. 지성선 중에서 빗물이 이것을 따라 좌우로 흐르게 되는 선으로 지표면이 높은 곳의 꼭대기 점을 연결한 선은?

① 합수선(계곡선)   ② 경사변환선
③ 분수선(능선)   ④ 최대경사선

해설 [지성선(地性線 : topographical line)]
① 능선(능선, 분수선) : 정상을 향하여 가장 높은 점을 연결한 선으로 빗물이 이것을 경계로 흐르게 되므로 분수선이라고도 한다.
② 곡선(합수선, 계곡선) : 가장 낮은 점을 연결한 선으로 계곡선이라고도 한다.
③ 경사변환선 : 동일 방향의 경사면에서 경사의 크기가 다른 두면의 교선을 경사 변환선이라 한다.
④ 최대 경사선 : 지표의 임의의 한 점에 있어서 그 경사가 최대로 되는 방향을 표시한 선을 말하며 등고선에 직각으로 교차한다. 이는 물이 흐르는 방향으로 유하선 이라고도 한다.

30. 중력장을 고려한 수직위치에 대한 설명으로 틀린 것은?

① 기하학적 수직위치인 정표고는 직접고저측량에 의하여 두 점간의 비고를 구하려 할 때 중력등포텐셜면의 비평성성을 고려하여야 한다.

② 어느 지점의 수직위치는 일반적으로 지오이드로부터 그 지점에 이르는 연직선의 길이인 정표고로 표시한다.
③ 여러 구간으로 나누어 직접고저측량을 실시할 경우, 고저측량의 비고요소의 합은 정표고의 차와 정확이 일치한다.
④ 직접고저측량을 실시할 경우, 고저측량만으로만 물리적인 의미를 가질 수 없고 중력측량과 결합해야 한다.

해설 여러 구간으로 나누어 직접고저측량을 실시할 경우, 고저측량의 비고요소의 합은 정표고의 차와 정확이 일치하지 않으며 이는 모든 측량에는 오차가 포함되어 있기 때문이다.

31. 표고를 알고 있는 기지점에서 중요한 지성선을 따라 측선을 설치하고, 측선을 따라 여러 점의 표고와 거리를 측정하여 등고선을 측량하는 방법은?

① 방안법
② 횡단점법
③ 영선법
④ 종단점법

해설 [등고선의 삽입법]
① 방안법(좌표점법) : 방안의 각 교점의 표고를 측정하고 그 결과로 등고선을 삽입하는 방법으로 지형이 복잡한 경우에 적합
② 종단점법 : 지성선 위에 여러 측선에 대하여 거리와 표고를 측정하여 등고선을 삽입하는 방법으로 소축척의 산지 등에 적합
③ 횡단점법 : 노선측량에서 횡단측량의 결과를 이용하여 각 단면에 등고선을 삽입할 경우에 사용되는 방법

32. 레벨의 중심에서 100m 떨어진 곳에 표척을 세워 1.921m를 관측하고 기포가 5눈금 이동 후에 1.994m를 관측하였다면 이 기포관의 1눈금 이동에 대한 경사각(감도)은?

① 약 40″
② 약 30″
③ 약 20″
④ 약 10″

해설 기포관의 감도는 기포가 1눈금 움직일 때 수준기축이 경사되는 각도이다. 즉, 기포관의 1눈금이 곡률중심에 끼는 각도를 말하며 곡률반경으로 표시하기도 한다.

$$L = Dn\theta'', \quad 180° = \pi \, Rad, \quad \theta'' = \frac{L}{nD} \times \rho''$$

$$\theta'' = \frac{1.994m - 1.921m}{5 \times 100m} \times \frac{180°}{\pi} \times \frac{3,600''}{1°} ≒ 30''$$

33. GPS측량에서 나타나는 오차의 종류 중 현재 영향을 받지 않는 오차는?

① 위성시계오차
② 위성궤도오차
③ 대기권오차
④ 선택적가용성(SA)오차

해설 [선택적가용성(SA : Selective Availability) 오차]
① 대부분의 비 군용 GPS 사용자들에게 정밀도를 의도적으로 저하시키는 SA(Selective Availability)를 사용
② 위성의 시계를 떨리게 하여 거리 정밀도를 저하시키는 delta 과정과 항법 메세지의 ephemeris의 정밀도를 떨어뜨리는 epsilon 과정
③ 2000년 5월 1일부로 SA 해제

34. GNSS측량에서 의사거리(pseudo-range)에 대한 설명으로 옳지 않은 것은?

① 인공위성과 지상수신기 사이의 거리측정값이다.
② 대류권과 이온층의 신호지연으로 인한 오차의 영향력이 제거된 관측값이다.
③ 기하학적인 실제거리와 달라 의사거리라 부른다.
④ 인공위성에서 송신되어 수신기로 도착된 신호의 송신시간을 PRN 인식코드로 비교하여 측정한다.

해설 [의사거리(Pseudo Range)]
① 인공위성과 지상수신기 사이의 거리측정값이다.
② 대류권과 이온층의 신호지연으로 인한 오차의 영향력이 포함된 관측값이다.
③ 기하학적인 실제거리와 달라 의사거리라 부른다.
④ 인공위성에서 송신되어 수신기로 도착된 신호의 송신시간을 PRN 인식코드로 비교하여 측정한다.

35. 노선측량에서 노선선정을 할 때 고려사항으로 가장 우선시 되는 것은?

① 교통량 및 경제성　② 건설비와 측량비
③ 곡선설치의 난이도　④ 공사시간

해설 노선측량에서 노선선정을 할 때 노선의 목적, 경제성 및 시공기술 등을 고려하여야 하며 특히 교통량 및 경제성을 우선 고려해야 한다.

36. 터널측량의 작업단계 중 지표에 설치된 중심선을 기준으로 하여 터널의 입구에서 굴착을 시작하여 굴착이 진행됨에 따라 터널내의 중심선을 설정하는 작업은?

① 지표설치　② 지하설치
③ 조사　④ 예측

해설 [터널측량의 작업순서]
① 계획 및 답사 : 개략적인 계획수립, 현장조사를 통한 터널의 위치 예정
② 예측 : 지표의 중심선을 미리 표시하고 도면상 터널위치 검토
③ 지표설치 : 터널 중심선의 지표에 설치, 갱문의 위치 결정
④ 지하설치 : 갱문에서 굴착진행함에 따라 갱내 중심선 설정하는 작업

37. 노선측량에서 시공이 완료될 때까지 반드시 보존되어야 할 측점은?

① 교점(I.P)　② 곡선중점(S.P)
③ 곡선시점(B.C)　④ 곡선종점(E.C)

해설 노선측량에서 가장 중요한 요소는 경로가 변경될 때 발생하는 교점을 중심으로 교각과 곡선반지름이며, 교각과 교점의 위치는 시공이 완료될 때까지 반드시 보존되어야 한다.

38. 삼각형의 세 꼭지점의 좌표가 A(3, 4), B(6, 7), C(7, 1)일 때에 삼각형의 면적은? (단, 좌표의 단위는 m이다.)

① $12.5m^2$　② $11.5m^2$
③ $10.5m^2$　④ $9.5m^2$

해설 좌표법에 의하여 계산하면 A(3, 4) 에서 시작하여 시계방향으로 다시 A 로 폐합)

$$\frac{3}{4} \times \frac{6}{7} \times \frac{7}{1} \times \frac{3}{4}$$

$\sum \searrow = (3\times 7)+(6\times 1)+(7\times 4)=55$
$\sum \swarrow = (6\times 4)+(7\times 7)+(3\times 1)=76$
$2 \cdot A = \sum \searrow - \sum \swarrow = 55-76 =-21$
$A = \frac{2 \cdot A}{2} = 10.5 m^2$

39. 사진의 특수3점은 주점, 등각점, 연직점을 말하는데, 이 특수3점이 일치하는 사진은?

① 수평사진　② 저각도경사사진
③ 고각도경사사진　④ 엄밀수직사진

해설 사진의 특수3점이 일치하는 사진은 엄밀수직사진이다.
[사진의 특수3점]
① 주점(principal point) : 렌즈의 중심으로부터 화면에 내린 수선의 자리로 렌즈의 광축과 화면이 교차하는 점
② 연직점(nadir point) : 중심 투영점 0을 지나는 중력선이 사진면과 마주치는 점
③ 등각점(isocenter) : 사진면에 직교되는 광선과 중력선이 이루는 각을 2등분 하는 광선이 사진면에 마주치는 점

40. GNSS 위치결정에서 정확도와 관련된 위성의 상태에 관한 내용으로 옳지 않은 것은?

① 결정좌표의 정확도는 정밀도저하율(DOP)과 단위관측 정확도의 곱에 의해 결정된다.
② 3차원 위치는 TDOP(Time DOP)에 의해 정확도가 달라진다.

③ 최적의 위성배치는 한 위성은 관측자의 머리위에 있고 다른 위성의 배치가 각각 120°를 이룰 때이다.
④ 높은 DOP는 위성의 배치상태가 나쁘다는 것을 의미한다.

해설 TDOP는 시간의 정밀도를 의미하며 3차원 위치에 관한 정확도는 PDOP에 의해 달라진다.

3과목 토지정보체계론

41. 벡터자료구조에 비하여 래스터자료구조가 갖는 장·단점으로 옳지 않은 것은?

① 자료의 구조가 단순하다.
② 그래픽 자료의 양이 방대하다.
③ 여러 레이어의 중첩이 용이하다.
④ 복잡한 자료를 최소한의 공간에 저장시킬 수 있다.

해설 복잡한 자료를 최소한의 공간에 저장시킬 수 있는 것은 벡터자료구조의 장점이다.
[래스터 자료의 구조]
① 격자의 크기보다 작은 객체는 표현할 수 없다.
② 격자의 크기가 작을수록 객체의 형태를 자세히 나타낼 수 있다.
③ 격자의 크기가 작을수록 표현되는 자료는 보다 상세한 반면, 저장용량은 증가한다.
④ 격자의 크기가 커지면 이에 비례하여 자료의 양이 감소한다.

42. 도로, 상하수도, 전기시설 등의 자료를 수치지도화하고 시설물의 속성을 입력하여 데이터베이스를 구축함으로써 시설물 관리활동을 효율적으로 지원하는 시스템은?

① FM(Facility Management)
② LIS(Land Information System)
③ UIS(Urban Information System)
④ CAD(Computer-Aided Drafting)

해설 [시설물정보체계(FM)]
건축, 전기, 설비, 통신 등 도면 자동화를 통해 구축된 수치지도를 바탕으로 지상 및 지하의 각종 시설물을 시스템 상에 구축하여 시설물에 대한 유지보수 활동을 효과적으로 지원하는 시스템

43. 지방자치단체가 지적공부 및 부동산종합공부정보를 전자적으로 관리·운영하는 시스템은?

① 한국토지정보시스템
② 부동산종합공부시스템
③ 지적행정시스템
④ 국가공간정보시스템

해설 [부동산종합정보시스템]
① 지적, 건축물, 토지이용 등 18종의 부동산 공부를 1종으로 일원화하여 행정혁신과 국민편의 도모
② 부동산 공부(지적, 건축, 가격, 토지, 소유)를 개별적으로 활용하던 수요기관에서 통합된 정보를 단일화된 전산기반에서 활용할 수 있도록 구축

44. 필지식별번호에 관한 설명으로 틀린 것은?

① 필지에 관련된 모든 자료의 공통적 색인번호의 역할을 한다.
② 필지의 등록사항 변경 및 수정에 따라 변화할 수 있도록 가변성이 있어야 한다.
③ 각 필지의 등록사항의 저장과 수정 등을 용이하게 처리할 수 있는 고유번호를 말한다.
④ 토지관련 정보를 등록하고 있는 각종 대장과 파일간의 정보를 연결하거나 검색하는 기능을 향상시킨다.

해설 [필지식별자(필지식별번호)]
① 각 필지별 등록사항의 조직적인 저장과 수정을 용이하게 각 정보를 인식, 선정, 식별, 조정하는 가변성이 없는 토지의 고유번호
② 지적도의 등록사항과 도면의 등록사항을 연결시켜 자료파일의 검색 등 색인번호의 역할
③ 토지평가, 토지의 과세, 토지의 거래, 토지이용계획 등에서 활용

45. 토지정보체계의 특징에 해당되지 않는 것은?

① 지형도 기반의 지적정보를 대상으로 하는 위치참조체계이다.
② 토지이용계획 및 토지관련 정책자료 등 다목적으로 활용이 가능하다.
③ 토지 1필지의 이동정리에 따른 정확한 자료가 저장되고 검색이 편리하다.
④ 지적도의 경계점 좌표를 수치로 등록함으로써 각종 계획업무에 활용할 수 있다.

해설 토지정보체계는 지적도 기반의 지적정보를 대상으로 하는 위치참조체계이다.

46. 지적도 전산화 작업으로 구축된 도면의 데이터별 레이어 번호로 옳지 않은 것은?

① 지번 : 10
② 지목 : 11
③ 문자정보 : 12
④ 필지경계선 : 1

해설 [데이터별 레이어번호]
필지경계선 : 1, 지번 : 10, 지목 : 11, 문자정보 : 30, 도곽선 : 60

47. 다음 중 평면직각좌표계의 이점이 아닌 것은?

① 지도 구면상에 표시하기가 쉽다.
② 관측값으로부터 평면직각좌표를 계산하기 편리하다.
③ 평판측량, 항공사진측량 등 많은 측량작업과 호환성이 좋다.
④ 평면직각좌표로부터 거리, 수평각, 면적을 계산하기 편리하다.

해설 [평면직각좌표계의 특징]
① 지도 구면상에 표시하기가 어렵다.
② 관측값으로부터 평면직각좌표를 계산하기 편리하다.
③ 평판측량, 항공사진측량 등 많은 측량작업과 호환성이 좋다.
④ 평면직각좌표로부터 거리, 수평각, 면적을 계산하기 편리하다.

48. 토털스테이션과 지적측량 운영프로그램 등이 설치된 컴퓨터를 연결하여 세부측량을 수행함으로써 필지경계 정보를 취득하는 측량방법은?

① GNSS
② 경위의측량
③ 전자평판측량
④ 네트워크 RTK측량

해설 [전자평판측량]
토탈스테이션과 지적측량 운영프로그램 등이 설치된 컴퓨터를 연결하여 세부측량을 수행함으로써 필지 경계 정보를 취득하는 측량 방법

49. 부동산종합공부시스템이 하부 시스템 중 토지민원발급 시스템에 대한 설명으로 옳지 않은 것은?

① 토지민원발급 시스템은 시·군·구 까지만 민원열람 및 발급이 가능한 상황이다.
② 개별공시지가 확인서의 발급수수료를 관리하고 발급지역 및 발급지역별 사용자를 등록하여 관리할 수 있다.
③ 지적 및 토지관리업무를 통하여 등록 및 민원인에게 실시간으로 제공하는 시스템이다.
④ 시·군·구 토지민원발급 담당자가 수행하는 업무를 토지민원발급 시스템을 이용하여 효율적이고 체계적인 방식으로 처리할 수 있도록 지원하는 시스템이다.

해설 토지민원발급시스템은 기존에 소관청에서만 처리하던 업무를 네트워크로 연결하여 KLIS가 설치된 지역이면 전국 어디에서나 가까운 정부기관, 시·군·구 또는 읍·면·동 사무소에서 즉시 민원열람 및 발급이 가능하도록 구성되었다.

50. 지리정보의 특성인 공간적 위상관계에 대한 설명으로 옳지 않은 것은?

① 근접성은 대상물의 주변에 존재하는 대상물과의 관계를 의미한다.
② 연결성은 실제로 연결된 대상물들 사이의 관계를 의미한다.
③ 근접성은 서로 다른 계층에서 서로 다르게 인식될 수 있는 대상물의 관계를 의미한다.

④ 공간적 위상관계의 특성을 바탕으로 조건에 만족하는 지역이나 조건을 검색 및 분석할 수 있다.

해설 근접성은 대상물의 가까운 곳에 존재하는 대상물과의 관계를 의미한다.

51. 관계형 데이터베이스관리시스템에서 자료를 만들고 조회할 수 있는 것은?

① ASP
② JAVA
③ Perl
④ SQL

해설 SQL은 관계형 데이터 베이스를 조작하는 범용 언어로 비과정 질의어의 대표적인 예이다.

52. 벡터지도의 오류 유형 및 이에 대한 설명으로 틀린 것은?

① Overshoot : 어떤 선분까지 그려야 하는데 그 선분을 지나쳐 그려진 경우
② Undershoot : 어떤 선분이 아래에서 위로 그려져야 하는데 수평으로 그려진 경우
③ 레이블입력오류 : 지번 등이 다르게 기입되는 경우 또는 없거나 2개가 존재하는 경우
④ Sliver polygon : 지적필지를 표현할 때 필지가 아닌데도 경계불일치로 조그만 폴리곤이 생겨 필지로 인식되는 오류

해설 [디지타이징에 의한 오차유형]
① **Sliver polygon** : 필지를 표현할 때 필지가 아닌데도 조그만 조각이 생겨 필지로 인식하게 되는 경우
② **Overshoot** : 어느 선분까지 그려야하는데 그 선분을 지나치는 경우
③ **Undershoot** : 어느 선분까지 그려야하는데 그 선분에 미치지 못한 경우
④ **Spike** : 교차점에서 두 개의 선분이 만나는 과정에서 엉뚱한 좌표가 입력되어 발생하는 오차

53. 벡터데이터의 특징이 아닌 것은?

① 자료의 갱신과 유지관리가 편리하다.
② 격자간격에 의존하여 면으로 표현된다.
③ 각기 다른 위상구조로 중첩기능을 수행하기 어렵다.
④ 좌표를 이용하여 복잡한 자료를 최소의 공간에 저장할 수 있다.

해설 래스터 자료구조는 동일한 크기의 셀의 격자에 의하여 공간 형상을 표현하며 벡터자료구조에 비해 자료구조가 단순하고, 중첩에 대한 조작 및 분석의 수행이 용이하다.

54. 다음 GIS작업 흐름도에서 A, B, C 부분에 들어가야 할 내용과 분석방법으로 옳은 것은?

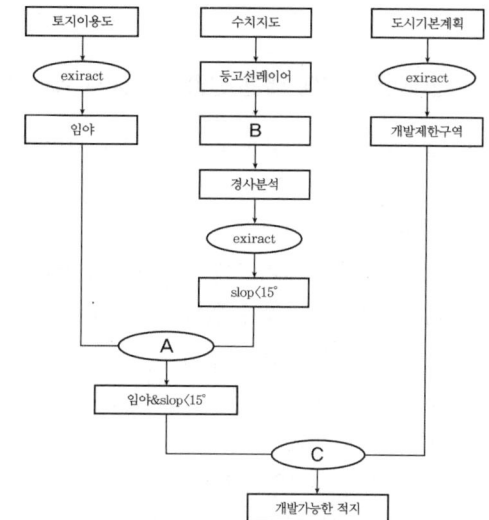

① A : Extract, B : DEM, C : Erase
② A : Extract, B : Buffer polygon, C : Intersect
③ A : Intersect, B : DEM, C : Erase
④ A : Intersect, B : Buffer polygon, C : Extract

해설 ① A : 토지이용도의 임야와 수치지도의 slope〈15°의 교집합에 해당하므로 Intersect로 표시한다.
② B : 수치지도의 등고선레이어에서 경사분석의 수행을 위한 작업이므로 DEM 추출한다.
③ C : 토지이용도의 임야와 수치지도의 slope〈15°의 교집합과 도시기본계획의 개발제한구역 이외의 부분이 개발가능한 부분이므로 개발제한구역을 Erase한다.

55. 다음은 DEM데이터의 DN값이다. A → B방향의 경사도로 옳은 것은? (단, 셀의 크기는 100m×100m이다.)

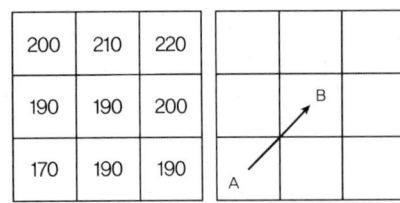

① −14.2% ② −20.0%
③ +14.2% ④ +20.0%

해설 경사 = $\dfrac{H}{D} \times 100$에서 H는 A, B 높이차이고, D는 수평거리이므로

경사 = $\dfrac{190-170}{\sqrt{100^2+100^2}} \times 100 ≒ 14.2\%$

56. 공간데이터분석에 대한 설명으로 옳지 않은 것은?

① 질의검색이란 사용자가 특정조건을 제시하면 데이터베이스 내에서 주어진 조건을 만족하는 레코드를 찾아내는 기법이다.
② 중첩분석은 도형자료에 적용되는 것으로 하나의 레이어 또는 커버리지 위에 다른 레이어를 올려놓고 비교하고 분석하는 기법이다.
③ 버퍼는 점(Point), 선(Line), 면(Polygon)의 공간객체 중 면(Polygon)에 해당하는 객체에서만 일정한 폭을 가진 구역을 정하는 기법이다.
④ 네트워크 분석은 서로 연관된 일련의 선형형상물로 도로같은 교통망이나 전기, 전화, 하천과 같은 연결성과 경로를 분석하는 기법이다.

해설 버퍼를 생성하는 과정을 버퍼링이라 하며, 버퍼링은 점, 선, 폴리곤 형상 주변에 생성되며 버퍼링한 결과는 모두 폴리곤으로 표현된다.

57. 행정구역의 명칭이 변경된 때에 지적소관청은 시·도지사를 경유하여 국토교통부장관에게 행정구역변경일 며칠 전까지 행정구역의 코드변경을 요청하여야 하는가?

① 5일 ② 10일
③ 20일 ④ 30일

해설 [지적사무전산처리규정 제26조(행정구역코드의 변경)]
① 행정구역의 명칭이 변경된 때에는 소관청은 시·도지사를 경유하여 국토해양부장관에게 행정구역변경일 10일 전까지 행정구역의 코드변경을 요청하여야 한다.
② 제1항의 규정에 의한 행정구역의 코드변경 요청을 받은 국토해양부장관은 지체없이 행정구역코드를 변경하고, 그 변경 내용을 관련기관에 통지하여야 한다.

58. 관계형 데이터베이스모델(Relational Database Model)의 기본구조요소 중 옳지 않은 것은?

① 소트(sort) ② 행(record)
③ 테이블(table) ④ 속성(attribute)

해설 [관계형 데이터베이스모델]
① 2개 이상의 데이터베이스 또는 테이블을 연결하기 위해 고유한 식별자를 사용하는 데이터베이스
② 각각의 항목과 그 속성이 다른 모든 항목 및 그의 속성과 연결될 수 있도록 구성된 자료 구조
③ 자료가 다중 연결되어 있어 각각의 다른 필드들과 연결되도록 하는 강력하고 유연성 있는 데이터베이스의 종류
④ 관계형 데이터베이스 모델(Relational Database Model)의 기본 구조요소는 속성(Attribute), 행(Record), 테이블(Table)이다.

59. 파일처리시스템에 비하여 데이터베이스관리시스템(DBMS)이 갖는 특징으로 옳지 않은 것은?

① 시스템의 구성이 단순하여 자료의 손실가능성이 낮다.
② 다른 사용자와 함께 자료호환을 자유롭게 할 수 있어 효율적이다.
③ DBMS에서 제공되는 서비스 기능을 이용하여 새로운 응용프로그램의 개발이 용이하다.

④ 직접적으로 사용자와의 연계를 위한 기능을 제공하여 복잡하고 높은 수준의 분석이 가능하다.

해설 데이터베이스관리시스템은 시스템의 구성이 복잡한 단점이 있다.
[DBMS의 장점]
① 중앙제어기능
② 효율적인 자료 호환
③ 데이터의 독립성
④ 새로운 응용프로그램 개발의 용이성
⑤ 직접적인 사용자 연계
⑥ 다양한 양식의 자료제공

60. 속성자료를 설명한 내용으로 옳지 않은 것은?

① 속성자료는 점, 선, 면적의 형태로 구성되어 있다.
② 속성자료는 각종 정책적·경제적·행정적인 자료에 해당하는 글자와 숫자로 구성된 자료이다.
③ 범례는 도형자료의 속성을 설명하기 위한 자료로 도로명, 심벌, 주기 등으로 글자, 숫자, 기호, 색상으로 구성되어 있다.
④ 경계점좌표등록부는 토지소재, 지번, 좌표, 토지의 고유번호, 도면번호, 경계점좌표등록부의 장번호, 부호 및 부호도 등에 대한 사항이 속성정보에 해당한다.

해설 벡터데이터는 대상물을 점, 선, 면을 사용하여 표현하는 것이다.

4과목 지적학

61. 아래의 설명에 해당하는 토지제도는?

- 신라 말기에 극도로 문란해졌던 토지제도를 바로잡아 국가재정을 확립하고, 민생을 안정시키기 위하여 관리들의 경제적 기반을 마련하도록 고려시대에 창안된 것이다.
- 문무 신하에게 지급된 전토(田土)인데 이는 공훈전적인 성격이 강했다.

① 경무전 ② 반전제
③ 역분전 ④ 전부전

해설 ① 경무전 : 고구려에서 길이는 척 단위를 사용했고 면적 단위는 경무법을 사용하였고 '주부'라는 직책을 두어 전부(田簿)에 관한 사항을 담당하도록 하였다.
② 반전제 : 반전(反田)은 답이 전으로 변경된 것을 말하고, 화전은 산의 진무(榛蕪; 무성한 초목)를 태워 기장, 조 등을 파종한 것이다.
③ 역분전 : 고려 초기 공전제를 지향하는 전제개혁에 착수하여 역분전을 설정하고 고려 창건 당시에 공이 있는 군사들에게 공로를 기준으로 공훈의 차등에 따라 토지를 나누어 준 것으로 토지제도 정비의 효시가 되었다
④ 전부전 : 고구려는 토지의 국유원칙을 전제로 하고 왕명에 의하여 출납을 담당하는 주부(主簿)라는 직책을 두어 전부(田簿)에 관한 사항을 관장하였다.

62. 토지조사사업 당시 토지소유자와 강계를 사정하기에 앞서 진행한 절차는?

① 조선총독부의 심의 ② 토지조사부의 심의
③ 중앙토지위원회의 자문 ④ 지방토지위원회의 자문

해설 [토지조사사업의 사정(査定)]
① 임시토지조사국은 토지조사법, 토지조사령 등에 의해 토지조사사업을 시행하고 토지소유자와 경계를 확정하였는데 이를 사정(査定)이라 한다.
② 임시토지조사국장의 사정은 이전의 권리와 무관한 확정적 효력을 갖는 가장 중요한 업무
③ 사정권자는 임시토지조사국장으로 지방토지조사위원회에 자문하여 토지소유자 및 그 강계를 사정하였다.

63. 다음 중 입안제도(立案制度)에 대한 설명으로 옳지 않은 것은?

① 토지매매계약서이다.
② 관에서 교부하는 형식이었다.
③ 조선 후기에는 백문매매가 성행하였다.
④ 소유권 이전 후 100일 이내에 신청하였다.

정답 55. ③ 56. ③ 57. ② 58. ① 59. ① 60. ① 61. ③ 62. ④ 63. ①

해설 문기(文記) : 조선시대에 토지 및 가옥을 매수 또는 매도할 때 작성한 매매계약서

[입안(立案)]
① 경국대전에 매매기한은 토지와 가옥의 매매는 15일 기한으로 하되, 100일 이내에 관청에 보고하고 입안을 받도록 의무사항으로 규정
② 오늘날의 부동산등기 권리증과 같은 것으로 지적에서 소유자를 확인할 수 있는 명의변경절차라 할 수 있으나 소유자의 변동사항을 정리하지 않아 양안으로 확인하는 경향 있음
③ 입안은 전지가사(田地家舍)의 매매에 관한 증명, 한광지의 개간에 관한 인허로 권리의 옹호에 대해 특별히 주의하는 자 또는 종전에 분쟁이 있었던 토지를 사거나 개간하는 자는 입안을 받도록 하였음

64. 지상경계를 결정하기 곤란한 경우에 경계결정의 방법에 대한 일반적인 원칙이 아닌 것은?

① 보완설 ② 점유설
③ 지배설 ④ 평분설

해설 [경계설정설의 종류]
① 점유설 : 토지소유권의 경계는 불명하지만 양지의 소유자가 점유하는 지역의 명확한 선으로 구분되어 있을 때에는 이 1개의 선을 소유자의 경계로 하여야 한다.
② 평분설 : 경계가 불명하고 점유상태까지 확정할 수 없는 경우 분쟁지를 물리적으로 평분하여 쌍방토지에 소속시켜야 한다.
③ 보완설 : 현 점유선에 의하거나 또는 평분하여 경계를 결정하고자 할 경우 그 새로 결정되는 경계가 이미 조사된 신빙할 만한 다른 자료와 일치하지 않을 경우 이 자료를 감안하여 공평하고도 그 적당한 방법에 따라 그 경계를 보완하여야 할 것이다.

65. 지적재조사의 목적과 가장 거리가 먼 것은?

① 지적공부의 질적 향상
② 합리적인 국가경계 향상
③ 토지의 경계복원력 향상
④ 지적불부합지 문제의 해소

해설 지적재조사사업과 국가경계(국가간의 경계선) 향상과는 무관하다.

66. 토지소유권 권리의 특성이 아닌 것은?

① 탄력성 ② 혼일성
③ 항구성 ④ 불완전성

해설 지적제도 중 토지소유권의 권리의 특성으로 탄력성, 혼일성, 항구성, 완전성 등이 있다.
혼일성이란 여러 권능이 단순히 결합되어 있는 것이 아니고 모든 권능의 원천이 되는 포괄적인 권리를 의미한다.

67. 간주지적도에 등록된 토지는 토지대장과는 별도로 대장을 작성하였다. 다음 중 그 명칭에 해당하지 않는 것은?

① 산토지대장 ② 별책토지대장
③ 임야토지대장 ④ 을호토지대장

해설 [간주지적도]
① 지적도로 간주하는 임야도를 간주지적도라 함
② 별책토지대장, 산토지대장, 을호토지대장이라 하며 간주지적도에 대한 대장은 일반토지대장과 달리 별도의 대장으로 작성

68. 지번설정에서 사행식 방법이 가장 적합한 지역은?

① 경지정리지역
② 택지조성지역
③ 도로변의 주택구획지역
④ 지형이 불규칙한 농경지

해설 [사행식에 의한 지번부여방법의 특징]
① 필지의 배열이 불규칙한 지역에서 진행순서에 따라 지번부여(농촌지역에 적합)
② 진행방향에 따라 지번을 순차적으로 연속 부여
③ 상하좌우로 볼 때 어느 방향에서는 지번이 뛰어넘는 단점이 있음

69. 토렌스 시스템의 기본 이론이 아닌 것은?

① 거울이론　　② 보험이론
③ 지가이론　　④ 커튼이론

> [해설] [토렌스 시스템의 기본이론]
> ① 거울이론 : 토지권리증서의 등록은 토지의 거래사실을 완벽하게 반영하는 거울과 같다는 입장의 이론
> ② 커튼이론 : 토지등록업무가 커튼 뒤에 놓인 공정성과 신빙성에 대하여 관여할 필요도 없고 관여해서도 안되는 매입신청자를 위한 유일한 정보의 이론
> ③ 보험이론 : 인위적 과실로 인해 토지등록에 착오가 발생한 경우 피해를 본 사람은 피해보상에 대해 법률적으로 선의의 제3자와 동일한 동등한 입장이 되어야 한다는 이론

70. 토지조사사업에 따른 지적제도의 확립에 대한 설명으로 틀린 것은?

① 토지의 경계와 소유권은 고등토지조사위원회에서 사정하였다.
② 사정은 강력한 행정처분을 확정하는 원시취득의 효력이 있었다.
③ 토지의 일필지에 대한 위치 및 형상과 경계를 측정하여 지적도에 등록하였다.
④ 측량성과에 의거 토지의 소재, 지번, 지목, 소유권 등을 조사하여 토지대장에 등록하였다.

> [해설] 사정에 대하여 불복이 있는 자는 그 공시일로부터 90일 이내에 고등토지조사위원회에 신립(申立)하여 그 재결(裁決)을 얻었으며 토지의 경계와 소유권은 임시토지조사국장이 사정하였다.
>
> | 구분 | 토지조사사업 | 임야조사사업 |
> |---|---|---|
> | 측량기관 | 임시토지조사국 | 부(府), 면(面) |
> | 사정기관 | 임시토지조사국장 | 도지사 |
> | 재결기관 | 고등토지조사위원회 | 임야심사위원회 |

71. 지번에 결번이 생겼을 경우 처리하는 방법은?

① 결번된 토지대장 카드를 삭제한다.
② 결번대장을 비치하여 영구히 보존한다.
③ 결번된 지번을 삭제하고 다른 지번을 설정한다.
④ 신규등록시 결번을 사용하여 결번이 없도록 한다.

> [해설] [공간정보의 구축 및 관리 등에 관한 법률 시행규칙 제63조 (결번대장의 비치)]
> 지적소관청은 행정구역의 변경, 도시개발사업의 시행, 지번변경, 축척변경, 지번정정 등의 사유로 지번에 결번이 생긴 때에는 지체 없이 그 사유를 **결번대장에 적어 영구히 보존**하여야 한다.

72. 우리나라 법정지목을 구분하는 중심적 기분은?

① 토지의 성질　　② 토지의 용도
③ 토지의 위치　　④ 토지의 지형

> [해설] [용도지목]
> ① 토지의 주된 사용목적(용도)에 따라 지목을 결정하는 방법
> ② 우리나라에서 지목을 결정할 때 사용되는 방법

73. 다음 중 우리나라 지적제도의 원리에 해당하는 것은?

① 성립 요건주의　　② 직권 등록주의
③ 소극적 등록주의　　④ 형식적 심사주의

> [해설] [우리나라 지적제도의 원리(기본이념)]
> ① 지적은 국가의 모든 영토에 대한 물리적 현황과 법적권리관계 등을 등록·공시하는 제도이다.
> ② 5대 기본이념 : 지적국정주의, 지적형식주의, 지적공개주의, 실질적심사주의, 직권등록주의
> ③ 일반적으로 지적국정주의, 지적형식주의, 지적공개주의를 지적의 3대 기본이념이라 한다.

74. 특별한 기준을 두지 않고 당사자의 신청순서에 따라 토지등록부를 편성하는 방법은?

① 물적 편성주의　　② 인적 편성주의
③ 연대적 편성주의　　④ 인적·물적 편성주의

정답　64. ③　65. ②　66. ④　67. ③　68. ④　69. ③　70. ①　71. ②　72. ②　73. ②　74. ③

해설 [연대적 편성주의]
① 특별한 기준없이 신청순서에 의해 지적공부를 편성하는 방법
② 공부편성방법으로 가장 유효한 권리증서의 등록제도
③ 단순히 토지처분에 관한 증서의 내용을 기록하며 뒷날 증거로 하는 것에 불과
④ 그 자체만으로는 공시기능 발휘 못함
⑤ 프랑스, 미국의 일부 주에서 실시하는 리코딩시스템이 이에 해당

75. 다음 중 지적공부의 성격이 다른 것은?
① 산토지대장   ② 토지조사부
③ 별책토지대장 ④ 을호토지대장

해설 [간주지적도]
① 지적도로 간주하는 임야도를 간주지적도라 함
② 별책토지대장, 산토지대장, 을호토지대장이라 하며 간주지적도에 대한 대장은 일반토지대장과 달리 별도의 대장으로 작성

76. 1807년에 나폴레옹이 지적법을 발효시키고 대단지 내의 필지에 대한 조사를 위하여 발족된 위원회에서 프랑스 전 국토에 대하여 시행한 세부사업에 해당하지 않는 것은?
① 소유자 조사   ② 필지측량 실시
③ 필지별 생산량 조사 ④ 축척 1/5000 지형도 작성

해설 [나폴레옹 지적]
① 근대적 세지적의 완성과 소유권제도의 확립을 위한 지적제도 성립의 전환점으로 평가
② 나폴레옹 1세가 1808~1850년까지 프랑스 전국토를 대상으로 공평한 과세와 소유권 분쟁해결위해 실시
③ 이탈리아 밀라노 지역의 지적도는 각 토지의 생산 능력과 수입 및 소유자와 같은 내용을 체계적으로 기록했으며 1785~1789년에 축척 1/2,000로 제작하였다.

77. 지적의 구성요소 중 외부요소에 해당되지 않는 것은?
① 법률적 요소   ② 사회적 요소
③ 지리적 요소   ④ 환경적 요소

해설 [지적의 구성요소]
① 외부요소 : 지리적 요소, 법률적 요소, 사회, 정치, 경제적 요소
② 내부요소 : 토지, 경계설정과 측량, 등록, 지적공부

78. 다목적 지적의 구성요건에 해당하지 않는 것은?
① 기본도   ② 지적도
③ 측량계산부   ④ 측지기준망

해설 [다목적지적의 구성요소]
① 3대 구성요소 : 측지기준망, 기본도, 중첩도
② 5대 구성요소 : 측지기준망, 기본도, 중첩도, 필지식별번호, 토지자료파일

79. 적극적 등록주의(positive system) 지적제도에 있어서 토지등록방법상 그 내용으로 하지 않는 것은?
① 직권주의   ② 실질적 심사
③ 형식적 심사 ④ 모든 토지 등록

해설 [적극적 등록주의]
① 등록은 강제적이고 의무적임
② 공부에 등록되지 않은 토지는 어떠한 권리도 인정되지 않음
③ 지적측량이 실시되어야만 등기를 허락
④ 토지등록의 효력이 국가에 의해 보장
⑤ 실질적 심사주의를 채택

80. 토지조사사업 당시 일필지조사사항의 업무가 아닌 것은?
① 지목의 조사   ② 지번의 조사
③ 지주의 조사   ④ 분쟁지의 조사

해설 [토지조사사업 당시의 일필지조사의 업무]
토지조사사업 당시의 일필지조사는 지주, 강계, 지역, 지목, 지번, 등기, 및 등기필지 등의 조사 업무를 수행

5과목 지적관계법규

81. 지적소관청이 토지의 표시 변경에 관한 등기를 할 필요가 있을 경우 관할 등기관서에 등기촉탁을 하여야 하는 사유에 해당하지 않는 것은?

① 축척변경
② 신규등록
③ 바다로 된 토지의 등록말소
④ 행정구역개편으로 인한 지번변경

해설 신규등록 당시는 등기부가 존재하지 않으므로 등기촉탁의 대상이 되지 않는다.
[공간정보의 구축 및 관리 등에 관한 법률 제89조(등기촉탁)]
① 지적소관청은 토지이동에 따른 사유로 토지의 표시 변경에 관한 등기를 할 필요가 있는 경우에는 지체 없이 관할 등기관서에 그 등기를 촉탁하여야 하며 등기촉탁은 국가가 국가를 위하여 하는 등기로 본다.
② 등기촉탁에 필요한 사항은 국토교통부령으로 정한다.
③ 지적소관청은 지적재조사로 새로이 지적공부를 작성하였을 때에는 지체 없이 관할등기소에 그 등기를 촉탁하여야 하며 그 등기촉탁은 국가가 자기를 위하여 하는 등기로 본다.
④ 토지소유자나 이해관계인은 지적소관청이 등기촉탁을 지연하고 있는 경우에는 직접 등기를 신청할 수 있다.
⑤ 등기에 관하여 필요한 사항은 대법원규칙으로 정한다.
⑥ 지적소관청은 등기관서에 토지표시의 변경에 관한 등기를 촉탁하려는 때에는 토지표시 변경등기촉탁서에 그 취지를 적어야 한다.
⑦ 토지표시의 변경에 관한 등기를 촉탁한 때에는 토지표시 변경 등기촉탁대장에 그 내용을 적어야 한다.

82. 등록전환측량에 대한 설명으로 옳지 않은 것은?

① 토지대장에 등록하는 면적은 임야대장의 면적을 그대로 따른다.
② 등록전환할 일단의 토지가 2필지 이상으로 분할될 경우 1필지로 등록전환후 지목별로 분할하여야 한다.
③ 1필지 전체를 등록전환할 경우에는 임야대장등록사항과 토지대장등록사항의 부합여부를 확인해야 한다.
④ 경계점좌표등록부를 비치하는 지역과 연접되어 있는 토지를 등록전환하려면 경계점좌표등록부에 등록하여야 한다.

해설 ① (지적확정측량)을 하는 경우 필지별 경계점은 지적기준점에 따라 측정하여야 한다.
② 도시개발사업 등으로 (지적확정측량)을 하려는 지역에 임야도를 갖춰두는 지역의 토지가 있는 경우에는 등록전환을 하지 아니할 수 있다.

83. 국제기관 및 외국정부의 부동산등기용 등록번호를 지정·고시하는 자는?

① 외교부장관
② 국토교통부장관
③ 행정안전부장관
④ 출입국 외국인정책본부장

해설 [부동산등기법 제49조(등록번호의 부여절차)]
국가·지방자치단체·국제기관 및 외국정부의 등록번호는 국토교통부장관이 지정·고시한다. [28개 지목]
전, 답, 과수원, 목장용지, 임야, 광천지, 염전, 대, 공장용지, 학교용지, 주차장, 주유소용지, 창고용지, 도로, 철도용지, 제방, 하천, 구거, 유지, 양어장, 수도용지, 공원, 체육용지, 유원지, 종교용지, 사적지, 묘지, 잡종지

84. 도로명주소법에서 사용하는 용어의 정의로 옳지 않은 것은?

① "기초번호"란 도로구간에 행정안전부령으로 정하는 간격마다 부여된 번호를 말한다.
② "상세주소"란 건물 등 내부의 독립된 거주·활동구역을 구분하기 위하여 부여된 동(棟)번호, 층수 또는 호(號)수를 말한다.

③ "도로명주소"란 도로명, 건물번호 및 상세주소(상세주소가 있는 경우만 해당한다)로 표기하는 주소를 말한다.
④ "사물주소"란 도로명과 건물번호를 활용하여 건물 등에 해당하지 아니하는 시설물의 위치를 특정하는 정보를 말한다.

해설 [도로명주소법 제2조(정의)]
① 사물주소 : 도로명과 기초번호를 활용하여 건물등에 해당하지 아니하는 시설물의 위치를 특정하는 정보를 말한다.
② 기초번호 : 도로구간에 행정안전부령으로 정하는 간격마다 부여된 번호를 말한다.

85. 공간정보의 구축 및 관리 등에 관한 법령상 국토교통부장관의 권한을 국토지리정보원장에게 위임하는 사항이 아닌 것은?

① 기본측량성과의 정확도 검증 의뢰
② 측량업자의 지위승계신고의 수리
③ 측량업의 휴업·폐업 등의 신고수리
④ 지적측량업자의 등록취소에 대한 청문

해설 측량업자의 등록취소에 대한 청문은 위임하나 지적측량업자의 등록취소에 대한 청문은 제외한다.
[공간정보의 구축 및 관리 등에 관한 법률 시행령 제103조(권한의 위임)]
국토교통부장관은 법 제105조제1항에 따라 다음 각 호의 권한을 국토지리정보원장에게 위임한다.
1. 측량의 고시
2. 연도별 시행계획의 수립
3. 단서에 따른 원점의 고시
4. 국가기준점표지(수로기준점표지는 제외한다)의 설치·관리
5. 국가기준점표지의 종류와 설치 장소 통지의 접수 등 60개 조항

86. 공간정보의 구축 및 관리 등에 관한 법률에서 규정하고 있는 경계의 의미로 옳은 것은?

① 계곡·능선 등의 자연적 경계
② 토지소유자가 표시한 지상경계
③ 지적도나 임야도에 등록한 경계
④ 지상에 설치한 담장·둑의 인위적인 경계

해설 [공간정보의 구축 및 관리 등에 관한 법률 제25조(지적측량 성과의 검사)]
지적공부를 정리하지 아니하는 경계복원측량, 지적현황측량은 지적소관청으로부터 측량성과에 대한 검사를 받지 않는다.

87. 경계점좌표등록부의 등록사항이 아닌 것은?

① 지목
② 지번
③ 토지의 소재
④ 토지의 고유번호

해설 지목은 토지대장, 임야대장, 지적도, 임야도에 등록되나 경계점좌표등록부에는 등록되지 않는다.
[경계점좌표등록부의 등록사항]
토지소재, 지번, 좌표, 고유번호, 도면번호, 필지별 장번호, 부호도, 직인, 직인날인번호

88. 경위의측량방법에 따른 세부측량에 관한 설명으로 옳은 것은?

① 거리측정단위는 1미터로 한다.
② 농지의 구획정리 시행지역의 측량결과도의 축척을 500분의 1로 한다.
③ 방향관측법인 경우에 수평각의 관측은 1측회의 폐색을 하지 아니할 수 있다.
④ 1방향각 수평각의 측각공차는 60초 이내로 하고, 1회 측정각과 2회 측정각의 평균값에 대한 교차는 30초 이내로 한다.

해설 [경위의측량방법에 의한 세부측량의 관측 및 계산]
① 거리측정단위는 1cm로 한다.

② 농지의 구획정리 시행지역의 측량결과도의 축척을 1000분의 1로 한다.
③ 방향관측법인 경우에 수평각의 관측은 1측회의 폐색을 하지 아니할 수 있다.
④ 1방향각 수평각의 측각공차는 60초 이내로 하고, 1회 측정각과 2회 측정각의 평균값에 대한 교차는 40초 이내로 한다.

89. 축척변경에 따른 청산금의 납부고지 등에 관한 설명으로 옳은 것은?

① 지적소관청은 청산금의 수령통지를 한날부터 9개월 이내에 청산금을 지급하여야 한다.
② 지적소관청은 청산금의 결정을 공고한 날부터 1개월 이내에 청산금의 수령통지를 하여야 한다.
③ 지적소관청은 청산금의 결정을 공고한 날부터 1개월 이내에 토지소유자에게 납부고지를 하여야 한다.
④ 청산금의 납부고지를 받은 자는 그 고지를 받은 날부터 6개월 이내에 청산금을 지적소관청에 내야 한다.

해설 [공간정보의 구축 및 관리 등에 관한 법률 시행령 제76조 (청산금의 납부고지 등)]
① 지적소관청은 청산금의 결정을 공고한 날부터 20일 이내에 토지소유자에게 청산금의 납부고지 또는 수령통지를 하여야 한다.
② 제1항에 따른 납부고지를 받은 자는 그 고지를 받은 날부터 **6개월 이내**에 청산금을 지적소관청에 내야 한다.
③ 지적소관청은 수령통지를 한 날부터 6개월 이내에 청산금을 지급하여야 한다.
④ 지적소관청은 청산금을 지급받을 자가 행방불명 등으로 받을 수 없거나 받기를 거부할 때에는 그 청산금을 공탁할 수 있다.
⑤ 지적소관청은 청산금을 내야 하는 자가 기간 내에 청산금에 관한 이의신청을 하지 아니하고 기간 내에 청산금을 내지 아니하면 지방세 체납처분의 예에 따라 징수할 수 있다.

90. 지목설정에 관한 설명으로 옳지 않은 것은?

① 종합운동장 부지의 지목은 "체육용지"로 한다.
② 모래땅, 습지, 황무지의 지목은 "잡종지"로 한다.
③ 과수원 내 주거용 건축물 부지의 지목은 "대"로 한다.
④ 축산업 및 낙농업을 하기 위하여 초지를 조성한 토지의 지목은 "목장용지"로 한다.

해설 [공간정보의 구축 및 관리 등에 관한 법률 시행령 제58조 (지목의 분류)]
① 임야 : 산림 및 원야(原野)를 이루고 있는 수림지(樹林地)·죽림지·암석지·자갈땅·모래땅·습지·황무지 등의 토지
② 잡종지 : 다음 각 목의 토지. 다만, 원상회복을 조건으로 돌을 캐내는 곳 또는 흙을 파내는 곳으로 허가된 토지는 제외한다.
  가. 갈대밭, 실외에 물건을 쌓아두는 곳, 돌을 캐내는 곳, 흙을 파내는 곳, 야외시장 및 공동우물
  나. 변전소, 송신소, 수신소 및 송유시설 등의 부지
  다. 여객자동차터미널, 자동차운전학원 및 폐차장 등 자동차와 관련된 독립적인 시설물을 갖춘 부지
  라. 공항시설 및 항만시설 부지
  마. 도축장, 쓰레기처리장 및 오물처리장 등의 부지
  바. 그 밖에 다른 지목에 속하지 않는 토지

91. 밭에 있는 비닐하우스에 채소를 재배하는 토지와 같은 지목을 갖는 것은?

① 소류지
② 죽림지·간석지
③ 식용을 목적으로 죽순을 재배하는 토지
④ 물을 상시적으로 이용하여 미나리를 재배하는 토지

해설 [공간정보의 구축 및 관리 등에 관한 법률 시행령 제58조 (지목의 분류)]
① 임야 : 산림 및 원야(原野)를 이루고 있는 수림지(樹林地)·죽림지·암석지·자갈땅·모래땅·습지·황무지 등의 토지
② 유지 : 물이 고이거나 상시적으로 물을 저장하고 있는 댐·저수지·소류지(沼溜地)·호수·연못 등의 토지와 연·왕골 등이 자생하는 배수가 잘 되지 아니하는 토지
③ 전 : 물을 상시적으로 이용하지 않고 곡물·원예작물(과수류는 제외한다)·약초·뽕나무·닥나무·묘목·관상수 등의 식물을 주로 재배하는 토지와 식용(食用)으로 죽순을 재배하는 토지
④ 답 : 물을 상시적으로 직접 이용하여 벼·연(蓮)·미나리·왕골 등의 식물을 주로 재배하는 토지

정답 85. ④ 86. ③ 87. ① 88. ③ 89. ④ 90. ② 91. ③

92. 광파기측량방법에 따라 다각망도선법으로 지적삼각보조점측량을 할 때의 기준으로 옳은 것은?

① 결합도선에 의하고 부득이 한 때에는 왕복도선에 의할 수 있다.
② 3점 이상의 기지점을 포함한 결합다각방식에 의한다.
③ 1도선의 거리는 3킬로미터 이상 5킬로미터 이하로 한다.
④ 1도선의 점의 수는 기지점과 교점을 제외하고 5점 이하로 한다.

> **해설** [다각망도선법에 의한 지적삼각측보조점측량의 기준]
> ① 3점 이상의 기지점으로 포함한 결합다각방식에 의한다.
> ③ 1도선의 거리는 4km 이하로 한다.
> ④ 1도선의 점의 수는 기지점과 교점 포함하여 5점 이하로 한다.

93. 다음 설명의 ( ) 안에 공통으로 들어갈 알맞은 용어는?

> 토지의 이동에 따른 면적 등의 결정방법에서 ( )에 따른 경계좌표 또는 면적은 따로 지적측량을 하지 아니하고 ( )후 필지의 경계 또는 좌표와 필지의 면적의 구분에 따라 결정한다.

① 등록전환 ② 분할
③ 복원 ④ 합병

> **해설** [공간정보의 구축 및 관리 등에 관한 법률 제26조(토지의 이동에 따른 면적 등의 결정방법)]
> ① 합병에 따른 경계·좌표 또는 면적은 따로 지적측량을 하지 아니하고 다음 각 호의 구분에 따라 결정한다.
>   1. 합병 후 필지의 경계 또는 좌표: 합병 전 각 필지의 경계 또는 좌표 중 합병으로 필요 없게 된 부분을 말소하여 결정
>   2. 합병 후 필지의 면적: 합병 전 각 필지의 면적을 합산하여 결정
> ② 등록전환이나 분할에 따른 면적을 정할 때 오차가 발생하는 경우 그 오차의 허용 범위 및 처리방법 등에 필요한 사항은 대통령령으로 정한다.

94. 공간정보의 구축 및 관리 등에 관한 법률에서 규정한 용어의 정의로 옳지 않은 것은?

① "지번"이란 필지에 부여하여 등기부등본에 등록한 번호를 말한다.
② "필지"란 대통령령으로 정하는 바에 따라 구획되는 토지의 등록단위를 말한다.
③ "지목"이란 토지의 주된 용도에 따라 토지의 종류를 구분하여 지적공부에 등록한 것을 말한다.
④ "지번부여지역"이란 지번을 부여하는 단위지역으로서 동·리 또는 이에 준하는 지역을 말한다.

> **해설** [공간정보의 구축 및 관리 등에 관한 법률 제2조(정의)]
> 지번 : 필지에 부여하여 지적공부에 등록한 번호를 말한다.

95. 토지이동을 수반하지 않고 토지대장을 정리하는 경우는?

① 등록전환정리 ② 토지분할정리
③ 토지합병정리 ④ 소유권변경정리

> **해설** [토지의 이동]
> ① 토지의 이동이란 토지의 표시를 새로이 정하거나 변경 또는 말소하는 것
> ② 토지이동의 종류 : 신규등록, 등록전환, 분할, 합병, 지목변경, 축척변경, 도시개발사업 등의 신고
> ③ 토지소유권자의 변경, 토지소유자의 주소변경, 토지의 등급의 변경은 토지의 이동에 해당하지 아니한다.

96. 지적측량수행자가 손해배상책임을 보장하기 위하여 보증보험에 가입하여야 하는 금액기준으로 옳은 것은?

① 지적측량업자 : 1억원 이상
② 지적측량업자 : 5천만원 이상
③ 한국국토정보공사 : 5억원 이상
④ 한국국토정보공사 : 10억원 이상

해설 [공간정보의 구축 및 관리 등에 관한 법률 시행령 제41조 (손해배상책임의 보장)]
1. 지적측량업자 : 보장기간 10년 이상 및 보증금액 1억원 이상
2. 「국가공간정보 기본법」 제12조에 따라 설립된 한국국토정보공사(이하 "한국국토정보공사"라 한다) : 보증금액 20억원 이상

97. 공간정보의 구축 및 관리 등에 관한 법률상 축척변경위원회에 대한 설명으로 옳지 않은 것은?

① 위원장은 위원 중에서 지적소관청이 지명한다.
② 축척변경 시행지역의 토지소유자가 5명 이하일 때에는 토지소유자 전원을 위원으로 위촉하여야 한다.
③ 축척변경위원회는 10명 이상 20명 이하의 위원으로 구성하되, 위원의 3분의 1이상을 토지소유자로 하여야 한다.
④ 위원은 해당 축척변경 시행지역의 토지소유자로서 지역사정에 정통한 사람, 지적에 관하여 전문지식을 가진 사람 중에서 지적소관청이 위촉한다.

해설 [공간정보의 구축 및 관리 등에 관한 법률 시행령 제79조 (축척변경위원회의 구성 등)]
① 축척변경위원회는 5명 이상 10명 이하의 위원으로 구성하되, 위원의 2분의 1 이상을 토지소유자로 하여야 한다. 이 경우 그 축척변경 시행지역의 토지소유자가 5명 이하일 때에는 토지소유자 전원을 위원으로 위촉하여야 한다.
② 위원장은 위원 중에서 지적소관청이 지명한다.
③ 위원은 다음 각 호의 사람 중에서 지적소관청이 위촉한다.
  1. 해당 축척변경 시행지역의 토지소유자로서 지역 사정에 정통한 사람
  2. 지적에 관하여 전문지식을 가진 사람
④ 축척변경위원회의 위원에게는 예산의 범위에서 출석수당과 여비, 그 밖의 실비를 지급할 수 있다. 다만, 공무원인 위원이 그 소관 업무와 직접적으로 관련되어 출석하는 경우에는 그러하지 아니하다.

98. 국토의 계획 및 이용에 관한 법률에 따른 기반시설의 종류에 해당하지 않는 것은?

① 환경기초시설   ② 보건위생시설
③ 물류·유통정비시설   ④ 공공·문화체육시설

해설 [국토의 계획 및 이용에 관한 법률 제2조(정의)]
"기반시설"이란 다음 각 목의 시설로서 대통령령으로 정하는 시설을 말한다.
가. 도로·철도·항만·공항·주차장 등 교통시설
나. 광장·공원·녹지 등 공간시설
다. 유통업무설비, 수도·전기·가스공급설비, 방송·통신시설, 공동구 등 유통·공급시설
라. 학교·공공청사·문화시설 및 공공필요성이 인정되는 체육시설 등 공공·문화체육시설
마. 하천·유수지(遊水池)·방화설비 등 방재시설
바. 장사시설 등 보건위생시설
사. 하수도, 폐기물처리 및 재활용시설, 빗물저장 및 이용시설 등 환경기초시설

99. 부동산등기법상 등기부등본의 갑구 또는 을구의 기재사항으로 옳지 않은 것은?

① 지목
② 권리자
③ 등기원인 및 그 연월일
④ 접수연월일 및 접수번호

해설 [부동산등기법 제48조(등기사항)]
① 등기관이 갑구 또는 을구에 권리에 관한 등기를 할 때에는 다음 각 호의 사항을 기록하여야 한다.
② 순위번호, 등기목적, 접수연월일 및 접수번호, 등기원인 및 그 연월일, 권리자

100. 국토의 계획 및 이용에 관한 법률의 목적으로 가장 옳은 것은?

① 고도의 경제성장 유지
② 국토 및 해양의 이용질서 확립
③ 환경보전 및 중앙집권체제의 강화
④ 공공복리의 증진과 국민의 삶의 질 향상

해설 [국토의 계획 및 이용에 관한 법률 제1조(목적)]
이 법은 국토의 이용·개발과 보전을 위한 계획의 수립 및 집행 등에 필요한 사항을 정하여 공공복리를 증진시키고 국민의 삶의 질을 향상시키는 것을 목적으로 한다.

정답 92. ② 93. ④ 94. ① 95. ④ 96. ① 97. ③ 98. ③ 99. ① 100. ④

지적기사 필기
기출문제로 끝내기

ts
2022년
지적기사 기출문제
Engineer Cadastral Surveying

CHAPTER 08

2022년도 제1회 지적기사 기출문제

1과목 지적측량

01. 두 점 간의 거리가 222m이고, 두 점 간의 방위각이 33° 33′ 33″일 때 횡선차는?

① 122.72m ② 145.26m
③ 185.00m ④ 201.56m

[해설] 종선차(ΔX) = $l \times \cos\theta$ = $222 \times \cos 33°33'33''$ = $185.00m$
횡선차(ΔY) = $l \times \sin\theta$ = $222 \times \sin 33°33'33''$ = $122.72m$

02. 교회법에 따른 지적삼각보조점의 관측 및 계산 기준으로 옳은 것은?

① 3배각법에 따른다.
② 3대회의 방향관측법에 따른다.
③ 1방향각의 측각공차는 50초 이내로 한다.
④ 관측은 20초독 이상의 경위의를 사용한다.

[해설] [경위의측량방법과 교회법에 의해 지적삼각보조점측량을 실시할 경우 관측 및 계산기준]
① 점간거리의 측정은 2회 실시
② 관측은 20초독 이상의 경위의를 사용
③ 수평각관측의 2대회 방향관측법에 의하므로 2대회의 윤곽도는 0°, 90°
④ 수평각의 1방향각 측각공차는 60초 이내

03. 경계점좌표등록부를 갖춰 두는 지역에 있는 각 필지의 경계점을 측정할 때에 측점번호의 부여 방법으로 옳은 것은?

① 오른쪽 위에서부터 왼쪽으로 경계를 따라 일련번호를 부여한다.
② 왼쪽 위에서부터 오른쪽으로 경계를 따라 일련번호를 부여한다.
③ 오른쪽 아래에서부터 왼쪽으로 경계를 따라 일련번호를 부여한다.
④ 왼쪽 아래에서부터 오른쪽으로 경계를 따라 일련번호를 부여한다.

[해설] [지적측량 시행규칙 제23조(경계점좌표등록부를 갖춰 두는 지역의 측량)]
각 필지의 경계점 측점번호는 왼쪽 위에서부터 오른쪽 경계를 따라 일련번호를 부여한다.

04. 배각법에 의하여 지적도근점측량을 시행할 경우 측각오차 계산식으로 옳은 것은? (단, e는 각오차, T_1은 출발기지방위각, Σa는 관측각의 합, n은 폐색변을 포함한 변수, T_2는 도착기지방위각)

① $e = T_1 + \Sigma a - 180(n-1) + T_2$
② $e = T_1 + \Sigma a - 180(n-1) - T_2$
③ $e = T_1 - \Sigma a - 180(n-1) + T_2$
④ $e = T_1 - \Sigma a - 180(n-1) - T_2$

[해설] 배각법에 의한 지적도근점측량의 측각오차 계산식
$e = T_1 + \sum \alpha - 180(n-1) - T_2$

05. 축척이 서로 다른 도면에 동일 경계선이 등록되어 있는 경우 어느 경계선에 따라야 하는가?

① 평균하여 결정한다.
② 축척이 큰 것에 따른다.
③ 축척이 작은 것에 따른다.
④ 토지소유자 의견에 따라야 한다.

해설 [경계결정의 원칙]
① 축척종대의 원칙 : 축척이 큰 것에 등록된 경계를 따름
② 경계불가분의 원칙 : 경계는 유일무이한 것으로 이를 분리할 수 없다는 원칙
③ 등록선후의 원칙 : 등록시기가 빠른 토지의 경계를 따른다는 원칙
④ 경계국정주의 : 지적공부에 등록하는 경계는 국가가 조사·측량하여 결정한다는 원칙

06. 지적삼각보조점측량을 Y망으로 실시하여, 1도선의 거리의 합계가 1654.15m이었을 때, 연결오차는 최대 얼마 이하로 하여야 하는가?

① 0.03m 이하
② 0.05m 이하
③ 0.07m 이하
④ 0.08m 이하

해설 광파기측량방법, 다각망도선법의 도선별 연결오차 $(0.05 \times S)$ 미터 이하이며 S는 도선거리/1,000이므로

연결오차 $= 0.05 \times \dfrac{1,654.15}{1,000} = 0.0827075m$ 이하

07. A, B 두 점의 좌표에 의하여 산출한 AB의 역방위각으로 옳은 것은? (단, $X_A = 356.77m$, $Y_A = 965.44m$, $X_B = 251.32m$, $Y_B = 412.07m$)

① 79° 12′ 40″
② 100° 47′ 20″
③ 169° 12′ 40″
④ 349° 47′ 20″

해설 AB의 역방위각은 BA방위각이므로

$$\tan\theta_{BA} = \frac{\Delta Y}{\Delta X} = \frac{Y_A - Y_B}{X_A - X_B} \Rightarrow \theta = \tan^{-1}_{BA}\left(\frac{Y_A - Y_B}{X_A - X_B}\right)$$

$\overline{BA}$의 방위각 $\theta = \tan^{-1}\left(\dfrac{Y_A - Y_B}{X_A - X_B}\right)$

$= \tan^{-1}\left(\dfrac{965.44 - 412.07}{356.77 - 251.32}\right) = 79°12′40″$ (1상한선의 각이므로)

08. 배각법에 따른 지적도근점의 각도관측에서 폐색변을 포함한 변수가 9변일 때 관측방위각의 폐색오차 허용한계는? (단, 1등도선이다.)

① ±30초 이내
② ±45초 이내
③ ±60초 이내
④ ±90초 이내

해설 배각법으로 변 9개로 이루어진 1등도선의 폐색오차 허용범위 $= \pm 20\sqrt{n} = \pm 20\sqrt{9} = \pm 60$초 이내

[지적도근점 측량시 도선법의 폐색오차]

구분	배각법	방위각법
1등도선	$\pm 20\sqrt{n}$ 초 이내	$\pm \sqrt{n}$ 분 이내
2등도선	$\pm 30\sqrt{n}$ 초 이내	$\pm 1.5\sqrt{n}$ 분 이내

09. 지적삼각점성과를 관리할 때 지적삼각점성과표에 기록·관리하여야 할 사항이 아닌 것은?

① 설치기관
② 자오선수차
③ 좌표 및 표고
④ 지적삼각점의 명칭

해설 [지적기준점성과표의 기록 및 관리]

지적삼각점측량	지적삼각보조점측량
1. 지적삼각점의 명칭과 기준 원점명	1. 번호 및 위치의 약도
2. 좌표 및 표고	2. 좌표와 직각좌표계 원점명
3. 경도 및 위도	3. 경도와 위도(필요한 경우로 한정)
4. 자오선수차	4. 표고(필요한 경우로 한정)
5. 시준점의 명칭, 방위각 및 거리	5. 소재지와 측량연월일
6. 소재지와 측량연월일	6. 도선등급 및 도선명
7. 그 밖의 참고사항	7. 표지의 재질
	8. 도면번호
	9. 설치기관
	10. 조사연월일, 조사자 직위 성명 등

정답 01. ① 02. ④ 03. ② 04. ② 05. ② 06. ④ 07. ① 08. ③ 09. ①

10. 지적도근점측량에서 연결오차의 허용범위에 대한 기준으로 틀린 것은? (단, n은 각 측선의 수평거리의 총합계를 100으로 나눈 수)

① 1등도선은 해당 지역 축척분모의 $\frac{1}{100}\sqrt{n}\,cm$ 이하로 한다.

② 2등도선은 해당 지역 축척분모의 $\frac{1.5}{100}\sqrt{n}\,cm$ 이하로 한다.

③ 경계점좌표등록부를 갖춰 두는 지역의 축척분모는 500으로 한다.

④ 하나의 도선에 속하여 있는 지역의 축척이 2 이상일 때에는 소축척의 축척분모에 따른다.

[해설] [지적도근점측량에서 연결오차의 허용범위에 대한 기준]
① 1등도선은 해당 지역 축척분모의 $\frac{1}{100}\sqrt{n}\,cm$ 이하로 한다.
② 2등도선은 해당 지역 축척분모의 $\frac{1.5}{100}\sqrt{n}\,cm$ 이하로 한다.
③ 경계점좌표등록부를 비치하는 지역에서 연결오차 허용범위의 축척분모는 500으로 한다.
④ 경계점좌표등록부를 비치하는 지역에서 연결오차 허용범위의 축척 분모는 500으로 하고 축척이 6천분의 1인 지역의 축척 분모는 3천으로 한다. 즉 대축척의 축척 분모에 의한다.

11. 지적측량의 방법으로 옳지 않은 것은?

① 수준측량방법   ② 경위의측량방법
③ 사진측량방법   ④ 위성측량방법

[해설] 지적측량은 평면위치의 결정이 요구되므로 높이에 관한 측량인 수준측량은 요구되지 않는다.

12. 평판측량에서 "폐합오차/측선길이의 합계"가 나타내는 것은?

① 표준오차   ② RMSE
③ 잔차   ④ 폐합비

[해설] 폐합비$(R) = \frac{폐합오차}{측선길이의\ 합}$ 이고
폐합오차 = $\sqrt{위거오차^2 + 경거오차^2}$ 로 구한다.

13. 지적삼각점측량에서 수평각의 측각공차에 대한 기준으로 옳은 것은?

① 기지각과의 차는 ±40초 이상
② 삼각형 내각관측의 합과 180도와의 차는 ±40초 이내
③ 1측회의 폐색차는 ±30초 이상
④ 1방향각은 30초 이내

[해설] [지적삼각측량 수평각의 측각공차]
① 기지각과의 차 : ±40초 이내
② 삼각형내각관측치의 합과 180도와의 차 : ±30초 이내
③ 1측회의 폐색 : ±30초 이내
④ 1방향각 : 30초 이내

14. 토지를 분할하는 경우, 분할 후 각 필지 면적의 합계와 분할 전 면적과의 오차 허용범위를 구하는 식으로 옳은 것은? (단, A : 오차허용면적, M : 축척분모, F : 원면적)

① $A = 0.023^2 \cdot M\sqrt{F}$
② $A = 0.026^2 \cdot M\sqrt{F}$
③ $A = 0.023 \cdot M\sqrt{F}$
④ $A = 0.026 \cdot M\sqrt{F}$

[해설] 토지를 분할하는 경우의 신구면적오차 $A = 0.026^2 M\sqrt{F}$
(A : 오차허용면적, M : 축척 분모, F : 원면적)

15. 평판측량방법에 따른 세부측량을 교회법으로 하는 경우의 기준으로 옳은 것은?

① 2방향의 교회에 따른다.
② 전방교회법 또는 후방교회법을 사용한다.
③ 방향각의 교각은 30도 이상 120도 이하로 한다.
④ 광파조준의를 사용하는 경우 방향선의 도상길이는 30cm 이하로 할 수 있다.

해설 [평판측량방법에 따른 세부측량을 교회법으로 하는 경우의 기준]
① 3방향의 교회에 따른다.
② 평판측량방법에 따른 세부측량은 교회법, 도선법 및 방사법(放射法)에 따른다.
③ 방향각의 교각은 30도 이상 150도 이하로 한다.
④ 광파조준의를 사용하는 경우 방향선의 도상길이는 30cm 이하로 할 수 있다.

16. 공간정보의 구축 및 관리에 관한 법령에 따른 측량기준(세계측지계)에서 회전타원체의 편평률로 옳은 것은? (단, 분모는 소수 둘째자리까지 표현한다.)

① 294.98분의 1 ② 298.26분의 1
③ 299.15분의 1 ④ 299.26분의 1

해설 [공간정보의 구축 및 관리 등에 관한 법률 시행령 제7조(세계측지계 등)]
1. 회전타원체의 장반경(長半徑) 및 편평률(扁平率)은 다음 항목과 같을 것
   가. 장반경: 6,378,137미터
   나. 편평률: 298.257222101분의 1
2. 회전타원체의 중심이 지구의 질량중심과 일치할 것
3. 회전타원체의 단축(短軸)이 지구의 자전축과 일치할 것

17. 면적계산에서 두 변이 각각 20m±5cm, 30m±7cm이었다면, 사각형면적 600m²에 대한 표준편차는?

① ±0.06m² ② ±0.63m²
③ ±1.32m² ④ ±2.05m²

해설 [부정오차의 전파]
① 토지의 면적
$$A = a \times b = 20 \times 30 = 600 m^2$$
② 사각형 토지면적의 부정오차 전파(면적에 대한 표준편차)
$$\sigma_A = \pm \sqrt{(\frac{\partial A}{\partial a})^2 \sigma_a^2 + (\frac{\partial A}{\partial b})^2 \sigma_b^2}$$
$$= \pm \sqrt{(b)^2 \sigma_a^2 + (a)^2 \sigma_b^2}$$
$$= \pm \sqrt{(20 \times 0.07)^2 + (30 \times 0.05)^2}$$
$$= \pm 2.05 m^2$$

18. 수평각 관측 시 경위의의 기계오차 소거방법으로 틀린 것은?

① 연직축이 연직되지 않아 발생하는 오차는 망원경의 정·반 관측을 평균한다.
② 시준축과 수평축이 직교하지 않아 발생하는 오차는 망원경의 정·반 관측을 평균한다.
③ 시준선이 기계의 중심을 통과하지 않아 발생하는 오차는 망원경의 정·반 관측을 평균한다.
④ 회전축에 대하여 망원경의 위치가 편심되어 있어 발생하는 오차는 망원경의 정·반 관측을 평균한다.

해설 연직축이 정확히 연직선상에 있지 않아 발생하는 연직축 오차는 관측값을 평균하여도 소거되지 않는다. 다만 시준할 두 점의 고저차가 연직각으로 5° 이하인 경우 큰 오차가 발생하지 않으므로 무시한다.

19. 지적소관청은 지적도면의 관리가 필요한 경우에는 지번부여지역마다 일람도와 지번색인표를 작성하여 갖춰 둘 수 있다. 도면이 몇 장 미만일 경우 일람도를 작성하지 아니할 수 있는가?

① 4장 ② 5장
③ 6장 ④ 7장

해설 [일람도의 작성 기준]
① 일람도의 축척은 그 도면축척의 1/10로 함

② 도면의 장수가 많아 1장에 작성할 수 없는 경우 축척을 줄여서 작성할 수 있음
③ 도면의 장수가 4장 미만인 경우 일람도의 작성을 하지 않을 수 있음

20. 지적삼각점 O점에 기계를 세우고 지적삼각점 A, B점을 시준하여 수평각 ∠AOB를 측정할 경우 측각의 최대오차를 30″까지 하려면 O점에서 편심거리는 최대 얼마까지 허용되는가? (단, AO = BO = 2km이다.)

① 27.1cm 정도   ② 28.9cm 정도
③ 29.1cm 정도   ④ 30.9cm 정도

해설 $l = r\theta$에서 $\theta = 2000m \times \dfrac{30''}{206265''} = 0.291m$ 이므로 29.1cm 정도의 편심거리를 허용한다.

2과목 응용측량

21. 도로의 개설을 위하여 편입되는 대상용지와 경계를 정하는 측량으로서 설계가 완료된 이후에 수행할 수 있는 노선측량 단계는?

① 용지 측량   ② 다각 측량
③ 공사 측량   ④ 조사 측량

해설 [용지측량]
① 용지경계와 용지면적을 산출하여 지가보상 등의 자료로 사용할 목적으로 실시하는 측량
② 횡단면도에 계획단면을 기입하여 용지폭을 정하고 1/500 또는 1/600 축척의 용지 작성

22. 정밀수준측량에서 수준망을 측량한 결과로 환폐합차가 6.0mm이었다면 편도거리는? (단, 허용 환폐합차 = 2mm$\sqrt{S}$, S : 편도관측거리(km))

① 4.0km   ② 6.0km
③ 9.0km   ④ 16.0km

해설 수준망의 환폐합차는 km당 오차이고 거리의 제곱근에 비례하므로
$\sqrt{1km} : \pm 2mm = \sqrt{Skm} : \pm 6mm$에서
$S = \left(\dfrac{6}{2}\right)^2 = 9km$

23. 그림과 같은 등고선에서 AB의 수평거리가 60m 일 때 경사도(incline)로 옳은 것은?

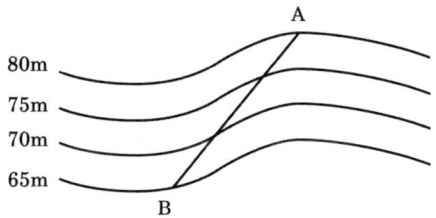

① 10%   ② 15%
③ 20%   ④ 25%

해설 경사도(%) = $\dfrac{높이차}{수평거리} \times 100(\%) = \dfrac{15}{60} \times 100 = 25\%$

24. 노선측량의 곡선 설치에 대한 설명으로 옳지 않은 것은?

① 고속도로의 완화곡선으로 주로 클로소이드 곡선을 설치한다.
② 완화곡선의 곡선 반지름은 시점에서 무한대, 종점에서 원곡선으로 된다.
③ 반향곡선은 2개의 원호가 공통절선의 양측에 있는 곡선이다.
④ 종단곡선으로는 주로 3차 포물선이 사용된다.

해설 완화곡선의 종류에는 클로소이드곡선(고속도로), 램니스케이트곡선(시가지철도), 3차포물선(일반철도), sine 체감곡선(고속철도) 등이 있으며 2차포물선은 종단곡선으로 이용된다.

25. 곡선반지름 R=2,500m, 캔트(cant) 100mm인 철도 선로를 설계할 때, 적합한 설계속도는? (단, 레일 간격은 1m로 가정한다.)

① 50km/h ② 60km/h
③ 150km/h ④ 178km/h

해설 $C = \dfrac{bV^2}{gR}$ (C: 캔트, b: 궤도간격, V: 설계속도, g: 중력가속도, R: 곡선반경)

$V = \sqrt{\dfrac{0.1 \times 9.8 \times 2,500}{1}} = 49.497 m/s$

$V = 178.19 km/h \;(\Leftarrow 49.497 \times 3.6)$

26. 사이클슬립(cycle slip)이나 멀티패스(multipath)의 오차를 줄일 목적으로 낮은 위성의 고도각을 제한하기도 한다. 일반적으로 제한하는 위성의 고도각 범위로 옳은 것은?

① 10° 이상 ② 15° 이상
③ 30° 이상 ④ 40° 이상

해설 위성의 고도각은 낮을수록 관측이 부정확해지므로 임계고도각을 15° 이상으로 유지한다.

27. 지형도의 난외주기 사항에 「NJ 52-13-17-3 대천」과 같이 표시되어 있을 때, 표시사항 중 경도 180°선에서 동으로 6°마다 붙인 경도구역을 의미하는 숫자는?

① 52 ② 13
③ 17 ④ 3

해설
- 1:50,000 지형도의 도엽번호 : UTM 도엽번호를 기준으로 표시
- N : 북반구 지역
- J : 적도면에서 북위 4°마다 알파벳으로 붙인 위도구역
- 52 : 서경 180°선에서 동으로 6°마다 붙인 경도구역
- 17 : 1:250,000 지세도의 지도번호
- 3 : 1:250,000 지세도를 가로 7등분, 세로 4등분함
- 1:50,000 지형도의 지도번호

28. 지표에서 거리 1000m 떨어진 A, B지점에서 수직터널에 의하여 터널 내외의 연결측량을 하는 경우에 두 수직터널의 깊이가 지구 중심 방향으로 1500m라 할 때, 두 지점 간의 지표거리와 지하거리의 차이는? (단, 지구를 반지름 R=6370km의 구로 가정)

① 15cm ② 24cm
③ 48cm ④ 52cm

해설 평균해수면 보정값을 구하는 문제는 부호에 유의하여야 하는데 표고 300m에서 관측한 값을 평균해수면상으로 보정하므로 부호는 음수이어야 한다. 지구를 구로 생각할 때 반지름이 큰 상태의 표면과 작은 상태의 표면 거리를 생각해 보면 알 수 있다.

① 평균해수면 보정량

$C_h = -\dfrac{H}{R}L = -\dfrac{1,500m}{6,400,000m} \times 1,000m = -0.24m = -24cm$

29. 해발고도 250m의 평탄한 지역을 사진축척 1:10000으로 촬영한 연직 사진의 촬영고도는? (단, 카메라의 초점거리는 150mm이다.)

① 1500m ② 1700m
③ 1750m ④ 1800m

해설 [촬영고도계산]

축척 $M = \dfrac{1}{m} = \dfrac{f}{H-h}$ 에서 $H-h = mf$ 이므로

$H = mf + h = 10000 \times 0.15 + 250 = 1750m$

30. 다음 중 원곡선의 종류가 아닌 것은?

① 반향 곡선 ② 단곡선
③ 렘니스케이트 곡선 ④ 복심 곡선

해설 [곡선의 종류]
① 평면곡선(원곡선) : 단곡선, 복합곡선(복심곡선, 반향곡선, 머리핀곡선)
② 완화곡선 : 클로소이드, 렘니스케이트, 3차포물선
③ 수직곡선(종곡선) : 2차포물선, 원곡선

31. 터널이 긴 경우 굴진 공정기간의 단축을 위하여 중간에 수직터널이나 경사터널을 설치하고 본 터널과의 좌표를 일치시키기 위하여 실시하는 측량은?

① 지하수준측량 ② 터널 내 고저측량
③ 터널 내 중심선측량 ④ 터널 내의 연결측량

해설 [터널 내외의 연결측량]
① 깊은 수갱은 피아노선이 사용되며 무게는 50~60kg
② 추는 얕은 수갱일 경우 철선, 동선 등이 사용되며, 무게는 5kg 이하
③ 추가 진동하므로 직각방향으로 진동의 위치를 10회 이상 관측하여 평균값으로 정지점 정함
④ 하나의 수갱에서 두 개의 추를 달아 이것에 의하여 연직면을 결정하고 그 방위각을 지상에서 측정하여 지하의 측량에 연결
⑤ 수갱 밑바닥에는 물 또는 기름을 넣은 통을 두어 추의 진동을 감소시킴

32. 촬영고도 1500m에서 촬영된 항공사진에 나타난 굴뚝 정상의 시차가 17.32mm이고, 굴뚝 밑 부분의 시차는 15.85mm 이었다면 이 굴뚝의 높이는?

① 103.7m ② 113.3m
③ 123.7m ④ 127.3m

해설 $h = \dfrac{H}{P_r + \Delta p} \times \Delta p = \dfrac{H}{P_r + (P_a - P_r)} \times (P_a - P_r)$ 에서

$h = \dfrac{1500}{17.32} \times (17.32 - 15.85) = 127.3m$

여기서 H : 촬영고도, Δp : 시차차, P_a : 굴뚝 정상의 시차, P_r : 굴뚝 밑부분 시차

33. 초점거리 210mm, 사진크기 23cm×23cm의 카메라로 촬영한 평탄한 지역의 항공사진 주점기선장이 70mm이었다면 인접사진과의 중복도는?

① 60% ② 65%
③ 70% ④ 75%

해설 주점기선장은 모델에서 처음사진과 다음사진과의 거리를 말한다. 즉 겹치지 않은 순수한 사진 한 장의 길이이므로

종중복도 $p = \dfrac{겹친 부분}{사진의 크기} = \dfrac{23-7}{23} \times 100(\%) = 70\%$

34. 수준측량시 중간점이 많을 경우에 가장 편리한 야장기입법은?

① 고차식 ② 승강식
③ 기고식 ④ 교차식

해설 [수준측량 야장기입법]
① 고차식 : 중간점없이 이기점 전시와 후시로만 관측된 야장으로 가장 간단하다.
② 승강식 : 완전한 검사로 정밀측량에 적당하나, 중간점이 많으면 계산이 복잡하고 시간과 비용이 많이 든다.
③ 기고식 : 중간점이 많을 경우 편리하나 완전한 검산을 할 수 없는 단점에도 가장 많이 사용되는 방법이다.

35. 표척 2개를 사용하여 수준측량 할 때 기계의 배치 횟수를 짝수로 하는 주된 이유는?

① 표척의 영점오차를 제거하기 위하여
② 표척수의 안전한 작업을 위하여
③ 작업능률을 높이기 위하여
④ 레벨의 조정이 불완전하기 때문에

해설 수준점간의 편도관측의 측점수는 짝수가 되도록 하는데 이는 표척의 눈금오차(영점오차)를 소거하기 위해서이다.
[수준측량시 유의사항]
① 왕복측량을 원칙으로 한다.
② 왕복시 노선은 다르게 한다.
③ 전시와 후시의 거리를 동일하게 한다.
④ 이기점이 홀수가 되도록 한다.
⑤ 수준점간의 편도관측의 측점수는 짝수가 되도록 한다. (표척의 눈금오차(영점오차)를 소거하기 위해)

36. GNSS 측량을 위하여 어느 곳에서나 같은 시간대에 관측할 수 있어야 하는 위성의 최소 개수는?

① 2개　　　② 4개
③ 6개　　　④ 8개

해설 미지점의 위치결정에는 X, Y, Z값의 결정에 3개의 위성이 필요하지만, GPS위성은 높은 정확도의 원자시계를 탑재하나 수신기의 시계는 정밀도가 상대적으로 떨어지므로 시간 오차항이 추가되므로 총 4대의 위성으로 4개의 미지수를 결정하게 된다.

37. 등고선의 성질에 대한 설명으로 옳은 것은?

① 동굴과 낭떠러지에서는 교차할 수 있다.
② 등고선은 한 도곽 내에서 반드시 폐합한다.
③ 등고선은 경사가 급한 곳에서는 간격이 넓다.
④ 등고선 상에 있는 모든 점은 각각의 다른 고유한 표고 값을 갖는다.

해설 [등고선의 특성]
① 동굴과 낭떠러지에서는 교차할 수 있다.
② 등고선은 한 도곽 내외에서 폐합한다.
③ 등고선은 경사가 급한 곳에서는 간격이 좁다.
④ 동굴이나 절벽은 높이가 다르지만 등고선상에서는 서로 교차하므로 등고선 상에 있는 모든 점이 각각의 다른 고유한 표고 값을 갖는 것은 아니다.

38. 사진의 표정 중 절대표정에 의하여 결정(조정)되는 사항이 아닌 것은?

① 축척　　　② 위치
③ 수준면　　④ 초점거리

해설 ① 내부표정 : 사진의 주점과 초점거리 조정, 건판신축, 대기굴절, 지구곡률보정, 렌즈수차 보정
② 상호표정 : 양 투영기에서 나오는 광속이 촬영당시 촬영면에 이루어지는 종시차를 소거하여 목표지형물의 상대위치를 맞추는 작업
③ 절대표정 : 축척의 결정, 수준면의 결정, 위치와 방위의 결정, 표고와 경사의 결정
④ 접합표정 : 모델과 모델의 접합, 스트립과 스트립 접합

39. GNSS의 직접적인 활용분야와 가장 거리가 먼 것은?

① 긴급구조 및 방재
② 터널내 중심선 측량
③ 지상측량 및 측지측량기준망 설정
④ 지형공간정보 및 시설물관리

해설 GNSS의 단점으로는 터널, 실내 등과 같이 수신기의 상공이 막혀 있는 경우 전파의 수신이 불가능하다는 것이다.

40. 지형도를 이용하여 작성할 수 있는 자료에 해당되지 않는 것은?

① 종·횡단면도 작성
② 표고에 의한 평균유속 결정
③ 절토 및 성토범위의 결정
④ 등고선에 의한 체적 계산

해설 표고에 의한 평균유속의 결정은 연속방정식에 의해 유량을 계산할 수 있는 자료이다.

3과목 토지정보체계론

41. 다음 위상정보 중 하나의 지점에서 또 다른 지점으로의 이동 시 경로 선정이나 자원의 배분 등과 가장 밀접한 것은?

① 중첩성(Overlay)
② 연결성(Connectivity)
③ 계급성(Hierarchy or Containment)
④ 인접성(Neighborhood or Adjacency)

해설 ① 인접성 : 분석 공간상에서 특정 객체나 어떤 객체들의 군집의 주변에 무엇이 어떻게 위치하는가에 대한 분석을 의미
② 연결성 : 공간상의 두 개체간 접촉의 유무에 의해 결정되며, 두 점이 선분으로 연결되는가에 대한 분석 또는 면간의 접합의 유무로 측정

③ 방향성 : 객체간의 거리를 측정함으로써 객체간의 최소 거리를 조건으로 하는 측정기법
④ 포함성 : 객체간 면적과 위치를 판단하여 영역의 포함관계를 측정

42. 지리현상의 공간적 분석에서 시간 개념을 도입하여, 시간 변화에 따른 공간변화를 이해하기 위한 방법과 가장 밀접한 관련이 있는 것은?

① Temporal GIS
② Embedded SW
③ Target Platform
④ Terminating Node

해설 [Temporal GIS(시공간 GIS)]
① GIS에 구축된 정보의 공간적 변화가 갱신되고 있으나, 인간과 환경의 상호 관련된 지리 현상의 공간적 분석에서 시간의 개념을 도입하여 시간의 변화에 따른 공간 변화를 이해하는 방법
② DBMS 분야를 중심으로 시공간 GIS에 대한 연구가 주목을 받고 있음
③ 시공간 GIS는 지리 현상의 공간적 분석에서 시간의 개념을 도입하여, 시간의 변화에 따른 공간 변화를 이해하기 위한 방법

43. 지방자치단체가 지적공부 및 부동산종합공부 정보를 전자적으로 관리·운영하는 시스템은?

① 국토정보시스템
② 지적행정시스템
③ 국가공간정보시스템
④ 부동산종합공부시스템

해설 [부동산종합정보시스템]
① 지적, 건축물, 토지이용 등 18종의 부동산 공부를 1종으로 일원화하여 행정혁신과 국민편의 도모
② 부동산 공부(지적, 건축, 가격, 토지, 소유)를 개별적으로 활용하던 수요기관에서 통합된 정보를 단일화 된 전산 기반에서 활용할 수 있도록 구축

44. 데이터베이스관리시스템에 대한 설명으로 옳은 것은?

① 파일시스템보다 도입비용이 저렴하다.
② 데이터베이스관리시스템은 하드웨어의 집합체이다.
③ 내부스키마는 하나의 데이터베이스에 하나만 존재한다.
④ 외부스키마는 자료가 실제로 저장되는 방법을 기술한 것이다.

해설 [데이터베이스관리시스템에 대한 설명]
① 파일시스템보다 도입비용이 많이 든다.
② 데이터베이스관리시스템은 소프트웨어의 집합체이다.
③ 내부스키마는 하나의 데이터베이스에 하나만 존재한다.
④ 외부 스키마는 실세계에 존재하는 데이터들을 어떤 형식, 구조, 배치 화면을 통해 사용자에게 보여줄 것인가를 기술한 것이다.

45. 종이형태의 지적도면을 디지타이저를 이용하여 입력할 경우 자료 형태로 옳은 것은?

① 셀(Cell) 자료
② 메쉬(Mesh) 자료
③ 벡터(Vector) 자료
④ 래스터(Raster) 자료

해설 지적도면을 디지타이저를 이용하여 전산입력하게 되면 벡터자료로 저장된다.

46. 부동산종합공부시스템 전산자료의 오류를 정비할 경우 정비내역은 몇 년간 보존하여야 하는가?

① 1년
② 2년
③ 3년
④ 영구

해설 [지적전산자료의 정비]
① 지적소관청은 정비내역을 3년간 보존하여야 한다.
② 지적소관청은 지적전산자료에 오류가 발생한 때에는 지체없이 정비하여야 하고, 지적소관청이 처리할 수 없는 오류는 국토교통부장관에게 보고하여야 한다.
③ 보고를 받은 국토교통부장관은 오류가 정비될 수 있도록 필요한 조치를 하여야 한다.

47. 위상관계의 특성과 관계가 없는 것은?

① 단순성
② 연결성
③ 인접성
④ 포함성

해설 위상관계는 공간정보의 각각의 위치의 상관관계에 대한 인접성, 연결성, 포함성을 규정한다.

48. 한국토지정보시스템의 구성내용에 해당되지 않는 것은?

① 건축행정정보 시스템
② 지적공부관리 시스템
③ 데이터베이스 변환 시스템
④ 도로명 및 건물번호관리시스템

해설 [KLIS(한국토지정보시스템)]
① 국가적인 정보화사업을 효율적으로 추진하기 위해 PBLIS와 LMIS를 하나의 시스템으로 통합
② 전산정보의 공공활용과 행정의 효율성 제고를 위해 행정자치부와 건설교통부(현 행정안전부와 국토교통부)가 공동주관으로 추진하고 있는 정보화사업
③ 지적공부관리시스템, 데이터베이스 변환시스템, 도로명 및 건물번호관리시스템 등으로 구성되어 있다.

49. 다음 용어와 상호 관련이 없는 것끼리 묶은 것은?

① FM – 수치모델
② AM – 도면자동화
③ CAD – 컴퓨터설계
④ LBS – 위치기반정보시스템

해설 [시설물정보체계(FM)]
건축, 전기, 설비, 통신 등 도면 자동화를 통해 구축된 수치지도를 바탕으로 지상 및 지하의 각종 시설물을 시스템 상에 구축하여 시설물에 대한 유지보수 활동을 효과적으로 지원하는 시스템

50. 지적재조사사업 시스템의 구축과 관련한 내용으로 옳지 않은 것은?

① 공개형 시스템으로 구축한다.
② 일필지 조사, 새로운 지적공부 및 등기촉탁, 건축물 위치 및 건물 표시 등의 정보를 시스템에 입력한다.
③ 토지소유자 등이 지적재조사사업과 관련한 정보를 인터넷 등을 통하여 실시간 열람할 수 있도록 구축한다.
④ 취득된 필지경계 정보의 안정적인 관리를 위해 관련 행정정보와의 연계 활용이 발생하지 않도록 보안 시스템으로 구축한다.

해설 [지적재조사에 관한 특별법 제38조(서류의 열람 등)]
① 토지소유자나 이해관계인은 지적재조사사업에 관한 서류를 열람할 수 있으며, 지적소관청은 정당한 사유가 없으면 이를 거부하여서는 아니 된다.
② 토지소유자나 이해관계인은 지적소관청에 자기의 비용으로 지적재조사사업에 관한 서류의 사본 교부를 청구할 수 있다.
③ 국토교통부장관은 토지소유자나 이해관계인이 지적재조사사업과 관련한 정보를 인터넷 등을 통하여 실시간 열람할 수 있도록 공개시스템을 구축·운영하여야 한다.
④ 시스템의 구축 및 운영에 필요한 사항은 대통령령으로 정한다.

51. 메타데이터(Metadata)에 대한 설명으로 옳지 않은 것은?

① 자료에 대한 내용, 품질, 사용조건 등을 기술한다.
② 정확한 정보를 유지하기 위한 수정 및 갱신이 불가능하다.
③ 데이터의 원활한 교환을 지원하기 위한 틀을 제공함으로써 데이터의 공유를 극대화 할 수 있다.
④ 취득하려는 자료가 사용목적에 적합한 품질의 데이터인지를 확인할 수 있는 정보가 제공되어야 한다.

해설 메타데이터는 정확한 정보유지를 위해 수정 및 갱신이 가능하다.
[메타데이터(meta data)]
실제 데이터는 아니지만 데이터베이스, 레이어, 속성, 공간형상 등과 관련된 데이터의 내용, 품질, 조건 및 특징 등을 저장한 데이터로서 데이터에 관한 데이터로 데이터의 이력을 말한다.

52. 토지정보체계에 대한 설명으로 틀린 것은?

① 토지정보체계의 토지에 관한 정보를 제공함으로써 토지관리를 지원한다.
② 토지정보체계의 유용성은 토지자료의 유연성과 획일성에 중점을 두고 있다.
③ 토지정보체계는 토지이용계획, 토지 관련 정책자료 등에 다목적으로 활용이 가능하다.
④ 토지정보체계의 운영은 자료의 수집 및 자료의 처리·유지·검색·분석·보급 등도 포함한다.

해설 ① 토지정보체계는 토지에 대한 자료를 효율적으로 편리하게 사용할 수 있도록 유용성 측면에서 개발하였으므로 토지자료의 유연성과 획일성은 거리가 멀다.
② 법률적, 행정적, 경제적 기초하에 토지에 관한 자료를 체계적으로 수집한 시스템으로 토지 관련 문제의 해결과 토지정책의 의사결정을 지원하는 시스템이다.

53. 래스터 구조에 비하여 벡터 구조가 갖는 장점으로 옳지 않은 것은?

① 데이터의 압축이 용이하다.
② 위상에 관한 정보가 제공된다.
③ 복잡한 현실세계의 묘사가 가능하다.
④ 지도를 확대하여도 형상이 변하지 않는다.

해설 데이터의 압축은 래스터 구조의 특징으로 래스터자료(격자구조)의 압축방법에는 run-length code, 체인코드방식, 블록코드방식, 사지수형방식 등이 있다.

54. 스캐너를 이용하여 지적도면을 전산입력 할 경우 발생하는 오차가 아닌 것은?

① 기계적인 오차
② 도면등록 시의 오차
③ 입력도면의 평탄성 오차
④ 벡터자료를 래스터자료로 변환 시의 오차

해설 스캐닝에 의한 도면 제작과정은 기존의 종이도면을 스캐너로 취득하여 래스터데이터로 편집한 후 벡터화하여 도형인식을 처리하고 도면을 위한 보정처리를 하여 처리결과를 출력하므로 벡터자료를 래스터자료로 변환하는 작업인 래스터라이징의 오차는 발생하지 않는다.

55. 전국 단위의 지적전산자료를 이용·활용하는데 따른 승인권자에 해당하는 자는?

① 교육부장관
② 국토교통부장관
③ 국토지리정보원장
④ 한국국토정보공사장

해설 [지적전산자료의 이용에 관한 사항]
① 시·군·구단위의 지적전산자료를 이용하고자 하는 자는 지적소관청의 승인을 얻어야 한다.
② 시·도단위의 지적전산자료를 이용하고자 하는 자는 시·도지사 또는 지적소관청의 승인을 얻어야 한다.
③ 전국단위의 지적전산자료를 이용하고자 하는 자는 **국토교통부장관, 시·도지사 또는 지적소관청의 승인**을 얻어야 한다.

56. 국가나 지방자치단체가 지적전산자료를 이용하는 경우 사용료의 납부방법으로 옳은 것은?

① 사용료를 면제한다.
② 사용료를 수입증지로 납부한다.
③ 사용료를 수입인지로 납부한다.
④ 규정된 사용료의 절반을 현금으로 납부한다.

해설 [지적전산자료의 이용에 관한 사항]
① 시·군·구단위의 지적전산자료를 이용하고자 하는 자는 지적소관청의 승인을 얻어야 한다.
② 시·도단위의 지적전산자료를 이용하고자 하는 자는 시·도지사 또는 지적소관청의 승인을 얻어야 한다.
③ 전국단위의 지적전산자료를 이용하고자 하는 자는 국토교통부장관, 시·도지사 또는 지적소관청의 승인을 얻어야 한다.
④ 지적전산자료의 이용 또는 활용에 관한 승인을 받은 자는 국토교통부령으로 정하는 사용료를 내야 한다. 다만, **국가나 지방자치단체에 대해서는 사용료를 면제한다.**

57. 아래 내용의 ㉠, ㉡에 들어갈 용어가 올바르게 나열된 것은?

> 수치지도는 영어로 digital map으로 일컬어진다. 좀 더 명확한 의미에서는 도형자료만을 수치로 나타낸 것을 (㉠)라 하고, 도형자료와 관련 속성을 함께 지닌 수치지도를 (㉡)라고 칭한다.

① ㉠ : Legend, ㉡ : Layer
② ㉠ : Coverage, ㉡ : Layer
③ ㉠ : Layer, ㉡ : Coverage
④ ㉠ : Legend, ㉡ : Coverage

해설 수치지도는 영어로 digital map으로 일컬어진다. 좀 더 명확한 의미에서는 도형자료만을 수치로 나타낸 것을 (레이어)라 하고, 도형자료와 관련 속성을 함께 지닌 수치지도를 (커버리지)라고 칭한다.

[커버리지(Coverage)]
① 커버리지는 지도를 digital화한 형태의 컴퓨터상의 지도
② GIS커버리지는 토지이용도, 식생도와 같은 하나의 중요한 주제도를 말한다.
③ 레이어 : 수치화된 도형자료만을 나타낸 것
④ 커버리지 : 도형자료와 관련된 속성데이터를 함께 갖는 수치지도

58. 지적업무의 정보화를 목표로 1977년부터 시작된 사전 기반조성 작업이 아닌 것은?

① 지적 법령 정비
② 토지·임야대장 부책화
③ 소유자 주민등록번호 등재 정리
④ 토지소유자의 유형별 구분 및 고유번호 부여

해설 [지적업무정보화(지적전산화)의 사전기반조성작업]
① 대장의 서식을 부책식에서 카드식으로 개정
② 면적단위를 척관법에서 평이나 보에서 ㎡로 개정
③ 소유권 주체의 고유번호화
④ 지목, 토지이동연혁, 소유권변동연혁 등의 코드화 및 업무의 표준화
⑤ 수치지적부(현 경계점좌표등록부)의 도입

59. 디지타이징 입력에 의한 도면의 오류를 수정하는 방법으로 틀린 것은?

① 선의 중복 : 중복된 두 선을 제거함으로써 쉽게 오류를 수정할 수 있다.
② 라벨오류 : 잘못된 라벨을 선택하여 수정하거나 제 위치에 옮겨주면 된다.
③ Undershoot and Overshoot : 두 선이 목표지점을 벗어나거나 못 미치는 오류를 수정하기 위해서는 선분의 길이를 늘려주거나 줄여야 한다.
④ Sliver Polygon : 폴리곤이 겹치지 않게 적절하게 위치를 이동시킴으로써 제거될 수 있는 경우도 있고, 폴리곤을 형성하고 있는 부정확하게 입력된 선분을 만든 버틱스들을 제거함으로써 수정될 수도 있다.

해설 [디지타이징에 의한 오차유형]
① Sliver polygon : 필지를 표현할 때 필지가 아닌데도 조그만 조각이 생겨 필지로 인식하게 되는 경우
② Overshoot : 어느 선분까지 그려야하는데 그 선분을 지나치는 경우
③ Undershoot : 어느 선분까지 그려야하는데 그 선분에 미치지 못한 경우
④ 레이블 입력오류 : 지번 등이 다르게 기입되는 경우 또는 없거나 2개가 존재하는 경우
⑤ 인접지역 불일치 : 작업자가 영역을 나누어 작업할 경우 접합지역에서 서로 어긋나는 경우

60. 데이터 정의어(Data Definition Language) 중에서 이미 설정된 테이블의 정의를 수정하는 명령어는?

① DROP TABLE   ② MOVE TABLE
③ ALTER TABLE ④ CHANGE TABLE

해설 [데이터 정의어(DDL, Data Definition Language)]
• DDL의 개념 : 새로운 테이블을 작성하거나, 기존 테이블을 변경·삭제하여 데이터를 정의하는 역할
• CREATE : 새로운 테이블 생성
• ALTER : 기존의 테이블 변경
• DROP : 기존의 테이블 삭제
• RENAME : 테이블의 이름 변경
• TURNCATE : 테이블 잘라냄

정답 52.② 53.① 54.④ 55.② 56.① 57.③ 58.② 59.① 60.③

4과목 지적학

61. 임야조사사업 당시 도지사가 사정한 임야경계의 구획선을 무엇이라고 하였는가?

① 경계선 ② 묘유선
③ 지세선 ④ 지역선

해설 ① 지계선 : 토지조사 시행지와 미시행지와의 경계선
② 경계선 : 확정된 소유자가 다른 토지 사이에 사정된 경계선(도지사가 사정)
③ 지역선 : 토지조사사업 당시 소유자는 같으나 지목이 다를 때 구획한 별필의 토지경계선

62. 경계불가분의 원칙이 의미하는 것으로 옳은 것은?

① 인접지와의 경계선은 공통이다.
② 경계선은 면적이 큰 것을 위주로 한다.
③ 먼저 조사한 선을 그 경계선으로 한다.
④ 토지조사 당시의 사정은 말소가 불가능하다.

해설 [경계불가분의 원칙]
① 경계는 유일무이한 것으로 이를 분리할 수 없다는 원칙
② 토지의 경계는 같은 토지에 2개 이상의 경계가 있을 수 없고 양필지 사이에 공통으로 작용한다.

63. "지적은 특정한 국가나 지역 내에 있는 재산을 지적측량에 의해 체계적으로 정리해 놓은 공부다."라고 정의한 학자는?

① Kaufmann ② S. R. Simpson
③ J. L. G. Henssen ④ J. G. Mc Entyre

해설 [지적을 정의한 학자의 견해]
① Simpson : 과세의 기초로 제공하기 위하여 한 국가 내의 부동산의 면적이나 소유권 및 그 가격을 등록하는 공부
② McEntyre : 토지에 대한 법률상 용어로서 세부과를 위한 부동산의 수량, 가치 및 소유권의 공정등록
③ Henssen : 지적은 특정한 국가나 지역 내에 있는 재산을 지적측량에 의해 체계적으로 정리해 놓은 공부

64. 소극적 등록제도에 대한 설명으로 옳지 않은 것은?

① 권리자체의 등록이다.
② 지적측량과 측량도면이 필요하다.
③ 토지 등록을 의무화하고 있지 않다.
④ 서류의 합법성에 대한 사실조사가 이루어지는 것은 아니다.

해설 ① 적극적 등록주의 : 토지등록은 일필지의 개념으로 법적인 권리보장이 인증되고 정부에 의해 그러한 합법성과 효력이 발생
② 소극적 등록주의 : 기본적으로 거래와 그에 관한 거래증서의 변경기록을 수행하는 것이며, 일필지의 소유권이 거래되면서 발생되는 거래증서를 변경 등록하는 것

65. 경계 복원 측량의 법률적 효력 중 소관청 자신이나 토지소유자 및 이해관계인에게 정당한 변경절차가 없는 한 유효한 행정처분에 복종하도록 하는 것은?

① 구속력 ② 공정력
③ 강제력 ④ 확정력

해설 [토지등록의 법률적 효력]
① 구속력 : 행정처분이 그 내용에 따라 처분 행정 자신이나 행정처분의 상대방 및 관계인을 구속하는 효력
② 공정력 : 토지등록에 있어서의 행정처분이 유효하게 성립하기 위한 요건을 완전히 갖추지 못한 경우에도 절대 무효인 경우를 제외하고 소관청, 감독청, 법원 등 권한있는 기관에 의해 쟁송 또는 직권으로 취소할 때까지 법적으로 제한을 받지 않고 그 효력을 부인할 수 없는 것으로 적법성이 추정됨
③ 강제력 : 지적측량이나 토지등록사항에 대하여 사법권과 관계없이 소관청 명의로 집행할 수 있는 강력한 효력을 말함
④ 확정력 : 토지에 등록된 표시사항은 일정한 기간이 경과한 뒤에 등록이 유효하며 이해관계인 및 소관청도 그 효력을 다툴 수 없는 것을 형식적 확정력이라 하며, 소관청도 변경할 수 없는 것을 관습적 확정력이라 함

66. 대한제국 시대에 양전사업을 전담하기 위해 설치한 최초의 독립 기관은?

① 탁지부　　　　② 양지아문
③ 지계아문　　　④ 임시토지조사국

해설 [대한제국의 토지제도 발전과정]
① 1895 : 내부판적국(호구적, 지적에 관한 사항)
② 1898 : 양지아문(양전사업을 담당하기 위하여 설치된 기관)
③ 1901 : 지계아문(토지대장에 의한 토지소유권자의 확인에 의해 지계발행)
④ 1904 : 탁지부의 양지국(지계아문의 양전기능과 기구만을 계승하여 상설기구로 설치)
⑤ 1905 : 탁지부 사세국 양지과(토지조사의 경험을 얻을 목적으로 측량 실시)

67. 토지조사사업 시 일필지측량의 결과로 작성한 도부(개황도)의 축척에 해당되지 않는 것은?

① 1/600　　　　② 1/1200
③ 1/2400　　　④ 1/3000

해설 개황도는 토지조사사업의 일필지조사를 마친 후 그 강계 및 지역을 보측하여 개략적인 현황을 그리고 각종 조사사항을 기재하여 장부조제의 참고자료 또는 세부측량의 안내자료로 활용한 것으로 1/600, 1/1,200, 1/2,400 등이 있다.

68. 지적재조사사업의 목적으로 옳지 않은 것은?

① 경계복원능력의 향상
② 지적불부합지의 해소
③ 토지거래질서의 확립
④ 능률적인 지적관리체제 개선

해설 [지적재조사사업의 목적]
① 지적불부합지의 해소
② 능률적인 지적관리체계 개선
③ 경계복원능력의 향상
④ 지적관리를 현대화하기 위한 수단
⑤ 지적공부의 정확도 및 지적에 포함되는 요소들의 확장

69. 양전법 개정을 위한 새로운 양전방안으로, 정전제의 시행을 전제로 하는 방량법과 어린도법을 주장한 학자는?

① 이기　　　　② 서유구
③ 정약용　　　④ 정약전

해설 [양전 개정론자의 (저서) 및 개정론]
① 이익(균전론) : 영업전, 제도
② 정약용(목민심서, 경세유표) : 정전제, 방량법, 어린도법
③ 서유구(의상경계책) : 어린도법, 방량법
④ 이기(해학유서, 전제망언) : 결부제보완, 망척제
⑤ 유길준(서유견문) : 지제의, 전통도 실시

70. 토지조사 및 임야조사사업 시에 사정 사항으로서 소유자를 사정하였는데, 물권객체로서의 소유자 사정의 본질이라 할 수 있는 것은?

① 소유권의 이전　　② 기존 소유권의 승계
③ 기존 소유권의 확인　④ 기존 소유권의 공증

해설 토지조사 및 임야조사 사업 당시에 실시한 소유권에 대한 사정은 기존의 소유권을 확인하고 인정하는 절차로 파악할 수 있다.

71. 조선시대의 속대전(續大典)에 따르면 양안(量案)에서 토지의 위치로서 동, 서, 남, 북의 경계를 표시한 것을 무엇이라고 하였는가?

① 자번호　　　　② 사주(四住)
③ 사표(四標)　　④ 주명(主名)

해설 [사표(四標)]
① 고려 및 조선시대의 양안(지금의 토지대장)에 수록된 사항으로 토지의 경계를 표시한 것
② 동, 서, 남, 북의 인접지에 대한 지목, 자호, 주명(소유자)를 표시
③ 양안에 기록하거나 도면을 작성하여 놓은 것

정답　61. ①　62. ①　63. ③　64. ①　65. ①　66. ②　67. ④　68. ③　69. ③　70. ③　71. ③

72. 물권의 객체로서 토지를 외부에서 인식할 수 있는 토지등록의 원칙은?

① 공고(公告)의 원칙
② 공시(公示)의 원칙
③ 공신(公信)의 원칙
④ 공증(公證)의 원칙

해설 [공시의 원칙]
지적공부를 직접 열람 및 등본과 지적공부에 등록된 경계를 지상에 복원하며 지적공부에 등록된 사항과 현장이 불일치할 경우 변경하여 등록하는 형식을 갖추고 있다.

73. 현대지적의 원리 중 지적행정을 수행함에 있어 국민의 사의 우월적 가치가 인정되며, 국민에 대한 충실한 봉사, 국민에 대한 행정책임 등의 확보를 목적으로 하는 것은?

① 능률성의 원리
② 민주성의 원리
③ 정확성의 원리
④ 공기능성의 원리

해설 [현대 지적의 원리]
① 능률성의 원리 : 기술적 측면의 효율성 그리고 지적활동을 능률화 한다는 것이다.
② **민주성의 원리** : 행정을 수행하면서 인격을 존중하고 국민과의 관계에서 국민 의사의 우월적인 가치가 인정되며 정책 결정에서 국민의 참여, 국민에 대한 봉사, 국민에 대한 행정 책임 등이 확산하는 상태를 말한다.
③ 정확성의 원리 : 지적활동의 정확도는 크게 토지현황조사, 기록과 도면, 관리와 운영의 정확한 정도를 의미한다.
④ 공기능성의 원리 : 지적활동에 대한 정보의 입수는 이권이나 특혜의 대상이 되기 때문에 지적사항을 필요로 하는 모든 이에게 알려야 한다는 것이다.

74. 지적의 역할로서 옳지 않은 것은?

① 공시기능
② 사실관계증명
③ 감정평가 자료
④ 소유권 이외의 권리 확립

해설 지적은 토지에 대한 표시사항을 등록하는 지적공부에 대한 등록사항이며, 소유권과 소유권 이외의 권리 확립에 관련된 사항은 부동산등기에 해당한다.

75. 일본의 지적관련 제도와 거리가 먼 것은?

① 법무성
② 지가공시법
③ 부동산등기법
④ 부동산등기부

해설 [일본의 지적관련제도]
① 일필지 이동조사는 법무성에서 조사하고, 국토조사는 국토교통성이 담당하여 법률과 조직이 이원화됨
② 지적에 관한 사항은 부동산등기법에서 규정
③ 부동산등기부는 토지대장의 역할과 토지의 권리관계의 공시 역할 모두 담당

76. 토지의 권리 공시에 치중한 부동산 등기와 같은 형식적 심사를 가능하게 한 지적제도의 특성으로 볼 수 없는 것은?

① 지적공부의 공시
② 지적측량의 대행
③ 토지 표시의 실질 심사
④ 최초 소유자의 사정 및 사실조사

해설 [지적제도의 특성]
안전성, 간편성, 정확성, 저렴성, 적합성, 등록의 완전성 등으로 측량기술 개발은 과세지적, 법지적, 다목적 지적의 모두를 포함

77. 임시토지조사국의 특별 조사기관에서 수행한 업무가 아닌 것은?

① 분쟁지조사
② 외업특별검사
③ 지지(地誌)자료조사
④ 증명 및 등기필지조사

해설 [임시토지조사국의 특별 조사기관의 업무]
임시토지조사국의 특별 조사기관에서는 특별세부측도 성적검사, 분쟁지조사, 급여 및 장려(奬勵)제도의 조사, 고원(雇員; 현 서기관)의 고사(考査), 외업특별검사, 지지자료조사 등의 업무를 수행하였다.

78. 대한제국 정부에서 문란한 토지제도를 바로잡기 위하여 시행하였던 근대적 공시제도의 과도기적 제도는?

① 등기제도 ② 양안제도
③ 입안제도 ④ 지권제도

> [해설] [지계제도(지권제도)]
> 근대 지적제도가 창설되기 전에 문란한 토지제도를 바로잡기 위하여 대한제국에서 과도기적으로 시행한 제도

79. 다음 중 두문자(頭文字) 표기방식의 지목이 아닌 것은?

① 과수원 ② 사적지
③ 양어장 ④ 유원지

> [해설] 지목을 지적도에 등록할 경우 하나의 문자로 압축하여 표기하도록 하며, 일반적으로 맨 앞의 문자(두문자, 24)와 두 번째 문자(차문자, 4)로 표기하며 두 번째 문자로 표기되는 지목은 **주차장(차), 공장용지(장), 하천(천), 유원지(원)** 등이 있다.

80. 토지조사사업 당시 소유권 조사에서 사정한 사항은?

① 강계, 면적 ② 소유자, 지번
③ 강계, 소유자 ④ 소유자, 면적

> [해설] [토지조사사업의 내용]
> ① 소유권조사 : 토지소유자 및 강계를 조사, 사정하여 토지사부, 토지대장, 지적도 작성
> ② 가격조사 : 시가지의 경우 토지의 시가 조사, 시가지 이외의 지역은 대지의 임대가격 조사, 전, 답 등은 지가 조사
> ③ 외모조사 : 국토 전체에 대한 자연적, 인위적 지물과 고저를 표시한 지형도 작성

5과목 지적관계법규

81. 지적재조사사업의 실시계획 수립권자는?

① 시·도지사 ② 지적소관청
③ 국토교통부장관 ④ 한국국토정보공사장

> [해설] [지적재조사에 관한 특별법 제6조(실시계획의 수립)]
> **지적소관청**은 시·도종합계획을 통지받았을 때에는 다음 각 호의 사항이 포함된 지적재조사사업에 관한 실시계획을 수립하여야 한다.
> ① 지적재조사사업의 시행자
> ② 지적재조사지구의 명칭
> ③ 지적재조사지구의 위치 및 면적
> ④ 지적재조사사업의 시행시기 및 기간
> ⑤ 지적재조사사업비의 추산액
> ⑥ 토지현황조사에 관한 사항
> ⑦ 그 밖에 지적재조사사업의 시행을 위하여 필요한 사항으로서 대통령령으로 정하는 사항

82. 지적측량을 수반하는 토지이동으로 옳지 않은 것은?

① 분할 ② 등록전환
③ 신규등록 ④ 지목변경

> [해설] 지목변경은 토지의 이동으로 볼 수 없다.
> **공간정보의 구축 및 관리 등에 관한 법률 제2조(정의)**
> 토지의 이동 : 토지의 표시를 새로 정하거나 변경 또는 말소하는 것을 말한다.

83. 중앙지적위원회의 심의·의결사항이 아닌 것은?

① 지적측량기술의 연구·개발 및 보급에 관한 사항
② 지적 관련 정책 개발 및 업무 개선 등에 관한 사항
③ 지적소관청이 회부하는 청산금의 이의신청에 관한 사항
④ 지적기술자의 업무정지 처분 및 징계요구에 관한 사항

해설 [공간정보의 구축 및 관리 등에 관한 법률 제28조(지적위원회)]
1. 지적 관련 정책 개발 및 업무 개선 등에 관한 사항
2. 지적측량기술의 연구·개발 및 보급에 관한 사항
3. 지적측량 적부심사(適否審査)에 대한 재심사(再審査)
4. 측량기술자 중 지적분야 측량기술자의 양성에 관한 사항
5. 지적기술자의 업무정지 처분 및 징계요구에 관한 사항

84. 도로명주소법령상 국가지점번호 표기 및 국가지점번호판의 표기 대상 시설물에 대한 설명으로 틀린 것은?

① 국가지점번호는 주소정보기본도에 기록하고 관리하여야 한다.
② 국가지점번호는 가로와 세로의 길이가 각각 10m인 격자를 기본단위로 한다.
③ 국가지점번호의 표기대상 시설물은 지면 또는 수면으로부터 50cm 이상 노출되어 이동이 가능한 시설물로 한정한다.
④ 국가지점번호 표기·확인의 방법 및 절차, 국가지점번호판의 설치 절차 및 그 밖에 필요한 사항은 대통령령으로 정한다.

해설 [도로명주소법 시행령 제38조(국가지점번호의 표기 등)]
"철탑, 수문, 방파제 등 대통령령으로 정하는 시설물"이란 지면 또는 수면으로부터 50센티미터 이상 노출되어 **고정된 시설물**을 말한다. 다만, 설치한 날부터 1년 이내에 철거가 예정된 시설물은 제외한다.

85. 토지표시의 변경등기에 관한 내용으로 틀린 것은?

① 등기명의인에게 등기 신청의무가 있다.
② 합필의 등기와 합병의 등기는 같은 것이다.
③ 토지 등기부의 표제부에 등기된 사항에 변동이 있을 때 하는 등기이다.
④ 신청서에 토지대장 정보나 임야대장 정보를 첨부정보로서 제공하여야 한다.

해설 소유권·지상권·전세권·임차권 및 승역지(편익제공지)에 하는 지역권의 등기 외의 권리에 관한 등기가 있는 토지에 대하여는 합필의 등기를 할 수 없다. 다만, 모든 토지에 대하여 등기원인 및 그 연월일과 접수번호가 동일한 저당권에 관한 등기가 있는 경우에는 등기를 할 수 있다.

86. 국토의 계획 및 이용에 관한 법률에서 도시·군관리계획에 해당하지 않는 것은?

① 도시개발사업이나 정비사업에 관한 계획
② 기반시설의 설치·정비 또는 개량에 관한 계획
③ 기본적인 공간구조와 장기발전방향에 대한 계획
④ 용도지역·용도지구의 지정 또는 변경에 관한 계획

해설 [국토의 계획 및 이용에 관한 법률 제2조(정의)]
도시·군 관리계획의 내용
가. 용도지역·용도지구의 지정 또는 변경에 관한 계획
나. 개발제한구역, 도시자연공원구역, 시가화조정구역, 수산자원보호구역의 지정 또는 변경에 관한 계획
다. 기반시설의 설치·정비 또는 개량에 관한 계획
라. 도시개발사업이나 정비사업에 관한 계획
마. 지구단위계획구역의 지정 또는 변경에 관한 계획과 지구단위계획
바. 입지규제최소구역의 지정 또는 변경에 관한 계획과 입지규제최소구역계획

87. 토지의 이동과 관련하여 세부측량을 실시할 때 면적을 측정하지 않는 경우는?

① 지적공부의 복구·신규등록을 하는 경우
② 등록전환·분할 및 축척변경을 하는 경우
③ 등록된 경계점을 지상에 복원만 하는 경우
④ 면적 및 경계의 등록사항을 정정하는 경우

해설 등록된 경계점을 지상에 복원만 하는 경우는 면적을 측정하지 않는다.

88. 측량업의 등록을 하려는 자가 국토교통부장관 또는 시·도지사에게 제출하여야 할 첨부서류에 해당하지 않는 것은?

① 측량업 사무소의 등기부등본
② 보유하고 있는 장비의 명세서
③ 보유하고 있는 측량기술자의 명단
④ 보유하고 있는 측량기술자의 측량기술 경력증명서

해설 [공간정보의 구축 및 관리 등에 관한 법률 시행령 제35조 (측량업의 등록 등)]
측량업의 등록을 하려는 자는 국토교통부령으로 정하는 신청서에 다음 각 호의 서류를 첨부하여 국토교통부장관 또는 시·도지사에게 제출하여야 한다.
1. 별표 8에 따른 기술인력을 갖춘 사실을 증명하기 위한 다음 각 목의 서류
   가. 보유하고 있는 측량기술자의 명단
   나. 가목의 인력에 대한 측량기술 경력증명서
2. 별표 8에 따른 장비를 갖춘 사실을 증명하기 위한 다음 각 목의 서류
   가. 보유하고 있는 장비의 명세서
   나. 가목의 장비의 성능검사서 사본
   다. 소유권 또는 사용권을 보유한 사실을 증명할 수 있는 서류

89. 지적전산자료를 이용하거나 활용하려는 자로부터 심사 신청을 받은 관계 중앙행정기관의 장이 심사하여야 할 사항에 해당되지 않는 것은?

① 개인의 사생활 침해 여부
② 신청인의 지적전산자료 활용 능력
③ 신청 내용의 타당성, 적합성 및 공익성
④ 자료의 목적 외 사용 방지 및 안전관리대책

해설 [공간정보의 구축 및 관리 등에 관한 법률 시행령 제62조 (지적전산자료의 이용 등)]
심사 신청을 받은 관계 중앙행정기관의 장은 다음 각 호의 사항을 심사한 후 그 결과를 신청인에게 통지하여야 한다.
1. 신청 내용의 타당성, 적합성 및 공익성
2. 개인의 사생활 침해 여부
3. 자료의 목적 외 사용 방지 및 안전관리대책

90. 경계에 관한 설명으로 옳은 것은?

① 연접되는 토지 간에 높낮이 차이가 있을 경우 그 지물 또는 구조물의 상단부가 경계설정기준이 된다.
② 도로·구거 등의 토지에 절토된 부분이 있는 경우에는 그 경사면의 상단부가 경계설정의 기준이 된다.
③ 공간정보의 구축 및 관리 등에 관한 법률상 경계란 경계점좌표등록부에 등록된 좌표의 연결을 말한다. 즉, 물리적 경계를 의미한다.
④ 공간정보의 구축 및 관리 등에 관한 법률상 경계란 지적도 또는 임야도에 등록된 경계점 및 굴곡점의 연결을 말한다. 즉, 지표상의 경계를 말한다.

해설 [공간정보의 구축 및 관리 등에 관한 법률 시행령 제55조 (지상경계의 결정 등)]
① 연접되는 토지 간에 높낮이 차이가 있을 경우 그 지물 또는 구조물의 하단부가 경계설정기준이 된다.
② 도로·구거 등의 토지에 절토된 부분이 있는 경우에는 그 경사면의 상단부가 경계설정의 기준이 된다.
③ 공간정보의 구축 및 관리 등에 관한 법률상 경계란 필지별 경계점간을 직선 혹은 곡선으로 연결하여 지적공부에 등록한 선을 말한다.

91. 등록전환측량과 분할측량에 대한 설명으로 틀린 것은?

① 토지의 형질변경이 수반되는 등록전환측량은 토목공사 등이 시작되기 전에 실시하여야 한다.
② 합병된 토지를 합병 전의 경계대로 분할하려면 합병 전 각 필지의 면적을 분할 후 각 필지의 면적으로 한다.
③ 분할측량 시에 측량대상토지의 점유현황이 도면에 등록된 경계와 일치하지 않으면 분할 등록될 경계점을 지상에 복원하여야 한다.
④ 1필지의 일부를 등록전환하려면 등록전환으로 인하여 말소하여야 할 필지의 면적은 반드시 임야분할측량결과도에서 측정하여야 한다.

해설 [지적업무처리규정 제22조(등록전환측량)]
① 1필지 전체를 등록전환 할 경우에는 임야대장등록사항과 토지대장등록사항의 부합여부 등을 확인하고 토지의 경계와 이용현황 등을 조사하기 위한 측량을 하여야 한다.

② 등록전환 할 일단의 토지가 2필지 이상으로 분할되어야 할 토지의 경우에는 1필지로 등록전환 후 지목별로 분할하여야 한다. 이 경우 등록 전환할 토지의 지목은 임야대장에 등록된 지목으로 설정하되, 분할 및 지목변경은 등록전환과 동시에 정리한다.
③ 경계점좌표등록부를 비치하는 지역과 연접되어 있는 토지를 등록전환하려면 경계점좌표등록부에 등록하여야 한다.
④ 토지대장에 등록하는 면적은 등록전환측량의 결과에 따라야 하며, 임야대장의 면적을 그대로 정리할 수 없다.
⑤ 1필지의 일부를 등록전환 하려면 등록전환으로 인하여 말소하여야 할 필지의 면적은 반드시 임야분할측량결과도에서 측정하여야 한다.
⑥ 임야도에 도곽선 또는 도곽선수치가 없거나, 1필지 전체를 등록전환 할 경우에만 등록전환으로 인하여 말소해야 할 필지의 임야측량결과도를 등록전환측량결과도에 함께 작성할 수 있다.
⑦ 토지의 형질변경이 수반되는 등록전환측량은 토목공사 등이 완료된 후에 실시하여야 하며, 측량성과를 결정하여야 한다.

92. 측량기준점을 설치하거나 토지의 이동을 조사하는 자가 타인의 토지 등에 출입하는 것에 대한 내용으로 틀린 것은?

① 허가증의 발급권자는 국토교통부장관이다.
② 토지 등의 점유자는 정당한 사유 없이 출입행위를 방해하거나 거부하지 못한다.
③ 출입 행위를 하려는 자는 그 권한을 표시하는 허가증을 지니고 관계인에게 이를 내보여야 한다.
④ 해 뜨기 전이나 해가 진 후에는 그 토지 등의 점유자의 승낙 없이 택지나 담장 또는 울타리로 둘러싸인 타인의 토지에 출입할 수 없다.

해설 [공간정보의 구축 및 관리 등에 관한 법률 제101조(토지등에의 출입 등)]
타인의 토지 등에 출입하려는 자는 관할 특별자치시장, 특별자치도지사, 시장·군수 또는 구청장의 허가를 받아야 하며, 출입하려는 날의 3일 전까지 해당 토지 등의 소유자·점유자 또는 관리인에게 그 일시와 장소를 통지하여야 한다. 다만, 행정청인 자는 허가를 받지 아니하고 타인의 토지 등에 출입할 수 있다.

93. 공간정보의 구축 및 관리 등에 관한 법률상 지적측량 적부심사청구 사안에 대한 시·도지사의 조사사항이 아닌 것은?

① 지적측량 기준점 설치연혁
② 다툼이 되는 지적측량의 경위 및 그 성과
③ 해당 토지에 대한 토지이동 및 소유권 변동 연혁
④ 해당 토지 주변의 측량기준점, 경계, 주요 구조물 등 현황 실측도

해설 [공간정보의 구축 및 관리 등에 관한 법률 제29조(지적측량의 적부심사 등)]
지적측량 적부심사청구를 받은 시·도지사는 30일 이내에 다음 각 호의 사항을 조사하여 지방지적위원회에 회부하여야 한다.
1. 다툼이 되는 지적측량의 경위 및 그 성과
2. 해당 토지에 대한 토지이동 및 소유권 변동 연혁
3. 해당 토지 주변의 측량기준점, 경계, 주요 구조물 등 현황 실측도

94. 도로명주소법에서 사용하는 용어 중 아래에서 설명하는 것은?

> 도로명과 기초번호를 활용하여 건물 등에 해당하지 아니하는 시설물의 위치를 특정하는 정보를 말한다.

① 사물주소 ② 상세주소
③ 지번주소 ④ 도로명주소

해설 [도로명주소법 시행령 제2조(정의)]
① 사물주소 : 도로명과 기초번호를 활용하여 건물등에 해당하지 아니하는 시설물의 위치를 특정하는 정보를 말한다.
② 상세주소 : 건물 등 내부의 독립된 거주·활동 구역을 구분하기 위하여 부여된 동(棟)번호, 층수 또는 호(號)수를 말한다.
③ 지번주소 : 도로명주소 이전에 활용되는 주소
④ 도로명주소 : 도로명, 건물번호 및 상세주소(상세주소가 있는 경우만 해당한다)로 표기하는 주소를 말한다.

95. 지적기준점성과의 관리 등에 대한 설명으로 옳은 것은?

① 지적도근점성과는 지적소관청이 관리한다.
② 지적삼각점성과는 지적소관청이 관리한다.
③ 지적삼각보조점성과는 시·도지사가 관리한다.
④ 지적소관청이 지적삼각점을 변경하였을 때에는 그 측량성과를 국토교통부장관에게 통보한다.

> **해설** [지적측량 시행규칙 제3조(지적기준점성과의 관리 등)]
> 1. 지적삼각점성과는 특별시장·광역시장·도지사 또는 특별자치도지사가 관리하고, 지적삼각보조점성과 및 지적도근점성과는 지적소관청이 관리할 것
> 2. 지적소관청이 지적삼각점을 설치하거나 변경하였을 때에는 그 측량성과를 시·도지사에게 통보할 것
> 3. 지적소관청은 지형·지물 등의 변동으로 인하여 지적삼각점성과가 다르게 된 때에는 지체 없이 그 측량성과를 수정하고 그 내용을 시·도지사에게 통보할 것

96. 공간정보의 구축 및 관리 등에 관한 법률에 따른 지목의 종류가 아닌 것은?

① 양어장
② 철도용지
③ 수도선로
④ 창고용지

> **해설** [토지조사사업 당시의 지목(18개)]
> 전, 답, 대, 지소, 임야, 잡종지, 사지, 분묘지, 공원지, 철도용지, 수도용지, 도로, 하천, 구거, 제방, 성첩, 철도선로, 수도선로
> [현재 지목의 종류(28개)]
> 전, 답, 과수원, 목장용지, 임야, 광천지, 염전, 대, 공장용지, 학교용지, 주차장, 주유소용지, 창고용지, 도로, 철도용지, 제방, 하천, 구거, 유지, 양어장, 수도용지, 공원, 체육용지, 유원지, 종교용지, 사적지, 묘지, 잡종지

97. 지적기준점의 제도 방법으로 틀린 것은?

① 2등삼각점은 직경 1mm, 2mm 및 3mm의 3중원으로 제도한다.
② 지적삼각보조점은 직경 3mm의 원으로 제도하고 원안에 십자선을 표시한다.
③ 위성기준점은 직경 2mm 및 3mm의 2중원 안에 십자선을 표시하여 제도한다.
④ 3등삼각점은 직경 1mm 및 2mm의 2중원으로 제도하고 중심원 내부를 검은색으로 엷게 채색한다.

> **해설** [지적업무처리규정 제43조(지적기준점 등의 제도)]
> 1. 위성기준점은 직경 2밀리미터 및 3밀리미터의 2중원 안에 십자선을 표시하여 제도한다.
> 2. 1등 및 2등삼각점은 직경 1밀리미터, 2밀리미터 및 3밀리미터의 3중원으로 제도한다. 이 경우 1등삼각점은 그 중심원 내부를 검은색으로 엷게 채색한다.
> 3. 3등 및 4등삼각점은 직경 1밀리미터 및 2밀리미터의 2중원으로 제도한다. 이 경우 3등삼각점은 그 중심원 내부를 검은색으로 엷게 채색한다.
> 4. 지적삼각점 및 지적삼각보조점은 직경 3밀리미터의 원으로 제도한다. 이 경우 지적삼각점은 원안에 십자선을 표시하고, 지적삼각보조점은 원안에 검은색으로 엷게 채색한다.
> 5. 지적도근점은 직경 2밀리미터의 원으로 다음과 같이 제도한다.
> 6. 지적기준점의 명칭과 번호는 그 지적기준점의 윗부분에 2밀리미터 이상 3밀리미터 이하 크기의 명조체로 제도한다. 다만, 레터링으로 작성할 경우에는 고딕체로 할 수 있으며 경계에 닿는 경우에는 다른 위치에 제도할 수 있다.

98. 지적재조사에 관한 특별법령상 지상경계점 등록부의 등록사항으로 틀린 것은?

① 토지의 소재, 지번, 지목
② 측량성과결정에 사용된 기준점명
③ 경계점 번호 및 표지종류
④ 경계설정기준 및 경계형태

> **해설** [지적재조사에 관한 특별법 시행규칙 제10조(지상경계점등록부)]
> ① 지적소관청이 작성하여 관리하는 지상경계점등록부에는 다음 각 호의 사항이 포함되어야 한다.
> ② 토지의 소재, 지번, 지목, 작성일, 위치도, 경계점 번호 및 표지종류, 경계설정기준 및 경계형태, 경계위치, 경계점 세부설명 및 관련자료, 작성자의 소속·직급(직위)·성명, 확인자의 직급·성명

정답 92. ① 93. ① 94. ① 95. ① 96. ③ 97. ② 98. ②

99. 토지의 이동 신청 및 지적정리에 관한 설명으로 옳은 것은?

① 토지소유자의 토지의 이동 신청 없이는 지적정리를 할 수 없다.
② 토지의 이동 신청은 사유가 발생한 날부터 60일 이내에 신청하여야 한다.
③ 지적소관청은 토지의 표시에 관한 변경등기가 필요한 경우 그 등기완료의 통지서를 접수한 날부터 10일 이내에 토지소유자에게 지적정리를 통지하여야 한다.
④ 지적소관청은 토지의 표시에 관한 변경등기가 필요하지 아니한 경우 지적공부에 등록한 날부터 7일 이내에 토지소유자에게 지적정리를 통지하여야 한다.

해설 [공간정보의 구축 및 관리 등에 관한 법률 시행령 제85조 (지적정리 등의 통지)]
지적소관청이 토지소유자에게 지적정리 등을 통지하여야 하는 시기는 다음 각 호의 구분에 따른다.
① 토지의 표시에 관한 변경등기가 필요한 경우: 그 등기완료의 통지서를 접수한 날부터 15일 이내
② 토지의 표시에 관한 변경등기가 필요하지 아니한 경우: 지적공부에 등록한 날부터 7일 이내

100. 지번 및 지목의 제도에 대한 설명으로 틀린 것은?

① 지번 및 지목을 제도하는 경우 지번 다음에 지목을 제도한다.
② 부동산종합공부시스템이나 레터링으로 작성하는 경우에는 굴림체로 할 수 있다.
③ 필지의 중앙에 제도하기가 곤란한 때에는 가로쓰기가 되도록 도면을 돌려서 제도할 수 있다.
④ 지번의 글자 간격은 글자크기의 1/4 정도, 지번과 지목의 글자 간격은 글자크기의 1/2 정도 띄워서 제도한다.

해설 [지적업무 처리규정 제42조(지번과 지목의 제도)]
① 지번 및 지목은 경계에 닿지 않도록 필지의 중앙에 제도한다. 다만, 1필지의 토지의 형상이 좁고 길어서 필지의 중앙에 제도하기가 곤란한 때에는 가로쓰기가 되도록 도면을 왼쪽 또는 오른쪽으로 돌려서 제도할 수 있다.
② 지번 및 지목을 제도할 때에는 지번 다음에 지목을 제도한다. 이 경우 2밀리미터 이상 3밀리미터 이하 크기의 명조체로 하고, 지번의 글자 간격은 글자크기의 4분의 1 정도, 지번과 지목의 글자 간격은 글자크기의 2분의 1 정도 띄어서 제도한다. 다만, 부동산종합공부시스템이나 **레터링으로 작성할 경우에는 고딕체로 할 수 있다.**
③ 1필지의 면적이 작아서 지번과 지목을 필지의 중앙에 제도할 수 없는 때에는 ㄱ, ㄴ, ㄷ, ... ㄱ¹, ㄴ¹, ㄷ¹, ... ㄱ², ㄴ², ㄷ², ... 등으로 부호를 붙이고, 도곽선 밖에 그 부호·지번 및 지목을 제도한다. 이 경우 부호가 많아서 그 도면의 도곽선 밖에 제도할 수 없는 때에는 별도로 부호도를 작성할 수 있다.
④ 부동산종합공부시스템에 따라 지번 및 지목을 제도할 경우에는 제2항 중 글자의 크기에 대한 규정과 제3항을 적용하지 아니할 수 있다.

2022년도 제 2회 지적기사 기출문제

1과목 지적측량

01. 전파기측량방법에 따라 교회법으로 지적삼각보조점측량을 할 때의 기준에 관한 다음 설명 중 ( ) 안에 알맞은 말은?

> 지형상 부득이하여 2방향의 교회에 의하여 결정하고자 하는 때에는 각 내각을 관측하여 각 내각의 관측치의 합계와 180도와의 차가 ( ) 이내일 때에는 이를 각 내각에 고르게 배분하여 사용할 수 있다.

① ±20초 ② ±30초
③ ±40초 ④ ±50초

[해설] ① 경위의 측량방법과 전파기 또는 광파기 측량방법에 따라 교회법으로 지적삼각보조점측량을 할 때 3방향의 교회에 따른다.
② 지형상 부득이하여 2방향의 교회에 의하여 결정하고자 하는 때에는 각 내각을 관측하여 각 내각의 관측치의 합계와 180도와의 차가 ±40″이내일 때에는 이를 각 내각에 고르게 배분하여 사용할 수 있다.

02. 수평각 관측에서 망원경의 정위와 반위로 관측을 하는 목적은?

① 눈금오차를 방지하기 위하여
② 연직축 오차를 방지하기 위하여
③ 시준축 오차를 제거하기 위하여
④ 굴절보정 오차를 제거하기 위하여

[해설] 수평각 관측에서 망원경의 정위와 반위로 관측하는 목적은 시준축 오차를 제거하기 위함이다.

03. 임야도를 갖춰두는 지역의 세부측량에 있어서 지적기준점에 따라 측량하지 아니하고 지적도의 축척으로 측량한 후 그 성과에 따라 임야측량결과도를 작성할 수 있는 경우는?

① 임야도에 도곽선이 없는 경우
② 경계점의 좌표를 구할 수 없는 경우
③ 지적도근점이 설치되어 있지 않은 경우
④ 지적도에 기지점은 없지만 지적도를 갖춰두는 지역에 인접한 경우

[해설] 지적측량 시행규칙 제21조(임야도를 갖춰두는 지역의 세부측량)
임야도를 갖춰 두는 지역의 세부측량은 위성기준점, 통합기준점, 삼각점, 지적삼각점, 지적삼각보조점 및 지적도근점에 따른다. 다만, 다음 각 호의 어느 하나에 해당하는 경우에는 위성기준점, 통합기준점, 삼각점, 지적삼각점, 지적삼각보조점 및 지적도근점에 따라 측량하지 아니하고 지적도의 축척으로 측량한 후 그 성과에 따라 임야측량결과도를 작성할 수 있다
1. 측량대상토지가 지적도를 갖춰 두는 지역에 인접하여 있고 지적도의 기지점이 정확하다고 인정되는 경우
2. 임야도에 도곽선이 없는 경우

04. 다음 그림에서 l의 길이는 얼마인가? (단, L=10m, θ =75°45′26.7″)

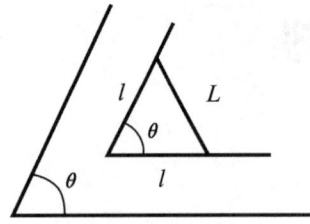

① 4.35m ② 6.29m
③ 8.14m ④ 9.42m

해설 이등변삼각형에서 $L = 2l\sin\dfrac{\theta}{2}$ 에서

$10 = 2 \times l \times \sin\dfrac{75°45′26.7″}{2}$ 이므로

$l = \dfrac{10}{2 \times \sin\dfrac{75°45′26.7″}{2}} = 8.14m$

05. 평판측량방법에 따른 세부측량을 시행하는 경우 기지점을 기준으로 하여 지상경계선과 도상경계선의 부합 여부를 확인하는 방법에 해당하지 않는 것은?

① 현형법
② 중앙종거법
③ 거리비교확인법
④ 도상원호교회법

해설 [지적측량 시행규칙 제18조(세부측량의 기준 및 방법 등)]
경계점은 기지점을 기준으로 하여 지상경계선과 도상경계선의 부합 여부를 현형법(現形法)·도상원호(圖上圓弧)교회법·지상원호(地上圓弧)교회법 또는 거리비교확인법 등으로 확인하여 정할 것

06. 다음 중 잔차를 구하는 식은?

① 잔차 = 관측값 − 참값
② 잔차 = 관측값 − 최확값
③ 잔차 = 기댓값 − 관측값
④ 잔차 = 최확값 − 관측값

해설 잔차는 관측값에서 최확값을 빼서 구한다.
즉, 잔차 = 관측값 − 최확값

07. 다음 중 고대 지적 및 측량사와 가장 거리가 먼 것은?

① 고대 이집트의 나일 강변
② 고대 인도 타지마할 유적
③ 중국 전한(前漢)의 회남자(淮南子)
④ 고대 수메르(Sumer)지방의 점토판

해설 타지마할은 인도의 대표적인 이슬람 건축물로 고대 지적 및 측량사와 가장 거리가 멀다.

08. 지적삼각점의 관측계산에서 자오선 수차의 계산단위 기준은?

① 초 아래 1자리 ② 초 아래 2자리
③ 초 아래 3자리 ④ 초 아래 4자리

해설 [지적삼각점의 관측계산]
① 각 : 초
② 변의 길이 : cm
③ 진수 : 6자리 이상
④ 좌표 또는 표고 : cm
⑤ 경위도 : 초 아래 3자리
⑥ 자오선 수차 : 초 아래 1자리

09. 지적삼각점을 설치하기 위하여 연직각을 관측한 결과가 최대치는 ±25°42′37″이고, 최소치는 ±25°42′32″일 때 옳은 것은?

① 최대치를 연직각으로 한다.
② 평균치를 연직각으로 한다.
③ 최소치를 연직각으로 한다.
④ 연직각을 다시 관측하여야 한다.

해설 [지적삼각점 설치를 위한 연직각의 관측]
각측점에서 정·반으로 2회 관측허용교차가 **30초 이내(5″)인 경우 평균치**를 연직각으로 한다.

10. 도곽선의 제도에 대한 설명 중 틀린 것은?

① 도면의 위 방향은 항상 북쪽이 되어야 한다.
② 이미 사용하고 있는 도면의 도곽 크기는 종전에 구획되어 있는 도곽과 그 수치로 한다.
③ 도면에 등록하는 도곽선은 0.1mm의 폭으로 제도한다.
④ 도곽선의 수치는 왼쪽 윗부분과 오른쪽 아랫부분에 제도한다.

해설 [도곽선의 제도]
① 도면에 등록하는 도곽선은 0.1mm의 폭으로 제도
② 도곽선의 수치는 도곽선 왼쪽 아랫부분과 오른쪽 윗부분의 종횡선교차점 바깥쪽에 2mm 크기의 아라비아숫자로 제도

11. 다음 구소삼각지역의 직각좌표계 원점 중 평면직각종횡선 수치의 단위를 간(間)으로 한 원점은?

① 고초원점 ② 망산원점
③ 율곡원점 ④ 조본원점

해설 [구소삼각원점]
① 조본원점, 고초원점, 율곡원점, 현창원점, 소라원점의 평면직각종횡선수치의 단위는 미터
② 망산원점, 계양원점, 가리원점, 등경원점, 구암원점, 금산원점의 평면직각종횡선수치의 단위는 간(間)
③ 각각의 원점에 대한 평면직각종횡선수치는 0으로 한다.

12. 지적도근점측량의에 대한 내용으로 틀린 것은?

① 1등도선은 가·나·다 순으로, 2등도선은 ㄱ·ㄴ·ㄷ 순으로 표기한다.
② 경위의측량방법에 따라 다각망도선법으로 할 때에는 3점 이상의 기지점을 포함한 결합다각방식에 따른다.
③ 경위의측량방법에 따라 도선법으로 할 때에는 왕복도선에 따르며 지형상 부득이한 경우 개방도선에 따를 수 있다.
④ 경위의측량방법에 따라 도선법으로 하는 때에 1도선의 점의 수는 부득이한 경우는 50점까지로 할 수 있다.

해설 [지적기준점의 점간거리]
① 지적삼각점 : 2~5km 이상
② 지적삼각보조점 : 1~3km, 다각망도선법 : 0.5~1km 이하
③ 지적도근점 : 50~300m, 다각망도선법 : 500m 이하

13. 축척이 600분의 1인 지역에서 일필지로 산출된 면적이 10.550m²일 때 결정면적으로 옳은 것은?

① 10m² ② 10.5m²
③ 10.6m² ④ 11m²

해설 축척이 600분의 1인 지역의 토지 면적은 m² 이하 한 자리 단위로 등록하므로 10.6m²가 된다.
[공간정보의 구축 및 관리 등에 관한 법률 시행령 제60조 (면적의 결정 및 측량계산의 끝수처리)]
① 지적도의 축척이 600분의 1인 지역과 경계점좌표등록부에 등록하는 지역의 토지 면적은 m² 이하 한 자리 단위로 등록
② 0.1m² 미만의 끝수가 있는 경우 0.05m² 미만일 때에는 버리고, 0.05m²를 초과할 때에는 올림
③ 0.05m² 때에는 구하려는 끝자리의 숫자가 0 또는 짝수이면 버리고 홀수이면 올림
④ 1필지의 면적이 0.1m² 미만일 때에는 0.1m²로 함

14. 지적삼각점측량의 계산에서 진수는 몇 자리 이상을 사용하는가?

① 6자리 이상 ② 7자리 이상
③ 8자리 이상 ④ 9자리 이상

해설 [지적삼각측량의 계산 단위]
① 각 : 초
② 변의 길이 : cm
③ 진수 : 6자리 이상
④ 좌표 : cm

15. 지적도근점측량에서 측정한 각 측선의 수평거리의 총 합계가 1,550m일 때, 연결오차의 허용범위 기준은 얼마인가? (단, 1/600지역과 경계점좌표등록부 시행지역에 걸쳐 있으며, 2등도선이다.)

① 25cm 이하 ② 29cm 이하
③ 30cm 이하 ④ 35cm 이하

[해설] 2등도선의 연결오차 = $\frac{1.5M}{100}\sqrt{N}\,cm$ 이하이고, M은 축척의 분모, N은 측선의 수평거리의 총합계를 100으로 나눈 값

연결오차 = $\frac{1.5 \times 500}{100}\sqrt{15.5} = 29cm$ 이하

16. 지적도근점측량 중 배각법에 의한 도선의 계산순서로 옳게 나열한 것은?

```
㉠ 관측성과 등의 이기
㉡ 측각오차 계산
㉢ 방위각 계산
㉣ 관측각의 합계 계산
㉤ 각 관측선의 종·횡선 오차 계산
㉥ 각 측점의 좌표 계산
```

① ㉠-㉡-㉢-㉣-㉤-㉥
② ㉠-㉡-㉣-㉢-㉥-㉤
③ ㉠-㉣-㉡-㉢-㉤-㉥
④ ㉠-㉢-㉣-㉡-㉥-㉤

[해설] [지적도근점측량 중 배각법에 의한 도선의 계산순서]
관측성과 등의 이기 → 관측각의 합계 계산 → 측각오차 계산 → 방위각 계산 → 각 관측선의 종·횡선오차 계산 → 각 측점의 좌표계산

17. 지적확정측량시 그림과 같이 θ=45°, L=10m일 때 우절면적은?

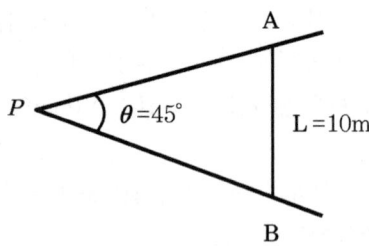

① 27.1m² ② 36.7m²
③ 60.4m² ④ 65.3m²

[해설] [우절면적]
$A = \left(\frac{L}{2}\right)^2 \times \cot\frac{\theta}{2} = \left(\frac{10}{2}\right)^2 \times \cot\frac{45°}{2} = 60.4m^2$

18. 지적측량에서 사용하는 구소삼각 원점 중 가장 남쪽에 위치한 원점은?

① 가리원점 ② 구암원점
③ 망산원점 ④ 소라원점

[해설] 소라원점(북위 35° 39′ 58.199″선과 동경 128° 43′ 36.841″선의 교차점)은 가장 남쪽에 있는 원점이며, 망산원점(북위 37° 43′ 07.06″선과 동경 126° 22′ 24.596″선의 교차점)은 가장 북쪽에 있는 원점이다.

19. 삼각측량에서 경도보정량 10.405″에 대한 설명으로 옳은 것은?

① 1등삼각점 관측방향각의 상수로서 기지삼각점의 경도오차이다.
② 우리나라의 1등이 일본의 2등에 준 성과이므로 정확도 향상을 위해 필요하다.
③ 우리나라의 통일원점과 만주원점의 성과차이로 계산의 수정을 요구한다.
④ 동경원점의 오류수정 사항으로서 기지삼각점 사용시 경도의 수정을 요한다.

해설 1898년 일본 동경원점 설정시 정밀천문측량에 의하여 경위도 관측을 실시. 그 성과를 고시. 1918년 이를 재측한 바, 당초의 경도에 10.405초의 오류가 있었음을 발견. 그 경도 값에 10.405초 더하여 사용

20. 지적삼각보조점측량에서 연결오차가 0.42m이고, 종선차가 0.22m이었다면 횡선차는?

① 0.21m   ② 0.36m
③ 0.42m   ④ 0.48m

해설 연결오차 = $\sqrt{종선차^2 + 횡선차^2}$ 이므로
횡선차 = $\sqrt{0.42^2 - 0.22^2} = 0.36m$

해설 시차공식 $h = \frac{H}{b_0}\Delta P$, 여기서 H:비행고도, b_0:주점기선길이, h:비고
$h = \frac{H}{b_0}\Delta P = \frac{1,500m}{150mm} \times 3mm = 30m$

23. 두 점간의 고저차를 A, B 두 사람이 정밀하게 측정하여 다음과 같은 결과를 얻었다. 두 점간 고저차의 최확값은?

A : 68.994m±0.008m, B : 69.003m±0.004m

① 69.001m   ② 69.998m
③ 69.996m   ④ 68.995m

해설 경중률은 평균제곱근오차의 제곱에 반비례한다. 비율계산이므로 0.008 : 0.004 = 2 : 1로 계산해도 상관없다.
$P_A : P_B = \frac{1}{0.008^2} : \frac{1}{0.004^2} = \frac{1}{4} : \frac{1}{1} = 1 : 4$
최확값 $= \frac{P_A l_A + P_B l_B}{P_A + P_B} = 69 + \frac{1 \times (-0.006) + 4 \times 0.003}{1+4}$
$= 69.001m$

2과목 응용측량

21. GNSS에서 에포크(epoch)의 의미로 옳은 것은?

① 신호를 수신하는 데이터 취득 간격
② 위성을 포함하는 대원(great circle)의 평면
③ 안테나와 수신기를 연결하는 케이블
④ 위성들의 위치를 기록한 표

해설 에포크(epoch)는 GPS 간섭(상대)측위할 때의 자료수신 시간을 말하며 일반적으로 관측데이터 취득간격은 30초 이내로 한다.

22. 촬영고도 1,500m에서 찍은 인접사진에서 주점기선의 길이가 15cm이고, 어느 건물의 시차가 3mm이었다면 건물의 높이는?

① 10m   ② 30m
③ 50m   ④ 70m

24. GNSS 측량을 실시할 경우 고도관측의 일차적인 기준으로 옳은 것은?

① NGVD   ② 지오이드
③ 평균해수면   ④ 기준타원체

해설 GNSS 관측성과로는 지구중심좌표로 경도와 위도, 타원체고이며 고도관측의 일차적인 기준은 기준타원체가 된다.
NGVD는 국가 수준 기준면(National Geodetic Vertical Datum)으로 각 나라마다 수준측량의 기준이 되는 기준면을 그 나라의 국가 수준 기준면이라 한다.

정답 15. ② 16. ③ 17. ③ 18. ④ 19. ④ 20. ② 21. ① 22. ② 23. ④ 24. ④

25. 터널의 준공을 위한 변형조사측량에 해당되지 않는 것은?

① 중심측량   ② 고저측량
③ 삼각측량   ④ 단면측량

> 해설 삼각측량은 기준점측량으로 터널을 설치하기 전에 실시하는 측량이므로 터널준공을 위한 변형조사측량에 해당되지 않는다.

26. 터널측량을 하여 터널시점(A)과 종점(B)의 좌표와 높이(H)가 다음과 같을 때 터널의 경사도는?

> A(1,125.68, 782.46), B(1,546.73, 415.37),
> H_A=49.25, H_B=86.39 (단위 : m)

① 3°25′14″   ② 3°48′14″
③ 4°08′14″   ④ 5°08′14″

> 해설 경사각(i)를 구하면 $\tan i = \dfrac{높이차}{수평거리}$ 이므로
> 수평거리 $= \sqrt{(1546.73-1125.68)^2 + (415.37-782.46)^2} = 558.60m$
> 높이차 $= 86.39 - 49.25 = 37.14m$
> $i = \tan^{-1}\left(\dfrac{37.14}{558.60}\right) = 3°48′14″$

27. GPS 위성신호인 L_1과 L_2의 주파수의 크기는?

① L_1=1,274.45MHz, L_2=1,567.62MHz
② L_1=1,367.53MHz, L_2=1,425.30MHz
③ L_1=1,479.23MHz, L_2=1,321.56MHz
④ L_1=1,575.42MHz, L_2=1,227.60MHz

> 해설 기준주파수=10.23MHz
> L_1=1,575.42MHz(=10.23×154),
> L_2=1,227.60MHz(=10.23×120)

28. 지성선에 대한 설명으로 옳은 것은?

① 지표면의 다른 종류의 토양간에 만나는 선
② 경작지와 산지가 교차되는 선
③ 지모의 골격을 나타내는 선
④ 수평면과 직교하는 선

> 해설 [지성선(Topographical Line)]
> ① 다수의 평면, 즉 요선, 철선, 경사변환선 및 최대경사선으로 이루어졌다고 생각할 때 이 평면의 접합부를 지성선이라 함
> ② 지모의 골격, 지세를 나타내는 선

29. 지모의 형태를 표시하고 표고의 높이를 쉽게 파악하기 위해 주곡선 5개마다 표시하는 등고선은?

① 계곡선   ② 수애선
③ 간곡선   ④ 조곡선

> 해설 [등고선의 표시방법]
> ① 주곡선 : 가는 실선
> ② 계곡선 : 굵은 실선(주곡선 5개마다 설치)
> ③ 간곡선 : 파선(주곡선의 1/2에 설치)
> ④ 조곡선 : 점선(간곡선과 주곡선 사이 1/2에 설치)

30. 수준측량 용어로 이 점의 오차는 다른 점에 영향을 주지 않으며 이 점만의 표고를 관측하기 위한 관측점을 의미하는 것은?

① 기준점   ② 측점
③ 이기점   ④ 중간점

> 해설 ① 종단수준측량에서 중간점을 많이 사용하는 이유는 중심말뚝의 간격이 20m 내외에도 다양한 지형의 변화가 발생하므로 중심말뚝을 모두 전환점으로 사용할 경우에 중간점을 많이 사용하게 된다.
> ② 중간점의 오차는 다른 점에 영향을 주지 않으며 이 점만의 표고를 관측하기 위한 관측점이다.

31. 수준측량에서 전시와 후시를 등거리로 하는 것이 좋은 이유로 틀린 것은?

① 지구곡률오차를 소거할 수 있다.
② 레벨 조정불완전에 의한 오차를 없앤다.
③ 시차에 의한 오차를 없앤다.
④ 대기굴절오차를 소거할 수 있다.

해설 수준측량에서 전시와 후시의 거리를 같게 하는 것이 좋은 가장 큰 이유는 레벨의 시준선 오차 소거에 있다.
[전시와 후시거리를 같게 하므로 제거되는 오차]
① 기계오차(시준축 오차) : 레벨조정의 불안정
② 구차(지구곡률오차)와 기차(대기굴절오차)

32. 노선측량에서 완화곡선의 성질을 설명한 것으로 틀린 것은?

① 완화곡선의 종점의 캔트는 원곡선의 캔트와 같다.
② 완화곡선에 연한 곡률반지름의 감소율은 캔트의 증가율과 같다.
③ 완화곡선의 접선은 시점에서는 원호에, 종점에서는 직선에 접한다.
④ 완화곡선의 반지름은 시점에서는 무한대이며, 종점에서는 원곡선의 반지름과 같다.

해설 [완화곡선의 성질]
① 완화곡선의 반지름은 시점에서 무한대, 종점에서는 원곡선의 반지름과 같다.
② 완화곡선의 접선은 시점에서는 직선에, 종점에서는 원호에 접한다.
③ 완화곡선의 곡선반경 감소율은 캔트의 증가율과 같다.
④ 완화곡선의 편경사의 크기는 곡선의 반경에 반비례하고 설계속도에 비례한다.

33. 기복변위와 경사변위를 모두 제거한 사진으로 옳은 것은?

① 엄밀수직사진 ② 엄밀수평사진
③ 정사사진 ④ 사진집성도

해설 기복변위와 경사변위를 모두 제거한 사진은 정사사진이다.

34. A점의 표고가 125m, B점의 표고가 155m인 등경사 지형에서 A점으로부터 표고가 130m일 때 등고선까지의 거리는? (단, AB거리는 250m이다.)

① 31.67m ② 41.67m
③ 52.67m ④ 58.67m

해설 AB는 등경사이므로 두 점간의 수평거리와 높이차이의 비례식으로 계산한다.
수평거리 : 높이차 $= D : H = d : h$
$= 250 : (155-125) = d : (130-125)$
$\therefore d = \dfrac{250m \times 5m}{30m} = 41.67m$

35. 노선측량에서 곡선설치에 사용하는 완화곡선에 해당되지 않는 것은?

① 복심곡선 ② 3차포물선
③ 클로소이드곡선 ④ 렘니스케이트곡선

해설 [노선측량에서 곡선설치의 종류]
① 평면곡선 : 단곡선, 복합곡선(복심곡선, 반향곡선, 배향곡선, 머리핀곡선)
② 수직곡선 : 2차포물선, 원곡선
③ 완화곡선 : 클로소이드, 3차포물선, 렘니스케이트곡선

36. 등고선 측정방법 중 지성선 상의 중요한 지점의 위치와 표고를 측정하여, 이 점들을 기준으로 등고선을 삽입하는 방법은?

① 횡단점법 ② 종단점법
③ 좌표점법 ④ 방안법

해설 [등고선의 삽입법]
① 방안법(좌표점법) : 방안의 각 교점의 표고를 측정하고 그 결과로 등고선을 삽입하는 방법으로 지형이 복잡한 경우에 적합

② 종단점법 : 지성선 위에 여러 측선에 대하여 거리와 표고를 측정하여 등고선을 삽입하는 방법으로 소축척의 산지 등에 적합
③ 횡단점법 : 노선측량에서 횡단측량의 결과를 이용하여 각 단면에 등고선을 삽입할 경우에 사용되는 방법

37. 원곡선 설치시 교각이 60°, 반지름이 100m, 곡선시점 B.C = No.5+8m일 때 도로기점에서 곡선종점 E.C까지의 거리는? (단, 중심말뚝간격은 25m이다.)

① 212.72m ② 220.72m
③ 237.72m ④ 273.72m

해설 곡선시점 No.5+8m는 측점간 거리가 25m이므로
$B.C = 25 \times 5 + 8 = 133m$
① $CL = \frac{\pi}{180°} RI = \frac{\pi}{180°} \times 100 \times 60° = 104.72m$
② 곡선종점의 위치
　　 $= B.C + C.L = 133 + 104.72 = 237.72m$

38. 항공사진측량을 고도 1km 상공에서 실거리가 500m인 교량을 촬영하였다면 사진에 나타난 교량의 길이는? (단, 카메라 초점거리는 150mm이다.)

① 5.0cm ② 7.5cm
③ 13.3cm ④ 30.0cm

해설 $M = \frac{1}{m} = \frac{f}{H} = \frac{0.15m}{1,000m} = \frac{15}{100,000}$
$M = \frac{도상거리}{실제거리} = \frac{15}{100,000}$
도상거리 $= 500m \times \frac{15}{100,000} = 0.075m = 7.5cm$

39. 그림의 AB간에 곡선을 설치하고자 하였으나 교점(P)에 접근할 수 없어 ∠ACD=140°, ∠CDB=90° 및 CD=200m를 관측하였다. C점에서 출발점(B.C)까지의 거리는? (단, 곡선반지름 R은 300m이다.)

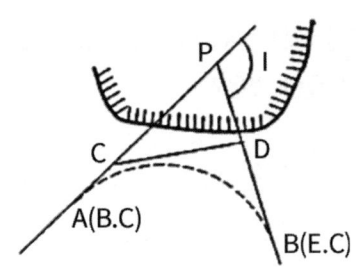

① 643.35m ② 261.68m
③ 382.27m ④ 288.66m

해설 $\overline{BC} = T.L - \overline{CP}$이므로
$T.L = Rtan\frac{I}{2} = 300 \times \tan\frac{130°}{2} = 643.35m$
$\frac{200m}{\sin 50°} = \frac{\overline{CP}}{\sin 90°}$ 에서 $\overline{CP} = \frac{\sin 90°}{\sin 50°} \times 200m = 261.08m$
$\overline{BC} = T.L - \overline{CP} = 643.35 - 261.08 = 382.27m$

40. 항공사진에서 주점(principal point)에 관련된 설명으로 옳은 것은?

① 축척과 표정의 결정에 사용되는 지표상의 한 점이다.
② 동일한 개체가 중복된 인접영상에 나타나는 점을 의미한다.
③ 2장의 입체사진을 겹쳤을 때 중앙에 위치하는 점이다.
④ 마주보는 지표의 대각선이 교차하는 점이다.

해설 [사진의 특수3점]
① 주점(principal point) : 렌즈의 중심으로부터 화면에 내린 수선의 자리로 렌즈의 광축과 화면이 교차하는 점
② 연직점(nadir point) : 중심 투영점 0을 지나는 중력선이 사진면과 마주치는 점
③ 등각점(isocenter) : 사진면에 직교되는 광선과 중력선이 이루는 각을 2등분 하는 광선이 사진면에 마주치는 점

3과목 토지정보체계론

41. 행정구역의 명칭이 변경된 때에 지적소관청은 시·도지사를 경유하여 국토교통부장관에게 행정구역변경일 며칠 전까지 행정구역의 코드변경을 요청하여야 하는가?

① 10일 전
② 20일 전
③ 30일 전
④ 60일 전

해설 [지적사무전산처리규정 제26조(행정구역코드의 변경)]
① 행정구역의 명칭이 변경된 때에는 소관청은 시·도지사를 경유하여 국토교통부장관에게 행정구역변경일 10일 전까지 행정구역의 코드변경을 요청하여야 한다.
② 제1항의 규정에 의한 행정구역의 코드변경 요청을 받은 국토교통부장관은 지체없이 행정구역코드를 변경하고, 그 변경 내용을 관련기관에 통지하여야 한다.

42. 토지정보시스템의 속성정보가 아닌 것은?

① 일람도 자료
② 대지권등록부
③ 토지·임야대장
④ 경계점좌표등록부

해설 [지적정보의 구분]
① 속성정보 : 토지대장, 임야대장, 공유지연명부, 대지권등록부, 지번, 면적, 개별공시지가, 경계점좌표등록부
② 공간정보 : 지적도, 임야도, 일람도, 경계점좌표등록부

43. 벡터데이터와 래스터데이터의 구조에 관한 설명으로 옳지 않은 것은?

① 래스터데이터는 중첩분석이나 모델링이 유리하다.
② 벡터데이터는 자료구조가 단순하여 중첩분석이 쉽다.
③ 벡터데이터는 좌표계를 이용하여 공간정보를 기록한다.
④ 벡터데이터는 점, 선, 면으로 래스터데이터는 격자로 도형을 표현한다.

해설 래스터데이터는 자료구조가 단순하여 중첩분석이 쉽다.

44. 다음을 Run length 코드 방식으로 표현하면 어떻게 되는가?

A	A	A	B
B	B	B	B
B	C	C	A
A	A	B	B

① 3A6B2C3A2B
② 1B3A4B1A2C3B2A
③ 1A2B2A1B1C2A1B1C3B1A1B
④ 2B1A1B1A1B1C1B1A1B1C2A2B1A

해설 [Run length 코드 방식의 표현]
각 행마다 왼쪽에서 오른쪽으로 진행하면서 처음 시작하는 셀과 끝나는 셀까지 동일한 수치값을 갖는 셀들을 묶어 압축시키는 방식

45. 지적전산자료의 이용에 관한 설명으로 옳은 것은?

① 심사 및 승인을 거쳐 지적전산자료를 이용하는 모든 자는 사용료를 면제한다.
② 시·군·구 단위의 지적전산자료를 이용하고자 하는 자는 시·도지사 또는 지적소관청의 승인을 얻어야 한다.
③ 시·도 단위의 지적전산자료를 이용하고자 하는 자는 행정안전부장관 또는 시·도지사의 승인을 얻어야 한다.
④ 전국 단위의 지적전산자료를 이용하고자 하는 자는 국토교통부장관, 시·도지사 또는 지적소관청의 승인을 얻어야 한다.

해설 [지적전산자료의 이용에 관한 사항]
① 시·군·구단위의 지적전산자료를 이용하고자 하는 자는 **지적소관청의 승인**을 얻어야 한다.
② 시·도단위의 지적전산자료를 이용하고자 하는 자는 **시·도지사 또는 지적소관청의 승인**을 얻어야 한다.

③ 전국단위의 지적전산자료를 이용하고자 하는 자는 **국토교통부장관, 시·도지사 또는 지적소관청의 승인**을 얻어야 한다.
④ 지적전산자료의 이용 또는 활용에 관한 승인을 받은 자는 국토교통부령으로 정하는 사용료를 내야 한다. 다만, **국가나 지방자치단체에 대해서는 사용료를 면제**한다.

46. 스파게티(Spaghetti) 모형에 대한 설명으로 옳지 않은 것은?

① 데이터 파일을 이용한 지도를 인쇄하는 단순작업의 경우에 효율적인 도구로 사용된다.
② 객체들 간에 정보를 갖지 못하고 국수 가락처럼 좌표들이 길게 연결되어 있는 구조를 말한다.
③ 상호 연관성에 관한 정보가 없어 인접한 객체들의 특징과 관련성, 연결성을 파악하기 어렵다.
④ 하나의 점이 X, Y좌표를 기본으로 하고 있어 다른 모형에 비하여 구조가 복잡하고 이해가 어렵다.

해설 [스파게티 모형의 특징]
① 공간자료를 점, 선, 면을 단순한 좌표목록으로 저장하며 위상관계를 정의하지 않음
② 상호연결성이 결여된 점과 선의 집합체
③ 수작업으로 디지타이징된 지도자료가 대표적인 예
④ 인접하고 있는 다각형을 나타내기 위해 경계하는 선은 두 번씩 저장
⑤ 모든 면사상이 일련의 독립된 좌표집합으로 저장되므로 자료저장공간 많이 차지
⑥ 객체들 간의 공간관계가 설정되지 않아 공간분석에 비효율적

47. 다음 중 지적행정에 웹(Web)기반의 LIS를 도입함으로써 발생하는 효과가 아닌 것은?

① 중복된 업무를 처리하지 않아도 된다.
② 지적 관련 정보와 자원을 공유할 수 있다.
③ 업무의 중앙 집중 및 업무별 중앙 제어가 가능하다.
④ 시간과 거리에 제한을 받지 않고 민원을 처리할 수 있다.

해설 지적행정에 web LIS를 도입하려면 먼저 서버를 구축하여 데이터베이스를 관리하여야 한다.
[Web LIS의 도입효과]
① 업무처리의 신속화
② 정보의 공유
③ 업무별 분산처리의 실현
④ 시간과 거리에 제한이 없음
⑤ 중복된 업무를 처리하지 않을 수 있음

48. 토지정보시스템의 집중형 하드웨어 시스템에 대한 설명으로 틀린 것은?

① 초기 도입비용이 저렴하다.
② 시스템 장애시 전체적인 피해가 발생한다.
③ 시스템 구성의 초기 단계에서 치밀한 계획이 필요하다.
④ 토지정보의 통합 관리로 전체적인 통제 및 유지가 가능하다.

해설 [집중형 하드웨어 시스템의 특징]
① 시스템의 복잡성으로 초기 도입비용과 운영비용이 많이 든다.
② 시스템 장애시 전체적인 피해가 발생한다.
③ 시스템 구성의 초기 단계에서 치밀한 계획이 필요하다.
④ 토지정보의 통합 관리로 전체적인 통제 및 유지가 가능하다.

49. 지적도면을 스캐닝한 결과로 나타나는 격자구조에 대한 설명으로 옳은 것은?

① 디지타이징된 자료구조는 격자이다.
② 스캐닝된 격자구조는 선방향을 갖는다.
③ 격자구조의 정확도는 격자의 면적에 비례한다.
④ 격자의 크기가 작을수록 저장되는 자료는 늘어난다.

해설 [지적도면을 스캐닝한 결과로 나타나는 격자구조에 대한 설명]
① 스캐닝된 자료구조는 격자이다.
② 디지타이징된 자료구조는 선방향을 갖는다.
③ 격자구조의 정확도는 격자의 면적의 제곱근에 반비례한다.
④ 격자의 크기가 작을수록 저장되는 자료는 늘어난다.

50. 속성정보를 데이터베이스에 입력하기에 가장 적합한 장비는?

① 스캐너　② 키보드
③ 플로터　④ 디지타이저

해설 [자료출력용 하드웨어]
모니터, 플로터, 프린터, 필름제조 등
[자료입력용 하드웨어]
수동방식(디지타이저), 자동방식(스캐너), 각종 측량기기, 기제작된 수치지도, 마우스, 키보드(속성정보 입력) 등

51. 다음 중 KLIS 구축에 따른 시스템의 구성요건으로 옳지 않은 것은?

① 개방적 구조를 고려하여 설계
② 전국적인 통일된 좌표계 사용
③ 시스템의 확장성을 고려하여 설계
④ 파일처리방식의 데이터관리시스템

해설 PBLIS 구축에는 쌍용정보통신에서 응용프로그램을 개발하고, 삼성 SDS에서 시군구 지적행정시스템에 대한 연계시스템 지원을 각각 설계하여 DBMS방식으로 구성하였다.

52. 자료에 대한 내용, 품질, 사용조건 등의 정보를 제공하는 것으로 데이터의 이력서라고도 하는 것은?

① Layer　② Index
③ SDTS　④ Meta data

해설 메타데이터(meta data)란 실제 데이터는 아니지만 데이터베이스, 레이어, 속성, 공간형상 등과 관련된 데이터의 내용, 품질, 조건 및 특징 등을 저장한 데이터로서 데이터에 관한 데이터로 데이터의 이력을 말한다. 메타데이터는 데이터의 일관성 유지에 활용될 수 있다.

53. 토지정보시스템의 필요성을 가장 잘 설명한 것은?

① 기준점의 효율적 관리
② 지적재조사 사업 추진
③ 지역측지계의 세계좌표계로의 변환
④ 토지관련 자료의 효율적 이용과 관리

해설 [토지정보시스템(LIS)]
주로 토지와 관련된 위치정보와 속성정보를 수집, 처리, 저장, 관리하기 위한 정보시스템이다.

54. 필지 식별 번호에 대한 설명으로 틀린 것은?

① 각 필지에 부여하며 가변성이 있는 번호다.
② 필지에 관련된 자료의 공통적인 색인번호 역할을 한다.
③ 필지별 대장의 등록사항과 도면의 등록사항을 연결하는 기능을 한다.
④ 각 필지별 등록 사항의 저장과 수정 등을 용이하게 처리할 수 있는 고유번호다.

해설 [필지식별자(필지식별번호)]
① 단일필지 식별번호 또는 부동산식별자 또는 단일식별 참조번호 등의 여러 가지로 표현하나 의미는 비슷함
② 매 필지의 등록사항을 저장, 검색, 수정 등을 편리하게 처리할 수 있어야 함
③ 영구히 불변하는 필지의 고유번호라 하며, 토지필지와 연관된 표준참조번호라 함

55. 다음 중 GIS데이터의 표준화에 해당하지 않는 것은?

① 데이터 모델(Data Model)의 표준화
② 데이터 내용(Data Contents)의 표준화
③ 데이터 제공(Data Supply)의 표준화
④ 위치참조(Location Reference)의 표준화

해설 [데이터 측면에 따른 분류]
① 내적요소 : 데이터 모델, 데이터 내용, 데이터 교환, 메타데이터 표준
② 외적요소 : 데이터 수집, 데이터 품질, 위치참조 표준

56. 토지정보데이터의 처리시 활용하는 벡터데이터의 장점이 아닌 것은?

① 자료의 갱신과 유지관리에 편하다.
② 객체의 크기와 방향성에 대한 정보를 가지고 있다.
③ 컴퓨터상에서 확대축소하여도 선이 매끄럽고 정확한 형상묘사가 가능하다.
④ 격자의 크기 및 형태가 동일하므로 중첩분석이나 시뮬레이션에 용이하다.

해설 [벡터자료의 특징]
- 현상적 자료구조의 표현이 용이하고 효율적 축약
- 뛰어난 위상관계 구축과 위치와 속성의 일반화 가능
- 3차원 분석 및 확대 축소시의 정보의 손실 없음
- 자료구조는 복잡하고 고가의 장비 필요

57. 현지측량 등으로 얻어진 대상물의 좌표를 직접 입력하여 공간정보를 구축하는 방식은?

① 스캐닝　　② COGO
③ DIGEST　　④ 디지타이징

해설 [COGO(COordinate GeOmetry) : 좌표기하, 코고]
① 측량계산과 토목설계에서 좌표·위치·면적·방향 등을 구하거나 도면 전개할 수 있도록 구성된 프로그램(Coordinate Geometry Program)
② 1950년대에 MIT에서 시초로 사용하였다. 토지의 분할 및 분배, 도로 및 시설물에 관한 설계에 필요한 측량, 토목 엔지니어링에 필요한 기능을 제공하는 기하좌표의 입력과 관리 체계

58. 국가지리정보시스템 구축사업 중 제1차 주제도 전산화 사업이 아닌 것은?

① 지적도　　② 도로망도
③ 도시계획도　　④ 지형지번도

해설 [제1차 국가지리정보시스템 구축사업 중 지리정보분과]
① 지형도 수치화 사업
② 6대 주제도 전산화사업
　국토이용 계획도, 토지이용현황도, 지형지번도, 행정구역도, 도로망도, 도시계획도
③ 7대 지하시설물 수치화 사업
　상수도, 하수도, 가스, 통신, 전력, 송유관, 난방열관

59. 다음 중 지도데이터의 표준화를 위하여 미국의 국가위원회(NCDCDS)에서 분류한 1차원의 공간객체에 해당하지 않는 것은?

① 선(Line)　　② 아크(Arc)
③ 면적(Area)　　④ 스트링(String)

해설 [공간객체의 종류]
① 점(point) : 0차원 공간객체
② 선(line) : 1차원 공간객체
③ 면(polygon, area) : 2차원 공간객체

60. 적합도를 판단하는 조건이 다음과 같을 때 표현식으로 옳은 것은?

[조건]
사질토에 산림이 있거나 점토에 목초지가 있을 경우에는 적합하고 그렇지 않을 경우에는 부적합

① IFF((토지이용="산림" OR 토질="사질토") OR (토지이용="목초지" AND 토질="점토"), "적합", "부적합")
② IFF((토지이용="산림" AND 토질="사질토") OR (토지이용="목초지" OR 토질="점토"), "적합", "부적합")
③ IFF((토지이용="산림" AND 토질="사질토") OR (토지이용="목초지" AND 토질="점토"), "적합", "부적합")
④ IFF((토지이용="산림" OR 토질="사질토") AND (토지이용="목초지" AND 토질="점토"), "적합", "부적합")

해설 문제의 조건을 해석해 보면 다음과 같다.
① 토질은 사질토이고(AND) 토지이용은 산림이다 : 두 조건이 교집합인 AND로 연결
② 토질은 점토이고(AND) 토지이용은 목초지이다 : 두 조건이 교집합인 AND로 연결

③ 두 조건이 있거나로 연결되어 있다 : ①, ②의 두 조건이 합집합인 OR로 연결

4과목 지적학

61. 지적의 발생설을 토지측량과 밀접하게 관련지어 이해할 수 있는 이론은?

① 과세설
② 치수설
③ 지배설
④ 역사설

해설 [지적발생설의 종류]
① 과세설 : 세금징수의 목적에서 출발
② 치수설 : 농지측량(토지측량) 및 치수에서 출발
③ 통치설 : 통치적 수단에서 출발
④ 침략설 : 영토 확장과 침략상 우위의 목적

62. 일필지를 구획하기 위해 선차적으로 결정되어야 할 것은?

① 면적
② 지번
③ 지목
④ 경계

해설 일필지란 토지대장에 등록하는 단위의 토지로 일필지를 구획하기 위해 선차적으로 결정되어야 할 것은 경계선을 정하는 작업인 일필지 측량이라 할 수 있다.

63. 결부제에 대한 설명으로 옳은 것은?

① 1척은 10파
② 100파는 1속
③ 100속은 1부
④ 100부는 1결

해설 [결부제]
① 농지의 비옥도에 따라 수확량으로 세액을 파악하는 주관적인 지세부과 방법
② 1결 = 100부, 1부 = 10속, 1속 = 10파, 1파 = 곡식 한줌

64. 다음 중 지목의 변천에 관한 설명으로 옳은 것은?

① 2000년의 지목의 수는 28개이었다.
② 토지조사사업당시 지목의 수는 21개이었다.
③ 최초 지적법이 개정된 후 지목의 수는 24개이었다.
④ 지목 수의 증가는 경제발전에 따른 토지이용의 세분화를 반영하는 것이다.

해설 [지목의 변천과정]
① 토지조사사업당시의 1910년 토지조사 및 1912년 토지조사령은 18개 지목
② 1918년 지세령에서는 19개
③ 1943년 조선지세령은 21개
④ 1950년 제정 지적법은 21개
⑤ 1975년 개정 지적법은 24개
⑥ 2001년 개정 지적법에서는 토지의 주된 사용목적 또는 용도에 따라 주차장·주유소용지·창고용지·양어장 등 4개의 지목을 새로이 도입하여 현재 법률에 규정된 지목은 28개의 종류로 구분

65. 토지경계에 대한 설명으로 옳지 않은 것은?

① 지역선은 사정선과 같다.
② 강계선은 사정선과 같다.
③ 원칙적으로 지적(임야)도 상의 경계를 말한다.
④ 지적공부상에 등록하는 단위토지인 일필지의 구획선을 말한다.

해설 토지조사사업은 토지조사부 및 지적도에 의하여 토지소유자 및 강계를 확정하는 행정처분을 말하며 지적도에 등록된 강계선이 대상이며, 지역선은 사정하지 않는다.

66. 토지조사사업의 사정에 불복하는 자는 공시기간 만료 후 최대 며칠 이내에 고등토지조사위원회에 재결을 신청하여야 했는가?

① 10일
② 30일
③ 60일
④ 90일

정답 56.④ 57.② 58.① 59.③ 60.③ 61.② 62.④ 63.④ 64.④ 65.① 66.③

해설 [토지조사사업의 사정(査定)]
① 임시토지조사국은 지방토지조사위원회에 자문하여 토지소유자와 그 강계를 사정
② 임시토지조사국장은 사정을 하는 때에는 30일간 이를 공시
③ 사정에 불복하는 자는 공시기간 만료 후 60일내에 고등토지조사위원회에 제기하여 재결받을 수 있음

67. 지주총대의 사무에 해당되지 않는 것은?

① 신고서류 취급 처리
② 소유자 및 경계 사정
③ 동리의 경계 및 일필지조사의 안내
④ 경계표에 기재된 성명 및 지목 등의 조사

해설 [지주총대의 사무]
① 동리의 경계 및 일필지조사의 안내
② 신고서류 취급 처리
③ 경계표에 기재된 성명 및 지목 등의 조사

68. 지적의 분류 중 등록대상에 따른 분류가 아닌 것은?

① 도해지적
② 2차원지적
③ 3차원지적
④ 입체지적

해설 도해지적과 수치지적은 경계의 표시방법에 따른 분류이다.
[지적의 등록방법(등록대상)별 분류]
① 2차원 지적 : 토지의 고저에 관계없이 수평면상의 투영만을 가상하여 각 필지의 경계를 등록·공시하는 제도로 평면지적이라 함
② 3차원 지적 : 선과 면으로 구성된 2차원 지적에 높이를 추가하는 것으로 입체지적이라 함
③ 4차원 지적 : 지표, 지상건축물, 지하시설물 등을 효율적으로 등록·공시하거나 관리·지원할 수 있고, 등록사항의 변경내용을 정확하게 유지·관리할 수 있는 다목적지적제도

69. 지적제도의 특성으로 가장 거리가 먼 것은?

① 윤리성
② 민원성
③ 전문성
④ 지역성

해설 현대지적의 성격(특성)에는 역사성과 영구성, 반복적 민원성, 전문성과 기술성, 서비스성과 윤리성, 정보원 등이 있으며 지역성은 해당하지 않는다.

70. 토렌스 시스템은 오스트레일리아의 Robert Torrens경에 의해 창안된 시스템으로서, 토지권리등록법인의 기초가 된다. 다음 중 토렌스 시스템의 주요 이론에 해당되지 않는 것은?

① 거울이론
② 권원이론
③ 보험이론
④ 커튼이론

해설 [토렌스 시스템]
① 근본목적 : 법률적으로 토지의 권리를 확인하는 대신 토지의 권원을 등록하는 행위로 토지의 소유권을 명확히 하고 토지거래에 따른 변동사항과 정리를 용이하게 하여 권리증서의 발행을 손쉽게 행함
② 적극적 등록주의의 발달된 형태
③ 3대이론 : 거울이론, 커튼이론, 보험이론

71. 다음 지적측량의 행정적 효력 중 지적공부에 유효하게 등록된 표시사항은 일정한 기간이 경과된 후 그 상대방이나 이해관계자가 그 효력을 다툴 수 없으며 소관청 자체도 특별한 사유가 있는 경우를 제외하고 그 성과를 변경할 수 없는 처분행위의 효력은?

① 구속력
② 확정력
③ 강제력
④ 추정력

해설 [토지등록의 법률적 효력]
① 구속력 : 행정처분이 그 내용에 따라 처분 행정 자신이나 행정처분의 상대방 및 관계인을 구속하는 효력
② 공정력 : 토지등록에 있어서의 행정처분이 유효하게 성립하기 위한 요건을 완전히 갖추지 못한 경우에도 절대

무효인 경우를 제외하고 소관청, 감독청, 법원 등 권한있는 기관에 의해 쟁송 또는 직권으로 취소할 때까지 법적으로 제한을 받지 않고 그 효력을 부인할 수 없는 것으로 적법성이 추정됨
③ 강제력 : 지적측량이나 토지등록사항에 대하여 사법권과 관계없이 소관청 명의로 집행할 수 있는 강력한 효력을 말함
④ 확정력 : 토지에 등록된 표시사항은 일정한 기간이 경과한 뒤에 등록이 유효하며 이해관계인 및 소관청도 그 효력을 다툴 수 없는 것을 형식적 확정력이라 하며, 소관청도 변경할 수 없는 것을 관습적 확정력이라 함

72. 경국대전에 의한 공전(公田), 사전(私田)의 구분 중 사전(私田)에 속하는 것은?

① 적전(藉田)
② 직전(職田)
③ 관둔전(官屯田)
④ 목장토(牧場土)

해설 [직전법(職田法)]
① 조선시대 전기 현직 관리에게만 수조지(收租地)를 분급한 토지제도
② 과전(科田)은 경기도 내의 토지에 한하여 지급하였기에 관리 수의 증가와 과전의 세습, 토지의 한정으로 인한 한계

73. 우리나라의 지적도에 등록해야 할 사항으로 볼 수 없는 것은?

① 지번
② 필지의 경계
③ 토지의 소재
④ 소관청의 명칭

해설 [공간정보의 구축 및 관리 등에 관한 법률 제72조(지적도 등의 등록사항)]
① 지적도, 임야도 기재사항 : 토지의 소재, 지번, 지목, 경계, 색인도, 제명 및 축척, 도곽선과 그 수치 등
② 경계점좌표등록부 기재사항 : **토지의 소재, 지번**, 좌표, 토지의 고유번호, 지적도면의 번호, 장번호, 부호 및 부호도

74. 상고시대 촌락의 설치와 토지분급 및 수확량의 파악을 위하여 시행하였던 제도는?

① 정전제(井田制)
② 결부제(結負制)
③ 두락제(斗落制)
④ 경무법(頃畝法)

해설 상고시대란 삼국시대 이전을 말하며 고조선시대의 지적제도에는 균형있는 촌락의 설치와 토지분급 및 수확량 파악을 위해 정전제(井田制)를 시행하였다.

75. 토지등록제도의 유형에 포함되지 않는 것은?

① 임시 등록제도
② 소극적 등록제도
③ 적극적 등록제도
④ 날인증서 등록제도

해설 [토지등록제도의 종류]
① 적극적 등록주의 : 토지등록은 일필지의 개념으로 법적인 권리보장이 인증되고 정부에 의해 그러한 합법성과 효력이 발생
② 소극적 등록주의 : 기본적으로 거래와 그에 관한 거래증서의 변경기록을 수행하는 것이며, 일필지의 소유권이 거래되면서 발생되는 거래증서를 변경 등록하는 것
③ 날인증서등록제도 : 토지의 이익에 미치는 문서의 공적 등기를 보전하는 등록
④ 권원등록제도 : 공적기관에서 보존되는 특정한 사람에게 귀속된 명확히 한정된 단위의 토지에 대한 권리와 그러한 권리들이 존속되는 한계에 대한 권위있는 등록

76. 임야조사사업 당시 임야대장에 등록된 정(町), 단(段), 무(畝), 보(步)의 면적을 평으로 환산한 값이 틀린 것은?

① 1정(町)=3,000평
② 1단(段)=300평
③ 1무(畝)=30평
④ 1보(步)=3평

해설 [면적의 단위]
- 1평(坪) = 6척×6척 = 1간×1간
- 1합(合)(홉) = 1/10평(坪)
- 1보(步) = 1평(坪) = 10홉

정답 67. ② 68. ① 69. ④ 70. ② 71. ② 72. ② 73. ④ 74. ① 75. ① 76. ④

- 1무(畝)(묘) = 30평(平)
- 1단(段) = 300평(平) = 10무(畝)
- 1정(町) = 3000평(平) = 100무(畝) = 10단(段)

77. 다음 중 역토(驛土)에 대한 설명으로 옳지 않은 것은?

① 역토는 주로 군수비용을 충당하기 위한 토지이다.
② 역토의 수입은 국고수입으로 하였다.
③ 역토는 역참에 부속된 토지의 명칭이다.
④ 조선시대 초기에 역토에는 관둔전, 공수전 등이 있다.

해설 [역토(驛土)]
① 역참(관리의 공무에 필요한 숙박의 제공)에 부속된 토지
② 역토의 종류로는 관둔전, 공수전, 장전, 부장전, 마위전 등이 있음
③ 역토는 타인에게 양도, 매매, 전대할 수 없고, 수입은 국고수입으로 함

78. 다음 중 토지등록제도의 장점으로 보기 어려운 것은?

① 사인 간의 토지거래에 있어서 용이성과 경비절감을 기할 수 있다.
② 토지에 대한 장기신용에 의한 안전성을 확보할 수 있다.
③ 지적과 등기에 공신력이 인정되고 측량성과의 정확도가 향상될 수 있다.
④ 토지분쟁의 해결을 위한 개인의 경비측면이나 시간적 절감을 가져오고 소송사건이 감소될 수 있다.

해설 토지등록의 공신력이나 정확도는 토지등록제도의 유형에 따라 달라지며 등록제도로 인해 지적과 등기의 공신력이 인정되는 것은 아니며 측량성과의 정확도를 보장하지도 않는다.

79. 지적재조사사업의 사업 내용으로 옳은 것은?

① 지가 조사
② 소유권 조사
③ 일필지 조사
④ 지형·지모 조사

해설 지적재조사사업은 지적공부의 등록사항을 바로잡는 작업으로 일필지조사를 의미한다.
[지적재조사에 관한 특별법 제1조(목적)]
이 법은 토지의 실제 현황과 일치하지 아니하는 지적공부(地籍公簿)의 등록사항을 바로 잡고 종이에 구현된 지적(地籍)을 디지털 지적으로 전환함으로써 국토를 효율적으로 관리함과 아울러 국민의 재산권 보호에 기여함을 목적으로 한다.

80. 토지등록공부의 편성방법에 해당되지 않는 것은?

① 물적 편성주의
② 인적 편성주의
③ 법률적 편성주의
④ 연대적 편성주의

해설 [토지등록의 편성방법]
물적 편성주의, 인적 편성주의, 연대적 편성주의, 인적·물적 편성주의

5과목 지적관계법규

81. 축척변경시행지역의 토지는 언제 토지의 이동이 있는 것으로 보는가?

① 등기촉탁일
② 청산금지급완료일
③ 축척변경시행공고일
④ 축척변경확정공고일

해설 [공간정보의 구축 및 관리 등에 관한 법률 시행령 제78조 (축척변경의 확정공고)]
① 청산금의 납부 및 지급이 완료되었을 때에는 지적소관청은 지체 없이 축척변경의 확정공고를 하여야 한다.
② 지적소관청은 제1항에 따른 확정공고를 하였을 때에는 지체 없이 축척변경에 따라 확정된 사항을 지적공부에 등록하여야 한다.
③ 축척변경 시행지역의 토지는 제1항에 따른 확정공고일에 토지의 이동이 있는 것으로 본다.

82. 공간정보의 구축 및 관리 등에 관한 법률상 용어의 정의로 틀린 것은?

① "면적"이란 지적공부에 등록한 필지의 수평면상 넓이를 말한다.
② "토지의 이동"이란 토지의 표시를 새로 정하거나 변경 또는 말소하는 것을 말한다.
③ "경계"란 필지별 경계점 등을 직선 혹은 곡선으로 연결하여 지적공부에 등록한 선을 말한다.
④ "지번부여지역"이란 지번을 부여하는 단위지역으로서 동·리 또는 이에 준하는 지역을 말한다.

해설 [공간정보의 구축 및 관리 등에 관한 법률 제2조(정의)]
"경계"란 필지별로 경계점들을 직선으로 연결하여 지적공부에 등록한 선을 말한다.

83. 공간정보의 구축 및 관리 등에 관한 법률 시행령상 지상경계의 결정기준에서 분할에 따른 지상경계를 지상건축물에 걸리게 결정할 수 있는 경우로 틀린 것은?

① 법원의 확정판결이 있는 경우
② 토지를 토지소유자의 필요에 의해 분할하는 경우
③ 공공사업 등에 따라 지목이 학교용지로 되는 토지를 분할하는 경우
④ 도시개발사업 등의 사업시행자가 사업지구의 경계를 결정하기 위하여 토지를 분할하려는 경우

해설 [공간정보의 구축 및 관리 등에 관한 법률 시행령 제55조(지상경계의 결정기준 등)]
분할에 따른 지상 경계는 지상건축물을 걸리게 결정해서는 안되지만 다음 각 호의 어느 하나에 해당하는 경우에는 그러하지 아니하다.
1. 법원의 확정판결이 있는 경우
2. 법 제87조제1호(공공사업 등에 따라 학교용지 등으로 되는 토지)에 해당하는 토지를 분할하는 경우
3. 제3항제1호(도시개발사업 등의 사업시행자가 사업지구의 경계를 결정하기 위하여) 토지를 분할하려는 경우

84. 공간정보의 구축 및 관리 등에 관한 법률상 측량업등록의 결격사유에 해당되는 자는?

① 금치산자 또는 한정치산자
② 임원 중에 금치산자가 있는 법인
③ 측량업의 등록이 취소된 후 3년이 지난 자
④ 「국가보안법」 등을 위반하여 금고이상의 집행유예를 선고받고 그 집행유예기간 중에 있는 자

해설 [공간정보의 구축 및 관리 등에 관한 법률 제47조(측량업 등록의 결격 사유)]
다음 각 호의 어느 하나에 해당하는 자는 측량업의 등록을 할 수 없다.
1. 피성년후견인 또는 피한정후견인
2. 이 법이나 국가보안법, 형법의 규정을 위반하여 금고 이상의 실형을 선고받고 그 집행이 끝나거나 집행이 면제된 날부터 2년이 지나지 아니한 자
3. 이 법이나 국가보안법, 형법의 규정을 위반하여 금고 이상의 형의 집행유예를 선고받고 그 집행유예기간 중에 있는 자
4. 측량업의 등록이 취소된 후 2년이 지나지 아니한 자
5. 임원 중에 제1호부터 제4호까지의 어느 하나에 해당하는 자가 있는 법인

85. 공간정보의 구축 및 관리 등에 관한 법령상 중앙지적위원회의 구성 등에 관한 설명으로 옳은 것은?

① 위원장은 국토교통부장관이 임명하거나 위촉한다.
② 부위원장은 국토교통부의 지적업무 담당 국장이 된다.
③ 위원장 및 부위원장을 제외한 위원의 임기는 2년으로 한다.
④ 위원장 1명과 부위원장 1명을 제외하고, 5명 이상 10명 이하의 위원으로 구성한다.

해설 [공간정보의 구축 및 관리 등에 관한 법률 시행령 제20조(중앙지적위원회의 구성 등)]
① 중앙지적위원회의 위원은 5명 이상 10명 이하로 구성(위원장, 부위원장 포함)
② 위원장은 국토교통부 지적업무담당국장, 부위원장은 담당과장

③ 위원의 임기는 2년(위원장, 부위원장 제외)으로 하고 국토교통부장관이 임명

86. 공간정보의 구축 및 관리 등에 관한 법률상 용어 정의에서 "지적공부"로 볼 수 없는 것은?

① 면적측정부
② 대지권등록부
③ 토지·임야대장
④ 지적도와 임야도

해설 [공간정보의 구축 및 관리 등에 관한 법률 제2조(정의)]
"지적공부"란 토지대장, 임야대장, 공유지연명부, 대지권등록부, 지적도, 임야도 및 경계점좌표등록부 등 지적측량 등을 통하여 조사된 토지의 표시와 해당 토지의 소유자 등을 기록한 대장 및 도면을 말한다.

87. 지적공부 관리에 대한 내용으로 틀린 것은?

① 지적공부는 지적업무담당공무원과 지적측량수행자 외에는 취급하지 못한다.
② 도면은 말거나 접지 못하며 직사광선을 받게 하거나 건습이 심한 장소에서 취급하지 못한다.
③ 지적공부를 지적서고 밖으로 반출하고자 할 때에는 훼손이 되지 않도록 보관·운반함 등을 사용한다.
④ 지적공부 사용을 완료한 때에는 즉시 보관상자에 넣어야 하나 간이보관 상자를 비치한 경우에는 그러하지 아니한다.

해설 [지적업무처리규정 제33조(지적공부의 관리)]
지적공부 관리방법은 부동산종합공부시스템에 따른 방법을 제외하고는 다음 각 호와 같다.
① **지적공부는 지적업무담당공무원 외에는 취급하지 못한다.**
② 지적공부 사용을 완료한 때에는 즉시 보관 상자에 넣어야 한다. 다만, 간이보관 상자를 비치한 경우에는 그러하지 아니하다.
③ 지적공부를 지적서고 밖으로 반출하고자 할 때에는 훼손이 되지 않도록 보관·운반함 등을 사용한다.
④ 도면은 항상 보호대에 넣어 취급하되, 말거나 접지 못하며 직사광선을 받게 하거나 건습이 심한 장소에서 취급하지 못한다.

88. 지적측량성과도의 발급에 대한 내용으로 틀린 것은?

① 지적소관청은 지적측량성과도를 발급한 토지에 대하여 지적공부정리 신청여부를 조사하여 필요한 조치를 하여야 한다.
② 측량성과도를 정보시스템으로 작성한 경우 측량의뢰인이 파일로 제공할 것을 요구하면 편집이 가능한 파일 형식으로 변환하여 파일로 제공할 수 있다.
③ 각종 인가·허가 등의 내용과 다르게 토지의 형질이 변경되었을 경우, 각종 인·허가 등이 변경되어야 지적공부정리처리신청을 할 수 있다는 뜻을 지적측량성과도에 표기하여야 한다.
④ 경계복원측량과 지적현황측량 성과도를 지적측량의뢰인에게 송부하고자 하는 때에는 지체없이 인터넷 등 정보통신망 또는 등기우편으로 송달하거나 직접 발급하여야 한다.

해설 [지적업무처리규정 제29조(측량성과도의 발급 등)]
① 시·도지사 및 대도시 시장으로부터 지적측량성과 검사 결과 측량성과가 정확하다고 통지를 받은 지적소관청은 측량성과 및 지적측량성과도를 지적측량수행자에게 발급하여야 한다.
② 경계복원측량과 지적현황측량을 완료하고 발급한 측량성과도와 측량성과도를 지적측량수행자가 지적측량의뢰인에게 송부하고자 하는 때에는 지체 없이 인터넷 등 정보통신망 또는 등기우편으로 송달하거나 직접 발급하여야 한다.
③ 측량성과도를 정보시스템으로 작성한 경우 측량의뢰인이 파일로 제공할 것을 요구하면 **편집이 불가능한 파일 형식으로 변환하여** 측량성과를 파일로 제공할 수 있다.
④ 지적소관청은 측량성과를 결정한 경우에는 그 측량성과에 따라 각종 인가·허가 등이 변경되어야 지적공부정리신청을 할 수 있다는 뜻을 지적측량성과도에 표시하고, 지적측량의뢰인에게 알려야 한다.
⑤ 지적소관청은 지적측량성과도를 발급한 토지에는 지적공부정리 신청여부를 조사하여 필요한 조치를 하여야 한다.

89. 도로명주소법상 도로 및 건물 등의 위치에 관한 기초조사의 권한이 부여되지 않은 자는?

① 시·도지사
② 읍·면·동장
③ 행정안전부장관
④ 시장·군수·구청장

해설 [도로명주소법 제6조(기초조사 등)]
① 행정안전부장관, 시·도지사 및 시장·군수·구청장은 기초번호, 도로명주소, 국가기초구역, 국가지점번호 및 사물주소의 부여·설정·관리 등을 위하여 도로 및 건물 등의 위치에 관한 기초조사를 할 수 있다.
② 「도로법」에 따른 도로관리청은 도로구역을 결정·변경 또는 폐지한 경우 그 사실을 행정안전부장관, 시·도지사 또는 시장·군수·구청장에게 통보하여야 한다.

90. 다음 중 토지소유자의 토지이동 신청 기간 기준이 다른 것은?

① 등록전환 신청
② 신규등록 신청
③ 지목변경 신청
④ 바다로 된 토지의 등록말소 신청

해설 ① 신규등록, 등록전환, 분할, 합병, 지목변경 : 60일 이내
② 도시개발사업 착수신고 : 15일 이내
③ 등록사항 정정 : 기한없음
④ 바다로 된 토지의 등록말소 신청 : 90일 이내

91. 도로명주소법령상 도로명 부여의 세부기준으로 옳은 것은?

① 도로명은 한글과 영문으로 표기할 것
② 도로구간만 변경된 경우에는 새로운 도로명을 사용할 것
③ 도로명에 숫자를 사용하는 경우 숫자는 한번만 사용하도록 할 것
④ 도로명의 로마자 표기는 행정안전부장관이 고시하는 「국어의 로마자 표기법」을 따를 것

해설 [도로명주소법 시행규칙 제6조(도로명 부여의 세부기준)]
1. 길에 후단에 따른 숫자나 방위를 붙이려는 경우에는 다음에 해당하는 방식으로 도로명을 부여할 것
   가. 기초번호방식 : 길의 시작지점이 분기되는 도로구간의 도로명, 길이 분기되는 지점의 기초번호와 '번길'을 차례로 붙여서 도로명을 부여할 것
   나. 일련번호방식 : 길의 시작지점이 분기되는 도로구간의 도로명, 길이 분기되는 지점의 일련번호(도로구간에 일정한 간격 없이 순차적으로 부여하는 번호를 말한다)와 '길'을 차례로 붙여서 도로명을 부여할 것
   다. 복합명사방식 : 주된 명사에 방위 등을 붙여 도로명을 부여할 것
2. 도로구간만 변경된 경우에는 기존의 도로명을 계속 사용할 것
3. 도로명에 숫자를 사용하는 경우 숫자는 한 번만 사용하도록 할 것
4. 도로명은 한글로 표기할 것(숫자와 온점을 포함할 수 있다)
5. 도로명의 로마자 표기는 문화체육관광부장관이 정하여 고시하는 「국어의 로마자 표기법」을 따를 것
6. 도로의 유형을 안내하는 경우 다음 각 목과 같이 표기할 것
   가. 대로(大路): Blvd
   나. 로(路): St
   다. 길(街): Rd

92. 공간정보의 구축 및 관리 등에 관한 법령상 결번대장에 기재하여 영구히 보존하여야 하는 결번발생에 해당하지 않는 것은?

① 지목변경으로 지번에 결번이 발생한 경우
② 지번변경으로 지번에 결번이 발생한 경우
③ 지번정정으로 지번에 결번이 발생한 경우
④ 축척변경으로 지번에 결번이 발생한 경우

해설

결번이 발생하는 경우	결번이 발생하지 않는 경우
행정구역변경, 도시개발사업, 축척변경, 지번변경, 지번정정 등록 전환 및 합병, 해면성 말소	신규등록, 분할, 지목변경

93. 지적측량 시행규칙상 세부측량의 기준 및 방법으로 옳지 않은 것은?

① 평판측량방법에 따른 세부측량의 측량결과도는 그 토지가 등록된 도면과 동일한 축척으로 작성하여야 한다.
② 평판측량방법에 따른 세부측량은 교회법, 도선법 및 방사법(放射法)에 따른다.
③ 평판측량방법에 따른 세부측량을 교회법으로 하는 경우 방향각의 교각은 45도 이상, 120도 이하로 하여야 한다.
④ 평판측량방법에 따른 세부측량을 도선법으로 하는 경우 측선장은 8cm 이하로 하여야 한다.

해설 [지적측량 시행규칙 제18조(세부측량의 기준 및 방법 등)]
방향각의 교각은 30도 이상 150도 이하로 할 것

94. 다음 중 사용자권한 등록관리청에 해당하지 않는 것은?

① 지적소관청
② 시·도지사
③ 국토교통부장관
④ 국토지리정보원장

해설 [공간정보의 구축 및 관리 등에 관한 법률 시행규칙 제76조(지적정보관리체계 담당자의 등록 등)]
국토교통부장관, 시·도지사 및 지적소관청은 지적공부정리 등을 지적정보관리체계로 처리하는 담당자를 사용자권한 등록파일에 등록하여 관리하여야 한다.

95. 국토의 계획 및 이용에 관한 법률의 정의에 따른 도시·군관리계획에 포함되지 않는 것은?

① 기반시설의 설치·정비 또는 개량에 관한 계획
② 광역계획권의 기본구조와 발전방향에 관한 계획
③ 지구단위계획구역의 지정 또는 변경에 관한 계획
④ 용도지역·용도지구의 지정 또는 변경에 관한 계획

해설 [국토의 계획 및 이용에 관한 법률 제2조(정의)]
"도시·군관리계획"이란 특별시·광역시·특별자치시·특별자치도·시 또는 군의 개발·정비 및 보전을 위하여 수립하는 토지 이용, 교통, 환경, 경관, 안전, 산업, 정보통신, 보건, 복지, 안보, 문화 등에 관한 다음 각 목의 계획을 말한다.
가. 용도지역·용도지구의 지정 또는 변경에 관한 계획
나. 개발제한구역, 도시자연공원구역, 시가화조정구역(市街化調整區域), 수산자원보호구역의 지정 또는 변경에 관한 계획
다. 기반시설의 설치·정비 또는 개량에 관한 계획
라. 도시개발사업이나 정비사업에 관한 계획
마. 지구단위계획구역의 지정 또는 변경에 관한 계획과 지구단위계획
바. 입지규제최소구역의 지정 또는 변경에 관한 계획과 입지규제최소구역계획

96. 지적재조사측량의 세부측량방법이 아닌 것은?

① 위성측량
② 평판측량
③ 항공사진측량
④ 토털스테이션측량

해설 [지적재조사에 관한 특별법 시행규칙 제5조(지적재조사측량)]
① 지적재조사측량은 지적기준점을 정하기 위한 기초측량과 일필지의 경계와 면적을 정하는 세부측량으로 구분한다.
② 기초측량과 세부측량은 「공간정보의 구축 및 관리에 관한 법률 시행령」 제8조제1항에 따른 국가기준점 및 지적기준점을 기준으로 측정하여야 한다.
③ 기초측량은 위성측량 및 토털 스테이션측량의 방법으로 한다.
④ 세부측량은 위성측량, 토털 스테이션측량 및 항공사진측량 등의 방법으로 한다.
⑤ 제1항부터 제4항까지에서 규정한 사항 외에 지적재조사측량의 기준, 방법 및 절차 등에 관하여 필요한 사항은 국토교통부장관이 정하여 고시한다.

97. 부동산등기법상 미등기의 토지에 관한 소유권보존등기를 신청할 수 없는 자는?

① 시장의 확인에 의하여 자기의 소유권을 증명하는 자
② 확정판결에 의하여 자기의 소유권을 증명하는 자
③ 수용(收用)으로 인하여 소유권을 취득하였음을 증명하는 자
④ 임야대장에 최초의 소유자로 등록되어 있는 자의 상속인

해설 [부동산등기법 제65조(소유권보존등기의 신청인)]
미등기의 토지 또는 건물에 관한 소유권보존등기는 다음 각 호의 어느 하나에 해당하는 자가 신청할 수 있다.
1. 토지대장, 임야대장 또는 건축물대장에 최초의 소유자로 등록되어 있는 자 또는 그 상속인, 그 밖의 포괄승계인
2. 확정판결에 의하여 자기의 소유권을 증명하는 자
3. 수용(收用)으로 인하여 소유권을 취득하였음을 증명하는 자
4. 특별자치도지사, 시장, 군수 또는 구청장의 확인에 의하여 자기의 소유권을 증명하는 자(건물의 경우로 한정한다)

98. 지적삼각보조점측량에서 다각망도선법에 의한 측량시 1도선의 점의 수는 최대 몇 개까지로 할 수 있는가? (단, 기지점과 교점을 포함한 점의 수)

① 3개
② 5개
③ 7개
④ 9개

해설 [다각망도선법에 의한 지적삼각측보조점측량의 기준]
① 3점 이상의 기지점으로 포함한 결합다각방식에 의한다.
② 1도선의 거리는 4km 이하로 한다.
③ 1도선의 점의 수는 기지점과 교점 포함하여 5점 이하로 한다.

99. 중앙지적재조사위원회의 설명으로 틀린 것은?

① 중앙지적재조사위원회는 위원장 및 부위원장 각 1명을 포함한 15명 이상 20명 이하의 위원으로 구성한다.
② 중앙지적재조사위원회는 기본계획의 수립 및 변경, 관계사항 등을 제정·개정 및 제도의 개선에 관한 사항 등을 심의·의결한다.
③ 위원이 최근 3년 이내에 심의·의결 안건과 관련된 업체의 임원 또는 직원으로 재직한 경우 그 안건의 심의·의결에서 제척된다.
④ 중앙지적재조사위원회의 위원장은 국토교통부장관이 되며, 위원장은 회의 개최 10일 전까지 회의 일시·장소 및 심의안건을 각 위원에게 통보하여야 한다.

해설 위원장은 회의 개최 **5일 전까지** 회의 일시·장소 및 심의안건을 각 위원에게 통보하여야 한다. 다만, 긴급한 경우에는 회의 개최 전까지 통보할 수 있다.

[지적재조사에 관한 특별법 제28조(중앙지적재조사위원회)]
① 지적재조사사업에 관한 주요 정책을 심의·의결하기 위하여 국토교통부장관 소속으로 중앙지적재조사위원회(이하 "중앙위원회"라 한다)를 둔다.
② 중앙위원회는 다음 각 호의 사항을 심의·의결한다.
  1. 기본계획의 수립 및 변경
  2. 관계 법령의 제정·개정 및 제도의 개선에 관한 사항
  3. 그 밖에 지적재조사사업에 필요하여 중앙위원회의 위원장이 회의에 부치는 사항
③ 중앙위원회는 위원장 및 부위원장 각 1명을 포함한 15명 이상 20명 이하의 위원으로 구성한다.
④ 중앙위원회의 위원장은 국토교통부장관이 되며, 부위원장은 위원 중에서 위원장이 지명한다.

100. 공간정보의 구축 및 관리 등에 관한 법령상 지목설정이 잘못된 것은?

① 영구적인 봉안당 → 묘지
② 자연의 유수가 있는 토지 → 하천
③ 택지조성공사가 준공된 토지 → 대
④ 용·배수가 용이한 지역의 연·왕골 재배지 → 유지

해설 댐, 저수지, 소류지(沼溜地), 호수, 연못 등의 토지와 연·왕골 등이 자생하는 용·배수가 잘되지 아니하는 토지는 유지이다.

"꿈은
날짜와 함께 적으면 목표가 되고,
목표를 잘게 나누면 계획이 되며,
계획을 실행에 옮기면 꿈은 실현된다."

당신의 합격메이커 에듀피디